U0142510

[illegible]商務法規

資[illegible]工業策進會科技法律研究所　編輯

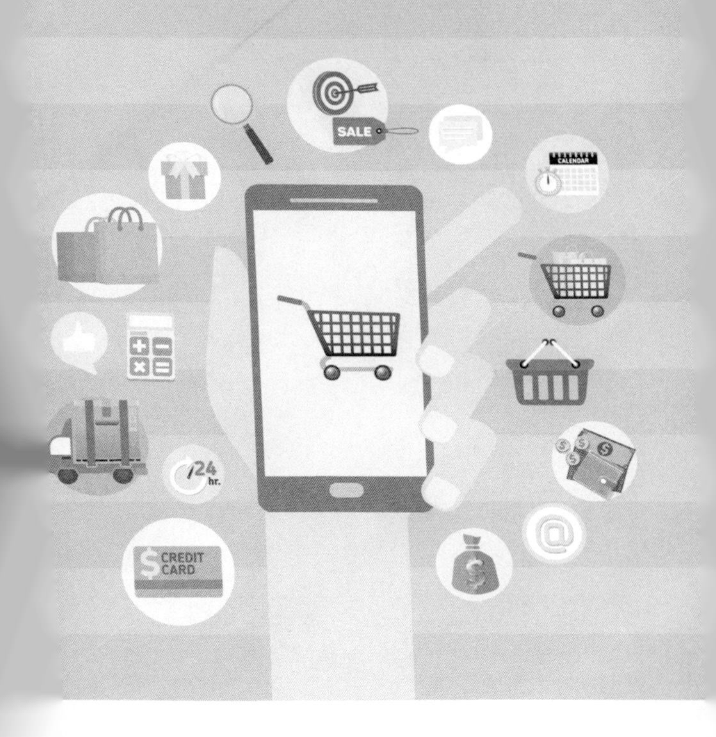

五南圖書出版公司 印行

電子商務法　凡　例

一、全書分為「電子交易」、「商品規範」、「電子金流」、「消費者保護」及「其他管理規範」等五章，於各頁標示所屬類別，以利檢索，名為電子商務法規。

二、本書依循下列方式編印

㈠法規條文內容，悉以總統府公報為準。

㈡法規名稱後詳列制定公布及歷次修正公布日期與條號。

㈢「條文要旨」，附於各法規條號之下，以（ ）表示。

㈣法規內容異動時，於「條文要旨」底下以「數字」標示最後異動之年度。

㈤法條分項、款、目，為求清晰明瞭，項冠以浮水印①②③數字，以資區別；各款冠以一、二、三數字標示，各目冠以㈠、㈡、㈢數字標示。

㈥部分法規採節錄方式，擇取與電子商務相關條文編入。

三、本書輕巧耐用，攜帶便利；輯入法規，內容詳實；條文要旨，言簡意賅；字體版面，舒適易讀；項次分明，查閱迅速；法令異動，逐版更新。

電子商務法規　目　錄

壹、電子交易

貳、商品規範

參、電子金流

肆、消費者保護

伍、其他管理規範

壹、電子交易

電子簽章法

民國 90 年 11 月 14 日總統令制定公布全文 17 條。
民國 91 年 1 月 16 日行政院令發布定自 91 年 4 月 1 日施行。

第一條　（立法目的）

①爲推動電子交易之普及運用，確保電子交易之安全，促進電子化政府及電子商務之發展，特制定本法。

②本法未規定者，適用其他法律之規定。

第二條　（名詞定義）

本法用詞定義如下：

一　電子文件：指文字、聲音、圖片、影像、符號或其他資料，以電子或其他以人之知覺無法直接認識之方式，所製成足以表示其用意之紀錄，而供電子處理之用者。

二　電子簽章：指依附於電子文件並與其相關連，用以辨識及確認電子文件簽署人身分、資格及電子文件眞僞者。

三　數位簽章：指將電子文件以數學演算法或其他方式運算爲一定長度之數位資料，以簽署人之私密金鑰對其加密，形成電子簽章，並得以公開金鑰加以驗證者。

四　加密：指利用數學演算法或其他方法，將電子文件以亂碼方式處理。

五　憑證機構：指簽發憑證之機關、法人。

六　憑證：指載有簽章驗證資料，用以確認簽署人身分、資格之電子形式證明。

七　憑證實務作業基準：指由憑證機構對外公告，用以陳述憑證機構據以簽發憑證及處理其他認證業務之作業準則。

八　資訊系統：指產生、送出、收受、儲存或其他處理電子形式訊息資料之系統。

第三條　（主管機關）

本法主管機關爲經濟部。

第四條　（書面文件得以電子文件為之）

①經相對人同意者，得以電子文件爲表示方法。

②依法令規定應以書面爲之者，如其內容可完整呈現，並可於日後取出供查驗者，經相對人同意，得以電子文件爲之。

③前二項規定得依法令或行政機關之公告，排除其適用或就其應用技術與程序另爲規定。但就應用技術與程序所爲之規定，應公平、合理，並不得爲無正當理由之差別待遇。

第五條　（書面文件之原本或正本得以電子文件為之）

①依法令規定應提出文書原本或正本者，如文書係以電子文件形式作成，其內容可完整呈現，並可於日後取出供查驗者，得以電子文件爲之。但應核對筆跡、印跡或其他爲辨識文書眞僞之必要或法令另有規定者，不在此限。

②前項所稱內容可完整呈現，不含以電子方式發送、收受、儲存及顯示作業附加之資料訊息。

第六條　（書面文件之法定保存，得以電子文件為之）

①文書依法令之規定應以書面保存者，如其內容可完整呈現，並可於日後取出供查驗者，得以電子文件爲之。

②前項電子文件以其發文地、收文地、日期與驗證、鑑別電子文件內容眞僞之資料訊息，得併同其主要內容保存者爲限。

③第一項規定得依法令或行政機關之公告，排除其適用或就其應用技術與程序另爲規定。但就應用技術與程序所爲之規定，應公平、合理，並不得爲無正當理由之差別待遇。

第七條　（電子文件之收發文時間推定基準）

①電子文件以其進入發文者無法控制資訊系統之時間爲發文時間。但當事人另有約定或行政機關另有公告者，從其約定或公告。

②電子文件以下列時間爲其收文時間。但當事人另有約定或行政機關另有公告者，從其約定或公告。

一　如收文者已指定收受電子文件之資訊系統者，以電子文件進入該資訊系統之時間爲收文時間；電子文件如送至非收文者指定之資訊系統者，以收文者取出電子文件之時間爲收文時間。

二　收文者未指定收受電子文件之資訊系統者，以電子文件進入收文者資訊系統之時間爲收文時間。

第八條　（電子文件之收、發文地）

①發文者執行業務之地，推定爲電子文件之發文地。收文者執行業務之地，推定爲電子文件之收文地。

②發文者與收文者有一個以上執行業務之地，以與主要交易或通信行爲最密切相關之業務地爲發文地及收文地。主要交易或通信行爲不明者，以執行業務之主要地爲發文地及收文地。

③發文者與收文者未有執行業務地者，以其住所爲發文地及收文地。

第九條　（簽名或蓋章得以電子簽章為之）

①依法令規定應簽名或蓋章者，經相對人同意，得以電子簽章爲之。

②前項規定得依法令或行政機關之公告，排除其適用或就其應用技術與程序另爲規定。但就應用技術與程序所爲之規定，應公平、合理，並不得爲無正當理由之差別待遇。

第一〇條　（使用數位簽章之效力）

以數位簽章簽署電子文件者，應符合下列各款規定，始生前條第一項之效力：

一　使用經第十一條核定或第十五條許可之憑證機構依法簽發之憑證。

二　憑證尚屬有效並未逾使用範圍。

第一一條　（憑證機構應製作及公布憑證實務作業基準）

①憑證機構應製作憑證實務作業基準，載明憑證機構經營或提供認證服務之相關作業程序，送經主管機關核定後，並將其公布在憑證機構設立之公開網站供公眾查詢，始得對外提供簽發憑證服務。其憑證實務作業基準變更時，亦同。

②憑證實務作業基準應載明事項如下：

一　足以影響憑證機構所簽發憑證之可靠性或其業務執行之重要資訊。

二　憑證機構逕行廢止憑證之事由。

三　驗證憑證內容相關資料之留存。

四　保護當事人個人資料之方法及程序。

五　其他經主管機關訂定之重要事項。

③本法施行前，憑證機構已進行簽發憑證服務者，應於本法施行後六個月內，將憑證實務作業基準送交主管機關核定。但主管機關未完成核定前，其仍得繼續對外提供簽發憑證服務。

④主管機關應公告經核定之憑證機構名單。

第一二條　（罰則）

憑證機構違反前條規定者，主管機關視其情節，得處新臺幣一百萬元以上五百萬元以下罰鍰，並令其限期改正，逾期未改正者，得按次連續處罰。其情節重大者，並得停止其一部或全部業務。

第一三條　（終止服務）

①憑證機構於終止服務前，應完成下列措施：

一　於終止服務之日三十日前通報主管機關。

二　對終止當時仍具效力之憑證，安排其他憑證機構承接其業務。

三　於終止服務之日三十日前，將終止服務及由其他憑證機構承接其業務之事實通知當事人。

四　將檔案紀錄移交承接其業務之憑證機構。

②若無憑證機構依第一項第二款規定承接該憑證機構之業務，主管機關得安排其他憑證機構承接。主管機關於必要時，得公告廢止當時仍具效力之憑證。

③前項規定，於憑證機構依本法或其他法律受勒令停業處分者，亦適用之。

第一四條　（賠償義務）

①憑證機構對因其經營或提供認證服務之相關作業程序，致當事人受有損害，或致善意第三人因信賴該憑證而受有損害者，應負賠償責任。但能證明其行為無過失者，不在此限。

②憑證機構就憑證之使用範圍設有明確限制時，對逾越該使用範圍所生之損害，不負賠償責任。

第一五條 （國際互惠原則）

①依外國法律組織、登記之憑證機構，在國際互惠及安全條件相當原則下，經主管機關許可，其簽發之憑證與本國憑證機構所簽發憑證具有相同之效力。

②前項許可辦法，由主管機關定之。

③主管機關應公告經第一項許可之憑證機構名單。

第一六條 （施行細則）

本法施行細則，由主管機關定之。

第一七條 （施行日）

本法施行日期，由行政院定之。

電子簽章法施行細則

民國 91 年 4 月 10 日經濟部令訂定發布全文 12 條。

第一條

本細則依電子簽章法（以下簡稱本法）第十六條規定訂定之。

第二條

本法第二條第二款所稱依附於電子文件與其相關連，係指附加於電子文件、與電子文件相結合或與電子文件邏輯相關聯者。

第三條

本法第二條第三款所稱私密金鑰，係指具有配對關係之數位資料中，由簽署人保有，用以製作數位簽章者。

第四條

本法第二條第三款所稱公開金鑰，係指具有配對關係之數位資料中，對外公開，用以驗證數位簽章者。

第五條

本法第二條第五款所稱簽發憑證之機關、法人，係指憑證上所載之簽發名義人。

第六條

各機關依本法第四條第三項、第六條第三項及第九條第二項規定所爲之公告及就應用技術與程序另爲之規定者，應副知主管機關。

第七條

本法第十一條第一項所稱對外提供簽發憑證服務，係指憑證機構簽發之憑證，可供憑證用戶作爲其與憑證機構以外之第三人簽署電子文件時證明之用者。

第八條

①憑證機構依本法第十一條第一項及第三項規定，就其所製作憑證實務作業基準向主管機關申請核定者，應檢具下列文件：

一　申請書。

二　憑證實務作業基準。

三　憑證實務作業基準應載明事項檢核對照表。

四　其他經主管機關指定之文件。

②前項第一款之申請書、第三款之憑證實務作業基準應載明事項檢核對照表及第四款之指定文件，其格式由主管機關定之。

第九條

①憑證機構製作之憑證實務作業基準變更時，依本法第十一條第一項規定，向主管機關申請核定者，應檢具下列文件：

一　申請書。
二　變更後之憑證實務作業基準及其應載明事項檢核對照表。
三　變更內容對照表。
四　其他經主管機關指定之文件。

②前項第一款之申請書、第三款之變更內容對照表及第四款之指定文件，其格式由主管機關定之。

第一〇條

①憑證機構依本法及本細則規定所為之申請，其應備具之文件，應用中文書寫：其科學名詞之譯名，以國立編譯館規定者為原則，並應附註外文原名。

②前項文件原係外文者，並應檢附原外文資料或影本。

第一一條

①本法第十三條第一項第四款所稱檔案紀錄，應包括下列資料：
一　憑證用戶註册資料。
二　已簽發之所有憑證。
三　用戶憑證廢止清册。
四　憑證狀態資料。
五　各版本之憑證實務作業基準。
六　憑證政策。
七　稽核或評核紀錄。
八　歸檔資料。
九　其他經主管機關指定之文件。

②前項第一款所定之憑證用戶註册資料，於憑證用戶有反對之表示者，不適用之。

第一二條

本細則自發布日施行。

憑證實務作業基準應載明事項準則

民國93年7月7日經濟部令訂定發布全文36條；並自發布日施行。

第一章　總　則

第一條

本準則依電子簽章法第十一條第二項規定訂定之。

第二條

本準則用詞之定義如下：

一　保證：指得據以信賴該個體已符合特定安全要件之基礎。

二　保證等級：指在具相對性保證層級中之某一級數。

三　憑證政策：指爲指明某一憑證所適用之對象或情況所列舉之一套規則，該對象或情況可爲特定之社群或具共同安全需求之應用。

四　物件識別碼：指一種以字母或數字組成之唯一識別碼，該識別碼必須依國際標準組織所訂定之註册標準加以註册，並可被用以識別唯一與之對應之憑證政策；憑證政策修訂時，其物件識別碼不必然隨之變更。

五　用戶：指憑證中所命名或識別之主體，且其持有與憑證中所載公開金鑰相對應之私密金鑰者。

六　信賴憑證者：指信賴所收受之憑證者。

七　儲存庫：指用以儲存及供檢索憑證與其他相關憑證資訊之系統。

八　憑證廢止清册：指由憑證機構以數位方式簽署之已廢止憑證表列。

九　啓動資訊：操作密碼模組時所要求且必須被保護之金鑰以外資料值。

第三條

憑證機構應製作憑證實務作業基準（以下簡稱作業基準）重要事項置於其作業基準之首頁，載明下列事項：

一　主管機關核定文號。

二　所簽發憑證之種類。

三　所簽發各種憑證之保證等級。

四　所簽發各種憑證之適用範圍及使用限制。

五　法律責任限制及申請廢止憑證處理期間內之責任分擔。

六　其作業基準所描述的認證服務是否經第三人稽核或取得任何標章。

第四條

憑證機構應於其作業基準中載明其所支援憑證政策之名稱，並提供該憑證政策之物件識別碼及應載明補充其作業基準內容之其他重要文件。

第五條

憑證機構應於其作業基準中載明參與認證服務運作及維持之重要成員及其分工；如係以委外方式參與提供服務者，並應載明受任者之名稱或資格。

第六條

憑證機構應於其作業基準中載明可供用戶或信賴憑證者報告遺失私密金鑰等事件及諮詢作業基準疑義之聯絡電話、郵遞地址及電子郵件信箱。

第七條

憑證機構應於其作業基準中載明下列用戶應注意事項：

一　確保在申請憑證時所提供之資訊正確無誤。

二　用戶需自行產製金鑰時，安全的產製並保管其私密金鑰。

三　遵守對於金鑰及憑證之使用限制。

四　就私密金鑰資料外洩或遺失等事件作出通知。

第八條

憑證機構應於其作業基準中載明下列信賴憑證者之注意事項：

一　驗證數位簽章之責任。

二　僅於憑證使用目的範圍內信賴該憑證。

三　查驗憑證狀態。

四　了解有關憑證機構法律責任之條款。

第九條

憑證機構就資訊之公布及儲存庫之維護及營運應載明下列事項：

一　憑證、憑證狀態、憑證實務作業基準及憑證政策等資訊之公布方法。

二　前揭資訊公布之頻率或時間。

三　儲存庫之接取控管。

第一〇條

憑證機構應於其作業基準中載明作業基準變更時通知之方法。

第一一條

憑證機構應於其作業基準中載明下列財務責任事項：

一　憑證機構就其可能或實際發生之賠償責任所提供之財務保證。

二　憑證機構就其經營是否加入任何保險。

三　憑證機構是否經由第三人進行財會稽核。

第一二條

憑證機構應於其作業基準中載明就所提供之認證服務或憑證之使用所生糾紛之處理程序及所適用之法律。

第一三條

憑證機構應於其作業基準中載明用戶是否得請求退費；用戶得請求退費者，並應載明請求退費之程序。

第一四條

憑證機構應於其作業基準中載明下列稽核或評核事項：

一　稽核或評核之頻率。

二　進行稽核或評核人員之資格。

三　稽核或評核人員中立性之確保。

四　稽核或評核之範圍。

五　對於稽核或評核結果之因應方式。

六　稽核或評核報告公開之範圍及方法。

第一五條

憑證機構應於其作業基準中載明其所保護用戶個人資料之種類及維持資訊保密之方法：

一　應爲機密資訊之種類。

二　個人資料保護之相關事項。

第二章　識別及鑑別程序

第一六條

憑證機構應於其作業基準中載明所採用之命名規則。

第一七條

憑證機構應於其作業基準中載明申請人證明擁有與所登記之公開金鑰相對應私密金鑰之方式。

第一八條

憑證機構應於其作業基準中載明申請人身分鑑別之要件及程序。

第一九條

憑證機構應於其作業基準中載明憑證機構於廢止憑證及暫時停用憑證申請時，安全識別及鑑別用戶之程序。

第三章　營運規範

第二〇條

憑證機構應於其作業基準中載明申請各種憑證之程序。

第二一條

憑證機構應於其作業基準中載明簽發憑證、憑證展期及憑證內容修改時，用戶接受憑證之程序。

第二二條

憑證機構提供憑證暫時停用服務者，應於其作業基準中載明下列事項：

一　得請求暫時停用憑證之事由。

二　憑證機構得逕行暫時停用憑證之事由。

三　有權請求暫時停用憑證之人。

四　請求暫時停用憑證之程序。

五　暫時停用之期間。

六　憑證機構處理暫時停用請求之期間。

七　恢復使用憑證之程序。

第二三條

憑證機構就憑證之廢止應於其作業基準中載明下列事項：

一　得請求廢止憑證之事由。

二　憑證機構得逕行廢止憑證之事由。

三　有權請求廢止憑證之人。

四　請求廢止憑證之程序。

五　憑證機構處理廢止憑證請求之期間。

六　憑證機構發出憑證廢止清冊之頻率。

七　是否提供線上憑證狀態查詢。

第四章　非技術性安全控管

第二四條

憑證機構應於其作業基準中載明其所採行之實體、運作程序及人員安全之控管措施。

第二五條

憑證機構應於其作業基準中載明下列紀錄歸檔事項：

一　所記錄事件之類型，應包括所有驗證憑證內容所必須之檔案資料。

二　歸檔保留期間。

三　歸檔之保護。

四　歸檔備份程序。

五　紀錄對於時戳之要求。

六　紀錄檔處理頻率。

第二六條

憑證機構應於其作業基準中載明下列憑證機構金鑰變更時之處理程序：

一　因應驗證憑證需求，以原公開金鑰驗證新公開金鑰之處理程序。

二　提供新的公開金鑰之方法。

第二七條

憑證機構應於其作業基準中載明危害及災變復原程序之規劃。

第二八條

憑證機構應於其作業基準中載明下列終止任一憑證簽發服務時之處理程序：

一　通知及公告之程序。

二　現行有效憑證之因應處理。

三　紀錄檔案移交或保管年限。

第五章　技術性安全控管

第二九條

憑證機構就金鑰對之產製及安裝，應於其作業基準中載明下列事項：

一　用戶金鑰對由誰產製。

二　金鑰對非由用戶自行產製時，私密金鑰如何安全傳送予用戶。

三　憑證機構公開金鑰如何安全傳送予用戶或信賴憑證者。

四　金鑰長度。

五　金鑰生成參數及參數品質檢驗。

六　金鑰之使用目的。

第三〇條

憑證機構就私密金鑰保護，應於其作業基準中載明下列事項：

一　密碼模組是否符合特定標準。

二　是否採行金鑰分持之多人控管。

三　私密金鑰是否託管、備份、歸檔或輸入至密碼模組；如進行託管、備份、歸檔或輸入至密碼模組者，其方法及程序。

四　私密金鑰之啓動、停用及銷毀方式。

第三一條

憑證機構應於其作業基準中載明憑證有效期限、公開金鑰是否歸檔及公開金鑰與私密金鑰各別之使用期限。

第三二條

憑證機構應於其作業基準中載明對於啓動資訊之保護措施。

第三三條

憑證機構應於其作業基準中載明所採行之系統軟體及網路安全控管措施。

第六章　格式剖繪

第三四條

憑證機構就憑證之格式剖繪應於其作業基準中載明下列事項：

一　版本序號。

二　憑證擴充欄位。

三　演算法物件識別碼。

四　命名形式。

五　命名限制。

六　憑證政策物件識別碼。

七　政策限制擴充欄位之使用。

八　對關鍵憑證政策擴充欄位之語意處理。

第三五條

憑證機構就憑證廢止清册之格式剖繪應於其作業基準中載明下列事項：

一　版本序號。

二　憑證廢止清册及憑證廢止清册擴充欄位。

第三六條

本準則自發布日施行。

外國憑證機構許可辦法

民國 91 年 4 月 3 日經濟部令訂定發布全文 8 條。

第一條

本辦法依電子簽章法（以下簡稱本法）第十五條第二項規定訂定之。

第二條

①依外國法律組織、登記之憑證機構（以下簡稱外國憑證機構）依本法第十五條第一項規定申請許可時，應檢具下列文件：

一　申請書。

二　憑證實務作業基準。

三　憑證實務作業基準應載明事項檢核對照表。

四　其他經主管機關指定之文件。

②前項憑證實務作業基準，應載明主管機關發布之憑證實務作業基準應載明事項。

③第一項申請書、憑證實務作業基準應載明事項檢核對照表及其他相關文件之格式，由主管機關定之。

第三條

①經許可之外國憑證機構其憑證實務作業基準有變更時，應於變更後三十日內申請許可。

②外國憑證機構申請更新許可時，應檢具下列文件：

一　申請書。

二　變更後之憑證實務作業基準及其應載明事項檢核對照表。

三　變更內容對照表。

四　其他經主管機關指定之文件。

③前項申請書、憑證實務作業基準應載明事項檢核對照表及其他相關文件之格式，由主管機關定之。

第四條

依本辦法提出之文件爲外國文字者，應譯爲中文；主管機關得視需要令其文件經駐外使領館、代表處、辦事處或外交部授權之機構驗證或認證。

第五條

外國憑證機構有下列情事之一者，主管機關得不予許可：

一　其憑證實務作業基準未依主管機關發布之憑證實務作業基準應載明事項辦理者。

二　申請事項有虛僞情事者。

三　對公益有重大危害者。

四　違反其他中華民國法令、公共秩序或善良風俗情節重大者。
五　其組織、登記地區對我國憑證機構所簽發之憑證有顯失互惠情事者。

第六條

外國憑證機構有下列情事之一者，主管機關得廢止其許可：

一　其憑證實務作業基準變更，未經主管機關許可者。
二　違反其他中華民國法令、公共秩序或善良風俗情節重大者。
三　對公益有重大危害者。
四　其組織、登記地區對我國憑證機構所簽發之憑證有顯失互惠情事者。

第七條

主管機關得與他國、區域組織或國際組織簽訂雙邊或多邊協定或協約，對於經該他國、區域組織或國際組織許可或認可之外國憑證機構，免除其申請程序，逕行予以許可。

第八條

本辦法自本法施行之日施行。

加值型及非加值型營業稅法

①民國 20 年 6 月 13 日國民政府制定公布全文 13 條。
②民國 30 年 9 月 26 日國民政府修正公布全文 13 條。
③民國 31 年 7 月 2 日國民政府修正公布全文 21 條。
④民國 35 年 4 月 16 日國民政府修正公布全文 21 條。
⑤民國 36 年 5 月 2 日國民政府修正公布全文 28 條。
⑥民國 36 年 11 月 14 日國民政府修正公布第 5 條條文。
⑦民國 39 年 6 月 7 日總統令修正公布全文 25 條。
⑧民國 40 年 11 月 24 日總統令修正公布附表。
⑨民國 41 年 9 月 19 日總統令增訂公布第 22 條條文，原第 22 條起依遞改全文 26 條；並修正第 4 條條文。
⑩民國 44 年 12 月 30 日總統令修正公布全文 29 條。
⑪民國 48 年 4 月 13 日總統令修正公布第 6 條條文及附表。
⑫民國 54 年 12 月 30 日總統令修正公布全文 59 條。
⑬民國 57 年 1 月 11 日總統修正公布第 7 條條文附表。
⑭民國 59 年 11 月 28 日總統令修正公布第 7、9 條條文。
⑮民國 69 年 6 月 29 日總統修正公布全文 42 條。
⑯民國 74 年 11 月 15 日總統令修正公布全文 60 條。
⑰民國 77 年 5 月 27 日總統令修正公布第 7～9、13、15、23、24、26、29、31、35、36、46、58、60 條條文；並刪除第 56 條條文。
⑱民國 82 年 7 月 30 日總統令公布刪除第 54、55 條條文。
⑲民國 84 年 1 月 18 日總統令修正公布第 8 條條文。
⑳民國 84 年 8 月 2 日總統令修正公布第 8、51 條條文。
㉑民國 86 年 5 月 7 日總統令修正公布第 16、20 條條文。
㉒民國 86 年 5 月 30 日總統令修正公布第 52 條條文；並自 86 年 7 月 1 日施行。
㉓民國 86 年 10 月 29 日總統令修正公布第 8 條條文；並自 86 年 12 月 1 日施行。
㉔民國 87 年 6 月 17 日總統令增訂公布第 53-1 條條文；並自 87 年 7 月 10 日施行。
㉕民國 88 年 6 月 28 日總統令修正公布第 11、21、60 條條文；並自 88 年 7 月 1 日起施行。
㉖民國 90 年 6 月 13 日總統令增訂公布第 3-1、8-1 條條文。
㉗民國 90 年 7 月 9 日總統令修正公布名稱及第 1、11、41、49、60 條條文；並增訂第 1-1、8-2 條條文（原名稱：營業稅法）。
民國 90 年 8 月 13 日行政院令自 91 年 1 月 1 日施行。
㉘民國 92 年 6 月 25 日總統令修正公布第 11 條條文。
㉙民國 94 年 6 月 22 日總統令修正公布第 11 條條文；並刪除第 8-2 條條文。
民國 94 年 8 月 1 日行政院令定自 94 年 8 月 1 日施行。
㉚民國 95 年 2 月 3 日總統令修正公布第 8 條條文。
民國 95 年 3 月 8 日行政院令定自 95 年 5 月 1 日施行。
㉛民國 96 年 12 月 12 日總統令增訂公布第 15-1 條條文。
㉜民國 97 年 1 月 16 日總統令修正公布第 8、9 條條文。
㉝民國 97 年 3 月 10 日總統令增訂公布第 9-1 條條文。

民國 97 年 3 月 10 日行政院令定自 97 年 3 月 10 日施行。
㉞民國 99 年 5 月 5 日總統令增訂公布第 7-1 條條文。
㉟民國 99 年 12 月 8 日總統令修正公布第 51 條條文。
㊱民國 100 年 1 月 26 日總統令修正公布第 2、5、7、8、9、13、16、20、23、28、30、32、36、51 條條文；並增訂第 3-2、6-1、8-3、30-1、42-1 及 48-1 條條文。
㊲民國 100 年 11 月 23 日總統令增訂公布第 36-1 條條文。
民國 100 年 12 月 8 日行政院令定自 100 年 11 月 23 日施行。
民國 101 年 6 月 25 日行政院公告第 11 條第 7 項所列屬「行政院金融監督管理委員會」之權責事項，自 101 年 7 月 1 日起改由「金融監督管理委員會」管轄。
㊳民國 103 年 1 月 8 日總統令修正公布第 12 條條文。
民國 103 年 2 月 6 日行政院令發布定自 103 年 3 月 1 日施行。
㊴民國 103 年 6 月 4 日總統令修正公布第 11、36 條條文。
民國 103 年 6 月 16 日行政院令發布定自 103 年 7 月 1 日施行。
㊵民國 104 年 12 月 30 日總統令修正公布第 32、45～48、49、52 條條文；並增訂第 32-1 條條文。
民國 105 年 1 月 11 日行政院令發布定自 105 年 1 月 1 日施行。
㊶民國 105 年 12 月 28 日總統令修正公布第 6、28、29～30-1、36、43、45、51 條條文；並增訂第 2-1、28-1、49-1 條條文。
民國 106 年 1 月 25 日行政院令發布定自 106 年 5 月 1 日施行。
㊷民國 106 年 6 月 14 日總統令修正公布第 50、60 條條文；並自公布日施行。

第一章　總　則

第一條　（納稅範圍）90

在中華民國境內銷售貨物或勞務及進口貨物，均應依本法規定課徵加值型或非加值型之營業稅。

第一條之一　（定義）90

本法所稱加值型之營業稅，係指依第四章第一節計算稅額者；所稱非加值型之營業稅，係指依第四章第二節計算稅額者。

第二條　（納稅義務人）100

營業稅之納稅義務人如下：

一　銷售貨物或勞務之營業人。

二　進口貨物之收貨人或持有人。

三　外國之事業、機關、團體、組織，在中華民國境內無固定營業場所者，其所銷售勞務之買受人。但外國國際運輸事業，在中華民國境內無固定營業場所而有代理人者，為其代理人。

四　第八條第一項第二十七款、第二十八款規定之農業用油、漁業用油有轉讓或移作他用而不符免稅規定者，為轉讓或移作他用之人。但轉讓或移作他用之人不明者，為貨物持有人。

第二條之一　（外國跨境電子勞務業者為納稅義務人）105

外國之事業、機關、團體、組織在中華民國境內無固定營業場所，銷售電子勞務予境內自然人者，為營業稅之納稅義務人，不適用前條第三款規定。

第三條（銷售貨物銷售勞務之意義）

①將貨物之所有權移轉與他人，以取得代價者，為銷售貨物。

②提供勞務予他人，或提供貨物與他人使用、收益，以取得代價者，為銷售勞務。但執行業務者提供其專業性勞務及個人受僱提供勞務，不包括在內。

③有左列情形之一者，視為銷售貨物：

一　營業人以其產製、進口、購買供銷售之貨物，轉供營業人自用；或以其產製、進口、購買之貨物，無償移轉他人所有者。

二　營業人解散或廢止營業時所餘存之貨物，或將貨物抵償債務、分配與股東或出資人者。

三　營業人以自己名義代為購買貨物交付與委託人者。

四　營業人委託他人代銷貨物者。

五　營業人銷售代銷貨物者。

④前項規定於勞務準用之。

第三條之一（銷售貨物之除外規定）90

信託財產於左列各款信託關係人間移轉或為其他處分者，不適用前條有關視為銷售之規定：

一　因信託行為成立，委託人與受託人間。

二　信託關係存續中受託人變更時，原受託人與新受託人間。

三　因信託行為不成立、無效、解除、撤銷或信託關係消滅時，委託人與受託人間。

第三條之二（非營利銷售貨物之除外規定）100

非以營利為目的之事業、機關、團體、組織及專營免稅貨物或勞務之營業人，有第三條第三項第一款或第二款規定情形，經查明其進項稅額並未申報扣抵銷項稅額者，不適用該條項有關視為銷售之規定。

第四條（在中華民國境內銷售貨物之意義）

①有左列情形之一者，係在中華民國境內銷售貨物：

一　銷售貨物之交付須移運者，其起運地在中華民國境內。

二　銷售貨物之交付無須移運者，其所在地在中華民國境內。

②有左列情形之一者，係在中華民國境內銷售勞務：

一　銷售之勞務係在中華民國境內提供或使用者。

二　國際運輸事業自中華民國境內載運客、貨出境者。

三　外國保險業自中華民國境內保險業承保再保險者。

第五條（進口貨物之意義）100

貨物有下列情形之一，為進口：

一　貨物自國外進入中華民國境內者。但進入保稅區之保稅貨物，不包括在內。

二　保稅貨物自保稅區進入中華民國境內之其他地區者。

第六條 （營業人之意義）105

有下列情形之一者，為營業人：

一　以營利為目的之公營、私營或公私合營之事業。

二　非以營利為目的之事業、機關、團體、組織，有銷售貨物或勞務。

三　外國之事業、機關、團體、組織，在中華民國境內之固定營業場所。

四　外國之事業、機關、團體、組織，在中華民國境內無固定營業場所，銷售電子勞務予境內自然人。

第六條之一 （保稅區營業人之租稅待遇）100

①本法所稱保稅區，指政府核定之加工出口區、科學工業園區、農業科技園區、自由貿易港區及海關管理之保稅工廠、保稅倉庫、物流中心或其他經目的事業主管機關核准設立且由海關監管之專區。

②本法所稱保稅區營業人，指政府核定之加工出口區內之區內事業、科學工業園區內之園區事業、農業科技園區內之園區事業、自由貿易港區內之自由港區事業及海關管理之保稅工廠、保稅倉庫、物流中心或其他經目的事業主管機關核准設立且由海關監管之專區事業。

③本法所稱課稅區營業人，指保稅區營業人以外之營業人。

第二章　減免範圍

第七條 （零稅率之貨物或勞務）100

下列貨物或勞務之營業稅稅率為零：

一　外銷貨物。

二　與外銷有關之勞務，或在國內提供而在國外使用之勞務。

三　依法設立之免稅商店銷售與過境或出境旅客之貨物。

四　銷售與保稅區營業人供營運之貨物或勞務。

五　國際間之運輸。但外國運輸事業在中華民國境內經營國際運輸業務者，應以各該國對中華民國國際運輸事業予以相等待遇或免徵類似稅捐者為限。

六　國際運輸用之船舶、航空器及遠洋漁船。

七　銷售與國際運輸用之船舶、航空器及遠洋漁船所使用之貨物或修繕勞務。

八　保稅區營業人銷售與課稅區營業人未輸往課稅區而直接出口之貨物。

九　保稅區營業人銷售與課稅區營業人存入自由港區事業或海關管理之保稅倉庫、物流中心以供外銷之貨物。

第七條之一 （退稅、免稅優惠）99

①外國之事業、機關、團體、組織，在中華民國境內無固定營業場所者，其於一年內在中華民國境內從事參加展覽或臨時商務活動而購買貨物或勞務支付加值型營業稅達一定金額，得申請退稅。

但未取得並保存憑證及第十九條第一項第二款至第五款規定之進項稅額，不適用之。

②得依前項規定申請退稅者，以各該國對中華民國之事業、機關、團體、組織予以相等待遇或免徵類似稅捐者為限。

③第一項所定一年期間之計算、展覽與臨時商務活動之範圍、一定金額、憑證之取得、申請退稅應檢附之文件、期限及其他相關事項之辦法，由財政部定之。

第八條　（免徵營業稅之貨物或勞務）100

①下列貨物或勞務免徵營業稅：

一　出售之土地。

二　供應之農田灌溉用水。

三　醫院、診所、療養院提供之醫療勞務、藥品、病房之住宿及膳食。

四　依法經主管機關許可設立之社會福利團體、機構及勞工團體，提供之社會福利勞務及政府委託代辦之社會福利勞務。

五　學校、幼稚園與其他教育文化機構提供之教育勞務及政府委託代辦之文化勞務。

六　出版業發行經主管教育行政機關審定之各級學校所用教科書及經政府依法獎勵之重要學術專門著作。

七　（刪除）

八　職業學校不對外營業之實習商店銷售之貨物或勞務。

九　依法登記之報社、雜誌社、通訊社、電視臺與廣播電臺銷售其本事業之報紙、出版品、通訊稿、廣告、節目播映及節目播出。但報社銷售之廣告及電視臺之廣告播映不包括在內。

十　合作社依法經營銷售與社員之貨物或勞務及政府委託其代辦之業務。

十一　農會、漁會、工會、商業會、工業會依法經營銷售與會員之貨物或勞務及政府委託其代辦之業務，或依農產品市場交易法設立且農會、漁會、合作社、政府之投資比例合計占百分之七十以上之農產品批發市場，依同法第二十七條規定收取之管理費。

十二　依法組織之慈善救濟事業標售或義賣之貨物與舉辦之義演，其收入除支付標售、義賣及義演之必要費用外，全部供作該事業本身之用者。

十三　政府機構、公營事業及社會團體，依有關法令組設經營不對外營業之員工福利機構，銷售之貨物或勞務。

十四　監獄工廠及其作業成品售賣所銷售之貨物或勞務。

十五　郵政、電信機關依法經營之業務及政府核定之代辦業務。

十六　政府專賣事業銷售之專賣品及經許可銷售專賣品之營業人，依照規定價格銷售之專賣品。

十七　代銷印花稅票或郵票之勞務。

十八　肩挑負販沿街叫賣者銷售之貨物或勞務。

十九　飼料及未經加工之生鮮農、林、漁、牧產物、副產物；農、漁民銷售其收穫、捕獲之農、林、漁、牧產物、副產物。

二十　漁民銷售其捕獲之魚介。

二一　稻米、麵粉之銷售及碾米加工。

二二　依第四章第二節規定計算稅額之營業人，銷售其非經常買進、賣出而持有之固定資產。

二三　保險業承辦政府推行之軍公教人員與其眷屬保險、勞工保險、學生保險、農、漁民保險、輸出保險及強制汽車第三人責任保險，以及其自保費收入中扣除之再保分出保費、人壽保險提存之責任準備金、年金保險提存之責任準備金及健康保險提存之責任準備金。但人壽保險、年金保險、健康保險退保收益及退保收回之責任準備金，不包括在內。

二四　各級政府發行之債券及依法應課徵證券交易稅之證券。

二五　各級政府機關標售賸餘或廢棄之物資。

二六　銷售與國防單位使用之武器、艦艇、飛機、戰車及與作戰有關之偵訊、通訊器材。

二七　肥料、農業、畜牧用藥、農耕用之機器設備、農地搬運車及其所用油、電。

二八　供沿岸、近海漁業使用之漁船、供漁船使用之機器設備、漁網及其用油。

二九　銀行業總、分行往來之利息、信託投資業運用委託人指定用途而盈虧歸委託人負擔之信託資金收入及典當業銷售不超過應收本息之流當品。

三十　金條、金塊、金片、金幣及純金之金飾或飾金。但加工費不在此限。

三一　經主管機關核准設立之學術、科技研究機構提供之研究勞務。

三二　經營衍生性金融商品、公司債、金融債券、新臺幣拆款及外幣拆款之銷售額。但佣金及手續費不包括在內。

②銷售前項免稅貨物或勞務之營業人，得申請財政部核准放棄適用免稅規定，依第四章第一節規定計算營業稅額。但核准後三年內不得變更。

第八條之一 （標售、義賣及義演免徵營業稅）90

①受託人因公益信託而標售或義賣之貨物與舉辦之義演，其收入除支付標售、義賣及義演之必要費用外，全部供作該公益事業之用者，免徵營業稅。

②前項標售、義賣及義演之收入，不計入受託人之銷售額。

第八條之二 （刪除）94

第八條之三 （補徵營業稅及納稅義務人規定）100

依第八條第一項第二十七款、第二十八款規定免徵營業稅之農業用油、漁業用油，有轉讓或移作他用而不符免稅規定者，應補繳營業稅。

第九條 （免徵營業稅之進口貨物）100

進口下列貨物免徵營業稅：

一　第七條第六款、第八條第一項第二十七款之肥料及第三十款之貨物。

二　關稅法第四十九條規定之貨物。但因轉讓或變更用途依照同法第五十五條規定補繳關稅者，應補繳營業稅。

三　本國之古物。

第九條之一 （貨物營業稅之機動調整）97

①為因應經濟特殊情況，調節物資供應，對進口小麥、大麥、玉米或黃豆應徵之營業稅，得由行政院機動調整，不受第十條規定限制。

②前項機動調整之貨物種類、調整幅度、實施期間與實際開始及停止日期，由財政部會同有關機關擬訂，報請行政院核定公告之。

第三章　稅　率

第一〇條 （稅率之上限與下限）

營業稅稅率，除本法另有規定外，最低不得少於百分之五，最高不得超過百分之十；其徵收率，由行政院定之。

第一一條 （金融保險業等之稅率）103

①銀行業、保險業、信託投資業、證券業、期貨業、票券業及典當業之營業稅稅率如下：

一　經營非專屬本業之銷售額適用第十條規定之稅率。

二　銀行業、保險業經營銀行、保險本業銷售額之稅率為百分之五；其中保險業之本業銷售額應扣除財產保險自留賠款。但保險業之再保費收入之稅率為百分之一。

三　前二款以外之銷售額稅率為百分之二。

②前項非專屬本業及銀行、保險本業之範圍，由財政部擬訂相關辦法，報行政院核定。

③本法中華民國一百零三年五月十六日修正之條文施行之日起，至一百十三年十二月三十一日止，第一項第一款、第三款及第二款稅率百分之二以內之稅款，撥入金融業特別準備金；其運用、管理及其他應遵行事項之辦法，由金融監督管理委員會定之。

④營業稅稅款依前項規定撥入金融業特別準備金期間，行政院應確實依財政收支劃分法規定，補足地方各級政府因統籌分配款所減少之收入。嗣後財政收支劃分法修正後，從其規定。

第一二條 （特種飲食業之稅率）103

特種飲食業之營業稅稅率如下：

一　夜總會、有娛樂節目之餐飲店之營業稅稅率為百分之十五。

二　酒家及有陪侍服務之茶室、咖啡廳、酒吧等之營業稅稅率為百分之二十五。

第一三條（稅率百分之一之營業人）100

①小規模營業人、依法取得從事按摩資格之視覺功能障礙者經營，且全部由視覺功能障礙者提供按摩勞務之按摩業，及其他經財政部規定免予申報銷售額之營業人，其營業稅稅率為百分之一。

②農產品批發市場之承銷人及銷售農產品之小規模營業人，其營業稅稅率為百分之零點一。

③前二項小規模營業人，指第十一條、第十二條所列各業以外之規模狹小，平均每月銷售額未達財政部規定標準而按查定課徵營業稅之營業人。

第四章　稅額計算

第一節　一般稅額計算

第一四條（銷項稅額之計算）

①營業人銷售貨物或勞務，除本章第二節另有規定外，均應就銷售額，分別按第七條或第十條規定計算其銷項稅額，尾數不滿通用貨幣一元者，按四捨五入計算。

②銷項稅額，指營業人銷售貨物或勞務時，依規定應收取之營業稅額。

第一五條（當期應納或溢付營業稅額之計算）77

①營業人當期銷項稅額，扣減進項稅額後之餘額，為當期應納或溢付營業稅額。

②營業人因銷貨退回或折讓而退還買受人之營業稅額，應於發生銷貨退回或折讓之當期銷項稅額中扣減之。營業人因進貨退出或折讓而收回之營業稅額，應於發生進貨退出或折讓之當期進項稅額中扣減之。

③進項稅額，指營業人購買貨物或勞務時，依規定支付之營業稅額。

第一五條之一（進項稅額之計算）96

①營業人銷售其向非依本節規定計算稅額者購買之舊乘人小汽車及機車，得以該購入成本，按第十條規定之徵收率計算進項稅額；其計算公式如下：

進項稅額＝購入成本／（1＋徵收率）×徵收率

②前項進項稅額，營業人應於申報該輛舊乘人小汽車及機車銷售額之當期，申報扣抵該輛舊乘人小汽車及機車之銷項稅額。但進項稅額超過銷項稅額部分不得扣抵。

③營業人於申報第一項進項稅額時，應提示購入該輛舊乘人小汽車及機車之進項憑證。

④本條修正公布生效日尚未核課或尚未核課確定者，適用前三項規定辦理。

第一六條（銷售額之計算）100

①第十四條所定之銷售額，為營業人銷售貨物或勞務所收取之全部

代價，包括營業人在貨物或勞務之價額外收取之一切費用。但本次銷售之營業稅額不在其內。

②前項貨物如係應徵貨物稅、菸酒稅或菸品健康福利捐之貨物，其銷售額應加計貨物稅額、菸酒稅額或菸品健康福利捐金額在內。

第一七條　（銷售額之計算）

營業人以較時價顯著偏低之價格銷售貨物或勞務而無正當理由者，主管稽徵機關得依時價認定其銷售額。

第一八條　（銷售額之計算）

①國際運輸事業自中華民國境內載運客貨出境者，其銷售額依左列規定計算：

一　海運事業：指自中華民國境內承載旅客出境或承運貨物出口之全部票價或運費。

二　空運事業：

㈠空運：指自中華民國境內承載旅客至中華民國境外第一站間之票價。

㈡貨運：指自中華民國境內承運貨物出口之全程運費。但承運貨物出口之國際空運事業，如因航線限制等原因，在航程中途將承運之貨物改由其他國際空運事業之航空器轉載者，按承運貨物出口國際空運事業實際承運之航程運費計算。

②前項第二款第一目所稱中華民國境外第一站，由財政部定之。

第一九條　（進項稅額不得扣抵銷項稅額之情形）

①營業人左列進項稅額，不得扣抵銷項稅額：

一　購進之貨物或勞務未依規定取得並保存第三十三條所列之憑證者。

二　非供本業及附屬業務使用之貨物或勞務。但為協助國防建設、慰勞軍隊及對政府捐獻者，不在此限。

三　交際應酬用之貨物或勞務。

四　酬勞員工個人之貨物或勞務。

五　自用乘人小汽車。

②營業人專營第八條第一項免稅貨物或勞務者，其進項稅額不得申請退還。

③營業人因兼營第八條第一項免稅貨物或勞務，或因本法其他規定而有部分不得扣抵情形者，其進項稅額不得扣抵銷項稅額之比例與計算辦法，由財政部定之。

第二〇條　（進口貨物營業稅額之計算）100

①進口貨物按關稅完稅價格加計進口稅後之數額，依第十條規定之稅率計算營業稅額。

②前項貨物如係應徵貨物稅、菸酒稅或菸品健康福利捐之貨物，按前項數額加計貨物稅額、菸酒稅額或菸品健康福利捐金額後計算營業稅額。

第二節　特種稅額計算

第二一條　（金融保險業等營業稅額之計算）88

銀行業、保險業、信託投資業、證券業、期貨業、票券業及典當業，就其銷售額按第十一條規定之稅率計算營業稅額。但典當業得依查定之銷售額計算之。

第二二條　（特種飲食營業稅額之計算）

第十二條之特種飲食業，就其銷售額按同條規定之稅率計算營業稅額。但主管稽徵機關得依查定之銷售額計算之。

第二三條　（依主管稽徵機關查定之銷售額依百分之一稅率計算之情形）100

農產品批發市場之承銷人、銷售農產品之小規模營業人、小規模營業人、依法取得從事按摩資格之視覺功能障礙者經營，且全部由視覺功能障礙者提供按摩勞務之按摩業，及其他經財政部規定免予申報銷售額之營業人，除申請按本章第一節規定計算營業稅額並依第三十五條規定申報繳納者外，就主管稽徵機關查定之銷售額按第十三條規定之稅率計算營業稅額。

第二四條　（銀行業等營業稅額之計算及申報繳納）77

①銀行業、保險業、信託投資業，經營本法營業人開立銷售憑證時限表特別規定欄所列非專屬本業之銷售額部分，得申請依照本章第一節規定計算營業稅額，並依第三十五條規定申報繳納。

②依前項及第二十三條規定，申請依照本章第一節規定計算營業稅額者，經核准後三年內不得申請變更。

③財政部得視小規模營業人之營業性質與能力，核定其依本章第一節規定計算營業稅額，並依第三十五條規定，申報繳納。

第二五條　（查定計算營業稅額之扣減）

①依第二十三條規定，查定計算營業稅額之營業人，購買營業上使用之貨物或勞務，取得載有營業稅額之憑證，並依規定申報者，主管稽徵機關應按其進項稅額百分之十，在查定稅額內扣減。但查定稅額未達起徵點者，不適用之。

②前項稅額百分之十超過查定稅額者，次期得繼續扣減。

第二六條　（農產品批發市場承銷人等之營業稅起徵點）77

依第二十三條規定，查定計算營業稅額之農產品批發市場之承銷人、銷售農產品之小規模營業人、小規模營業人及其他經財政部規定免予申報銷售額之營業人，其營業稅起徵點，由財政部定之。

第二七條　（準用）

本章第一節之規定，除第十四條、第十五條第一項及第十六條第一項但書之規定外，於依本節規定計算稅額之營業人準用之。

第五章　稽　徵

第一節　稅籍登記

第二八條　（稅籍登記之義務）105

營業人之總機構及其他固定營業場所，應於開始營業前，分別向主管稽徵機關申請稅籍登記。

第二八條之一　（自行或委託報稅代理人申請稅籍登記）105

①第六條第四款所定營業人之年銷售額逾一定基準者，應自行或委託中華民國境內居住之個人或有固定營業場所之事業、機關、團體、組織為其報稅之代理人，向主管稽徵機關申請稅籍登記。

②依前項規定委託代理人者，應報經代理人所在地主管稽徵機關核准；變更代理人時，亦同。

③第一項年銷售額之一定基準，由財政部定之。

第二九條　（免辦稅籍登記之情形）105

專營第八條第一項第二款至第五款、第八款、第十二款至第十五款、第十七款至第二十款、第三十一款之免稅貨物或勞務者及各級政府機關，得免辦稅籍登記。

第三〇條　（稅籍登記之變更或註銷）105

①營業人依第二十八條及第二十八條之一申請稅籍登記之事項有變更，或營業人合併、轉讓、解散或廢止時，均應於事實發生之日起十五日內填具申請書，向主管稽徵機關申請變更或註銷稅籍登記。

②前項營業人申請變更登記或註銷登記，應於繳清稅款或提供擔保後為之。但因合併、增加資本、營業地址或營業種類變更而申請變更登記者，不在此限。

第三〇條之一　（稅籍登記之辦理程序及應備文件規定）105

稅籍登記事項、申請稅籍登記、變更或註銷登記之程序、應檢附之書件與撤銷或廢止登記之事由及其他應遵行事項之規則，由財政部定之。

第三一條　（暫停營業之申報核備）

營業人暫停營業，應於停業前，向主管稽徵機關申報核備；復業時，亦同。

第二節　帳簿憑證

第三二條　（開立統一發票與免用統一發票）104

①營業人銷售貨物或勞務，應依本法營業人開立銷售憑證時限表規定之時限，開立統一發票交付買受人。但營業性質特殊之營業人及小規模營業人，得製發普通收據，免用統一發票。

②營業人對於應稅貨物或勞務之定價，應內含營業稅。

③營業人依第十四條規定計算之銷項稅額，買受人為營業人者，應與銷售額於統一發票上分別載明之；買受人為非營業人者，應以定價開立統一發票。

④統一發票，由政府印製發售，或核定營業人自行印製，或由營業人以網際網路或其他電子方式開立、傳輸或接收；其格式、記載事項與使用辦法，由財政部定之。

⑤主管稽徵機關，得核定營業人使用收銀機開立統一發票，或以收銀機收據代替逐筆開立統一發票；其辦法由財政部定之。

第三二條之一 （統一發票資訊傳輸及載具識別資訊）104

①營業人銷售貨物或勞務，依前條第四項規定以網際網路或其他電子方式開立、傳輸電子發票者，應將統一發票資訊傳輸至財政部電子發票整合服務平台存證；買受人以財政部核准載具索取電子發票者，營業人應將載具識別資訊併同存證。

②前項所稱載具，指下列得以記載或連結電子發票資訊之號碼：

一　國民身分證統一編號、自然人憑證卡片號碼、電話號碼、營業人或其合作機構會員號碼。

二　買受人交易使用之信用卡、轉帳卡、電子票證、電子支付帳戶等支付工具號碼。

三　其他得以記載或連結電子發票資訊之號碼。

③第一項所稱載具識別資訊，指財政部電子發票整合服務平台用以辨識載具類別之編號及前項載具。

第三三條 （以進項稅額扣抵銷項稅額時其憑證之種類及應載事項）

營業人以進項稅額扣抵銷項稅額者，應具有載明其名稱、地址及統一編號之左列憑證：

一　購買貨物或勞務時，所取得載有營業稅額之統一發票。

二　有第三條第三項第一款規定視為銷售貨物，或同條第四項準用該條款規定視為銷售勞務者，所自行開立載有營業稅額之統一發票。

三　其他經財政部核定載有營業稅額之憑證。

第三四條 （會計帳簿憑證管理辦法之訂定）

營業人會計帳簿憑證之管理辦法，由財政部定之。

第三節　申報繳納

第三五條 （營業稅之申報方法）77

①營業人除本法另有規定外，不論有無銷售額，應以每二月為一期，於次期開始十五日內，塡具規定格式之申報書，檢附退抵稅款及其他有關文件，向主管稽徵機關申報銷售額、應納或溢付營業稅額。其有應納營業稅額者，應先向公庫繳納後，檢同繳納收據一併申報。

②營業人銷售貨物或勞務，依第七條規定適用零稅率者，得申請以每月為一期，於次月十五日前依前項規定向主管稽徵機關申報銷售額、應納或溢付營業稅額。但同一年度內不得變更。

③前二項營業人，使用統一發票者，並應檢附統一發票明細表。

第三六條 （外國之事業機關團體組織銷售勞務之營業稅申報）105

①外國之事業、機關、團體、組織在中華民國境內無固定營業場所而有銷售勞務者，應由勞務買受人於給付報酬之次期開始十五日

內，就給付額依第十條所定稅率，計算營業稅額繳納之；其銷售之勞務屬第十一條第一項各業之勞務者，勞務買受人應按該項各款稅率計算營業稅額繳納之。但買受人為依第四章第一節規定計算稅額之營業人，其購進之勞務，專供經營應稅貨物或勞務之用者，免予繳納；其為兼營第八條第一項免稅貨物或勞務者，繳納之比例，由財政部定之。

②外國國際運輸事業在中華民國境內無固定營業場所而有代理人在中華民國境內銷售勞務，其代理人應於載運客、貨出境之次期開始十五日內，就銷售額按第十條規定稅率，計算營業稅額，並依前條規定，申報繳納。

③第六條第四款所定之營業人，依第二十八條之一規定須申請稅籍登記者，應就銷售額按第十條規定稅率，計算營業稅額，自行或委託中華民國境內報稅之代理人依前條規定申報繳納。

第三六條之一（教育、研究或實驗之必需品免稅）

①外國之事業、機關、團體、組織在中華民國境內，無固定營業場所而有銷售供教育、研究或實驗使用之勞務予公私立各級學校、教育或研究機關者，勞務買受人免依前條第一項規定辦理。

②本條修正公布生效日尚未核課或尚未核課確定者，適用前項規定辦理。

第三七條（外國技藝表演業營業稅之報繳）

①外國技藝表演業，在中華民國境內演出之營業稅，應依第三十五條規定，向演出地主管稽徵機關報繳。但在同地演出期間不超過三十日者，應於演出結束後十五日內報繳。

②外國技藝表演業，須在前項應行報繳營業稅之期限屆滿前離境者，其營業稅，應於離境前報繳之。

第三八條（我國境內設有總機構或固定營業場所者其營業稅之申報）

①營業人之總機構及其他固定營業場所，設於中華民國境內各地區者，應分別向主管稽徵機關申報銷售額、應納或溢付營業稅額。

②依第四章第一節規定計算稅額之營業人，得向財政部申請核准，就總機構及所有其他固定營業場所銷售之貨物或勞務，由總機構合併向所在地主管稽徵機關申報銷售額、應納或溢付營業稅額。

第三九條（溢付稅額之退還）

①營業人申報之左列溢付稅額，應由主管稽徵機關查明後退還之：

一　因銷售第七條規定適用零稅率貨物或勞務而溢付之營業稅。

二　因取得固定資產而溢付之營業稅。

三　因合併、轉讓、解散或廢止申請註銷登記者，其溢付之營業稅。

②前項以外之溢付稅額，應由營業人留抵應納營業稅。但情形特殊者，得報經財政部核准退還之。

第四〇條（繳款通知書之填發）

①依第二十一條規定，查定計算營業稅額之典當業及依第二十三條

規定，查定計算營業稅額之營業人，由主管稽徵機關查定其銷售額及稅額，每三個月塡發繳款書通知繳納一次。

②依第二十二條規定，查定計算營業稅額之營業人，由主管稽徵機關查定其銷售額及稅額，每月塡發繳款書通知繳納一次。

③前二項查定辦法，由財政部定之。

第四一條　（進口貨物應繳營業稅之代繳）90

貨物進口時，應徵之營業稅，由海關代徵之；其徵收及行政救濟程序，準用關稅法及海關緝私條例之規定辦理。

第四二條　（稅款滯報金等之繳納）

①依本法規定，由納稅義務人自行繳納之稅款，應由納稅義務人塡具繳款書向公庫繳納之。

②依本法規定，由主管稽徵機關發單課徵或補徵之稅款及加徵之滯報金、怠報金，應由主管稽徵機關塡發繳款書通知繳納，納稅義務人，應於繳款書送達之次日起，十日內向公庫繳納之。

③納稅義務人，遺失前項繳款書，應向主管稽徵機關申請補發，主管稽徵機關，應於接到申請之次日補發之。但繳納期限仍依前項規定，自第一次繳款書送達之次日起計算。

第四二條之一　（主管稽徵機關核定營業稅案件之期限）100

①主管稽徵機關收到營業稅申報書後，應於第三十五條規定申報期限屆滿之次日起六個月內，核定其銷售額、應納或溢付營業稅額。

②依稅捐稽徵法第四十八條之一規定自動向主管稽徵機關補報並補繳所漏稅款者，主管稽徵機關應於受理之次日起六個月內核定。

③第一項應由主管稽徵機關核定之案件，其無應補繳稅額或無應退稅額者，主管稽徵機關得以公告方式，載明按營業人申報資料核定，代替核定稅額通知文書之送達。

第四三條　（逕行核定銷售額及應納稅額）105

①營業人有下列情形之一者，主管稽徵機關得依照查得之資料，核定其銷售額及應納稅額並補徵之：

一　逾規定申報限期三十日，尙未申報銷售額。

二　未設立帳簿、帳簿逾規定期限未記載且經通知補記載仍未記載、遺失帳簿憑證、拒絕稽徵機關調閱帳簿憑證或於帳簿爲虛僞不實之記載。

三　未辦妥稅籍登記，即行開始營業，或已申請歇業仍繼續營業，而未依規定申報銷售額。

四　短報、漏報銷售額。

五　漏開統一發票或於統一發票上短開銷售額。

六　經核定應使用統一發票而不使用。

②營業人申報之銷售額，顯不正常者，主管稽徵機關，得參照同業情形與有關資料，核定其銷售額或應納稅額並補徵之。

第四節　稽　查

第四四條（未開立統一發票之移送法院裁罰）

①財政部指定之稽查人員，查獲營業人有應開立統一發票而未開立情事者，應當場作成紀錄，詳載營業人名稱、時間、地點、交易標的及銷售額，送由主管稽徵機關移送法院裁罰。

②前項紀錄，應交由營業人或買受人簽名或蓋章。但營業人及買受人均拒絕簽名或蓋章者，由稽查人員載明其具體事實。

第六章　罰　則

第四五條（未依規定申請稅籍登記之處罰）105

營業人未依規定申請稅籍登記者，除通知限期補辦外，並得處新臺幣三千元以上三萬元以下罰鍰；屆期仍未補辦者，得按次處罰。

第四六條（限期改正補辦及罰鍰之情形）104

營業人有下列情形之一者，除通知限期改正或補辦外，並得處新臺幣一千五百元以上一萬五千元以下罰鍰；屆期仍未改正或補辦者，得按次處罰：

一　未依規定申請變更、註銷登記或申報暫停營業、復業。

二　申請營業、變更或註銷登記之事項不實。

第四七條（不用、轉用統一發票或拒收營業稅繳款書之處罰）104

納稅義務人，有下列情形之一者，除通知限期改正或補辦外，並得處新臺幣三千元以上三萬元以下罰鍰；屆期仍未改正或補辦者，得按次處罰，並得停止其營業：

一　核定應使用統一發票而不使用。

二　將統一發票轉供他人使用。

三　拒絕接受營業稅繳款書。

第四八條（統一發票記載不實等之處罰）104

①營業人開立統一發票，應行記載事項未依規定記載或所載不實者，除通知限期改正或補辦外，並按統一發票所載銷售額，處百分之一罰鍰，其金額不得少於新臺幣一千五百元，不得超過新臺幣一萬五千元。屆期仍未改正或補辦，或改正或補辦後仍不實者，按次處罰。

②前項未依規定記載或所載不實事項爲買受人名稱、地址或統一編號者，其第二次以後處罰罰鍰爲統一發票所載銷售額之百分之二，其金額不得少於新臺幣三千元，不得超過新臺幣三萬元。

第四八條之一（違反應稅貨物或勞務定價之處罰）100

營業人對於應稅貨物或勞務之定價，未依第三十二條第二項規定內含營業稅，經通知限期改正，屆期未改正者，處新臺幣一千五百元以上一萬五千元以下罰鍰。

第四九條（逾期申報銷售額或統一發票明細表之處罰）104

營業人未依本法規定期限申報銷售額或統一發票明細表，其未逾三十日者，每逾二日按應納稅額加徵百分之一滯報金，金額不得少於新臺幣一千二百元，不得超過新臺幣一萬二千元；其逾三十日者，按核定應納稅額加徵百分之三十怠報金，金額不得少於新臺幣三千元，不得超過新臺幣三萬元。其無應納稅額者，滯報金為新臺幣一千二百元，怠報金為新臺幣三千元。

第四十九條之一（未依規定期間代理申報繳納營業稅者之處罰）105

第二十八條之一第一項規定之代理人，未依規定期間代理申報繳納營業稅者，處新臺幣三千元以上三萬元以下罰鍰。

第五〇條（逾期繳納稅款之處罰）106

①納稅義務人逾期繳納稅款者，應自繳納期限屆滿之次日起，每逾二日按滯納之金額加徵百分之一滯納金；逾三十日仍未繳納者，除移送強制執行外，並得停止其營業。但因不可抗力或不可歸責於納稅義務人之事由，致不能於法定期間內繳清稅捐，得於其原因消滅後十日內，提出具體證明，向稽徵機關申請延期或分期繳納經核准者，免予加徵滯納金。

②前項應納稅款，應自滯納期限屆滿之次日起，至納稅義務人自動繳納或強制執行徵收繳納之日止，依郵政儲金一年期定期儲金固定利率，按日計算利息，一併徵收。

第五一條（漏稅之處罰）105

①納稅義務人，有下列情形之一者，除追繳稅款外，按所漏稅額處五倍以下罰鍰，並得停止其營業：

一　未依規定申請稅籍登記而營業。

二　逾規定期限三十日未申報銷售額或統一發票明細表，亦未按應納稅額繳納營業稅。

三　短報或漏報銷售額。

四　申請註銷登記後，或經主管稽徵機關依本法規定停止其營業後，仍繼續營業。

五　虛報進項稅額。

六　逾規定期限三十日未依第三十六條第一項規定繳納營業稅。

七　其他有漏稅事實。

②納稅義務人有前項第五款情形，如其取得非實際交易對象所開立之憑證，經查明確有進貨事實及該項憑證確由實際銷貨之營利事業所交付，且實際銷貨之營利事業已依法補稅處罰者，免依前項規定處罰。

第五二條（漏開統一發票之處罰）104

①營業人漏開統一發票或於統一發票上短開銷售額，於法定申報期限前經查獲者，應就短漏開銷售額按規定稅率計算稅額繳納稅款，並按該稅額處五倍以下罰鍰。但處罰金額不得超過新臺幣一百萬元。

②營業人有前項情形，一年內經查獲達三次者，並停止其營業。

第五三條（停業處分之最高期限及其延長）

①主管稽徵機關，依本法規定，為停止營業處分時，應訂定期限，

最長不得超過六個月。但停業期限屆滿後，該受處分之營業人，對於應履行之義務仍不履行者，得繼續處分至履行義務時為止。

②前項停止營業之處分，由警察機關協助執行，並於執行前通知營業人之主管機關。

第五三條之一　（罰則規定之適用）87

營業人違反本法後，法律有變更者，適用裁處時之罰則規定。但裁處前之法律有利於營業人者，適用有利於營業人之規定。

第五四條　（刪除）82

第五五條　（刪除）82

第七章　附　則

第五六條　（刪除）77

第五七條　（稅捐等之優先權）

納稅義務人欠繳本法規定之稅款、滯報金、怠報金、滯納金、利息及合併、轉讓、解散或廢止時依法應徵而尚未開徵或在納稅期限屆滿前應納之稅款，均應較普通債權優先受償。

第五八條　（統一發票給獎辦法之訂定）77

為防止逃漏、控制稅源及促進統一發票之推行，財政部得訂定統一發票給獎辦法；其經費由全年營業稅收入總額中提出百分之三，以資支應。

第五九條　（施行細則）

本法施行細則，由財政部擬訂，報請行政院核定發布之。

第六〇條　（施行日期）106

本法施行日期，除中華民國八十八年六月二十八日修正公布之第十一條、第二十一條自八十八年七月一日施行，一百零六年五月二十六日修正之條文自公布日施行外，由行政院定之。

統一發票使用辦法

①民國 69 年 9 月 20 日財政部令訂定發布全文 26 條。
②民國 70 年 9 月 8 日財政部令修正發布第 12 條條文。
③民國 73 年 6 月 26 日財政部令修正發布第 7、16、20 條條文。
④民國 75 年 2 月 27 日財政部令修正發布全文 32 條。
⑤民國 77 年 6 月 14 日財政部令修正發布第 4、7、9～11、15、17、18、20、22、32 條條文。
⑥民國 82 年 3 月 16 日財政部令修正發布第 9、10、19、26、27、31、32 條條文。
⑦民國 86 年 6 月 26 日財政部令修正發布第 4、9、10、15-1、20、21、22、24、26、32 條條文。
⑧民國 88 年 6 月 29 日財政部令修正發布第 31、32 條條文；並自 88 年 7 月 1 日起施行。
⑨民國 92 年 12 月 19 日財政部令修正發布第 31、32 條條文；第 31 條規定自發布日施行。
⑩民國 94 年 10 月 25 日財政部令修正發布第 4、9、15-1、32 條條文；並自發布日施行。
⑪民國 99 年 4 月 21 日財政部令修正發布第 7、8、32 條條文；並自發布日施行。
⑫民國 100 年 5 月 12 日財政部令修正發布第 1、4、5、8、9、15-1、21、25、32 條條文；並自 100 年 4 月 1 日施行。
⑬民國 101 年 12 月 14 日財政部令修正發布第 7、31、32 條條文；增訂第 24-1、24-2 條條文；並刪除第 28、29 條條條文；除第 7 條施行日期由財政部定之外，自發布日施行。
⑭民國 102 年 12 月 31 日財政部令修正發布第 1、7、24-2、32 條條文；並自 103 年 1 月 1 日施行。
⑮民國 104 年 3 月 9 日財政部令修正發布第 4、32 條條文；並增訂第 5-1 條條文；除第 4 條自 105 年 1 月 1 日施行外，餘自發布日施行。
⑯民國 105 年 7 月 15 日財政部令修正發布第 15、25、32 條條文；並自發布日施行。
⑰民國 107 年 1 月 19 日財政部令修正發布第 1、7～9、11、14、20、24、24-1、31、32 條條文；並刪除第 24-2、25～27 條條文；除第 7 條第 4～6 項自 107 年 3 月 1 日施行、第 7 條第 1、2 項、第 8 條、第 9 條第 1 項第 1 款、第 24-1、25～27、31 條自 109 年 1 月 1 日施行外，餘自發布日施行。
⑱民國 107 年 7 月 16 日財政部令修正發布第 9、32 條條文；並增訂第 7-1、20-1 條條文；除第 7-1 條第 2 項、第 9 條第 1 項第 5 款及第 20-1 條第 2 項自 108 年 1 月 1 日施行外，餘自發布日施行。

第一章　總　則

第一條 107

本辦法依加值型及非加值型營業稅法（以下簡稱本法）第三十二條第四項規定訂定之。

第二條

營業人使用統一發票，除本法已有規定者外，應依本辦法之規定。

第三條

營業人除依第四條規定免用統一發票者外，主管稽徵機關應核定其使用統一發票。

第二章　免用及免開範圍

第四條 104

合於下列規定之一者，得免用或免開統一發票：

一　小規模營業人。

二　依法取得從事按摩資格之視覺功能障礙者經營，且全部由視覺功能障礙者提供按摩勞務之按摩業。

三　計程車業及其他交通運輸事業客票收入部分。

四　依法設立之免稅商店及離島免稅購物商店。

五　供應之農田灌溉用水。

六　醫院、診所、療養院提供之醫療勞務、藥品、病房之住宿及膳食。

七　依法經主管機關許可設立之社會福利團體、機構及勞工團體，提供之社會福利勞務及政府委託代辦之社會福利勞務。

八　學校、幼稚園及其他教育文化機構提供之教育勞務，及政府委託代辦之文化勞務。

九　職業學校不對外營業之實習商店。

十　政府機關、公營事業及社會團體依有關法令組設經營，不對外營業之員工福利機構。

十一　監獄工廠及其作業成品售賣所。

十二　郵政、電信機關依法經營之業務及政府核定代辦之業務，政府專賣事業銷售之專賣品。但經營本業以外之部分，不包括在內。

十三　經核准登記之攤販。

十四　（刪除）

十五　理髮業及沐浴業。

十六　按查定課徵之特種飲食業。

十七　依法登記之報社、雜誌社、通訊社、電視臺及廣播電臺銷售其本事業之報紙、出版品、通訊稿、廣告、節目播映、節目播出。但報社銷售之廣告及電視臺之廣告播映，不包括在內。

十八　代銷印花稅票或郵票之勞務。

十九　合作社、農會、漁會、工會、商業會、工業會依法經營銷售與社員、會員之貨物或勞務及政府委託其代辦之業務。

二十　各級政府發行之債券及依法應課徵證券交易稅之證券。

二一　各級政府機關標售賸餘或廢棄之物資。

二二　法院、海關及其他機關拍賣沒入或查封之財產、貨物或抵押品。
二三　銀行業。
二四　保險業。
二五　信託投資業、證券業、期貨業及票券業。
二六　典當業之利息收入及典物孳生之租金。
二七　娛樂業之門票收入、說書場、遊藝場、撞球場、桌球場、釣魚場及兒童樂園等收入。
二八　外國國際運輸事業在中華民國境內無固定營業場所，而由代理人收取自國外載運客貨進入中華民國境內之運費收入。
二九　營業人取得之賠償收入。
三十　依法組織之慈善救濟事業標售或義賣之貨物與舉辦之義演，其收入除支付標售、義賣及義演之必要費用外，全部供作該事業本身之用者。
三一　經主管機關核准設立之學術、科技研究機構提供之研究勞務。
三二　農產品批發市場之承銷人。
三三　營業人外銷貨物、與外銷有關之勞務或在國內提供而在國外使用之勞務。
三四　保稅區營業人銷售與課稅區營業人未輸往課稅區而直接出口之貨物。
三五　其他經財政部核定免用或免開統一發票者。

第三章　購買、使用及申報

第五條

①營業人首次領用統一發票時，應向主管稽徵機關申請核發統一發票購票證，加蓋統一發票專用章，以憑購用統一發票。
②前項專用章應刊明營業人名稱、統一編號、地址及「統一發票專用章」字樣；其中統一編號，並應使用標準五號黑體字之阿拉伯數字。

第五條之一 104

①營業人有下列情形之一者，主管稽徵機關應停止其購買統一發票：
一　開立不實統一發票。
二　擅自歇業他遷不明。
三　暫停營業或註銷營業登記。
四　遷移營業地址至其他地區國稅局轄區。
五　受停止營業處分。
六　登記之營業地址，無對外銷售貨物或勞務。
七　已變更統一編號，以原統一編號購買統一發票。
八　變更課稅方式為依本法第四十條規定查定課徵。

②營業人有下列情形之一者，主管稽徵機關得管制其購買統一發票：
一　涉嫌開立不實統一發票。
二　無進貨事實虛報進項稅額。
三　新設立或遷移營業地址，營業情形不明。
四　遷移營業地址未辦理變更登記。
五　逾期未申報銷售額、應納或溢付營業稅額。
六　滯欠營業稅未繳清。
七　註銷營業登記後銷售餘存之貨物或勞務。
八　函查未補正、其他有違反法令規定或顯著異常情事者。
③前二項停止或管制購買統一發票事由消滅時，得視原列管情形，由營業人申請或主管稽徵機關查明後解除其管制。

第六條

①營業人名稱、統一編號、地址、負責人或統一發票專用章印鑑變更者，應持原領統一發票購票證向主管稽徵機關申請換發。
②營業人合併、轉讓、解散或廢止者，應將原領統一發票購票證，送交主管稽徵機關註銷。
③營業人遺失統一發票購票證者，應即日將該購票證號碼申報主管稽徵機關核備，並請領新證。

第七條 107

①統一發票之種類及用途如下：
一　三聯式統一發票：專供營業人銷售貨物或勞務與營業人，並依本法第四章第一節規定計算稅額時使用。第一聯為存根聯，由開立人保存，第二聯為扣抵聯，交付買受人作為依本法規定申報扣抵或扣減稅額之用，第三聯為收執聯，交付買受人作為記帳憑證。
二　二聯式統一發票：專供營業人銷售貨物或勞務與非營業人，並依本法第四章第一節規定計算稅額時使用。第一聯為存根聯，由開立人保存，第二聯為收執聯，交付買受人收執。
三　特種統一發票：專供營業人銷售貨物或勞務，並依本法第四章第二節規定計算稅額時使用。第一聯為存根聯，由開立人保存，第二聯為收執聯，交付買受人收執。
四　收銀機統一發票：專供依本法第四章第一節規定計算稅額之營業人，銷售貨物或勞務，以收銀機開立統一發票時使用。其使用與申報，依「營業人使用收銀機辦法」之規定辦理。
五　電子發票：指營業人銷售貨物或勞務與買受人時，以網際網路或其他電子方式開立、傳輸或接收之統一發票；其應有存根檔、收執檔及存證檔，用途如下：
㈠存根檔：由開立人自行保存。
㈡收執檔：交付買受人收執，買受人為營業人者，作為記帳憑證及依本法規定申報扣抵或扣減稅額之用。
㈢存證檔：由開立人傳輸至財政部電子發票整合服務平台

（以下簡稱平台）存證。

②前項第一款至第四款規定之統一發票，必要時得經財政部核准增印副聯。

③電子發票之開立人及買受人，得分別自存根檔或平台存證檔，依規定格式與紙質下載列印電子發票證明聯，以憑記帳或兌領獎。

④開立電子發票之營業人，買受人為非營業人者，應於開立後四十八小時內將統一發票資訊及買受人以財政部核准載具索取電子發票之載具識別資訊傳輸至平台存證，並應使買受人得於該平台查詢、接收上開資訊。如有發票作廢、銷貨退回或折讓、捐贈或列印電子發票證明聯等變更發票資訊時，亦同。

⑤開立電子發票之營業人，買受人為營業人者，應於開立後七日內將統一發票資訊傳輸至平台存證，並由平台通知買受人接收，買受人未於平台設定接收方式者，應由開立人通知。如有發票作廢、銷貨退回或折讓時，開立人應依上開時限完成交易相對人接收及將資訊傳輸至平台存證。

⑥開立人符合前二項規定者，視為已將統一發票交付買受人，買受人視為已取得統一發票。但有其他不可歸責於營業人之事由，致無法依前二項規定辦理者，應於事由消滅之翌日起算三日內完成傳輸並向所在地主管稽徵機關申請，經該管稽徵機關核准者，視同已依規定交付。

第八條 107

①營業人使用統一發票，應按時序開立，並於扣抵聯及收執聯加蓋規定之統一發票專用章。但以網際網路或其他電子方式開立、傳輸之電子發票者，得以條列方式列印其名稱、地址及統一編號於「營業人蓋用統一發票專用章」欄內，免加蓋統一發票專用章。

②依本法第四章第一節規定計算稅額之營業人，於使用統一發票時，應區分應稅、零稅率或免稅分別開立，並於統一發票明細表課稅別欄註記。

③營業人受託代收轉付款項，於收取轉付之間無差額，其轉付款項取得之憑證買受人載明為委託人者，得以該憑證交付委託人，免另開立統一發票，並免列入銷售額。

④飲食、旅宿業及旅行社等，代他人支付之雜項費用（例如車費、郵政、電信等費），得於統一發票「備註」欄註明其代收代付項目與金額，免予列入統一發票之銷售額及總計金額。

第九條 107

①營業人開立統一發票，除應分別依規定格式據實載明字軌號碼、交易日期、品名、數量、單價、金額、銷售額、課稅別、稅額及總計外，應依下列規定辦理。但其買受人為非營業人者，應以定價開立。

一　營業人使用三聯式統一發票者，應載明買受人名稱及統一編號。

二　製造業或經營進口貿易之營業人，銷售貨物或勞務與非營業人開立之統一發票，應載明買受人名稱及地址，或身分證統一編號。

三　營業人對買受人為非營業人所開立之統一發票，除前款規定外，得免填買受人名稱及地址。但經買受人要求者，不在此限。

四　（刪除）

五　本法第六條第四款所定營業人開立雲端發票應記載事項，得以外文為之；交易日期得以西元日期表示；單價、金額及總計得以外幣列示，但應加註計價幣別。

②營業人開立統一發票以分類號碼代替品名者，應先將代替品名之分類號碼對照表，報請主管稽徵機關備查，異動亦同。

第一〇條　（刪除）86

第一一條 107

①外國國際運輸事業在中華民國境內無固定營業場所而有代理人者，其在中華民國境內載貨出境，應由代理人於船舶開航日前開立統一發票，並依下列規定填載買受人：

一　在中華民國境內收取運費者，以付款人為買受人。

二　未在中華民國境內收取運費者，以國外收貨人為買受人。

②前項第二款未在中華民國境內收取運費者，得以每航次運費收入總額彙開統一發票，並於備註欄註明航次及彙開字樣。

第一二條

營業人以貨物或勞務與他人交換貨物或勞務者，應於換出時，開立統一發票。

第一三條

營業人派出推銷人員攜帶貨物離開營業場所銷售者，應由推銷人員攜帶統一發票，於銷售貨物時開立統一發票交付買受人。

第一四條 107

①營業人發行禮券者，應依下列規定開立統一發票：

一　商品禮券：禮券上已載明憑券兌付一定數量之貨物者，應於出售禮券時開立統一發票。

二　現金禮券：禮券上僅載明金額，由持有人按禮券上所載金額，憑以兌購貨物者，應於兌付貨物時開立統一發票。

②前項第二款現金禮券，訂明與其他特定之營業人約定憑券兌換貨物者，由承兌之營業人於兌付貨物時開立統一發票。

第一五條 105

①營業人每筆銷售額與銷項稅額合計未滿新臺幣五十元之交易，除買受人要求者外，得免逐筆開立統一發票。但應於每日營業終了時，按其總金額彙開一張統一發票，註明「彙開」字樣，並應在當期統一發票明細表備考欄註明「按日彙開」字樣，以供查核。

②營業人以網際網路或其他電子方式開立電子發票、使用收銀機開立統一發票或使用收銀機收據代替逐筆開立統一發票者，不適用前項規定。

第一五條之一 94

①營業人具備下列條件者，得向所在地主管稽徵機關申請核准後，就其對其他營業人銷售之貨物或勞務，按月彙總於當月月底開立統一發票：

一　無積欠已確定之營業稅及罰鍰、營利事業所得稅及罰鍰者。

二　最近二年度之營利事業所得稅係委託會計師查核簽證或經核准使用藍色申報書者。

②營業人依前項規定申請按月彙總開立統一發票與其他營業人時，應檢附列有各該買受營業人之名稱、地址及統一編號之名冊，報送所在地主管稽徵機關。

③營業人經核准按月彙總開立統一發票後，如有違反第一項之條件者，主管稽徵機關得停止其按月彙總開立統一發票，改按逐筆交易開立統一發票。

第一六條

依本法營業人開立銷售憑證時限表規定，以收款時爲開立統一發票之時限者，其收受之支票，得於票載日開立統一發票。

第一七條 77

①營業人經營代購業務，將代購貨物送交委託人時，除按佣金收入開立統一發票外，應依代購貨物之實際價格開立統一發票，並註明「代購」字樣，交付委託人。

②營業人委託代銷貨物，應於送貨時依合約規定銷售價格開立統一發票，並註明「委託代銷」字樣，交付受託代銷之營業人，作爲進項憑證。受託代銷之營業人，應於銷售該項貨物時，依合約規定銷售價格開立統一發票，並註明「受託代銷」字樣，交付買受人。

③前項受託代銷之營業人，應依合約規定結帳期限，按銷售貨物應收手續費或佣金開立統一發票及結帳單，載明銷售貨物品名、數量、單價、總價、日期及開立統一發票號碼，一併交付委託人，其結帳期間不得超過二個月。

④營業人委託農產品批發市場交易之貨物，得於結帳時按成交之銷售額開立統一發票，交付受託交易之批發市場。

第一八條 77

①營業人以分期付款方式銷售貨物，除於約定收取第一期價款時一次全額開立外，應於約定收取各期價款時開立統一發票。

②營業人以自動販賣機銷售貨物，應於收款時按實際收款金額彙總開立統一發票。

第一九條

①營業人漏開、短開統一發票經查獲者，應補開統一發票，並於備註欄載明「違章補開」字樣，由主管稽徵機關執存核辦。

②前項漏開、短開統一發票之行爲，如經買受人檢舉查獲者，其補開之統一發票，得交付買受人，並毋須在備註欄書明「違章補開」字樣，另由該營業人切結承認其違章事實。

第二〇條 107

①營業人銷售貨物或勞務，於開立統一發票後，發生銷貨退回、掉換貨物或折讓等情事，應於事實發生時，分別依下列各款規定辦理；其爲掉換貨物者，應按掉換貨物之金額，另行開立統一發票交付買受人。

一 買受人爲營業人者：

㈠開立統一發票之銷售額尚未申報者，應收回原開立統一發票收執聯及扣抵聯，黏貼於原統一發票存根聯上，並註明「作廢」字樣。但原統一發票載有買受人之名稱及統一編號者，得以買受人出具之銷貨退回、進貨退出或折讓證明單代之。

㈡開立統一發票之銷售額已申報者，應取得買受人出具之銷貨退回、進貨退出或折讓證明單。但以原統一發票載有買受人之名稱、統一編號者爲限。

二 買受人爲非營業人者：

㈠開立統一發票之銷售額尚未申報者，應收回原開立統一發票收執聯，黏貼於原統一發票存根聯上，並註明「作廢」字樣。

㈡開立統一發票之銷售額已申報者，除應取得買受人出具之銷貨退回、進貨退出或折讓證明單外，並應收回原開立統一發票收執聯。如收執聯無法收回，得以收執聯影本替代。但雙方訂有買賣合約，且原開立統一發票載有買受人名稱及地址者，可免收回原開立統一發票收執聯。

②前項銷貨退回、進貨退出或折讓證明單一式四聯，第一聯及第二聯由銷售貨物或勞務之營業人，作爲申報扣減銷項稅額及記帳之憑證，第三聯及第四聯由買受人留存，作爲申報扣減進項稅額及記帳之憑證。

第二〇條之一 107

①使用電子發票之營業人，經買賣雙方合意銷貨退回、進貨退出或折讓，得以網際網路或其他電子方式開立、傳輸或接收銷貨退回、進貨退出或折讓證明單，其應有存根檔、收執檔及存證檔，用途如下：

一 存根檔：由開立人自行保存，作爲記帳憑證及依本法規定申報扣減銷項或進項稅額之用。

二 收執檔：交付交易相對人收執，其爲營業人者，作爲記帳憑證及依本法規定申報扣減銷項或進項稅額之用。

三 存證檔：由開立人傳輸至平台存證。

②本法第六條第四款所定營業人開立及傳輸銷貨退回、進貨退出或折讓證明單，應以網際網路或其他電子方式辦理。

第二一條 86

①非當期之統一發票，不得開立使用。但經主管稽徵機關核准者，不在此限。

②營業人購買之統一發票或稽徵機關配賦之統一發票字軌號碼，不得轉供他人使用。

第二二條 86

營業人對當期購買之統一發票賸餘空白未使用部分，應予截角作廢保存，以供稽徵機關抽查，並於填報統一發票明細表載明其字軌及起訖號碼。

第二三條

①營業人遺失空白未使用之統一發票者，應即日敘明原因及遺失之統一發票種類、字軌號碼，向主管稽徵機關申報核銷。

②營業人遺失已開立統一發票存根聯，如取得買受人蓋章證明之原收執聯影本者，得以收執聯影本代替存根聯。

③營業人遺失統一發票扣抵聯或收執聯，如取得原銷售營業人蓋章證明之存根聯影本，或以未遺失聯之影本自行蓋章證明者，得以影本替代扣抵聯或收執聯作爲進項稅額扣抵憑證或記帳憑證。

第二四條 107

①營業人開立統一發票有第九條第一項規定應記載事項記載錯誤情事者，應另行開立。

②前項情形，該誤寫之統一發票收執聯及扣抵聯註明「作廢」字樣，黏貼於存根聯上，如爲電子發票，已列印之電子發票證明聯應收回註明「作廢」字樣，並均應於當期之統一發票明細表註明。

第二四條之一 107

營業人遇有機器故障，致不能開立收銀機統一發票或電子發票時，應以人工依照規定開立，並於填報明細表時註明。

第四章　電子計算機統一發票

第二四條之二至第二七條（刪除）107

第二八條　（刪除）

第二九條　（刪除）

第五章　附　則

第三〇條

違反本辦法之規定者，依本法及稅捐稽徵法有關規定處罰。

第三一條 107

①統一發票，除經核准使用自行印製之收銀機統一發票或以網際網路或其他電子方式開立、傳輸之統一發票外，由財政部印刷廠印製及發售；其供應品質、數量及價格等之監督及管理由營業稅主管稽徵機關辦理。

②第七條之一雲端發票，指營業人銷售貨物或勞務與使用財政部核准載具之買受人或經買受人指定以捐贈碼捐贈予機關或團體，依前條規定開立、傳輸或接收且未列印電子發票證明聯之電子發票。

③本法第六條第四款所定營業人應開立雲端發票交付買受人。

第三二條 107

①本辦法自中華民國七十五年四月一日施行。

②本辦法修正條文自中華民國七十七年七月一日施行。

③本辦法中華民國八十二年三月十六日修正發布之第九條、第十條、第十九條、第二十六條、第二十七條及第三十一條自八十二年四月一日施行。

④本辦法中華民國八十六年六月二十六日修正發布之第四條、第九條、第十條、第十五條之一、第二十條、第二十一條、第二十二條、第二十四條及第二十六條自八十六年七月一日施行。

⑤本辦法中華民國八十八年六月二十九日修正發布之第三十一條自八十八年七月一日施行。

⑥本辦法中華民國九十二年十二月十九日修正發布之第三十一條自發布日施行。

⑦本辦法中華民國九十四年十月二十五日修正發布之第四條、第九條、第十五條之一自發布日施行。

⑧本辦法中華民國九十九年四月二十一日修正發布之第七條及第八條自發布日施行。

⑨本辦法中華民國一百年五月十二日修正發布之條文，自一百年四月一日施行。

⑩本辦法中華民國一百零一年十二月十四日修正發布之條文，除第七條施行日期由財政部定之外，自發布日施行。

⑪本辦法中華民國一百零二年十二月三十一日修正發布之條文，自一百零三年一月一日施行。

⑫本辦法中華民國一百零四年三月九日修正發布之條文，除第四條自一百零五年一月一日施行外，自發布日施行。

⑬本辦法中華民國一百零五年七月十五日修正發布之條文，自發布日施行。

⑭本辦法中華民國一百零七年一月十九日修正發布之條文，除第七條第四項至第六項自一百零七年三月一日施行、第七條第一項、第二項、第八條、第九條第一項第一款、第二十四條之一、第二十五條至第二十七條及第三十一條自一百零九年一月一日施行外，自發布日施行。

⑮本辦法中華民國一百零七年七月十六日修正發布之條文，除第七條之一第二項、第九條第一項第五款及第二十條之一第二項自一百零八年一月一日施行外，自發布日施行。

統一發票給獎辦法

①民國 71 年 5 月 28 日財政部令訂定發布全文 16 條。
②民國 72 年 12 月 6 日財政部令修正發布第 3、4、7、10、16 條條文。
③民國 74 年 8 月 13 日財政部令修正發布第 11、16 條條文。
④民國 75 年 4 月 10 日財政部令修正發布第 1、3、10、11、16 條條文。
⑤民國 75 年 12 月 22 日財政部令修正發布第 3、16 條條文。
⑥民國 77 年 6 月 28 日財政部令修正發布第 3、7、15、16 條條文。
⑦民國 77 年 10 月 24 日財政部令修正發布。
⑧民國 79 年 10 月 30 日財政部令修正發布第 11、17 條條文。
⑨民國 80 年 8 月 29 日財政部令修正發布第 3、17 條條文。
⑩民國 86 年 6 月 26 日財政部令修正發布第 3、10、15、17 條條文。
⑪民國 88 年 6 月 29 日財政部令修正發布第 2、7、16、17 條條文；並刪除第 4 條條文。
⑫民國 89 年 12 月 27 日財政部令修正發布第 3、17 條條文。
⑬民國 93 年 4 月 22 日財政部令修正發布第 7、8、17 條條文；第 7、8 條自 93 年 9 月 1 日施行。
⑭民國 96 年 10 月 17 日財政部令修正發布第 1、11、16、17 條條文；除第 11、16 條自 96 年 11 月 1 日施行外，自發布日施行。
⑮民國 97 年 8 月 22 日財政部令修正發布第 3、17 條條文；並自 97 年 9 月 1 日施行。
⑯民國 99 年 6 月 17 日財政部令修正發布第 8 條條文。
⑰民國 100 年 2 月 23 日財政部令修正發布第 3、7、9～11 條條文。
⑱民國 102 年 6 月 28 日財政部令修正發布第 5～11 條條文；並增訂第 3-1 條條文。
⑲民國 102 年 12 月 6 日財政部令修正發布第 3、3-1、5、9、10、16 條條文。
⑳民國 104 年 3 月 19 日財政部令修正發布第 3-1 條條文。
㉑民國 105 年 12 月 15 日財政部令修正發布第 3-1、5、8～12 條條文；增訂第 10-1 條條文。
㉒民國 107 年 1 月 19 日財政部令修正發布第 15 條條文；並增訂第 15-1 條條文。
㉓民國 107 年 6 月 13 日財政部令修正發布第 3-1、5、6、8、10、15-1 條條文。
㉔民國 107 年 10 月 25 日財政部令修正發布第 5、7～10、17 條條文；並自 108 年 1 月 1 日施行。

第一條 96

本辦法依加值型及非加值型營業稅法第五十八條規定訂定之。

第二條 88

本辦法規定事項，由財政部會同營業稅主管稽徵機關組設置專責單位（以下稱專責單位）負責執行。

第三條 100

①統一發票於每單月之二十五日，就前期之統一發票，開出特獎一

至三組及其他各獎三至十組之中獎號碼，並視財政狀況增開特別獎一組，其獎別及獎金如下：

一　特別獎：統一發票八位數號碼與中獎號碼完全相同者，獎金新臺幣一千萬元。

二　特獎：統一發票八位數號碼與中獎號碼完全相同者，獎金新臺幣二百萬元。

三　其他各獎：

㈠頭獎：統一發票八位數號碼與中獎號碼完全相同者，獎金新臺幣二十萬元。

㈡二獎：統一發票末七位數號碼與中獎號碼之末七位完全相同者，獎金新臺幣四萬元。

㈢三獎：統一發票末六位數號碼與中獎號碼之末六位完全相同者，獎金新臺幣一萬元。

㈣四獎：統一發票末五位數號碼與中獎號碼之末五位完全相同者，獎金新臺幣四千元。

㈤五獎：統一發票末四位數號碼與中獎號碼之末四位完全相同者，獎金新臺幣一千元。

㈥六獎：統一發票末三位數號碼與中獎號碼之末三位完全相同者，獎金新臺幣二百元。

②前項開出中獎號碼之組數，由專責單位於首期開獎前公布之。遇有變動時亦同。

③每期中獎之統一發票號碼及領獎期限，應於開獎之次日，刊登新聞紙公告週知。

第三條之一 107

①雲端發票於每單月之二十五日，就前期之雲端發票，開出雲端發票專屬百萬獎一至三十組及千元獎一千至一萬六千組，其獎別及獎金如下：

一、百萬獎：雲端發票字軌及八位數號碼與中獎字軌號碼完全相同者，獎金新臺幣一百萬元。

二、千元獎：雲端發票字軌及八位數號碼與中獎字軌號碼完全相同者，獎金新臺幣二千元。

②前項開出中獎字軌號碼之組數，由專責單位於首期開獎前公布之。遇有變動時亦同。

③每期雲端發票之中獎字軌號碼及領獎期限，應於開獎之次日，刊登財政部及所屬各地區國稅局網站公告週知。

④雲端發票，指營業人銷售貨物或勞務與使用財政部核准載具之買受人或經買受人指定以捐贈碼捐贈予機關或團體，依統一發票使用辦法第七條開立、傳輸或接收且未列印電子發票證明聯之電子發票。

⑤中獎雲端發票列印電子發票證明聯，不適用前項有關未列印電子發票證明聯之規定。

第四條　（刪除）88

第五條 107

①中獎統一發票，已載明買受人者，以買受人為中獎人；未載明買受人者，其中獎人如下：

一　中獎統一發票收執聯持有人。

二　中獎電子發票證明聯持有人。但使用行動裝置下載財政部提供行動應用程式完成五獎或六獎領獎程序者，為中獎獎金匯入之金融機構或郵政機構帳戶所有人。

三　公用事業買受人未以電子發票證明聯兌獎者，以持有公用事業掣發載有載具識別資訊之兌獎聯者為中獎人。

②中獎雲端發票已指定帳戶或金融支付工具匯入中獎獎金者，其中獎人如下，不適用前項規定：

一　金融機構帳戶所有人。

二　郵政機構帳戶所有人。

三　信用卡持有人。

四　轉帳卡持有人。

五　電子支付帳戶使用者。

第六條 107

①中獎統一發票，每張按其中獎獎別領取一個獎金為限。

②雲端發票字軌號碼同時依第三條及第三條之一中獎者，以領取一個獎金為限。

第七條 107

①統一發票獎金之發給，由專責單位委託財政部所屬機關（構）辦理；必要時並得由受託之機關（構）轉委託。

②營業稅主管稽徵機關應於每期開獎日之次月四日前，就轄內當期中獎之各獎產製載明統一發票字軌號碼及應發獎金金額之中獎清册檔，送財政部財政資訊中心匯入中獎清册資料庫，供代發獎金單位以憑核發。但電子發票中獎之各獎中獎清册檔，由財政部財政資訊中心產製並匯入中獎清册資料庫。

第八條 107

①中獎人應於開獎日之次月六日起三個月內，向代發獎金單位領獎，並依代發獎金單位公告之兌獎方式及營業時間內為之。

②中獎人得於代發獎金單位之營業時間內，臨櫃辦理領獎。

③雲端發票中獎人為本國人民、持居留證之外國、大陸地區人民及香港、澳門居民，符合下列情形之一者，得由代發獎金單位將中獎獎金扣除應繳納之稅款後直接匯入指定帳戶。但匯款帳戶資料錯誤者，中獎人應於代發獎金單位通知更正期限內更正之：

一　開獎前已依財政部公告之方式提供個人身分資料及獎金匯款之金融機構帳戶、郵政機構帳戶、信用卡卡片號碼、轉帳卡卡片號碼或電子支付帳戶。

二　領獎期限屆滿前使用行動裝置下載財政部提供行動應用程式兌獎。

④雲端發票中獎人無法或未以前項規定方式領獎者，應持電子發票

證明聯依第二項規定辦理。但中獎發票爲公用事業開立者，得持公用事業製發載有載具識別資訊之兌獎聯領獎。

第九條 107

中獎人依前條第二項規定領獎時，應攜帶身分證明文件及中獎統一發票收執聯、電子發票證明聯或公用事業掣發載有載具識別資訊之兌獎聯，向代發獎金單位洽填收據領獎。

第一〇條 107

①代發獎金單位依第八條第二項規定代發獎金時，應驗明中獎號碼及領獎人身分證明文件，將中獎人國民身分證或護照、居留證等證號註記於中獎清册資料庫，並取具中獎人領獎收據後辦理給付。但代發電子發票各獎獎金時，應另驗明中獎字軌。

②代發獎金單位依前項規定核發各獎獎金時，應連結中獎清册資料庫核對。

③前二項規定代發獎金單位應於發獎期限屆滿後二個月內，列具清册，彙送專責單位結報。非憑中獎電子發票證明聯或公用事業掣發載有載具識別資訊之兌獎聯發給獎金者，應併附中獎統一發票收執聯與領獎收據。

④中獎人屬第八條第三項第一款規定者，代發獎金單位應於發獎期限屆滿後二個月內，檢具載明中獎人載具資料及個人身分識別資料之匯款清册，彙送專責單位結報；中獎人屬使用財政部提供行動應用程式兌獎者，代發獎金單位應於發獎期限屆滿後二個月內，列具清册，彙送專責單位結報。

第一〇條之一 105

第五條及前二條有關公用事業掣發載有載具識別資訊之兌獎聯規定，自公用事業產製抬頭爲中華民國一百零六年三月之繳費通知單或已繳費憑證開始適用。

第一一條 105

①統一發票有下列各款情形之一，不適用本辦法給獎之規定：

一　無金額，或金額載明爲零或負數者。

二　未依規定載明金額或金額不符或未加蓋開立發票之營利事業統一發票專用印章者。

三　破損不全或塡載模糊不清、無法辨認者。但經開立發票之營利事業證明其收執聯與存根聯所記載事項確屬相符經查明無訛者，不在此限。

四　載明之買受人經塗改者。

五　已註明作廢者。

六　依各法律規定營業稅稅率爲零者。

七　依規定按日彙開者。

八　漏開短開統一發票經查獲後補開者。

九　買受人爲政府機關、公營事業、公立學校、部隊及營業人者。

十　逾規定領獎期限未經領取獎金者。

十一　適用外籍旅客購買特定貨物申請退還營業稅實施辦法規定申請退稅者。

②公用事業掣發載有載具識別資訊之兌獎聯有破損不全或填載模糊不清，致無法辨認載具識別資訊情形者，不適用本辦法給獎規定。

第一二條 105

①檢舉或查獲偽造、盜賣統一發票及開立不實統一發票營業人案件，經主管稽徵機關審查成立，送經地方法院檢察署偵查起訴者，於起訴書副本送達後十日內，依下列規定發給獎金：

一　檢舉人部分：

㈠檢舉偽造統一發票因而查獲者，每案發給新臺幣十二萬元，同時查獲印版者，加倍發給。

㈡檢舉盜賣統一發票因而查獲者，每案發給新臺幣六萬元。

㈢檢舉開立不實統一發票營業人因而查獲者，每案發給新臺幣三萬元。其由檢舉案中查獲之其他開立不實統一發票營業人者，不另發獎金。

㈣同一案件同時有二人以上檢舉者，其獎金平均分配之。

二　查獲機關部分：

㈠主動查獲偽造統一發票者，每案發給新臺幣十二萬元，同時查獲印版者，加倍發給。

㈡因接獲檢舉資料而查獲偽造統一發票者，每案發給新臺幣六萬元，同時查獲印版者，加倍發給。

㈢主動查獲盜賣統一發票者，每案發給新臺幣六萬元，因接獲檢舉資料而查獲者，每案發給新臺幣三萬元。

㈣依據通報資料而查獲偽造或盜賣統一發票者，每案發給新臺幣一萬二千元。

㈤主動或接獲檢舉資料查獲開立不實統一發票營業人者，每案發給新臺幣三萬元，其由獲案憑證中查獲其他開立不實統一發票營業人者，不另發獎金。

㈥依據通報資料或在查緝一般違章漏稅案件中發覺涉嫌而查獲開立不實統一發票營業人者，發給獎金新臺幣一萬二千元。

㈦有協助查獲機關者，查獲機關應在具領獎金數額內提取二成給與之。

②稽徵機關或財政部賦稅署查獲前項案件時，除酌予敘獎外，不適用前項發給獎金之規定。

第一三條

①檢舉漏開或短開統一發票，經主管稽徵機關審查成立者，每案得由該主管稽徵機關發給獎金。

②前項檢舉漏開或短開統一發票應具備之要件、獎金金額及核發獎金應辦理之事項另定之。

第一四條

前二條規定所發之獎金，經司法或行政救濟程序，認無違法情事者，仍應准予列銷。

第一五條 107

以不正當方法套取或冒領獎金者，所轄主管稽徵機關應具函追回其獎金，並於取得相關不法事證後，移送司法機關究辦。

第一五條之一 107

①營業人開立統一發票有下列情形之一，致代發獎金單位溢付獎金者，其所在地主管稽徵機關應具函責令該營業人賠付溢付獎金：

一　使用非主管稽徵機關配給之各種類統一發票字軌號碼。

二　重複開立或列印主管稽徵機關配給之統一發票字軌號碼。

三　作廢發票未收回統一發票收執聯或電子發票證明聯。

四　銷售特定貨物與外籍旅客，未依外籍旅客購買特定貨物申請退還營業稅實施辦法第八條第二項第二款規定記載。

五　未依加值型及非加值型營業稅法第三十二條之一第一項規定將統一發票資訊傳輸至財政部電子發票整合服務平台存證，經主管稽徵機關通知限期傳輸，屆期未傳輸。

②經核准代中獎人將中獎獎金匯入或記錄於指定帳戶或金融支付工具之機構，不符合相關作業規定致國庫溢付獎金，該機構所在地主管稽徵機關應具函責令其賠付溢付獎金。

第一六條 102

統一發票中獎之獎金、各項宣傳、資料調查及稽查之費用、檢舉、查緝之獎金、統一發票發售及專責單位所需經費，按每年營業稅收入百分之三提撥。

第一七條 107

①本辦法自中華民國七十七年十一月一日施行。

②本辦法修正條文除已另定施行日期者外，自發布日施行。

③本辦法中華民國九十六年十月十七日修正發布之第十一條、第十六條自九十六年十一月一日施行。

④本辦法中華民國九十七年八月二十二日修正發布之第三條自九十七年九月一日施行。

⑤本辦法中華民國一百零七年十月二十五日修正發布之條文，自一百零八年一月一日施行。

電子發票實施作業要點

①民國 95 年 11 月 30 日財政部令訂定發布全文 27 點；並自 95 年 12 月 6 日生效。
②民國 96 年 10 月 31 日財政部令修正發布全文 27 點；並自 96 年 10 月 31 日生效。
③民國 97 年 8 月 4 日財政部令修正發布第 5、9、10、12、19、22 點；刪除第 24 點；並自 97 年 10 月 1 日生效。
④民國 98 年 9 月 17 日財政部令修正發布第參章章名及第 2、4、5、9、10、11、15、16、18、19、22 點；刪除第 12、13 點；並自 98 年 10 月 15 日起生效。
⑤民國 99 年 11 月 15 日財政部令修正發布第 5、8、9、10、11、14、15、16、17 點；刪除 15、16、21、24、25 點；原 14、17、18、19、20、22、23、26、27 點調整為第 12、13、14、15、16、17、18、19、20 點；並自 99 年 11 月 30 日起生效。
⑥民國 101 年 12 月 21 日財政部令修正發布第 2、3、5、9、11、18 及 19 點；並自 102 年 1 月 1 日生效。
⑦民國 102 年 8 月 22 日財政部令修正發布全文 31 點；並自 103 年 1 月 1 日生效。
⑧民國 104 年 11 月 27 日財政部令修正發布全文 31 點；並自 105 年 3 月 1 日生效。但第 2 點附件一有關電子發票證明聯「格式二」自即日生效。
⑨民國 106 年 1 月 12 日財政部令修正發布全文 31 點；並自 106 年 1 月 1 日生效。但第 2 點附件一有關電子發票證明聯「格式二」自 106 年 4 月 1 日生效。
⑩民國 107 年 7 月 18 日財政部令修正發布全文 31 點；除第 4、12～16、27、30 點有關加值服務中心作業規定自 108 年 1 月 1 日生效外，餘自即日生效。
⑪民國 107 年 11 月 22 日財政部令修正發布第 2 點之附件一；並自 108 年 1 月 1 日生效。
⑫民國 108 年 1 月 9 日財政部令修正發布第 7、12、14、18～22、24、26、27、31 點及第 2 點之附件一、二、第 8 點之附件四；刪除第 10、11 點；並自 108 年 1 月 1 日生效。

第一章　總　則

一　爲便利營業人使用電子發票，特訂定本作業要點。

二　本作業要點用詞定義如下：

㈠電子發票：指依統一發票使用辦法第七條規定，營業人銷售貨物或勞務與買受人時，以網際網路或其他電子方式開立、傳輸或接收之統一發票。

㈡雲端發票：指營業人銷售貨物或勞務與使用財政部核准載具之買受人或經買受人指定以捐贈碼捐贈予機關或團體，依統一發票使用辦法規定開立、傳輸或接收且未列印電子發票證明聯之電子發票。

㈢整合服務平台：指由財政部提供電子發票相關整合性服務之平台。

㈣電子發票證明聯：指開立人自存根檔或買受人自整合服務平台存證檔依規定格式（附件一、壹）下載列印，供有紙本作業需求之買受人作為對外營業事項發生之原始憑證或供買受人兌領獎之憑證。如使用感熱紙列印者，紙質應符合規定（如附件二）。

㈤載具：指經財政部核准，依加值型及非加值型營業稅法（以下簡稱本法）第三十二條之一第二項規定得以記載或連結雲端發票資訊之號碼。

㈥共通性載具：指經財政部核准，供買受人使用於所有開立雲端發票營業人之載具。

㈦歸戶：買受人將已連結於載具下之雲端發票資訊，再連結至身分識別資訊或共通性載具之方式。

㈧捐贈碼：經受捐贈機關或團體於整合服務平台設定，供買受人以指定其為雲端發票受贈對象之號碼。

㈨受捐贈機關或團體：指以政府機關憑證或組織及團體憑證登入整合服務平台註册之受捐贈對象。

㈩加值服務中心：指向主管稽徵機關申請核准提供電子發票系統及相關加值服務之營業人。

(十一)載具發行機構：發行載具供買受人記載或連結雲端發票資訊之機構或營業人。

(十二)電子銷貨退回、進貨退出或折讓證明單：指使用電子發票之營業人，依統一發票使用辦法規定，合意銷貨退回、進貨退出或折讓，以網際網路或其他電子方式開立、傳輸或接收之證明單。開立人得自存根檔或交易相對人得自整合服務平台存證檔，依規定格式（附件一、貳）下載列印銷貨退回、進貨退出或折讓證明單。如使用感熱紙列印者，紙質應符合規定（如附件二）。

三　營業人銷售貨物或勞務，依本法第三十二條及本作業要點規定開立電子發票，嗣後雙方同意以網站、電話或其他電子方式合意銷貨退回、進貨退出或折讓，得以網際網路或其他電子方式開立、傳輸或接收「銷貨退回、進貨退出或折讓證明單」，免以紙本「銷貨退回、進貨退出或折讓證明單」交付，並依統一發票使用辦法第七條第四項及第五項規定之時限將該證明單資訊傳輸至整合服務平台存證。

前項所稱「以網站、電話或其他電子方式合意銷貨退回、進貨退出或折讓」者，該網站或其他電子方式之系統功能需具備加解密或其他資訊安全措施，以達到資料內容及傳輸之私密性、完整性、來源辨識性、不可否認性及可歸責性。並依第九點規定保存五年，以備稽徵機關查調。

第二章　電子發票系統

四　營業人或加值服務中心使用之電子發票系統，應符合下列規定：

㈠具備加解密機制或以其他資訊安全措施，以達到資料內容及傳輸之私密性、完整性、來源辨識性、不可否認性及可歸責性。

㈡具備可執行電子發票開立、接收、作廢及銷貨退回、進貨退出或折讓及列印電子發票證明聯等功能。

㈢具備防止統一發票字軌號碼開立錯誤、重複及漏未上傳加值服務中心或整合服務平台之檢核功能。

㈣符合財政部公告之電子發票資料交換標準訊息建置指引。

營業人於首次開立電子發票前應依財政部置於整合服務平台之「電子發票開立系統自行檢測表」自我檢測並保留相關紀錄，以降低錯誤風險，系統程式增修涉及檢測項目時，亦同。

營業人或加值服務中心使用整合服務平台提供之電子發票傳輸軟體傳輸資料，應於首次傳輸資料前，依財政部置於整合服務平台之「電子發票 Turnkey 上線前自行檢測作業」完成相關檢測並保留相關紀錄，系統程式增修涉及檢測項目時，亦同。

五　營業人或加值服務中心與整合服務平台介接應使用依政府憑證管理中心規定申請之憑證、財政部核可之憑證或電子簽章方式，開立或傳輸電子發票。

第三章　營業人使用電子發票之一般規定

六　經所在地主管稽徵機關核准稅籍登記之營業人，即取得使用電子發票之資格，得以前點之憑證或電子簽章於整合服務平台進行身分認證，或向加值服務中心申請身分認證後，使用電子發票。

七　營業人開立電子發票，應使用電子發票字軌號碼。上開字軌號碼，由營業人依第四點規定完成電子發票系統自行檢測後，於首次使用前，估計每期使用數量繕具申請書向所在地主管稽徵機關申請，經核准後於整合服務平台依需用數量取號。但本法第六條第四款所定營業人至財政部稅務入口網線上申請後，依核准數量配賦。

營業人使用電子發票字軌號碼配號方式爲按期配賦字軌號碼。但合於下列情形之一者，主管稽徵機關得核准採按年配賦各期字軌號碼：

㈠原經主管稽徵機關核准自行印製收銀機統一發票。

㈡無積欠已確定之營業稅及罰鍰、營利事業所得稅及罰鍰，且最近二年度之營利事業所得稅係委託會計師查核簽證或經核准使用藍色申報書。

㈢本法第六條第四款所定營業人。

㈣以連鎖或加盟方式經營。

㈤公用事業。

㈥其他經主管稽徵機關審認得採年度配賦。

營業人之其他固定營業場所，使用電子發票字軌號碼，得由總機構向其所在地稽徵機關申請配賦。

前三項申請事項或所附證明文件經稽徵機關核准後，如有變更時，應主動向主管稽徵機關申請變更。

八　營業人應於次期開始十日內，依規定格式（如附件三）將其空白未使用之字軌號碼傳輸至整合服務平台。

營業人之總機構及其他固定營業場所使用電子發票字軌號碼，由總機構申請配賦者，應於次期開始十日內，依規定格式（如附件四）將其總、分支機構配號檔案及空白未使用之字軌號碼，由總機構傳輸至整合服務平台。

營業人得委由加值服務中心辦理前二項作業之資訊傳輸。

九　電子發票之開立、作廢、銷貨退回、進貨退出或折讓，應經交易相對人同意，營業人並應留存該同意訊息與相關證明文件，至少保留五年。

十　（刪除）

十一　（刪除）

第四章　加值服務中心

十二　營業人具備下列條件者，得向所在地主管稽徵機關申請擔任加值服務中心：

㈠截至前一年底財務報表之稅前淨利無累計虧損。

㈡截至前一年底財務報表負債占資產比率低於百分之五十，計算公式：負債總額／資產總額。但上市（櫃）公司不在此限。

㈢無積欠已確定之營業稅及罰鍰、營利事業所得稅及罰鍰。

營業人擔任加值服務中心，應先向財政部財政資訊中心申請電子發票系統檢測（如附件五），取得檢測通過文件後，再併同營業人擔任加值服務中心申請書（如附件六）及下列文件向所在地主管稽徵機關申請核准擔任加值服務中心：

㈠符合前項第一款及第二款規定之證明文件。分支機構辦理申請者，應提示總機構營利事業之前開文件。

㈡電子發票服務計畫書及承諾書（如附件六）。

㈢電子發票證明聯及銷貨退回、進貨退出或折讓證明單樣張。

㈣以憑證使用電子發票者，已依第五點規定申請憑證之證明。

㈤電子發票系統之資訊安全管理制度符合 CNS27001 國家標準或 ISO27001 國際標準之證明文件。

前項之審查，技術能力、管理能力及設備水準符合處理、傳輸及交換電子發票需要者，始發給核准函，如有欠缺文件或其他應補正事項，得要求限期補正，屆期不補正者，退回其申請。

十三　營業人經取得主管稽徵機關核發擔任加值服務中心核准函後，每五年須重行審查，應於核准期間屆滿前九個月起之一個月內，向財政部財政資訊中心申請電子發票系統檢測，於核准期間屆滿前九個月起之四個月內符合前點第一項規定，並備齊前點第二項規定文件，向所在地主管稽徵機關申請審查。經審查通過，得自前次核准期間屆滿之翌日起算五年內，繼續擔任加值服務中心。

加值服務中心未於前次核准期間屆滿前九個月起之六個月內通過審查核准者，自原核准期間屆滿之翌日起不得繼續擔任加值服務中心，並應辦理下列事項：

㈠於前次核准期間屆滿日之八十日前，以書面通知營業人。

㈡於前次核准期間屆滿前兩個月內，將受委任期間之電子發票相關檔案紀錄返還營業人。

十四　加值服務中心於營業人以憑證使用電子發票產生爭議時，應由加值服務中心代爲請求憑證機構舉證或由其本身負舉證之責。

加值服務中心應維持第十二點第二項第五款之驗證有效性；對其處理、傳輸或交換之電子發票資料，應善盡善良管理人注意義務，並確實依相關法律規定保守秘密。

加值服務中心應與整合服務平台介接，並即時將營業人開立、作廢之電子發票，或電子銷貨退回、進貨退出或折讓證明單至整合服務平台交換、上傳或接收。

加值服務中心傳輸電子發票資訊至整合服務平台前，應依第四點第一項第三款規定之項目執行檢核，發現營業人開立電子發票異常者，應即通知營業人改善，其相關處理紀錄至少保存一年。

基於稅務調查需要，加值服務中心應免費提供營業人或買賣雙方交易憑證之媒體檔案予稅捐稽徵機關，並得免列印紙本。

電子發票開立、作廢、折讓或退回資訊已依統一發票使用辦法第七條第四項及第五項所定時限交換或存證至整合服務平台者，除稅務調查過程有比對營業人或加值服務中心交換或存證之電子發票相關資料之必要外，加值服務中心得免予提供前項之媒體檔案。

十五　財政部得實地訪視及抽測加值服務中心電子發票系統依第四點規定自我檢測、服務計畫書及資訊安全管理之執行情形，加值服務中心不得規避、妨礙或拒絕。

十六　加值服務中心擬自行終止服務，應於擬終止服務之日三個月前，以書面向所在地主管稽徵機關報備，並應於所在地主管稽徵機關函復十日內，以書面通知委任人及於一個月內將受委任期間之電子發票相關檔案紀錄返還委任人。

加值服務中心完成前項規定事項後，應檢具相關證明文件，向所在地主管稽徵機關申請終止服務。

第五章　營業人與營業人或機關團體交易使用電子發票

十七　營業人與營業人、政府機關或其他組織團體交易使用電子發票、電子銷貨退回、進貨退出或折讓證明單，得依下列方式之一爲之：

㈠於整合服務平台開立或接收。

㈡由加值服務中心即時交換予整合服務平台。

㈢買方及賣方使用同一加值服務中心系統時，加值服務中心應上傳至整合服務平台存證。

㈣以自有電子發票系統開立及接收者，開立人應上傳至整合服務平台存證。

電子發票之開立人應確認買受人之接收方式，如未於整合服務平台設定接收方式者，應由開立人通知。如有發票作廢、銷貨退回或折讓時，開立人應依統一發票使用辦法第七條第五項規定時限完成交易相對人接收。

十八　交易相對人得以下列方式之一接收電子發票或電子銷貨退回、進貨退出或折讓證明單：

㈠指定整合服務平台、加值服務中心或自有之電子發票系統作為接收系統，並由系統自動回復已同意接收之訊息。

㈡於整合服務平台、加值服務中心或自有之電子發票系統設定逐筆或批次接收，並回復已同意接收之訊息。

㈢使用載具索取雲端發票。

㈣未能以前三款方式接收者，取得開立人提供之電子發票證明聯或銷貨退回、進貨退出或折讓證明單。

依前項第二款規定，於整合服務平台接收電子發票或電子銷貨退回、進貨退出或折讓證明單者，得於整合服務平台設定電子郵件信箱，其為本法第六條第四款所定營業人，則由整合服務平台自動帶入其申請稅籍登記之電子郵件信箱，並以該等電子郵件信箱回復已同意接收之訊息，傳輸予開立人。

第六章　營業人與非營業人交易使用電子發票

十九　營業人與非營業人交易使用電子發票，應於交易時依買受人所需，將下列事項提示或告知買受人：

㈠可接受索取雲端發票之載具。

㈡對有紙本作業需求者提供電子發票證明聯或銷貨退回、進貨退出或折讓證明單之方式。但本法第六條第四款所定營業人不在此限。

㈢營業人於電子發票或銷貨退回、進貨退出或折讓證明單開立後依統一發票使用辦法第七條第四項規定之時限上傳整合服務平台留存之義務。

㈣整合服務平台網站之網址、買受人查詢電子發票、交易明細及退貨折讓明細之方式。

㈤電子發票中獎之兌、領獎方式或程序。

㈥捐贈電子發票有關事項。

㈦其他與買受人行使法律上權利義務有關之事項。

二十　營業人應確保電子發票可連結至買受人持有之載具，以不列印電子發票證明聯為原則。對有紙本作業需求者，應提供電子發票證明聯。但本法第六條第四款所定營業人不在此限。

二一　營業人應具備正確讀取共通性載具之條碼掃描機具或設備。但經營無實體店面者不在此限。

買受人以共通性載具索取雲端發票者，營業人不得拒絕。但本法第六條第四款所定營業人不在此限。

二二　買受人未索取電子發票證明聯者，得採下列方式之一捐贈雲端發票：

㈠買受人之載具於交易前，已至整合服務平台設定受捐贈機關或團體；設定異動或取消指定受捐贈機關或團體，自設定異動或取消設定之翌日生效。

㈡買受人於交易時，以捐贈碼或依財政部公告之捐贈方式，指定捐贈予特定受捐贈機關或團體，營業人不得拒絕。但本法第六條第四款所定營業人不在此限。

㈢買受人於交易後至統一發票開獎日前，以載具登入整合服務平台進行捐贈。

整合服務平台提供買受人查詢已指定捐贈之雲端發票，字軌號碼應部分隱蔽。

整合服務平台應每二月為一期，於開獎日前，將買受人所捐贈之該期雲端發票明細資料通知各該受捐贈機關或團體，並由整合服務平台於對獎後，通知受捐贈機關或團體領獎。

二三　整合服務平台提供捐贈碼之設定，每受捐贈機關或團體以一組為限且不得重複。

整合服務平台提供捐贈碼之變更，每一受捐贈機關或團體以三次為限，設定或變更完成即生效，但設定或每次變更後三個月內不得再變更，原捐贈碼於變更後六個月內不開放設定。

二四　營業人應使買受人得於整合服務平台查詢電子發票明細、退貨折讓明細、中獎發票、作廢、捐贈及歸戶。但營業人接受使用之載具，無法於整合服務平台查詢、捐贈或歸戶者，如營業人已依下列規定辦理時，不在此限：

㈠提供買受人選擇將載具歸戶至身分識別資訊或共通性載具之機制。

㈡提供買受人查詢發票開立、作廢、退貨折讓資訊、中獎發票並得於交易前及交易時捐贈雲端發票之機制。

㈢買受人以未歸戶載具索取之雲端發票中獎時，應於統一發票開獎日翌日起十日內以簡訊、電子郵件或其他適當方式通知該中獎人，並提供電子發票證明聯交付中獎人作為兌獎憑證。

二五　載具發行機構應協助營業人及買受人處理載具毀損、掛失、退換與營業人依前點但書規定辦理時之相關作業。

二六　電子發票證明聯以列印一次為限。但有統一發票給獎辦法第十一條第一項第三款規定之情形，營業人為證明其記載事項與存根檔所記載事項確屬相符經查明無訛，得提供加註「補印」二字之電子發票證明聯交與買受人併同原電子發票證明聯兌獎。

第七章　附　則

二七　加值服務中心違反本作業要點及其他相關法律者，所在地主管稽徵機關得要求加值服務中心限期改善，改善期間以不逾六個月為限。

前項規定如因不可抗力或不可歸責於加值服務中心之事由，致無法於期限內完成改善者，加值服務中心得於其原因消滅之翌日起算十日內，提出具體證明，向所在地主管稽徵機關申請延期。延長期間不得逾二個月，並以一次為限。

加值服務中心未於期限內改善或違反情節重大者，所在地主管稽徵機關得予以停權，於復權前不得提供電子發票及加值等相關服務。第一次停權，其期限為六個月至一年；第二次停權，其期限為一年至二年。

加值服務中心有下列各款情形之一者，得認定為違反情節重大：

㈠以二個月為一期，同一申報期間傳輸之電子發票有字軌號碼錯誤或重複數量達三百張，且占其傳輸總張數比率達萬分之三情事，一年內累計達三次。但有不可歸責於加值服務中心之事由，得提出具體證明經所在地主管稽徵機關核准後，免予計入錯誤或重複之張數。

㈡以二個月為一期，同一申報期間逾申報期限仍未傳輸至整合服務平台之發票數量達五百張，且占其傳輸總張數比率達萬分之五情事，一年內累計達三次。但有不可歸責於加值服務中心之事由，得提出具體證明經所在地主管稽徵機關核准後，免予計入未傳輸之張數。

㈢洩漏其處理、傳輸或交換之電子發票資料。

㈣違反第四點第一項第三款及第十四點第二項以外之本作業要點其他同一規定事項，一年內經要求二次限期改善，仍繼續違反規定。

前項第一款及第二款規定，所稱一年內，指首次發生計次標準事實之期別起，至次年相當期別之前一期止。

加值服務中心經主管稽徵機關予以停權者，應於接獲所在地主管稽徵機關函文後十日內，以書面通知委任人，並於一個月內將受委任期間之電子發票相關檔案紀錄返還委任人。

停權期間為六個月至二年；停權期間屆滿之日三個月前，得依第十三點規定重行審查方式申請復權，於停權日屆滿前審查通過者，自停權屆滿日次日起復權，效期五年。

加值服務中心有下列情形之一者，嗣後不得申請擔任加值服務中心：

㈠經主管稽徵機關停權累計滿三次。

㈡未依第十三點第二項、第十六點第一項、第二項及本點第六項規定，完成通知並返還受委任期間之電子發票相關檔案紀錄與委任人。

二八　營業人違反本作業要點者，所在地主管稽徵機關得要求營業人限期改善，並按本法及相關法規規定論處。營業人未於期限內改善或違反情節重大時，得停止其使用電子發票。停止後，營業人仍應依本法及統一發票使用辦法等相關規定開立及交付統一發票。

營業人經主管稽徵機關核准使用電子發票字軌號碼而未將電子發票字軌號碼使用於整合服務平台、加值服務中心、自有電子發票系統或轉以其他方式開立統一發票者，主管稽徵機關得取消配賦其電子發票字軌號碼，並按本法及相關法規規定論處。

二九　營業人經主管稽徵機關通報擅自歇業或准其停（歇）業或註銷稅籍登記時，視為同時停止其使用電子發票。

三十　一百零二年十二月三十一日前，經財政部財政資訊中心依消費通路開立電子發票試辦作業要點規定核准進行試辦之營業人，其符合本作業要點相關規定者，得由所在地主管稽徵機關主動核定其開立電子發票或載具發行機構之資格，無須再行申請。

一百零七年十二月三十一日前，經所在地主管稽徵機關核准擔任加值服務中心之營業人，其核准有效期限為一百十二年十二月三十一日。

前項加值服務中心應依第十三點規定申請重行審查，經審查通過後始得繼續擔任加值服務中心。

三一　開立人依本作業要點規定列印電子發票證明聯、銷貨退回、進貨退出或折讓證明單予交易相對人使用感熱紙者，其紙質監督，除向財政部印刷廠所申購者外，由所在地主管稽徵機關書面審核第三方公正檢驗機關（構）出具之檢測報告；感熱紙變更時，亦同。

營業人由總機構申請一併配賦總機構與其他固定營業場所使用之電子發票字軌號碼者，前項感熱紙紙質得由總機構向其所在地主管稽徵機關提供第三方公正檢驗機關（構）出具之檢測報告。惟總機構或其他固定營業場所使用不同格式或紙質之感熱紙，仍應分別提供。

買受人依第十八點第一項第四款取得電子發票證明聯之規定，其實施期限至一百十年十二月三十一日止。

附件一：電子發票證明聯及銷貨退回、進貨退出或折讓證明單格式：

壹　電子發票證明聯列印格式

一　格式一（詳圖 1）：

㈠寬度：5.7（±3%）公分。

㈡長度：正面應記載事項列印於長度 9（±3%）公分（含上下留白長度）之區域，交易明細長度不限制。

1. 買受人為非營業人：除經交易雙方合意，得免另附交易明細外，明細應自二維條碼以下裁切（詳圖 1-1）。
2. 買受人為營業人或經買受人要求記載統一編號：二維條碼下方接續列印交易明細，不裁切（詳圖 1-2）。

㈢自上緣起算 9（±3%）公分內之區域，應記載下列事項，不得增刪文字或變更順序。但得視需要，於正面二維條碼下方留白區域，加印店號、機台編號或交易序號之文字資訊。

1. 營業人識別標章：文字或圖形不拘。
2. 電子發票證明聯。
3. 年期別：統一發票字軌號碼所屬民國年份及所屬期別。
4. 統一發票字軌號碼。
5. 交易日期時間：日期（西元年－月份－日期）、時間（時：分：秒）。
6. 隨機碼：欄位名稱「隨機碼」應列印；買受人為營業人或機關團體，欄位名稱「隨機碼」及其資訊得不列印。
7. 總計：欄位名稱「總計」應列印。
8. 開立人統一編號：欄位名稱應列印「賣方」或「賣方統編」。
9. 買受人統一編號：如買受人為營業人或經買受人要求記載統一編號，欄位名稱「買方」或「買方統編」應列印，且列印方式應與開立人統一編號相同（如：開立人統一編號列印「賣方」，買受人統一編號應列印「買方」）。
10. 買受人為營業人時應增列買受人依營業稅電子資料申報繳稅作業要點規定扣抵進項憑證時之申報格式代號：
    ⑴開立人依加值型及非加值型營業稅法第四章第一節規定計算營業稅額者：欄位名稱「格式」及其代號應列印。
    ⑵開立人依加值型及非加值型營業稅法第四章第二節規定計算營業稅額者：無須列印欄位名稱「格式」及代號，惟應加註「不得扣抵」提示買受人。
11. 一維條碼：條碼高度 0.5 公分以上，並以三九碼（Code39）記載，記載事項如下：
    ⑴年期別（5 碼）：統一發票字軌所屬民國年份（3 碼）

及期別之雙數月份（2碼）。

⑵統一發票字軌號碼（10碼）。

⑶隨機碼（4碼）。

12.二維條碼：數量二個，以左右並列、水平（上緣）對齊、大小一致方式配置，記載事項由財政部財政資訊中心公告之。

㈣交易明細之記載事項：

1.品名。

2.數量。

3.單價。

4.金額：單價乘以數量。

5.總計。

6.課稅別：應稅為TX、零稅率為TZ。

7.依加值型及非加值型營業稅法第四章第一節規定計算營業稅額者，買受人為營業人時，應增列之記載事項：

⑴銷售額（應稅、零稅率、免稅銷售額應分別列示）。

⑵稅額。

8.備註：如「代購」等其他依稅法或規定應附記事項。

㈤背面應載明「兌獎若有疑義，請洽客服專線：4128282；或請至下列網址查詢 http://invoice.etax.nat.gov.tw/」之文字，及資訊內容為前開網址之二維條碼，且提供下列事項欄位之領獎收據，或保留空白並提示應填寫資訊項目。

1.金額（新臺幣）

2.中獎人簽名（正楷）或蓋章

3.電話

㈥記載事項字體大小：電子發票證明聯、年期別、統一發票字軌號碼及補印之文字高度為0.5公分以上，且年期別及統一發票字軌號碼應為粗體字，餘文字高度至少0.2公分以上。

㈦兌獎用電子發票證明聯係由買受人自存證檔列印者，以「電子發票整合服務平台」取代「營業人企業識別標章」，且無交易明細。

㈧營業人依本作業要點第二十六點規定提供加註「補印」二字之電子發票證明聯時，其補印字樣應與「電子發票證明聯」字樣並列（詳圖1-3）。

二　格式二（詳圖2）：

限本要點第五章營業人與營業人、機關團體交易時適用。

㈠寬度：21（±3%）公分（含左右留白寬度）。

㈡長度：29.7（±3%）或14.85（±3%）公分（含上下留白長度）（詳圖2-1、圖2-2）。

㈢正面（第一面）應記載事項：不得增刪文字或變更記載順序。

1. 電子發票證明聯。
2. 交易日期：日期（西元年－月份－日期）。
3. 統一發票字軌號碼：欄位名稱「發票號碼」應列印。
4. 買受人資訊：欄位名稱「買方」、「統一編號」及「地址」應列印。
5. 買受人為營業人時，依營業稅電子資料申報繳稅作業要點規定，扣抵進項憑證之申報格式代號：
   (1)依加值型及非加值型營業稅法第四章第一節規定計算營業稅額者：欄位名稱「格式」及其代號應列印。
   (2)依加值型及非加值型營業稅法第四章第二節規定計算營業稅額者：無須列印欄位名稱「格式」及代號，惟應加註「不得扣抵」提示買受人。
6. 營業人蓋統一發票專用章：得條例式列印開立人名稱、統一編號及地址。
7. 銷售額。
8. 課稅別：應稅、零稅率、免稅之銷售額應分別開立。
9. 依加值型及非加值型營業稅法第四章第一節規定計算營業稅額者，買受人為營業人時，應增列稅額。
10. 總計：如因電腦設備無法列印總計金額之中文大寫字體，得以阿拉伯數字代替。

(四)交易明細得以表格方式呈現，記載事項如下：
1. 品名。
2. 數量。
3. 單價。
4. 金額：單價乘以數量。
5. 備註：如「代購」等其他依稅法規定應附記事項。

(五)營業人得於「電子發票證明聯」文字上方空白處印製營業人識別標章，或於申報格式代號位置下方處列印欄位名稱「隨機碼」及其資訊。

貳　銷貨退回、進貨退出或折讓證明單列印格式

一　格式一（詳圖3）：

(一)寬度：5.7（±3%）公分。

(二)長度：買方名稱（含）以上記載事項列印於長度9（±3%）公分（含上下留白長度）之區域，買方名稱（不含）以下長度不限制。

(三)應記載事項：不得增刪文字或變更記載順序。
1. 營業人銷貨退回、進貨退出或折讓證明單。
2. 交易日期：西元年－月－日。
3. 賣方營業人統一編號：欄位名稱「賣方統編」應列印。
4. 賣方營業人名稱：欄位名稱「賣方名稱」應列印。
5. 發票開立日期：欄位名稱「發票開立日期」應列印，西元年－月－日。

6.統一發票字軌號碼。
7.買方營業人統一編號：欄位名稱「買方統編」應列印。
8.買方營業人名稱：欄位名稱「買方名稱」應列印。
9.退貨或折讓內容：
⑴品名。
⑵數量。
⑶單價。
⑷金額（不含稅之進貨額）。
⑸課稅別:應稅為 TX、零稅率為 TZ。
⑹營業稅額合計。
⑺金額（不含稅之進貨額）合計。
10.簽收人：欄位名稱「簽收人」應列印，由取得銷貨退回、進貨退出或折讓證明單之買、賣方簽名。
㈣記載事項字體大小：「營業人銷貨退回、進貨退出或折讓證明單」文字高度為 0.5 公分以上，交易日期、統一發票字軌號碼應為粗體字，其餘文字高度至少 0.2 公分以上。
㈤營業人得於「營業人銷貨退回、進貨退出或折讓證明單」文字上方空白處印製營業人識別標章。

二　格式二（詳圖 4）：
㈠寬度：21（±3%）公分（含左右留白?度）。
㈡長度：29.7（±3%）或 14.85（±3%）公分（含上下留白長度）（詳圖 4-1、圖 4-2）。
㈢應記載事項：不得增刪文字或變更記載順序。
1.營業人銷貨退回、進貨退出或折讓證明單。
2.交易日期：西元年－月－日。
3.原開立銷貨發票單位：營利事業統一編號、名稱、營業所在地址。
4.開立發票：
⑴一般/特種:依加值型及非加值型營業稅法第四章第一節規定計算營業稅額者，應列印「一」，依加值型及非加值型營業稅法第四章第二節規定計算營業稅額者應列印「特」。
⑵年。
⑶月。
⑷日。
⑸字軌。
⑹號碼：發票號碼。
5.退貨或折讓內容：
⑴品名。
⑵數量。
⑶單價。
⑷金額（不含稅之進貨額）。

⑸營業稅額：依加值型及非加值型營業稅法第四章第一節規定計算營業稅額者，應填入稅額。

6. 課稅別（V）：

⑴應稅。

⑵零稅率。

⑶免稅。

7. 合計。

8. 本證明單所列進貨退出或折讓，確屬事實，特此證明。

9. 簽收人：欄位名稱「簽收人」應列印，由取得銷貨退回、進貨退出或折讓證明單之買、賣方簽名。

10. 進貨營業人(或原買受人)蓋統一發票專用章：買受人為營業人得條例式列印營業人名稱、統一編號及地址。

㈣營業人得於「營業人銷貨退回、進貨退出或折讓證明單」文字上方空白處，印製營業人識別標章，或於文字下方空白處記載折讓證明單號碼。

參　營業人於首次申請電子發票字軌號碼時，除使用加值服務中心系統或依本作業要點第五章規定使用財政部電子發票整合服務平台之營業人外，應檢附「電子發票證明聯」及「銷貨退回、進貨退出或折讓證明單」樣張，報經所在地稽徵機關核准。

圖 1：電子發票證明聯「格式一」

圖 1-1　買受人為非營業人之格式（範例）

圖 1-2　買受人爲營業人之格式（以開立人爲依加值型及非加值型營業稅法第四章第一節規定計算營業稅額者爲範例）

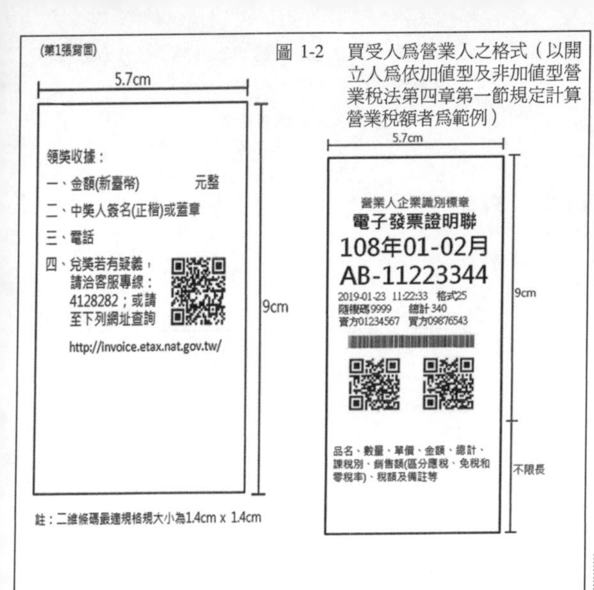

圖 1-3　註記補印之電子發票證明聯（範例）

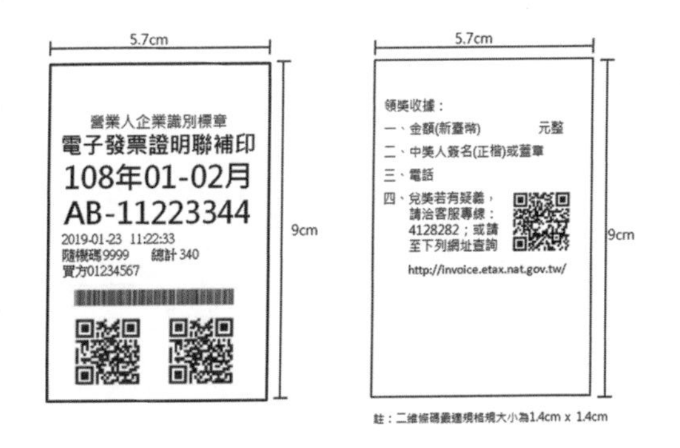

註：二維條碼最適規格規大小為1.4cm x 1.4cm

圖 2　電子發票證明聯「格式二」：限本要點第五章營業人與營業人、機關團體交易時適用（以開立人為依加值型及非加值型營業稅法第四章第一節規定計算營業稅額者為範例）

圖2-1　電子發票證明聯「格式二」，長度29.7（±3%）公分（以一頁不敷記載爲範例）

營業人企業識別標章
電子發票證明聯
2015-01-15

發票號碼：AB11223344　　　　格　　式：25
買　　方：　　　　　　　　　　隨機碼：
統一編號：
地　　址：

第1頁／共2頁

品名	數量	單價	金額	備註

<table>
<tr><td colspan="7">銷售額合計</td><td></td><td>營業人蓋統一發票專用章</td></tr>
<tr><td>營業稅</td><td>應稅</td><td></td><td>零稅率</td><td></td><td>免稅</td><td></td><td></td><td rowspan="3">賣　　方：
統一編號：
地　　址：</td></tr>
<tr><td colspan="7">總計</td><td></td></tr>
<tr><td colspan="8">總計新臺幣
（中文大寫）</td></tr>
</table>

（次頁或反面續）

營業人企業識別標章

2015-01-15

發票號碼：AB11223344

第 2 頁／共 2 頁

品名	數量	單價	金額	備註

圖 2-2　電子發票證明聯「格式二」，長度 14.85（±3%）公分（以一頁不敷記載爲範例）

營業人企業識別標章
電子發票證明聯
2015-01-15

發票號碼：AB11223344　　　　格　　式：25
買　　方：　　　　　　　　　　隨機碼：
統一編號：
地　　址：

第 1 頁／共 2 頁

品名	數量	單價	金額	備註

<table>
<tr><td colspan="7">銷售額合計</td><td></td><td>營業人蓋統一發票專用章</td></tr>
<tr><td>營業稅</td><td>應稅</td><td></td><td>零稅率</td><td></td><td>免稅</td><td></td><td></td><td rowspan="3">賣　方：
統一編號：
地　址：</td></tr>
<tr><td colspan="7">總計</td><td></td></tr>
<tr><td colspan="8">總計新臺幣
（中文大寫）</td></tr>
</table>

營業人企業識別標章
2015-01-15

發票號碼：AB11223344

第 2 頁／共 2 頁

品名	數量	單價	金額	備註

圖 3：銷貨退回、進貨退出或折讓證明單「格式一」（範例）

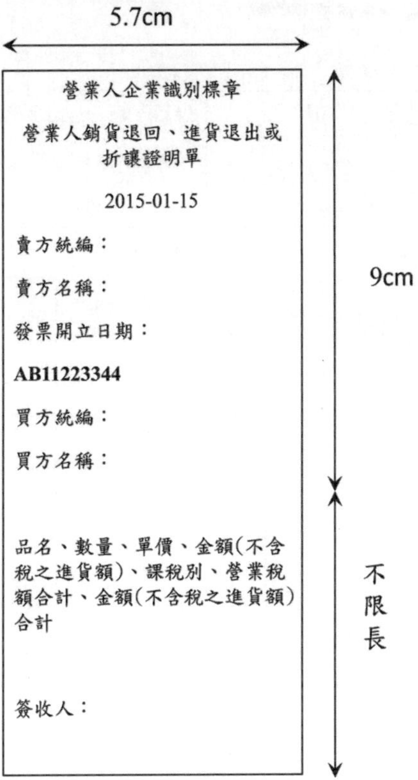

5.7cm

營業人企業識別標章

營業人銷貨退回、進貨退出或折讓證明單

2015-01-15

賣方統編：

賣方名稱：

發票開立日期：

AB11223344

買方統編：

買方名稱：

品名、數量、單價、金額(不含稅之進貨額)、課稅別、營業稅額合計、金額(不含稅之進貨額)合計

簽收人：

9cm

不限長

圖 4：銷貨退回、進貨退出或折讓證明單「格式二」
圖 4-1　銷貨退回、進貨退出或折讓證明單「格式二」，長度 29.7（±3%）公分（範例）

營業人企業識別標章

原開立銷貨發票單位	營利事業統一編號	
	名稱	
	營業所在地址	

營業人銷貨退回、進貨退出或折讓證明單

折讓證明單號碼：

2015-1-15

開立發票						退貨或折讓內容					課稅別（√）		
一般／特種	年	月	日	字軌	號碼	品名	數量	單價	金額（不含稅之進貨額）	營業稅額	應稅	零稅率	免稅
一						1							
特						2							
						3							
						4							
						5							
						6							
						7							
						8							
						9							
						.							
						.							
						.							
合						計							

本證明單所列進貨退出或折讓，確屬事實，特此證明

簽收人：

進貨營業人（或原買受人）蓋統一發票專用章
（如買受人為營業人得條例式列印營業人名稱、統一編號及地址）

圖 4-2　銷貨退回、進貨退出或折讓證明單「格式二」，長度 14.85（±3%）公分（範例）

營業人企業識別標章

發票單位原開立銷貨	營利事業統一編號	
	名　　稱	
	營業所在地　　址	

營業人銷貨退回、進貨退出或折讓證明單

折讓證明單號碼：

2015-1-15

開立發票						退貨或折讓內容					課稅別（√）		
一般／特種	年	月	日	字軌	號碼	品名	數量	單價	金額（不含稅之進貨額）	營業稅額	應稅	零稅率	免稅
一						1							
特						2							
						3							
						4							
						5							
合						計							

本證明單所列進貨退出或折讓，確屬事實，特此證明

簽收人：

進貨營業人（或原買受人）蓋統一發票專用章
（如買受人為營業人得條例式列印營業人名稱、統一編號及地址）

附件二：感熱紙紙質規範

開立人自存根檔列印之發票證明聯、銷貨退回、進貨退出或折讓證明單倘採感熱紙應符合下列規定：

一　材質：非PP塑膠材質，且符合CNS15447「感熱紙」國家標準規範。

二　檢驗後須符合下列要求：

㈠耐水性：浸入常?水中連續24小時，字跡及條碼無明顯變化，條碼可掃瞄及讀取。

㈡耐油性：用一般食用沙拉油1毫升，塗抹1分鐘後，拭去靜置24小時，字跡及條碼無明顯變化，條碼可掃瞄及讀取。

㈢抗熱性：70°C 連續24小時後，字跡及條碼無明顯變化，條碼可掃瞄及讀取。

㈣耐光性：CNS3846連續照射8小時後，字跡及條碼無明顯變化，條碼可掃瞄及讀取。

㈤耐濕性：置於40°C、90％RH環境下24小時後，字跡及條碼無明顯變化，條碼可掃瞄及讀取。

㈥耐可塑劑性：以PVC材質接觸電子發票證明聯正、反面連續15小時，字跡及條碼無明顯變化，條碼可掃瞄及讀取。

㈦防沾黏：以常溫水2毫升滴在電子發票證明聯正面，1分鐘後拭去，正面對折待乾燥後攤開，字跡及條碼無明顯變化，條碼可掃瞄及讀取。

三　發色：黑色。

四　保存期限：應符合稅捐稽徵法及稅捐稽徵機關管理營利事業會計帳簿憑證辦法相關規定。

附件三：空白未使用字軌號碼檔案格式

	欄位名稱	格式	欄位大小	備註
空白未使用字軌號碼檔	序號	數字	5	5 位數字，例: 00001
	總公司/分支機構統一編號	數字	8	8 位數字
	發票年月	數字	5	5 位數字，民國年月 YYYMM 例:104 年 1、2 月發票，填入 10402
	發票字軌	文字	2	2 位文字，按不同月份及發票類別所規定之英文代號
	空白發票起號	數字	8	8 位數字，例: 00000000
	空白發票迄號	數字	8	8 位數字，例: 00000200
	發票類別	數字	2	2 位數字，填入 07 或 0807: 一般稅額計算之電子發票 08: 特種稅額計算之電子發票

註：以 CSV 格式提供，各欄項分隔符號為逗號。

範例：

00001,12345678,10108,EK,00000000,00000999,07
00001,17999359,10110,FX,00000089,00000099,07
00002,17999359,10110,FX,00000130,00000149,07
00003,17999359,10110,FX,00000179,00000199,07
00004,17999359,10110,FX,00000230,00000249,07
00005,17999359,10110,GC,00000040,00000049,07
00006,17999359,10110,GD,00000400,00000499,08

附件四：總、分支機構配號檔案格式

	欄位名稱	格式	欄位大小	備註
總、分支機構配號主檔	配號主檔	文字	1	1位英文代號，固定為M
	發票年月	數字	5	5位數字，民國年月 YYYMM 例: 104年1、2月發票，填入10402
	發票字軌	文字	2	2位文字，按不同月份及發票類別所規定之英文代號
	發票訖號	數字	8	8位數字，例: 00000499
	發票起號	數字	8	8位數字，例: 00000000
	發票類別	數字	2	2位數字，填入07或0807: 一般稅額計算之電子發票 08: 特種稅額計算之電子發票
	總、分支機構代號	文數字	8	8位文數字，例:00000000
總、分支機構配號明細檔	配號明細檔	文字	1	1位英文代號，固定為D
	營利事業統一編號(總、分支機構)	數字	8	8位數字
	序號	數字	5	5位數字，例: 00001
	稅籍編號	數字	9	9位數字
	檔案編號	文數字	8	8位文數字，例:12345678
	發票年月	數字	5	5位數字，民國年月 YYYMM 例: 104年1、2月發票，填入10402
	發票字軌	文字	2	2位文字，按不同月份及發票類別所規定之英文代號
	發票起號	數字	8	8位數字，例: 00000000
	發票訖號	數字	8	8位數字，例: 00000499
	本數	數字	10	10 最多10位數字，例: 5
	發票類別	數字	2	2位數字，填入07或0807: 一般稅額計算之電子發票 08: 特種稅額計算之電子發票
	建檔日期	數字	8	8 位數字，西元年月日 YYYYMMDD 例: 20130101
	總、分支機構資料	數字	8	8位數字，例:00000000

註：以CSV格式提供，各欄項分隔符號為逗號。

範例1：總公司向整合服務平台取一般稅額計算之電子發票

EK00000000~00000999 共 1000 號，1 本 50 號，共 20 本
EK00000000~EK00000099 共 100 號，共 2 本，配予總機構統編 18372707
EK00000100~EK00000349 共 250 號，共 5 本，配予分支機構統編 18372755
EK00000350~EK00000999 共 650 號，共 13 本，配予分支機構統編 18372761
csv 格式：
M,10108,EK,00000999,00000000,07,00000000
D,18372707,00001,491010299,12345678,10108,EK,00000000,00000099,2, 07, 20120512,00000000
D,18372755,00002,490603253,12345678,10108,EK,00000100,00000349,5,07,20120512,00000000
D,18372761,00003,581412115,12345678,10108,EK,00000350,00000999,13,07,20120512,00000000
範例 2：總公司向整合服務平台取一般稅額計算之電子發票
EK00000000~00000999 共 1000 號，1 本 50 號，共 20 本
EK00000000~ EK00000099 共 100 號，共 2 本，配予分支機構統編 18372755
EK00000100~ EK00000999 共 900 號，共 18 本，配予分支機構統編 18372761
csv 格式：
M,10108,EK,00000999,00000000,07,00000000
D,18372755,00001,490603253,12345678,10108,EK,00000000,00000099,2,07,20120512,00000001
D,18372761,00002,581412115,12345678,10108,EK,00000100,00000999,18,07,20120512,00000002
範例 3：總公司向整合服務平台取特種稅額計算之電子發票 FH00000000~00000999 共 1000 號，1 本 50 號，共 20 本
FH00000000~ FH00000199 共 200 號，共 4 本，配予分支機構統編 18372782
FH00000200~ FH00000999 共 800 號，共 16 本，配予分支機構統編 18372777
csv 格式：
M,10108,FH,00000999,00000000,08,00000000
D,18372782,00001,480728251,12345678,10108,FH,00000000,00000199,4,08,20120512,00000003
D,18372777,00002,580604186,12345678,10108,FH,00000200,00000999,16,08,20120512,00000004

附件五：加值服務中心申請擔任／定期複審電子發票系統檢測申請書

<table>
<tr><td colspan="6">加值服務中心 □申請擔任 □定期複審 電子發票系統檢測申請書</td></tr>
<tr><td colspan="6">基本資料</td></tr>
<tr><td>營業人名稱</td><td></td><td>負責人姓名</td><td colspan="3"></td></tr>
<tr><td>統一編號</td><td></td><td>稅籍編號</td><td colspan="3"></td></tr>
<tr><td>聯絡人姓名</td><td colspan="5"></td></tr>
<tr><td>聯絡地址</td><td colspan="5"></td></tr>
<tr><td>聯絡電話</td><td></td><td>傳真</td><td colspan="3"></td></tr>
<tr><td colspan="6">申請資料</td></tr>
<tr><td rowspan="4">傳輸申請(Turnkey)防火牆 Policy 設定(請勾選欲使用傳輸方式並填寫上傳電子發票主機對外 IP)</td><td rowspan="2">驗證環境連線 IP</td><td>□新申請</td><td>IP:</td><td rowspan="2" colspan="2">FTP port : 2222
HTTPS port: 443</td></tr>
<tr><td>□刪除</td><td>IP：</td></tr>
<tr><td rowspan="2">正式環境連線 IP</td><td>□新申請</td><td>IP:</td><td rowspan="2" colspan="2"></td></tr>
<tr><td>□刪除</td><td>IP：</td></tr>
<tr><td>預定檢測日期</td><td colspan="5">年 月 日 至 年 月 日 □檢測人員同聯絡人
（新申請或異動資料者才須填寫，於此期間將開放 貴單位之資訊人員進行檢測，上傳發票至電子發票整合服務平臺之驗證環境）</td></tr>
<tr><td colspan="6">檢測項目：
☑ B2B 交換 □B2B 存證 □B2C 存證
(註：依據電子發票實施作業要點第 14 點第 3 項規定，加值服務中心應提供交換服務)</td></tr>
<tr><td colspan="6">1.開立、作廢、折讓、銷貨退回、進貨退出
2.字軌檢核
3.傳送、接收
4.共通性載具(B2C)
5.捐贈(B2C)
6.中獎清冊處理(B2C)
7.會員載具(B2C)</td></tr>
<tr><td>申請人簽章</td><td colspan="5">(申請人印鑑) (負責人印鑑)</td></tr>
<tr><td colspan="6">中華民國 年 月 日</td></tr>
</table>

附件六：加值服務中心申請擔任／定期複審書、服務計畫書及承諾書

加值服務中心 □申請擔任 □定期複審 申請書

受理機關	財政部＿＿＿國稅局＿＿＿分局（稽徵所、服務所）		
申請日期	中華民國＿＿＿年＿＿＿月＿＿＿日		
檢附資料	1.電子發票系統檢測通過文件。 2.電子發票服務計畫書（如書表 6-1）及承諾書（如書表 6-2）。 3.電子發票證明聯及銷貨退回、進貨退出或折讓證明單樣張。 4.以憑證使用電子發票者，已依規定申請憑證之證明。 5.電子發票系統之資訊安全管理制度符合 CNS27001 國家標準或 ISO27001 國際標準驗證之證明文件。 6. 財務能力證明文件。 7.其他（請註明）＿＿＿＿＿＿＿＿＿＿＿＿＿。		
申請人	營業人名稱		公司章
	統一編號		
	稅籍編號		
	營業地址		
	負責人		
	身分證統一編號		
聯絡方式	聯絡人姓名		
	聯絡人電話		負責人章
	傳真號碼（可免填）		
	手機號碼（可免填）		
	通訊地址		
事務所 (可免填)	事務所名稱		
	統一編號/ 身分證統一編號		
	承辦人		
	事務所電話		
依據	依「電子發票實施作業要點」辦理。		
申請日期	中華民國＿＿＿年＿＿＿月＿＿＿日		

書表 6-1 加值服務中心電子發票服務計畫書

一、資格能力說明

（如現行經營業務種類與規模、建置電子發票系統或執行其他資訊業務服務之實績、服務類型(B2B 或 B2C)、過去開立或接收電子發票之數量與比例、有無積欠已確定之營業稅、營利事業所得稅及其罰鍰之紀錄等）

二、作業流程說明

(含預防營業人重複或錯誤開立、漏未上傳等作業程序，當發現營業人開立電子發票異常，通知營業人改善之等作業程序)

三、設備概況說明

四、未於期限內通過稽徵機關複審、自行終止服務或經稽徵機關停權時，通知委任營業人及完成受委任期間之電子發票相關檔案紀錄返還等作業程序。

五、其他事項

書表 6-2

加值服務中心承諾書

茲保證（聲明）本公司（行號）電子發票系統之設計與作業程序，均符合「電子發票實施作業要點」之規定，並承諾下列事項：

一、配合財政部或其指定之人員所進行之電子發票系統實地訪視及抽測作業。

二、維持電子發票系統之資訊安全管理制度符合 CNS27001 國家標準或ISO27001 國際標準之驗證有效性，對處理、傳輸或交換之電子發票資料，善盡注意義務並確實依相關法律規定遵守保密規定。

如有不符前述保證（聲明）之情事、違反上開要點或其他法律規定者，同意取消加值服務中心之資格，絕無異議。

此致

財政部 國稅局 分局（稽徵所、服務處）

聲 明 人：　　　　　　　　　　（蓋章）

統一編號：

負 責 人：　　　　　　　　　　（蓋章）

身分證統一編號：

營業地址：

聯 絡 人：

聯絡電話：

中　華　民　國　　　年　　　月

網路交易課徵營業稅及所得稅規範

民國 94 年 5 月 5 日財政部令訂定發布全文 4 點；並自即日生效。

一　為規範利用網路在中華民國境內銷售貨物或勞務及進口貨物之營業稅課徵，及營利事業或個人利用網路從事交易活動之所得稅課徵，特依加值型及非加值型營業稅法（以下簡稱營業稅法）、所得稅法、營利事業所得稅查核準則及其他相關法令之規定，訂定本規範。

二　營業稅課稅規定

㈠網路註册機構受理申請人取得網域名稱及網路位址等註册業務收取之註册費及管理費等：

1. 該等機構或受其委託辦理此項業務之營業人如在中華民國境內無固定營業場所，其提供註册服務予中華民國境內買受人者，應由勞務買受人依營業稅法第三十六條規定報繳營業稅。

2. 該等機構或受其委託辦理此項業務之營業人如在中華民國境內設有固定營業場所，其提供註册服務予中華民國境內或境外買受人者，應由該等機構依營業稅法第三十五條規定報繳營業稅（註 1）。

㈡向註册機構申請取得網域名稱及網路位址並自行架構網站，或向網路服務提供業者、其他提供虛擬主機之中介業者承租網路商店或申請會員加入賣家，藉以銷售貨物或勞務取得代價：

1. 提供網路連線、虛擬主機或加值服務，收取連線服務費用、帳號手續費用、代管主機費用等：

⑴在中華民國境內無固定營業場所之外國事業、機關、團體、組織，其提供網路連線、加值等服務予中華民國境內買受人者，應由勞務買受人依營業稅法第三十六條規定報繳營業稅。

⑵在中華民國境內設有固定營業場所之營業人，其提供網路連線、加值等服務予中華民國境內或境外買受人者，應由該營業人依營業稅法第三十五條規定報繳營業稅；銷售勞務如符合營業稅法第七條規定並得檢附相關證明文件申報適用零稅率（註 2）。

2. 提供線上交易平台，協助承租人或會員銷售貨物或勞務，收取網頁設計建置費用、平台租金、商品上架費用或廣告費用等：

⑴在中華民國境內無固定營業場所之外國事業、機關、團體、組織，其提供網路交易平台服務予中華民國境內買受人者，應由勞務買受人依營業稅法第三十六條規定報繳營業稅。

⑵在中華民國境內設有固定營業場所之營業人，其提供網路交易平台服務予中華民國境內或境外買受人者，應由該營業人依營業稅法第三十五條規定報繳營業稅（註3）。

3. 利用網路接受上網者訂購貨物，再藉由實體通路交付：

⑴在中華民國境內無固定營業場所之外國事業、機關、團體、組織，其利用網路銷售貨物予中華民國境內買受人者，屬進口貨物，應由貨物收貨人或持有人依營業稅法第九條及第四一條規定徵免營業稅。

⑵在中華民國境內設有固定營業場所之營業人，其利用網路銷售貨物予中華民國境內或境外買受人者，應由主管稽徵機關依營業稅法第四十條規定通知該營業人繳納營業稅或由該營業人依同法第三十五條規定報繳營業稅；銷售貨物如符合營業稅法第八條第一項規定者，免徵營業稅；銷售貨物如符合營業稅法第七條規定者並得申報適用零稅率（應檢附營業稅法施行細則第十一條規定之證明文件）。

4. 利用網路接受上網者訂購無形商品，再藉由實體通路提供勞務或直接藉由網路傳輸方式下載儲存至買受人電腦設備運用或未儲存而以線上服務、視訊瀏覽、音頻廣播、互動式溝通、遊戲等數位型態使用：

⑴在中華民國境內無固定營業場所之外國事業、機關、團體、組織，其利用網路銷售勞務予我國境內買受人者，應由勞務買受人依營業稅法第三十六條規定報繳營業稅。

⑵在中華民國境內設有固定營業場所之營業人，其利用網路銷售勞務予中華民國境內或境外買受人者，應由主管稽徵機關依營業稅法第四十條規定通知該營業人繳納營業稅或由該營業人依同法第三十五條規定報繳營業稅；銷售勞務如符合營業稅法第八條第一項規定者免徵營業稅；銷售勞務如符合營業稅法第七條規定並得檢附相關證明文件申報適用零稅率（註4）。

三　所得稅課稅規定

㈠網路註冊機構受理申請人取得網域名稱及網路位址等註冊業務收取之註冊費及管理費等：

1. 在中華民國境內無固定營業場所及營業代理人之網路註冊機構，提供註冊服務予境內買受人所收取之註冊費及管理費等，屬所得稅法第八條規定之中華民國來源所得，應依同法第三條規定課徵營利事業所得稅。其給付人（買受人）如屬所得稅法第八十九條規定之扣繳義務人者，應由扣繳義務人於給付時依同法第八十八條及第九十二條規定扣繳稅款及申報扣繳憑單，不適用同法第七十一條關於結算申報之規定；給付人（買受人）如非屬所得稅法第八十九條規定之扣繳義務人者，所得人（納稅義務人）應依同法第七十三條規定，按扣繳率自行申報繳納所得稅；如無法自行辦理申報者，依同法施行細則第六十條第二項規定，報經稽徵機關核准，委託在中華民國境內居住之個人或有固定營業場所之營利事業為代理人，負責代理申報繳納所得稅。

2. 在中華民國境內有固定營業場所或營業代理人之網路註册機構，提供註册服務予我國境內或境外買受人所收取之註册費及管理費等，應依所得稅法第三條規定課徵營利事業所得稅，並依同法第七十一條及第七十三條第二項規定辦理結算申報納稅。

㈡向註册機構申請取得網域名稱及網路位址並自行架構網站，或向網路服務提供業者、其他提供虛擬主機之中介業者承租網路商店或申請會員加入賣家，藉以銷售貨物或勞務取得代價：

1. 提供網路連線、虛擬主機或加值服務，收取之連線服務費用、帳號手續費用、代管主機費用等；提供線上交易平台，協助承租人或會員從事交易活動，收取之網頁設計建置費用、平台租金、商品上架費用或廣告等費用；利用網路接受上網者訂購無形商品，再藉由實體通路提供服務或直接藉由網路傳輸方式下載儲存至買受人電腦設備運用或未儲存而以線上服務、視訊瀏覽、音頻廣播、互動式溝通、遊戲等數位型態使用所收取之費用：

⑴在中華民國境內無固定營業場所及營業代理人之營利事業、教育、文化、公益、慈善機構或團體、或其他組織或非中華民國境內居住之個人，提供上項服務予境內買受人所收取之費用，屬所得稅法第八條規定之中華民國來源所得，應分別依同法第三條或第二條規定課徵營利事業所得稅或綜合所得稅。其給付人（買受人）屬所得稅法第八十九條規定之扣繳義務人者，應由扣繳義務人於給付時依同法第八十八條及第九十二條規定扣繳稅款及申報扣繳憑單，不適用同法第七十一條關於結算申報之規定。給付人（買受人）非屬所得稅法第八十九條規定之扣繳義務人者，所得人（納稅義務人）應依同法第七十三條規定，按扣繳率自行申報繳納所得稅；如無法自行申報者，依同法施行細則第六十條第二項規定，應報經稽徵機關核准，委託在中華民國境內居住之個人或有固定營業場所之營利事業為代理人，負責代理申報繳納所得稅。

⑵在中華民國境內有固定營業場所及營業代理人之營利事業、教育、文化、公益、慈善機構或團體或其他組織或中華民國境內居住之個人，提供上項服務予中華民國境內或境外買受人所收取之費用，應分別依所得稅法第三條或第

二條規定課徵營利事業所得稅或綜合所得稅。

2. 利用網路接受上網者訂購貨物，再藉由實體通路交付：

⑴在中華民國境內無固定營業場所及營業代理人之營利事業、教育、文化、公益、慈善機構或團體、或其他組織，於中華民國境外利用網路直接銷售貨物予境內買受人，並直接由買受人報關提貨者，應按一般國際貿易認定，非屬中華民國來源所得。

⑵在中華民國境內有固定營業場所或營業代理人之營利事業、教育、文化、公益、慈善機構或團體、或其他組織，利用網路銷售貨物予中華民國境內或境外買受人，應依所得稅法第三條規定課徵營利事業所得稅。

⑶其他利用網路銷售貨物者，依所得稅法相關規定辦理。

⑷個人出售家庭日常使用之衣物、家具、自用小客車等，其交易之所得依所得稅法第四條第一項第十六款規定免納所得稅，亦不發生課徵營業稅及營利事業所得稅問題。

四　營業登記

凡在中華民國境內利用網路銷售貨物或勞務之營業人（包含個人以營利爲目的，採進、銷貨方式經營者），除業依營業稅法第二十八條、所得稅法第十八條辦竣營業登記或符合營業稅法第二十九條得免辦營業登記規定者外，應於開始營業前向主管稽徵機關申請營業登記。登記有關事項，應依營利事業登記規則之規定辦理（註5）。

註1：我國境內網路註冊機構取得交通部電信總局備查及國際組織認可，負責管理.tw頂級網域名稱，並提供網域名稱系統運作及相關註冊管理之服務事項，其提供註冊服務予我國境內或境外買受人所收取之註冊費及管理費，係屬在我國境內銷售勞務，允應依法課徵營業稅；但外國機構提供註冊服務予境外買受人者，非屬我國營業稅課稅範圍。

註2：外國事業、機關、團體、組織在中華民國境內設有固定營業場所，提供網路連線、虛擬主機或加值服務予我國境內或境外買受人所收取之費用，係屬在我國境內銷售勞務，應依法課徵營業稅；惟該外國事業（母公司）於境外直接提供網路連線、加值等服務予境外買受人者，非屬我國營業稅課稅範圍。

註3：在中華民國境內提供線上交易平臺服務予我國境內或境外買受人所收取之網頁設計建置費用、平臺租金、商品上架費用或廣告等費用，係屬在我國境內銷售勞務，允應依法課徵營業稅；惟該外國事業（母公司）於境外直接提供線上交易平臺服務予境外買受人者，非屬我國營業稅課稅範圍。

註4：外國事業、機關、團體、組織在中華民國境內設有固定營業場所，惟該外國事業（母公司）等於境外直接利用網路銷售勞務予境外買受人者，非屬我國營業稅課稅範圍。

註5：營業登記規則業經財政部92年8月12日台財稅字第0920455500號令訂定發布，惟施行日期未定，俟施行後依該規則規定辦理。

資料補充欄

貳、商品規範

商品標示法

①民國 71 年 1 月 22 日總統令制定公布全文 18 條；並自公布後六個月施行。
②民國 80 年 1 月 30 日總統令修正公布第 2、4、8、12、18 條條文。
③民國 89 年 4 月 26 日總統令修正公布第 3 條條文。
④民國 92 年 6 月 25 日總統令修正公布全文 21 條；並自公布後一年施行。
⑤民國 100 年 1 月 26 日總統令修正公布第 9 條條文；並自公布後一年施行。

第一條 （立法目的）
爲促進商品正確標示，維護企業經營者信譽，並保障消費者權益，建立良好商業規範，特制定本法。

第二條 （適用範圍）
商品標示，除法律另有規定外，依本法規定爲之。

第三條 （主管機關）
本法所稱主管機關：在中央爲經濟部；在直轄市爲直轄市政府；在縣（市）爲縣（市）政府。

第四條 （用詞定義）
本法用詞定義如下：
一　商品標示：指企業經營者在商品陳列販賣時，於商品本身、內外包裝、說明書所爲之表示。
二　企業經營者：指以生產、製造、進口或販賣商品爲營業者。

第五條 （商品標示應具顯著性及一致性）
①商品標示，應具顯著性及標示內容之一致性。
②商品因體積過小、散裝出售或其他因性質特殊，不適宜於商品本身或其包裝爲商品標示者，應以其他足以引起消費者認識之顯著方式代之。

第六條 （標示限制）
商品標示，不得有下列情事：
一　虛僞不實或引人錯誤。
二　違反法律強制或禁止規定。
三　有背公共秩序或善良風俗。

第七條 （中文為主）
商品標示所用文字，應以中文爲主，得輔以英文或其他外文。
商品標示事項難以中文爲適當標示者，得以國際通用文字或符號標示。

第八條 （進口商品標示）

①進口商品在流通進入國內市場時，進口商應依本法規定加中文標示及說明書，其內容不得較原產地之標示及說明書簡略。
②外國製造商之名稱及地址，得不以中文標示之。

第九條　（商品應標示事項）

①商品於流通進入市場時，生產、製造或進口商應標示下列事項：
　一　商品名稱。
　二　生產、製造商名稱、電話、地址及商品原產地。屬進口商品者，並應標示進口商名稱、電話及地址。
　三　商品內容：
　　㈠主要成分或材料。
　　㈡淨重、容量、數量或度量等；其淨重、容量或度量應標示法定度量衡單位，必要時，得加註其他單位。
　四　國曆或西曆製造日期。但有時效性者，應加註有效日期或有效期間。
　五　其他依中央主管機關規定，應行標示之事項。
②商品經認定原產地為我國者，得標示台灣生產標章。
③前項原產地之認定、標章之圖樣、推廣、獎勵及管理辦法，由中央主管機關定之。

第一〇條　（特殊品標示）

商品有下列情形之一者，應標示其用途、使用與保存方法及其他應注意事項：
　一　有危險性。
　二　與衛生安全有關。
　三　具有特殊性質或需特別處理。

第一一條　（特定商品標示）

中央主管機關得就特定之商品，於無損商品之正確標示及保護消費者權益下，公告規定其應行標示事項及標示方法，不受第五條、第八條至前條規定之限制。

第一二條　（不得販賣或陳列未依規定標示之商品）

販賣業者不得販賣或意圖販賣而陳列未依本法規定標示之商品。

第一三條　（不定期抽查）

①直轄市或縣（市）主管機關得不定期對流通進入市場之商品進行抽查，販賣業者不得規避、妨礙或拒絕，並應提供供貨商相關資料。
②主管機關所屬人員為前項抽查時，應出示證明文件。

第一四條　（罰則）

流通進入市場之商品有第六條各款規定情事之一者，直轄市或縣（市）主管機關應通知生產、製造或進口商限期改正；屆期不改正者，處新臺幣三萬元以上三十萬元以下罰鍰，並得按次連續處罰至改正為止；其情節重大者，並得令其停止營業六個月以下或歇業。

第一五條　（罰則）

流通進入市場之商品有下列情形之一者，直轄市或縣（市）主管機關應通知生產、製造或進口商限期改正；屆期不改正者，處新臺幣二萬元以上二十萬元以下罰鍰，並得按次連續處罰至改正為止：

一　違反第七條第一項規定為標示。

二　未依第八條第一項規定加中文標示或說明書。

三　未依第九條規定標示。

四　未依第十條規定標示。

五　違反依第十一條規定公告之應行標示事項或標示方法。

第一六條　（罰則）

販賣業者違反第十二條規定，販賣或意圖販賣而陳列未依本法規定標示之商品者，直轄市或縣（市）主管機關得通知限期停止陳列、販賣；該商品對身體或健康具有立即危害者，得逕令立即停止陳列、販賣。其拒不遵行者，處新臺幣二萬元以上二十萬元以下罰鍰，並得按次連續處罰至停止陳列、販賣時為止。

第一七條　（罰則）

販賣業者違反第十三條第一項規定，規避、妨礙或拒絕抽查或不提供供貨商相關資料者，處新臺幣二萬元以上二十萬元以下罰鍰，並得按次連續處罰。

第一八條　（處罰公告）

第十四條至第十六條之處罰，主管機關於必要時，得於大眾傳播媒體公告該企業經營者名稱、地址、商品，或為其他必要處置。

第一九條　（強制執行）

依本法所處之罰鍰，經通知限期繳納，屆期不繳納者，依法移送強制執行。

第二〇條　（商品標示審議委員會之設置）

中央主管機關為執行本法，得設商品標示審議委員會，審議有關商品標示及應行標示種類事項。

第二一條　（施行日）

本法自公布後一年施行。

菸酒管理法

①民國 89 年 4 月 19 日總統令制定公布全文 62 條。
民國 90 年 11 月 29 日行政院令發布自 91 年 1 月 1 日施行。
②民國 93 年 1 月 7 日總統令修正公布全文 63 條。
民國 93 年 6 月 8 日行政院令發布除第 4 條第 3 項、第 27 條第 2 項、第 28 條第 2 項、第 39 條第 3～6 項及第 56 條第 1 項第 6 款外，定自 93 年 7 月 1 日施行。
民國 94 年 8 月 4 日行政院令發布第 28 條第 2 項及第 39 條第 3 項至第 6 項，定自 95 年 1 月 1 日施行。
民國 96 年 5 月 17 日行政院令發布第 27 條第 2 項及第 56 條第 1 項第 6 款，定自 97 年 1 月 1 日施行。
民國 97 年 5 月 12 日行政院令發布第 4 條第 3 項定自 97 年 5 月 16 日施行。
③民國 98 年 6 月 10 日總統令修正公布第 12、19、25、63 條條文；並自 98 年 11 月 23 日施行。
④民國 101 年 8 月 8 日總統令修正公布第 46 條條文。
民國 101 年 10 月 12 日行政院令發布定自 102 年 1 月 1 日施行。
⑤民國 103 年 6 月 18 日總統令修正公布全文 59 條。
民國 103 年 12 月 3 日行政院令發布第 27 條第 1 項及第 53 條第 3 款，自 104 年 7 月 1 日施行；第 35 條、第 39 條第 5 項第 2 款、第 55 條第 1 項第 5 款及第 3 項有關違反該款規定罰責，自 105 年 1 月 1 日施行；第 32 條第 1 項第 8 款、第 2 項後段及第 50 條第 1 項有關違反該款、該項後段規定罰責，自 105 年 7 月 1 日施行；餘定自 104 年 1 月 1 日施行。
⑥民國 106 年 12 月 27 日總統令修正公布第 57、59 條條文；並自公布日施行。

第一章　總　則

第一條　（立法目的）
為健全菸酒管理，特制定本法。

第二條　（主管機關）
本法所稱主管機關：在中央為財政部；在直轄市為直轄市政府；在縣（市）為縣（市）政府。

第三條　（菸之定義）
①本法所稱菸，指全部或部分以菸草或其代用品作為原料，製成可供吸用、嚼用、含用、聞用或以其他方式使用之製品。
②前項所稱菸草，指得自茄科菸草屬中，含菸鹼之菸葉、菸株、菸苗、菸種子、菸骨、菸砂等或其加工品，尚未達可供吸用、嚼用、含用、聞用或以其他方式使用者。

第四條　（酒之定義）
①本法所稱酒，指含酒精成分以容量計算超過百分之零點五之飲

料、其他可供製造或調製上項飲料之未變性酒精及其他製品。但經中央衛生主管機關依相關法律或法規命令認屬藥品之酒類製劑，不以酒類管理。

②本法所稱酒精成分，指攝氏檢溫器二十度時，原容量中含有乙醇之容量百分比。

③本法所稱未變性酒精，指含酒精成分以容量計算超過百分之九十，且未添加變性劑之酒精。

④未變性酒精之進口，以供工業、製藥、醫療、軍事、檢驗、實驗研究、能源、製酒或其他經中央主管機關公告之用途爲限。

⑤產製或進口供製酒之未變性酒精，以符合國家標準之食用酒精爲限。

⑥有關未變性酒精之販賣登記、購買用途證明、變性、變性劑添加、進銷存量陳報、倉儲地點及其他有關產製、進口、販賣等事項之管理辦法，由中央主管機關定之。

第五條 （菸酒業者之種類及定義）

①本法所稱菸酒業者，爲下列三種：

一　菸酒製造業者：指經營菸酒產製之業者。

二　菸酒進口業者：指經營菸酒進口之業者。

三　菸酒販賣業者：指經營菸酒批發或零售之業者。

②本法所定產製，包括製造、分裝等有關行爲。

第六條 （私菸私酒之定義）

①本法所稱私菸、私酒，指有下列各款情形之一者：

一　未依本法取得許可執照而產製之菸酒。

二　未依本法取得許可執照而輸入之菸酒。

三　菸酒製造業者於許可執照所載工廠所在地以外場所產製之菸酒。

四　已依本法取得許可執照而輸入未向海關申報，或匿報、短報達一定數量之菸酒。

五　中華民國漁船載運非屬自用或超過一定數量之菸酒。

②前項第四款及第五款之一定數量，由中央主管機關公告之。

③第一項第一款之菸酒，不包括備有研究或試製紀錄，且無商品化包裝之非供販賣菸酒樣品。

第七條 （劣菸劣酒之定義）

本法所稱劣菸、劣酒，指有下列各款情形之一者：

一　超過菸害防制法所定尼古丁或焦油之最高含量之菸。

二　以符合國家標準之食用酒精以外之酒精類所產製之酒。

三　不符衛生標準之酒。

第八條 （負責人之定義）

本法所稱負責人，指依公司法、商業登記法或其他法律或其組織章程所定應負責之人。

第二章　菸酒業者之管理

第九條 （公司性質）

①菸製造業者以股份有限公司為限。

②酒製造業者，除未變性酒精製造業者以股份有限公司為限外，應為公司、合夥、獨資事業或其他依法設立之農業組織。

第一〇條 （菸酒製造業者申請設立許可之程序）

①申請設立菸酒製造業者，應塡具申請書與生產及營運計畫表向中央主管機關申請設立許可，並於取得設立許可之日起算二年內，檢附工廠登記等證明文件，向中央主管機關申請核發許可執照，於領得許可執照後，始得產製及營業。

②申請菸酒製造業者設立許可及核發許可執照之程序、應檢附之文件、廢止設立許可之事由、許可執照之核發、補發及其他應遵行事項之辦法，由中央主管機關定之。

③中華民國一百零三年五月三十日修正之本條文施行前已取得菸酒製造業者設立許可者，第一項之二年期限，自修正施行之日起算。

④申請人未於第一項或前項期限內申請核發許可執照者，原取得之設立許可失效。但有正當理由者，得於期限屆滿前申請中央主管機關同意展延，每次展延期限不得超過一年，並以二次為限。

第一一條 （農民、原住民申請酒製造業者設立之程序）

①農民或原住民於都市計畫農業區、非都市土地農牧用地生產可供釀酒農產原料者，得於同一用地申請酒製造業者之設立；其製酒場所應符合環境保護、衛生及土地使用管制規定，且以一處為限；其年產量並不得超過中央主管機關訂定之一定數量，亦不得從事酒類之受託產製及分裝銷售。

②依前項規定申請酒製造業者之設立，應向當地直轄市或縣（市）主管機關申請，經核轉中央主管機關許可並領得許可執照者，始得產製及營業；其申請設立許可應具備之文件、條件、產製及銷售等事項之管理辦法，由中央主管機關定之。

第一二條 （菸酒製造業申請設立不予許可之情形；主管機關廢止其設立許可之情形）

①申請菸酒製造業者之設立許可，有下列各款情形之一者，中央主管機關應不予許可：

一　申請人或負責人為未成年人、受監護或輔助宣告之人或破產人。

二　申請人或負責人經查獲有違反第四十五條第一項或第二項、第四十六條、第四十七條第二項、第三項或第四項、第四十八條第一項且劣酒屬第七條第二款者、第四十八條第二項規定之情事，在處分確定或判決確定前。

三　申請人或負責人曾違反第四十五條第一項或第二項、第四十六條、第四十七條第二項、第三項或第四項、第四十八條第一項且劣酒屬第七條第二款者、第四＋八條第二項規定經罰鍰處分確定繳納完畢尚未逾二年；或違反上開規定或稅捐稽徵法經有罪判決確定，尚未執行完畢或執行完畢、緩刑期滿或赦免後，尚未逾二年。

四　經中央主管機關撤銷或廢止其菸酒製造業者之設立許可未滿三年。經依第十五條規定廢止其設立許可者，不適用之。

五　申請人或負責人曾任菸酒製造業者之負責人，該業者經中央主管機關撤銷或廢止其設立許可未滿三年。但經依第十五條規定廢止其設立許可者，不適用之。

②已取得菸酒製造業設立許可或許可執照之業者，其申請人或負責人有前項第一款所定受監護或輔助宣告或破產之情形，應於事實發生之日起算三十日內，向中央主管機關申請變更負責人；屆期未申請者，由中央主管機關廢止其設立許可。

③已取得菸酒製造業設立許可或許可執照之業者或其負責人，有下列各款情形之一者，由中央主管機關廢止其設立許可：

一　違反第四十五條第一項或第二項、第四十六條、第四十七條第二項、第三項或第四項、第四十八條第一項且劣酒屬第七條第二款者、第四十八條第二項規定，經處分確定或有罪判決確定。

二　違反稅捐稽徵法經有罪判決確定。

三　負責人兼任其他菸酒製造業者之負責人，該業者經中央主管機關撤銷或廢止其設立許可。但該業者經依第十五條規定廢止其設立許可者，不適用之。

第一三條　（菸酒製造業許可執照應載明事項）

菸酒製造業許可執照應載明下列事項：

一　業者名稱。

二　產品種類。

三　資本總額。

四　總機構所在地。

五　工廠廠名及所在地。

六　負責人姓名。

七　其他中央主管機關規定應載明之事項。

第一四條　（菸酒製造業申請變更許可執照記載事項之程序）

①菸酒製造業者對於產品種類、工廠所在地或負責人，擬予變更者，應申請中央主管機關核准，並應於變更之日起算三十日內，向中央主管機關申請換發許可執照。

②菸酒製造業者對於業者名稱、資本總額、總機構所在地、工廠廠名或前條第七款所定中央主管機關規定應載明之事項有變更者，應於變更之日起算三十日內，向中央主管機關申請換發許可執照。

③菸酒製造業者依前二項規定辦理許可執照記載事項變更之申請程序、應檢附之文件、許可執照之換發及其他相關事項之辦法，由中央主管機關定之。

④中央主管機關核發或換發菸酒製造業許可執照前，必要時得請申

請業者之總機構所在地及工廠所在地之直轄市或縣（市）主管機關派員勘查其有無違法產製菸酒情事，並依其申報之生產及營運計畫表，檢查所列機械設備等是否屬實。

第一五條　（菸酒製造業繳銷、註銷許可執照之情形）

菸酒製造業者有下列情形之一者，應於事實發生之日起算三十日內，向中央主管機關繳銷許可執照；屆期未繳銷者，中央主管機關應註銷之，並均廢止其設立許可：

一　結束菸酒業務。

二　工廠登記經撤銷或廢止，或經主管機關查核其已無菸酒產製事實。

第一六條　（菸酒進口業申請設立許可之程序）

①菸酒進口業者之組織，以公司爲限。但中華民國一百零三年五月三十日修正之本條文施行前已依法取得菸酒進口業設立許可或許可執照之合夥或獨資事業，其負責人於修正施行後未變更者，不在此限。

②申請設立菸酒進口業者，應塡具申請書向中央主管機關申請設立許可，並於取得設立許可之日起算二年內，檢附公司登記證明文件，向中央主管機關申請核發許可執照，於領得許可執照後，始得營業。

③申請菸酒進口業者設立許可及核發許可執照之程序、應檢附之文件、廢止設立許可之事由、許可執照之核發、補發及其他應遵行事項之辦法，由中央主管機關定之。

④中華民國一百零三年五月三十日修正之本條文施行前已取得菸酒進口業者設立許可者，第二項之二年期限，自修正施行之日起算。

⑤申請人未於第二項或前項期限內申請核發許可執照者，原取得之設立許可失效。但有正當理由者，得於期限屆滿前申請中央主管機關同意展延，每次展延期限不得超過一年，並以二次爲限。

第一七條　（菸酒進口業申請設立不予許可之情形；主管機關廢止其設立許可之情形）

①申請菸酒進口業者設立許可，有下列情形之一者，中央主管機關應不予許可：

一　申請人或負責人爲未成年人、受監護或輔助宣告之人或破產人。

二　申請人或負責人經查獲有違反第四十五條第一項或第二項、第四十六條、第四十七條第二項、第三項或第四項、第四十八條第一項且劣酒屬第七條第二款者、第四十八條第二項規定之情事，在處分確定或判決確定前。

三　申請人或負責人曾違反第四十五條第一項或第二項、第四十六條、第四十七條第二項、第三項或第四項、第四十八條第一項且劣酒屬第七條第二款者、第四十八條第二項規定經罰鍰處分確定繳納完畢尚未逾二年；或違反上開規定或稅捐稽徵法經有罪判決確定，尚未執行完畢或執行完畢、緩刑期滿或赦免後，尚未逾二年。

四　經中央主管機關撤銷或廢止其菸酒進口業者之設立許可未滿三年。但經依第二十條規定廢止其設立許可者，不適用之。

五　申請人或負責人曾任菸酒進口業者之負責人，該業者經中央主管機關撤銷或廢止其設立許可未滿三年。但經依第二十條規定廢止其設立許可者，不適用之。

②已取得菸酒進口業設立許可或許可執照之業者，其申請人或負責人有前項第一款所定受監護或輔助宣告或破產之情形，應於事實發生之日起算三十日內，向中央主管機關申請變更負責人；屆期未申請者，由中央主管機關廢止其設立許可。

③已取得菸酒進口業設立許可或許可執照之業者或其負責人，有下列各款情形之一者，由中央主管機關廢止其設立許可：

一　違反第四十五條第一項或第二項、第四十六條、第四十七條第二項、第三項或第四項、第四十八條第一項且劣酒屬第七條第二款者、第四十八條第二項規定，經處分確定或有罪判決確定。

二　違反稅捐稽徵法經有罪判決確定。

三　負責人兼任其他菸酒進口業者之負責人，該業者經中央主管機關撤銷或廢止其設立許可。但該業者經依第二十條規定廢止其設立許可者，不適用之。

第一八條　（菸酒進口業許可執照應記載事項）

菸酒進口業許可執照應載明下列事項：

一　業者名稱。

二　菸酒營業項目。

三　總機構所在地。

四　負責人姓名。

五　其他中央主管機關規定應載明之事項。

第一九條　（菸酒進口業申請變更許可執照記載事項之程序）

①菸酒進口業者對於菸酒營業項目或負責人，擬予變更者，應申請中央主管機關核准，並應於變更之日起算三十日內，向中央主管機關申請換發許可執照。

②菸酒進口業者對於業者名稱、總機構所在地或前條第五款所定中央主管機關規定應載明之事項有變更者，應於變更之日起算三十日內，向中央主管機關申請換發許可執照。

③菸酒進口業者依前二項規定辦理許可執照記載事項變更之申請程序、應檢附之文件、許可執照之換發及其他相關事項之辦法，由中央主管機關定之。

第二〇條　（菸酒進口業繳銷、註銷許可執照之情形）

菸酒進口業者有下列情形之一者，應於事實發生之日起算三十日內，向中央主管機關繳銷許可執照；屆期未繳銷者，中央主管機關應註銷之，並均廢止其設立許可：

一　結束菸酒業務。
二　連續二年未經營菸酒進口業務。

第二一條　（委託直轄市或縣市主管機關辦理事項）

菸酒進口業者之設立、申報事項之變更、解散或其他許可處理事項，中央主管機關得委辦直轄市或縣（市）主管機關辦理。

第二二條　（許可執照之撤銷或廢止）

菸酒製造業者及進口業者經撤銷或廢止其設立許可者，其許可執照，由中央主管機關註銷之。

第二三條　（審查費、證照費及許可年費之收取）

①中央主管機關依本法規定受理申請許可及核發、換發或補發執照，應收取審查費及證照費；並得對菸酒製造業者及進口業者，按年收取許可費；其各項收費基準，由中央主管機關定之。
②菸酒製造業者及進口業者未繳交許可年費，經中央主管機關通知其限期繳納，屆期仍不繳納者，除依規費法規定辦理外，並廢止其設立許可。

第二四條　（品質認證）

①中央主管機關爲加強酒品質之提升，得辦理品質認證。
②前項品質認證業務，中央主管機關得委託其他機關（構）辦理。

第三章　菸酒之衛生管理

第二五條　（尼古丁及焦油之最高含量）

菸之尼古丁及焦油最高含量，不得超過菸害防制法之規定。

第二六條　（酒之衛生標準）

①酒之衛生，應符合中央主管機關會同中央衛生主管機關所定衛生標準。
②酒盛裝容器之衛生，應符合中央主管機關會同中央衛生主管機關所定之衛生標準。

第二七條　（菸酒製造業衛生標準及設廠標準）

①菸酒製造業者製造、加工、調配、包裝、運送、貯存或添加物之作業場所、設施及品保，應符合中央主管機關會同中央衛生主管機關所定良好衛生標準。
②菸酒產製工廠之建築及設備，應符合中央主管機關會同中央衛生及工業主管機關所定之設廠標準。

第四章　產製、輸入及販賣

第二八條　（未取得許可執照者，不得受託產製菸酒）

依第十一條設立及未取得菸酒製造業許可執照者，不得受託產製菸酒。

第二九條　（辦理菸酒分裝銷售之證明文件）

①菸酒製造業者辦理菸酒分裝銷售，以不改變原品牌爲限，且應取得原廠授權之證明文件。該授權文件應載明授權分裝之數量、分裝之比例與方法及授權使用之標籤。

②輸入供分裝之菸酒者，於報關時應檢附生產國政府或政府授權之商會所出具之原產地證明。

第三〇條（酒販賣之禁止規定及設置專區）

①酒之販賣或轉讓，不得以自動販賣機、郵購、電子購物或其他無法辨識購買者或受讓者年齡等方式爲之。

②酒之販賣，得設置專區或專櫃。設置專區或專櫃之範圍、內容、方式及其他應遵行事項之辦法，由中央主管機關定之。

③菸酒逾有效日期或期限者，不得販賣。

④菸之販賣，依菸害防制法相關規定辦理。

第五章　菸酒標示及廣告促銷管理

第三一條（菸之標示事項）

①菸經包裝出售者，製造業者或進口業者應於直接接觸菸之容器上標示下列事項：

一　品牌名稱。

二　製造業者名稱及地址；其屬進口者，並應加註進口業者名稱及地址；受託製造者，並應加註委託者名稱及地址；依第二十九條第一項規定辦理分裝銷售者，並應加註分裝之製造業者名稱及地址。

三　重量或數量。

四　主要原料。

五　尼古丁及焦油含量。

六　有害健康之警示。

七　有效日期或產製日期，標示產製日期者，應加註有效期限。

八　其他經中央主管機關公告之標示事項。

②菸品容器及其外包裝之標示，不得有不實或使人誤信之情事。

③前二項標示規定，菸害防制法有規定者，依其規定辦理及處罰。

④第一項第八款所定中央主管機關公告之標示事項，於公告十八個月後生效。

第三二條（酒之標示事項）

①酒經包裝出售者，製造業者或進口業者應於直接接觸酒之容器上標示下列事項：

一　品牌名稱。

二　產品種類。

三　酒精成分。

四　進口酒之原產地。

五　製造業者名稱及地址；其屬進口者，並應加註進口業者名稱及地址；受託製造者，並應加註委託者名稱及地址；依第二十九條第一項規定辦理分裝銷售者，並應加註分裝之製造業者名稱及地址。

六　產製批號。

七　容量。

八　酒精成分在百分之七以下之酒或酒盛裝容器爲塑膠材質或紙質者，應標示有效日期或裝瓶日期。標示裝瓶日期者，應加註有效期限。

九　「飲酒過量，有害健康」或其他警語。

十　其他經中央主管機關公告之標示事項。

②酒除依前項規定標示外，不得標示具醫療保健用語，亦不得使用類似文字、圖片暗示或明示有上述效果。進口酒不得另標示原標籤未標示事項。

③酒製造業者以其他製造業者之酒品爲原料加工產製之酒，不得標示原酒之產地、風味及相關用語。

④酒之容器外表面積過小，致無法依第一項規定標示時，得附標籤標示之。

⑤酒之容器與其外包裝之標示及說明書，不得有不實或使人誤信之情事，亦不得利用翻譯用語或同類、同型、同風格或相仿等其他類似標示或補充說明係產自其他地理來源。其已正確標示實際原產地者，亦同。

⑥有關酒之標示方式、內容及其他應遵行事項之管理辦法，由中央主管機關定之。

⑦第一項第十款所定中央主管機關公告之標示事項，於公告十八個月後生效。

第三三條　（標示所用文字）

①第三十一條第一項及前條第一項規定菸酒應標示之事項，應有中文標示。但有下列情形之一者，不在此限：

一　供外銷。

二　進口菸酒之品牌名稱與其國外製造商名稱及地址。

三　第三十一條第一項第二款或前條第一項第五款規定應標示委託製造之國外業者名稱及地址。

②外銷菸酒改爲內銷或進口菸酒出售時，應加中文標示。

第三四條　（非菸酒製品不得為菸酒標示、廣告或促銷）

非屬本法所稱菸、酒之製品，不得爲菸、酒或使人誤信爲菸、酒之標示、廣告或促銷。

第三五條　（酒販賣場所或地點應明顯標示之警示圖文）

酒販賣業者，應於零售酒之場所出入口處或其他適當地點，明顯標示下列警示圖文：

一　飲酒勿開車。

二　未滿十八歲者，禁止飲酒。

三　本場所不販賣酒予未滿十八歲者。

第三六條　（菸廣告或促銷限制之規定）

菸之廣告或促銷限制，依菸害防制法之規定。

第三七條　（酒之廣告或促銷方式之限制）

酒之廣告或促銷，應明顯標示「禁止酒駕」，並應標示「飲酒過量，有害健康」或其他警語，且不得有下列情形：

一　違背公共秩序或善良風俗。
二　鼓勵或提倡飲酒。
三　以兒童、少年為對象，或妨害兒童、少年、孕婦身心健康。
四　虛偽、誇張、捏造事實或易生誤解之內容。
五　暗示或明示具醫療保健效果之標示、廣告或促銷。
六　其他經中央主管機關公告禁止之情事。

第六章　稽查及取締

第三八條（相關事項之抽查檢驗）

①主管機關對於菸酒業者依本法規定相關事項，應派員抽查。必要時得要求業者提供帳簿、文據、菸品或酒品真偽鑑定報告或來源證明文件及其他必要之資料，並得取樣檢驗，受檢者不得拒絕、規避或妨礙。但取樣數量以足供檢驗之用者為限。

②菸酒業者依前項規定提供帳簿、文據、菸品或酒品真偽鑑定報告或來源證明文件及其他必要之資料時，主管機關應掣給收據，除涉嫌違反本法規定者外，應自帳簿、文據、菸品或酒品真偽鑑定報告或來源證明文件及其他必要之資料提送完全之日起算七日內發還之；其有特殊情形，得延長發還時間七日。

第三九條（衛生抽查及採書面核放方式辦理之情形）

①衛生主管機關應抽查菸酒製造業者之作業衛生及紀錄；必要時，並得取樣檢驗及查扣紀錄，業者不得拒絕、規避或妨礙。但取樣數量以足供檢驗之用者為限。

②前項衛生抽查，必要時，衛生主管機關得會同主管機關為之。

③進口酒類應向中央主管機關申請查驗，經查驗不符衛生標準者，不得輸入。但非供銷售，且未逾一定數量或供特定用途者，不在此限。

④前項查驗，得採逐批查驗、抽批查驗或書面核放方式辦理；採逐批查驗或抽批查驗抽中批者，中央主管機關得視檢驗取樣需要，准予先行放行儲存於申報地點。未符合查驗規定前，該批酒品不得擅自變更儲存地點或移轉第三人。

⑤未變性酒精以外之進口酒品，屬下列情形之一者，得採書面核放方式辦理：

一　輸入時曾經查驗合格。
二　原產國及出口國符合一定條件，經中央主管機關公告之酒品。
三　採抽批查驗方式，未經抽中批。
四　具有中央主管機關規定之酒品衛生證明文件。

⑥第三項所定進口酒類查驗，中央主管機關得委託其他機關（構）辦理。

⑦前四項查驗、免驗及委託等事項之管理辦法，由中央主管機關會同中央衛生主管機關定之。

⑧主管機關得應業者出口之需，核發或協調相關機關核發衛生或其

他相關證明文件。

第四〇條 （違法菸酒之封存或扣留）

①主管機關對於涉嫌之私菸、私酒、劣菸或劣酒，得命業者暫停作業，並得予以封存或扣留，經抽樣檢驗，其有繼續發酵或危害環境衛生之虞者，得爲必要之處置；經查無違法事實者，應撤銷原處分。

②前項檢驗，主管機關得委託衛生主管機關或其他有關機關（構）爲之。

第四一條 （劣質菸酒之處理）

①主管機關或衛生主管機關查獲劣菸、劣酒時，主管機關應命製造、進口或販賣業者立即公告停止吸食或飲用，並予回收、銷毀。

②前項劣菸、劣酒有重大危害人體健康，主管機關應公告停止吸食或飲用、公布製造、進口或販賣業者之名稱、總機構所在地、負責人姓名、劣菸或劣酒品牌名稱、違法情節及禁止該菸酒之產製、輸入、販賣或爲其他必要之處置，並命菸酒製造業者或菸酒進口業者限期予以回收及銷毀；菸酒批發業者及菸酒零售業者並應配合回收及銷毀。

③前二項劣菸、劣酒之回收、銷毀等處理事項之辦法，由中央主管機關定之。

第四二條 （警察或治安人員協助義務）

主管機關及衛生主管機關依本法規定實施調查或取締時，得洽請警察或其他治安機關派員協助。調查或取締人員執行任務時，應出示證件表明身分，並應告知事由。

第四三條 （檢舉人之保護與獎勵）

①檢舉或查獲違反本法規定之菸酒或菸酒業者，除對檢舉人姓名嚴守秘密外，並得酌予獎勵。

②前項對檢舉人及查緝機關之獎勵辦法，由中央主管機關定之。

第四四條 （沒入物品之處理方式）

依本法或其他法律規定沒收或沒入之菸、酒與供產製菸、酒所用之原料、半成品、器具及酒類容器，得予以銷毀、標售、標售後再出口、捐贈或供學術機構研究或試驗。

第七章　罰　則

第四五條（罰則）

①產製私菸、私酒者，處新臺幣五萬元以上一百萬元以下罰鍰。但查獲物查獲時現值超過新臺幣一百萬元者，處查獲物查獲時現值一倍以上五倍以下罰鍰，最高以新臺幣一千萬元爲限。

②輸入私菸、私酒者，處三年以下有期徒刑，得併科新臺幣二十萬元以上一千萬元以下罰金。

③產製或輸入私菸、私酒未逾一定數量且供自用，或入境旅客隨身攜帶菸酒，不適用前二項之規定。

④入境旅客隨身攜帶菸酒超過免稅數量，未依規定向海關申報者，超過免稅數量之菸酒由海關沒入，並由海關分別按每條捲菸、每磅菸絲、每二十五支雪茄或每公升酒處新臺幣五百元以上五千元以下罰鍰，不適用海關緝私條例之處罰規定。

⑤第三項所稱之一定數量，由中央主管機關公告之。

第四六條 （罰則）

①販賣、運輸、轉讓或意圖販賣、運輸、轉讓而陳列或貯放私菸、私酒者，處新臺幣三萬元以上五十萬元以下罰鍰。但查獲物查獲時現值超過新臺幣五十萬元者，處查獲物查獲時現值一倍以上五倍以下罰鍰，最高以新臺幣六百萬元爲限。配合提供其私菸、私酒來源因而查獲者，得減輕其罰鍰至四分之一。

②前項情形，不適用海關緝私條例之處罰規定。

第四七條 （罰則）

①產製或輸入劣菸或第七條第三款之劣酒者，處新臺幣三十萬元以上三百萬元以下罰鍰。但查獲物查獲時現值超過新臺幣三百萬元者，處查獲物查獲時現值一倍以上五倍以下罰鍰，最高以新臺幣六千萬元爲限。

②前項劣菸、劣酒含有對人體健康有重大危害之物質者，處五年以下有期徒刑，得併科新臺幣三十萬元以上六千萬元以下罰金。

③產製第七條第二款之劣酒者，處五年以下有期徒刑，得併科新臺幣三十萬元以上六千萬元以下罰金。

④前項劣酒含有對人體健康有重大危害之物質者，處七年以下有期徒刑，得併科新臺幣五十萬元以上一億元以下罰金。

第四八條 （罰則）

①販賣、運輸、轉讓或意圖販賣、運輸、轉讓而陳列或貯放劣菸、劣酒者，處新臺幣二十萬元以上二百萬元以下罰鍰。但查獲物查獲時現值超過新臺幣二百萬元者，處查獲物查獲時現值一倍以上五倍以下罰鍰，最高以新臺幣二千萬元爲限。

②前項販賣、運輸、轉讓或意圖販賣、運輸、轉讓而陳列或貯放劣菸、劣酒含有對人體健康有重大危害之物質者，處三年以下有期徒刑，得併科新臺幣二十萬元以上二千萬元以下罰金。

③前二項販賣、運輸、轉讓或意圖販賣、運輸、轉讓而陳列或貯放者，配合提供其劣菸、劣酒來源因而查獲者，得減輕其刑，或減輕其罰鍰至四分之一。

第四九條 （罰則）

法人之代表人、法人或自然人之代理人、受雇人或其他從業人員，因執行業務，犯第四十五條第二項、第四十七條第二項至第四項或第四十八條第二項之罪者，除依各該條規定處罰其行爲人外，對該法人或自然人亦處以各該條之罰金。

第五〇條 （罰則）

①菸酒製造業者或進口業者違反第三十一條第一項、第二項、第三十二條第一項至第三項、第五項或第三十三條之標示規定者，除

第一次查獲情形未涉及標示不實或使人誤信者，得先限期改正外，處新臺幣三萬元以上五十萬元以下罰鍰，並通知其限期回收改正，改正前不得繼續販售；屆期不遵行者，按次處罰，並沒入違規之菸酒。

②菸酒製造業者，未經授權同意將產製之菸酒標示為他人菸酒者，處新臺幣六萬元以上一百萬元以下罰鍰，並沒入違規之菸酒。

③販賣、轉讓或意圖販賣、轉讓而陳列或貯放不符本法標示規定之菸酒，沒入違規之菸酒。

第五一條 （罰則）

①違反第三十七條規定而為酒之廣告或促銷者，處新臺幣三萬元以上五十萬元以下罰鍰，並通知限期改正；屆期未改正者，按次處罰。

②電視、廣播、網際網路等傳播媒體事業或出版事業違反第三十七條規定播放或刊播酒廣告者，經主管機關通知限期停止而屆期仍繼續播放或刊播廣告者，處新臺幣三萬元以上五十萬元以下罰鍰，並按次處罰。

③第一項違規情形屬警語標示不明顯且為第一次查獲者，得先限期改正。

第五二條 （罰則）

有下列各款情形之一者，處新臺幣五萬元以上二十五萬元以下罰鍰：

一　違反第二十六條第二項所定容器衛生標準。

二　違反第三十四條規定為標示、廣告或促銷。

三　對主管機關依第三十八條第一項規定或衛生主管機關依第三十九條第一項規定執行之事項，為拒絕、規避或妨礙之行為。

四　對主管機關依第四十條第一項規定命暫停作業而不遵行。

第五三條 （罰則）

有下列各款情形之一者，處新臺幣五萬元以上二十五萬元以下罰鍰，情節重大或經限期改善，而屆期未改善者，廢止其設立許可：

一　違反第四條第四項或第六項所定辦法中有關販賣登記、購買用途證明、變性、變性劑添加、進銷存量陳報、倉儲地點之規定。

二　違反第十一條第一項規定年產量超過一定數量、受託產製或分裝銷售酒類。

三　違反第二十七條第一項良好衛生標準。

第五四條 （罰則）

有下列各款情形之一者，處新臺幣五萬元以上二十五萬元以下罰鍰，並由主管機關通知其限期回收及銷毀；屆期不遵行者，按次處罰：

一　菸酒製造業者或進口業者違反第三十條第三項規定販賣逾有效日期或期限之菸酒。

二　違反第三十九條第四項規定將先行放行之酒類於未符合查驗規定前，擅自變更儲存地點或移轉第三人。

三　經主管機關依第四十一條第一項命其公告、回收、銷毀而不遵行者，或違反同條第二項規定，未於主管機關規定期限內回收及銷毀重大危害人體健康之菸酒。

第五五條　（罰則）

①有下列各款情形之一者，處新臺幣一萬元以上五萬元以下罰鍰：

一　菸酒製造業者違反第十四條第一項規定。

二　菸酒進口業者違反第十九條第一項規定。

三　酒之販賣或轉讓違反第三十條第一項規定。

四　菸酒販賣業者違反第三十條第三項規定。

五　酒販賣業者違反第三十五條規定。

②違反前項第一款或第二款情形，除處罰鍰外，並令其限期補正，屆期未補正者，廢止其設立許可。

③違反第一項第三款或第五款規定者，並按次處罰。

④違反第一項第四款規定者，由主管機關通知其限期回收或銷毀；屆期不遵行者，按次處罰。

第五六條　（罰則）

菸酒製造業者、進口業者違反第十四條第二項或第十九條第二項規定者，處新臺幣五千元以上二萬五千元以下罰鍰。

第五七條　（沒收或沒入）106

①依本法查獲之私菸、私酒及供產製私菸、私酒之原料、半成品、器具及酒類容器，沒收或沒入之。

②依本法查獲之劣菸、劣酒，沒收或沒入之。

③以符合國家標準之食用酒精以外之酒精類產品為製酒原料，或製菸酒原料含有對人體健康有重大危害之物質者，該原料、半成品沒收或沒入之。

④前三項查獲應沒收或沒入之菸、酒與其原料、半成品、器具及酒類容器，不問屬於行為人與否，沒收或沒入之。

⑤販賣逾有效日期或期限之菸酒，不問屬於何人所有，沒入之。

第八章　附　則

第五八條　（施行細則）

本法施行細則，由中央主管機關定之。

第五九條　（施行日）106

①本法施行日期，由行政院定之。但行政院得分別情形定其一部或全部之施行日期。

②本法中華民國一百零六年十二月八日修正之第五十七條規定，自公布日施行。

菸害防制法

①民國 86 年 3 月 19 日總統令制定公布全文 30 條；並自公布後六個月施行。
②民國 89 年 1 月 19 日總統令修正公布第 3、30 條條文；並自公布日施行。
③民國 96 年 7 月 11 日總統令修正公布全文 35 條；除第 4 條之施行日期，由行政院定之外，自公布後十八個月施行。
④民國 98 年 1 月 23 日總統令修正公布第 4、35 條條文。
民國 98 年 4 月 13 日行政院令發布第 4 條定自 98 年 6 月 1 日施行。
民國 102 年 7 月 19 日行政院公告第 3 條所列屬「行政院衛生署」之權責事項，自 102 年 7 月 23 日起改由「衛生福利部」管轄。

第一章　總　則

第一條　（立法目的）
爲防制菸害，維護國民健康，特制定本法；本法未規定者，適用其他法令之規定。

第二條　（名詞定義）
本法用詞定義如下：
一　菸品：指全部或部分以菸草或其代用品作爲原料，製成可供吸用、嚼用、含用、聞用或以其他方式使用之紙菸、菸絲、雪茄及其他菸品。
二　吸菸：指吸食、咀嚼菸品或攜帶點燃之菸品之行爲。
三　菸品容器：指向消費者販賣菸品所使用之所有包裝盒、罐或其他容器等。
四　菸品廣告：指以任何形式之商業宣傳、促銷、建議或行動，其直接或間接之目的或效果在於對不特定之消費者推銷或促進菸品使用。
五　菸品贊助：指對任何事件、活動或個人採取任何形式之捐助，其直接或間接之目的或效果在於對不特定之消費者推銷或促進菸品使用。

第三條　（主管機關）
本法所稱主管機關：在中央爲行政院衛生署；在直轄市爲直轄市政府；在縣（市）爲縣（市）政府。

第二章　菸品健康福利捐及菸品之管理

第四條　（健康福利捐）98
①菸品應徵健康福利捐，其金額如下：
一　紙菸：每千支新臺幣一千元。

二　菸絲：每公斤新臺幣一千元。
三　雪茄：每公斤新臺幣一千元。
四　其他菸品：每公斤新臺幣一千元。

②前項健康福利捐金額，中央主管機關及財政部應每二年邀集財政、經濟、公共衛生及相關領域學者專家，依下列因素評估一次：
一　可歸因於吸菸之疾病，其罹病率、死亡率及全民健康保險醫療費用。
二　菸品消費量及吸菸率。
三　菸品稅捐占平均菸品零售價之比率。
四　國民所得及物價指數。
五　其他影響菸品價格及菸害防制之相關因素。

③第一項金額，經中央主管機關及財政部依前項規定評估結果，認有調高必要時，應報請行政院核定，並送立法院審查通過。

④菸品健康福利捐應用於全民健康保險之安全準備、癌症防治、提升醫療品質、補助醫療資源缺乏地區、罕見疾病等之醫療費用、經濟困難者之保險費、中央與地方之菸害防制、衛生保健、社會福利、私劣菸品查緝、防制菸品稅捐逃漏、菸農及相關產業勞工之輔導與照顧；其分配及運作辦法，由中央主管機關及財政部訂定，並送立法院審查。

⑤前項所稱醫療資源缺乏地區及經濟困難者，由中央主管機關定之。

⑥菸品健康福利捐由菸酒稅稽徵機關於徵收菸酒稅時代徵之；其繳納義務人、免徵、退還、稽徵及罰則，依菸酒稅法之規定辦理。

第五條　（禁止販賣之方式）

對消費者販賣菸品不得以下列方式為之：
一　自動販賣、郵購、電子購物或其他無法辨識消費者年齡之方式。
二　開放式貨架等可由消費者直接取得且無法辨識年齡之方式。
三　每一販賣單位以少於二十支及其內容物淨重低於十五公克之包裝方式。但雪茄不在此限。

第六條　（健康警語及標示方式）

①菸品、品牌名稱及菸品容器加註之文字及標示，不得使用淡菸、低焦油或其他可能致人誤認吸菸無害健康或危害輕微之文字及標示。但本法修正前之菸品名稱不適用之。

②菸品容器最大外表正反面積明顯位置處，應以中文標示吸菸有害健康之警示圖文與戒菸相關資訊；其標示面積不得小於該面積百分之三十五。

③前項標示之內容、面積及其他應遵行事項之辦法，由中央主管機關定之。

第七條　（標示尼古丁及焦油含量）

①菸品所含之尼古丁及焦油，應以中文標示於菸品容器上。但專供外銷者不在此限。

②前項尼古丁及焦油不得超過最高含量；其最高含量與其檢測方法、含量標示方式及其他應遵行事項之辦法，由中央主管機關定之。

第八條　（菸品製造及輸入業者應申報資料）

①菸品製造及輸入業者應申報下列資料：

一　菸品成分、添加物及其相關毒性資料。

二　菸品排放物及其相關毒性資料。

②前項申報資料，中央主管機關應定期主動公開；必要時，並得派員取樣檢查（驗）。

③前二項應申報資料之內容、時間、程序、檢查（驗）及其他應遵行事項之辦法，由中央主管機關定之。

第九條　（不得從事之菸品促銷或廣告方式）

促銷菸品或爲菸品廣告，不得以下列方式爲之：

一　以廣播、電視、電影片、錄影物、電子訊號、電腦網路、報紙、雜誌、看板、海報、單張、通知、通告、說明書、樣品、招貼、展示或其他文字、圖畫、物品或電磁紀錄物爲宣傳。

二　以採訪、報導介紹菸品或假借他人名義之方式爲宣傳。

三　以折扣方式銷售菸品或以其他物品作爲銷售菸品之贈品或獎品。

四　以菸品作爲銷售物品、活動之贈品或獎品。

五　以菸品與其他物品包裹一起銷售。

六　以單支、散裝或包裝之方式分發或兜售。

七　利用與菸品品牌名稱或商標相同或近似之商品爲宣傳。

八　以茶會、餐會、說明會、品嚐會、演唱會、演講會、體育或公益等活動，或其他類似方式爲宣傳。

九　其他經中央主管機關公告禁止之方式。

第一〇條　（販賣菸品之標示與展示）

①販賣菸品之場所，應於明顯處標示第六條第二項、第十二條第一項及第十三條意旨之警示圖文；菸品或菸品容器之展示，應以使消費者獲知菸品品牌及價格之必要者爲限。

②前項標示與展示之範圍、內容、方式及其他應遵行事項之辦法，由中央主管機關定之。

第一一條　（不得為促銷或營利目的免費供應菸品）

營業場所不得爲促銷或營利目的免費供應菸品。

第三章　兒童及少年、孕婦吸菸行為之禁止

第一二條　（禁止吸菸之年齡限制）

①未滿十八歲者，不得吸菸。

②孕婦亦不得吸菸。

③父母、監護人或其他實際爲照顧之人應禁止未滿十八歲者吸菸。

第一三條（菸品之限制供應者）

①任何人不得供應菸品予未滿十八歲者。

②任何人不得強迫、引誘或以其他方式使孕婦吸菸。

第一四條（不得製造、輸入或販賣菸品形狀之物品）

任何人不得製造、輸入或販賣菸品形狀之糖果、點心、玩具或其他任何物品。

第四章　吸菸場所之限制

第一五條（全面禁止吸菸之場所）

①下列場所全面禁止吸菸：

一　高級中等學校以下學校及其他供兒童及少年教育或活動爲主要目的之場所。

二　大專校院、圖書館、博物館、美術館及其他文化或社會教育機構所在之室內場所。

三　醫療機構、護理機構、其他醫事機構及社會福利機構所在場所。但老人福利機構於設有獨立空調及獨立隔間之室內吸菸室，或其室外場所，不在此限。

四　政府機關及公營事業機構所在之室內場所。

五　大衆運輸工具、計程車、遊覽車、捷運系統、車站及旅客等候室。

六　製造、儲存或販賣易燃易爆物品之場所。

七　金融機構、郵局及電信事業之營業場所。

八　供室內體育、運動或健身之場所。

九　教室、圖書室、實驗室、表演廳、禮堂、展覽室、會議廳（室）及電梯廂內。

十　歌劇院、電影院、視聽歌唱業或資訊休閒業及其他供公衆休閒娛樂之室內場所。

十一　旅館、商場、餐飲店或其他供公眾消費之室內場所。但於該場所內設有獨立空調及獨立隔間之室內吸菸室、半戶外開放空間之餐飲場所、雪茄館、下午九時以後開始營業且十八歲以上始能進入之酒吧、視聽歌唱場所，不在此限。

十二　三人以上共用之室內工作場所。

十三　其他供公共使用之室內場所及經各級主管機關公告指定之場所及交通工具。

②前項所定場所，應於所有入口處設置明顯禁菸標示，並不得供應與吸菸有關之器物。

③第一項第三款及第十一款但書之室內吸菸室；其面積、設施及設置辦法，由中央主管機關定之。

第一六條（可設吸菸區之場所）

①下列場所除吸菸區外，不得吸菸；未設吸菸區者，全面禁止吸菸：

一　大專校院、圖書館、博物館、美術館及其他文化或社會教育機構所在之室外場所。

二　室外體育場、游泳池或其他供公眾休閒娛樂之室外場所。

三　老人福利機構所在之室外場所。

四　其他經各級主管機關指定公告之場所及交通工具。

②前項所定場所，應於所有入口處及其他適當地點，設置明顯禁菸標示或除吸菸區外不得吸菸意旨之標示；且除吸菸區外，不得供應與吸菸有關之器物。

③第一項吸菸區之設置，應符合下列規定：

一　吸菸區應有明顯之標示。

二　吸菸區之面積不得大於該場所室外面積二分之一，且不得設於必經之處。

第一七條　（指定禁止吸菸場所之情形）

①第十五條第一項及前條第一項以外之場所，經所有人、負責人或管理人指定禁止吸菸之場所，禁止吸菸。

②於孕婦或未滿三歲兒童在場之室內場所，禁止吸菸。

第一八條　（禁菸場所吸菸者應予勸阻）

①於第十五條或第十六條之禁菸場所吸菸或未滿十八歲者進入吸菸區，該場所負責人及從業人員應予勸阻。

②於禁菸場所吸菸者，在場人士得予勸阻。

第一九條　（禁菸及吸菸區之稽查與管理）

直轄市、縣（市）主管機關對第十五條及第十六條規定之場所與吸菸區之設置及管理事項，應定期派員檢查。

第五章　菸害之教育及宣導

第二〇條　（菸害防制教育及宣導）

各機關學校應積極辦理菸害防制教育及宣導。

第二一條（戒菸服務）

①醫療機構、心理衛生輔導機構及公益團體得提供戒菸服務。

②前項服務之補助或獎勵辦法，由各級主管機關定之。

第二二條　（不得強調吸菸之形象）

電視節目、戲劇表演、視聽歌唱及職業運動表演等不得特別強調吸菸之形象。

第六章　罰　則

第二三條　（違反販賣方式之處罰）

違反第五條或第十條第一項規定者，處新臺幣一萬元以上五萬元以下罰鍰，並得按次連續處罰。

第二四條　（未標示警語、尼古丁及焦油含量之處罰）

①製造或輸入違反第六條第一項、第二項或第七條第一項規定之菸品者，處新臺幣一百萬元以上五百萬元以下罰鍰，並令限期回收；屆期未回收者，按次連續處罰，違規之菸品沒入並銷毀之。

②販賣違反第六條第一項、第二項或第七條第一項規定之菸品者，

處新臺幣一萬元以上五萬元以下罰鍰。

第二五條 （罰則）

①違反第八條第一項規定者，處新臺幣十萬元以上五十萬元以下罰鍰，並令限期申報；屆期未申報者，按次連續處罰。

②規避、妨礙或拒絕中央主管機關依第八條第二項規定所爲之取樣檢查（驗）者，處新臺幣十萬元以上五十萬元以下罰鍰。

第二六條 （違反促銷菸品或菸品廣告之處罰）

①製造或輸入業者，違反第九條各款規定者，處新臺幣五百萬元以上二千五百萬元以下罰鍰，並按次連續處罰。

②廣告業或傳播媒體業者違反第九條各款規定，製作菸品廣告或接受傳播或刊載者，處新臺幣二十萬元以上一百萬元以下罰鍰，並按次處罰。

③違反第九條各款規定，除前二項另有規定者外，處新臺幣十萬元以上五十萬元以下罰鍰，並按次連續處罰。

第二七條 （罰則）

違反第十一條規定者，處新臺幣二千元以上一萬元以下罰鍰。

第二八條 （戒菸教育）

①違反第十二條第一項規定者，應令其接受戒菸教育；行爲人未滿十八歲且未結婚者，並應令其父母或監護人使其到場。

②無正當理由未依通知接受戒菸教育者，處新臺幣二千元以上一萬元以下罰鍰，並按次連續處罰；行爲人未滿十八歲且未結婚者，處罰其父母或監護人。

③第一項戒菸教育之實施辦法，由中央主管機關定之。

第二九條 （罰則）

違反第十三條規定者，處新臺幣一萬元以上五萬元以下罰鍰。

第三〇條 （罰則）

①製造或輸入業者，違反第十四條規定者，處新臺幣一萬元以上五萬元以下罰鍰，並令限期回收；屆期未回收者，按次連續處罰。

②販賣業者違反第十四條規定者，處新臺幣一千元以上三千元以下罰鍰。

第三一條 （罰則）

①違反第十五條第一項或第十六條第一項規定者，處新臺幣二千元以上一萬元以下罰鍰。

②違反第十五條第二項、第十六條第二項或第三項規定者，處新臺幣一萬元以上五萬元以下罰鍰，並令限期改正；屆期未改正者，得按次連續處罰。

第三二條 （罰則）

違反本法規定，經依第二十三條至前條規定處罰者，得併公告被處分人及其違法情形。

第三三條 （處罰之執行機關）

本法所定罰則，除第二十五條規定由中央主管機關處罰外，由直轄市、縣（市）主管機關處罰之。

第七章　附　則

第三四條　（基金運用）

①依第四條規定徵收之菸品健康福利捐，分配用於中央與地方菸害防制及衛生保健之部分，由中央主管機關設置基金，辦理菸害防制及衛生保健相關業務。

②前項基金之收支、保管及運用辦法，由行政院定之。

第三五條　（施行日）98

①本法自公布後六個月施行。

②本法中華民國九十六年六月十五日修正條文，除第四條之施行日期，由行政院定之外，自公布後十八個月施行。

③本法中華民國九十八年一月十二日修正之第四條條文，其施行日期，由行政院定之。

健康食品管理法

①民國88年2月3日總統令公布全文31條；並自公布後六個月施行。
②民國88年12月22日總統令修正公布第19條條文。
③民國89年11月8日總統令修正公布第5條條文。
④民國91年1月30日總統令修正公布第7、9、11、17、22～24、27、31條條文。
⑤民國95年5月17日總統令修正公布第2、3、14、15、24、28條條文。
民國102年7月19日行政院公告第5條所列屬「行政院衛生署」之權責事項，自102年7月23日起改由「衛生福利部」管轄。
⑥民國107年月24日總統令修正公布第13條條文。

第一章　總　則

第一條　（立法目的）

爲加強健康食品之管理與監督，維護國民健康，並保障消費者之權益，特制訂本法；本法未規定者，適用其他有關法律之規定。

第二條　（名詞定義）95

①本法所稱健康食品，指具有保健功效，並標示或廣告其具該功效之食品。

②本法所稱之保健功效，係指增進民衆健康、減少疾病危害風險，且具有實質科學證據之功效，非屬治療、矯正人類疾病之醫療效能，並經中央主管機關公告者。

第三條　（健康食品之要件）95

①依本法之規定申請查驗登記之健康食品，符合下列條件之一者，應發給健康食品許可證：

一　經科學化之安全及保健功效評估試驗，證明無害人體健康，且成分具有明確保健功效；其保健功效成分依現有技術無法確定者，得依申請人所列舉具該保健功效之各項原料及佐證文獻，由中央主管機關評估認定之。

二　成分符合中央主管機關所定之健康食品規格標準。

②第一項健康食品安全評估方法、保健功效評估方法及規格標準，由中央主管機關定之。中央主管機關未定之保健功效評估方法，得由學術研究單位提出，並經中央主管機關審查認可。

第四條　（健康食品保健功效之表達方式）

健康食品之保健功效，應以下列方式之一表達：

一　如攝取某項健康食品後，可補充人體缺乏之營養素時，宣稱該食品具有預防或改善與該營養素相關疾病之功效。

二　敘述攝取某種健康食品後，其中特定營養素、特定成分或該食品對人體生理結構或生理機能之影響。

三　提出科學證據，以支持該健康食品維持或影響人體生理結構或生理機能之說法。

四　敘述攝取某種健康食品後的一般性好處。

第五條　（主管機關）

本法所稱主管機關：在中央爲行政院衛生署；在直轄市爲直轄市政府；在縣（市）爲縣（市）政府。

第二章　健康食品之許可

第六條　（食品標示或廣告為健康食品）

①食品非依本法之規定，不得標示或廣告爲健康食品。

②食品標示或廣告提供特殊營養素或具有特定保健功效者，應依本法之規定辦理之。

第七條　（許可證之申請）

①製造、輸入健康食品，應將其成分、規格、作用與功效、製程概要、檢驗規格與方法，及有關資料與證件，連同標籤及樣品，並繳納證書費、查驗費，申請中央主管機關查驗登記，發給許可證後，始得製造或輸入。

②前項規定所稱證書費，係指申請查驗登記發給、換發或補發許可證之費用；所稱查驗費，係指審查費及檢驗費；其費額，由中央主管機關定之。

③經查驗登記並發給許可證之健康食品，其登記事項如有變更，應具備申請書，向中央主管機關申請變更登記，並繳納審查費。

④第一項規定之查驗，中央主管機關於必要時，得委託相關機關（構）、學校或團體辦理；其辦法，由中央主管機關定之。

⑤第一項申請許可辦法，由中央主管機關定之。

第八條　（健康食品許可證之有效期限、展延與補換發）

①健康食品之製造、輸入許可證有效期限爲五年，期滿仍須繼續製造、輸入者，應於許可證到期前三個月內申請中央主管機關核准展延之。但每次展延不得超過五年。

②逾期未申請展延或不准展延者，原許可證自動失效。

③前項許可證如有污損或遺失，應敘明理由申請原核發機關換發或補發，並應將原許可證同時繳銷，或由核發機關公告註銷。

第九條　（許可證之重新評估）

①健康食品之許可證於有效期間內，有下列之各款事由之一者，中央主管機關得對已經許可之健康食品重新評估：

一　科學研究對該產品之功效發生疑義。

二　產品之成分、配方或生產方式受到質疑。

三　其他經食品衛生主管機關認定有必要時。

②中央主管機關對健康食品重新評估不合格時，應通知相關廠商限期改善；屆期未改善者，中央主管機關得廢止其許可證。

第三章　健康食品之安全衛生管理

第一〇條（製作、輸入健康食品應符合良好作業規範）

①健康食品之製造，應符合良好作業規範。

②輸入之健康食品，應符合原產國之良好作業規範。

③第一項規範之標準，由中央主管機關定之。

第一一條（健康食品及其容器及包裝）

健康食品與其容器及包裝，應符合衛生之要求；其標準，由中央主管機關定之。

第一二條（不得製造調配加工販賣儲存輸入輸出贈與公開陳列之情形）

健康食品或其原料有下列情形之一者，不得製造、調配、加工、販賣、儲存、輸入、輸出、贈與或公開陳列：

一　變質或腐敗者。

二　染有病原菌者。

三　殘留農藥含量超過中央主管機關所定安全容許量者。

四　受原子塵、放射能污染，其含量超過中央主管機關所定安全容許量者。

五　攙僞、假冒者。

六　逾保存期限者。

七　含有其他有害人體健康之物質或異物者。

第四章　健康食品之標示及廣告

第一三條（健康食品之標示方法及標示內容）107

①健康食品應以中文及通用符號顯著標示下列事項於容器、包裝或說明書上：

一　品名。

二　內容物名稱；其爲二種以上混合物時，應依其含量多寡由高至低分別標示之。

三　淨重、容量或數量。

四　食品添加物名稱；混合二種以上食品添加物，以功能性命名者，應分別標明添加物名稱。

五　有效日期、保存方法及條件。

六　廠商名稱、地址。輸入者應註明國內負責廠商名稱、地址。

七　核准之功效。

八　許可證字號、「健康食品」字樣及標準圖樣。

九　攝取量、食用時應注意事項、可能造成健康傷害以及其他必要之警語。

十　營養成分及含量。

十一　其他經中央主管機關公告指定之標示事項。

②第十款之標示方式和內容，由中央主管機關定之。

第一四條（健康食品之標示及廣告不得超過許可範圍）95

①健康食品之標示或廣告不得有虛僞不實、誇張之內容，其宣稱之保健效能不得超過許可範圍，並應依中央主管機關查驗登記之內容。

②健康食品之標示或廣告，不得涉及醫療效能之內容。

第一五條　（健康食品之宣傳廣告者）95

①傳播業者不得爲未依第七條規定取得許可證之食品刊播爲健康食品之廣告。

②接受委託刊播之健康食品傳播業者，應自廣告之日起六個月，保存委託刊播廣告者之姓名（法人或團體名稱）、身分證或事業登記證字號、住居所（事務所或營業所）及電話等資料，且於主管機關要求提供時，不得規避、妨礙或拒絕。

第五章　健康食品之稽查及取締

第一六條　（對製造與販賣業者之檢查與封存）

①衛生主管機關得派員檢查健康食品製造業者、販賣業者之處所設施及有關業務，並得抽驗其健康食品，業者不得無故拒絕，但抽驗數量以足供檢驗之用者爲限。

②各級主管機關，對於涉嫌違反第六條至第十四條之業者，得命其暫停製造、調配、加工、販賣、陳列，並得將其該項物品定期封存，由業者出具保管書，暫行保管。

第一七條　（有重大危害之健康食品之處置）

經許可製造、輸入之健康食品，經發現有重大危害時，中央主管機關除應隨時公告禁止其製造、輸入外，並廢止其許可證；其已製造或輸入者，應限期禁止其輸出、販賣、運送、寄藏、牙保、轉讓或意圖販賣而陳列，必要時，並得沒入銷燬之。

第一八條　（對不良或不法之健康食品之限期回收）

①健康食品有下列情形之一者，其製造或輸入之業者，應即通知下游業者，並依規定限期收回市售品，連同庫存品依本法有關規定處理：

一　未經許可而擅自標示、廣告爲健康食品者。
二　原領有許可證，經公告禁止製造或輸入者。
三　原許可證未申請展延或不准展延者。
四　違反第十條所定之情事者。
五　違反第十一條所定之情事者。
六　有第十二條所列各項情事之一者。
七　違反第十三條各項之規定者。
八　有第十四條所定之情事者。
九　其他經中央衛生主管機關公告應收回者。

②製造或輸入業者收回前項所定之健康食品時，下游業者應予配合。

第一九條　（對不良或不法健康食品之處分）

①健康食品得由當地主管機關依抽查、檢驗結果爲下列處分：

一　未經許可而擅自標示或廣告爲健康食品者，或有第十二條所列各款情形之一者，應予沒入銷毀。
二　不符第十條、第十一條所定之標準者，應予沒入銷毀。但實施消毒或採行適當安全措施後，仍可使用或得改製使用者，應通知限期消毒、改製或採行安全措施；逾期未遵行者，沒入銷毀之。
三　其標示違反第十三條或第十四條之規定者，應通知限期收回改正其標示；逾期不遵行者，沒入銷毀之。
四　無前三款情形，而經第十六條第二項規定命暫停製造、調配、加工、販賣、陳列並封存者，應撤銷原處分，並予啓封。

②製造、調配、加工、販賣、輸入、輸出第一項第一款或第二款之健康食品業者，由當地主管機關公告其公司名稱、地址、負責人姓名、商品名稱及違法情節。

第二〇條　（對舉發之獎勵）

舉發或緝獲不符本法規定之健康食品者，主管機關應予獎勵；獎勵辦法由主管機關另行訂定。

第六章　罰　則

第二一條　（未經核准而製造輸入販賣等行為之處罰）

①未經核准擅自製造或輸入健康食品或違反第六條第一項規定者，處三年以下有期徒刑，得併科新臺幣一百萬元以下罰金。

②明知爲前項之食品而販賣、供應、運送、寄藏、牙保、轉讓、標示、廣告或意圖販賣而陳列者，依前項規定處罰之。

第二二條　（罰則）

①違反第十二條之規定者，處新臺幣六萬元以上三十萬元以下罰鍰。

②前項行爲一年內再違反者，處新臺幣九萬元以上九十萬元以下罰鍰，並得廢止其營業或工廠登記證照。

③第一項行爲致危害人體健康者，處三年以下有期徒刑、拘役或科或併科新臺幣一百萬元以下罰金，並得廢止其營業或工廠登記證照。

第二三條　（罰則）

①有下列行爲之一者，處新臺幣三萬元以上十五萬元以下罰鍰：
一　違反第十條之規定。
二　違反第十一條之規定。
三　違反第十三條之規定。

②前項行爲一年內再違反者，處新臺幣九萬元以上九十萬元以下之罰鍰，並得廢止其營業或工廠登記證照。

③第一項行爲致危害人體健康者，處三年以下有期徒刑、拘役或科或併科新臺幣一百萬元以下罰金，並得廢止其營業或工廠登記證照。

第二四條 （罰則）95

①健康食品業者違反第十四條規定者，主管機關應爲下列之處分：

一　違反第一項規定者，處新臺幣十萬元以上五十萬元以下罰鍰。

二　違反第二項規定者，處新臺幣四十萬元以上二百萬元以下罰鍰。

三　前二款之罰鍰，應按次連續處罰至違規廣告停止刊播爲止；情節重大者，並應廢止其健康食品之許可證。

四　經依前三款規定處罰，於一年內再次違反者，並應廢止其營業或工廠登記證照。

②傳播業者違反第十五條第二項規定者，處新臺幣六萬元以上三十萬元以下罰鍰，並應按次連續處罰。

③主管機關爲第一項處分同時，應函知傳播業者及直轄市、縣（市）新聞主管機關。

④傳播業者自收文之次日起，應即停止刊播。

⑤傳播業者刊播違反第十五條第一項規定之廣告，或未依前項規定，繼續刊播違反第十四條規定之廣告者，直轄市、縣（市）政府應處新臺幣十二萬元以上六十萬元以下罰鍰，並應按次連續處罰。

第二五條 （罰則）

違反第十八條之規定者，處新臺幣三十萬元以上一百萬元以下罰鍰，並得按日連續處罰。

第二六條 （罰則）

法人之代表人、法人或自然人之代理人或受雇人，因執行業務，犯第二十一條至第二十二條之罪者，除依各該條之規定處罰其行爲人外，對該法人或自然人亦科以各該條之罰金。

第二七條 （罰則）

①拒絕、妨害或故意逃避第十六條、第十七條所規定之抽查、抽驗或經命暫停或禁止製造、調配、加工、販賣、陳列而不遵行者，處行爲人新臺幣三萬元以上三十萬元以下罰鍰，並得連續處罰。

②前項行爲如情節重大或一年內再違反者，並得廢止其營業或工廠登記證照。

第二八條 （罰鍰之執行方式）95

本法所定之罰鍰，除第二十四條第四項規定外，由直轄市或縣（市）主管機關處罰。

第二九條 （退貨、損害賠償及連帶責任）

①出賣人有違反本法第七條、第十條至第十四條之情事時，買受人得退貨，請求出賣人退還其價金；出賣人如係明知時，應加倍退還其價金；買受人如受有其他損害時，法院得因被害人之請求，依侵害情節出賣人支付買受人零售價三倍以下或損害額三倍以下，由受害人擇一請求之懲罰性賠償金。但買受人爲明知時，不在此限。

②製造、輸入、販賣之業者爲明知或與出賣人有共同過失時，應負

連帶責任。

第七章　附　則

第三〇條　（施行細則）

本法施行細則，由中央主管機關定之。

第三一條　（施行日）

①本法自公布後六個月施行。

②本法修正條文自公布日施行。

食品安全衛生管理法

①民國 64 年 1 月 28 日總統令制定公布全文 32 條。
②民國 72 年 11 月 11 日總統令修正公布全文 38 條。
③民國 86 年 5 月 7 日總統令修正公布第 17、38 條條文。
④民國 89 年 2 月 9 日總統令修正公布全文 40 條；並自公布日起施行。
⑤民國 91 年 1 月 30 日總統令修正公布第 14、27、29～33、35、36 條條文；並增訂第 29-1 條條文。
⑥民國 97 年 6 月 11 日總統令修正公布第 2、11、12、17、19、20、24、29、31～33、36 條條文；並增訂第 14-1、17-1 條條文。
⑦民國 99 年 1 月 27 日總統令修正公布第 11 條條文。
⑧民國 100 年 6 月 22 日總統令修正公布第 31、34 條條文。
⑨民 101 年 8 月 8 日總統令修正公布第 11、17-1、31 條條文。
⑩民國 102 年 6 月 19 日總統令修正公布全文 60 條；除第 30 條申報制度與第 33 條保證金收取規定及第 22 條第 1 項第 5 款、第 26、27 條，自公布後一年施行外，自公布日施行。
民國 102 年 7 月 19 日行政院告第 6 條第 1 項所列屬「食品藥物管理局」、「疾病管制局」權責事項，自 102 年 7 月 23 日起分別改由「衛生福利部食品藥物管理署」、「衛生福利部疾病管制署」管轄。
⑪民國 103 年 2 月 5 日總統令修正公布名稱及第 3、4、6～8、16、21、22、24、25、30、32、37、38、43～45、47、48、49、50、52、56、60 條條文；並增訂第 48-1、49-1、55-1、56-1 條條文；除第 30 條申報制度與第 22 條第 1 項第 4、5 款自 103 年 6 月 19 日施行及第 21 條第 3 項自公布後一年施行外，自公布日施行（原名稱：食品衛生管理法）。
⑫民國 103 年 12 月 10 日總統令修正公布第 5、7、9、10、22、24、32、35、43、44、47、48、49、49-1、56、56-1、60 條條文；並增訂第 2-1、42-1、49-2 條條文；除第 22 條第 1 項第 5 款應標示可追溯之來源或生產系統規定，自公布後六個月施行；第 7 條第 3 項食品業者應設置實驗室規定、第 22 條第 4 項、第 24 條第 1 項食品添加物之原料應標示事項規定、第 24 條第 3 項及第 35 條第 4 項規定，自公布後一年施行外，自公布日施行。
⑬民國 104 年 2 月 4 日總統令修正公布第 8、25、48 條條文。
⑭民國 104 年 12 月 16 日總統令修正公布第 41、48 條條文；並增訂第 15-1 條條文。
⑮民國 106 年 11 月 15 日總統令修正公布第 9、21、47、48、49-1、56-1 條條文。
⑯民國 107 年 1 月 24 日總統令修正公布第 28 條條文。

第一章　總　則

第一條　（立法目的）
為管理食品衛生安全及品質，維護國民健康，特制定本法。

第二條　（主管機關）

本法所稱主管機關：在中央為衛生福利主管機關；在直轄市為直轄市政府；在縣（市）為縣（市）政府。

第二條之一 （食品安全會報之設立）103

①為加強全國食品安全事務之協調、監督、推動及查緝，行政院應設食品安全會報，由行政院院長擔任召集人，召集相關部會首長、專家學者及民間團體代表共同組成，職司跨部會協調食品安全風險評估及管理措施，建立食品安全衛生之預警及稽核制度，至少每三個月開會一次，必要時得召開臨時會議。召集人應指定一名政務委員或部會首長擔任食品安全會報執行長，並由中央主管機關負責幕僚事務。

②各直轄市、縣（市）政府應設食品安全會報，由各該直轄市、縣（市）政府首長擔任召集人，職司跨局處協調食品安全衛生管理措施，至少每三個月舉行會議一次。

③第一項食品安全會報決議之事項，各相關部會應落實執行，行政院應每季追踪管考對外公告，並納入每年向立法院提出之施政方針及施政報告。

④第一項之食品安全會報之組成、任務、議事程序及其他應遵行事項，由行政院定之。

第三條 （名詞定義）102

本法用詞，定義如下：

一　食品：指供人飲食或咀嚼之產品及其原料。

二　特殊營養食品：指嬰兒與較大嬰兒配方食品、特定疾病配方食品及其他經中央主管機關許可得供特殊營養需求者使用之配方食品。

三　食品添加物：指為食品著色、調味、防腐、漂白、乳化、增加香味、安定品質、促進發酵、增加稠度、強化營養、防止氧化或其他必要目的，加入、接觸於食品之單方或複方物質。複方食品添加物使用之添加物僅限由中央主管機關准用之食品添加物組成，前述准用之單方食品添加物皆應有中央主管機關之准用許可字號。

四　食品器具：指與食品或食品添加物直接接觸之器械、工具或器皿。

五　食品容器或包裝：指與食品或食品添加物直接接觸之容器或包裹物。

六　食品用洗潔劑：指用於消毒或洗滌食品、食品器具、食品容器或包裝之物質。

七　食品業者：指從事食品或食品添加物之製造、加工、調配、包裝、運送、貯存、販賣、輸入、輸出或從事食品器具、食品容器或包裝、食品用洗潔劑之製造、加工、輸入、輸出或販賣之業者。

八　標示：指於食品、食品添加物、食品用洗潔劑、食品器具、食品容器或包裝上，記載品名或為說明之文字、圖畫、記號或附加之說明書。

九　營養標示：指於食品容器或包裝上，記載食品之營養成分、含量及營養宣稱。

十　查驗：指查核及檢驗。

十一　基因改造：指使用基因工程或分子生物技術，將遺傳物質轉移或轉殖入活細胞或生物體，產生基因重組現象，使表現具外源基因特性或使自身特定基因無法表現之相關技術。但不包括傳統育種、同科物種之細胞及原生質體融合、雜交、誘變、體外受精、體細胞變異及染色體倍增等技術。

第二章　食品安全風險管理

第四條　（食品安全管理措施之採行、風險評估及諮議體系之架構）103

①主管機關採行之食品安全管理措施應以風險評估爲基礎，符合滿足國民享有之健康、安全食品以及知的權利、科學證據原則、事先預防原則、資訊透明原則，建構風險評估以及諮議體系。

②前項風險評估，中央主管機關應召集食品安全、毒理與風險評估等專家學者及民間團體組成食品風險評估諮議會爲之。

③第一項諮議體系應就食品衛生安全與營養、基因改造食品、食品廣告標示、食品檢驗方法等成立諮議會，召集食品安全、營養學、醫學、毒理、風險管理、農業、法律、人文社會領域相關具有專精學者組成之。

④諮議會之組成、議事、程序與範圍及其他應遵行事項之辦法，由中央主管機關定之。

⑤中央主管機關對重大或突發性食品衛生安全事件，必要時得依風險評估或流行病學調查結果，公告對特定產品或特定地區之產品採取下列管理措施：

一　限制或停止輸入查驗、製造及加工之方式或條件。

二　下架、封存、限期回收、限期改製、沒入銷毀。

第五條　（主管機關實施必要管制措施應包含事項）103

①各級主管機關依科學實證，建立食品衛生安全監測體系，於監測發現有危害食品衛生安全之虞之事件發生時，應主動查驗，並發布預警或採行必要管制措施。

②前項主動查驗、發布預警或採行必要管制措施，包含主管機關應抽樣檢驗、追查原料來源、產品流向、公布檢驗結果及揭露資訊，並令食品業者自主檢驗。

第六條　（各級主管機關通報系統之設立及醫療機構之通報義務）

①各級主管機關應設立通報系統，劃分食品引起或感染症中毒，由食品藥物管理局或疾病管制局主管之，蒐集並受理疑似食品中毒事件之通報。

②醫療機構診治病人時發現有疑似食品中毒之情形，應於二十四小時內向當地主管機關報告。

第三章　食品業者衛生管理

第七條（食品業者之自主管理、自主檢驗及通報與送檢義務）103

①食品業者應實施自主管理，訂定食品安全監測計畫，確保食品衛生安全。

②食品業者應將其產品原材料、半成品或成品，自行或送交其他檢驗機關（構）、法人或團體檢驗。

③上市、上櫃及其他經中央主管機關公告類別及規模之食品業者，應設置實驗室，從事前項自主檢驗。

④第一項應訂定食品安全監測計畫之食品業者類別與規模，與第二項應辦理檢驗之食品業者類別與規模、最低檢驗週期，及其他相關事項，由中央主管機關公告。

⑤食品業者於發現產品有危害衛生安全之虞時，應即主動停止製造、加工、販賣及辦理回收，並通報直轄市、縣（市）主管機關。

第八條（食品衛生管理相關準則之適用及衛生安全管理之驗證）104

①食品業者之從業人員、作業場所、設施衛生管理及其品保制度，均應符合食品之良好衛生規範準則。

②經中央主管機關公告類別及規模之食品業，應符合食品安全管制系統準則之規定。

③經中央主管機關公告類別及規模之食品業者，應向中央或直轄市、縣（市）主管機關申請登錄，始得營業。

④第一項食品之良好衛生規範準則、第二項食品安全管制系統準則，及前項食品業者申請登錄之條件、程序、應登錄之事項與申請變更、登錄之廢止、撤銷及其他應遵行事項之辦法，由中央主管機關定之。

⑤經中央主管機關公告類別及規模之食品業者，應取得衛生安全管理系統之驗證。

⑥前項驗證，應由中央主管機關認證之驗證機構辦理；有關申請、撤銷與廢止認證之條件或事由，執行驗證之收費、程序、方式及其他相關事項之管理辦法，由中央主管機關定之。

第九條（產品原材料來源及流向追溯或追蹤系統之建立，並以電子方式申報追溯資料）106

①食品業者應保存產品原材料、半成品及成品之來源相關文件。

②經中央主管機關公告類別與規模之食品業者，應依其產業模式，建立產品原材料、半成品與成品供應來源及流向之追溯或追踪系統。

③中央主管機關為管理食品安全衛生及品質，確保食品追溯或追踪

系統資料之正確性，應就前項之業者，依溯源之必要性，分階段公告使用電子發票。

④中央主管機關應建立第二項之追溯或追蹤系統，食品業者應以電子方式申報追溯或追蹤系統之資料，其電子申報方式及規格由中央主管機關定之。

⑤第一項保存文件種類與期間及第二項追溯或追蹤系統之建立、應記錄之事項、查核及其他應遵行事項之辦法，由中央主管機關定之。

第一〇條 （食品業者、食品或食品添加物工廠之設廠規定）103

①食品業者之設廠登記，應由工業主管機關會同主管機關辦理。

②食品工廠之建築及設備，應符合設廠標準；其標準，由中央主管機關會同中央工業主管機關定之。

③食品或食品添加物之工廠應單獨設立，不得於同一廠址及廠房同時從事非食品之製造、加工及調配。但經中央主管機關查核符合藥物優良製造準則之藥品製造業兼製食品者，不在此限。

④本法中華民國一百零三年十一月十八日修正條文施行前，前項之工廠未單獨設立者，由中央主管機關於修正條文施行後六個月內公告，並應於公告後一年內完成辦理。

第一一條 （食品業者衛生管理人員之設置）

①經中央主管機關公告類別及規模之食品業者，應置衛生管理人員。

②前項衛生管理人員之資格、訓練、職責及其他應遵行事項之辦法，由中央主管機關定之。

第一二條 （食品業相關專門職業或技術證照人員之設置）

①經中央主管機關公告類別及規模之食品業者，應置一定比率，並領有專門職業或技術證照之食品、營養、餐飲等專業人員，辦理食品衛生安全管理事項。

②前項應聘用專門職業或技術證照人員之設置、職責、業務之執行及管理辦法，由中央主管機關定之。

第一三條 （產品責任保險相關規定）

①經中央主管機關公告類別及規模之食品業者，應投保產品責任保險。

②前項產品責任保險之保險金額及契約內容，由中央主管機關定之。

第一四條 （公共飲食場所衛生管理辦法之訂定）

公共飲食場所衛生之管理辦法，由直轄市、縣（市）主管機關依中央主管機關訂定之各類衛生標準或法令定之。

第四章　食品衛生管理

第一五條 （食品或食品添加物不得製造、加工、調配、包裝、運送、貯存、販賣、輸入、輸出、作為贈品或公開陳列之情形）

①食品或食品添加物有下列情形之一者，不得製造、加工、調配、包裝、運送、貯存、販賣、輸入、輸出、作為贈品或公開陳列：

一　變質或腐敗。

二　未成熟而有害人體健康。

三　有毒或含有害人體健康之物質或異物。

四　染有病原性生物，或經流行病學調查認定屬造成食品中毒之病因。

五　殘留農藥或動物用藥含量超過安全容許量。

六　受原子塵或放射能污染，其含量超過安全容許量。

七　攙偽或假冒。

八　逾有效日期。

九　從未於國內供作飲食且未經證明為無害人體健康。

十　添加未經中央主管機關許可之添加物。

②前項第五款、第六款殘留農藥或動物用藥安全容許量及食品中原子塵或放射能污染安全容許量之標準，由中央主管機關會商相關機關定之。

③第一項第三款有害人體健康之物質，包括雖非疫區而近十年內有發生牛海綿狀腦病或新型庫賈氏症病例之國家或地區牛隻之頭骨、腦、眼睛、脊髓、絞肉、內臟及其他相關產製品。

④國內外之肉品及其他相關產製品，除依中央主管機關根據國人膳食習慣為風險評估所訂定安全容許標準者外，不得檢出乙型受體素。

⑤國內外如發生因食用安全容許殘留乙型受體素肉品導致中毒案例時，應立即停止含乙型受體素之肉品進口；國內經確認有因食用致中毒之個案，政府應負照護責任，並協助向廠商請求損害賠償。

第一五條之一　（原料品項之限制事項）104

①中央主管機關對於可供食品使用之原料，得限制其製造、加工、調配之方式或條件、食用部位、使用量、可製成之產品型態或其他事項。

②前項應限制之原料品項及其限制事項，由中央主管機關公告之。

第一六條　（食品器具、食品容器或包裝、食品用洗潔劑不得製造、販賣、輸入、輸出或使用之情形）103

食品器具、食品容器或包裝、食品用洗潔劑有下列情形之一，不得製造、販賣、輸入、輸出或使用：

一　有毒者。

二　易生不良化學作用者。

三　足以危害健康者。

四　其他經風險評估有危害健康之虞者。

第一七條　（食品衛生安全標準之訂定）

販賣之食品、食品用洗潔劑及其器具、容器或包裝，應符合衛生安全及品質之標準；其標準由中央主管機關定之。

第一八條 （食品添加物相關標準之訂定）

①食品添加物之品名、規格及其使用範圍、限量標準，由中央主管機關定之。

②前項標準之訂定，必須以可以達到預期效果之最小量爲限制，且依據國人膳食習慣爲風險評估，同時必須遵守規格標準之規定。

第一九條 （暫行標準之訂定）

第十五條第二項及前二條規定之標準未訂定前，中央主管機關爲突發事件緊急應變之需，於無法取得充分之實驗資料時，得訂定其暫行標準。

第二〇條 （屠宰場之衛生查核及衛生管理）

①屠宰場內畜禽屠宰及分切之衛生查核，由農業主管機關依相關法規之規定辦理。

②運送過程之屠體、內臟及其分切物於交付食品業者後之衛生查核，由衛生主管機關爲之。

③食品業者所持有之屠體、內臟及其分切物之製造、加工、調配、包裝、運送、貯存、販賣、輸入或輸出之衛生管理，由各級主管機關依本法之規定辦理。

④第二項衛生查核之規範，由中央主管機關會同中央農業主管機關定之。

第二一條（需經中央主管機關查驗登記並發給許可文件之情形及相關規定）106

①經中央主管機關公告之食品、食品添加物、食品器具、食品容器或包裝及食品用洗潔劑，其製造、加工、調配、改裝、輸入或輸出，非經中央主管機關查驗登記並發給許可文件，不得爲之；其登記事項有變更者，應事先向中央主管機關申請審查核准。

②食品所含之基因改造食品原料非經中央主管機關健康風險評估審查，並查驗登記發給許可文件，不得供作食品原料。

③經中央主管機關查驗登記並發給許可文件之基因改造食品原料，其輸入業者應依第九條第五項所定辦法，建立基因改造食品原料供應來源及流向之追溯或追蹤系統。

④第一項及第二項許可文件，其有效期間爲一年至五年，由中央主管機關核定之；期滿仍需繼續製造、加工、調配、改裝、輸入或輸出者，應於期滿前三個月內，申請中央主管機關核准展延。但每次展延，不得超過五年。

⑤第一項及第二項許可之廢止、許可文件之發給、換發、補發、展延、移轉、註銷及登記事項變更等管理事項之辦法，由中央主管機關定之。

⑥第一項及第二項之查驗登記，得委託其他機構辦理；其委託辦法，由中央主管機關定之。

⑦本法中華民國一百零三年一月二十八日修正前，第二項未辦理查驗登記之基因改造食品原料，應於公布後二年內完成辦理。

第五章　食品標示及廣告管理

第二二條（食品及食品原料之容器或外包裝應明顯標示之事項）103

①食品及食品原料之容器或外包裝，應以中文及通用符號，明顯標示下列事項：

一　品名。

二　內容物名稱；其爲二種以上混合物時，應依其含量多寡由高至低分別標示之。

三　淨重、容量或數量。

四　食品添加物名稱；混合二種以上食品添加物，以功能性命名者，應分別標明添加物名稱。

五　製造廠商或國內負責廠商名稱、電話號碼及地址。國內通過農產品生產驗證者，應標示可追溯之來源；有中央農業主管機關公告之生產系統者，應標示生產系統。

六　原產地（國）。

七　有效日期。

八　營養標示。

九　含基因改造食品原料。

十　其他經中央主管機關公告之事項。

②前項第二款內容物之主成分應標明所佔百分比，其應標示之產品、主成分項目、標示內容、方式及各該產品實施日期，由中央主管機關另定之。

③第一項第八款及第九款標示之應遵行事項，由中央主管機關公告之。

④第一項第五款僅標示國內負責廠商名稱者，應將製造廠商、受託製造廠商或輸入廠商之名稱、電話號碼及地址通報轄區主管機關；主管機關應開放其他主管機關共同查閱。

第二三條（食品之容器或外包裝免一部之標示或為其他方式標示之規定）

食品因容器或外包裝面積、材質或其他之特殊因素，依前條規定標示顯有困難者，中央主管機關得公告免一部之標示，或以其他方式標示。

第二四條（食品添加物及其原料之容器或外包裝應明顯標示之事項）103

①食品添加物及其原料之容器或外包裝，應以中文及通用符號，明顯標示下列事項：

一　品名。

二　「食品添加物」或「食品添加物原料」字樣。

三　食品添加物名稱；其爲二種以上混合物時，應分別標明。其標示應以第十八條第一項所定之品名或依中央主管機關公告之通用名稱爲之。

四　淨重、容量或數量。
五　製造廠商或國內負責廠商名稱、電話號碼及地址。
六　有效日期。
七　使用範圍、用量標準及使用限制。
八　原產地（國）。
九　含基因改造食品添加物之原料。
十　其他經中央主管機關公告之事項。

②食品添加物之原料，不受前項第三款、第七款及第九款之限制。前項第三款食品添加物之香料成分及第九款標示之應遵行事項，由中央主管機關公告之。

③第一項第五款僅標示國內負責廠商名稱者，應將製造廠商、受託製造廠商或輸入廠商之名稱、電話號碼及地址通報轄區主管機關；主管機關應開放其他主管機關共同查閱。

第二五條（特定食品或特定散裝食品之應標示事項及限制方式）104

①中央主管機關得對直接供應飲食之場所，就其供應之特定食品，要求以中文標示原產地及其他應標示事項；對特定散裝食品販賣者，得就其販賣之地點、方式予以限制，或要求以中文標示品名、原產地（國）、含基因改造食品原料、製造日期或有效日期及其他應標示事項。國內通過農產品生產驗證者，應標示可追溯之來源；有中央農業主管機關公告之生產系統者，應標示生產系統。

②前項特定食品品項、應標示事項、方法及範圍；與特定散裝食品品項、限制方式及應標示事項，由中央主管機關公告之。

③第一項應標示可追溯之來源或生產系統規定，自中華民國一百零四年一月二十日修正公布後六個月施行。

第二六條（經中央主管機關公告之食品器具、食品容器或包裝應明顯標示之事項）

經中央主管機關公告之食品器具、食品容器或包裝，應以中文及通用符號，明顯標示下列事項：
一　品名。
二　材質名稱及耐熱溫度；其為二種以上材質組成者，應分別標明。
三　淨重、容量或數量。
四　國內負責廠商之名稱、電話號碼及地址。
五　原產地（國）。
六　製造日期；其有時效性者，並應加註有效日期或有效期間。
七　使用注意事項或微波等其他警語。
八　其他經中央主管機關公告之事項。

第二七條（食品用洗潔劑之容器或外包裝應明顯標示之事項）

食品用洗潔劑之容器或外包裝，應以中文及通用符號，明顯標示下列事項：

一　品名。
二　主要成分之化學名稱；其爲二種以上成分組成者，應分別標明。
三　淨重或容量。
四　國內負責廠商名稱、電話號碼及地址。
五　原產地（國）。
六　製造日期；其有時效性者，並應加註有效日期或有效期間。
七　適用對象或用途。
八　使用方法及使用注意事項或警語。
九　其他經中央主管機關公告之事項。

第二八條（食品包裝等標示、宣傳或廣告之限制及食品醫療效能之禁止）107

①食品、食品添加物、食品用洗潔劑及經中央主管機關公告之食品器具、食品容器或包裝，其標示、宣傳或廣告，不得有不實、誇張或易生誤解之情形。
②食品不得爲醫療效能之標示、宣傳或廣告。
③中央主管機關對於特殊營養食品、易導致慢性病或不適合兒童及特殊需求者長期食用之食品，得限制其促銷或廣告；其食品之項目、促銷或廣告之限制與停止刊播及其他應遵行事項之辦法，由中央主管機關定之。
④第一項不實、誇張或易生誤解與第二項醫療效能之認定基準、宣傳或廣告之內容、方式及其他應遵行事項之準則，由中央主管機關定之。

第二九條（傳播業者相關資訊之保存義務）

接受委託刊播之傳播業者，應自廣告之日起六個月，保存委託刊播廣告者之姓名或名稱、國民身分證統一編號、公司、商號、法人或團體之設立登記文件號碼、住居所或事務所、營業所及電話等資料，且於主管機關要求提供時，不得規避、妨礙或拒絕。

第六章　食品輸入管理

第三〇條（輸入產品應申請查驗及得免申請查驗之情形）103

①輸入經中央主管機關公告之食品、基因改造食品原料、食品添加物、食品器具、食品容器或包裝及食品用洗潔劑時，應依海關專屬貨品分類號列，向中央主管機關申請查驗並申報其產品有關資訊。
②執行前項規定，查驗績效優良之業者，中央主管機關得採取優惠之措施。
③輸入第一項產品非供販賣，且其金額、數量符合中央主管機關公告或經中央主管機關專案核准者，得免申請查驗。

第三一條（查驗機關之委任、委託）

前條產品輸入之查驗及申報，中央主管機關得委任、委託相關機關（構）、法人或團體辦理。

第三二條（食品業者、非食品業者或其代理人應提供輸入產品相關紀錄資料及其保存年限）103

①主管機關為追查或預防食品衛生安全事件，必要時得要求食品業者、非食品業者或其代理人提供輸入產品之相關紀錄、文件及電子檔案或資料庫，食品業者、非食品業者或其代理人不得規避、妨礙或拒絕。

②食品業者應就前項輸入產品、基因改造食品原料之相關紀錄、文件及電子檔案或資料庫保存五年。

③前項應保存之資料、方式及範圍，由中央主管機關公告之。

第三三條（得核給具結保管之輸入產品範疇，申請獲准者將收取保證金）

①輸入產品因性質或其查驗時間等條件特殊者，食品業者得向查驗機關申請具結先行放行，並於特定地點存放。查驗機關審查後認定應繳納保證金者，得命其繳納保證金後，准予具結先行放行。

②前項具結先行放行之產品，其存放地點得由食品業者或其代理人指定；產品未取得輸入許可前，不得移動、啓用或販賣。

③第三十條、第三十一條及本條第一項有關產品輸入之查驗、申報或查驗、申報之委託、優良廠商輸入查驗與申報之優惠措施、輸入產品具結先行放行之條件、應繳納保證金之審查基準、保證金之收取標準及其他應遵行事項之辦法，由中央主管機關定之。

第三四條（得停止查驗之情形）

中央主管機關遇有重大食品衛生安全事件發生，或輸入產品經查驗不合格之情況嚴重時，得就相關業者、產地或產品，停止其查驗申請。

第三五條（對於安全風險程度較高之食品加強控管；複方食品添加物應檢附之資料）103

①中央主管機關對於管控安全風險程度較高之食品，得於其輸入前，實施系統性查核。

②前項實施系統性查核之產品範圍、程序及其他相關事項之辦法，由中央主管機關定之。

③中央主管機關基於源頭管理需要或因個別食品衛生安全事件，得派員至境外，查核該輸入食品之衛生安全管理等事項。

④食品業者輸入食品添加物，其屬複方者，應檢附原產國之製造廠商或負責廠商出具之產品成分報告及輸出國之官方衛生證明，供各級主管機關查核。但屬香料者，不在此限。

第三六條（入境產品之申報義務及禁止規定）

①境外食品、食品添加物、食品器具、食品容器或包裝及食品用洗潔劑對民眾之身體或健康有造成危害之虞，經中央主管機關公告者，旅客攜帶入境時，應檢附出產國衛生主管機關開具之衛生證明文件申報之；對民眾之身體或健康有嚴重危害者，中央主管機關並得公告禁止旅客攜帶入境。

②違反前項規定之產品，不問屬於何人所有，沒入銷毀之。

第七章　食品檢驗

第三七條　（檢驗及認證機關）103

①食品、食品添加物、食品器具、食品容器或包裝及食品用洗潔劑之檢驗，由各級主管機關或委任、委託經認可之相關機關（構）、法人或團體辦理。

②中央主管機關得就前項受委任、委託之相關機關（構）、法人或團體，辦理認證；必要時，其認證工作，得委任、委託相關機關（構）、法人或團體辦理。

③前二項有關檢驗之委託、檢驗機關（構）、法人或團體認證之條件與程序、委託辦理認證工作之程序及其他相關事項之管理辦法，由中央主管機關定之。

第三八條　（檢驗方法之訂定）103

各級主管機關執行食品、食品添加物、食品器具、食品容器或包裝及食品用洗潔劑之檢驗，其檢驗方法，經食品檢驗方法諮議會諮議，由中央主管機關定之；未定檢驗方法者，得依國際間認可之方法爲之。

第三九條　（檢驗結果之異議處理）

食品業者對於檢驗結果有異議時，得自收受通知之日起十五日內，向原抽驗之機關（構）申請複驗；受理機關（構）應於三日內進行複驗。但檢體無適當方法可資保存者，得不受理之。

第四〇條　（檢驗資訊之發布）

發布食品衛生檢驗資訊時，應同時公布檢驗方法、檢驗單位及結果判讀依據。

第八章　食品查核及管制

第四一條　（主管機關為確保食品符合規定得執行之措施）104

①直轄市、縣（市）主管機關爲確保食品、食品添加物、食品器具、食品容器或包裝及食品用洗潔劑符合本法規定，得執行下列措施，業者應配合，不得規避、妨礙或拒絕：

一　進入製造、加工、調配、包裝、運送、貯存、販賣場所執行現場查核及抽樣檢驗。

二　爲前款查核或抽樣檢驗時，得要求前款場所之食品業者提供原料或產品之來源及數量、作業、品保、販賣對象、金額、其他佐證資料、證明或紀錄，並得查閱、扣留或複製之。

三　查核或檢驗結果證實爲不符合本法規定之食品、食品添加物、食品器具、食品容器或包裝及食品用洗潔劑，應予封存。

四　對於有違反第八條第一項、第十五條第一項、第四項、第十六條、中央主管機關依第十七條、第十八條或第十九條所定標準之虞者，得命食品業者暫停作業及停止販賣，並封存該產品。

五　接獲通報疑似食品中毒案件時，對於各該食品業者，得命其限期改善或派送相關食品從業人員至各級主管機關認可之機關（構），接受至少四小時之食品中毒防治衛生講習；調查期間，並得命其暫停作業、停止販賣及進行消毒，並封存該產品。

②中央主管機關於必要時，亦得為前項規定之措施。

第四二條　（查核、檢驗與管制措施辦法之訂定）

前條查核、檢驗與管制措施及其他應遵行事項之辦法，由中央主管機關定之。

第四二條之一　（警察機關之協助義務）103

為維護食品安全衛生，有效遏止廠商之違法行為，警察機關應派員協助主管機關。

第四三條　（檢舉查獲之處理、公務員洩密究責及獎勵辦法之訂定）103

①主管機關對於檢舉查獲違反本法規定之食品、食品添加物、食品器具、食品容器或包裝、食品用洗潔劑、標示、宣傳、廣告或食品業者，除應對檢舉人身分資料嚴守秘密外，並得酌予獎勵。公務員如有洩密情事，應依法追究刑事及行政責任。

②前項主管機關受理檢舉案件之管轄、處理期間、保密、檢舉人獎勵及其他應遵行事項之辦法，由中央主管機關定之。

③第一項檢舉人身分資料之保密，於訴訟程序，亦同。

第九章　罰　則

第四四條　（罰則）103

①有下列行為之一者，處新臺幣六萬元以上二億元以下罰鍰；情節重大者，並得命其歇業、停業一定期間、廢止其公司、商業、工廠之全部或部分登記事項，或食品業者之登錄；經廢止登錄者，一年內不得再申請重新登錄：

一　違反第八條第一項或第二項規定，經命其限期改正，屆期不改正。

二　違反第十五條第一項、第四項或第十六條規定。

三　經主管機關依第五十二條第二項規定，命其回收、銷毀而不遵行。

四　違反中央主管機關依第五十四條第一項所為禁止其製造、販賣、輸入或輸出之公告。

②前項罰鍰之裁罰標準，由中央主管機關定之。

第四五條　（罰則）103

①違反第二十八條第一項或中央主管機關依第二十八條第三項所定辦法者，處新臺幣四萬元以上四百萬元以下罰鍰；違反同條第二項規定者，處新臺幣六十萬元以上五百萬元以下罰鍰；再次違反者，並得命其歇業、停業一定期間、廢止其公司、商業、工廠之全部或部分登記事項，或食品業者之登錄；經廢止登錄者，一年

內不得再申請重新登錄。

②違反前項廣告規定之食品業者，應按次處罰至其停止刊播爲止。

③違反第二十八條有關廣告規定之一，情節重大者，除依前二項規定處分外，主管機關並應命其不得販賣、供應或陳列；且應自裁處書送達之日起三十日內，於原刊播之同一篇幅、時段，刊播一定次數之更正廣告，其內容應載明表達歉意及排除錯誤之訊息。

④違反前項規定，繼續販賣、供應、陳列或未刊播更正廣告者，處新臺幣十二萬元以上六十萬元以下罰鍰。

第四六條　（罰則）

①傳播業者違反第二十九條規定者，處新臺幣六萬元以上三十萬元以下罰鍰，並得按次處罰。

②直轄市、縣（市）主管機關爲前條第一項處罰時，應通知傳播業者及其直轄市、縣（市）主管機關或目的事業主管機關。傳播業者自收到該通知之次日起，應即停止刊播。

③傳播業者未依前項規定停止刊播違反第二十八條第一項或第二項規定，或違反中央主管機關依第二十八條第三項所爲廣告之限制或所定辦法中有關停止廣告之規定者，處新臺幣十二萬元以上六十萬元以下罰鍰，並應按次處罰至其停止刊播爲止。

④傳播業者經依第二項規定通知後，仍未停止刊播者，直轄市、縣（市）主管機關除依前項規定處罰外，並通知傳播業者之直轄市、縣（市）主管機關或其目的事業主管機關依相關法規規定處理。

第四七條　（罰則）106

①有下列行爲之一者，處新臺幣三萬元以上三百萬元以下罰鍰；情節重大者，並得命其歇業、停業一定期間、廢止其公司、商業、工廠之全部或部分登記事項，或食品業者之登錄；經廢止登錄者，一年內不得再申請重新登錄：

一　違反中央主管機關依第四條所爲公告。

二　違反第七條第五項規定。

三　食品業者依第八條第三項、第九條第二項或第四項規定所登錄、建立或申報之資料不實，或依第九條第三項開立之電子發票不實致影響食品追溯或追蹤之查核。

四　違反第十一條第一項或第十二條第一項規定。

五　違反中央主管機關依第十三條所爲投保產品責任保險之規定。

六　違反直轄市或縣（市）主管機關依第十四條所定管理辦法中有關公共飲食場所衛生之規定。

七　違反第二十一條第一項及第二項、第二十二條第一項或依第二項及第三項公告之事項、第二十四條第一項或依第二項公告之事項、第二十六條或第二十七條規定。

八　除第四十八條第九款規定者外，違反中央主管機關依第十八條所定標準中有關食品添加物規格及其使用範圍、限量之規定。

九　違反中央主管機關依第二十五條第二項所為之公告。

十　規避、妨礙或拒絕本法所規定之查核、檢驗、查扣或封存。

十一　對依本法規定應提供之資料，拒不提供或提供資料不實。

十二　經依本法規定命暫停作業或停止販賣而不遵行。

十三　違反第三十條第一項規定，未辦理輸入產品資訊申報，或申報之資訊不實。

十四　違反第五十三條規定。

第四八條　（罰則）106

①有下列行為之一者，經命限期改正，屆期不改正者，處新臺幣三萬元以上三百萬元以下罰鍰；情節重大者，並得命其歇業、停業一定期間、廢止其公司、商業、工廠之全部或部分登記事項，或食品業者之登錄；經廢止登錄者，一年內不得再申請重新登錄：

一　違反第七條第一項規定未訂定食品安全監測計畫、第二項或第三項規定未設置實驗室。

二　違反第八條第三項規定，未辦理登錄，或違反第八條第五項規定，未取得驗證。

三　違反第九條第一項規定，未保存文件或保存未達規定期限。

四　違反第九條第二項規定，未建立追溯或追蹤系統。

五　違反第九條第三項規定，未開立電子發票致無法為食品之追溯或追蹤。

六　違反第九條第四項規定，未以電子方式申報或未依中央主管機關所定之方式及規格申報。

七　違反第十條第三項規定。

八　違反中央主管機關依第十七條或第十九條所定標準之規定。

九　食品業者販賣之產品違反中央主管機關依第十八條所定食品添加物規格及其使用範圍、限量之規定。

十　違反第二十二條第四項或第二十四條第三項規定，未通報轄區主管機關。

十一　違反第三十五條第四項規定，未出具產品成分報告及輸出國之官方衛生證明。

十二　違反中央主管機關依第十五條之一第二項公告之限制事項。

第四八條之一　（罰則）103

有下列情形之一者，由中央主管機關處新臺幣三萬元以上三百萬元以下罰鍰；情節重大者，並得暫停、終止或廢止其委託或認證；經終止委託或廢止認證者，一年內不得再接受委託或重新申請認證：

一　依本法受託辦理食品業者衛生安全管理驗證，違反依第八條第六項所定之管理規定。

二　依本法認證之檢驗機構、法人或團體，違反依第三十七條第三項所定之認證管理規定。

三　依本法受託辦理檢驗機關（構）、法人或團體認證，違反依第三十七條第三項所定之委託認證管理規定。

第四九條　（罰則）103

①有第十五條第一項第三款、第七款、第十款或第十六條第一款行爲者，處七年以下有期徒刑，得併科新臺幣八千萬元以下罰金。情節輕微者，處五年以下有期徒刑、拘役或科或併科新臺幣八百萬元以下罰金。

②有第四十四條至前條行爲，情節重大足以危害人體健康之虞者，處七年以下有期徒刑，得併科新臺幣八千萬元以下罰金；致危害人體健康者，處一年以上七年以下有期徒刑，得併科新臺幣一億元以下罰金。

③犯前項之罪，因而致人於死者，處無期徒刑或七年以上有期徒刑，得併科新臺幣二億元以下罰金；致重傷者，處三年以上十年以下有期徒刑，得併科新臺幣一億五千萬元以下罰金。

④因過失犯第一項、第二項之罪者，處二年以下有期徒刑、拘役或科新臺幣六百萬元以下罰金。

⑤法人之代表人、法人或自然人之代理人、受僱人或其他從業人員，因執行業務犯第一項至第三項之罪者，除處罰其行爲人外，對該法人或自然人科以各該項十倍以下之罰金。

⑥科罰金時，應審酌刑法第五十八條規定。

第四九條之一　（犯罪所得與追徵之範圍及價格，認定困難時得以估算認定）106

犯本法之罪，其犯罪所得與追徵之範圍及價額，認定顯有困難時，得以估算認定之；其估算辦法，由行政院定之。

第四九條之二　（經公告類別及規模之食品業者違反相關規定致危害健康者，沒入或追繳其所得財產）103

①經中央主管機關公告類別及規模之食品業者，違反第十五條第一項、第四項或第十六條之規定；或有第四十四條至第四十八條之一之行爲致危害人體健康者，其所得之財產或其他利益，應沒入或追繳之。

②主管機關有相當理由認爲受處分人爲避免前項處分而移轉其財物或財產上利益於第三人者，得沒入或追繳該第三人受移轉之財物或財產上利益。如全部或一部不能沒入者，應追徵其價額或以其財產抵償之。

③爲保全前二項財物或財產上利益之沒入或追繳，其價額之追徵或財產之抵償，主管機關得依法扣留或向行政法院聲請假扣押或假處分，並免提供擔保。

④主管機關依本條沒入或追繳違法所得財物、財產上利益、追徵價額或抵償財產之推估計價辦法，由行政院定之。

第五〇條　（禁止雇主對檢舉勞工為不利處分）103

①雇主不得因勞工向主管機關或司法機關揭露違反本法之行爲、擔任訴訟程序之證人或拒絕參與違反本法之行爲而予解僱、調職或

其他不利之處分。

②雇主或代表雇主行使管理權之人，爲前項規定所爲之解僱、降調或減薪者，無效。

③雇主以外之人曾參與違反本法之規定且應負刑事責任之行爲，而向主管機關或司法機關揭露，因而破獲雇主違反本法之行爲者，減輕或免除其刑。

第五一條　（主管機關得為處分之情形）

有下列情形之一者，主管機關得爲處分如下：

一　有第四十七條第十三款規定情形者，得暫停受理食品業者或其代理人依第三十條第一項規定所爲之查驗申請；產品已放行者，得視違規之情形，命食品業者回收、銷毀或辦理退運。

二　違反第三十條第三項規定，將免予輸入查驗之產品供販賣者，得停止其免查驗之申請一年。

三　違反第三十三條第二項規定，取得產品輸入許可前，擅自移動、啓用或販賣者，或具結保管之存放地點與實際不符者，沒收所收取之保證金，並於一年內暫停受理該食品業者具結保管之申請；擅自販賣者，並得處販賣價格一倍至二十倍之罰鍰。

第五二條　（主管機關應為處分之情形）103

①食品、食品添加物、食品器具、食品容器或包裝及食品用洗潔劑，經依第四十一條規定查核或檢驗者，由當地直轄市、縣（市）主管機關依查核或檢驗結果，爲下列之處分：

一　有第十五條第一項、第四項或第十六條所列各款情形之一者，應予沒入銷毀。

二　不符合中央主管機關依第十七條、第十八條所定標準，或違反第二十一條第一項及第二項規定者，其產品及以其爲原料之產品，應予沒入銷毀。但實施消毒或採行適當安全措施後，仍可供食用、使用或不影響國人健康者，應通知限期消毒、改製或採行適當安全措施；屆期未遵行者，沒入銷毀之。

三　標示違反第二十二條第一項或依第二項及第三項公告之事項、第二十四條第一項或依第二項公告之事項、第二十六條、第二十七條或第二十八條第一項規定者，應通知限期回收改正，改正前不得繼續販賣；屆期未遵行或違反第二十八條第二項規定者，沒入銷毀之。

四　依第四十一條第一項規定命暫停作業及停止販賣並封存之產品，如經查無前三款之情形者，應撤銷原處分，並予啓封。

②前項第一款至第三款應予沒入之產品，應先命製造、販賣或輸入者立即公告停止使用或食用，並予回收、銷毀。必要時，當地直轄市、縣（市）主管機關得代爲回收、銷毀，並收取必要之費用。

③前項應回收、銷毀之產品，其回收、銷毀處理辦法，由中央主管機關定之。

④製造、加工、調配、包裝、運送、販賣、輸入、輸出第一項第一款或第二款產品之食品業者，由當地直轄市、縣（市）主管機關公布其商號、地址、負責人姓名、商品名稱及違法情節。

⑤輸入第一項產品經通關查驗不符合規定者，中央主管機關應管制其輸入，並得為第一項各款、第二項及前項之處分。

第五三條（食品業者限期回報義務）

直轄市、縣（市）主管機關經依前條第一項規定，命限期回收銷毀產品或為其他必要之處置後，食品業者應依所定期限將處理過程、結果及改善情形等資料，報直轄市、縣（市）主管機關備查。

第五四條（得公告禁止製造、販賣、輸入或輸出之情形）

①食品、食品添加物、食品器具、食品容器或包裝及食品用洗潔劑，有第五十二條第一項第一款或第二款情事，除依第五十二條規定處理外，中央主管機關得公告禁止其製造、販賣、輸入或輸出。

②前項公告禁止之產品為中央主管機關查驗登記並發給許可文件者，得一併廢止其許可。

第五五條（處罰執行機關）

本法所定之處罰，除另有規定外，由直轄市、縣（市）主管機關為之，必要時得由中央主管機關為之。但有關公司、商業或工廠之全部或部分登記事項之廢止，由直轄市、縣（市）主管機關於勒令歇業處分確定後，移由工、商業主管機關或其目的事業主管機關為之。

第五五條之一（行政罰認定標準由主管機關定之）103

依本法所為之行政罰，其行為數認定標準，由中央主管機關定之。

第五六條（消費者之損害賠償請求權及訴訟準用規定）103

①食品業者違反第十五條第一項第三款、第七款、第十款或第十六條第一款規定，致生損害於消費者時，應負賠償責任。但食品業者證明損害非由於其製造、加工、調配、包裝、運送、貯存、販賣、輸入、輸出所致，或於防止損害之發生已盡相當之注意者，不在此限。

②消費者雖非財產上之損害，亦得請求賠償相當之金額，並得準用消費者保護法第四十七條至第五十五條之規定提出消費訴訟。

③如消費者不易或不能證明其實際損害額時，得請求法院依侵害情節，以每人每一事件新臺幣五百元以上三十萬元以下計算。

④直轄市、縣（市）政府受理同一原因事件，致二十人以上消費者受有損害之申訴時，應協助消費者依消費者保護法第五十條之規定辦理。

⑤受消費者保護團體委任代理消費者保護法第四十九條第一項訴訟

之律師，就該訴訟得請求報酬，不適用消費者保護法第四十九條第二項後段規定。

第五六條之一（食品安全保護基金之設立、來源及其用途）106

①中央主管機關爲保障食品安全事件消費者之權益，得設立食品安全保護基金，並得委託其他機關（構）、法人或團體辦理。

②前項基金之來源如下：

一　違反本法罰鍰之部分提撥。

二　依本法科處並繳納之罰金，及因違反本法規定沒收或追徵之現金或變賣所得。

三　依本法或行政罰法規定沒入、追繳、追徵或抵償之不當利得部分提撥。

四　基金孳息收入。

五　捐贈收入。

六　循預算程序之撥款。

七　其他有關收入。

③前項第一款及第三款來源，以其處分生效日在中華民國一百零二年六月二十一日以後者適用。

④第一項基金之用途如下：

一　補助消費者保護團體因食品衛生安全事件依消費者保護法之規定，提起消費訴訟之律師報酬及訴訟相關費用。

二　補助經公告之特定食品衛生安全事件，有關人體健康風險評估費用。

三　、補助勞工因檢舉雇主違反本法之行爲，遭雇主解僱、調職或其他不利處分所提之回復原狀、給付工資及損害賠償訴訟之律師報酬及訴訟相關費用。

四　補助依第四十三條第二項所定辦法之獎金。

五　補助其他有關促進食品安全之相關費用。

⑤中央主管機關應設置基金運用管理監督小組，由學者專家、消保團體、社會公正人士組成，監督補助業務。

⑥第四項基金之補助對象、申請資格、審查程序、補助基準、補助之廢止、前項基金運用管理監督小組之組成、運作及其他應遵行事項之辦法，由中央主管機關定之。

第十章　附　則

第五七條（準用規定）

本法關於食品器具或容器之規定，於兒童常直接放入口內之玩具，準用之。

第五八條（相關規費之規定）

中央主管機關依本法受理食品業者申請審查、檢驗及核發許可證，應收取審查費、檢驗費及證書費；其費額，由中央主管機關定之。

第五九條（施行細則）

本法施行細則，由中央主管機關定之。

第六〇條 （施行日）103

①本法除第三十條申報制度與第三十三條保證金收取規定及第二十二條第一項第五款、第二十六條、第二十七條，自公布後一年施行外，自公布日施行。

②第二十二條第一項第四款自中華民國一百零三年六月十九日施行。

③本法一百零三年一月二十八日修正條文第二十一條第三項，自公布後一年施行。

④本法一百零三年十一月十八日修正條文，除第二十二條第一項第五款應標示可追溯之來源或生產系統規定，自公布後六個月施行；第七條第三項食品業者應設置實驗室規定、第二十二條第四項、第二十四條第一項食品添加物之原料應標示事項規定、第二十四條第三項及第三十五條第四項規定，自公布後一年施行外，自公布日施行。

化粧品衛生安全管理法

①民國 61 年 12 月 28 日總統令制定公布全文 35 條。
②民國 68 年 4 月 4 日總統令修正公布第 19 條。
③民國 74 年 5 月 27 日總統令修正公布全文 35 條。
④民國 80 年 5 月 27 日總統令修正第 3、6、7、16、23、27～30 條條文；並增訂公布第 23-1 條條文。
⑤民國 88 年 12 月 22 日總統令修正公布第 2、13、16、23～26 條條文。
⑥民國 91 年 6 月 12 日總統令修正公布第 9、13、23-1、24、30、31 條條文；並增訂第 26-1、33-1 條條文。
民國 102 年 7 月 19 日行政院公告第 2 條所列屬「行政院衛生署」之權責事項，自 102 年 7 月 23 日起改由「衛生福利部」管轄。
⑦民國 105 年 11 月 9 日總統令修正公布第 27、35 條條文；並增訂第 23-2 條條文；除第 23-2 條、第 27 條第 2、3 項有關違反第 23-2 條規定部分，自公布後三年施行外，餘自公布日施行。
⑧民國 107 年 5 月 2 日總統令修正公布名稱及全文 32 條；除第 6 條第 4～6 項及第 23 條第 1 項第 6 款規定，自 108 年 11 月 9 日施行外，其餘條文由行政院定之（原名稱：化粧品衛生管理條例）。

第一章　總　則

第一條　（立法目的）
爲維護化粧品之衛生安全，以保障國民健康，特制定本法。

第二條　（主管機關）
本法所稱主管機關：在中央爲衛生福利部；在直轄市爲直轄市政府；在縣（市）爲縣（市）政府。

第三條　（用詞定義）
①本法用詞，定義如下：
一　化粧品：指施於人體外部、牙齒或口腔黏膜，用以潤澤髮膚、刺激嗅覺、改善體味、修飾容貌或清潔身體之製劑。但依其他法令認屬藥物者，不在此限。
二　化粧品業者：指以製造、輸入或販賣化粧品爲營業者。
三　產品資訊檔案：指有關於化粧品品質、安全及功能之資料文件。
四　化粧品成分：指化粧品中所含之單一化學物質或混合物。
五　標籤：指化粧品容器上或包裝上，用以記載文字、圖畫或符號之標示物。
六　仿單：指化粧品附加之說明書。
②前項第一款化粧品之範圍及種類，由中央主管機關公告之。

第二章　製造、輸入及工廠管理

第四條　（產品登錄及建立產品資訊檔案）

①經中央主管機關公告之化粧品種類及一定規模之化粧品製造或輸入業者應於化粧品供應、販賣、贈送、公開陳列或提供消費者試用前，完成產品登錄及建立產品資訊檔案；其有變更者，亦同。

②前項之一定規模、產品登錄之項目、內容、程序、變更、效期、廢止與撤銷及其他應遵行事項之辦法，由中央主管機關定之。

③第一項之一定規模、產品資訊檔案之項目、內容、變更、建立與保存方式、期限、地點、安全資料簽署人員資格及其他應遵行事項之辦法，由中央主管機關定之。

第五條　（特定用途化粧品之查驗登記制度）

①製造或輸入經中央主管機關指定公告之特定用途化粧品者，應向中央主管機關申請查驗登記，經核准並發給許可證後，始得製造或輸入。

②前項取得許可證之化粧品，非經中央主管機關核准，不得變更原登記事項。但經中央主管機關公告得自行變更之事項，不在此限。

③輸入特定用途化粧品有下列情形之一者，得免申請第一項之查驗登記，並不得供應、販賣、公開陳列、提供消費者試用或轉供他用：

一　供個人自用，其數量符合中央主管機關公告。

二　供申請第一項之查驗登記或供研究試驗之用，經中央主管機關專案核准。

④前項第一款個人自用之特定用途化粧品超過公告數量者，其超量部分，由海關責令限期退運或銷毀。

⑤本法中華民國一百零七年四月十日修正之條文施行前，製造或輸入化粧品含有醫療或毒劇藥品，領有許可證者，其許可證有效期間於一百零七年四月十日修正之條文施行之日起五年內屆滿，仍須製造或輸入者，得於效期屆滿前三個月內申請展延，免依第一項申請查驗登記。

⑥第一項與第二項之許可證核發、變更、廢止、撤銷、第三項第二款之專案核准、第五項之許可證展延之申請程序及其他應遵行事項之辦法，由中央主管機關定之。

⑦第一項及第二項規定，於本法中華民國一百零七年四月十日修正之條文施行之日起五年後，停止適用。

第六條　（化粧品不得使用汞、鉛或其他經公告禁止使用之成分，並禁止以動物作檢測對象）

①化粧品不得含有汞、鉛或其他經中央主管機關公告禁止使用之成分。但因當時科技或專業水準無可避免，致含有微量殘留，且其微量殘留對人體健康無危害者，不在此限。

②中央主管機關爲防免致敏、刺激、褪色等對人體健康有害之情事，得限制化粧品成分之使用。

③第一項禁止使用與微量殘留、前項限制使用之成分或有其他影響

衛生安全情事者，其成分、含量、使用部位、使用方法及其他應遵行事項，由中央主管機關公告之。

④化粧品業者於國內進行化粧品或化粧品成分之安全性評估，除有下列情形之一，並經中央主管機關許可者外，不得以動物作爲檢測對象：

一　該成分被廣泛使用，且其功能無法以其他成分替代。

二　具評估資料顯示有損害人體健康之虞，須進行動物試驗者。

⑤違反前項規定之化粧品，不得販賣。

⑥第四項以動物作爲檢測對象之申請程序及其他應遵行事項之辦法，由中央主管機關定之。

第七條　（化粧品外包裝或容器應標示事項之規定）

①化粧品之外包裝或容器，應明顯標示下列事項：

一　品名。

二　用途。

三　用法及保存方法。

四　淨重、容量或數量。

五　全成分名稱，特定用途化粧品應另標示所含特定用途成分之含量。

六　使用注意事項。

七　製造或輸入業者之名稱、地址及電話號碼；輸入產品之原產地（國）。

八　製造日期及有效期間，或製造日期及保存期限，或有效期間及保存期限。

九　批號。

十　其他經中央主管機關公告應標示事項。

②前項所定標示事項，應以中文或國際通用符號標示之。但第五款事項，得以英文標示之。

③第一項各款事項，因外包裝或容器表面積過小或其他特殊情形致不能標示者，應於標籤、仿單或以其他方式刊載之。

④前三項之標示格式、方式及其他應遵行事項，由中央主管機關公告之。

⑤化粧品販賣業者，不得將化粧品之標籤、仿單、外包裝或容器等改變出售。

第八條　（化粧品製造場所應符合化粧品優良製造準則）

①化粧品製造場所應符合化粧品製造工廠設廠標準；除經中央主管機關會同中央工業主管機關公告者外，應完成工廠登記。

②經中央主管機關公告之化粧品種類，其化粧品製造場所應符合化粧品優良製造準則，中央主管機關得執行現場檢查。

③化粧品之國外製造場所，準用前項規定。

④第一項標準，由中央主管機關會同中央工業主管機關定之；第二項準則，由中央主管機關定之。

第九條　（化粧品業者應聘請藥師等人員駐廠監督調配製造化粧品）

①製造化粧品，應聘請藥師或具化粧品專業技術人員駐廠監督調配製造。
②前項化粧品專業技術人員資格、訓練、職責及其他應遵行事項之辦法，由中央主管機關定之。

第三章　廣告及流通管理

第一〇條　（化粧品不得為醫療效能之標示、宣傳或廣告，以及傳播業者應保存及提供委託刊播者之資料）
①化粧品之標示、宣傳及廣告內容，不得有虛僞或誇大之情事。
②化粧品不得爲醫療效能之標示、宣傳或廣告。
③接受委託刊播化粧品廣告之傳播業者，應自刊播之日起六個月內，保存委託刊播廣告者之姓名或名稱、國民身分證統一編號或公司、商號、法人或團體之設立登記文件號碼、住居所或地址及電話等資料，且於主管機關要求提供時，不得規避、妨礙或拒絕。
④第一項虛僞、誇大與第二項醫療效能之認定基準、宣傳或廣告之內容、方式及其他應遵行事項之準則，由中央主管機關定之。

第一一條　（業者應備有產品直接供應來源及流向之資料）
①化粧品業者應建立與保存產品直接供應來源及流向之資料。但直接販賣至消費者之產品流向資料，不在此限。
②前項資料之範圍、項目、內容、建立與保存期限、方式及其他應遵行事項之辦法，由中央主管機關定之。

第一二條　（化粧品有嚴重不良反應或危害衛生安全之虞時，應行通報）
①化粧品業者對正常或合理使用化粧品所引起人體之嚴重不良反應或發現產品有危害衛生安全或有危害之虞時，應行通報，並依消費者保護法第十條規定辦理。
②前項所稱之嚴重不良反應，指有下列各款情形之一者：
一　死亡。
二　危及生命。
三　暫時或永久性失能。
四　胎嬰兒先天性畸形。
五　導致使用者住院治療。
③第一項通報對象、方式、內容、期限及其他應遵行事項之辦法，由中央主管機關定之。

第四章　抽查、檢驗及管制

第一三條　（主管機關抽查相關紀錄文件或抽樣檢驗，業者應予配合）
①主管機關得派員進入化粧品業者之處所，抽查其設施、產品資訊檔案、產品供應來源與流向資料、相關紀錄及文件等資料，或抽樣檢驗化粧品或其使用之原料，化粧品業者應予配合，不得規

避、妨礙或拒絕。

②主管機關為前項抽樣檢驗時，其抽樣檢驗之數量，以足供抽樣檢驗之用為限，並應交付憑據予業者。

③執行抽查或抽樣檢驗之人員依法執行公務時，應出示執行職務之證明文件。

第一四條（化粧品於邊境抽查、抽樣檢驗合格後始得輸入）

①中央主管機關為加強輸入化粧品之邊境管理，得對有害衛生安全之虞之化粧品，公告一定種類或品項，經抽查、抽樣檢驗合格後，始得輸入。

②前項抽查、抽樣檢驗之方式、方法、項目、範圍及其他應遵行事項之辦法，由中央主管機關定之。

第一五條（主管機關得採取暫停製造、輸入或販賣等管理措施之事由）

①化粧品業者疑有違反本法規定或化粧品有下列情形之一者，主管機關應即啓動調查，並得命化粧品業者暫停製造、輸入或販賣，或命其產品下架或予以封存：

一　逾保存期限。

二　來源不明。

三　其他足以損害人體健康之情事。

②主管機關執行前項調查或本法其他之抽查、抽樣檢驗，得命化粧品業者提供原廠檢驗規格、檢驗方法、檢驗報告書與檢驗所需之資訊、樣品、對照標準品及有關資料，化粧品業者應予配合，不得規避、妨礙或拒絕。

③第一項情形經調查無違規者，應撤銷原處分，並予啓封。

第一六條（業者禁止供應、販賣、贈送、公開陳列或提供試用化粧品之事由）

①化粧品業者有下列情形之一者，該違規之化粧品不得供應、販賣、贈送、公開陳列或提供消費者試用：

一　違反第四條第一項規定。

二　違反依第四條第二項或第三項所定辦法有關登錄或檔案之項目、內容、變更或建立與保存方式、期限及地點之規定，經主管機關認定有害衛生安全之虞。

三　違反第五條第一項或第二項規定。

四　違反第六條第一項規定或依第三項公告之事項。

五　違反第七條第一項、第二項、第三項或第五項規定或依第四項公告之事項。

六　違反第八條第一項規定，未辦理工廠登記。

七　違反第八條第一項化粧品製造工廠設廠標準或第二項化粧品優良製造準則規定，經主管機關認定有害衛生安全之虞。

八　違反第十條第一項或第二項之標示規定。

九　經中央主管機關撤銷或廢止產品登錄或產品許可證。

②化粧品逾保存期限、來源不明或其他經中央主管機關公告有害衛

生安全，亦同。

第一七條（化粧品製造或輸入業者應即通知販賣業者，並回收市售違規產品之事由）

①化粧品製造或輸入業者有下列情形之一者，應即通知販賣業者，並於主管機關所定期限內回收市售違規產品：

一　違反第四條第一項規定、依第二項或第三項所定辦法有關登錄或檔案之項目、內容、變更或建立與保存方式、期限及地點之規定，經主管機關命其限期改正而屆期不改正。

二　違反第五條第一項、第二項或第三項規定，經主管機關命其限期改正而屆期不改正。

三　違反第六條第一項規定或依第三項公告之事項。

四　違反第七條第一項、第二項、第三項或第五項規定或依第四項公告之事項。

五　違反第八條第一項規定，未辦理工廠登記。

六　違反第八條第一項化粧品製造工廠設廠標準或第二項化粧品優良製造準則規定，經主管機關認定有害衛生安全之虞。

七　違反第十條第一項或第二項之標示規定。

八　經中央主管機關撤銷或廢止產品登錄或產品許可證。

②化粧品來源不明或其他經中央主管機關公告有害衛生安全，亦同。

③製造或輸入業者回收前二項化粧品時，販賣業者應予配合。

④第一項及第二項應回收之化粧品，其分級、處置方法、回收作業實施方式、完成期限、計畫書與報告書內容、紀錄保存及其他應遵行事項之辦法，由中央主管機關定之。

第一八條（化粧品沒入銷毀之事由）

①化粧品業者有下列情形之一者，該違規之化粧品沒入銷毀之：

一　違反第四條第一項規定、依第二項或第三項所定辦法有關登錄或檔案之項目、內容、變更或建立與保存方式、期限及地點之規定，經主管機關認定有害衛生安全。

二　違反第五條第一項、第二項或第三項規定，經主管機關認定有害衛生安全。

三　違反第六條第一項規定或依第三項公告之事項。

四　違反第七條第一項、第二項、第三項或第五項規定或依第四項公告之事項，經主管機關認定有害衛生安全。

五　違反第八條第一項或第二項規定，經主管機關認定有害衛生安全。

六　違反第九條第一項規定，經主管機關認定有害衛生安全。

七　違反第十條第一項或第二項規定，經主管機關認定有害衛生安全。

八　經中央主管機關撤銷或廢止產品登錄或產品許可證。

②化粧品逾保存期限、來源不明或其他經中央主管機關公告有害衛生安全，亦同。

第一九條　（檢舉獎勵辦法）

①主管機關對於檢舉查獲違反本法規定之化粧品、標示、宣傳、廣告或化粧品業者，除應對檢舉人身分資料嚴守秘密外，並得酌予獎勵。

②前項檢舉獎勵辦法，由中央主管機關定之。

第五章　罰　則

第二〇條　（罰則）

①違反第十條第一項規定或依第四項所定準則有關宣傳或廣告之內容、方式之規定者，處新臺幣四萬元以上二十萬元以下罰鍰；違反同條第二項規定者，處新臺幣六十萬元以上五百萬元以下罰鍰；情節重大者，並得令其歇業及廢止其公司、商業、工廠之全部或部分登記事項。

②化粧品之宣傳或廣告違反第十條第一項、第二項規定或依第四項所定準則有關內容、方式之規定者，應按次處罰至其改正或停止爲止。

③違反第十條第一項或第二項有關宣傳或廣告規定，情節重大者，除依前二項處分外，主管機關並應令其不得供應、販賣、贈送、公開陳列或提供消費者試用。

④前項違反廣告規定者，應於裁處書送達三十日內，於原刊播之同一篇幅、時段刊播一定次數之更正廣告，其內容應載明表達歉意及排除錯誤訊息。

⑤違反前二項規定，繼續供應、販賣、贈送、公開陳列或提供消費者試用或未刊播更正廣告者，處新臺幣十二萬元以上二百萬元以下罰鍰。

第二一條　（罰則）

傳播業者違反第十條第三項規定者，處新臺幣六萬元以上三十萬元以下罰鍰，並得按次處罰。

第二二條　（罰則）

①化粧品業者有下列行爲之一者，處新臺幣二萬元以上五百萬元以下罰鍰，並得按次處罰；情節重大者，並得處一個月以上一年以下停業處分或令其歇業、廢止其公司、商業、工廠之全部或部分登記事項，或廢止該化粧品之登錄或許可證：

一　違反第六條第一項規定或依第三項公告之事項。

二　違反第八條第一項規定。

三　違反第八條第二項規定，經令限期改正，屆期不改正。

②前項經廢止化粧品之登錄或許可證者，一年內不得再辦理該產品登錄或申請查驗登記。

第二三條　（罰則）

①化粧品業者有下列行爲之一者，處新臺幣一萬元以上一百萬元以下罰鍰，並得按次處罰；情節重大者，並得處一個月以上一年以下停業處分或令其歇業、廢止其公司、商業、工廠之全部或部分

登記事項，或撤銷或廢止該化粧品之登錄或許可證：
一　違反第四條第一項規定。
二　依第四條第一項規定所登錄或建立檔案之資料不實。
三　違反第四條第二項或依第三項所定辦法有關登錄或檔案之項目、內容、變更或建立與保存方式、期限及地點之規定，經令限期改正，屆期不改正。
四　違反第五條第一項、第二項或第三項規定。
五　以不實資料申請第五條第一項或第二項之登記。
六　違反第六條第四項、第五項規定。
七　違反第七條第一項、第二項、第三項或第五項規定或依第四項公告之事項。
八　違反第九條第一項規定。
九　依第十一條第一項規定所建立之來源或流向資料不實。
十　違反第十三條第一項規定。
十一　違反第十五條第二項規定。
十二　違反第十六條規定，供應、販賣、贈送、公開陳列違規化粧品或提供消費者試用。

②前項經撤銷或廢止化粧品之登錄或許可證者，一年內不得再辦理該產品登錄或申請查驗登記。

第二四條　（罰則）

①化粧品業者有下列行為之一者，經令限期改正，屆期不改正，處新臺幣一萬元以上一百萬元以下罰鍰，並得按次處罰；情節重大者，並得處一個月以上一年以下停業處分或令其歇業、廢止其公司、商業、工廠之全部或部分登記事項，或廢止該化粧品之登錄或許可證：
一　違反第十一條第一項規定或依第二項所定辦法有關資料之範圍、項目、內容或建立與保存方式及期限之規定。
二　違反第十二條第一項規定或依第三項所定辦法有關通報方式、內容或期限之規定。
三　違反第十七條第一項、第二項規定，未通知販賣業者或未依期限回收，或違反第三項規定或依第四項所定辦法有關處置方法、回收作業實施方式、完成期限、計畫書與報告書內容或紀錄保存之規定。

②前項經廢止化粧品之登錄或許可證者，一年內不得再辦理該產品登錄或申請查驗登記。

第二五條　（主管機關得公布違規業者及其違法情形之資訊）

違反前五條規定者，主管機關得視其違規情節、危害程度及影響範圍，公布違規業者之名稱、地址、商品及違法情形。

第二六條　（處罰執行機關㈠）

本法所定之處罰，除撤銷或廢止化粧品之登錄或許可證，由中央主管機關處罰外，其餘由直轄市、縣（市）主管機關為之，必要時得由中央主管機關為之。

第二七條　（處罰執行機關(二)）

本法有關公司、商業或工廠之全部或部分登記事項之廢止，由直轄市、縣（市）主管機關於勒令歇業處分確定後，移由工、商主管機關或其目的事業主管機關為之。

第六章　附　則

第二八條　（主管機關得委任或委託辦理事項）

①主管機關得將化粧品及化粧品業者之檢查、抽查、抽樣檢驗或產銷證明書之核發，委任所屬機關或委託相關機關（構）、法人或團體辦理。

②中央主管機關得就前項受委託機關（構）、法人或團體辦理認證；其認證工作，得委任所屬機關或委託其他機關（構）、法人或團體辦理。

③前二項之機構、法人或團體接受委託或認證之資格與條件，以及委託、認證工作之程序及受委託者之其他相關事項管理辦法，由中央主管機關定之。

第二九條　（核發相關證明書之申請）

①化粧品業者得就其登錄或取得許可證之化粧品，或經中央主管機關檢查認定符合化粧品優良製造準則之化粧品製造場所，向中央主管機關申請產銷證明、符合化粧品優良製造準則證明等證明書。

②前項證明書核發之申請條件、審查程序與基準、效期、廢止、返還、註銷及其他應遵行事項之辦法，由中央主管機關定之。

第三〇條　（繳納規費）

化粧品業者依本法辦理化粧品登錄、申請查驗登記、申請化粧品優良製造準則符合性檢查、申請化粧品輸入之邊境抽查與抽樣檢驗及申請證明書，應繳納費用。

第三一條　（施行細則）

本法施行細則，由中央主管機關定之。

第三二條　（施行日）

本法施行日期，除第六條第四項至第六項及第二十三條第一項第六款規定，自中華民國一百零八年十一月九日施行外，由行政院定之。

藥事法

①民國 59 年 8 月 17 日總統令制定公布全文 90 條。
②民國 68 年 4 月 4 日總統令修正公布第 24～27、54 條條文。
③民國 82 年 2 月 5 日總統令修正公布名稱及全文 106 條（原名稱：藥物藥商管理法）。
④民國 86 年 5 月 7 日總統令修正公布第 53、106 條條文。
民國 90 年 12 月 25 日行政院函發布第 53 條定自 91 年 1 月 1 日施行。
⑤民國 87 年 6 月 24 日總統令修正公布第 103 條條文。
⑥民國 89 年 4 月 26 日總統令修正公布第 2、3、27、66、77～79、100、102 條條文。
⑦民國 92 年 2 月 6 日總統令修正公布第 39 條條文；並增訂第 48-1、96-1 條條文。
⑧民國 93 年 4 月 21 日總統令修正公布第 1、8、9、11、13、16、22、33、37、40～42、45、47、48、57、62、64、66、74～78、82、83、91～93、95、96 條條文；增訂第 27-1、40-1、45-1、57-1、66-1、97-1、99-1、104-1、104-2 條條文；並刪除第 61、63 條條文。
⑨民國 94 年 2 月 5 日總統令修正公布第 40-1 條條文；並增訂第 40-2 條條文。
⑩民國 95 年 5 月 17 日總統令修正公布第 66、91、92、95、99 條條文；並刪除第 98 條條文。
⑪民國 95 年 5 月 30 日總統令修正公布第 82、83、106 條條文；並自 95 年 7 月 1 日施行。
⑫民國 100 年 12 月 7 日總統令修正公布第 19、34 條條文。
⑬民國 101 年 6 月 27 日總統令修正公布第 57、78、80、91、92、94 條條文；並增訂第 71-1、104-3、104-4 條條文。
⑭民國 102 年 1 月 16 日總統令修正公布第 41 條條文。
⑮民國 102 年 5 月 8 日總統令修正公布第 13 條條文。
民國 102 年 7 月 19 日行政院公告第 2 條所列屬「行政院衛生署」之權責事項，自 102 年 7 月 23 日起改由「衛生福利部」管轄。
⑯民國 102 年 12 月 11 日總統令修正公布第 80 條條文。
⑰民國 104 年 12 月 2 日總統令修正公布第 2、39、75、82～88、90、92、93、96-1 條條文；並增訂第 6-1、27-2、48-2 條條文。
⑱民國 106 年 6 月 14 日總統令修正公布第 88、92 條條文；並增訂第 53-1 條條文。
⑲民國 107 年 1 月 31 日總統令修正公布第 40-2、100、106 條條文；並增訂第 40-3、48-3～48-22、92-1、100-1 條條文及第四章之一章名；除第四章之一、第 92-1、100、100-1 條施行日期由行政院定之外，餘自公布日施行。

第一章　總　則

第一條　（藥事之管理依據及範圍）93

①藥事之管理，依本法之規定；本法未規定者，依其他有關法律之規定。但管制藥品管理條例有規定者，優先適用該條例之規定。

②前項所稱藥事，指藥物、藥商、藥局及其有關事項。

第二條　（主管機關）104

本法所稱衛生主管機關：在中央為衛生福利部；在直轄市為直轄市政府；在縣（市）為縣（市）政府。

第三條　（藥物管理機關之專設）

中央衛生主管機關得專設藥物管理機關，直轄市及縣（市）衛生主管機關於必要時亦得報准設置。

第四條　（藥物之定義）

本法所稱藥物，係指藥品及醫療器材。

第五條　（試驗用藥物之定義）

本法所稱試驗用藥物，係指醫療效能及安全尚未經證實，專供動物毒性藥理評估或臨床試驗用之藥物。

第六條　（藥品之定義）

本法所稱藥品，係指左列各款之一之原料藥及製劑：

一　載於中華藥典或經中央衛生主管機關認定之其他各國藥典、公定之國家處方集，或各該補充典籍之藥品。

二　未載於前款，但使用於診斷、治療、減輕或預防人類疾病之藥品。

三　其他足以影響人類身體結構及生理機能之藥品。

四　用以配製前三款所列之藥品。

第六條之一　（建立藥品來源及流向之追溯或追蹤系統）104

①經中央衛生主管機關公告類別之藥品，其販賣業者或製造業者，應依其產業模式建立藥品來源及流向之追溯或追蹤系統。

②中央衛生主管機關應建立前項追溯或追蹤申報系統；前項業者應以電子方式申報之，其電子申報方式，由中央衛生主管機關定之。

③前項追溯或追蹤系統之建立、應記錄之事項、查核及其他應遵行事項之辦法，由中央衛生主管機關定之。

第七條　（新藥之定義）

本法所稱新藥，係指經中央衛生主管機關審查認定屬新成分、新療效複方或新使用途徑製劑之藥品。

第八條　（製劑之定義）93

①本法所稱製劑，係指以原料藥經加工調製，製成一定劑型及劑量之藥品。

②製劑分為醫師處方藥品、醫師藥師藥劑生指示藥品、成藥及固有成方製劑。

③前項成藥之分類、審核、固有成方製劑製售之申請、成藥及固有成方製劑販賣之管理及其他應遵行事項之辦法，由中央衛生主管機關定之。

第九條　（成藥之定義）93

本法所稱成藥，係指原料藥經加工調製，不用其原名稱，其摻入之藥品，不超過中央衛生主管機關所規定之限量，作用緩和，無積蓄性，耐久儲存，使用簡便，並明示其效能、用量、用法，標明成藥許可證字號，其使用不待醫師指示，即供治療疾病之用者。

第一〇條 （固有成方製劑之定義）

本法所稱固有成方製劑，係指依中央衛生主管機關選定公告具有醫療效能之傳統中藥處方調製（劑）之方劑。

第一一條 （管制藥品之定義）93

本法所稱管制藥品，係指管制藥品管理條例第三條規定所稱之管制藥品。

第一二條 （毒劇藥品定義）

本法所稱毒劇藥品，係指列載於中華藥典毒劇藥表中之藥品；表中未列載者，由中央衛生主管機關定之。

第一三條 （醫療器材之定義）102

①本法所稱醫療器材，係用於診斷、治療、減輕、直接預防人類疾病、調節生育，或足以影響人類身體結構及機能，且非以藥理、免疫或代謝方法作用於人體，以達成其主要功能之儀器、器械、用具、物質、軟體、體外試劑及其相關物品。

②前項醫療器材，中央衛生主管機關應視實際需要，就其範圍、種類、管理及其他應管理事項，訂定醫療器材管理辦法規範之。

第一四條 （藥商之定義）

本法所稱藥商，係指左列各款規定之業者：

一　藥品或醫療器材販賣業者。

二　藥品或醫療器材製造業者。

第一五條 （藥品販賣業之定義）

本法所稱藥品販賣業者，係指左列各款規定之業者：

一　經營西藥批發、零售、輸入及輸出之業者。

二　經營中藥批發、零售、調劑、輸入及輸出之業者。

第一六條 （藥品製造業之定義）93

①本法所稱藥品製造業者，係指經營藥品之製造、加工與其產品批發、輸出及自用原料輸入之業者。

②前項藥品製造業者輸入自用原料，應於每次進口前向中央衛生主管機關申請核准後，始得進口；已進口之自用原料，非經中央衛生主管機關核准，不得轉售或轉讓。

③藥品製造業者，得兼營自製產品之零售業務。

第一七條 （醫療器材販賣業之定義）

①本法所稱醫療器材販賣業者，係指經營醫療器材之批發、零售、輸入及輸出之業者。

②經營醫療器材租賃業者，準用本法關於醫療器材販賣業者之規定。

第一八條 （醫療器材製造業之定義）

①本法所稱醫療器材製造業者，係指製造、裝配醫療器材，與其產品之批發、輸出及自用原料輸入之業者。

②前項醫療器材製造業者，得兼營自製產品之零售業務。

第一九條（藥局定義及販售醫療器材之規範）100

①本法所稱藥局，係指藥師或藥劑生親自主持，依法執行藥品調劑、供應業務之處所。

②前項藥局得兼營藥品及一定等級之醫療器材零售業務。

③前項所稱一定等級之醫療器材之範圍及種類，由中央衛生主管機關定之。

第二〇條（偽藥之定義）

本法所稱僞藥，係指藥品經稽查或檢驗有左列各款情形之一者：

一　未經核准，擅自製造者。

二　所含有效成分之名稱，與核准不符者。

三　將他人產品抽換或摻雜者。

四　塗改或更換有效期間之標示者。

第二一條（劣藥之定義）

本法所稱劣藥，係指核准之藥品經稽查或檢驗有左列情形之一者：

一　擅自添加非法定著色劑、防腐劑、香料、矯味劑及賦形劑者。

二　所含有效成分之質、量或強度，與核准不符者。

三　藥品中一部或全部含有污穢或異物者。

四　有顯明變色、混濁、沈澱、潮解或已腐化分解者。

五　主治效能與核准不符者。

六　超過有效期間或保存期限者。

七　因儲藏過久或儲藏方法不當而變質者。

八　裝入有害物質所製成之容器或使用回收容器者。

第二二條（禁藥之定義）93

①本法所稱禁藥，係指藥品有左列各款情形之一者：

一　經中央衛生主管機關明令公告禁止製造、調劑、輸入、輸出、販賣或陳列之毒害藥品。

二　未經核准擅自輸入之藥品。但旅客或隨交通工具服務人員攜帶自用藥品進口者，不在此限。

②前項第二款自用藥品之限量，由中央衛生主管機關會同財政部公告之。

第二三條（不良醫療器材之定義）

本法所稱不良醫療器材，係指醫療器材經稽查或檢驗有左列各款情形之一者：

一　使用時易生危險，或可損傷人體，或使診斷發生錯誤者。

二　含有毒物質或有害物質，致使用時有損人體健康者。

三　超過有效期間或保存期限者。

四　性能或有效成分之質、量或強度，與核准不符者。

第二四條（藥物廣告之定義）

本法所稱藥物廣告，係指利用傳播方法，宣傳醫療效能，以達招徠銷售爲目的之行爲。

第二五條 （標籤之定義）

本法所稱標籤，係指藥品或醫療器材之容器上或包裝上，用以記載文字、圖畫或記號之標示物。

第二六條 （仿單之定義）

本法所稱仿單，係指藥品或醫療器材附加之說明書。

第二章　藥商之管理

第二七條 （藥商登記）

①凡申請為藥商者，應申請直轄市或縣（市）衛生主管機關核准登記，繳納執照費，領得許可執照後，方准營業；其登記事項如有變更時，應辦理變更登記。

②前項登記事項，由中央衛生主管機關定之。

③藥商分設營業處所或分廠，仍應依第一項規定，各別辦理藥商登記。

第二七條之一 （藥商申請停業歇業）93

①藥商申請停業，應將藥商許可執照及藥物許可證隨繳當地衛生主管機關，於執照上記明停業理由及期限，俟核准復業時發還之。每次停業期間不得超過一年，停業期滿未經當地衛生主管機關核准繼續停業者，應於停業期滿前三十日內申請復業。

②藥商申請歇業時，應將其所領藥商許可執照及藥物許可證一併繳銷；其不繳銷者，由原發證照之衛生主管機關註銷。

③藥商屆期不申請停業、歇業或復業登記，經直轄市或縣（市）衛生主管機關查核發現原址已無營業事實者，應由原發證照之衛生主管機關，將其有關證照註銷。

④違反本法規定，經衛生主管機關處分停止其營業者，其證照依第一項規定辦理。

第二七條之二 （必要藥品不足供應之通報及登錄作業）104

①藥商持有經中央衛生主管機關公告為必要藥品之許可證，如有無法繼續製造、輸入或不足供應該藥品之虞時，應至少於六個月前向中央衛生主管機關通報；如因天災或其他不應歸責於藥商之事由，而未及於前述期間內通報者，應於事件發生後三十日內向中央衛生主管機關通報。

②中央衛生主管機關於接獲前項通報或得知必要藥品有不足供應之虞時，得登錄於公開網站，並得專案核准該藥品或其替代藥品之製造或輸入，不受第三十九條之限制。

③第一項通報與前項登錄之作業及專案核准之申請條件、審查程序、核准基準及其他應遵行事項之辦法，由中央衛生主管機關定之。

第二八條 （西藥中藥販賣之管理）

①西藥販賣業者之藥品及其買賣，應由專任藥師駐店管理。但不售賣麻醉藥品者，得由專任藥劑生為之。

②中藥販賣業者之藥品及其買賣，應由專任中醫師或修習中藥課程

達適當標準之藥師或藥劑生駐店管理。
③西藥、中藥販賣業者，分設營業處所，仍應依第一項及第二項之規定。

第二九條 （中藥與西藥製造之監製）
①西藥製造業，應由專任藥師駐廠監製；中藥製造業者，應由專任中醫師或修習中藥課程達適當標準之藥師駐廠監製。
②中藥製造業者，以西藥劑型製造中藥，或摻入西藥製造中藥時，除依前項規定外，應由專任藥師監製。
③西藥、中藥製造業者，設立分廠，乃應依前二項規定辦理。

第三〇條 （藥商應聘人員）
藥商聘用之藥師、藥劑生或中醫師，如有解聘或辭聘，應即另聘。

第三一條 （特種藥品製造業應聘人員）
從事人用生物藥品製造業者，應聘用國內外大學院校以上醫藥或生物學等系畢業，具有微生物學、免疫學藥品製造專門知識，並有五年以上製造經驗之技術人員，駐廠負責製造。

第三二條 （醫療器材販賣及製造業應聘人員）
①醫療器材販賣或製造業者，應視其類別，聘用技術人員。
②前項醫療器材類別及技術人員資格，由中央衛生主管機關定之。

第三三條 （推銷員應行登記）93
①藥商僱用之推銷員，應由該業者向當地之直轄市、縣（市）衛生主管機關登記後，方准執行推銷工作。
②前項推銷員，以向藥局、藥商、衛生醫療機構、醫學研究機構及經衛生主管機關准予登記為兼售藥物者推銷其受僱藥商所製售或經銷之藥物為限，並不得有沿途推銷、設攤出售或擅將藥物拆封、改裝或非法廣告之行為。

第三章 藥局之管理及藥品之調劑

第三四條 （藥局執照登記及兼營業務之規定）100
①藥局應請領藥局執照，並於明顯處標示經營者之身分姓名。其設立、變更登記，準用第二十七條第一項之規定。
②藥局兼營第十九條第二項之業務，應適用關於藥商之規定。但無須另行請領藥商許可執照。

第三五條 （藥師得執行中藥業務）
修習中藥課程達適當標準之藥師，親自主持之藥局，得兼營中藥之調劑、供應或零售業務。

第三六條 （藥師得執行藥品鑑定業務）
藥師親自主持之藥局，具有鑑定設備者，得執行藥品之鑑定業務。

第三七條 （藥品之調劑）93
①藥品之調劑，非依一定作業程序，不得為之；其作業準則，由中央衛生主管機關定之。

②前項調劑應由藥師爲之。但不含麻醉藥品者，得由藥劑生爲之。
③醫院中之藥品之調劑，應由藥師爲之。但本法八十二年二月五日修正施行前已在醫院中服務之藥劑生，適用前項規定，並得繼續或轉院任職。
④中藥之調劑，除法律另有規定外，應由中醫師監督爲之。

第三八條 （藥劑生調劑藥品之規定）

藥師法第十二條、第十六條至第二十條之規定，於藥劑生調劑藥品時準用之。

第四章　藥物之查驗登記

第三九條 （製造與輸入藥品之標示與核可）104

①製造、輸入藥品，應將其成分、原料藥來源、規格、性能、製法之要旨，檢驗規格與方法及有關資料或證件，連同原文和中文標籤、原文和中文仿單及樣品，並繳納費用，申請中央衛生主管機關查驗登記，經核准發給藥品許可證後，始得製造或輸入。
②向中央衛生主管機關申請藥品試製經核准輸入原料藥者，不適用前項規定；其申請條件及應繳費用，由中央衛生主管機關定之。
③第一項輸入藥品，應由藥品許可證所有人及其授權者輸入。
④申請第一項藥品查驗登記、依第四十六條規定辦理藥品許可證變更、移轉登記及依第四十七條規定辦理藥品許可證展延登記、換發及補發，其申請條件、審查程序、核准基準及其他應遵行之事項，由中央衛生主管機關以藥品查驗登記審查準則定之。

第四〇條 （製造與輸入醫療器材）93

①製造、輸入醫療器材，應向中央衛生主管機關申請查驗登記並繳納費用，經核准發給醫療器材許可證後，始得製造或輸入。
②前項輸入醫療器材，應由醫療器材許可證所有人或其授權者輸入。
③申請醫療器材查驗登記、許可證變更、移轉、展延登記、換發及補發，其申請條件、審查程序、核准基準及其他應遵行之事項，由中央衛生主管機關定之。

第四〇條之一 （公開事項之範圍及方式）94

①中央衛生主管機關爲維護公益之目的，於必要時，得公開所持有及保管藥商申請製造或輸入藥物所檢附之藥物成分、仿單等相關資料。但對於藥商申請新藥查驗登記屬於營業秘密之資料，應保密之。
②前項得公開事項之範圍及方式，其辦法由中央衛生主管機關定之。

第四〇條之二 （新藥許可證之核發）107

①中央衛生主管機關於核發新藥許可證時，應公開申請人檢附之已揭露專利字號或案號。
②新成分新藥許可證自核發之日起三年內，其他藥商非經許可證所有人同意，不得引據其申請資料申請查驗登記。

③前項期間屆滿次日起，其他藥商得依本法及相關法規申請查驗登記，符合規定者，中央衛生主管機關於前項新成分新藥許可證核發屆滿五年之次日起，始得發給藥品許可證。

④新成分新藥在外國取得上市許可後三年內，向中央衛生主管機關申請查驗登記，始得適用第二項之規定。

第四〇條之三 （藥品經新增或變更適應症之資料專屬保護）107

①藥品經中央衛生主管機關核准新增或變更適應症，自核准新增或變更適應症之日起二年內，其他藥商非經該藥品許可證所有人同意，不得引據其申請資料就相同適應症申請查驗登記。

②前項期間屆滿次日起，其他藥商得依本法及相關法規申請查驗登記，符合規定者，中央衛生主管機關於前項核准新增或變更適應症屆滿三年之次日起，始得發給藥品許可證。但前項獲准新增或變更適應症之藥品許可證所有人，就該新增或變更之適應症於國內執行臨床試驗者，中央衛生主管機關於核准新增或變更適應症屆滿五年之次日起，始得發給其他藥商藥品許可證。

③新增或變更適應症藥品在外國取得上市許可後二年內，向中央衛生主管機關申請查驗登記，始得適用第一項之規定。

第四一條 （藥物科技研究發展之獎勵）102

①為提昇藥物製造工業水準與臨床試驗品質，對於藥物科技之研究發展，中央衛生主管機關每年應委託專業醫療團體辦理教育訓練，培育臨床試驗人才。

②新興藥物科技之研究發展，得由中央衛生主管機關會同中央工業主管機關獎勵之。

③前項獎勵之資格條件、審議程序及其他應遵行事項之辦法，由中央衛生主管機關會同中央工業主管機關定之。

第四二條 （作業準則）93

①中央衛生主管機關對於製造、輸入之藥物，應訂定作業準則，作為核發、變更及展延藥物許可證之基準。

②前項作業準則，由中央衛生主管機關定之。

第四三條 （輸出入藥物文書格式之決定）

製造、輸入藥物之查驗登記申請書及輸出藥物之申請書，其格式、樣品份數、有關資料或證書費、查驗費之金額，由中央衛生主管機關定之。

第四四條 （試驗用藥物供教學醫院臨床試驗）

試驗用藥物，應經中央衛生主管機關核准始得供經核可之教學醫院臨床試驗，以確認其安全與醫療效能。

第四五條 （監視藥物安全性）93

①經核准製造或輸入之藥物，中央衛生主管機關得指定期間，監視其安全性。

②藥商於前項安全監視期間應遵行事項，由中央衛生主管機關定之。

第四五條之一 （因藥物引起嚴重不良反應之通報）93

醫療機構、藥局及藥商對於因藥物所引起之嚴重不良反應，應行通報；其方式、內容及其他應遵行事項之辦法，由中央衛生主管機關定之。

第四六條 （製造輸入藥物不得變更登記）

①經核准製造、輸入之藥物，非經中央衛生主管機關之核准，不得變更原登記事項。

②經核准製造、輸入之藥物許可證，如有移轉時，應辦理移轉登記。

第四七條 （藥物製造輸入許可證之有效期間與展延）93

①藥物製造、輸入許可證有效期間爲五年，期滿仍須繼續製造、輸入者，應事先申請中央衛生主管機關核准展延之。但每次展延，不得超過五年。屆期未申請或不准展延者，註銷其許可證。

②前項許可證如有污損或遺失，應敍明理由，申請原核發機關換發或補發，並應將原許可證同時繳銷，或由核發機關公告註銷。

第四八條 （藥物製造輸入許可證之廢止）93

藥物於其製造、輸入許可證有效期間內，經中央衛生主管機關重新評估確定有安全或醫療效能疑慮者，得限期令藥商改善，屆期未改善者，廢止其許可證。但安全疑慮重大者，得逕予廢止之。

第四八條之一 （中文標籤）92

第三九條第一項製造、輸入藥品，應標示中文標籤、仿單或包裝，始得買賣、批發、零售。但經中央衛生主管機關認定有窒礙難行者，不在此限。

第四八條之二 （特定藥物製造或輸入之核准）104

①有下列情形之一者，中央衛生主管機關得專案核准特定藥物之製造或輸入，不受第三十九條及第四十條之限制：

一　爲預防、診治危及生命或嚴重失能之疾病，且國內尚無適當藥物或合適替代療法。

二　因應緊急公共衛生情事之需要。

②有下列情形之一者，中央衛生主管機關得廢止前項核准，並令申請者限期處理未使用之藥物，並得公告回收：

一　已有完成查驗登記之藥物或合適替代療法可提供前項第一款情事之需要。

二　緊急公共衛生情事已終結。

三　藥物經中央衛生主管機關評估確有安全或醫療效能疑慮。

③第一項專案核准之申請條件、審查程序、核准基準及其他應遵行事項之辦法，由中央衛生主管機關定之。

第四章之一　西藥之專利連結 107

第四八條之三 （新藥藥品專利權專利資訊之提報）107

①新藥藥品許可證所有人認有提報藥品專利權專利資訊之必要者，應自藥品許可證領取之次日起四十五日內，檢附相關文件及資料，向中央衛生主管機關爲之；逾期提報者，不適用本章規定。

②前項藥品專利權，以下列發明爲限：

一　物質。

二　組合物或配方。
三　醫藥用途。

第四八條之四　（專利資訊）107

①前條所定專利資訊如下：
一　發明專利權之專利證書號數；發明專利權爲醫藥用途者，應一併敘明請求項項號。
二　專利權期滿之日。
三　專利權人之姓名或名稱、國籍、住所、居所或營業所；有代表人者，其姓名。該專利權有專屬授權，且依專利法辦理登記者，爲其專屬被授權人之上述資料。
四　前款之專利權人或專屬被授權人於中華民國無住所、居所或營業所者，應指定代理人，並提報代理人之姓名、住所、居所或營業所。

②新藥藥品許可證所有人與專利權人不同者，於提報專利資訊時，應取得專利權人之同意；該專利權有專屬授權，且依專利法辦理登記者，僅需取得專屬被授權人之同意。

第四八條之五　（提報專利資訊之程序）107

新藥藥品許可證所有人於中央衛生主管機關核准新藥藥品許可證後，始取得專利專責機關審定公告之發明專利權，其屬第四十八條之三第二項之藥品專利權範圍者，應自審定公告之次日起四十五日內，依前條規定提報專利資訊；逾期提報者，不適用本章規定。

第四八條之六　（辦理變更或刪除已登載專利資訊之情形）107

①新藥藥品許可證所有人應自下列各款情事之一發生之次日起四十五日內，就已登載之專利資訊辦理變更或刪除：
一　專利權期間之延長，經專利專責機關核准公告。
二　請求項之更正，經專利專責機關核准公告。
三　專利權經撤銷確定。
四　專利權當然消滅。
五　第四十八條之四第一項第三款、第四款之專利資訊異動。

②新藥藥品許可證所有人與專利權人或專屬被授權人不同者，於辦理前項事項前，準用第四十八條之四第二項規定。

第四八條之七　（不符已登載專利資訊，得以書面敘明理由及附具證據通知主管機關）107

①有下列情事之一者，任何人均得以書面敘明理由及附具證據，通知中央衛生主管機關：
一　已登載專利資訊之發明，與所核准之藥品無關。
二　已登載專利資訊之發明，不符第四十八條之三第二項規定。
三　已登載之專利資訊錯誤。
四　有前條所定情事而未辦理變更或刪除。

②中央衛生主管機關應自接獲前項通知之次日起二十日內，將其轉送新藥藥品許可證所有人。

③新藥藥品許可證所有人自收受通知之次日起四十五日內，應以書面敘明理由回覆中央衛生主管機關，並得視情形辦理專利資訊之變更或刪除。

第四八條之八　（建立西藥專利連結登載系統）107

①中央衛生主管機關應建立西藥專利連結登載系統，登載並公開新藥藥品許可證所有人提報之專利資訊；專利資訊之變更或刪除，亦同。

②登載之專利資訊有前條所定情事者，中央衛生主管機關應公開前條通知人之主張及新藥藥品許可證所有人之書面回覆。

第四八條之九　（學名藥藥品許可證申請人應就核准新藥所登載專利權之聲明）107

學名藥藥品許可證申請人，應於申請藥品許可證時，就新藥藥品許可證所有人已核准新藥所登載之專利權，向中央衛生主管機關爲下列各款情事之一之聲明：

一　該新藥未有任何專利資訊之登載。

二　該新藥對應之專利權已消滅。

三　該新藥對應之專利權消滅後，始由中央衛生主管機關核發藥品許可證。

四　該新藥對應之專利權應撤銷，或申請藥品許可證之學名藥未侵害該新藥對應之專利權。

第四八條之一〇　（核發藥品許可證）107

學名藥藥品許可證申請案僅涉及前條第一款或第二款之聲明，經審查符合本法規定者，由中央衛生主管機關核發藥品許可證。

第四八條之一一　（核發藥品許可證）107

學名藥藥品許可證申請案涉及第四十八條之九第三款之聲明，經審查符合本法規定者，於該新藥已登載所有專利權消滅後，由中央衛生主管機關核發藥品許可證。

第四八條之一二　（核發藥品許可證）107

①學名藥藥品許可證申請案涉及第四十八條之九第四款之聲明者，申請人應自中央衛生主管機關就藥品許可證申請資料齊備通知送達之次日起二十日內，以書面通知新藥藥品許可證所有人及中央衛生主管機關；新藥藥品許可證所有人與所登載之專利權人、專屬被授權人不同者，應一併通知之。

②申請人應於前項通知，就其所主張之專利權應撤銷或未侵害權利情事，敘明理由及附具證據。

③申請人未依前二項規定通知者，中央衛生主管機關應駁回該學名藥藥品許可證申請案。

第四八條之一三　（專利權人或專屬授權人提起侵權訴訟之程序及效力）107

①專利權人或專屬被授權人接獲前條第一項通知後，擬就其已登載之專利權提起侵權訴訟者，應自接獲通知之次日起四十五日內提起之，並通知中央衛生主管機關。

②中央衛生主管機關應自新藥藥品許可證所有人接獲前條第一項通知之次日起十二個月內，暫停核發藥品許可證。但有下列情事之一，經審查符合本法規定者，得核發藥品許可證：

一　專利權人或專屬被授權人接獲前條第一項通知後，未於四十五日內提起侵權訴訟。

二　專利權人或專屬被授權人未依學名藥藥品許可證申請日前已登載之專利權提起侵權訴訟。

三　專利權人或專屬被授權人依第一項規定提起之侵權訴訟，經法院依民事訴訟法第二百四十九條第一項或第二項規定，裁判原告之訴駁回。

四　經法院認定所有繫屬於侵權訴訟中之專利權有應撤銷之原因，或學名藥藥品許可證申請人取得未侵權之判決。

五　學名藥藥品許可證申請人依第四十八條之九第四款聲明之所有專利權，由專利專責機關作成舉發成立審定書。

六　當事人合意成立和解或調解。

七　學名藥藥品許可證申請人依第四十八條之九第四款聲明之所有專利權，其權利當然消滅。

③前項第一款期間之起算，以專利權人或專屬被授權人最晚接獲通知者為準。

④專利權人或專屬被授權人於第二項所定十二個月內，就已登載之專利權取得侵權成立之確定判決者，中央衛生主管機關應於該專利權消滅後，始得核發學名藥藥品許可證。

⑤專利權人或專屬被授權人依第一項規定提起之侵權訴訟，因自始不當行使專利權，致使學名藥藥品許可證申請人，因暫停核發藥品許可證受有損害者，應負賠償責任。

第四八條之一四　（學名藥藥品申請核發許可證之次數）107

學名藥藥品許可證申請案，其申請人為同一且該藥品為同一者，中央衛生主管機關依前條第二項暫停核發藥品許可證之次數，以一次為限。

第四八條之一五　（申請藥品收載及支付價格核價）107

①於第四十八條之十三第二項暫停核發藥品許可證期間，中央衛生主管機關完成學名藥藥品許可證申請案之審查程序者，應通知學名藥藥品許可證申請人。

②學名藥藥品許可證申請人接獲前項通知者，得向衛生福利部中央健康保險署申請藥品收載及支付價格核價。但於中央衛生主管機關核發學名藥藥品許可證前，不得製造或輸入。

第四八條之一六　（學名藥藥品許可證申請資料齊備日最早者，取得銷售專屬期）107

①依第四十八條之九第四款聲明之學名藥藥品許可證申請案，其申請資料齊備日最早者，取得十二個月之銷售專屬期間；中央衛生主管機關於前述期間屆滿前，不得核發其他學名藥之藥品許可證。

②前項申請資料齊備之學名藥藥品許可證申請案，其有下列情事之一者，由申請資料齊備日在後者依序遞補之：
一　於藥品許可證審查期間變更所有涉及第四十八條之九第四款之聲明。
二　自申請資料齊備日之次日起十二個月內未取得前條第一項藥品許可證審查完成之通知。
三　有第四十八條之十三第四項之情事。
③同日有二以上學名藥藥品許可證申請案符合第一項規定申請資料齊備日最早者，共同取得十二個月之銷售專屬期間。

第四八條之一七　（學名藥藥品許可證所有人銷售專屬期間及起迄日期）107

①學名藥藥品許可證所有人，應自領取藥品許可證之次日起六個月內銷售，並自最早銷售日之次日起二十日內檢附實際銷售日之證明，報由中央衛生主管機關核定其取得銷售專屬期間及起迄日期。
②前項銷售專屬期間，以藥品之實際銷售日爲起算日。
③二以上學名藥藥品許可證申請案共同取得之銷售專屬期間，以任一學名藥之最早實際銷售日爲起算日。

第四八條之一八　（主管機關得核發學名藥藥品許可證予其他申請人之事由）107

取得銷售專屬期間之學名藥藥品許可證申請人，有下列情事之一者，中央衛生主管機關得核發學名藥藥品許可證予其他申請人，不受第四十八條之十六第一項規定之限制：
一　未於中央衛生主管機關通知領取藥品許可證之期間內領取。
二　未依前條第一項規定辦理。
三　依第四十八條之九第四款聲明之所有專利權，其權利當然消滅。

第四八條之一九　（協議涉及藥品之製造、販賣及銷售專屬期間規定者，應通報主管機關）107

①新藥藥品許可證申請人、新藥藥品許可證所有人、學名藥藥品許可證申請人、學名藥藥品許可證所有人、藥品專利權人或專屬被授權人間，所簽訂之和解協議或其他協議，涉及本章關於藥品之製造、販賣及銷售專屬期間規定者，雙方當事人應自事實發生之次日起二十日內除通報中央衛生主管機關外，如涉及逆向給付利益協議者，應另行通報公平交易委員會。
②前項通報之方式、內容及其他應遵行事項之辦法，由中央衛生主管機關會同公平交易委員會定之。
③中央衛生主管機關認第一項通報之協議有違反公平交易法之虞者，得通報公平交易委員會。

第四八條之二〇　（新成分新藥以外新藥準用學名藥藥品許可證申請之相關規定）107

①新成分新藥以外之新藥，準用第四十八條之九至第四十八條之十

五關於學名藥藥品許可證申請之相關規定。

②第四十八條之十二之學名藥藥品許可證申請案，符合下列各款要件者，不適用第四十八條之十三至第四十八條之十八關於暫停核發藥品許可證與銷售專屬期間之相關規定：

一　已核准新藥所登載之專利權且尚屬存續中者，屬於第四十八條之三第二項第三款之醫藥用途專利權。

二　學名藥藥品許可證申請人排除前款醫藥用途專利權所對應之適應症，並聲明該學名藥未侵害前款之專利權。

③前項適應症之排除、聲明及其他應遵行事項之辦法，由中央衛生主管機關定之。

第四八條之二一　（本次條文修正施行前，符合新藥藥品許可證所有人提報專利資訊之期限）107

本法中華民國一百零六年十二月二十九日修正之條文施行前，符合第四十八條之三第二項規定之藥品專利權，且其權利未消滅者，新藥藥品許可證所有人得於修正條文施行後三個月內，依第四十八條之四規定提報專利資訊。

第四八條之二二　（本次修正條文相關子法之授權規定）107

第四十八條之四至第四十八條之八藥品專利資訊之提報方式與內容、變更或刪除、專利資訊之登載與公開、第四十八條之九學名藥藥品許可證申請人之聲明、第四十八條之十二學名藥藥品許可證申請人之書面通知方式與內容、第四十八條之十五中央衛生主管機關完成學名藥藥品許可證申請案審查程序之通知方式與內容、第四十八條之十六至第四十八條之十八銷售專屬期間起算與終止之事項及其他應遵行事項之辦法，由中央衛生主管機關定之。

第五章　藥物之販賣及製造

第四九條　（不得買賣物品）

藥商不得買賣來源不明或無藥商許可執照者之藥品或醫療器材。

第五〇條　（須經醫師處方藥品之售賣）

①須由醫師處方之藥品，非經醫師處方，不得調劑供應。但左列各款情形不在此限：

一　同業藥商之批發、販賣。

二　醫院、診所及機關、團體、學校之醫療機構或檢驗及學術研究機構之購買。

三　依中華藥典、國民處方選輯處方之調劑。

②前項須經醫師處方之藥品，由中央衛生主管機關就中、西藥品分別定之。

第五一條　（西藥中藥不得兼售原則）

西藥販賣業者，不得兼售中藥；中藥販賣業者，不得兼售西藥。但成藥不在此限。

第五二條　（藥品販賣業不得兼售之藥品）

藥品販賣業者，不得兼售農藥、動物用藥品或其他毒性化學物質。

第五三條 （輸入藥品分裝規定）

①藥品販賣業者輸入之藥品得分裝後出售，其分裝應依下列規定辦理：

一　製劑：申請中央衛生主管機關核准後，由符合藥品優良製造規範之藥品製造業者分裝。

二　原料藥：由符合藥品優良製造規範之藥品製造業者分裝；分裝後，應報請中央衛生主管機關備查。

②前項申請分裝之條件、程序、報請備查之期限、程序及其他分裝出售所應遵循之事項，由中央衛生主管機關定之。

第五三條之一 （西藥運銷許可之取得）106

①經營西藥批發、輸入及輸出之業者，其與採購、儲存、供應產品有關之品質管理、組織與人事、作業場所與設備、文件、作業程序、客戶申訴、退回與回收、委外作業、自我查核、運輸及其他西藥運銷作業，應符合西藥優良運銷準則，並經中央衛生主管機關檢查合格，取得西藥運銷許可後，始得為之。

②前項規定，得分階段實施，其分階段實施之藥品與藥商種類、事項、方式及時程，由中央衛生主管機關公告之。

③符合第一項規定，取得西藥運銷許可之藥商，得繳納費用，向中央衛生主管機關申領證明文件。

④第一項西藥優良運銷準則、西藥運銷許可及前項證明文件之申請條件、審查程序與基準、核發、效期、廢止、返還、註銷及其他應遵行事項之辦法，由中央衛生主管機關定之。

第五四條 （已核發藥物許可證後之管制）

藥品或醫療器材經核准發給藥物輸入許可證後，為維護國家權益，中央衛生主管機關得加以管制。但在管制前已核准結匯簽證者，不在此限。

第五五條 （核准製造輸入藥物樣品贈品之管理）

①經核准製造或輸入之藥物樣品或贈品，不得出售。

②前項樣品贈品管理辦法，由中央衛生主管機關定之。

第五六條 （輸出證明書及限制輸出）

①經核准製售之藥物，如輸出國外銷售時，其應輸入國家要求證明文字者，應於輸出前，由製造廠商申請中央衛生主管機關發給輸出證明書。

②前項藥物，中央衛生主管機關認有不敷國內需要之虞時，得限制其輸出。

第五七條 （藥物優良製造準則與設廠標準） 101

①製造藥物，應由藥物製造工廠為之；藥物製造工廠，應依藥物製造工廠設廠標準設立，並依工廠管理輔導法規定，辦理工廠登記。但依工廠管理輔導法規定免辦理工廠登記，或經中央衛生主管機關核准為研發而製造者，不在此限。

②藥物製造，其廠房設施、設備、組織與人事、生產、品質管制、儲存、運銷、客戶申訴及其他應遵行事項，應符合藥物優良製造準則之規定，並經中央衛生主管機關檢查合格，取得藥物製造許可後，始得製造。但經中央衛生主管機關公告無需符合藥物優良製造準則之醫療器材製造業者，不在此限。
③符合前項規定，取得藥物製造許可之藥商，得繳納費用，向中央衛生主管機關申領證明文件。
④輸入藥物之國外製造廠，準用前二項規定，並由中央衛生主管機關定期或依實際需要赴國外製造廠檢查之。
⑤第一項藥物製造工廠設廠標準，由中央衛生主管機關會同中央工業主管機關定之；第二項藥物優良製造準則，由中央衛生主管機關定之。
⑥第二項藥物製造許可與第三項證明文件之申請條件、審查程序與基準、核發、效期、廢止、返還、註銷及其他應遵行事項之辦法，由中央衛生主管機關定之。

第五七條之一 （製造研發用藥物之工廠或場所）93
①從事藥物研發之機構或公司，其研發用藥物，應於符合中央衛生主管機關規定之工廠或場所製造。
②前項工廠或場所非經中央衛生主管機關核准，不得兼製其他產品；其所製造之研發用藥物，非經中央衛生主管機關核准，不得使用於人體。

第五八條 （不得委託他廠或接受委託製造藥物）
藥物工廠，非經中央衛生主管機關核准，不得委託他廠製造或接受委託製造藥物。

第六章　管制藥品及毒劇藥品之管理

第五九條 （管制藥品及毒劇藥品之列冊備查與儲藏標明）
①西藥販賣業者及西藥製造業者，購存或售賣管制藥品及毒劇藥品，應將藥品名稱、數量，詳列簿册，以備檢查。管制藥品並應專設櫥櫃加鎖儲藏。
②管制藥品及毒劇藥品之標籤，應載明警語及足以警惕之圖案或顏色。

第六〇條 （管制藥品及毒劇藥品之供應）
①管制藥品及毒劇藥品，須有醫師之處方，始得調劑、供應。
②前項管制藥品應憑領受人之身分證明並將其姓名、地址、統一編號及所領受品量，詳錄簿册，連同處方箋保存之，以備檢查。
③管制藥品之處方及調劑，中央衛生主管機關得限制之。

第六一條 （刪除）93

第六二條 （處方箋、簿册之保存）93
第五十九條及第六十條所規定之處方箋、簿册，均應保存五年。

第六三條 （刪除）93

第六四條 （中藥販賣業及製造業售賣管制藥品與毒劇藥品之限

制）93

①中藥販賣業者及中藥製造業者，非經中央衛生主管機關核准，不得售賣或使用管制藥品。

②中藥販賣業者及中藥製造業者售賣毒劇性之中藥，非有中醫師簽名、蓋章之處方箋，不得出售；其購存或出售毒劇性中藥，準用第五十九條之規定。

第七章　藥物廣告之管理

第六五條（非藥商不得為藥物廣告）

非藥商不得爲藥物廣告。

第六六條（刊播藥物廣告之核准）95

①藥商刊播藥物廣告時，應於刊播前將所有文字、圖畫或言詞，申請中央或直轄市衛生主管機關核准，並向傳播業者送驗核准文件。原核准機關發現已核准之藥物廣告內容或刊播方式危害民眾健康或有重大危害之虞時，應令藥商立即停止刊播並限期改善，屆期未改善者，廢止之。

②藥物廣告在核准登載、刊播期間不得變更原核准事項。

③傳播業者不得刊播未經中央或直轄市衛生主管機關核准、與核准事項不符、已廢止或經令立即停止刊播並限期改善而尚未改善之藥物廣告。

④接受委託刊播之傳播業者，應自廣告之日起六個月，保存委託刊播廣告者之姓名（法人或團體名稱）、身分證或事業登記證字號、住居所（事務所或營業所）及電話等資料，且於主管機關要求提供時，不得規避、妨礙或拒絕。

第六六條之一（藥物廣告核准之有效期間與展延）93

①藥物廣告，經中央或直轄市衛生主管機關核准者，其有效期間爲一年，自核發證明文件之日起算。期滿仍需繼續廣告者，得申請原核准之衛生主管機關核定展延之；每次展延之期間，不得超過一年。

②前項有效期間，應記明於核准該廣告之證明文件。

第六七條（刊登藥物廣告之限制）

須由醫師處方或經中央衛生主管機關公告指定之藥物，其廣告以登載於學術性醫療刊物爲限。

第六八條（藥物廣告之禁止）

藥物廣告不得以左列方式爲之：

一　假借他人名義爲宣傳者。

二　利用書刊資料保證其效能或性能。

三　藉採訪或報導爲宣傳。

四　以其他不正當方式爲宣傳。

第六九條（非藥物不得為醫療效能之標示或宣傳）

非本法所稱之藥物，不得爲醫療效能之標示或宣傳。

第七〇條（暗示醫療效能之藥物廣告）

採訪、報導或宣傳，其內容暗示或影射醫療效能者，視爲藥物廣告。

第八章　稽查及取締

第七一條　（主管機關得檢查藥物製造業與販賣業）

①衛生主管機關，得派員檢查藥物製造業者、販賣業者之處所設施及有關業務，並得出具單據抽驗其藥物，業者不得無故拒絕。但抽驗數量以足供檢驗之用者爲限。

②藥物製造業者之檢查，必要時得會同工業主管機關爲之。

③本條所列實施檢查辦法，由中央衛生主管機關會同中央工業主管機關定之。

第七一條之一　（輸入藥物邊境管理制度之訂定）101

①爲加強輸入藥物之邊境管理，中央衛生主管機關得公告其輸入時應抽查、檢驗合格後，始得輸入。

②前項輸入藥物之抽查及檢驗方式、方法、項目、範圍、收費及其他應遵行事項之辦法，由中央衛生主管機關定之。

第七二條　（主管機關得檢查醫療機構或藥局）

衛生主管機關得派員檢查醫療機構或藥局之有關業務，並得出具單據抽驗其藥物，受檢者不得無故拒絕。但抽驗數量以足供檢驗之用者爲限。

第七三條　（藥商藥局普查）

①直轄市、縣（市）衛生主管機關應每年定期辦理藥商及藥局普查。

②藥商或藥局對於前項普查，不得拒絕、規避或妨礙。

第七四條　（特種藥品之抽樣、檢驗、加貼查訖封條）93

①依據微生物學、免疫學學理製造之血清、抗毒素、疫苗、類毒素及菌液等，非經中央衛生主管機關於每批產品輸入或製造後，派員抽取樣品，經檢驗合格，並加貼查訖封緘，不得銷售。檢驗封緘作業辦法，由中央衛生主管機關定之。

②前項生物藥品之原液，其輸入以生物藥品製造業者爲限。

第七五條　（藥物之標籤仿單包裝應載事項）104

①藥物之標籤、仿單或包裝，應依核准刊載左列事項：

一　廠商名稱及地址。

二　品名及許可證字號。

三　批號。

四　製造日期及有效期間或保存期限。

五　主要成分含量、用量及用法。

六　主治效能、性能或適應症。

七　副作用、禁忌及其他注意事項。

八　其他依規定應刊載事項。

②前項第四款經中央衛生主管機關明令公告免予刊載者，不在此限。

③經中央衛生主管機關公告之藥物，其標籤、仿單或包裝，除依第

一項規定刊載外，應提供點字或其他足以提供資訊易讀性之輔助措施；其刊載事項、刊載方式及其他應遵行事項，由中央衛生主管機關定之。

第七六條（經發現有重大危害藥品之禁止）93

經許可製造、輸入之藥物，經發現有重大危害時，中央衛生主管機關除應隨時公告禁止其製造、輸入外，並廢止其藥物許可證；其已製造或輸入者，應限期禁止其輸出、調劑、販賣、供應、運送、寄藏、牙保、轉讓或意圖販賣而陳列，必要時並得沒入銷燬之。

第七七條（涉嫌偽藥劣藥禁藥及不良醫療器材之封存銷燬）93

①直轄市或縣（市）衛生主管機關，對於涉嫌之僞藥、劣藥、禁藥或不良醫療器材，就僞藥、禁藥部分，應先行就地封存，並抽取樣品予以檢驗後，再行處理；就劣藥、不良醫療器材部分，得先行就地封存，並抽取樣品予以檢驗後，再行處理。其對衛生有重大危害者，應於報請中央衛生主管機關核准後，沒入銷燬之。

②前項規定於未經核准而製造、輸入之醫療器材，準用之。

第七八條（偽藥、劣藥、禁藥及不良醫療器材之處分）101

①經稽查或檢驗爲僞藥、劣藥、禁藥及不良醫療器材，除依本法有關規定處理外，並應爲下列處分：

一　製造或輸入僞藥、禁藥及頂替使用許可證者，應由原核准機關，廢止其全部藥物許可證、藥商許可執照、藥物製造許可及公司、商業、工廠之全部或部分登記事項。

二　販賣或意圖販賣而陳列僞藥、禁藥者，由直轄市或縣（市）衛生主管機關，公告其公司或商號之名稱、地址、負責人姓名、藥品名稱及違反情節；再次違反者，得停止其營業。

三　製造、輸入、販賣或意圖販賣而陳列劣藥、不良醫療器材者，由直轄市或縣（市）衛生主管機關，公告其公司或商號之名稱、地址、負責人姓名、藥物名稱及違反情節；其情節重大或再次違反者，得廢止其各該藥物許可證、藥物製造許可及停止其營業。

②前項規定，於未經核准而製造、輸入之醫療器材，準用之。

第七九條（查獲之偽藥、禁藥、劣藥或不良醫療器材之處置）

①查獲之僞藥或禁藥，沒入銷燬之。

②查獲之劣藥或不良醫療器材，如係本國製造，經檢驗後仍可改製使用者，應由直轄市或縣（市）衛生主管機關，派員監督原製造廠商限期改製；其不能改製或屆期未改製者，沒入銷燬之；如係核准輸入者，應即封存，並由直轄市或縣（市）衛生主管機關責令原進口商限期退運出口，屆期未能退貨者，沒入銷燬之。

③前項規定於經依法認定爲未經核准而製造、輸入之醫療器材，準用之。

第八〇條（限期回收市售品與庫存品之處理規定）102

①藥物有下列情形之一，其製造或輸入之業者，應即通知醫療機構、藥局及藥商，並依規定期限收回市售品，連同庫存品一併依

本法有關規定處理：
一　原領有許可證，經公告禁止製造或輸入。
二　經依法認定為偽藥、劣藥或禁藥。
三　經依法認定為不良醫療器材或未經核准而製造、輸入之醫療器材。
四　藥物製造工廠，經檢查發現其藥物確有損害使用者生命、身體或健康之事實，或有損害之虞。
五　製造、輸入藥物許可證未申請展延或不准展延。
六　包裝、標籤、仿單經核准變更登記。
七　其他經中央衛生主管機關公告應回收。
②製造、輸入業者回收前項各款藥物時，醫療機構、藥局及藥商應予配合。
③第一項應回收之藥物，其分級、處置方法、回收作業實施方式及其他應遵循事項之辦法，由中央衛生福利主管機關定之。

第八一條　（舉發或緝獲之獎勵）
舉發或緝獲偽藥、劣藥、禁藥及不良醫療器材，應予獎勵。

第九章　罰　則

第八二條　（製造或輸入偽藥或禁藥罪）104
①製造或輸入偽藥或禁藥者，處十年以下有期徒刑，得併科新臺幣一億元以下罰金。
②犯前項之罪，因而致人於死者，處無期徒刑或十年以上有期徒刑，得併科新臺幣二億元以下罰金；致重傷者，處七年以上有期徒刑，得併科新臺幣一億五千萬元以下罰金。
③因過失犯第一項之罪者，處三年以下有期徒刑、拘役或科新臺幣一千萬元以下罰金。
④第一項之未遂犯罰之。

第八三條　（販賣供應偽藥或禁藥罪）104
①明知為偽藥或禁藥，而販賣、供應、調劑、運送、寄藏、牙保、轉讓或意圖販賣而陳列者，處七年以下有期徒刑，得併科新臺幣五千萬元以下罰金。
②犯前項之罪，因而致人於死者，處七年以上有期徒刑，得併科新臺幣一億元以下罰金；致重傷者，處三年以上十二年以下有期徒刑，得併科新臺幣七千五百萬元以下罰金。
③因過失犯第一項之罪者，處二年以下有期徒刑、拘役或科新臺幣五百萬元以下罰金。
④第一項之未遂犯罰之。

第八四條　（擅自製造或輸入醫療器材罪）104
①未經核准擅自製造或輸入醫療器材者，處三年以下有期徒刑，得併科新臺幣一千萬元以下罰金。
②明知為前項之醫療器材而販賣、供應、運送、寄藏、牙保、轉讓或意圖販賣而陳列者，依前項規定處罰之。

③因過失犯前項之罪者，處六月以下有期徒刑、拘役或科新臺幣五百萬元以下罰金。

第八五條 （罰則）104

①製造或輸入第二十一條第一款之劣藥或第二十三條第一款、第二款之不良醫療器材者，處五年以下有期徒刑或拘役，得併科新臺幣五千萬元以下罰金。

②因過失犯前項之罪或明知爲前項之劣藥或不良醫療器材，而販賣、供應、調劑、運送、寄藏、牙保、轉讓或意圖販賣而陳列者，處三年以下有期徒刑或拘役，得併科新臺幣一千萬元以下罰金。

③因過失而販賣、供應、調劑、運送、寄藏、牙保、轉讓或意圖販賣而陳列第一項之劣藥或不良醫療器材者，處拘役或科新臺幣一百萬元以下罰金。

第八六條 （擅用或冒用他人藥物之名稱仿單或標籤罪）104

①擅用或冒用他人藥物之名稱、仿單或標籤者，處五年以下有期徒刑、拘役或科或併科新臺幣二千萬元以下罰金。

②明知爲前項之藥物而輸入、販賣、供應、調劑、運送、寄藏、牙保、轉讓或意圖販賣而陳列者，處二年以下有期徒刑、拘役或科或併科新臺幣一千萬元以下罰金。

第八七條 （對法人或自然人之科罰金刑）104

法人之代表人，法人或自然人之代理人、受雇人，或其他從業人員，因執行業務，犯第八十二條至第八十六條之罪者，除依各該條規定處罰其行爲人外，對該法人或自然人亦科以各該條十倍以下之罰金。

第八八條 （沒收）106

①依本法查獲供製造、調劑僞藥、禁藥之器材，不問屬於犯罪行爲人與否，沒收之。

②犯本法之罪，其犯罪所得與追徵之範圍及價額，認定顯有困難時，得以估算認定之；其估算辦法，由中央衛生主管機關定之。

第八九條 （公務員加重其刑）

公務員假借職務上之權力、機會或方法，犯本章各條之罪或包庇他人犯本章各條之罪者，依各該條之規定，加重其刑至二分之一。

第九〇條 （罰則）104

①製造或輸入第二十一條第二款至第八款之劣藥者，處新臺幣十萬元以上五千萬元以下罰鍰；製造或輸入第二十三條第三款、第四款之不良醫療器材者，處新臺幣六萬元以上五千萬元以下罰鍰。

②販賣、供應、調劑、運送、寄藏、牙保、轉讓或意圖販賣而陳列前項之劣藥或不良醫療器材者，處新臺幣三萬元以上二千萬元以下罰鍰。

③犯前二項規定之一者，對其藥物管理人、監製人，亦處以各該項之罰鍰。

第九一條 （罰則）101

①違反第六十五條或第八十條第一項第一款至第四款規定之一者，

處新臺幣二十萬元以上五百萬元以下罰鍰。
②違反第六十九條規定者，處新臺幣六十萬元以上二千五百萬元以下罰鍰，其違法物品沒入銷燬之。

第九二條 （罰則）106

①違反第六條之一第一項、第二十七條第一項、第三項、第二十九條、第三十一條、第三十六條、第三十七條第二項、第三項、第三十九條第一項、第四十條第一項、第四十四條、第四十五條之一、第四十六條、第四十九條、第五十條第一項、第五十一條至第五十三條、第五十三條之一第一項、第五十五條第一項、第五十七條第一項、第二項、第四項、第五十七條之一、第五十八條、第五十九條、第六十條、第六十四條、第七十一條第一項、第七十二條、第七十四條、第七十五條規定之一者，處新臺幣三萬元以上二百萬元以下罰鍰。
②違反第五十九條規定，或調劑、供應毒劇藥品違反第六十條第一項規定者，對其藥品管理人、監製人，亦處以前項之罰鍰。
③違反第五十三條之一第一項、第五十七條第二項或第四項規定者，除依第一項規定處罰外，中央衛生主管機關得公布藥廠或藥商名單，並令其限期改善，改善期間得停止其一部或全部製造、批發、輸入、輸出及營業；屆期未改善者，不准展延其藥物許可證，且不受理該藥廠或藥商其他藥物之新申請案件；其情節重大者，並得廢止其一部或全部之藥物製造許可或西藥運銷許可。
④違反第六十六條第一項、第二項、第六十七條、第六十八條規定之一者，處新臺幣二十萬元以上五百萬元以下罰鍰。

第九二條之一 （罰則）107

①新藥藥品許可證所有人未依第四十八條之七第三項所定期限回覆，經中央衛生主管機關令其限期回覆，屆期未回覆者，由中央衛生主管機關處新臺幣三萬元以上五十萬元以下罰鍰。
②未依第四十八條之十九第一項或第二項所定辦法有關通報方式及內容之規定通報者，由中央衛生主管機關處新臺幣三萬元以上二百萬元以下罰鍰。

第九三條 （罰則）104

①違反第十六條第二項、第二十八條、第三十條、第三十二條第一項、第三十三條、第三十七條第一項、第三十八條或第六十二條規定之一，或有左列情形之一者，處新臺幣三萬元以上五百萬元以下罰鍰：
一　成藥、固有成方製劑之製造、標示及販售違反中央衛生主管機關依第八條第三項規定所定辦法。
二　醫療器材之分級及管理違反中央衛生主管機關依第十三條第二項規定所定辦法。
三　藥物樣品、贈品之使用及包裝違反中央衛生主管機關依第五十五條第二項規定所定辦法。
②違反第十六條第二項或第三十條規定者，除依前項規定處罰外，

衛生主管機關並得停止其營業。

第九四條 （罰則）101

違反第三十四條第一項、第七十三條第二項、第八十條第一項第五款至第七款或第二項規定之一者，處新臺幣二萬元以上十萬元以下罰鍰。

第九五條 （罰則）95

①傳播業者違反第六十六條第三項規定者，處新臺幣二十萬元以上五百萬元以下罰鍰，其經衛生主管機關通知限期停止而仍繼續刊播者，處新臺幣六十萬元以上二千五百萬元以下罰鍰，並應按次連續處罰，至其停止刊播爲止。

②傳播業者違反第六十六條第四項規定者，處新臺幣六萬元以上三十萬元以下罰鍰，並應按次連續處罰。

第九六條 （罰則）93

①違反第七章規定之藥物廣告，除依本章規定處罰外，衛生主管機關得登報公告其負責人姓名、藥物名稱及所犯情節，情節重大者，並得廢止該藥物許可證；其原品名二年內亦不得申請使用。

②前項經廢止藥物許可證之違規藥物廣告，仍應由原核准之衛生主管機關責令該業者限期在原傳播媒體同一時段及相同篇幅刊播，聲明致歉。屆期未刊播者，翌日起停止該業者之全部藥物廣告，並不再受理其廣告之申請。

第九六條之一 （違反藥品製造輸入應標示中文標籤之處罰）104

①藥商違反第四十八條之一規定者，處新臺幣十萬元以上二百萬元以下罰鍰；其經衛生主管機關通知限期改善而仍未改善者，加倍處罰，並得按次連續處罰，至其改善爲止。

②藥商違反第二十七條之二第一項通報規定者，中央衛生主管機關得公開該藥商名稱、地址、負責人姓名、藥品名稱及違反情節；情節重大或再次違反者，並得處新臺幣六萬元以上三十萬元以下罰鍰。

第九七條 （使用不實資料或證件之處罰）

藥商使用不實資料或證件，辦理申請藥物許可證之查驗登記、展延登記或變更登記時，除撤銷該藥物許可證外，二年內不得申請該藥物許可證之查驗登記；其涉及刑事責任者，並移送司法機關辦理。

第九七條之一 （送驗藥物與申請資料不符不予受理其他新申請案件）93

①依藥品查驗登記審查準則及醫療器材查驗登記審查準則提出申請之案件，其送驗藥物經檢驗與申請資料不符者，中央衛生主管機關自檢驗結果確定日起六個月內，不予受理其製造廠其他藥物之新申請案件。

②前項情形於申復期間申請重新檢驗仍未通過者，中央衛生主管機關自重新檢驗結果確定日起一年內，不予受理其製造廠其他藥物之新申請案件。

第九八條 （刪除）95

第九九條 （對罰鍰之申請復核）95

①依本法規定處罰之罰鍰，受罰人不服時，得於處罰通知送達後十五日內，以書面提出異議，申請復核。但以一次爲限。

②科處罰鍰機關應於接到前項異議書後十五日內，將該案重行審核，認爲有理由者，應變更或撤銷原處罰。

③受罰人不服前項復核時，得依法提起訴願及行政訴訟。

第九九條之一 （提出申復）93

①依本法申請藥物查驗登記、許可證變更、移轉及展延之案件，未獲核准者，申請人得自處分書送達之日起四個月內，敘明理由提出申復。但以一次爲限。

②中央衛生主管機關對前項申復認有理由者，應變更或撤銷原處分。

③申復人不服前項申復決定時，得依法提起訴願及行政訴訟。

第一〇〇條（罰鍰機關）107

本法所定之罰鍰，除另有規定外，由直轄市、縣（市）衛生主管機關處罰之。

第一〇〇條之一 （以詐欺或虛偽不實之方法提報專利資訊，涉及刑事責任者移送法辦）107

新藥藥品許可證所有人依第四十八條之三至第四十八條之六規定提報專利資訊，以詐欺或虛偽不實之方法提報資訊，其涉及刑事責任者，移送司法機關辦理。

第一〇一條 （刑事責任之處罰）

依本法應受處罰者，除依本法處罰外，其有犯罪嫌疑者，應移送司法機關處理。

第十章 附 則

第一〇二條 （醫師得為藥品之調劑）

①醫師以診療爲目的，並具有本法規定之調劑設備者，得依自開處方，親自爲藥品之調劑。

②全民健康保險實施二年後，前項規定以在中央或直轄市衛生主管機關公告無藥事人員執業之偏遠地區或醫療急迫情形爲限。

第一〇三條 （中藥販賣業務之經營及範圍）

①本法公布後，於六十三年五月三十一日前依規定換領中藥販賣業之藥商許可執照有案者，得繼續經營第十五條之中藥販賣業務。

②八十二年二月五日前曾經中央衛生主管機關審核，予以列册登記者，或領有經營中藥證明文件之中藥從業人員，並修習中藥課程達適當標準，得繼續經營中藥販賣業務。

③前項中藥販賣業務範圍包括：中藥材及中藥製劑之輸入、輸出及批發；中藥材及非屬中醫師處方藥品之零售；不含毒劇中藥材或依固有成方調配而成之傳統丸、散、膏、丹、及煎藥。

④上述人員、中醫師檢定考試及格或在未設中藥師之前曾聘任中醫師、藥師及藥劑生駐店管理之中藥商期滿三年以上之負責人，經

修習中藥課程達適當標準，領有地方衛生主管機關證明文件；並經國家考試及格者，其業務範圍如左：

一　中藥材及中藥製劑之輸入、輸出及批發。

二　中藥材及非屬中醫師處方藥品之零售。

三　不含毒劇中藥材或依固有成方調配而成之傳統丸、散、膏、丹、及煎藥。

四　中醫師處方藥品之調劑。

⑤前項考試，由考試院會同行政院定之。

第一〇四條　（駐店管理限制之豁免）

民國七十八年十二月三十一日前業經核准登記領照營業之西藥販賣業者、西藥種商，其所聘請專任管理之藥師或藥劑生免受第二十八條第一項駐店管理之限制。

第一〇四條之一　（民國七十八年十二月三十一日前核准登記領照營業之除外情形）93

前條所稱民國七十八年十二月三十一日前業經核准登記領照營業之西藥販賣業者、西藥種商，係指其藥商負責人於七十九年一月一日以後，未曾變更且仍繼續營業者。但營業項目登記為零售之藥商，因負責人死亡，而由其配偶為負責人繼續營業者，不在此限。

第一〇四條之二　（繳納費用）93

①依本法申請證照或事項或函詢藥品查驗登記審查準則及醫療器材查驗登記審查準則等相關規定，應繳納費用。

②前項應繳費用種類及其費額，由中央衛生主管機關定之。

第一〇四條之三　（得辦理藥物抽查及檢驗業務之委託）101

各級衛生主管機關於必要時，得將藥物抽查及檢驗之一部或全部，委任所屬機關或委託相關機關（構）辦理；其委任、委託及其相關事項之辦法，由中央衛生主管機關定之。

第一〇四條之四　（藥物檢驗機構認證之辦理）101

①中央衛生主管機關得就藥物檢驗業務，辦理檢驗機構之認證；其認證及管理辦法，由中央衛生主管機關定之。

②前項認證工作，得委任所屬機關或委託其他機關（構）辦理；其委任、委託及其相關事項之辦法，由中央衛生主管機關定之。

第一〇五條　（施行細則）

本法施行細則，由中央衛生主管機關定之。

第一〇六條　（施行日）107

①本法自公布日施行。

②本法中華民國八十六年五月七日修正公布之第五十三條施行日期，由行政院定之；九十五年五月五日修正之條文，自九十五年七月一日施行。

③本法中華民國一百零六年十二月二十九日修正之第四章之一、第九十二條之一、第一百條及第一百條之一，其施行日期由行政院定之。

藥商（局）得於通訊交易通路販賣之醫療器材及應行登記事項

①民國 101 年 11 月 1 日行政院衛生署公告訂定發布全文 7 點，並自即日生效。
②民國 103 年 1 月 2 日衛生福利部公告修正發布全文 7 點，並自即日生效。
③民國 103 年 1 月 2 日衛生福利部公告修正發布第 1 點之附件，並自即日生效。
④民國 104 年 10 月 15 日衛生福利部公告修正發布第 1 點附件，並自即日生效。
⑤民國 106 年 3 月 16 日衛生福利部公告修正發布名稱及全文 8 點。

一　藥商（局）得於通訊交易通路販賣第一等級醫療器材及附件所列之第二等級醫療器材品項。

二　藥商（局）利用通訊交易通路販賣醫療器材，應向直轄市或縣（市）衛生主管機關辦理下列事項登記：
㈠通訊交易通路類型。
㈡通訊交易通路連結。
㈢諮詢專線。

三　本公告所定應登記事項用詞定義如下：
㈠通訊交易通路：指透過廣播、電視、電話、傳眞、型錄、報紙、雜誌、網際網路、傳單或其他類似之方法，使消費者未能實際檢視商品而為買賣之通路。
㈡通訊交易通路業者：指提供通訊交易通路從事商品買賣之業者。
㈢通訊交易通路連結：指網址、地址、電話等可追踪至藥商（局）及通訊交易通路業者之連結方式。

四　使用他人通訊交易通路販賣醫療器材之藥商（局）於辦理登記時，應併檢附包含下列事項之通訊交易通路業者授權同意書：
㈠藥商（局）名稱、地址、負責人姓名及身分證統一編號。
㈡通訊交易通路業者名稱、地址、負責人姓名及身分證統一編號。
㈢授權販賣之產品。
㈣授權期間。

五　於通訊交易通路販賣醫療器材之藥商（局），應於通訊交易通路明顯可見之處，以易於消費者清楚辨識之方式揭露下列事項：
㈠醫療器材許可證所載核准字號、品名、藥商名稱、製造廠名稱及製造廠地址。
㈡藥商（局）許可執照所載藥商（局）名稱、地址及許可執照字號。

㈢製造日期及有效期間或保存期限。

㈣藥商（局）諮詢專線電話。

㈤應加註「消費者使用前應詳閱產品說明書」。

㈥具量測功能之產品，須載明提供定期校正之服務及據點資訊。

六　通訊交易通路業者於執行通訊交易業務時，應確認本公告事項五中所列資訊已於通路明顯可見處揭露，並應定期檢視執行該業務是否符合本公告之內容。

七　於通訊交易通路登載之資訊內容涉及藥物廣告時，仍應依藥事法之規定申請核准後方得登載，並遵守相關之管理規範。

八　前行政院衛生署 101 年 11 月 1 日署授食字第 1011606990 號公告、本部 103 年 1 月 2 日部授食字第 1021653168 號公告及 104 年 10 月 15 日部授食字第 1041609821 號公告自即日廢止。

網路零售乙類成藥注意事項

民國 104 年 6 月 30 日衛生福利部函訂定發布全文 6 點。

一　符合下列資格之一者，得於網路經營乙類成藥零售業務：

㈠依藥事法第二十七條、第三十四條規定核准登記之藥商、藥局。

㈡依成藥及固有成方製劑管理辦法第十六條規定得兼營零售乙類成藥之百貨店、雜貨店及餐旅服務商。

二　本注意事項用詞，定義如下：

㈠機構業者：指本注意事項第一點得於網路經營乙類成藥零售業務者。

㈡網路平台業者：指提供網路通路予機構業者從事乙類成藥零售業務之業者。

三　機構業者務請於網頁明顯可見之處，以消費者得清楚辨識之方式揭露下列事項：

㈠機構業者之名稱、地址、諮詢專線電話及服務時間。

㈡本注意事項第一點第一款之機構業者，務請張貼設立許可證明文件及可供查詢之連結：衛生福利部首頁（www.mohw.gov.tw）\醫事機構查詢及醫事人員查詢。

㈢本注意事項第一點第二款之機構業者，務請張貼登記證明文件及可供查詢之連結：全國商工行政服務入口網首頁（http://gcis.nat.gov.tw）\商工查詢服務。

㈣藥品許可證所載核准字號、品名、適應症、藥商名稱、製造廠名稱與製造廠地址及可供查詢之連結：

1.「西藥、醫療器材、含藥化妝品許可證查詢」：衛生福利部食品藥物管理署(www.fda.gov.tw）\業務專區\藥品\資訊查詢\藥物許可證暨相關資料查詢作業\西藥、醫療器材、含藥化妝品許可證。

2.「中藥許可證查詢」：衛生福利部中醫藥司（www.mohw.gov.tw/CHT/DOCMAP）\中藥藥品許可證查詢。

㈤藥品標籤、仿單或包裝上所刊載之副作用、禁忌及其他注意事項。

㈥衛生福利部核定之藥品包裝及仿單（說明書）圖片。

㈦加註「消費者使用前應詳閱藥品仿單（說明書）」。

四　網路平台業者務請遵守以下規定：

㈠確認機構業者符合本注意事項第一點資格，且已將本注意事項第三點所列事項於網頁明顯可見處揭露，始得提供其平台予該機構業者經營乙類成藥零售業務，並務請定期檢視。

㈡不得刊播未經中央或直轄市衛生主管機關核准、與核准事項不符、已廢止或經令立即停止刊播並限期改善而尚未改善之藥物廣告，違者依藥事法第九十五條第一項規定，處新臺幣二十萬元以上五百萬元以下罰鍰。經衛生主管機關通知限期停止而仍繼續刊播者，處新臺幣六十萬元以上二千五百萬元以下罰鍰，並應按次連續處罰。

五　網頁登載之資訊內容涉及藥物廣告者，應於刊播前由領有藥物許可證之藥商，依藥事法第六十六條第一項規定，向中央或直轄市衛生主管機關申請並經核准，方得刊播藥物廣告，違者依同法九十二條第四項規定，處新臺幣二十萬元以上五百萬元以下罰鍰。

六　未符合本注意事項第一點資格而於網路經營乙類成藥零售業務者，依違反藥事法第二十七條第一項規定，依同法第九十二條規定處新臺幣三萬元以上十五萬元以下罰鍰。

參、電子金流

銀行法

①民國 20 年 3 月 28 日國民政府制定公布全文 51 條。
②民國 36 年 9 月 1 日國民政府修正公布全文 119 條。
③民國 39 年 6 月 16 日總統令修正公布第 15、17、25、27、34～36、38、43、55、64、77、80、87、90、95、106、114 條條文。
④民國 57 年 11 月 11 日總統令修正公布第 52、54、61、62、68、75、101、108 條條文。
⑤民國 64 年 7 月 4 日總統令修正公布全文 140 條。
⑥民國 66 年 12 月 29 日總統令修正公布第 9、20、79、103、132、136 條條文；並增訂第 35-1 條條文。
⑦民國 67 年 7 月 19 日總統令修正公布第 3 條條文
⑧民國 68 年 12 月 5 日總統令修正公布第 35-1 條條文。
⑨民國 69 年 12 月 5 日總統令修正公布第 84 條條文。
⑩民國 70 年 7 月 17 日總統令修正公布第 29 條條文。
⑪民國 74 年 5 月 20 日總統令修正公布第 6～9、15、32、33、52、62、71、78、79、101～103、109、115、125～133、139 條條文；並增訂第 33-1、127-1 條條文。
⑫民國 78 年 7 月 17 日總統令修正公布第 1、3、4、25、29、33-1、41、44、48、50、52、62、71、76、78、79、101、121、123、125～127、127-1、128～132 條條文；並增訂第 5-1、29-1、35-2、127-2、127-3 條條文。
⑬民國 81 年 10 月 30 日總統令修正公布第 12、13、32、33、36、45、57、83、127-1、127-2、129、139 條條文；並增訂第 5-2、33-2、33-3、47-4、139-1 條條文。
⑭民國 84 年 6 月 29 日總統令修正公布第 3、38 條條文。
⑮民國 86 年 5 月 7 日總統令修正公布第 42、140 條條文。
民國 88 年 7 月 15 日行政院令發布第 42 條條文，定自 88 年 7 月 7 日起施行。
⑯民國 89 年 11 月 1 日總統令修正公布第 19、20、25、28、33-3、44、49、54、59、70、71、74～76、89～91、117、121、123、125、127、127-1～127-3、128～134、136 條條文；刪除第 9、17、63、第四章章名、77～86 條條文；並增訂第 8-1、12-1、33-4、33-5、42-1、45-1、47-3、47-3、51-1、61-1、62-1～62-9、63-1、72-1、72-2、74-1、91-1、115-1、125-1、125-2、127-4、129-1 條條文。
⑰民國 93 年 2 月 4 日總統令修正公布第 125、125-2 條條文；並增訂第 125-3、125-4、136-1、136-2 條條文。
⑱民國 94 年 5 月 18 日總統令修正公布第 20、45-1、49、52、63、135 條條文；刪除第 60、119、124 條條文；並增訂第 45-2、125-5、125-6、127-5、138-1 條條文。
⑲民國 95 年 5 月 17 日總統令增訂公布第 64-1 條條文。
⑳民國 95 年 5 月 30 日總統令修正公布第 125-4、140 條條文；並自 95 年 7 月 1 日施行。
㉑民國 96 年 3 月 21 日總統令修正公布第 62、64 條條文。
㉒民國 97 年 12 月 30 日總統令修正公布第 19、25、33-3、35-2、42、44、48、50、62～62-5、62-7、62-9、128、129、131、133 條條文；並增訂第 25-1、44-1、44-2、129-2 條條文。

㉓民國100年11月9日總統令修正公布第12-1條條文；並增訂第12-2條條文。

㉔民國103年6月4日總統令修正公布第19條條文。

㉕民國104年2月4日總統令修正公布第11、45-1、47-1、64-1、72-1、72-2、74、75條條文；並刪除第42-1條條文。

㉖民國104年6月24日總統令修正公布第131條條文；並增訂第34-1條條文。

㉗民國107年1月31日總統令修正公布第125、125-2～125-4、136-1條條文；並增訂第22-1條條文。

第一章　通　則

第一條　（立法目的）78

為健全銀行業務經營，保障存款人權益，適應產業發展，並使銀行信用配合國家金融政策，特制定本法。

第二條　（銀行之定義）

本法稱銀行，謂依本法組織登記，經營銀行業務之機構。

第三條　（銀行業務）84

銀行經營之業務如左：

一　收受支票存款。

二　收受其他各種存款。

三　受託經理信託資金。

四　發行金融債券。

五　辦理放款。

六　辦理票據貼現。

七　投資有價證券。

八　直接投資生產事業。

九　投資住宅建築及企業建築。

十　辦理國內外匯兌。

十一　辦理商業匯票承兌。

十二　簽發信用狀。

十三　辦理國內外保證業務。

十四　代理收付款項。

十五　承銷及自營買賣或代客買賣有價證券。

十六　辦理債券發行之經理及顧問事項。

十七　擔任股票及債券發行簽證人。

十八　受託經理各種財產。

十九　辦理證券投資信託有關業務。

二十　買賣金塊、銀塊、金幣、銀幣及外國貨幣。

二一　辦理與前列各款業務有關之倉庫、保管及代理服務業務。

二二　經中央主管機關核准辦理之其他有關業務。

第四條　（業務項目之核定）78

各銀行得經營之業務項目，由中央主管機關按其類別，就本法所定之範圍內分別核定，並於營業執照上載明之。但其有關外匯業務之經營，須經中央銀行之許可。

第五條 （長短期授信）

銀行依本法辦理授信，其期限在一年以內者，爲短期信用；超過一年而在七年以內者，爲中期信用；超過七年者，爲長期信用。

第五條之一 （收受存款之意義）78

本法稱收受存款，謂向不特定多數人收受款項或吸收資金，並約定返還本金或給付相當或高於本金之行爲。

第五條之二 （授信之意義）81

本法稱授信，謂銀行辦理放款、透支、貼現、保證、承兌及其他經中央主管機關指定之業務項目。

第六條 （支票存款）74

本法稱支票存款，謂依約定憑存款人簽發支票，或利用自動化設備委託支付隨時提取不計利息之存款。

第七條 （活期存款）74

本法稱活期存款，謂存款人憑存摺或依約定方式，隨時提取之存款。

第八條 （定期存款）74

本法稱定期存款，謂有一定時期之限制，存款人憑存單或依約定方式提取之存款。

第八條之一 （定期存款之提取與質借）89

①定期存款到期前不得提取。但存款人得以之質借，或於七日以前通知銀行中途解約。

②前項質借及中途解約辦法，由主管機關洽商中央銀行定之。

第九條 （刪除）89

第一〇條 （信託資金）

本法稱信託資金，謂銀行以受託人地位，收受信託款項，依照信託契約約定之條件，爲信託人指定之受益人之利益而經營之資金。

第一一條 （金融債券）104

本法稱金融債券，謂銀行依本法有關規定，報經主管機關核准發行之債券。

第一二條 （擔保授信）81

本法稱擔保授信，謂對銀行之授信，提供左列之一爲擔保者：

一　不動產或動產抵押權。

二　動產或權利質權。

三　借款人營業交易所發生之應收票據。

四　各級政府公庫主管機關、銀行或經政府核准設立之信用保證機構之保證。

第一二條之一 （禁止徵提連帶保證人）100

①銀行辦理自用住宅放款及消費性放款，不得要求借款人提供連帶保證人。

②銀行辦理自用住宅放款及消費性放款，已取得前條所定之足額擔保時，不得要求借款人提供保證人。
③銀行辦理授信徵取保證人時，除前項規定外，應以一定金額爲限。
④未來求償時，應先就借款人進行求償，其求償不足部分，如保證人有數人者，應先就各該保證人平均求償之。但爲取得執行名義或保全程序者，不在此限。

第一二條之二　（保證契約有效期限）100

因自用住宅放款及消費性放款而徵取之保證人，其保證契約自成立之日起，有效期間不得逾十五年。但經保證人書面同意者，不在此限。

第一三條　（無擔保授信）81

本法稱無擔保授信，謂無前條各款擔保之授信。

第一四條　（中、長期分期償還放款）

本法稱中、長期分期償還放款，謂銀行依據借款人償債能力，經借貸雙方協議，於放款契約內訂明分期還本付息辦法及借款人應遵守之其他有關條件之放款。

第一五條　（商業票據）74

①本法稱商業票據，謂依國內外商品交易或勞務提供而產生之匯票或本票。
②前項匯票以出售商品或提供勞務之相對人爲付款人而經其承兌者，謂商業承兌匯票。
③前項相對人委託銀行爲付款人而經其承兌者，謂銀行承兌匯票。出售商品或提供勞務之人，依交易憑證於交易價款內簽發匯票，委託銀行爲付款人而經其承兌者，亦同。
④銀行對遠期匯票或本票，以折扣方式預收利息而購入者，謂貼現。

第一六條　（信用狀）

本法稱信用狀，謂銀行受客戶之委任，通知並授權指定受益人，在其履行約定條件後，得依照一定款式，開發一定金額以內之匯票或其他憑證，由該行或其指定之代理銀行負責承兌或付款之文書。

第一七條　（刪除）89

第一八條　（銀行負責人）

本法稱銀行負責人，謂依公司法或其他法律或其組織章程所定應負責之人。

第一九條　（主管機關）103

本法之主管機關爲金融監督管理委員會。

第二〇條　（銀行之種類）94

①銀行分爲下列三種：
一　商業銀行。
二　專業銀行。

三　信託投資公司。
②銀行之種類或其專業，除政府設立者外，應在其名稱中表示之。
③非銀行，不得使用第一項名稱或易使人誤認其為銀行之名稱。

第二一條　（非經設立不得營業）
銀行及其分支機構，非經完成第二章所定之設立程序，不得開始營業。

第二二條　（營業範圍之限制）
銀行不得經營未經中央主管機關核定經營之業務。

第二二條之一　（促進金融科技創新，推動金融監理沙盒，於核准辦理期間及範圍，得不適用本法之規定）107
①為促進普惠金融及金融科技發展，不限於銀行，得依金融科技發展與創新實驗條例申請辦理銀行業務創新實驗。
②前項之創新實驗，於主管機關核准辦理之期間及範圍內，得不適用本法之規定。
③主管機關應參酌第一項創新實驗之辦理情形，檢討本法及相關金融法規之妥適性。

第二三條　（銀行資本最低額）
①各種銀行資本之最低額，由中央主管機關將全國劃分區域，審酌各區域人口、經濟發展情形，及銀行之種類，分別核定或調整之。
②銀行資本未達前項調整後之最低額者，中央主管機關應指定期限，命其辦理增資；逾期未完成增資者，應撤銷其許可。

第二四條　（貨幣單位）
銀行資本應以國幣計算。

第二五條　（銀行股票）97
①銀行股票應為記名式。
②同一人或同一關係人單獨、共同或合計持有同一銀行已發行有表決權股份總數超過百分之五者，自持有之日起十日內，應向主管機關申報；持股超過百分之五後累積增減逾一個百分點者，亦同。
③同一人或同一關係人擬單獨、共同或合計持有同一銀行已發行有表決權股份總數超過百分之十、百分之二十五或百分之五十者，均應分別事先向主管機關申請核准。
④第三人為同一人或同一關係人以信託、委任或其他契約、協議、授權等方法持有股份者，應併計入同一關係人範圍。
⑤本法中華民國九十七年十二月九日修正之條文施行前，同一人或同一關係人單獨、共同或合計持有同一銀行已發行有表決權股份總數超過百分之五而未超過百分之十五者，應自修正施行之日起六個月內向主管機關申報，於該期限內向主管機關申報者，得維持申報時之持股比率。但原持股比率超過百分之十者，於第一次擬增加持股時，應事先向主管機關申請核准。
⑥同一人或同一關係人依第三項或前項但書規定申請核准應具備之

適格條件、應檢附之書件、擬取得股份之股數、目的、資金來源及其他應遵行事項之辦法，由主管機關定之。
⑦未依第二項、第三項或第五項規定向主管機關申報或經核准而持有銀行已發行有表決權之股份者，其超過部分無表決權，並由主管機關命其於限期內處分。
⑧同一人或本人與配偶、未成年子女合計持有同一銀行已發行有表決權股份總數百分之一以上者，應由本人通知銀行。

第二五條之一 （銀行股票關係人）97

①前條所稱同一人，指同一自然人或同一法人。
②前條所稱同一關係人，指同一自然人或同一法人之關係人，其範圍如下：
一　同一自然人之關係人：
㈠同一自然人與其配偶及二親等以內血親。
㈡前目之人持有已發行有表決權股份或資本額合計超過三分之一之企業。
㈢第一目之人擔任董事長、總經理或過半數董事之企業或財團法人。
二　同一法人之關係人：
㈠同一法人與其董事長、總經理，及該董事長、總經理之配偶與二親等以內血親。
㈡同一法人及前目之自然人持有已發行有表決權股份或資本額合計超過三分之一之企業，或擔任董事長、總經理或過半數董事之企業或財團法人。
㈢同一法人之關係企業。關係企業適用公司法第三百六十九條之一至第三百六十九條之三、第三百六十九條之九及第三百六十九條之十一規定。
③計算前二項同一人或同一關係人持有銀行之股份，不包括下列各款情形所持有之股份：
一　證券商於承銷有價證券期間所取得，且於主管機關規定期間內處分之股份。
二　金融機構因承受擔保品所取得，且自取得日起未滿四年之股份。
三　因繼承或遺贈所取得，且自繼承或受贈日起未滿二年之股份。

第二六條 （增設銀行之限制）

中央主管機關得視國內經濟、金融情形，於一定區域內限制銀行或其分支機構之增設。

第二七條 （設立國外分支機構之核准）

銀行在國外設立分支機構，應由中央主管機關洽商中央銀行後核准辦理。

第二八條 （信託及證券業務之附設）89

①商業銀行及專業銀行經營信託或證券業務，其營業及會計必須獨

立；其營運範圍及風險管理規定，得由主管機關定之。

②銀行經營信託及證券業務，應指撥營運資金專款經營，其指撥營運資金之數額，應經主管機關核准。

③除其他法律另有規定者外，銀行經營信託業務，準用第六章之規定辦理。

④銀行經營信託及證券業務之人員，關於客戶之往來、交易資料，除其他法律或主管機關另有規定外，應保守秘密；對銀行其他部門之人員，亦同。

第二九條　（非銀行經營收受存款等業務禁止）78

①除法律另有規定者外，非銀行不得經營收受存款、受託經理信託資金、公眾財產或辦理國內外匯兌業務。

②違反前項規定者，由主管機關或目的事業主管機關會同司法警察機關取締，並移送法辦；如屬法人組織，其負責人對有關債務，應負連帶清償責任。

③執行前項任務時，得依法搜索扣押被取締者之會計帳簿及文件，並得拆除其標誌等設施或為其他必要之處置。

第二九條之一　（視為收受存款）78

以借款、收受投資、使加入為股東或其他名義，向多數人或不特定之人收受款項或吸收資金，而約定或給付與本金顯不相當之紅利、利息、股息或其他報酬者，以收受存款論。

第三〇條　（抵押權登記或移轉質物占有之免緩）

①銀行辦理放款、開發信用狀或提供保證，其借款人、委任人或被保證人為股份有限公司之企業，如經董事會決議，向銀行出具書面承諾，以一定財產提供擔保，及不再以該項財產提供其他債權人設定質權或抵押權者，得免辦或緩辦不動產或動產抵押權登記或質物之移轉占有。但銀行認有必要時，債務人仍應於銀行指定之期限內補辦之。

②借款人、委任人或被保證人違反前項承諾者，其參與決定此項違反承諾行為之董事及行為人應負連帶賠償責任。

第三一條　（信用狀或承兌業務）

①銀行開發信用狀或擔任商業匯票之承兌，其與客戶間之權利、義務關係，以契約定之。

②銀行辦理前項業務，如需由客戶提供擔保者，其擔保依第十二條所列各款之規定。

第三二條　（放款之限制㈠）81

①銀行不得對其持有實收資本總額百分之三以上之企業，或本行負責人、職員、或主要股東，或對與本行負責人或辦理授信之職員有利害關係者，為無擔保授信。但消費者貸款及對政府貸款不在此限。

②前項消費者貸款額度，由中央主管機關定之。

③本法所稱主要股東係指持有銀行已發行股份總數百分之一以上者；主要股東為自然人時，本人之配偶與其未成年子女之持股應

計入本人之持股。

第三三條　（放款之限制㈡）81

①銀行對其持有實收資本總額百分之五以上之企業，或本行負責人、職員、或主要股東，或對與本行負責人或辦理授信之職員有利害關係者為擔保授信，應有十足擔保，其條件不得優於其他同類授信對象，如授信達中央主管機關規定金額以上者，並應經三分之二以上董事之出席及出席董事四分之三以上同意。

②前項授信限額、授信總餘額、授信條件及同類授信對象，由中央主管機關洽商中央銀行定之。

第三三條之一　（利害關係人）78

前二條所稱有利害關係者，謂有左列情形之一而言：

一　銀行負責人或辦理授信之職員之配偶、三親等以內之血親或二親等以內之姻親。

二　銀行負責人、辦理授信之職員或前款有利害關係者獨資、合夥經營之事業。

三　銀行負責人、辦理授信之職員或第一款有利害關係者單獨或合計持有超過公司已發行股份總數或資本總額百分之十之企業。

四　銀行負責人、辦理授信之職員或第一款有利害關係者為董事、監察人或經理人之企業。但其董事、監察人或經理人係因投資關係，經中央主管機關核准而兼任者，不在此限。

五　銀行負責人、辦理授信之職員或第一款有利害關係者為代表人、管理人之法人或其他團體。

第三三條之二　（放款之限制㈢）81

銀行不得交互對其往來銀行負責人、主要股東，或對該負責人為負責人之企業為無擔保授信，其為擔保授信應依第三十三條規定辦理。

第三三條之三　（對同一人、同一關係人或同一關係企業交易之限制）97

①主管機關對於銀行就同一人、同一關係人或同一關係企業之授信或其他交易得予限制，其限額、其他交易之範圍及其他應遵行事項之辦法，由主管機關定之。

②前項授信或其他交易之同一人、同一關係人或同一關係企業範圍如下：

一　同一人為同一自然人或同一法人。

二　同一關係人包括本人、配偶、二親等以內之血親，及以本人或配偶為負責人之企業。

三　同一關係企業適用公司法第三百六十九條之一至第三百六十九條之三、第三百六十九條之九及第三百六十九條之十一規定。

第三三條之四　（利用他人名義申辦授信之適用）89

①第三十二條、第三十三條或第三十三條之二所列舉之授信對象，

利用他人名義向銀行申請辦理之授信，亦有上述規定之適用。

②向銀行申請辦理之授信，其款項爲利用他人名義之人所使用；或其款項移轉爲利用他人名義之人所有時，視爲前項所稱利用他人名義之人向銀行申請辦理之授信。

第三三條之五 （從屬公司）89

①計算第三十二條第一項、第三十三條第一項有關銀行持有實收資本總額百分之三以上或百分之五以上之企業之出資額，應連同下列各款之出資額一併計入：

一　銀行之從屬公司單獨或合計持有該企業之出資額。

二　第三人爲銀行而持有之出資額。

三　第三人爲銀行之從屬公司而持有之出資額。

②前項所稱銀行之從屬公司之範圍，適用公司法第三百六十九條之二第一項規定。

第三四條 （吸收存款方法之限制）

銀行不得於規定利息外，以津貼、贈與或其他給與方法吸收存款。但對於信託資金依約定發給紅利者，不在此限。

第三四條之一 （銀行辦理授信業務應訂合理定價）104

銀行辦理授信，應訂定合理之定價，考量市場利率、本身資金成本、營運成本、預期風險損失及客戶整體貢獻度等因素，不得以不合理之定價招攬或從事授信業務。

第三五條 （收受不當利益之禁止）

銀行負責人及職員不得以任何名義，向存戶、借款人或其他顧客收受佣金、酬金或其他不當利益。

第三五條之一 （競業禁止）68

銀行負責人及職員不得兼任其他銀行任何職務。但因投資關係，並經中央主管機關核准者，得兼任被投資銀行之董事或監察人。

第三五條之二 （銀行負責人之資格）97

①銀行負責人應具備之資格條件、兼職限制及應遵行事項之準則，由主管機關定之。

②未具備前項準則所定之資格條件者，不得充任銀行負責人；已充任者，當然解任。

第三六條 （資產與負債之監理）81

①中央主管機關於必要時，經洽商中央銀行後，得對銀行無擔保之放款或保證，予以適當之限制。

②中央主管機關於必要時，經洽商中央銀行後，得就銀行主要資產與主要負債之比率、主要負債與淨值之比率，規定其標準。凡實際比率未符規定標準之銀行，中央主管機關除依規定處罰外，並得限制其分配盈餘。

③前項所稱主要資產及主要負債，由中央主管機關斟酌各類銀行之業務性質規定之。

第三七條 （擔保物放款值之決定與最高放款率之規定）

①借款人所提質物或抵押物之放款值，由銀行根據其時值、折舊率

及銷售性，覈實決定。
②中央銀行因調節信用，於必要時得選擇若干種類之質物或抵押物，規定其最高放款率。

第三八條 （購屋或建築放款）84
銀行對購買或建造住宅或企業用建築，得辦理中、長期放款，其最長期限不得超過三十年。但對於無自用住宅者購買自用住宅之放款，不在此限。

第三九條 （中期放款或貼現）
銀行對個人購買耐久消費品得辦理中期放款；或對買受人所簽發經承銷商背書之本票，辦理貼現。

第四〇條 （中長期分期償還放款方式之適用）
前二條放款、均得適用中、長期分期償還放款方式；必要時，中央銀行得就其付現條件及信用期限，予以規定並管理之。

第四一條 （年率之揭示）78
銀行利率應以年率爲準，並於營業場所揭示。

第四二條 （存款、負債準備金比率）97
①銀行各種存款及其他各種負債，應依中央銀行所定比率提準備金。
②前項其他各種負債之範圍，由中央銀行洽商主管機關定之。

第四二條之一 （刪除）104

第四三條 （流動資產與負債比例之最低標準）
爲促使銀行對其資產保持適當之流動性，中央銀行經洽商中央主管機關後，得隨時就銀行流動資產與各項負債之比率，規定其最低標準。未達最低標準者，中央主管機關應通知限期調整之。

第四四條 （自有資本與風險性資產之比率）97
①銀行自有資本與風險性資產之比率，不得低於一定比率。銀行經主管機關規定應編製合併報表時，其合併後之自有資本與風險性資產之比率，亦同。
②銀行依自有資本與風險性資產之比率，劃分下列資本等級：
一　資本適足。
二　資本不足。
三　資本顯著不足。
四　資本嚴重不足。
③前項第四款所稱資本嚴重不足，指自有資本與風險性資產之比率低於百分之二。銀行淨值占資產總額比率低於百分之二者，視爲資本嚴重不足。
④第一項所稱一定比率、銀行自有資本與風險性資產之範圍、計算方法、第二項等級之劃分、審核等事項之辦法，由主管機關定之。

第四四條之一 （不得以現金分配盈餘或買回股份之情形）97
①銀行有下列情形之一者，不得以現金分配盈餘或買回其股份：
一　資本等級爲資本不足、顯著不足或嚴重不足。

二　資本等級爲資本適足者，如以現金分配盈餘或買回其股份，有致其資本等級降爲前款等級之虞。

②前項第一款之銀行，不得對負責人發放報酬以外之給付。但經主管機關核准者，不在此限。

第四四條之二　（銀行資本等級之措施）97

①主管機關應依銀行資本等級，採取下列措施之一部或全部：

一　資本不足者：

㈠命令銀行或其負責人限期提出資本重建或其他財務業務改善計畫。對未依命令提出資本重建或財務業務改善計畫，或未依其計畫確實執行者，得採取次一資本等級之監理措施。

㈡限制新增風險性資產或爲其他必要處置。

二　資本顯著不足者：

㈠適用前款規定。

㈡解除負責人職務，並通知公司登記主管機關於登記事項註記。

㈢命令取得或處分特定資產，應先經主管機關核准。

㈣命令處分特定資產。

㈤限制或禁止與利害關係人相關之授信或其他交易。

㈥限制轉投資、部分業務或命令限期裁撤分支機構或部門。

㈦限制存款利率不得超過其他銀行可資比較或同性質存款之利率。

㈧命令對負責人之報酬酌予降低，降低後之報酬不得超過該銀行成爲資本顯著不足前十二個月內對該負責人支給之平均報酬之百分之七十。

㈨派員監管或爲其他必要處置。

三　資本嚴重不足者：除適用前款規定外，應採取第六十二條第二項之措施。

②銀行依前項規定執行資本重建或財務業務改善計畫之情形，主管機關得隨時查核，必要時得洽商有關機關或機構之意見，並得委請專業機構協助辦理；其費用由銀行負擔。

③銀行經主管機關派員監管者，準用第六十二條之二第三項規定。

④銀行業務經營有嚴重不健全之情形，或有調降資本等級之虞者，主管機關得對其採取次一資本等級之監理措施；有立即危及其繼續經營或影響金融秩序穩定之虞者，主管機關應重新審核或調整其資本等級。

⑤第一項監管之程序、監管人職權、費用負擔及其他應遵行事項之辦法，由主管機關定之。

第四五條　（銀行業務之檢查）81

①中央主管機關得隨時派員，或委託適當機關，或令地方主管機關派員，檢查銀行或其他關係人之業務、財務及其他有關事項，或令銀行或其他關係人於限期內據實提報財務報告、財產目錄或其

他有關資料及報告。
②中央主管機關於必要時，得指定專門職業及技術人員，就前項規定應行檢查事項、報表或資料予以查核，並向中央主管機關據實提出報告，其費用由銀行負擔。

第四五條之一　（內部控管及稽核制度）104

①銀行應建立內部控制及稽核制度；其目的、原則、政策、作業程序、內部稽核人員應具備之資格條件、委託會計師辦理內部控制查核之範圍及其他應遵行事項之辦法，由主管機關定之。
②銀行對資產品質之評估、損失準備之提列、逾期放款催收款之清理及呆帳之轉銷，應建立內部處理制度及程序；其辦法，由主管機關定之。
③銀行作業委託他人處理者，其對委託事項範圍、客戶權益保障、風險管理及內部控制原則，應訂定內部作業制度及程序；其辦法，由主管機關定之。
④銀行辦理衍生性金融商品業務，其對該業務範圍、人員管理、客戶權益保障及風險管理，應訂定內部作業制度及程序；其辦法，由主管機關定之。

第四五條之二　（加強安全維護）94

①銀行對其營業處所、金庫、出租保管箱（室）、自動櫃員機及運鈔業務等應加強安全之維護；其辦法，由主管機關定之。
②銀行對存款帳戶應負善良管理人責任。對疑似不法或顯屬異常交易之存款帳戶，得予暫停存入或提領、匯出款項。
③前項疑似不法或顯屬異常交易帳戶之認定標準，及暫停帳戶之作業程序及辦法，由主管機關定之。

第四六條　（存款保險組織）

爲保障存款人之利益，得由政府或銀行設立存款保險之組織。

第四七條　（同業間借貸組織）

銀行爲相互調劑準備，並提高貨幣信用之效能，得訂定章程，成立同業間之借貸組織。

第四七條之一　（經營貨幣市場或信用卡業務應經許可；現金卡利率或信用卡循環信用利率之上限）104

①經營貨幣市場業務或信用卡業務之機構，應經中央主管機關之許可；其管理辦法，由中央主管機關洽商中央銀行定之。
②自一百零四年九月一日起，銀行辦理現金卡之利率或信用卡業務機構辦理信用卡之循環信用利率不得超過年利率百分之十五。

第四七條之二　（準用）89

第四條、第三十二條至第三十三條之四、第三十五條至第三十五條之二、第三十六條、第四十五條、第四十五條之一、第四十九條至第五十一條、第五十八條至第六十二條之九、第六十四條至第六十九條及第七十六條之規定，於經營貨幣市場業務之機構準用之。

第四七條之三　（經營金融資訊服務事業之許可及管理）89

①經營銀行間資金移轉帳務清算之金融資訊服務事業，應經主管機關許可。但涉及大額資金移轉帳務清算之業務，並應經中央銀行許可；其許可及管理辦法，由主管機關洽商中央銀行定之。

②經營銀行間徵信資料處理交換之服務事業，應經主管機關許可；其許可及管理辦法，由主管機關定之。

第四八條（銀行接受第三人請求之限制及存放款資料之保密）97

①銀行非依法院之裁判或其他法律之規定，不得接受第三人有關停止給付存款或匯款、扣留擔保物或保管物或其他類似之請求。

②銀行對於客戶之存款、放款或匯款等有關資料，除有下列情形之一者外，應保守秘密：

一　法律另有規定。

二　對同一客戶逾期債權已轉銷呆帳者，累計轉銷呆帳金額超過新臺幣五千萬元，或貸放後半年內發生逾期累計轉銷呆帳金額達新臺幣三千萬元以上，其轉銷呆帳資料。

三　依第一百二十五條之二、第一百二十五條之三或第一百二十七條之一規定，經檢察官提起公訴之案件，與其有關之逾期放款或催收款資料。

四　其他經主管機關規定之情形。

第四九條（表冊之呈報、公告與簽證）94

①銀行每屆營業年度終了，應編製年報，並應將營業報告書、財務報表、盈餘分配或虧損撥補之決議及其他經主管機關指定之項目，於股東會承認後十五日內；無股東會之銀行於董事會通過後十五日內，分別報請主管機關及中央銀行備查。年報應記載事項，由主管機關定之。

②銀行除應將財務報表及其他經主管機關指定之項目於其所在地之日報或依主管機關指定之方式公告外，並應備置於每一營業處所之顯著位置以供查閱。但已符合證券交易法第三十六條規定者，得免辦理公告。

③前項應行公告之報表及項目，應經會計師查核簽證。

第五〇條（法定盈餘公積之提存）97

①銀行於完納一切稅捐後分派盈餘時，應先提百分之三十爲法定盈餘公積；法定盈餘公積未達資本總額前，其最高現金盈餘分配，不得超過資本總額之百分之十五。

②銀行法定盈餘公積已達其資本總額時，或財務業務健全並依公司法提法定盈餘公積者，得不受前項規定之限制。

③除法定盈餘公積外，銀行得於章程規定或經股東會決議，另提特別盈餘公積。

④第二項所定財務業務健全應具備之資本適足率、資產品質及守法性等事項之標準，由主管機關定之。

第五一條（營業時間與休假日）

銀行之營業時間及休假日，得由中央主管機關規定，並公告之。

第五一條之一 （培育專業人才資金之提撥之運用）89

爲培育金融專業人才，銀行應提撥資金，專款專用於辦理金融研究訓練發展事宜；其資金之提撥方法及運用管理原則，由中華民國銀行商業同業公會全國聯合會擬訂，報請主管機關核定之。

第二章　銀行之設立、變更、停業、解散

第五二條 （銀行之組織）94

①銀行爲法人，其組織除法律另有規定或本法修正施行前經專案核准者外，以股份有限公司爲限。

②銀行股票應公開發行。但經主管機關許可者，不在此限。

③依本法或其他法律設立之銀行或金融機構，其設立標準，由主管機關定之。

第五三條 （設立許可事項）

設立銀行者，應載明左列各款，報請中央主管機關許可：

一　銀行之種類、名稱及其公司組織之種類。

二　資本總額。

三　營業計畫。

四　本行及分支機構所在地。

五　發起人姓名、籍貫、住居所、履歷及認股金額。

第五四條 （申請核發營業執照）89

①銀行經許可設立者，應依公司法規定設立公司；於收足資本全額並辦妥公司登記後，再檢同下列各件，申請主管機關核發營業執照：

一　公司登記證件。

二　驗資證明書。

三　銀行章程。

四　股東名冊及股東會會議紀錄。

五　董事名冊及董事會會議紀錄。

六　常務董事名冊及常務董事會會議紀錄。

七　監察人名冊及監察人會議紀錄。

②銀行非公司組織者，得於許可設立後，準用前項規定，逕行申請核發營業執照。

第五五條 （開始營業之公告事項）

銀行開始營業時，應將中央主管機關所發營業執照記載之事項，於本行及分支機構所在地公告之。

第五六條 （撤銷許可）

中央主管機關核發營業執照後，如發現原申請事項有虛僞情事，其情節重大者，應即撤銷其許可。

第五七條 （增設分支機構）81

①銀行增設分支機構時，應開具分支機構營業計劃及所在地，申請中央主管機關許可，並核發營業執照。遷移或裁撤時，亦應申請中央主管機關核准。

②銀行設置、遷移或裁撤非營業用辦公場所或營業場所外自動化服務設備，應事先申請，於申請後經過一定時間，且未經中央主管機關表示禁止者，即可逕行設置、遷移或裁撤。但不得於申請後之等候時間內，進行其所申請之事項。
③前二項之管理辦法，由中央主管機關定之。

第五八條 （合併或變更之許可登記與公告）

①銀行之合併或對於依第五十三條第一款、第二款或第四款所申報之事項擬予變更者，應經中央主管機關許可，並辦理公司變更登記及申請換發營業執照。
②前項合併或變更，應於換發營業執照後十五日內，在本行及分支機構所在地公告之。

第五九條 （勒令停業）89

銀行違反前條第一項規定者，主管機關應命限期補正，屆期不補正，其情節重大者，得勒令其停業。

第六〇條 （刪除） 94

第六一條 （決議解散）

①銀行經股東會決議解散者，應申敍理由，附具股東會紀錄及清償債務計畫，申請中央主管機關核准後進行清算。
②主管機關依前項規定核准解散時，應即撤銷其許可。

第六一條之一 （處分）89

①銀行違反法令、章程或有礙健全經營之虞時，主管機關除得予以糾正、命其限期改善外，並得視情節之輕重，爲下列處分：
　一　撤銷法定會議之決議。
　二　停止銀行部分業務。
　三　命令銀行解除經理人或職員之職務。
　四　解除董事、監察人職務或停止其於一定期間內執行職務。
　五　其他必要之處置。
②依前項第四款解除董事、監察人職務時，由主管機關通知經濟部撤銷其董事、監察人登記。
③爲改善銀行之營運缺失而有業務輔導之必要時，主管機關得指定機構辦理之。

第六二條 （勒令停業之事由）97

①銀行因業務或財務狀況顯著惡化，不能支付其債務或有損及存款人利益之虞時，主管機關應派員接管、勒令停業清理或爲其他必要之處置，必要時得通知有關機關或機構禁止其負責人財產爲移轉、交付或設定他項權利，函請入出國管理機關限制其出國。
②銀行資本等級經列入嚴重不足者，主管機關應自列入之日起九十日內派員接管。但經主管機關命令限期完成資本重建或限期合併而未依限完成者，主管機關應自期限屆滿之次日起九十日內派員接管。
③前二項接管之程序、接管人職權、費用負擔及其他應遵行事項之辦法，由主管機關定之。

④第一項勒令停業之銀行，其清理程序視為公司法之清算。
⑤法院對於銀行破產之聲請，應即將聲請書狀副本，檢送主管機關，並徵詢其關於應否破產之具體意見。

第六二條之一（銀行之保全）97

銀行經主管機關派員接管或勒令停業清理時，其股東會、董事會、董事、監察人或審計委員會之職權當然停止；主管機關對銀行及其負責人或有違法嫌疑之職員，得通知有關機關或機構禁止其財產為移轉、交付或設定他項權利，並得函請入出國管理機關限制其出國。

第六二條之二（接管之處分程序）97

①銀行經主管機關派員接管者，銀行之經營權及財產之管理處分權均由接管人行使之。
②前項接管人，有代表受接管銀行為訴訟上及訴訟外一切行為之權責，並得指派自然人代表行使職務。接管人因執行職務，不適用行政執行法第十七條之規定。
③銀行負責人或職員於接管處分書送達銀行時，應將銀行業務、財務有關之一切帳冊、文件、印章及財產等列表移交予接管人，並應將債權、債務有關之必要事項告知或應其要求為配合接管之必要行為；銀行負責人或職員對其就有關事項之查詢，不得拒絕答復或為虛偽陳述。
④銀行於受接管期間，不適用民法第三十五條、公司法第二百零八條之一、第二百十一條、第二百四十五條、第二百八十二條至第三百十四條及破產法之規定。
⑤銀行受接管期間，自主管機關派員接管之日起為二百七十日；必要時經主管機關核准得予延長一次，延長期限不得超過一百八十日。
⑥接管人執行職務聲請假扣押、假處分時，得免提供擔保。

第六二條之三（接管人得為之處置）97

①接管人對受接管銀行為下列處置時，應研擬具體方案，報經主管機關核准：
　一　委託其他銀行、金融機構或中央存款保險公司經營全部或部分業務。
　二　增資、減資或減資後再增資。
　三　讓與全部或部分營業及資產負債。
　四　與其他銀行或金融機構合併。
　五　其他經主管機關指定之重要事項。
②接管人為維持營運及因執行職務所生之必要費用及債務，應由受接管銀行負擔，隨時由受接管銀行財產清償之；其必要費用及債務種類，由主管機關定之。
③前項費用及債務未受清償者，於受接管銀行經主管機關勒令停業清理時，應先於清理債權，隨時由受清理銀行財產清償之。

第六二條之四（接管或合併之適用）97

①銀行或金融機構依前條第一項第三款受讓營業及資產負債時，適用下列規定：

一　股份有限公司經代表已發行股份總數過半數股東出席之股東會，以出席股東表決權過半數之同意行之；不同意之股東不得請求收買股份，免依公司法第一百八十五條至第一百八十八條規定辦理。

二　債權讓與之通知以公告方式辦理之，免依民法第二百九十七條規定辦理。

三　承擔債務時，免依民法第三百零一條經債權人之承認規定辦理。

四　經主管機關認爲有緊急處理之必要，且對金融市場競爭無重大不利影響時，免依公平交易法第十一條第一項規定向行政院公平交易委員會申報。

②銀行依前條第一項第三款規定讓與營業及資產負債時，免依大量解僱勞工保護法第五條第二項規定辦理。

③銀行或其他金融機構依前條第一項第四款規定與受接管銀行合併時，除適用第一項第四款規定外，並適用下列規定：

一　股份有限公司經代表已發行股份總數過半數股東出席之股東會，以出席股東表決權過半數之同意行之；不同意之股東不得請求收買股份；信用合作社經社員（代表）大會以全體社員（代表）二分之一以上之出席，出席社員（代表）二分之一以上之同意行之；不同意之社員不得請求返還股金，免依公司法第三百十六條第一項至第三項、第三百十七條及信用合作社法第二十九條第一項規定辦理。

二　解散或合併之通知以公告方式辦理之，免依公司法第三百十六條第四項規定辦理。

④銀行、金融機構或中央存款保險公司依前條第一項第一款受託經營業務時，適用第一項第四款規定。

第六二條之五　（銀行之清理）97

①銀行之清理，主管機關應指定清理人爲之，並得派員監督清理之進行；清理人執行職務，準用第六十二條之二第一項至第三項及第六項規定。

②清理人之職務如下：

一　了結現務。

二　收取債權、清償債務。

③清理人執行前項職務，將受清理銀行之營業及資產負債讓與其他銀行或金融機構，或促成其與其他銀行或金融機構合併時，應報經主管機關核准。

④其他銀行或金融機構受讓受清理銀行之營業及資產負債或與其合併時，應依前條第一項及第三項規定辦理。

第六二條之六　（銀行之清理）89

①清理人就任後，應即於銀行總行所在地之日報爲三日以上之公

告，催告債權人於三十日內申報其債權，並應聲明逾期不申報者，不列入清理。但清理人所明知之債權，不在此限。

②清理人應即查明銀行之財產狀況，於申報期限屆滿後三個月內造具資產負債表及財產目錄，並擬具清理計畫，報請主管機關備查，並將資產負債表於銀行總行所在地日報公告之。

③清理人於第一項所定申報期限內，不得對債權人為清償。但對信託財產、受託保管之財產、已屆清償期之職員薪資及依存款保險條例規定辦理清償者，不在此限。

第六二條之七 （銀行之清理）97

①銀行經主管機關勒令停業清理時，第三人對該銀行之債權，除依訴訟程序確定其權利者外，非依前條第一項規定之清理程序，不得行使。

②前項債權因涉訟致分配有稽延之虞時，清理人得按照清理分配比例提存相當金額，而將剩餘財產分配於其他債權。

③銀行清理期間，其重整、破產、和解、強制執行等程序當然停止。

④受清理銀行已訂立之契約尚未履行或尚未完全履行者，清理人得終止或解除契約，他方當事人所受之損害，得依清理債權行使權利。

⑤下列各款債權，不列入清理：

一　銀行停業日後之利息。

二　債權人參加清理程序為個人利益所支出之費用。

三　銀行停業日後債務不履行所生之損害賠償及違約金。

四　罰金、罰鍰及追繳金。

⑥在銀行停業日前，對於銀行之財產有質權、抵押權或留置權者，就其財產有別除權；有別除權之債權人不依清理程序而行使其權利。但行使別除權後未能受清償之債權，得依清理程序申報列入清理債權。

⑦清理人因執行清理職務所生之費用及債務，應先於清理債權，隨時由受清理銀行財產清償之。

⑧依前條第一項規定申報之債權或為清理人所明知而列入清理之債權，其請求權時效中斷，自清理完結之日起重行起算。

⑨債權人依清理程序已受清償者，其債權未能受清償之部分，請求權視為消滅。清理完結後，如復發現可分配之財產時，應追加分配，於列入清理程序之債權人受清償後，有剩餘時，第五項之債權人仍得請求清償。

⑩依前項規定清償債務後，如有剩餘財產，應依公司法分派各股東。

第六二條之八 （清理完後之處理）89

清理人應於清理完結後十五日內造具清理期內收支表、損益表及各項帳冊，並將收支表及損益表於銀行總行所在地之日報公告後，報主管機關撤銷銀行許可。

第六二條之九　（接管或清理費用之負擔）97

主管機關指定機構或派員執行輔導、監管任務所生之費用及債務，應由受輔導、監管之銀行負擔。

第六三條　（刪除）89

第六三條之一　（依其他法律設立之金融機構之適用）89

第六十一條之一、第六十二條之一至第六十二條之九之規定，對於依其他法律設立之銀行或金融機構適用之。

第六四條　（勒令停業）96

①銀行虧損逾資本三分之一者，其董事或監察人應即申報中央主管機關。

②中央主管機關對具有前項情形之銀行，應於三個月內，限期命其補足資本；逾期未經補足資本者，應派員接管或勒令停業。

第六四條之一　（銀行或金融機構停業清理清償債務之優先順序）104

①銀行或金融機構經營不善，需進行停業清理清償債務時，存款債務應優先於非存款債務。

②前項所稱存款債務係指存款保險條例第十二條所稱存款；非存款債務則指該要保機構存款債務以外之負債項目。

第六五條　（補正）

銀行經勒令停業，並限期命其就有關事項補正；逾期不爲補正者，應由中央主管機關撤銷其許可。

第六六條　（撤銷許可之效力）

銀行經中央主管機關撤銷許可者，應即解散，進行清算。

第六七條　（繳銷、註銷執照）

銀行經核准解散或撤銷許可者，應限期繳銷執照；逾期不繳銷者，由中央主管機關公告註銷之。

第六八條　（特別清算之監管）

法院爲監督銀行之特別清算，應徵詢主管機關之意見，必要時得請主管機關推薦清算人，或派員協助清算人執行職務。

第六九條　（退還股本或分配股利之限制）

銀行進行清算後，非經清償全部債務，不得以任何名義，退還股本或分配股利。銀行清算時，關於信託資金及信託財產之處理，依信託契約之約定。

第三章　商業銀行

第七〇條　（商業銀行之定義）89

本法稱商業銀行，謂以收受支票存款、活期存款、定期存款，供給短期、中期信用爲主要任務之銀行。

第七一條　（商業銀行經營之業務）89

商業銀行經營下列業務：

一　收受支票存款。

二　收受活期存款。

三　收受定期存款。
四　發行金融債券。
五　辦理短期、中期及長期放款。
六　辦理票據貼現。
七　投資公債、短期票券、公司債券、金融債券及公司股票。
八　辦理國內外匯兌。
九　辦理商業匯票之承兌。
十　簽發國內外信用狀。
十一　保證發行公司債券。
十二　辦理國內外保證業務。
十三　代理收付款項。
十四　代銷公債、國庫券、公司債券及公司股票。
十五　辦理與前十四款業務有關之倉庫、保管及代理服務業務。
十六　經主管機關核准辦理之其他有關業務。

第七二條　（中期放款總餘額之限制）

商業銀行辦理中期放款之總餘額，不得超過其所收定期存款總餘額。

第七二條之一　（發行金融債券）104

商業銀行得發行金融債券，並得約定此種債券持有人之受償順序次於銀行其他債權人；其發行辦法及最高發行餘額，由主管機關洽商中央銀行定之。

第七二條之二　（建築放款總額之限度）104

①商業銀行辦理住宅建築及企業建築放款之總額，不得超過放款時所收存款總餘額及金融債券發售額之和之百分之三十。但下列情形不在此限：
一　為鼓勵儲蓄協助購置自用住宅，經主管機關核准辦理之購屋儲蓄放款。
二　以中央銀行提撥之郵政儲金轉存款辦理之購屋放款。
三　以國家發展委員會中長期資金辦理之輔助人民自購住宅放款。
四　以行政院開發基金管理委員會及國家發展委員會中長期資金辦理之企業建築放款。
五　受託代辦之獎勵投資興建國宅放款、國民住宅放款及輔助公教人員購置自用住宅放款。

②主管機關於必要時，得規定銀行辦理前項但書放款之最高額度。

第七三條　（證券資金之融通）

①商業銀行得就證券之發行與買賣，對有關證券商或證券金融公司予以資金融通。
②前項資金之融通，其管理辦法由中央銀行定之。

第七四條　（投資事業之限制）104

①商業銀行得向主管機關申請投資於金融相關事業。主管機關自申請書件送達之次日起十五日內，未表示反對者，視為已核准。但

於前揭期間內，銀行不得進行所申請之投資行爲。

②商業銀行爲配合政府經濟發展計畫，經主管機關核准者，得投資於非金融相關事業。但不得參與該相關事業之經營。主管機關自申請書件送達之次日起三十日內，未表示反對者，視爲已核准。但於前揭期間內，銀行不得進行所申請之投資行爲。

③前二項之投資須符合下列規定：

一　投資總額不得超過投資時銀行淨值之百分之四十，其中投資非金融相關事業之總額不得超過投資時淨值之百分之十。

二　商業銀行投資金融相關事業，其屬同一業別者，除配合政府政策，經主管機關核准者外，以一家爲限。

三　商業銀行投資非金融相關事業，對每一事業之投資金額不得超過該被投資事業實收資本總額或已發行股份總數之百分之五。

④第一項及前項第二款所稱金融相關事業，指銀行、票券、證券、期貨、信用卡、融資性租賃、保險、信託事業及其他經主管機關認定之金融相關事業。

⑤爲利銀行與被投資事業之合併監督管理，並防止銀行與被投資事業間之利益衝突，確保銀行之健全經營，銀行以投資爲跨業經營方式應遵守之事項，由主管機關另定之。

⑥被投資事業之經營，有顯著危及銀行健全經營之虞者，主管機關得命銀行於一定期間內處分所持有該被投資事業之股份。

⑦本條中華民國八十九年十一月一日修正施行前，投資非金融相關事業之投資金額超過第三項第三款所定比率者，在符合所定比率之金額前，經主管機關核准者，得維持原投資金額。二家或二家以上銀行合併前，個別銀行已投資同一事業部分，於銀行申請合併時，經主管機關核准者，亦得維持原投資金額。

第七四條之一　（投資有價證券之限制）89

商業銀行得投資有價證券；其種類及限制，由主管機關定之。

第七五條　（投資不動產之限制）104

①商業銀行對自用不動產之投資，除營業用倉庫外，不得超過其於投資該項不動產時之淨值；投資營業用倉庫，不得超過其投資於該項倉庫時存款總餘額百分之五。

②商業銀行不得投資非自用不動產。但下列情形不在此限：

一　營業所在地不動產主要部分爲自用者。

二　爲短期內自用需要而預購者。

三　原有不動產就地重建主要部分爲自用者。

四　提供經目的事業主管機關核准設立之文化藝術或公益之機構團體使用，並報經主管機關洽相關目的事業主管機關核准者。

③商業銀行依前項但書規定投資非自用不動產總金額不得超過銀行淨值之百分之二十，且與自用不動產投資合計之總金額不得超過銀行於投資該項不動產時之淨值。

④商業銀行與其持有實收資本總額百分之三以上之企業，或與本行負責人、職員或主要股東，或與第三十三條之一銀行負責人之利害關係人為不動產交易時，須合於營業常規，並應經董事會三分之二以上董事之出席及出席董事四分之三以上同意。
⑤第一項所稱自用不動產、第二項所稱非自用不動產、主要部分為自用、短期、就地重建之範圍，及第二項第四款之核准程序、其他銀行投資、持有及處分不動產應遵行事項之辦法，由主管機關定之。

第七六條（處分因行使擔保物權而取得之不動產或股票之期間限制）89

商業銀行因行使抵押權或質權而取得之不動產或股票，除符合第七十四條或第七十五條規定者外，應自取得之日起四年內處分之。但經主管機關核准者，不在此限。

第四章　（刪除）89

第七七條至第八六條（刪除）89

第五章　專業銀行

第八七條（專業銀行之設立與指定）

為便利專業信用之供給，中央主管機關得許可設立專業銀行，或指定現有銀行，擔任該項信用之供給。

第八八條（專業信用之分類）

前條所稱專業信用，分為左列各類：

一　工業信用。
二　農業信用。
三　輸出入信用。
四　中小企業信用。
五　不動產信用。
六　地方性信用。

第八九條（專業銀行之業務範圍）89

①專業銀行得經營之業務項目，由主管機關根據其主要任務，並參酌經濟發展之需要，就第三條所定範圍規定之。
②第七十三條至第七十六條之規定，除法律或主管機關另有規定者外，於專業銀行準用之。

第九〇條（金融債卷之發行）89

①專業銀行以供給中期及長期信用為主要任務者，除主管機關另有規定外，得發行金融債券，其發行應準用第七十二條之一規定。
②專業銀行依前項規定發行金融債券募得之資金，應全部用於其專業之投資及中、長期放款。

第九一條（工業銀行之任務）89

①供給工業信用之專業銀行為工業銀行。
②工業銀行以供給工、礦、交通及其他公用事業所需中、長期信用

為主要業務。

③工業銀行得投資生產事業；生產事業之範圍，由主管機關定之。

④工業銀行收受存款，應以其投資、授信之公司組織客戶、依法設立之保險業與財團法人及政府機關為限。

⑤工業銀行之設立標準、辦理授信、投資有價證券、投資企業、收受存款、發行金融債券之範圍、限制及其管理辦法，由主管機關定之。

第九一條之一 （工業銀行業務之管理）89

①工業銀行對有下列各款情形之生產事業直接投資，應經董事會三分之二以上董事出席及出席董事四分之三以上同意；且其投資總餘額不得超過該行上一會計年度決算後淨值百分之五：

一　本行主要股東、負責人及其關係企業者。

二　本行主要股東、負責人及其關係人獨資、合夥經營者。

三　本行主要股東、負責人及其關係人單獨或合計持有超過公司已發行股份總額或實收資本總額百分之十者。

四　本行主要股東、負責人及其關係人為董事、監察人或經理人者。但其董事、監察人或經理人係因銀行投資關係而兼任者，不在此限。

②前項第一款所稱之關係企業，適用公司法第三百六十九條之一至第三百六十九條之三、第三百六十九條之九及第三百六十九條之十一規定。

③第一項第二款至第四款所稱關係人，包括本行主要股東及負責人之配偶、三親等以內之血親及二親等以內之姻親。

第九二條 （農業銀行之任務）

①供給農業信用之專業銀行為農業銀行。

②農業銀行以調劑農村金融，及供應農、林、漁、牧之生產及有關事業所需信用為主要任務。

第九三條 （農業銀行之業務）

為加強農業信用調節功能，農業銀行得透過農會組織吸收農村資金，供應農業信用及辦理有關農民家計金融業務。

第九四條 （輸出入銀行之任務）

①供給輸出入信用之專業銀行為輸出入銀行。

②輸出入銀行以供給中、長期信用，協助拓展外銷及輸入國內工業所必需之設備與原料為主要任務。

第九五條 （輸出入銀行之業務）

輸出入銀行為便利國內工業所需重要原料之供應，經中央主管機關核准，得提供業者向國外進行生產重要原料投資所需信用。

第九六條 （中小企業銀行之任務）

①供給中小企業信用之專業銀行為中小企業銀行。

②中小企業銀行以供給中小企業中、長期信用，協助其改善生產設備及財務結構，暨健全經營管理為主要任務。

③中小企業之範圍，由中央經濟主管機關擬訂，報請行政院核定

之。

第九七條（不動產信用銀行之任務）

供給不動產信用之專業銀行爲不動產信用銀行。不動產信用銀行以供給土地開發、都市改良、社區發展、道路建設、觀光設施及房屋建築等所需中、長期信用爲主要任務。

第九八條（國民銀行之任務）

①供給地方性信用之專業銀行爲國民銀行。

②國民銀行以供給地區發展及當地國民所需短、中期信用爲主要任務。

第九九條（國民銀行設立區域之劃分與放款總額之限制）

①國民銀行應分區經營，在同一地區內以設立一家爲原則。

②國民銀行對每一客戶之放款總額，不得超過一定之金額。

③國民銀行設立區域之劃分，與每戶放款總額之限制，由中央主管機關定之。

第六章　信託投資公司

第一〇〇條（信託投資公司之定義）

①本法稱信託投資公司，謂以受託人之地位，按照特定目的，收受、經理及運用信託資金與經營信託財產，或以投資中間人之地位，從事與資本市場有關特定目的投資之金融機構。

②信託投資公司之經營管理，依本法之規定；本法未規定者，適用其他有關法律之規定；其管理規則，由中央主管機關定之。

第一〇一條（信託投資公司之業務）78

①信託投資公司經營左列業務：

一　辦理中、長期放款。

二　投資公債、短期票券、公司債券、金融債券及上市股票。

三　保證發行公司債券。

四　辦理國內外保證業務。

五　承銷及自營買賣或代客買賣有價證券。

六　收受、經理及運用各種信託資金。

七　募集共同信託基金。

八　受託經管各種財產。

九　擔任債券發行受託人。

十　擔任債券或股票發行簽證人。

十一　代理證券發行、登記、過戶及股息紅利之發放事項。

十二　受託執行遺囑及管理遺產。

十三　擔任公司重整監督人。

十四　提供證券發行、募集之顧問服務，及辦理與前列各款業務有關之代理服務事項。

十五　經中央主管機關洽商中央銀行後核准辦理之其他有關業務。

②經中央主管機關核准，得以非信託資金辦理對生產事業直接投資

或投資住宅建築及企業建築。

第一〇二條 （專款之指撥與存放）74

信託投資公司經營證券承銷商或證券自營商業務時，至少應指撥相當於其上年度淨值百分之十專款經營，該項專款在未動用時，得以現金貯存，存放於其他金融機構或購買政府債券。

第一〇三條（信託資金準備之繳存）74

①信託投資公司應以現金或中央銀行認可之有價證券繳存中央銀行，作爲信託資金準備。其準備與各種信託資金契約總值之比率，由中央銀行在百分之十五至二十之範圍內定之。但其繳存總額最低不得少於實收資本總額百分之二十。

②前項信託資金準備，在公司開業時期，暫以該公司實收資本總額百分之二十爲準，俟公司經營一年後，再照前項標準於每月月底調整之。

第一〇四條 （信託契約）

信託投資公司收受、經理或運用各種信託資金及經營信託財產，應與信託人訂立信託契約，載明左列事項：

一　資金營運之方式及範圍。

二　財產管理之方法。

三　收益之分配。

四　信託投資公司之責任。

五　會計報告之送達。

六　各項費用收付之標準及其計算之方法。

七　其他有關協議事項。

第一〇五條 （注意義務）

信託投資公司受託經理信託資金或信託資產，應盡善良管理人之注意。

第一〇六條 （經營管理人員之資格）

信託投資公司之經營與管理，應由具有專門學識與經驗之財務人員爲之；並應由合格之法律、會計及各種業務上所需之技術人員協助辦理。

第一〇七條 （連帶賠償責任）

①信託投資公司違反法令或信託契約，或因其他可歸責於公司之事由，致信託人受有損害者，其應負責之董事及主管人員應與公司連帶負損害賠償之責。

②前項連帶責任，自各該應負責之董事或主管人員卸職登記之日起二年間，未經訴訟上之請求而消滅。

第一〇八條（交易行為之禁止與限制）

①信託投資公司不得爲左列行爲。但因裁判之結果，或經信託人書面同意，並依市價購讓，或雖未經信託人同意，而係由集中市場公開競價購讓者，不在此限：

一　承受信託財產之所有權。

二　於信託財產上設定或取得任何權益。

三　以自己之財產或權益售讓與信託人。
四　從事於其他與前三項有關的交易。
五　就信託財產或運用信託資金與公司之董事、職員或與公司經營之信託資金有利益關係之第三人爲任何交易。

②信託投資公司依前項但書所爲之交易，除應依規定報請主管機關核備外，應受左列規定之限制：
一　公司決定從事交易時，與該項交易所涉及之信託帳戶、信託財產或證券有直接或間接利益關係之董事或職員，不得參與該項交易行爲之決定。
二　信託投資公司爲其本身或受投資人之委託辦理證券承銷、證券買賣交易或直接投資業務時，其董事或職員如同時爲有關證券發行公司之董事、職員或與該項證券有直接間接利害關係者，不得參與該交易行爲之決定。

第一〇九條　（信託戶資金存放之限制）74

信託投資公司在未依信託契約營運前，或依約營運收回後尚未繼續營運前，其各信託戶之資金，應以存放商業銀行或專業銀行爲限。

第一一〇條　（信託資金之經營與本金損失之賠償）

①信託投資公司得經營左列信託資金：
一　由信託人指定用途之信託資金。
二　由公司確定用途之信託資金。

②信託投資公司對由公司確定用途之信託資金，得以信託契約約定，由公司負責，賠償其本金損失。

③信託投資公司對應賠償之本金損失，應於每會計年度終了時確實評審，依信託契約之約定，由公司以特別準備金撥付之。

④前項特別準備金，由公司每年在信託財產收益項下依主管機關核定之標準提撥。

⑤信託投資公司經依規定十足撥補本金損失後，如有剩餘，作爲公司之收益；如有不敷，應由公司以自有資金補足。

第一一一條（記帳與借入款項之限制）

①信託投資公司應就每一信託戶及每種信託資金設立專帳；並應將公司自有財產與受託財產，分別記帳，不得流用。

②信託投資公司不得爲信託資金借入項款。

第一一二條　（債權人對信託財產行使權利之禁止）

信託投資公司之債權人對信託財產不得請求扣押或對之行使其他權利。

第一一三條　（信託財產評審委員會）

信託投資公司應設立信託財產評審委員會，將各信託戶之信託財產每三個月評審一次；並將每一信託帳戶審查結果，報告董事會。

第一一四條　（定期會計報告）

信託投資公司應依照信託契約之約定及中央主管機關之規定，分別向每一信託人及中央主管機關作定期會計報告。

第一一五條 （募集共同信託基金核準與管理）74

①信託投資公司募集共同信託基金，應先擬具發行計畫，報經中央主管機關核准。

②前項共同信託基金管理辦法，由中央主管機關定之。

第一一五條之一 （信託投資公司之準用）89

第七十四條、第七十五條及第七十六條之規定，於信託投資公司準用之。但經主管機關依第一百零一條第二項核准之業務，不在此限。

第七章 外國銀行

第一一六條 （外國銀行之定義）

本法稱外國銀行，謂依照外國法律組織登記之銀行，經中華民國政府認許，在中華民國境內依公司法及本法登記營業之分行。

第一一七條 （外國銀行營業之許可）89

①外國銀行在中華民國境內設立，應經主管機關之許可，依公司法申請認許及辦理登記，並應依第五十四條申請核發營業執照後始得營業；在中華民國境內設置代表人辦事處者，應經主管機關核准。

②前項設立及管理辦法，由主管機關定之。

第一一八條 （外國銀行設立地區之指定）

中央主管機關得按照國際貿易及工業發展之需要，指定外國銀行得設立之地區。

第一一九條 （刪除） 94

第一二〇條 （營業資金）

外國銀行應專撥其在中華民國境內營業所用之資金，並準用第二十三條及第二十四條之規定。

第一二一條 （得經營之業務範圍）89

外國銀行得經營之業務，由主管機關洽商中央銀行後，於第七十一條及第一百零一條第一項所定範圍內以命令定之。其涉及外匯業務者，並應經中央銀行之許可。

第一二二條 （貨幣限制）

外國銀行收付款項，除經中央銀行許可收受外國貨幣存款者外，以中華民國國幣爲限。

第一二三條 （準用規定）89

外國銀行準用第一章至第三章及第六章之規定。

第一二四條 （刪除） 94

第八章 罰 則

第一二五條 （違反專業經營之處罰）107

①違反第二十九條第一項規定者，處三年以上十年以下有期徒刑，得併科新臺幣一千萬元以上二億元以下罰金。其因犯罪獲取之財

物或財產上利益達新臺幣一億元以上者，處七年以上有期徒刑，得併科新臺幣二千五百萬元以上五億元以下罰金。
②經營銀行間資金移轉帳務清算之金融資訊服務事業，未經主管機關許可，而擅自營業者，依前項規定處罰。
③法人犯前二項之罪者，處罰其行為負責人。

第一二五條之一（罰則）89

散布流言或以詐術損害銀行、外國銀行、經營貨幣市場業務機構或經營銀行間資金移轉帳務清算之金融資訊服務事業之信用者，處五年以下有期徒刑，得併科新臺幣一千萬元以下罰金。

第一二五條之二（罰則）107

①銀行負責人或職員，意圖為自己或第三人不法之利益，或損害銀行之利益，而為違背其職務之行為，致生損害於銀行之財產或其他利益者，處三年以上十年以下有期徒刑，得併科新臺幣一千萬元以上二億元以下罰金。其因犯罪獲取之財物或財產上利益達新臺幣一億元以上者，處七年以上有期徒刑，得併科新臺幣二千五百萬元以上五億元以下罰金。
②銀行負責人或職員，二人以上共同實施前項犯罪之行為者，得加重其刑至二分之一。
③第一項之未遂犯罰之。
④前三項規定，於外國銀行或經營貨幣市場業務機構之負責人或職員，適用之。

第一二五條之三（罰則）107

①意圖為自己或第三人不法之所有，以詐術使銀行將銀行或第三人之財物交付，或以不正方法將虛偽資料或不正指令輸入銀行電腦或其相關設備，製作財產權之得喪、變更紀錄而取得他人財產，其因犯罪獲取之財物或財產上利益達新臺幣一億元以上者，處三年以上十年以下有期徒刑，得併科新臺幣一千萬元以上二億元以下罰金。
②以前項方法得財產上不法之利益或使第三人得之者，亦同。
③前二項之未遂犯罰之。

第一二五條之四（罰則）107

①犯第一百二十五條、第一百二十五條之二或第一百二十五條之三之罪，於犯罪後自首，如自動繳交全部犯罪所得者，減輕或免除其刑；並因而查獲其他正犯或共犯者，免除其刑。
②犯第一百二十五條、第一百二十五條之二或第一百二十五條之三之罪，在偵查中自白，如自動繳交全部犯罪所得者，減輕其刑；並因而查獲其他正犯或共犯者，減輕其刑至二分之一。
③犯第一百二十五條第一項、第一百二十五條之二第一項及第一百二十五條之三第一項、第二項之罪，其因犯罪獲取之財物或財產上利益超過罰金最高額時，得於犯罪獲取之財物或財產上利益之範圍內加重罰金；如損及金融市場穩定者，加重其刑至二分之一。

第一二五條之五 （罰則） 94

①第一百二十五條之二第一項之銀行負責人、職員或第一百二十五條之三第一項之行為人所為之無償行為，有害及銀行之權利者，銀行得聲請法院撤銷之。

②前項之銀行負責人、職員或行為人所為之有償行為，於行為時明知有損害於銀行之權利，且受益人於受益時亦知其情事者，銀行得聲請法院撤銷之。

③依前二項規定聲請法院撤銷時，得並聲請命受益人或轉得人回復原狀。但轉得人於轉得時不知有撤銷原因者，不在此限。

④第一項之銀行負責人、職員或行為人與其配偶、直系親屬、同居親屬、家長或家屬間所為之處分其財產行為，均視為無償行為。

⑤第一項之銀行負責人、職員或行為人與前項以外之人所為之處分其財產行為，推定為無償行為。

⑥第一項及第二項之撤銷權，自銀行知有撤銷原因時起，一年間不行使，或自行為時起經過十年而消滅。

⑦前六項規定，於第一百二十五條之二第四項之外國銀行負責人或職員適用之。

第一二五條之六 （罰則） 94

第一百二十五條之二第一項、第一百二十五條之二第四項適用同條第一項及第一百二十五條之三第一項之罪，為洗錢防制法第三條第一項所定之重大犯罪，適用洗錢防制法之相關規定。

第一二六條 （罰則）78

股份有限公司違反其依第三十條所為之承諾者，其參與決定此項違反承諾行為之董事及行為人，處三年以下有期徒刑、拘役或科或併科新臺幣一百八十萬元以下罰金。

第一二七條 （罰則）89

①違反第三十五條規定者，處三年以下有期徒刑、拘役或科或併科新臺幣五百萬元以下罰金。但其他法律有較重之處罰規定者，依其規定。

②違反第四十七條之二或第一百二十三條準用第三十五條規定者，依前項規定處罰。

第一二七條之一 （罰則）89

①銀行違反第三十二條、第三十三條、第三十三條之二或適用第三十三條之四第一項而有違反前三條規定或違反第九十一條之一規定者，其行為負責人，處三年以下有期徒刑、拘役或科或併科新臺幣五百萬元以上二千五百萬元以下罰金。

②銀行依第三十三條辦理授信達主管機關規定金額以上，或依第九十一條之一辦理生產事業直接投資，未經董事會三分之二以上董事之出席及出席董事四分之三以上同意者或違反主管機關依第三十三條第二項所定有關授信限額、授信總餘額之規定或違反第九十一條之一有關投資總餘額不得超過銀行上一會計年度決算後淨值百分之五者，其行為負責人處新臺幣二百萬元以上一千萬元以

下罰鍰，不適用前項規定。

③經營貨幣市場業務之機構違反第四十七條之二準用第三十二條、第三十三條、第三十三條之二或第三十三條之四規定者或外國銀行違反第一百二十三條準用第三十二條、第三十三條、第三十三條之二或第三十三條之四規定者，其行爲負責人依前二項規定處罰。

④前三項規定於行爲負責人在中華民國領域外犯罪者，適用之。

第一二七條之二 （罰則）89

①違反主管機關依第六十二條第一項規定所爲之處置，足以生損害於公衆或他人者，其行爲負責人處一年以上七年以下有期徒刑，得併科新臺幣二千萬元以下罰金。

②銀行負責人或職員於主管機關指定機構派員監管或接管或勒令停業進行清理時，有下列情形之一者，處一年以上七年以下有期徒刑，得併科新臺幣二千萬元以下罰金：

一　於主管機關指定期限內拒絕將銀行業務、財務有關之帳册、文件、印章及財產等列表移交予主管機關指定之監管人、接管人或清理人，或拒絕將債權、債務有關之必要事項告知或拒絕其要求不爲進行監管、接管或清理之必要行爲。

二　隱匿或毀損有關銀行業務或財務狀況之帳册文件。

三　隱匿或毀棄銀行財產或爲其他不利於債權人之處分。

四　對主管機關指定之監管人、接管人或清理人詢問無正當理由不爲答復或爲虛僞之陳述。

五　捏造債務或承認不眞實之債務。

③違反主管機關依第四十七條之二或第一百二十三條準用第六十二條第一項、第六十二條之二或第六十二條之五規定所爲之處置，有前二項情形者，依前二項規定處罰。

第一二七條之三 （罰則）89

①銀行負責人或職員違反第三十五條之一規定兼職者，處新臺幣二百萬元以上一千萬元以下罰鍰。其兼職係經銀行指派者，受罰人爲銀行。

②經營貨幣市場業務機構之負責人或職員違反第四十七條之二準用第三十五條之一規定兼職者，或外國銀行負責人或職員違反第一百二十三條準用第三十五條之一規定兼職者，依前項規定處罰。

第一二七條之四 （罰則）89

①法人之負責人、代理人、受雇人或其他職員，因執行業務違反第一百二十五條至第一百二十七條之二規定之一者，除依各該條規定處罰其行爲負責人外，對該法人亦科以各該條之罰鍰或罰金。

②前項規定，於外國銀行準用之。

第一二七條之五 （罰則） 94

①違反第二十條第三項規定者，處三年以下有期徒刑、拘役或科或併科新臺幣五百萬元以下罰金。

②法人犯前項之罪者，處罰其行爲負責人。

第一二八條 （怠於申報或違反參與決定之處罰）97

①銀行之董事或監察人違反第六十四條第一項規定怠於申報，或信託投資公司之董事或職員違反第一百零八條規定參與決定者，各處新臺幣二百萬元以上一千萬元以下罰鍰。

②外國銀行負責人或職員違反第一百二十三條準用第一百零八條規定參與決定者，依前項規定處罰。

③銀行股東持股違反第二十五條第二項、第三項或第五項規定未向主管機關申報或經核准而持有股份者，處該股東新臺幣二百萬元以上一千萬元以下罰鍰。

④經營銀行間資金移轉帳務清算之金融資訊服務事業或銀行間徵信資料處理交換之服務事業，有下列情形之一者，處新臺幣二百萬元以上一千萬元以下罰鍰：

一　主管機關派員或委託適當機構，檢查其業務、財務及其他有關事項或令其於限期內提報財務報告或其他有關資料時，拒絕檢查、隱匿毀損有關資料、對檢查人員詢問無正當理由不爲答復或答復不實、逾期提報資料或提報不實或不全。

二　未經主管機關許可，擅自停止其業務之全部或一部。

三　除其他法律或主管機關另有規定者外，無故洩漏因職務知悉或持有他人之資料。

⑤經營銀行間徵信資料處理交換之服務事業，未經主管機關許可，而擅自營業者，依前項規定處罰。

第一二九條 （違規營業等之罰則）97

有下列情事之一者，處新臺幣二百萬元以上一千萬元以下罰鍰：

一　違反第二十一條、第二十二條或第五十七條或違反第一百二十三條準用第二十一條、第二十二條或第五十七條規定。

二　違反第二十五條第一項規定發行股票。

三　違反第二十八條第一項至第三項或違反第一百二十三條準用第二十八條第一項至第三項規定。

四　違反主管機關依第三十三條之三或第三十六條或依第一百二十三條準用第三十三條之三或第三十六條規定所爲之限制。

五　違反主管機關依第四十三條或依第一百二十三條準用第四十三條規定所爲之通知，未於限期內調整。

六　違反第四十四條之一或主管機關依第四十四條之二第一項所爲措施。

七　未依第四十五條之一或未依第一百二十三條準用第四十五條之一規定建立內部控制與稽核制度、內部處理制度與程序、內部作業制度與程序或未確實執行。

八　未依第一百零八條第二項或未依第一百二十三條準用第一百零八條第二項規定報核。

九　違反第一百十條第四項或違反第一百二十三條準用第一百十條第四項規定，未提足特別準備金。

十　違反第一百十五條第一項或違反第一百二十三條準用第一百

十五條第一項募集共同信託基金。

十一　違反第四十八條規定。

第一二九條之一　（罰則）89

①銀行或其他關係人之負責人或職員於主管機關依第四十五條規定，派員或委託適當機構，或令地方主管機關派員，或指定專門職業及技術人員，檢查業務、財務及其他有關事項，或令銀行或其他關係人於限期內據實提報財務報告、財產目錄或其他有關資料及報告時，有下列情形之一者，處新臺幣二百萬元以上一千萬元以下罰鍰：

一　拒絕檢查或拒絕開啓金庫或其他庫房者。

二　隱匿或毀損有關業務或財務狀況之帳册文件者。

三　對檢查人員詢問無正當理由不爲答復或答復不實者。

四　逾期提報財務報告、財產目錄或其他有關資料及報告，或提報不實、不全或未於規定期限內繳納查核費用者。

②經營貨幣市場業務機構或外國銀行之負責人、職員或其他關係人於主管機關依第四十七條之二或第一百二十三條準用第四十五條規定，派員或委託適當機構，或指定專門職業及技術人員，檢查業務、財務及其他有關事項，或令其或其他關係人於限期內據實提報財務報告、財產目錄或其他有關資料及報告時，有前項所列各款情形之一者，依前項規定處罰。

第一二九條之二　（違反資本重建或其他計畫之處罰）97

銀行負責人違反第四十四條之二第一項規定，未依限提出或未確實執行資本重建或其他財務業務改善計畫者，處新臺幣二百萬元以上一千萬元以下罰鍰。

第一三〇條　（罰則）89

有下列情事之一者，處新臺幣一百萬元以上五百萬元以下罰鍰：

一　違反中央銀行依第四十條或依第一百二十三條準用第四十條所爲之規定而放款者。

二　違反第七十二條或違反第一百二十三條準用第七十二條或違反主管機關依第九十九條第三項所爲之規定而放款者。

三　違反第七十四條或違反第八十九條第二項、第一百十五條之一或第一百二十三條準用第七十四條之規定而爲投資者。

四　違反第七十四條之一、第七十五條或違反第八十九條第二項準用第七十四條之一或違反第八十九條第二項、第一百十五條之一或第一百二十三條準用第七十五條之規定而爲投資者。

五　違反第七十六條、或違反第四十七條之二、第八十九條第二項、第一百十五條之一或第一百二十三條準用第七十六條之規定者。

六　違反第九十一條或主管機關依第九十一條所爲授信、投資、收受存款及發行金融債券之範圍、限制及其管理辦法者。

七　違反第一百零九條或違反第一百二十三條準用第一百零九條

之規定運用資金者。

八　違反第一百十一條或違反第一百二十三條準用第一百十一條之規定者。

第一三一條　（罰則）104

①有下列情事之一者，處新臺幣五十萬元以上二百五十萬元以下罰鍰：

一　違反第二十五條第八項規定未爲通知。

二　違反第三十四條或違反第一百二十三條準用第三十四條之規定吸收存款。

三　任用未具備第三十五條之二第一項準則所定資格條件者擔任負責人或負責人違反同準則所定兼職之限制。

四　違反第四十九條或違反第一百二十三條準用第四十九條之規定。

五　違反第一百十四條或違反第一百二十三條準用第一百十四條之規定。

六　未依第五十條第一項規定提撥法定盈餘公積。

七　違反主管機關依第五十一條或依第一百二十三條準用第五十一條所爲之規定。

八　違反主管機關依第五十一條之一所爲之規定，拒絕繳付。

②違反第三十四條之一或違反第一百二十三條準用第三十四條之一規定者，主管機關得予以糾正、命其限期改善。違反情節重大、於規定期限內仍不予改善或改善後再爲相同違反行爲者，處新臺幣五十萬元以上二百五十萬元以下罰鍰。

第一三二條　（罰則）89

違反本法或本法授權所定命令中有關強制或禁止規定或應爲一定行爲而不爲者，除本法另有處以罰鍰規定而應從其規定外，處新臺幣五十萬元以上二百五十萬元以下罰鍰。

第一三三條　（受罰人）97

①第一百二十九條、第一百二十九條之一、第一百三十條、第一百三十一條第二款至第八款及第一百三十二條所定罰鍰之受罰人爲銀行或其分行。

②銀行或其分行經依前項受罰後，對應負責之人應予求償。

第一三四條　（罰則）89

①本法所定罰鍰，由主管機關處罰。

②違反第四十條依第一百三十條第一款所定之罰鍰，及違反第三十七條第二項、第四十二條或第七十三條第二項授權中央銀行訂定之強制或禁止規定，而依第一百三十二條應處之罰鍰，由中央銀行處罰，並通知主管機關。

③前二項罰鍰之受罰人不服者，得依訴願及行政訴訟程序，請求救濟。在訴願及行政訴訟期間，得命提供適額保證，停止執行。

第一三五條　（逾期不繳罰鍰之處罰）94

罰鍰經限期繳納而逾期不繳納者，自逾期之日起，每日加收滯納金百分之一；屆三十日仍不繳納者，移送強制執行，並得由主管機關勒令該銀行或分行停業。

第一三六條 （罰則）89

銀行經依本章規定處罰後，於規定限期內仍不予改正者，得對其同一事實或行為依原處罰鍰按日連續處罰，至依規定改正為止；其情節重大者，並得責令限期撤換負責人或撤銷其許可。

第一三六條之一 （沒收犯罪所得）107

犯本法之罪，犯罪所得屬犯罪行為人或其以外之自然人、法人或非法人團體因刑法第三十八條之一第二項所列情形取得者，除應發還被害人或得請求損害賠償之人外，沒收之。

第一三六條之二 （罰則）93

犯本法之罪，所科罰金達新臺幣五千萬元以上而無力完納者，易服勞役期間為二年以下，其折算標準以罰金總額與二年之日數比例折算；所科罰金達新臺幣一億元以上而無力完納者，易服勞役期間為三年以下，其折算標準以罰金總額與三年之日數比例折算。

第九章　附　則

第一三七條 （施行前未申請許可者之補辦設立程序）

本法施行前，未經申請許可領取營業執照之銀行，或其他經營存放款業務之類似銀行機構，均應於中央主管機關指定期限內，依本法規定，補行辦理設立程序。

第一三八條 （限令調整）

本法公布施行後，現有銀行或類似銀行機構之種類及其任務，與本法規定不相符合者，中央主管機關應依本法有關規定，指定期限命其調整。

第一三八條之一 （設立專業法庭或指定專人辦理） 94

法院為審理違反本法之犯罪案件，得設立專業法庭或指定專人辦理。

第一三九條 （其他金融機構之適用本法）81

①依其他法律設立之銀行或其他金融機構，除各該法律另有規定者外，適用本法之規定。

②前項其他金融機構之管理辦法，由行政院定之。

第一三九條之一 （施行細則之訂定）81

本法施行細則，由中央主管機關定之。

第一四〇條 （施行日）95

①本法自公布日施行。

②本法中華民國八十六年五月七日修正公布之第四十二條施行日期，由行政院定之；民國九十五年五月五日修正之條文，自中華民國九十五年七月一日施行。

信用卡業務機構管理辦法

①民國 82 年 6 月 30 日財政部令訂定發布全文 12 條。
②民國 83 年 12 月 6 日財政部令修正發布第 3、4、6、7 條條文。
③民國 86 年 5 月 23 日財政部令修正發布第 3、6、8、9 條條文；並增訂第 4-1、4-2、9-1 條條文。
④民國 90 年 5 月 15 日財政部令修正發布第 4-1 條條文。
⑤民國 92 年 10 月 7 日財政部令修正發布名稱及全文 40 條；並自發布日施行（原名稱：信用卡業務管理辦法）。
⑥民國 99 年 2 月 2 日行政院金融監督管理委員會令修正發布全文 56 條；並自發布日施行。
⑦民國 103 年 1 月 7 日金融監督管理委員會令修正發布第 2、26 條條文。
⑧民國 103 年 7 月 23 日金融監督管理委員會令修正發布第 44 條條文。
⑨民國 104 年 2 月 9 日金融監督管理委員會令修正發布第 22、29、42、52 條條文。
⑩民國 104 年 6 月 29 日金融監督管理委員會令修正發布第 26 條條文。

第一章　總　則

第一條

本辦法依銀行法第四十七條之一訂定之。

第二條 104

本辦法用詞定義如下：

一　信用卡：指持卡人憑發卡機構之信用，向特約之人取得商品、服務、金錢或其他利益，而得延後或依其他約定方式清償帳款所使用之支付工具。

二　信用卡業務指下列業務之一：
㈠發行信用卡及辦理相關事宜。
㈡辦理信用卡循環信用、預借現金業務。
㈢簽訂特約商店及辦理相關事宜。
㈣代理收付特約商店信用卡消費帳款。
㈤授權使用信用卡之商標或服務標章。
㈥提供信用卡交易授權或清算服務。
㈦辦理其他經主管機關核准之信用卡業務。

三　發卡業務：指前款第一目及第二目之業務。

四　收單業務：指第二款第三目及第四目之業務。

五　信用卡公司：指經主管機關許可，以股份有限公司組織並專業經營信用卡業務之機構。

六　外國信用卡公司：指依照外國法律組織登記，並從事信用卡業務，經中華民國政府認許，在中華民國境內依公司法及本辦法規定專業經營信用卡業務之分公司。

七　信用卡業務機構指下列機構：

㈠信用卡公司。

㈡外國信用卡公司。

㈢經主管機關許可兼營信用卡業務之銀行、信用合作社或其他機構。

㈣其他經主管機關許可專營信用卡業務之機構。

八　專營信用卡業務機構：指前款第一目、第二目或第四目之機構。

九　發卡機構：指辦理發卡業務之信用卡業務機構。

十　收單機構：指辦理收單業務之信用卡業務機構。

十一　特約商店：指與收單機構簽訂契約，並接受持卡人以信用卡支付商品或服務之款項者。但收單機構與特約商店屬同一人者，得免簽訂契約。

十二　電子文件：指電子簽章法第二條第一項第一款所稱之電子文件。

第二章　設立及變更

第三條

①專營信用卡業務機構辦理發卡或收單業務者，其最低實收資本額、或捐助基金及其孳息、或專撥營運資金爲新臺幣二億元，主管機關並得視社會經濟情況及實際需要調整之。

②前項最低實收資本額，發起人應於發起時一次認足。

第四條

申請設立信用卡公司者，應由發起人檢具下列書件各二份，向主管機關申請設立許可：

一　申請書。

二　發起人名冊及證明文件。

三　發起人會議紀錄。

四　發起人之資金來源說明。

五　營業計畫書：載明業務之範圍、業務經營之原則與方針及具體執行之方法、市場展望及風險、效益評估。

六　預定總經理、副總經理等負責人之資料。

七　信用卡公司章程。

八　信用卡業務章則及業務流程。

九　信用卡業務各關係人間權利義務關係約定書。

十　其他經主管機關規定之書件。

第五條

①申請設立外國信用卡公司，應檢送下列書件各二份，向主管機關申請許可：

一　申請書。

二　董事會對於申請在我國設立分公司之決議錄或相當文件認證

書。

三　分公司之營業計畫書：載明業務之範圍、業務經營之原則與方針及具體執行之方法、市場展望及風險、效益評估。

四　擬指派擔任我國之分公司經理人履歷及相關證明文件。

五　分公司之信用卡業務章則及業務流程。

六　分公司之信用卡業務各關係人間權利義務關係約定書。

七　章程認證書。

八　法人資格證明文件及經母國主管機關核發之許可證照認證書。

九　委託律師或會計師申請者，該申請人母國負責人出具之委託書。

十　其他經主管機關規定之書件。

②前項有關書表之認證書，應經該申請人母國公證人或我國駐外領務人員予以認證。

第六條

①兼營信用卡業務之銀行、信用合作社及其他機構，應檢具下列書件向主管機關申請許可：

一　申請書。

二　營業執照影本。

三　公司章程或相當公司章程文件。

四　營業計畫書：載明業務之範圍、業務經營之原則與方針及具體執行之方法、市場展望及風險、效益評估。

五　董事會或理事會會議紀錄。

六　信用卡業務章則及業務流程。

七　信用卡業務各關係人間權利義務關係約定書。

八　其他經主管機關規定之書件。

②前項申請設立經主管機關許可後，營業項目應依主管機關規定之方式登載或申報。

第七條

本辦法所稱之信用卡業務章則應記載下列事項：

一　組織結構與部門職掌。

二　人員配置、管理與培訓。

三　內部控制制度（包括業務管理及會計制度）。

四　內部稽核制度。

五　營業之原則與政策。

六　消費糾紛處理程序。

七　作業手冊及權責劃分。

八　其他經主管機關規定之事項。

第八條

信用卡業務機構申請設立許可或兼營許可時，有下列情形之一者，主管機關得不予許可：

一　申請書件內容有虛偽不實者。

二　經主管機關限期補正事項未補正者。
三　經主管機關認定無法健全有效經營者。
四　其他不符合本辦法規定者。

第九條

①信用卡公司及外國信用卡公司應自主管機關許可設立之日起，六個月內辦妥公司設立登記，並檢同下列之書件，向主管機關申請核發營業執照：
一　信用卡公司應檢具書件如下：
㈠營業執照申請書。
㈡公司登記證件。
㈢會計師資本繳足查核報告書。
㈣公司章程。
㈤股東名冊。
㈥董事名冊及董事會會議紀錄。設有常務董事者，其常務董事名冊及常務董事會會議紀錄。
㈦監察人名冊及監察人會議紀錄。
㈧其他經主管機關規定之書件。
二　外國信用卡公司應檢具書件如下：
㈠營業執照申請書。
㈡分公司登記證件。
㈢匯入專撥在我國境內營業所用資金之證明文件。
㈣其他經主管機關規定之書件。

②前項規定期限屆滿前，如有正當理由，得申請延展，延展期限不得超過六個月，並以一次爲限。未經核准延展者，主管機關得撤銷或廢止其許可。

第一〇條

信用卡業務機構經核發營業執照後經發覺原申請事項有虛僞情事，或經主管機關認定未能有效經營業務，其情節重大者，或滿六個月尙未開始營業者，主管機關得撤銷或廢止其設立許可，限期繳銷執照，並通知經濟部。但有正當理由經主管機關核准者，得予延展開業，延展期限不得超過六個月，並以一次爲限。

第一一條

信用卡業務機構除兼營信用卡業務之銀行及信用合作社外，其營業執照所載事項有變更者，應經主管機關之許可，並申請換發營業執照。

第一二條

專營信用卡業務機構於增設分支機構時，應檢具申請書及營業計畫書，報請主管機關許可，並核發營業執照。遷移或裁撤時，亦應申請主管機關許可。

第一三條

主管機關得視國內經濟、金融情形，限制信用卡業務機構之增設。

第三章　業務及管理

第一四條

在我國境內發行之國際通用信用卡於國內使用時，應以新臺幣結算，並於國內完成清算程序；於國外使用時，或國外所發行之信用卡於國內使用時，涉及外匯部分，應依據中央銀行有關規定辦理。

第一五條

①信用卡業務機構增加辦理其他信用卡業務，應檢具營業計畫書向主管機關申請，主管機關自申請書送達之次日起三十日內，未表示反對者，視爲已核准。

②前項營業計畫書應載明下列事項：

一　辦理業務緣由。

二　辦理業務各關係人間權利義務關係約定書。

三　業務章則及業務流程。

四　市場展望及風險、效益評估。

③信用卡業務機構所辦理之信用卡業務，其業務章則、業務流程或與業務之各關係人間權利義務關係，與主管機關原核准之營業計畫書內容有差異，且對消費者權益有重大影響時，應依前二項之規定辦理。

第一六條

①信用卡業務機構終止辦理部分或全部之信用卡業務，應檢具計畫書，向主管機關申請核准。

前項計畫書應載明下列事項：

一　擬終止辦理信用卡業務之理由。

二　具體說明對原有客戶權利義務之處理或其他替代服務方式。

②發卡機構暫停辦理部分發卡業務，應檢具計畫書，㊟明對持卡人權益保護措施與擬暫停之期間，向主管機關申請核准；未來如擬恢復辦理業務，應事先函報主管機關備查。

第一七條

①信用卡業務機構應依主管機關及中央銀行之規定，定期向主管機關、中央銀行及主管機關指定機構申報信用卡業務有關資料，並依主管機關規定於信用卡業務機構之網站揭露相關重要資訊。

②前項主管機關指定機構應擬訂信用卡業務機構申報資料之範圍及建檔作業規範，報主管機關備查。

③信用卡業務機構依第一項規定申報及揭露之資料，不得有虛僞不實之情事，以確保資料之正確性。

第一八條

①信用卡業務機構未經核准辦理信用卡業務前，不得爲任何有關之廣告或促銷之行爲。

②信用卡業務機構從事廣告或其他行銷活動而製作之有關資料，於對外使用前，應先經法令遵循主管審核，確定其內容無不當、不

實陳述、誤導消費者或違反相關法令之情事。

第一九條

①發卡機構行銷時，應依下列規定辦理：

一　禁止以「快速核卡」、「以卡辦卡」、「以名片辦卡」及其他未審慎核卡之行銷行為等為訴求。

二　禁止行銷人員於街頭（含騎樓）行銷。

三　應建立信用卡空白申請書控管機制，及對行銷人員與申請案件進件來源之管理機制。

②發卡機構不得於辦卡、核卡、開卡、預借現金及動用循環信用時，給予申請人、持卡人或其他第三人贈品或獎品等優惠。

③發卡機構於核發新卡時所提供之權益或優惠，除有不可歸責於發卡機構之事由外，於約定之提供期間內未經持卡人同意不得變更，且於符合前開變更條件時，亦應於六十日前以書面或事先與持卡人約定之電子文件通知持卡人。

④發卡機構提供信用卡紅利點數之事由及使用範圍，應依主管機關之規定辦理。

第二〇條

①發卡機構之信用卡平面及動態媒體廣告，其應揭露事項、版面及字體等相關事宜，應依主管機關規定辦理。

②發卡機構與第三人合作時，應確保該第三人所製作之信用卡相關廣告符合主管機關規定。

③發卡機構之廣告內容如經主管機關邀集相關單位及學者專家評定有誤導消費者不正確之價值及理財觀念等不當情事時，主管機關得命其限期改善，並得視情節暫停該發卡機構之信用卡廣告，或採行相關監理措施。

第二一條

發卡機構於受理信用卡申請時，應確認申請人之條件如下：

一　正卡申請人：

㈠應年滿二十歲。

㈡申請時須檢附身分證明文件及所得或財力等可證明還款能力之相關資料。但發卡機構因與申請人有其他業務往來而持有其最近一年內之所得或財力等可證明還款能力之相關資料，且經申請人同意作為申請信用卡使用者，不在此限。

二　附卡申請人：

㈠應年滿十五歲。

㈡須為正卡持卡人之配偶、父母、子女、兄弟姊妹或配偶父母。

㈢申請時須檢附身分證明文件。

第二二條 104

發卡機構應建立核發信用卡管理機制，以審慎核給信用額度，並依下列規定辦理：

一　應確認申請人身分之眞實性、正卡申請人具有獨立穩定之經濟來源及充分之還款能力，並瞭解其舉債情形。
二　所核給之額度應與正卡申請人申請時之還款能力相當，且核給額度加計申請人於全體金融機構之無擔保債務（含信用卡）歸戶總餘額與申請人最近一年內平均月收入之倍數應依主管機關規定辦理。發卡機構於調高持卡人之信用額度時，仍應符合本款規定。
三　應訂定核給正卡申請人之總信用額度與最近一年內平均月收入倍數之管理規範，並報董（理）事會或常務董事會核准後施行，修改時亦同；外國銀行在台分行前述董（理）事會應盡之義務由其總行授權人員負責。
四　應將正卡申請人於財團法人金融聯合徵信中心（以下簡稱聯徵中心）短期間內有密集被查詢之情事列爲審核要件之一。
五　正卡申請人於聯徵中心有「代償註記」者，應確認其具有還款能力。
六　不得以聯徵中心之信用資訊作爲核准或駁回之唯一依據。

第二三條

發卡機構辦理學生申請信用卡業務，應依下列規定辦理：
一　禁止對學生行銷。
二　全職學生申請信用卡以三家發卡機構爲限，每家發卡機構信用額度不得超過新臺幣二萬元。
三　以學生身分申請信用卡者，發卡機構應將發卡情事通知其父母或法定代理人。
四　第三款之通知事項應於申請書及契約中載明

第二四條

①發卡機構應按持卡人之信用狀況，訂定不同等級之信用風險，並考量資金成本及營運成本，採取循環信用利率差別定價，且至少每季應定期覆核持卡人所適用利率。
②發卡機構應於契約中載明得調整持卡人適用利率之事由，且於符合該約定事由時，始得調整持卡人利率；調整時，並應將調整事由及調整後利率等相關資訊通知持卡人。
③發卡機構對已核發之信用卡至少每半年應定期辦理覆審。
④發卡機構對長期使用循環信用之持卡人，應依據主管機關規定提供相關還款或利息調整方案，以供持卡人選擇。

第二五條

①發卡機構不得因提供信用卡預借現金功能而提高或另行核給持卡人信用額度，且預借現金額度成數、行銷及相關事宜應依主管機關規定辦理。
②發卡機構不得同意持卡人以信用卡作爲繳付放款本息之工具。

第二六條 104

①收單機構辦理收單業務時，應依下列規定辦理。但收單機構所辦理其他業務經主管機關核准接受持卡人以信用卡支付款項者，不

在此限：

一　非經簽訂特約商店契約，不得提供刷卡設備並接受特約商店請款。

二　簽立特約商店前，應確實徵信。

三　簽立特約商店後，應加強教育訓練，並應建立特約商店簽帳交易或請款異常情事之監控與交易終止機制，及高風險或提供遞延性商品、服務等特約商店之風險控管機制。

四　對已簽立之特約商店至少每半年應查核乙次，查核方式得以書面查核、線上檢核或實地查核等方式為之，查核內容應包含交易異常狀況及聯徵中心之信用紀錄，且對特約商店交易應予監控，如發現特約商店未經收單機構同意即接受信用卡支付遞延性商品或服務之款項，或涉有其他違約、違法情事時，應即對特約商店所為之交易樣態、營業內容等事項進行調查，並為必要之處置。

五　簽帳交易所列印給予持卡人之簽帳單至少應載明收單機構名稱、特約商店名稱、卡別、卡號、授權號碼、交易日期及金額，且卡號之揭露方式應依主管機關之規定辦理。

六　不得與財務資融公司等不提供商品或服務之機構簽訂特約商店契約，亦不得讓該等機構介入信用卡交易。

七　收單機構所簽訂之特約商店如係使用網際網路交易平台進行信用卡交易者，收單機構應與提供網際網路交易平台服務業者簽訂契約。

八　收單機構應撥付予特約商店之款項，不得直接撥付予第三人。但網際網路交易平台服務業者就使用該平台接受信用卡交易之特約商店，如該信用卡交易金額已取得銀行十足之履約保證或全部交付信託，並經收單機構審核屬實者，收單機構得依特約商店指示將款項撥付予網際網路交易平台服務業者。

九　應對刷卡設備建立控管機制，以確保交易資料之安全性。

十　特約商店之遞延性商品或服務無法提供時，收單機構應依主管機關規定辦理爭議帳款處理事宜。

十一　收單機構經營業務應以公平、合理方式為之，向特約商店收取費用應考量相關作業成本、交易風險及合理利潤等，訂定合理之定價，不得以不合理之收費招攬或從事收單業務。

②依前項第八款規定採銀行十足履約保證者，其所簽訂履約保證之銀行應符合主管機關所定之條件。

③收單機構所辦理其他業務經主管機關核准接受持卡人以信用卡支付款項者，應於收單業務部門及該項其他業務部門間建立內部控制及內部稽核機制，且收單業務部門就該項其他業務部門接受以信用卡支付款項之相關事宜應符合第一項第三款至第五款、第九款、第十款、第二十七條第一項所列事項內容及第五十三條規

定。

第二七條

①收單機構簽訂特約商店之契約應載明下列事項：

一　特約商店應確保請款資料正確性。

二　特約商店非有正當理由不得拒絕持卡人簽帳交易、限制簽帳金額或加收手續費。

三　特約商店應妥善保管簽帳單及載有持卡人信用卡等個人資料之訂單或相關文件，且對持卡人之一切資料，除其他法律或主管機關另有規定者外，應保守秘密。

四　特約商店不得從事融資性墊款之交易。

五　特約商店不得接受非營業範圍內之簽帳交易。

六　特約商店如自行提供以信用卡分期付款服務者，應約定特約商店不得將應收債權讓售予第三人。

七　特約商店不得將刷卡設備借讓予他人使用。

八　特約商店如有違反第四、五及七款之情事，收單機構應立即解約並通報聯徵中心。

②收單機構簽訂特約商店之契約與前項規定不符者，應於本辦法修正施行之日起六個月內調整。

第二八條

①信用卡業務機構辦理信用卡業務之作業委託他人處理，應依據金融機構作業委託他人處理內部作業制度及程序辦法等相關規定辦理。

②發卡機構與業者合作發行聯名卡或認同卡，應依下列規定辦理：

一　應確實建立客戶資訊保密機制，並對合作事項範圍、客戶權益保障、風險管理及內部控制，訂定內部作業制度及程序。

二　要求合作業者辦理行銷事宜時，應符合第十九條第一項及第二項規定。

第二九條 104

信用卡業務機構出售信用卡不良債權予資產管理公司時，除符合金融機構出售不良債權應注意事項規定外，應依下列規定辦理：

一　應查證辦理催收作業者之催收標準與信用卡業務機構一致。

二　應建立內部控制及稽核制度，有效規範及查核各該催收行爲，並承擔催收機構不當催收行爲之責任。

三　公開標售不良債權應依據主管機關規定之作業程序辦理。

四　出售後，應以書面或電子文件通知債務人，告知受讓債權之公司名稱、債權金額、信用卡業務機構之檢舉電話。

五　經民衆申訴或其他管道得知資產管理公司涉及暴力、脅迫、恐嚇、辱罵、騷擾、誤導、欺瞞或洩漏個人資料等非法行爲時，信用卡業務機構經查證屬實，應立即與該公司解約，且向該公司買回不良債權及請求違約金。

六　信用卡業務機構應將前款相關資料移送檢調單位偵辦，及送聯徵中心建檔，且各信用卡業務機構之不良債權不得再出售予該資產管理公司。

七　其他經主管機關規定之事項。

第三〇條

爲確保客戶之權益，信用卡業務機構出售信用卡不良債權予資產管理公司之契約應至少載明下列事項：

一　不得將不良債權再轉售予第三人，並應委託原出售之信用卡業務機構或該信用卡業務機構指定或同意之催收機構進行催收作業。

二　應遵守銀行法、洗錢防制法、電腦處理個人資料保護法、消費者保護法、公平交易法及其他信用卡業務機構應遵循之法令規定。

三　辦理催收標準應與信用卡業務機構一致，並應確實遵守第五十一條所列各款之規定。

四　資產管理公司應建立內部控制機制，並應作定期與不定期之考核。

五　不得利用信用卡業務機構債權文件中正、附卡持卡人及保證人以外之第三人資料。

第三一條

①信用卡業務之會計處理準則，由中華民國銀行商業同業公會全國聯合會（以下簡稱銀行公會）報請主管機關核定之。

②信用卡業務機構應依前項會計處理準則辦理。

③兼營信用卡業務之銀行、信用合作社及其他機構，其信用卡業務之會計應獨立。

第三二條

①發卡機構應依下列規定辦理逾期帳款之備抵呆帳提列及轉銷事宜：

一　備抵呆帳之提列：當月應繳最低付款金額超過指定繳款期限一個月至三個月者，應提列全部墊款金額百分之二之備抵呆帳；超過三個月至六個月者，應提列全部墊款金額百分之五十之備抵呆帳；超過六個月者，應將全部墊款金額提列備抵呆帳。

二　呆帳之轉銷：當月應繳最低付款金額超過指定繳款期限六個月未繳足者，應於該六個月後之三個月內，將全部墊款金額轉銷爲呆帳。

三　逾期帳款之轉銷，應按董（理）事會授權額度標準，由有權人員核准轉銷，並彙報董（理）事會備查。但外國信用卡公司得依其總公司授權程序辦理。

②發卡機構辦理信用卡業務逾期帳款比率超過主管機關規定者，應依主管機關規定調整之，主管機關並得視情節，依銀行法相關規定採行監理措施。

第三三條

信用卡業務機構應建立內部控制及稽核制度；其目的、原則、政策、作業程序、內部稽核人員應具備之資格條件及其他應遵行事項之規範，由主管機關定之。

第三四條

專營信用卡業務機構每屆營業年度終了四個月內，應將下列資料，報請主管機關備查：

一　營業報告書。

二　經會計師查核且報經董（理）事會通過或外國信用卡公司負責人同意之財務報告。

三　其他經主管機關指定之資料。

第三五條

①專營信用卡業務機構有下列情形之一者，應立即將財務報表、虧損原因及改善計畫，函報主管機關：

一　累積虧損逾實收資本額、捐助基金及其孳息之三分之一。

二　淨值低於專撥營運資金之三分之二。

②主管機關對具有前項情形之信用卡業務機構，得限期命其補足資本、捐助基金及其孳息、專撥營運資金，或限制其營業；屆期未補足者，得勒令其停業。

第三六條

①專營信用卡業務機構有下列情事之一者，應先報經主管機關核准：

一　變更公司章程。

二　變更資本總額。

三　變更機構營業處所。

四　讓與全部或主要部分之營業或財產。

五　受讓他人全部或主要部分之營業或財產。

六　其他經主管機關規定應經核准之事項。

②前項第四款及第五款情事應由擬讓與及受讓之信用卡業務機構共同向主管機關申請許可。

③專營信用卡業務機構有下列情事之一者，應立即檢具事由及資料向主管機關申報：

一　發生百分之十以上之股權移轉。

二　存款不足之退票、拒絕往來或其他喪失債信情事者。

三　因訴訟、非訟、行政處分或行政爭訟事件，對公司財務或業務有重大影響者。

四　締結、變更或終止關於出租全部營業，委託經營或與或他人經常共同經營之契約者。

五　發生或可預見之重大虧損案件。

六　重大營運政策之改變。

七　其他足以影響營運或股東權益之重大情事者。

第三七條

①信用卡業務機構應依銀行公會規定申請加入銀行公會信用卡業務委員會。

②銀行公會應將其信用卡業務委員會章則暨議事規程，報請主管機關核定之，變更時亦同。

第三八條

①銀行公會爲會員之健全經營及維護同業聲譽，應辦理下列事項：

一　協助主管機關推行、研究信用卡業務之相關政策及法令。

二　訂定並定期檢討共同性業務規章或自律公約，並報請主管機關備查，變更時亦同。

三　就會員所經營業務，爲必要監督或調處其間之糾紛。

四　主管機關指定辦理之事項。

②信用卡業務機構應確實遵守前項第二款之業務規章及自律公約。

第四章　消費者保護

第三九條

①發卡機構未完成申請人申請及審核程序前，不得製發信用卡。但已持有原發卡機構製發之信用卡且有下列情形之一者，不在此限：

一　因持卡人發生信用卡遺失、被竊、遭製作僞卡或有遭製作僞卡之虞等情形或污損、消磁、刮傷或其他原因致信用卡不堪使用而補發新卡。

二　因信用卡有效期間屆滿時，持卡人未終止契約而續發新卡，惟應事先完成覆審程序。

三　因聯名卡、認同卡或店內卡合作契約終止，依發卡機構與持卡人原申請契約規定換發新卡，惟應事先以書面或與持卡人約定之電子文件通知持卡人。

四　因原發卡機構發生分割、合併或其他信用卡資產移轉等情形而換發新卡，惟應事先以書面或與持卡人約定之電子文件通知持卡人。

五　因發卡機構將信用卡由磁條卡升級爲晶片卡而換發新卡，惟應事先以書面或與持卡人約定之電子文件通知持卡人。

六　其他經主管機關規定之事項。

②前項第三款至第五款之通知，持卡人於一定期間未表示異議，得視爲同意。

③發卡機構對原製發之信用卡新增結合其他功能前，應事先取得持卡人同意，始得爲之。

④發卡機構因分割、合併或其他信用卡資產移轉等情形致原發卡機構主體變更者，變更後之新發卡機構應於基準日起一年內換發新卡。但有正當理由經主管機關核准者，得予延長。

第四〇條

①發卡機構於辦理申請信用卡作業時，應以書面或電子文件告知申請人下列事項：

一　向持卡人收取之年費、各項手續費、循環信用利率、循環信用利息及違約金等之計算方式及可能負擔之一切費用。其中利率應以年率表示，循環信用利息及違約金之計算方式應以淺顯文字輔以實例具體說明之。

二　信用卡使用方式及遺失、被竊或滅失時之處理方式。

三　持卡人對他人無權使用其信用卡後所發生之權利義務關係。

四　有關信用卡交易帳款疑義之處理程序與涉及持卡人權利義務之信用卡國際組織相關重要規範。

五　提供持卡人之各項權益、優惠或服務之期間及適用條件。

六　其他經主管機關規定之事項。

②前項告知內容應通俗簡明，攸關消費者權益之重要事項，應以顯著方式標示。

③發卡機構應於契約中就第一項第一款及第五款之事項載明調整之頻率。

第四一條

①發卡機構應受前條第一項告知內容之拘束，倘有下列情形者，應於六十日前以顯著方式標示於書面或事先與持卡人約定之電子文件通知持卡人，持卡人如有異議得終止契約：

一　增加持卡人之可能負擔。

二　提高循環信用利率。

三　循環信用利率採浮動式者，變更所選擇之指標利率。

四　變更循環信用利息計算方式。

五　變更前條第一項第二款至第五款之事項。

②循環信用利率採浮動式者，除有不可歸責於發卡機構之事由外，不得變更所選擇之指標利率。

③前項指標利率調整時，除於營業場所及其網站公告外，應以書面或事先與持卡人約定之方式通知持卡人。但指標利率調高時，得不適用第一項六十日前通知之規定。

第四二條 104

①發卡機構於申請書之申請人聲明及同意事項中，應至少載明下列事項，並經申請人以簽名或其他得以辨識申請人同一性及確定申請人意思表示之方式確認：

一　所收取之利率及各項費用，並詳列計收標準及收取條件。

二　持卡人未按時依約繳款之紀錄，將登錄聯徵中心，而影響未來申辦其他貸款之權利。

三　發卡機構與第三人合作，如涉及持卡人資料之使用，應設計欄位供申請人自行勾選是否同意提供個人資料予該第三人，並明列其使用範圍。

②前項第一款應於發卡機構網站揭露。

③發卡機構不得於信用卡申請書中，以「正卡申請人代理附卡申請人簽名申請附卡」之方式受理附卡申請。

④發卡機構如於信用卡申請時，要求申請人提供正、附卡持卡人及保證人以外之第三人個人資料，應依下列規定辦理：

一　不得強制申請人提供，或作為核准或駁回申請之依據。

二　應向申請人說明提供該等個人資料之目的。
三　不得將該等個人資料用於徵信或催收作業。
四　如經第三人本人要求，應即停止使用其個人資料。

第四三條

發卡機構於持卡人收到所申請信用卡之日起七日內，經持卡人通知解除契約者，不得向持卡人請求負擔任何費用。但持卡人已使用者，不在此限。

第四四條 103

①發卡機構應按期將持卡人交易帳款明細資料，以書面或事先與持卡人約定之電子文件通知持卡人。

②前項明細資料應充分揭露下列資訊：
一　持卡人信用額度及預借現金額度。
二　起息日、循環信用利率及其適用期間。
三　帳款結帳日、繳款截止日、當期新增應付帳款、溢繳應付帳款及最低應繳金額。
四　每筆交易之交易日期、入帳日期、交易項目、交易金額、及國外交易之交易國家或地區、幣別、折算新臺幣或約定外幣金額及其折算日期。
五　各項費用之計收標準及收取條件。各項費用之收取金額，並應逐筆分別列示。
六　已動用循環信用者，應分別列示前期餘額、計入循環信用本金之帳款、所收取之利息及違約金。
七　當期應付帳款如持卡人未來每期僅依約繳交最低應繳金額時，其繳清全部帳款所需之時間及應繳納之總金額。
八　持卡人就全部或部分應付帳款採固定期數之分期還款方式清償時，其每期應繳納之本金、利息、費用、未到期金額及應付總費用年百分率。
九　發卡機構當年度截至當期已向持卡人收取之利息及費用之累計金額。
十　其他經主管機關規定之事項。

③發卡機構所提供之交易帳款明細資料與本條規定不符者，應於本辦法修正施行之日起一年內調整。

第四五條

發卡機構應依據下列規定辦理信用卡相關資訊之揭露：
一　信用卡循環信用利率應於營業場所牌告。
二　信用卡循環信用利率、年費、各項費用、帳款計算方式、遺失或被竊處理、持卡人之權益、優惠或服務等相關資訊，應於發卡機構之刊物或網路刊登。
三　其他經主管機關或中央銀行規定之事項。

第四六條

①發卡機構主動調高持卡人信用額度，應事先通知正卡持卡人，並取得其書面同意後，始得爲之。若原徵有保證人者，應事先通知

保證人並獲其書面同意，且於核准後應通知保證人及正卡持卡人。

②正卡持卡人申請調整信用額度時，發卡機構應於核准後通知正卡持卡人。

③若原徵有保證人者，除調高信用額度應事先通知保證人並獲其書面同意外，應於調整核准後通知保證人。

④前二項信用額度之調整，如涉及附卡持卡人信用額度之變更時，發卡機構應通知附卡持卡人。

⑤第一項及第二項書面同意之方式，亦得透過網路認證或自動提款機或自動貸款機之方式為之。惟應加強持卡人或保證人身分之驗證，並於契約中明定發卡機構應負擔未確實驗證而造成其損失之責任。

第四七條

①發卡機構訂定之信用卡定型化契約條款，其內容應遵守信用卡定型化契約應記載及不得記載事項之規定，且對消費者權益之保障，不得低於主管機關發布之信用卡定型化契約範本內容。

②發卡機構信用卡契約條款印製之字體不得小於十二號字。

第四八條

①發卡機構辦理信用卡循環信用，其計息方式應依下列規定辦理：

一　不得以複利計息。

二　起息日不得早於實際撥款日，且應依據主管機關發布之信用卡定型化契約應記載及不得記載事項與範本之相關規定辦理

三　不得將各項費用計入循環信用本金。

四　不得將當期消費帳款計入當期本金計算循環信用利息。

五　得計入循環信用利息本金之帳款應依據主管機關發布之信用卡定型化契約應記載及不得記載事項與範本之相關規定辦理。

②發卡機構因持卡人未於當期繳款截止日前付清當期最低應繳金額，而約定向持卡人收取違約金時，其收取方式應依主管機關規定辦理。

第四九條

發卡機構不得要求附卡持卡人就正卡持卡人使用正卡所生應付帳款負清償責任。

第五〇條

①發卡機構所提供之信用卡分期付款服務，如係與特約商店有合作關係者，應依下列規定辦理：

一　應於持卡人原信用額度內承作。

二　分期付款期間不得超過二年六個月。

三　特約商店應於交易時以書面告知持卡人該分期付款服務係發卡機構提供，及所需負擔費用之計收標準與收取條件。但屬網際網路或電視購物等非面對面式交易者，特約商店得以其他替代方式告知，並須留存相關紀錄。

四　發卡機構不得以確保特約商店商品或服務提供為由，要求持卡人負擔相關費用。

②發卡機構所提供之信用卡分期付款服務，如係與特約商店無合作關係者，應依下列規定辦理：

一　應符合前項第一款及第二款規定。

二　發卡機構應事先以書面或與持卡人約定之方式告知持卡人前項第三款之資訊。

③發卡機構所提供之信用卡分期付款服務與前二項規定不符者，應於本辦法修正施行之日起六個月內調整。

第五一條

信用卡業務機構自行辦理應收帳款催收時，應依下列規定辦理：

一　不得違反公共利益，或侵害他人權益，且應依誠實及信用方法行使權利。

二　僅能對持卡人本人及其保證人催收，不得對與債務無關之第三人干擾或催討。

三　以電話催收時，須表明機構名稱並裝設錄音系統，且相關資料至少保存六個月以上，以供稽核或爭議時查證之用。

四　不得有暴力、脅迫、恐嚇、辱罵、騷擾、誤導、欺瞞或造成持卡人隱私受侵害之不當催收行為。

五　進行外訪催收時，應對持卡人或相關第三人表明機構名稱並出示證明文件。

第五二條 104

①發卡機構應訂定信用卡申訴處理程序及設立申訴與服務專線，且應將該專線記載於卡片背面，並以書面或電子文件通知持卡人，另於所屬網站公告，以保障持卡人之權益。

②除依主管機關規定免報送資料者外，發卡機構將持卡人延遲繳款超過一個月以上、強制停卡、催收及呆帳等信用不良之紀錄登錄於聯徵中心前，須將登錄信用不良原因及對持卡人可能之影響情形以書面或事先與持卡人約定之電子文件告知持卡人。

第五三條

①信用卡業務機構應確保自身及特約商店因信用卡申請人申請或持卡人使用信用卡而知悉關於申請人或持卡人之一切資料，除其他法律或主管機關另有規定者外，應保守秘密。

②因職務或契約關係知悉前項資料者，亦同。

第五章　罰則及附則

第五四條

①主管機關得隨時派員，或委託適當機關，檢查專營信用卡業務機構或其他關係人之業務、財務及其他有關事項，或令專營信用卡業務機構或其他關係人於限期內據實提報財務報告、財產目錄或其他有關資料及報告。

②主管機關於必要時，得指定專門職業及技術人員，就前項規定應

行檢查事項、報表或資料予以查核，並向主管機關據實提出報告，其費用由專營信用卡業務機構負擔。

第五五條

違反本辦法之規定者，依銀行法有關規定處罰之。

第五六條

本辦法自發布日施行。

電子子票證發行管理條例

①民國 98 年 1 月 23 日總統令制定公布全文 38 條；並自公布日施行。
民國 101 年 6 月 25 日行政院公告第 2 條所列屬「行政院金融監督管理委員會」之權責事項，自 101 年 7 月 1 日起改由「金融監督管理委員會」管轄。
②民國 104 年 6 月 24 日總統令修正公布第 2～4、7、9、16～18、22、29、30、31、33、35 條條文；增訂第 5-1、29-1、31-1 條條文；並刪除第 37 條條文。
③民國 106 年 6 月 14 日總統令公布刪除第 36 條條文。
④民國 107 年 1 月 31 日總統令增訂公布第 5-2 條條文。

第一章　總　則

第一條　（立法目的）

爲因應電子科技之發展，便利民衆利用電子票證自動扣款之方式，作爲多用途支付使用，確保發行機構之適正經營，並保護消費者之權益及維持電子票證之信用，特制定本條例。

第二條　（主管機關）104

本條例之主管機關爲金融監督管理委員會。如涉及其他部會之職掌，由主管機關洽會各部會辦理之。

第三條　（用詞定義）104

本條例用詞，定義如下：

一　電子票證：指以電子、磁力或光學形式儲存金錢價值，並含有資料儲存或計算功能之晶片、卡片、憑證或其他形式之債據，作爲多用途支付使用之工具。

二　發行機構：指經主管機關許可，依本條例經營電子票證業務之機構。

三　持卡人：指以使用電子票證爲目的而持有電子票證之人。

四　特約機構：指與發行機構訂定書面契約，約定持卡人得以發行機構所發行之電子票證，支付商品、服務對價、政府部門各種款項及其他經主管機關核准之款項者。

五　多用途支付使用：指電子票證之使用得用於支付特約機構所提供之商品、服務對價、政府部門各種款項及其他經主管機關核准之款項。但不包括下列情形：

㈠僅用於支付交通運輸使用，並經交通目的事業主管機關核准。

㈡以網路或電子支付平臺爲中介，接受使用者註册及開立電子支付帳戶，並利用電子設備以連線方式傳遞收付訊息，於使用者間收受儲值款項。

第二章　電子票證之發行

第四條　（電子票證之發行及應用安全強度準則之管理範圍與訂定）104

①非發行機構不得發行電子票證或簽訂特約機構。

②依本條例發行之電子票證，其應用安全強度等級、安全需求設計、防護措施及相關事項之準則，由主管機關定之。

第五條　（執行業務範圍）

①發行機構應經主管機關核准後，始得辦理下列業務：

一　發行電子票證。

二　簽訂特約機構。

三　其他經主管機關核准之業務。

②前項業務涉及外匯部分，並應經中央銀行許可及依中央銀行規定辦理。

③發行機構未經主管機關核准前，不得變更第一項業務之全部或一部。

④發行機構得將業務之一部委由具備提供相關功能之第三者辦理或共同發行電子票證。

第五條之一　（記名式電子票證款項得移轉至同一持卡人之電子支付帳戶）104

①發行機構發行記名式電子票證，符合一定條件者，得依持卡人指示，將儲存於記名式電子票證之款項移轉至同一持卡人之電子支付帳戶。

②主管機關得限制前項移轉款項之金額；其限額，由主管機關定之。

③第一項所定一定條件，由主管機關定之。

④依第一項規定移轉之款項，屬第三條第四款、第五款及第十九條第二項第一款所定其他經主管機關核准之款項。

第五條之二　（促進金融科技創新，推動金融監理沙盒，於核准辦理期間及範圍，得不適用本法之規定）107

①為促進普惠金融及金融科技發展，不限於電子票證發行機構，得依金融科技發展與創新實驗條例申請辦理電子票證業務創新實驗。

②前項之創新實驗，於主管機關核准辦理之期間及範圍內，得不適用本條例之規定。

③主管機關應參酌第一項創新實驗之辦理情形，檢討本條例及相關金融法規之妥適性。

第六條　（資本額）

①發行機構最低實收資本額為新臺幣三億元。主管機關得視社會經濟情況及實際需要調整之。

②前項最低實收資本額，發起人應於發起時一次認足。

第七條　（申請設立發行機構）104

①發行機構以股份有限公司組織爲限；除本條例另有規定或經主管機關依電子支付機構管理條例規定許可兼營電子支付機構業務者外，應專業經營電子票證業務。
②依本條例專業經營電子票證業務之機構，應由發起人或負責人檢具下列書件各二份，向主管機關申請許可：
一　申請書。
二　發起人或股東與董事、監察人名册及證明文件。
三　發起人會議或董事會會議紀錄。
四　資金來源說明。
五　公司章程。
六　營業計畫書：載明業務之範圍、業務經營之原則與方針及具體執行之方法、市場展望及風險、效益評估。
七　預定總經理或總經理之資料。
八　業務章則及業務流程說明。
九　電子票證業務各關係人間權利義務關係約定書或其範本。
十　電子票證所採用之加值機制說明。
十一　電子票證交易之結算及清算機制說明。
十二　與信託業者簽訂之信託契約或其範本；或與銀行簽訂之履約保證契約或其範本。
十三　其他經主管機關規定之書件。
③前項第八款之業務章則應記載下列事項：
一　組織結構及部門職掌。
二　人員配置、管理及培訓。
三　內部控制制度及內部稽核制度。
四　會計制度。
五　營業之原則及政策。
六　消費糾紛處理程序。
七　作業手册及權責劃分。
八　其他經主管機關規定之事項。

第八條　（不予許可或核准之情形）

發行機構申請設立許可或業務核准，有下列情形之一，主管機關得不予許可或核准：
一　最低實收資本額不符第六條之規定者。
二　申請書件內容有虛僞不實者。
三　經主管機關限期補正事項未補正者。
四　營業計畫書內容欠具體或無法執行者。
五　專業能力不足，有未能有效經營業務之虞或爲保護公益，認有必要者。

第九條　（核發營業執照、開業及換發營業執照）104

①發行機構應自主管機關許可之日起六個月內，檢具下列書件，向主管機關申請核發營業執照：
一　營業執照申請書。

二　公司登記證件。
三　會計師資本繳足查核報告書。
四　股東名冊。
五　董事名冊及董事會會議紀錄。設有常務董事者，其常務董事名冊及常務董事會會議紀錄。
六　監察人名冊及監察人會議紀錄。
七　其他經主管機關規定之書件。

②前項規定期限屆滿前，如有正當理由，得申請延展；延展期限不得超過三個月，並以一次爲限。未經核准延展者，主管機關得廢止其許可。

③發行機構應於核發營業執照後六個月內開始營業。

④發行機構營業執照所載事項有變更者，應經主管機關之許可，並申請換發營業執照。

第一〇條　（撤銷或廢止許可執照）

發行機構經核發營業執照後，經發覺原申請事項有虛僞情事，其情節重大者，或未依限開始營業者，主管機關應撤銷、廢止其設立許可或業務核准，限期繳銷執照，並通知經濟部。但有正當理由經主管機關核准者，得予延展開業，延展期限不得超過六個月，並以一次爲限。

第一一條　（定型化契約之訂定）

發行機構訂定電子票證定型化契約條款之內容，應遵守主管機關所公告之定型化契約應記載及不得記載事項，且其對消費者權益之保障，不得低於主管機關所發布電子票證定型化契約範本之內容。

第一二條　（契約應載明事項）

發行機構與特約機構訂定之契約，應記載下列各款事項：

一　當事人之名稱及地址。
二　電子票證自動扣款之方法。
三　電子票證自動扣款設備之裝設及成本分擔。
四　所扣款項應每日定時結算。
五　款項撥付方法與手續費之收取。
六　契約之變更、解除及終止事由。
七　簽訂契約之日期。
八　其他經主管機關規定之事項。

第一三條　（儲存金額之上限）

①本條例所定電子票證之儲存金額，不得超過新臺幣一萬元。

②前項電子票證之儲存金額，得由主管機關依經濟發展情形，以命令調整之。

第一四條　（交易及儲值方式）

①發行機構發行電子票證之交易方式，得採行線上即時交易及非線上即時交易。

②發行機構發行電子票證之儲存金錢價值之方式，得採重覆加值式

或拋棄式。

第一五條 (營業日)

發行機構應於開始發行電子票證後五個營業日內，向主管機關申報。

第一六條 (跨國發行或合作發行) 104

①發行機構非經主管機關核准，不得發行國際通用電子票證或與國外機構合作發行電子票證。

②前項發行國際通用電子票證或與國外機構合作發行電子票證之審核標準、業務管理、作業方式、重大財務業務與營運事項申報及其他應遵行事項之辦法，由主管機關會商中央銀行定之。

第三章 業務及管理

第一七條 (負責人兼職限制及發行機構業務管理及應遵循事項，由主管機關定之) 104

①發行機構負責人兼職限制及其他應遵行事項之準則，由主管機關定之。

②發行機構之業務管理、作業方式、特約機構管理、營業據點、內部控制與稽核、作業委外、投資限制、財務業務與營運事項之核准與申報及其他應遵行事項之規則，由主管機關定之。

第一八條 (非銀行發行機構收取款項之管理) 104

①非銀行發行機構發行電子票證所收取之款項，達一定金額以上者，應繳存足額之準備金；其一定金額、準備金繳存之比率、繳存方式、調整、查核及其他應遵行事項之辦法，由中央銀行會商主管機關定之。

②前項收取之款項，扣除應提列之準備金後，於次營業日應全部交付信託或取得銀行十足之履約保證。

③運用第一項所收取之款項所得之孳息或其他收益，應計提一定比率金額，並於銀行以專戶方式儲存，作爲回饋持卡人或其他主管機關規定用途使用。

④前項所定一定比率金額，由主管機關定之。

第一九條 (信託契約之訂定)

①前條所稱交付信託，係指發行機構應與信託業者簽訂信託契約，並將每日持卡人儲存於電子票證之款項於次營業日內存入信託契約所約定之信託專戶。

②交付信託之款項，除下列方式外，不得動用：

一　支付特約機構提供之商品或服務對價、政府部門各種款項及其他經主管機關核准之款項。

二　持卡人要求返還電子票證之餘額。

三　信託財產之運用。

四　運用信託財產所生之孳息或其他收益分配予發行機構。

③發行機構就特約機構之請款，應依結算結果，指示信託業者撥付予特約機構，不得有拖延或虛僞之行爲。

④信託業者對於信託財產之運用，應以下列各款方式為限：
　一　銀行存款。
　二　購買政府債券或金融債券。
　三　購買國庫券或銀行可轉讓定期存單。
　四　購買經主管機關核准之其他金融商品。
⑤信託業者運用信託財產所生之孳息或其他收益，應於所得發生年度，減除成本、必要費用及耗損後，依信託契約之約定，分配予發行機構。
⑥信託契約之應記載及不得記載事項，由主管機關定之。
⑦持卡人對於存放於信託業者之信託財產，就因電子票證所產生債權，有優先於發行機構之其他債權人及股東受償之權利。

第二〇條　（履約保證責任）
①第十八條所稱取得銀行十足之履約保證，係指發行機構應就持卡人儲存於電子票證之金錢餘額，與銀行簽訂足額之履約保證契約，由銀行承擔履約保證責任。
②發行機構應於信託契約或履約保證契約到期日前一個月完成續約或依第十八條規定訂定新契約，並函報主管機關備查。
③未符合前項規定者，不得發行新卡及接受持卡人儲存金額。

第二一條　（個人資料之保密責任）
①發行機構及特約機構，對於申請人申請或持卡人使用電子票證之個人資料，除其他法律或主管機關另有規定者外，應保守秘密。
②發行機構不得利用持卡人資料為第三人從事行銷行為。

第二二條　（發行機構應保存持卡人交易明細資料，並提供其查詢服務）104
①發行機構應依主管機關及中央銀行之規定，申報業務有關資料。
②發行機構發行電子票證應保存持卡人交易帳款明細資料，至少保存五年，並提供其查詢之服務。
③前項明細資料應充分揭露交易日期、使用卡號、交易項目、交易金額、交易設備代號及幣別等項目。
④發行機構應委託會計師每季查核依第十八條第二項規定辦理之情形，並於每季終了後一個月內，將會計師查核情形報請主管機關備查。

第二三條　（營業報告書及財務報告之申報）
①發行機構應於會計年度終了四個月內，編製電子票證業務之營業報告書、經會計師查核簽證之財務報告或製作其他經主管機關指定之財務文件，於董事會通過及監察人承認後十五日內，向主管機關申報及公告。
②前項財務報告應經監察人承認之規定，對於依證券交易法第十四條之四設置審計委員會之發行機構，不適用之。

第二四條　（主管機關之查核）
①主管機關得隨時派員或委託適當機關檢查發行機構、特約機構或其他關係人之業務、財務及其他有關事項，或令發行機構、特約

機構或其他關係人於限期內據實提報財務報告、財產目錄或其他有關資料及報告。

②主管機關於必要時，得指定專門職業及技術人員，就前項規定應行檢查事項、報表或資料予以查核，並向主管機關據實提出報告，其費用由受查核對象負擔。

第二五條　（違反法令章程之處分）

①發行機構違反法令、章程或其行為有礙健全經營之虞時，主管機關除得予以糾正、命其限期改善外，並得視情節之輕重，為下列處分：

一　撤銷股東會或董事會等法定會議之決議。

二　廢止發行機構全部或部分業務之許可。

三　命令發行機構解除經理人或職員之職務。

四　解除董事、監察人職務或停止其於一定期間內執行職務。

五　其他必要之處置。

②主管機關依前項第四款解除董事、監察人職務時，應通知經濟部撤銷其董事、監察人登記。

③主管機關對發行機構、有違法嫌疑之負責人或職員，得通知有關機關禁止其為財產之移轉、交付或行使其他權利，並得函請入出境許可之機關限制其出境。

第二六條　（交易及傳輸之安全性）

發行機構應確保交易資料之隱密性及安全性，並負責資料傳輸、交換或處理之正確性。

第二七條　（勒令停業）

①發行機構累積虧損逾實收資本額之三分之一者，應立即將財務報表及虧損原因，函報主管機關。

②主管機關對具有前項情形之發行機構，得限期命其補足資本，或限制其業務；屆期未補足者，得勒令其停業。

第二八條　（業務移轉之承受）

①發行機構因業務或財務顯著惡化，不能支付其債務或有損及持卡人利益之虞，主管機關得命其將電子票證業務移轉於經主管機關指定之其他發行機構。

②發行機構因解散、停業、歇業、撤銷或廢止許可等事由，致不能繼續從事電子票證業務者，應洽由其他發行機構承受其電子票證業務，並經主管機關核准。

③發行機構未依前項規定辦理者，由主管機關指定其他發行機構承受。

第二九條　（兼營電子票證業務之銀行不適用之規定）104

①自有資本與風險性資產比率符合銀行法第四十四條規定之銀行擬兼營電子票證業務者，應檢具第七條第二項第一款、第三款、第五款、第六款、第八款至第十一款、第十三款規定之書件向主管機關申請許可；其經許可者，不適用第六條、第八條至第十條、第十七條第一項、第十九條、第二十條、第二十二條第四項、第

二十三條至第二十五條、第二十七條及第二十八條規定。

②銀行發行電子票證所預先收取之款項，應依銀行法提列準備金，且為存款保險條例所稱之存款保險標的。

③電子支付機構擬兼營電子票證業務者，應檢具第七條第二項第一款、第三款、第五款至第十三款規定之書件向主管機關申請許可；其經許可者，不適用第九條及第十條規定。

第二九條之一 （發行機構應加入同業公會）104

①發行機構應加入主管機關指定之同業公會或中華民國銀行商業同業公會全國聯合會（以下簡稱銀行公會）電子支付業務委員會。

②前項主管機關所指定同業公會之章程及銀行公會電子支付業務委員會之章則、議事規程，應報請主管機關核定；變更時，亦同。

③第一項主管機關所指定同業公會之業務，應受主管機關之指導及監督。

④前項同業公會之理事、監事有違反法令、章程，怠於實施該會應辦理事項，濫用職權，或違反誠實信用原則之行為者，主管機關得予糾正，或命令該同業公會予以解任。

⑤主管機關所指定同業公會及銀行公會電子支付業務委員會，為會員之健全經營及維護同業聲譽，應辦理下列事項：

一　協助主管機關推行、研究電子票證業務之相關政策及法令。

二　訂定並定期檢討共同性業務規章或自律公約，並報請主管機關備查；變更時，亦同。

三　就會員所經營業務，為必要指導或調處其間之糾紛。

四　主管機關指定辦理之事項。

⑥發行機構應確實遵守前項第二款之業務規章及自律公約。

第四章　罰　則

第三〇條 （刑事責任）104

①非發行機構發行電子票證者，處一年以上十年以下有期徒刑，得併科新臺幣二千萬元以上五億元以下罰金。

②違反第四條第一項規定簽訂特約機構或違反第十八條第二項、第十九條第二項規定者，處七年以下有期徒刑，得併科新臺幣五億元以下罰金。

③販售非發行機構所發行之電子票證者，處三年以下有期徒刑、拘役或科或併科新臺幣五百萬元以下罰金。

④法人之代表人、代理人、受僱人或其他從業人員，因執行業務犯前三項之罪者，除處罰其行為人外，對該法人亦科以前三項所定罰金。

第三一條 （罰鍰）104

有下列情事之一者，處新臺幣六十萬元以上三百萬元以下罰鍰：

一　違反第四條第二項所定準則有關應用安全強度等級、安全需求設計、防護措施之規定。

二　違反第五條第一項至第三項規定，辦理未經主管機關核准之業務或未經主管機關核准變更業務之全部或一部。

三　違反第五條之一第一項規定或移轉款項逾同條第二項規定之限額。

四　違反第七條第一項規定，未專業經營電子票證業務，或未經主管機關許可兼營業務。

五　違反第十三條所定限額之規定。

六　違反第十六條第一項規定，未經核准發行國際通用電子票證或與國外機構合作發行電子票證，或違反同條第二項所定辦法有關業務管理、作業方式、重大財務業務或營運事項申報之規定。

七　發行機構負責人違反第十七條第一項所定準則有關兼職限制之規定。

八　違反第十七條第二項所定規則有關業務管理、作業方式、特約機構管理、營業據點、內部控制與稽核、作業委外、投資限制、財務業務與營運事項之核准、申報之規定。

九　違反第十八條第三項、第十九條第三項、第四項、第二十條第二項、第三項規定。

十　違反第二十一條規定。

十一　違反第二十二條規定。

十二　違反第二十三條第一項規定。

十三　違反第二十六條規定。

第三一條之一　（罰鍰）104

發行機構、特約機構或其他關係人之負責人或職員於主管機關依第二十四條規定，派員或委託適當機構，或指定專門職業及技術人員，檢查業務、財務及其他有關事項，或令發行機構、特約機構或其他關係人於限期內據實提報財務報告、財產目錄或其他有關資料及報告時，有下列情形之一者，處新臺幣六十萬元以上三百萬元以下罰鍰：

一　拒絕檢查。

二　隱匿或毀損有關業務或財務狀況之帳冊文件。

三　對檢查人員詢問，無正當理由不爲答復，或答復不實。

四　逾期提報財務報告、財產目錄或其他有關資料及報告，或提報不實、不全或未於規定期限內繳納查核費用。

第三二條　（罰則）

違反第十八條第一項規定未繳足準備金者，由中央銀行就其不足部分，按中央銀行公告最低之融通利率，加收年息百分之五以下之利息；其情節重大者，由中央銀行處新臺幣二十萬元以上一百萬元以下罰鍰。

第三三條　（罰鍰）104

有下列情事之一者，處新臺幣二十萬元以上一百萬元以下罰鍰：

一　違反第九條第四項規定。

二　違反第十一條規定。

三　違反第十二條規定。

四　違反第十五條規定。

五　違反第二十七條第一項規定。

六　違反第二十九條之一第一項規定，未加入公會。

第三四條　（罰則）

①本條例所定罰鍰，由主管機關依職權裁決之。受罰人不服者，得依訴願及行政訴訟程序，請求救濟。在訴願及行政訴訟期間，主管機關得命提供適額保證，停止執行。

②罰鍰經限期繳納而屆期不繳納者，自逾期之日起，每逾一日加徵滯納金百分之一；逾三十日仍未繳納者，移送強制執行，並得由主管機關勒令停業。

第三五條　（按次處罰）104

發行機構經依本條例規定處罰後，經主管機關限期改正，屆期不改正者，得按次處罰；其情節重大者，並得責令限期撤換負責人或廢止其許可。

第三六條　（刪除）106

第五章　附　則

第三七條　（刪除）104

第三八條　（施行日）

本條例自公布日施行。

電子票證發行機構業務管理規則

①民國 98 年 7 月 15 日行政院金融監督管理委員會令訂定發布全文 27 條；並自發布日施行。
②民國 105 年 2 月 18 日金融監督管理委員會令修正發布第 3、9、17、19、22、26 條條文；增訂第 5-1、13-1 條條文；並刪除第 15、25 條條文。
③民國 106 年 8 月 30 日金融監督管理委員會令修正發布第 17、22 條條文。
④民國 107 年 11 月 5 日金融監督管理委員會令修正發布第 2、3、4、6、12、13、19、22、27 條條文；並增訂第 2-1、2-2、5-2、5-3 條條文；除第 2 條第 3、5、6 項、第 2-1、2-2 條、第 3 條第 7 項第 2～4 款、第 6 條第 1 款自 108 年 1 月 1 日施行外，自發布日施行。

第一條

本規則依電子票證發行管理條例（以下簡稱本條例）第十七條第二項規定訂定之。

第二條 107

①發行機構依金融機構防制洗錢辦法規定辦理一定金額以上之通貨交易或一定數量以上電子票證交易時，應憑客戶提供之身分證明文件或護照確認身分，並將其姓名或機構名稱、出生年月日、住址、電話、身分證明文件號碼或機構統一編號及所購買電子票證張數或金額、電子票證號碼加以記錄。

②下列各款電子票證應為記名式：

一　結合其他金融支付工具聯名發行者。但中華民國一百零一年四月一日前發行者，不在此限。
二　具使用於網際網路交易功能者。
三　具約定連結其他金融支付工具進行自動加值功能者。
四　具向其他金融支付工具進行款項轉出功能者。
五　具中途贖回款項功能者。

③發行機構接受客戶辦理電子票證記名作業時，應確認持卡人身分，其確認持卡人身分之方式，除應符合金融機構防制洗錢辦法規定外，並依下列規定辦理：

一　應以可靠、獨立來源之文件、資料或資訊，辨識及驗證客戶身分，並徵提持卡人基本身分資料，至少包括姓名、國籍、出生年月日、電話、電子票證號碼及身分證明文件種類與號碼等事項，且保存身分證明文件影本或予以記錄。
二　持卡人提供國民身分證資料者，應向內政部或財團法人金融聯合徵信中心（以下簡稱聯徵中心）查詢國民身分證領補換資料之眞實性；客戶提供居留證資料者，發行機構應向內政部查詢資料之眞實性。

三　應向聯徵中心查詢下列資料，並留存相關紀錄備查：

㈠疑似不法或顯屬異常交易存款帳戶資料。

㈡發行機構交換有關第二條之一第一項第二款及第三款規定之資料。

㈢當事人請求加強身分確認註記資料。

㈣其他經主管機關規定之資料。

④發行機構對於前項第三款查詢所得資料，應審愼運用，並以其客觀性及自主性，決定核准或拒絕客戶記名作業之申請。

⑤發行機構發行下列記名式電子票證，如符合金融機構防制洗錢辦法第七條規定，得不適用第三項規定：

一　對於境外持卡人，經委託境外受委託機構以不低於第三項規定之強度確認其身分者。

二　與銀行、學校、行動通信業務經營者及政府機關合作，結合其他金融支付工具、學生證、用戶號碼、身分證明文件等記名式工具，或約定連結其他金融支付工具者。

⑥發行機構於中華民國一百零八年一月一日前所發行電子票證之記名作業，未符合第三項第一款或前項規定者，應於中華民國一百零八年十二月三十一日前調整符合規定；未完成調整符合規定之電子票證，視爲無記名式電子票證。

第二條之一 107

①記名式電子票證持卡人有下列情形之一時，發行機構得暫停其使用電子票證業務服務之全部或一部；其情節重大者，應立即終止與其之契約：

一　不配合核對或重新核對身分者。

二　提交虛僞身分資料之虞者。

三　有相當事證足認有利用電子票證從事詐欺、洗錢等不法行爲或疑似該等不法行爲者。

②發行機構依前項第二款及第三款終止與使用者之契約時，應通報聯徵中心。

第二條之二 107

①發行機構應定期向聯徵中心報送電子票證業務相關資料。

②發行機構報送與查詢資料之範圍、建檔與查詢方式、收費標準、作業管理、資料揭露期限、資訊安全控管及查核程序等相關規範，由聯徵中心擬訂，報主管機關核定。

③聯徵中心蒐集、處理或利用發行機構依第一項規定報送之資料，屬個人資料保護法（以下簡稱個資法）第八條第二項第二款爲履行法定義務所必要，得免爲個資法第九條第一項之告知。

④發行機構依第一項規定報送及揭露之資料，不得有虛僞不實之情事，以確保資料之正確性。

第三條 107

①發行機構應於電子票證、書面或電子文件載明發行機構之聯絡資

訊及可查詢持卡人權利義務訊息之管道，並告知持卡人下列事項：
一　電子票證之使用方式、終止事由及款項退還之方式。
二　向持卡人收取手續費及可能負擔之一切費用；並應以淺顯文字輔以實例具體說明之。
三　有關電子票證交易帳款疑義之處理程序。
四　攸關持卡人權利義務之事項。
五　其他經主管機關規定之事項。
②發行機構發行記名式電子票證，除前項應告知事項外，並應以書面或電子文件告知持卡人下列事項：
一　電子票證遺失、被竊或滅失時之處理方式。
二　電子票證遭冒用、變造或偽造之權利義務關係。
③發行機構以電子文件方式辦理前二項事項者，應於電子票證或以書面載明可查閱該電子文件之管道。
④第一項及第二項書面或電子文件告知內容應通俗簡明，攸關持卡人權益之重要事項，應以顯著方式標示。
⑤第一項及第二項之電子文件指電子簽章法第二條第一項第一款規定所稱之電子文件。
⑥發行機構向持卡人收取之各項費用應合理反映其成本。
⑦下列各款之電子票證如有遺失或被竊等情形時，持卡人得辦理掛失停用手續：
一　記名式電子票證。
二　中華民國一百零八年一月一日前發行機構所發行記名式電子票證未調整符合第二條第三項第一款或第五項規定，經徵提第二條第三項第一款規定之持卡人基本身分資料。
三　發行機構與學校、行動通信業務經營者及政府機關合作，結合學生證、用戶號碼或身分證明文件等記名式工具所發行之無記名式電子票證，經徵提第二條第三項第一款規定之持卡人基本身分資料。
四　發行機構配合政府機關政策所發行具特定身分者使用之無記名式電子票證，經徵提第二條第三項第一款規定之持卡人基本身分資料。

第四條　107
①發行機構發行電子票證所收取之儲值款項應等值計入儲值金額。
②發行機構對重覆加值式電子票證所儲存之金錢價值不得訂定使用期限或次數；對拋棄式電子票證所儲存之金錢價值如訂定使用期限或次數，應於電子票證上記載使用期限、使用次數及終止使用之處理方式。
③發行機構將電子票證卡號提供他人運用時，應符合個資法相關規定，並建立相關管理機制。
④發行機構將電子票證之儲存區塊提供他人運用，應依下列規定辦理：

一　就電子票證之儲存區塊提供他人運用應訂定內部控制作業制度及程序，並經董事會通過；修正時，亦同。

二　訂定內部控制制度，至少應包括：

㈠儲存區塊供他人運用之範圍。

㈡與儲存區塊運用者簽訂明確之契約及責任歸屬。

㈢確保儲存區塊之資料隱密性及安全性。

㈣儲存區塊運用者應向持卡人告知其與持卡人之權利義務事項。

㈤確認儲存區塊運用者對於運用儲存區塊事項符合其應遵循之法令規範，包括個資法、消費者保護法等。

㈥依前條規定方式載明儲存區塊運用者之聯絡資訊及可查詢持卡人權利義務訊息之管道，並告知持卡人發行機構僅提供電子票證服務，未涉及儲存區塊運用者所提供商品或服務之業務經營。

㈦建立消費者權益保障及風險管理機制。

三　儲存區塊用於儲存金錢價值，應與儲存區塊運用者採取聯名方式發行電子票證。但儲存區塊運用者屬政府機關者，不在此限。

⑤本規則中華民國一百零七年十一月五日修正條文施行前，發行機構將電子票證之儲存區塊提供他人運用，未符合前項規定者，應於修正施行後一年內調整符合規定。

第五條

①電子票證之交易，不得爲電子票證間之資金移轉。

②發行機構不得就所發行之電子票證提供持卡人信用額度，或於持卡人交易帳款逾儲值餘額時代墊款項。但爲單次墊款且使用於發展大衆運輸條例所稱大衆運輸事業或停車場業者，不在此限。

③發行機構應提供持卡人查詢電子票證交易帳款及儲值餘額之服務。

④發行機構對於電子票證僞冒交易之爭議應負舉證之責，如有不可歸屬持卡人之事由者，應承擔該交易之損失。

第五條之一 105

發行機構依本條例第五條之一規定辦理款項移轉者，應依下列事項辦理：

一　發行機構於辦理記名作業就確認持卡人身分所取得之所有紀錄，應保存至與持卡人業務關係結束後，至少五年。

二　發行機構應留存電子票證款項移轉至電子支付帳戶之交易明細資料，其範圍包含移轉時間、電子票證卡號、電子支付帳戶帳號、移轉金額、移轉設備代號及移轉結果。

三　發行機構簽立電子支付機構爲特約機構時，應於契約中載明電子支付機構不得將移轉交易手續費轉嫁予持卡人。

第五條之二 107

①發行機構受理持卡人以約定連結存款帳戶（含轉帳卡）進行電子

票證加值，應符合下列規定：

一　約定連結存款帳戶進行加值之電子票證，以記名式爲限。

二　約定連結之存款帳戶，其所有人以持卡人之本人、配偶、直系血親或監護人爲限。發行機構應要求持卡人提供符合該關係之證明文件，經確認後始得受理，並留存證明文件影本或予以記錄。

三　每張電子票證限連結一個存款帳戶。

四　發行機構應合理限制持卡人辦理電子票證約定連結存款帳戶之張數；約定連結存款帳戶所有人與持卡人非同一人時，每人於發行機構限辦一張連結他人帳戶之電子票證。

五　自動加值限額：

㈠約定連結存款帳戶所有人與持卡人屬同一人者，發行機構應與持卡人約定每筆及每日自動加值之限額，並提供持卡人停止自動加值之機制。

㈡約定連結存款帳戶所有人與持卡人非同一人者，應依下列規定辦理：

1.就電子票證端，每張電子票證每日最高自動加值總額爲新臺幣三千元。

2.就存款帳戶端，每個金融機構存款帳戶每月最高可提供他人電子票證自動加值之總額爲新臺幣三萬元，並應提供帳戶所有人可依需求勾選與往來金融機構約定低於上述額度限額之機制。

六　發行機構或存款帳戶之金融機構應即時通知或以每月對帳單通知帳戶所有人加值訊息。

②本規則中華民國一百零七年十一月五日修正條文施行前，發行機構受理持卡人以約定連結存款帳戶（含轉帳卡）進行電子票證加值，未符合前項規定者，應於修正施行後一年內調整符合規定。

第五條之三 107

發行機構受理持卡人利用信用卡進行電子票證加值，應符合下列規定：

一　加值款項以新臺幣爲限。

二　發行機構應訂定以信用卡進行加值之每筆限額，並建立風險控管機制。

三　對於以信用卡加值之款項，不得進行中途贖回或向其他金融支付工具進行款項轉出。

四　約定連結信用卡進行自動加值之電子票證，每張電子票證限連結一張本人信用卡。發行機構或信用卡發卡機構應與持卡人約定每筆及每日自動加值之限額，並提供持卡人停止自動加值之機制。

五　發行機構或信用卡發卡機構應即時通知或以每月對帳單通知信用卡所有人加值訊息。

第六條 107

發行機構所發行之電子票證使用於網際網路交易，應先檢具營業計畫書報經主管機關核准，並依下列規定辦理：

一　依第二條規定辦理記名作業，並確認持卡人提供之行動電話號碼。

二　使用於網際網路交易之每月累計支付金額以新臺幣三萬元爲限。同一持卡人於同一發行機構持有二張以上得使用於網際網路交易之電子票證，其交易金額應合併計算，且歸戶後總交易金額不得超過前述之限額。

三　持卡人進行網際網路交易時，與特約機構如有涉及商品或服務未獲提供之消費爭議，應由特約機構及與特約機構簽約之發行機構負舉證之責，且發行機構應訂定當購買之商品或服務有未獲提供時之爭議帳款處理程序。

四　發行機構應對網際網路交易建立風險控管、防範詐欺、防制洗錢及打擊資恐機制。

第七條

①持卡人終止電子票證之使用時，得要求發行機構於合理期間內返還其所發行電子票證之餘額及發行機構事先收取並約定返還之款項。

②無記名發行之電子票證，除前項終止電子票證使用之情形外，發行機構不得應持卡人要求返還所發行電子票證之全部或部分餘額。

第八條

發行機構辦理電子票證業務從事廣告或其他行銷活動而製作之有關資料，應列入內部控制制度管理並確定其內容無不當、不實陳述、誤導消費者或違反相關法令之情事，且於對外使用前，應先經其法令遵循或稽核部門之主管審核。

第九條 105

發行機構如有事先向持卡人收取，並約定返還之款項，除儲存於電子票證之款項應依本條例第十八條至第二十條規定辦理外，其餘款項應全部交付信託或取得銀行十足履約保證。

第一〇條

①發行機構依前條規定交付信託，應將每日向持卡人收取之款項於次營業日內存入信託契約所約定之信託專戶。

②前項交付信託之款項，除下列方式外，不得動用：

一　持卡人要求返還款項。

二　信託財產之運用。

三　運用信託財產所生之孳息或其他收益分配予發行機構。

③信託業者對於信託財產之運用，應以下列各款方式爲限：

一　銀行存款。

二　購買政府債券或金融債券。

三　購買國庫券或銀行可轉讓定期存單。

四　購買經主管機關核准之其他金融商品。

④信託業者運用信託財產所生之孳息或其他收益，應於所得發生年度，減除成本、必要費用及耗損後，依信託契約之約定，分配予發行機構。
⑤信託契約之應記載及不得記載事項內容除信託款項之動用方式外，餘依電子票證儲存款項信託契約之應記載及不得記載事項規定辦理。
⑥持卡人對於存放於信託業者之信託財產，就因電子票證所產生債權，有優先於發行機構之其他債權人及股東受償之權利。

第一一條
①第九條所稱取得銀行十足之履約保證，係指發行機構應就收取之款項，與銀行簽訂足額之履約保證契約，由銀行承擔履約保證責任。
②發行機構應於信託契約或履約保證契約到期日前一個月完成續約或依第九條規定訂定新契約，並函報主管機關備查。
③發行機構未符合前項規定者，不得發行新卡。
④發行機構應委託會計師每季查核依第九條規定辦理之情形，並於每季終了後一個月內，將會計師查核情形報請主管機關備查。

第一二條 107
發行機構依第九條及本條例第十八條規定交付信託者，應依下列規定辦理：
一　信託業就信託財產定期之結算結果未達發行機構應交付信託之餘額者，發行機構應依信託業之通知以現金補足差額存入信託專戶。
二　信託業就信託財產運用於銀行存款、購買金融債券及銀行可轉讓定期存單，該存款及發行金融債券與銀行可轉讓定期存單之銀行應符合下列條件：
㈠最近一季向主管機關申報自有資本與風險性資產之比率應符合銀行資本適足性及資本等級管理辦法第五條規定。
㈡最近三個月平均逾放比率低於百分之二。
㈢最近二年度經會計師查核簽證無連續累積虧損。

第一三條 107
①發行機構依第九條及本條例第十八條規定採銀行十足之履約保證者，其所簽訂履約保證契約之銀行應符合前條第二款條件。
②前項採銀行十足履約保證之發行機構，所收取款項之資金運用範圍以下列各款為限：
一　銀行存款。
二　購買政府債券或金融債券。
三　購買國庫券或銀行可轉讓定期存單。
四　其他經主管機關核准之事項。
③前項銀行存款、金融債券及銀行可轉讓定期存單，該存款及發行金融債券與銀行可轉讓定期存單之銀行應符合前條第二款條件。

第一三條之一 105

①非銀行發行機構運用本條例第十八條第一項款項所得之孳息或其他收益，應於取得後五個營業日內依本條例第十八條第三項規定，將應計提金額存入銀行專戶。
②非銀行發行機構應委託會計師每半營業年度查核前項規定辦理之情形，並於每半營業年度終了後二個月內，將會計師查核情形報請主管機關備查。

第一四條

①發行機構不得投資於其他企業，但經主管機關核准投資於與其業務密切關聯且持股比率百分之五十以上之子公司，不在此限。
②發行機構轉投資總額不得超過其投資時實收資本額扣除本條例規定之最低實收資本額及累積虧損後之百分之十。
③發行機構就自有資金之運用，應訂定內部作業準則報董事會核准，修正時亦同。
④發行機構不得對外辦理保證。
⑤主管機關於必要時，得就發行機構各項負債之比率，規定其標準。

第一五條 （刪除）105

第一六條

發行機構增設營業據點，應於設立日起五個工作日內將設立日期、地址及營業範圍報請主管機關備查。遷移或裁撤時，亦同。

第一七條 106

①發行機構依本條例第五條申請增加辦理其他業務，應檢具營業計畫書及董事會會議紀錄，向主管機關申請核准。
②前項營業計畫書應載明下列事項：
一　辦理業務緣起。
二　辦理業務之適法性分析。
三　各關係人間權利義務關係約定書。
四　業務章程、業務流程及風險控管。
五　市場展望及風險、效益評估。
③發行機構辦理電子票證業務，其業務章程、業務流程或與業務之各關係人間權利義務關係，與主管機關原核准之營業計畫書內容有差異，且對消費者權益有重大影響時，應依前二項之規定辦理。
④發行機構提供端末設備予其他發行機構、信用卡收單機構或電子支付機構共用，並符合下列情事之一者，不適用前項規定：
一　發行機構與共用其端末設備之機構（下稱共用機構），各自與共用之端末設備連線，傳送所屬交易資訊至個別機構系統，並由各自系統進行交易處理。
二　發行機構受共用機構委託，將共用機構所屬交易資訊自共用端末設備，經由發行機構網路傳送至共用機構，且發行機構不涉及共用機構交易資訊之處理。

第一八條

①發行機構終止辦理部分業務，應檢具計畫書，向主管機關申請核准。

②前項計畫書應載明下列事項：

一　擬終止或無法繼續辦理之理由。

二　具體說明對原有客戶權利義務之處理或其他替代服務方式。

③發行機構暫停辦理部分業務，應檢具計畫書及敘明擬暫停之期間等資料，向主管機關申請核准；未來如再繼續辦理業務，應事先函報主管機關備查。

第一九條 107

①發行機構簽訂特約機構時，應依特約機構類型、交易金額、交易模式（面對面或非面對面）、遞延性商品或服務及銷售商品之風險性，建立特約機構審核機制，並加強教育訓練、稽核管理及定期查核特約機構，且針對非面對面交易模式之高風險特約機構建立日常異常交易監控機制，以保障持卡人之權益。

②發行機構應要求特約機構於持卡人持電子票證完成交易時，須以下列方式之一提供持卡人確認交易紀錄：

一　提供可顯示電子票證扣款金額及儲值餘額之交易憑證供核對。

二　於持卡人完成交易時顯示當次扣款金額及儲值餘額，並由持卡人自行選擇是否列印交易憑證。

三　於持卡人完成交易時顯示當次扣款金額及儲值餘額，並由發行機構提供持卡人得事後自行查詢交易紀錄之管道。

四　於持卡人完成交易後以簡訊、電子郵件、網路平臺、行動裝置應用程式或其他等方式通知持卡人當次扣款金額及儲值餘額。

③前項之特約機構爲發展大衆運輸條例所稱大衆運輸事業或停車場業者，或提供公用電話服務之經營者，且可於持卡人交易時顯示電子票證扣款金額及儲值餘額者，不在此限。

④發行機構應要求特約機構非有正當理由，不得拒絕持卡人持電子票證進行交易。

第二〇條

①發行機構應定期向主管機關指定機構申報電子票證業務有關資料。

②前項主管機關指定機構應擬訂發行機構申報資料之範圍及建檔作業規範，報主管機關備查。

第二一條

①發行機構應建立內部控制及稽核制度，並確實有效執行。

②發行機構內部控制制度，對於組織章程、與整體經營策略、重大政策或重大風險相關之管理章則及業務規範，應經董事會通過，其餘得依董事會通過授權之內部分層負責授權規定辦理。如有董事表示反對意見或保留意見者，應將其意見及理由於董事會議紀錄載明，連同經董事會通過之內部控制制度送各監察人或審計委

員會；修正時，亦同。

③發行機構應設置隸屬於董事會之內部稽核單位，並配置適任及適當人數之專任內部稽核人員，且應包括電腦稽核人員。

④內部稽核單位應依風險評估結果擬訂年度稽核計畫，並經董事會通過；修正時，亦同。

⑤發行機構內部稽核單位對營業、財務保管及資訊單位，每年至少應辦理一次一般查核及一次專案查核，對其他管理單位每年應至少辦理一次專案查核。內部稽核報告應交付監察人查閱，設有獨立董事或審計委員會者應一併交付，並於查核結束日起二個月內函送主管機關。

第二二條 107

①發行機構依本條例第五條第四項規定將涉及營業執照所載業務項目或持卡人資訊之相關作業委外，以下列事項範圍爲限：

一　無記名式電子票證之販售、退卡作業。

二　電子票證加值作業。

三　資料處理：包括資訊系統之資料登錄、處理、輸出，資訊系統之開發、監控、維護，及辦理業務涉及資料處理之後勤作業。

四　客戶服務作業：包括電話自動語音系統服務、持卡人電子郵件之回覆與處理、電子票證業務之相關諮詢及協助。

五　現鈔及電子票證運送作業。

六　電子票證端末設備之安裝測試、維護、訓練及查核作業。

七　共用其他發行機構、信用卡收單機構、特約機構、加值機構或電子支付機構端末設備，且自行與共用之端末設備連線，將所屬交易資訊傳送至所屬系統，進行交易處理作業。

八　共用其他發行機構、信用卡收單機構、特約機構、加值機構或電子支付機構端末設備，且委託該端末設備提供者傳送所屬交易資訊作業。但該端末設備提供者不涉及交易資訊之處理。

九　電子票證製卡及錄碼作業。

十　透過信任服務管理平臺空中下載發行電子票證作業。

十一　電子票證記名作業及記名式電子票證退卡退費作業。

十二　由其他發行機構及信用卡收單機構辦理電子票證收單業務之推廣及特約機構之查核。但發行機構仍應自行與特約機構簽訂契約。

十三　由提供共用端末設備之其他發行機構及信用卡收單機構辦理電子票證交易清分作業。

十四　表單、憑證等資料保存之作業。

十五　由境外受委託機構辦理境外持卡人之身分確認作業。

十六　其他經主管機關核定得委外之作業項目。

②發行機構辦理作業委外應符合下列規定：

一　發行機構應就委託事項範圍、持卡人權益保障、風險管理及內部控制原則，訂定內部作業制度及程序，並經董事會通過；修正時，亦同。

二　前項規定之委外事項範圍除第三款涉及個人資料之蒐集、處理與利用、第十五款及第十六款應先報經主管機關核准外，其餘應於首次辦理作業委託他人處理後五個營業日內，報主管機關備查。

三　發行機構應確認受委託機構符合發行機構作業安全及風險管理之要求。

四　發行機構應要求受委託機構不得違反法令強制或禁止規定。

五　發行機構應要求受委託機構就受託事項範圍，同意主管機關及中央銀行得取得相關資料或報告，及進行金融檢查。

六　發行機構作業委外如因受委託機構或其受僱人員之故意或過失致客戶權益受損，仍應對客戶依法負同一責任。

③銀行辦理第一項作業委外程序，應依金融機構作業委託他人處理內部作業制度及程序辦法第四條規定，依董事會核准之委外內部作業規範辦理。

④發行機構應依主管機關規定方式，確實申報有關作業委外項目、內容及範圍等資料。

第二三條

發行機構有下列情事之一者，應先報請主管機關核准：

一　變更公司章程。

二　合併。

三　讓與全部或主要部分之營業或財產。

四　受讓他人全部或主要部分之營業或財產。

五　變更資本額。

六　變更公司營業處所。

七　其他經主管機關規定應經核准之事項。

第二四條

發行機構有下列情事之一者，應立即檢具事由及資料向主管機關申報並副知中央銀行：

一　發生百分之十以上之股權讓與、股權結構變動。

二　存款不足之退票、拒絕往來或其他喪失債信情事者。

三　因訴訟、非訟、行政處分或行政爭訟事件，對公司財務或業務有重大影響者。

四　有公司法第一百八十五條第一項第一款規定之情事者。

五　舞弊案或內部控制發生重大缺失情事。

六　發生資通安全事件，且其結果造成客戶權益受損或影響機構健全營運。

七　其他足以影響營運或股東權益之重大情事者。

第二五條　（刪除）105

第二六條 105

①銀行兼營電子票證業務不適用第九條至第十四條、第十六條、第

二十一條、第二十三條及第二十四條之規定。

②電子支付機構兼營電子票證業務不適用第十四條、第十六條、第二十一條、第二十三條及第二十四條之規定。

第二七條 107

本規則除中華民國一百零七年十一月五日修正發布之第二條第三項、第五項與第六項、第二條之一、第二條之二、第三條第七項第二款至第四款及第六條第一款自一百零八年一月一日施行外，自發布日施行。

電子票證應用安全強度準則

①民國 98 年 7 月 16 日行政院金融監督管理委員會令訂定發布全文 19 條；並自發布日施行。
②民國 104 年 4 月 30 日金融監督管理委員會令修正發布第 5、9～11 條條文。
③民國 105 年 7 月 20 日金融監督管理委員會令修正發布全文 18 條；並自發布日施行。
④民國 107 年 3 月 31 日金融監督管理委員會令修正發布 4、7～12、14 條條文。

第一條

本準則依電子票證發行管理條例第四條第二項訂定之。

第二條

發行機構應依本準則規定之安全需求與設計，建立安全防護措施，以確保電子票證應用之安全強度，保護消費者之權益。

第三條

前條所稱之安全需求與設計說明如下：

一　發行機構於交易面應依據應用範圍等級，落實本準則對於交易訊息之隱密性、完整性、來源辨識性及不可重覆性之各項規定。

二　發行機構於管理面應防範發行機構、特約機構及加值機構之交易系統，遭受未經授權之存取、入侵威脅及破壞，有效維護交易系統之整體性及其隱密性，並保護交易系統作業安全及維持其高度可使用性。

三　發行機構於端末設備與環境面應實施安全控管，強化端末設備之安全防護，以防範非法交易或遭受外力破壞。

四　發行機構於電子票證面應依據應用範圍等級，選用適當型式之電子票證。

第四條

本準則用詞定義如下：

一　加值機構：係指接受發行機構委託辦理加值作業之特定機構。

二　線上即時交易：係指透過各種網路型態，經由特約機構、加值機構或直接與發行機構即時連線進行交易，並將電子票證餘額及交易紀錄即時儲存於發行機構端者，包含特約機構與發行機構間、加值機構與發行機構間、加值機構或特約機構與其所屬之端末設備間之即時訊息傳輸。

三　前款所稱網路型態如下：

㈠專屬網路：指利用電子設備或通訊設備以撥接（Dial-

Up）、專線（Leased-Line）或虛擬私有網路（Virtual Private Network，VPN）等連線方式進行訊息傳輸。

㈡網際網路：指利用電子設備或通訊設備，透過網際網路服務業者進行訊息傳輸。

㈢行動網路：指利用電子設備或通訊設備，透過電信服務業者進行訊息傳輸。

四　非線上即時交易：係指利用各種介面類型，於端末設備進行交易，並將電子票證餘額及交易紀錄即時儲存於電子票證端，而不需與發行機構即時連線者。

五　前款所稱介面類型如下：

㈠接觸式介面：利用磁性、光學或電子型式之電子票證，與端末設備以實際接觸方式進行訊息傳輸。

㈡非接觸式介面：利用無線射頻、紅外線或其他無線通訊技術實作之電子票證，與端末設備以非實際接觸方式進行訊息傳輸。

㈢網路及其他離線方式：利用電子票證，透過網路、通訊設備及其他方式，與遠端之特約機構或加值機構進行訊息傳輸，而不與發行機構即時連線進行驗證者。

六　交易類型：

㈠線上即時消費交易：係指消費交易發生時，其消費是否合法之驗證，必須透過連線，將相關資訊送回發行機構進行處理，並將電子票證餘額及交易紀錄即時儲存於發行機構端者。

㈡非線上即時消費交易：係指消費交易發生時，其消費是否合法之驗證，不需透過連線送回發行機構進行處理，並將電子票證餘額及交易紀錄即時儲存於電子票證端者。

㈢線上即時加值交易：係指加值交易發生時，其加值是否合法之驗證，必須透過連線，將相關資訊送回發行機構進行處理，並將電子票證餘額及交易紀錄即時儲存於發行機構端者。

㈣非線上即時加值交易：係指加值交易發生時，其加值是否合法之驗證，不需透過連線將相關訊息送回發行機構進行處理，並將電子票證餘額及交易紀錄即時儲存於電子票證端者。

㈤票證款項移轉交易：係指將具儲值功能之記名式電子票證款項移轉至同一持卡人電子支付帳戶，其款項移轉是否合法之驗證，必須透過連線，將相關訊息送回發行機構進行處理，並將電子票證餘額及交易紀錄即時儲存於電子票證端或即時儲存於發行機構端者。

㈥帳務清結算交易：包含特約機構或加值機構與其所屬端末設備間之批次帳務訊息、特約機構或加值機構與發行機構間之批次帳務訊息、加值機構與發行機構間之非線上即時加值額度授權請求訊息等。

七　常用密碼學演算法如下：

㈠對稱性加解密演算法：指資料加密標準（Data Encryption Standard；以下簡稱 DES）、三重資料加密標準（Triple DES；以下簡稱 3DES）、進階資料加密標準（Advanced Encryption Standard；以下簡稱 AES）。

㈡非對稱性加解密演算法：指RSA 加密演算法（Rivest, Shamir and Adleman Encryption Algorithm；以下簡稱 RSA）、橢圓曲線密碼學（Elliptic Curve Cryptography；以下簡稱 ECC）。

㈢雜湊函數：指安全雜湊演算法（Secure Hash Algorithm；以下簡稱 SHA）。

八　動態密碼：係運用動態密碼產生器或以其他方式運用一次性密碼（One Time Password；以下簡稱 OTP）原理，隨機產生限定一次使用之密碼者。

九　晶片卡：係指具有晶片功能之卡片或設備。

十　磁條卡：係指具有磁條功能之卡片或設備。

第五條

①發行機構對於電子票證各項交易類型，應依電子票證應用之範圍，考量商品或服務之性質與交易金額等因素，區分應用範圍等級，並依據本準則之規定辦理。

②商品或服務之性質可區分爲二類：

一　第一類：繳納政府部門規費、稅捐、罰緩或其他費用及支付公用事業（依據民營公用事業監督條例第二條定義）服務費、電信服務、學雜費、醫藥費、公共運輸（依據發展大衆運輸條例第二條定義及纜車、計程車、公共自行車、公共汽機車）、停車等服務費用、依公益勸募條例辦理勸募活動之捐贈金、配合政府政策且具公共利益性質經主管機關核准者、支付特約機構受各級政府委託代徵收之規費、稅捐與罰緩、或受公用事業委託代收之服務費。

二　第二類：支付各項商品或服務之費用。

③交易金額可區分爲二種：

一　小額交易：電子票證僅支付於單筆消費金額新臺幣壹仟元以下之交易。

二　不限金額交易：電子票證非僅支付於小額交易。

④前二項商品或服務之性質及交易金額可區分二個應用範圍等級：

一　第一級：爲辦理支付小額交易或第一類之商品或服務交易。

二　第二級：爲辦理第二類之商品或服務且支付不限金額交易。

第六條

發行機構於交易面應確保電子票證交易符合下列安全規定：

一　線上即時消費交易

㈠訊息隱密性：採用網際網路或行動網路者應符合 A 要求。

㈡訊息完整性：採用專屬網路者應符合B1要求；採用網際網路或行動網路者應符合 B2 要求。

㈢來源辨識性：應用於第一級應用範圍等級者應符合 C1 或 C3 要求；應用於第二級應用範圍等級者應符合 C2 要求。

㈣不可重覆性：應符合 F 要求。

二　非線上即時消費交易

㈠訊息隱密性：採用網路或其他離線方式者應符合 A 要求。

㈡訊息完整性：採用接觸式或非接觸式介面且應用於第一級應用範圍等級者應符合B1要求；採用接觸式或非接觸式介面且應用於第二級應用範圍等級者應符合B2要求；採用網路或其他離線方式者應符合 B2 要求。

㈢來源辨識性之電子票證認證：採用接觸式或非接觸式介面且應用於第一級應用範圍等級者應符合 D1 要求；採用接觸式或非接觸式介面且應用於第二級應用範圍等級者應符合D2 要求；採用網路或其他離線方式者應符合D2 要求。

㈣來源辨識性之端末認證：採用接觸式或非接觸式介面且應用於第一級應用範圍等級者應符合E1要求；採用接觸式或非接觸式介面且應用於第二級應用範圍等級者應符合E2要求；採用網路或其他離線方式者應符合 E2 要求。

㈤不可重覆性：應符合 F 要求。

三　線上即時加值交易

㈠訊息隱密性：採用網際網路或行動網路者應符合 A 要求。

㈡訊息完整性：採用專屬網路者應符合B1要求；採用網際網路或行動網路者應符合 B2 要求。

㈢來源辨識性之發卡端認證：採用專屬網路且應用於第一級應用範圍等級者應符合E1要求；採用專屬網路且應用於第二級應用範圍等級者應符合E2要求；採用網際網路或行動網路者應符合 E2 要求。

㈣不可重覆性：應符合 F 要求。

四　非線上即時加值交易

㈠訊息隱密性：採用網路或其他離線方式者應符合 A 要求。

㈡訊息完整性：採用接觸式或非接觸式介面且應用於第一級應用範圍等級者應符合B1要求；採用接觸式或非接觸式介面且應用於第二級應用範圍等級者應符合B3要求；採用網路或其他離線方式者應符合 B3 要求。

㈢來源辨識性之端末認證：採用接觸式或非接觸式介面且應用於第一級應用範圍等級者應符合E1要求；採用接觸式或非接觸式介面且應用於第二級應用範圍等級者應符合E2要求；採用網路或其他離線方式者應符合 E2 要求。

㈣不可重覆性：應符合 F 要求。

五　票證款項移轉交易

㈠訊息隱密性：採用網際網路或行動網路者應符合 A 要求。

㈡訊息完整性：採用專屬網路者應符合B1要求；採用網際網路或行動網路者應符合B2要求。

㈢來源辨識性：應用於第一級應用範圍等級者應符合C1或C3要求；應用於第二級應用範圍等級者應符合C2要求。

㈣不可重覆性：應符合F要求。

六　帳務清算及結算交易

㈠訊息隱密性：採用網際網路或行動網路者應符合A要求。

㈡訊息完整性：採用專屬網路者應符合B1要求；採用網際網路或行動網路者應符合B2要求。

㈢來源辨識性之訊息認證：採用網際網路或行動網路者應符合C2要求。

㈣不可重覆性：應符合F要求。

七　本條第一款至第六款之交易訊息中若包含個人資料保護法所定義之個人資料，為確保其隱密性，應採對稱性加解密系統或非對稱性加解密系統進行個人資料之加密，以防止未經授權者取得個人資料，其安全強度應不得低於第七條第一款訊息隱密性A之規定。

第七條

前條各項交易安全所稱訊息隱密性、訊息完整性、來源辨識性及不可重覆性之安全設計應符合下列要求：

一　訊息隱密性 A：應採用下列對稱性加解密系統或非對稱性加解密系統，針對訊息進行全文加密，以防止未經授權者取得訊息之明文。

㈠對稱性加解密系統應採用3DES 112bits、AES 128bits或其他安全強度相同（含）以上之演算法及金鑰進行加密運算。

㈡非對稱性加解密系統應採用RSA 1024bits、ECC 256bits或其他安全強度相同（含）以上之演算法及金鑰進行加密運算。自一〇六年一月一日起，新發行並應用於本項之電子票證不應採用低於 RSA 1024bits 之金鑰長度進行加密運算。

二　訊息完整性

㈠B1防護措施：應採用下列防止非惡意竄改訊息之檢核碼技術之一：

1.縱向冗餘校驗（Longitudinal Redundancy Check，LRC）。

2.循環冗餘校驗（Cyclic Redundancy Check，CRC）。

3.使用雜湊（Hash）演算法產生訊息摘要（Message Digest）。

㈡B2防護措施：應採用可防止蓄意竄改訊息之加解密技術，可採對稱性加解密系統進行押碼（Message Authentication Code, MAC）或非對稱性加解密系統產生數位簽章（Digital Signature）等機制。

1.對稱性加解密系統應採用本條第一款第一目之對稱性加解密系統演算法。

2.非對稱性加解密系統應採用本條第一款第二目之非對稱性加解密系統演算法。

㈢ B3 防護措施：除須符合本條第二款第二目 B2 所要求之強度外，加值交易訊息之金額須參與訊息完整性之運算。

三　來源辨識性

㈠ C1 防護措施：應確保持卡人之正確性，可採用下列任一種持卡人認證方式；採用下列第 1 至第 3 方式者，其認證方式並應採用對稱性加解密系統或非對稱性加解密系統，由發行機構確認電子票證之合法性，以防範非法之電子票證。

1.具加解密運算能力之晶片卡。

2.記憶型晶片卡與固定密碼。

3.磁條卡與磁條卡密碼。

4.用戶代號與動態密碼（如簡訊 OTP）。

5.用戶代號與持卡人及發行機構所約定之資訊，且無第三人知悉（如固定密碼、圖形鎖或手勢）。

6.用戶代號與持卡人所持有之實體設備（如密碼產生器、密碼卡、晶片卡、電腦、行動裝置、憑證載具等）：發行機構應確認該設備為使用者與發行機構所約定持有之設備。

7.用戶代號與持卡人所擁有之生物特徵（如指紋、臉部、虹膜、聲音、掌紋、靜脈、簽名等）：發行機構應直接或間接驗證該生物特徵並依據其風險承擔能力調整生物特徵之錯誤接受度，以有效識別持卡人身分，必要時應增加多項不同種類生物特徵；間接驗證由持卡人設備（如行動裝置）驗證，發行機構僅讀取驗證結果，必要時應增加驗證來源辨識；採用間接驗證者，應事先評估持卡人身分驗證機制之有效性。

㈡ C2 防護措施：應採用具訊息認證功能之晶片型電子票證或端末安全模組，確保訊息來源之正確性，可採對稱性加解密系統進行押碼或非對稱性加解密系統產生數位簽章等機制。

1.對稱性加解密系統應採用本條第一款第一目之對稱性加解密系統演算法。

2.非對稱性加解密系統應採用本條第一款第二目之非對稱性加解密系統演算法。

3.採用前目之 5 至 7 之二項（含）以上認證方式，並事先與持卡人約定交易通知方式（如簡訊、推播等）。

㈢ C3 防護措施：應採用知識詢問（如卡號、有效月年及檢查碼），由發行機構確認電子票證之合法性，以防範非法之電子票證，並確保非用戶本人授權使用之交易於掛失後無需承擔遭冒用之損失，發行機構應於十四日內返還帳款，持卡人應配合協助發行機構之後續調查作業。

㈣D1防護措施：應採用對稱性加解密系統或非對稱性加解密系統，由端末設備確認電子票證之合法性，以防範非法之電子票證。

㈤D2防護措施：應採用對稱性加解密系統或非對稱性加解密系統，由端末設備確認電子票證之合法性，以防範非法之電子票證。

1.對稱性加解密系統應採用本條第一款第一目之對稱性加解密系統演算法。

2.非對稱性加解密系統應採用本條第一款第二目之非對稱性加解密系統演算法。

㈥E1防護措施：應採用對稱性加解密系統或非對稱性加解密系統，由電子票證確認端末設備或發行機構之合法性，以防止未經授權之端末設備逕行交易。

㈦E2防護措施：應採用對稱性加解密系統或非對稱性加解密系統，由電子票證確認端末設備或發行機構之合法性，以防止未經授權之端末設備逕行交易。

1.對稱性加解密系統應採用本條第一款第一目之對稱性加解密系統演算法。

2.非對稱性加解密系統應採用本條第一款第二目之非對稱性加解密系統演算法。

四　不可重覆性 F：應防止以先前成功之交易訊息完成另一筆交易，可採用序號、日期時間或時序或密碼學挑戰-回應（Challenge-Response）等機制。

第八條

發行機構於管理面應採取下列防護措施及其安全需求：

一　建立安全防護策略

㈠建立電腦資源存取控制機制與安全防護措施。

㈡交易必須可被追踪。

㈢監控非法交易。

㈣完善之金鑰管理。

二　提高系統安全之措施

㈠提昇電腦系統之安全及可用性。

㈡提昇應用系統之安全及可用性。

三　制定作業管理規範。

第九條

前條發行機構管理面安全需求之安全設計應符合下列要求：

一　建立電腦資源存取控制機制與安全防護措施，防範未經授權存取系統資源，並降低非法入侵之可能性。應以下列方式處理及管控：

㈠建置安全防護軟硬體，如防火牆（Firewall）、安控軟體、偵測軟體等。

㈡控制密碼錯誤次數。

㈢電腦系統密碼檔加密。

㈣留存交易紀錄（Transaction Log）及稽核追踪紀錄（Audit Trail）。

㈤設計存取權控制（Access Control）如使用密碼、晶片卡等。

㈥簽入（Login）時間控制。

㈦遠端存取應使用虛擬私有網路（VPN）。

㈧系統資源應依其重要性與敏感性分級管理。

㈨強制更換應用軟體及網路作業系統之預設密碼。

㈩系統提供各項服務功能時，應確保個人資料保護措施。

二　交易必須可被追踪，交易紀錄明細應包含下列資訊，並留存於發行機構主機備查：

㈠用戶代號或卡號。

㈡交易金額。

㈢端末設備代號。

㈣交易序號或交易日期、時間。

三　發行機構應監控非法交易。

四　金鑰管理應有下列之安全考量：

㈠應確保金鑰品質（避免產生弱金鑰）。

㈡金鑰之使用、儲存、傳送與銷毀，應確保金鑰之內容無洩露之虞。

㈢金鑰應儲存於通過 FIPS 140-2 Level3（含）以上之硬體安全模組內並限制金鑰明文匯出。

㈣金鑰應備份以確保其可用性。

㈤保存金鑰之設備或媒體，於更新或報廢時，應具適當之存取控管程序，以確保金鑰無洩露之虞。

五　提昇電腦系統之安全及可用性，包含：

㈠預備主機、伺服器、通訊設備、線路、週邊設備等備援裝置。

㈡建置病毒偵測軟體（Virus Detection Software），定期對網路節點及伺服器進行掃毒，並定期更新病毒碼。

㈢定期更新系統修補程式（Patch, Hotfix）。

㈣於對外網段建置入侵偵測機制並定期更新特徵碼。

㈤建置上網管制機制，限制連結非業務相關網站。

㈥每年針對系統維運人員進行郵件社交工程演練。

㈦每季進行弱點掃描，依據風險高低逐步改善。

㈧每半年針對異動程式進行程式碼掃描或黑箱測試，依據風險高低逐步改善。

(九)伺服器、網路設備等營運設備應集中於機房內，並應建立外圍門禁管制、內部空間監控及機櫃門禁管制等三道防護，以確保實體安全。

六　提昇應用系統之安全及可用性：

(一)提供網際網路之應用系統應符合下列安全設計：

1.載具密碼不應於網際網路上傳輸，機敏資料於網際網路傳輸時應全程加密。

2.應設計連線控制及網頁逾時中斷機制。持卡人超過十分鐘未使用應中斷其連線或採取其他保護措施，但持卡人以第七條第三款第一目之 6 所定持卡人所持有的實體設備進行交易，得延長至三十分鐘。

3.應辨識外部網站及其所傳送交易資料之訊息來源及交易資料正確性。

4.應辨識持卡人輸入與系統接收之支付指示一致性。

5.應設計於持卡人進行身分確認與交易機制時，須採用一次性亂數或時間戳記，以防止重送攻擊。

6.應設計於持卡人進行身分確認與交易機制時，如需使用亂數函數進行運算，須採用安全亂數函數產生所需亂數。

7.應設計於持卡人修改線上即時交易之約定時，須先經採用第七條第三款第一目之 5 至 7 之二項（含）以上認證方式進行身分確認。

8.應設計個人資料顯示之隱碼機制。

9.應設計個人資料檔案及資料庫之存取控制與保護監控措施。

10.應建置防偽冒與洗錢防制偵測系統，建立風險分析模組與指標，用以於異常交易行爲發生時即時告警並妥善處理。風險分析模組與指標應定期檢討修訂。

(二)提供持卡人端之程式應符合下列安全設計：

1.應採用被作業系統認可之數位憑證進行程式碼簽章。

2.執行時應先驗證網站正確性。

3.應避免儲存機敏資料，如有必要應採取加密或亂碼化等相關機制保護並妥善保護加密金鑰，且能有效防範相關資料被竊取。

(三)提供行動裝置之應用程式應符合下列安全設計：

1.於發布前檢視行動裝置應用程式所需權限應與提供服務相當；首次發布或權限變動，應經法遵部門或風控部門同意，以利綜合評估是否符合個人資料保護法之告知義務。

2.應於官網上提供行動裝置應用程式之名稱、版本與下載位置。

3.啓動行動裝置應用程式時，如偵測行動裝置疑似遭破解，應提示持卡人注意風險。

4.應於顯著位置（如行動裝置應用程式下載頁面等）提示持卡人於行動裝置上安裝防護軟體。

5.採用憑證技術進行傳輸加密時，行動裝置應用程式應建立可信任憑證清單並驗證完整憑證鏈及其憑證有效性。

6.採用 NFC 技術進行付款交易資料傳輸前，應經由持卡人人工確認。

7.行動裝置應用程式設計要求應符合中華民國銀行商業同業公會全國聯合會（以下簡稱銀行公會）所訂定之行動裝置應用程式相關自律規範。

㈣定期針對網際網路服務之系統或應用程式進行滲透測試，依據風險高低逐步改善。

㈤採用條碼掃描技術之設計要求，應符合銀行公會所訂定之條碼掃描應用安全相關自律規範。

七　制定作業管理規範，應確定發行機構、特約機構與加值機構內部之責任制度、核可程序及與持卡人之間之責任歸屬，包含：

㈠制定安全控管規章含設備規格。

㈡安控機制說明、安控程序說明。

㈢金鑰管理措施或辦法。

㈣制定持卡人使用安全須知及完整合約。

第一〇條

發行機構於端末設備與環境面應採取下列防護措施及其安全需求：

一　建立安全防護策略

㈠保持端末設備與環境之實體完整性。

㈡確保端末設備交易之安全性。

㈢建置有效或即時之管控名單管理機制。

㈣非接觸式電子票證應降低交易被意外觸發之機率。

㈤應用於非線上即時加值交易，端末設備應具有安全模組之設計。

㈥應用於非線上即時加值交易或非線上即時消費交易，若採用應用範圍等級第一級之電子票證，且使用於提供第二類商品或服務之特約機構，應採取降低偽卡交易之必要措施。

二　提高系統可用性之措施。

三　制定作業管理規範：內部環境管理部分應落實管理規則之規範。

第一一條

前條發行機構端末設備與環境面安全需求之安全設計應符合下列要求：

一　保持端末設備與環境之實體完整性，應採用下列各項安全設計：

㈠定期檢視是否有增減相關裝置：

1.原始設施確實逐項編號。

2.比對現場相關設施及裝置是否與原始狀態一致。

3.建立檢視清單（Checklist），並應定期覆核並追蹤考核。

㈡應確定與端末設備合作廠商簽訂資料保密契約，並應將參與端末設備安裝、維護作業之人員名單交付造册列管，如有異動，應隨時主動通知發行機構更新之。

㈢端末設備安裝、維護作業人員至現場作業時，均應出示經認可之識別證件。除安裝、維護作業外，並應配合隨時檢視端末設備硬體是否遭到不當外力入侵或遭裝置側錄設備。

㈣發行機構應不定時派員抽檢安裝於特約機構或加值機構之端末設備，檢視該硬體是否遭到不當外力入侵，並檢視其軟體是否遭到不法竄改。

二　確保端末設備交易之安全性，應符合下列規範：

㈠電子票證內含錄碼及資料，除帳號、卡號、有效期限、交易序號及查證交易是否發生之相關必要資料外，其他資料一律不得儲存於端末設備。

㈡應確保端末設備之合法性，另端末設備應有唯一之端末設備代號。

㈢應用範圍屬第二級之交易，端末設備之安全模組應個別化（即每一端末設備之認證金鑰皆不相同）。

三　爲有效防範非法電子票證進行交易，發行機構應建置管控名單管理機制，對於線上即時交易應即時驗證，非線上即時交易應每日更新管控名單。

四　發行機構應有效防止特約機構不當扣款，其端末設備應包含下列設計，以降低非接觸式電子票證在持卡人無交易之意願下，交易被意外觸發之機率：

㈠感應距離限縮至十公分（含）以下。

㈡交易過程應有聲音、燈號或圖像等之提示。

五　非線上即時加值交易之端末設備應具有安全模組之設計，進行加值交易另應包含下列設計：

㈠逐筆授權加值交易。

㈡限制其單筆加值金額。

㈢限制其加值總額（如：日限額），額度用罄應連線至發行機構重新授權可加值額度。

㈣安全模組應進行妥善之管理，如製發卡與交貨控管流程、管制製卡作業、落實安全模組之安全控管等。

六　應用範圍等級第一級之電子票證於提供第二類商品或服務之特約機構之交易，如管控名單之驗證未送回發行機構進行即時驗證者，發行機構應要求特約機構設置錄影監視設備且於營業時間內保持全時錄影，或採取其他必要之措施以降低僞卡交易。

七　端末設備若係持卡人個人持有之電子設備或通訊設備者（如晶片讀卡機、具備可模擬電子票證卡讀卡機模式（reader mode）之行動裝置等），可不適用第一款、第二款第二目、第三目及第五款之規定。

八　提高系統可用性之措施，如備用設備、備援線路、備援電路、不斷電系統（Uninterruptible Power Supply；簡稱 UPS）或其他可確保提高系統可用性之措施等措施。

九　應制定端末設備管理規章，含設備規格、安控機制說明、安控程序說明、安全模組控管作業原則、管控名單管理機制、特約機構與加值機構簽約與管理辦法等。

第一二條

①發行機構應依據應用範圍等級選用下列適當型式之電子票證：

一　電子票證爲下列類型之一者，得適用於第一級應用範圍：
　㈠具加解密運算能力之晶片卡。
　㈡記憶型晶片卡與固定密碼。
　㈢磁條卡與固定密碼。

二　電子票證爲安全認證之晶片卡者，得適用於第二級應用範圍。

②前項所稱「安全認證」需經主管機關確認其安全等級通過國家通訊傳播委員會或共同準則相互承認協定（Common Criteria Recognition Arrangement；CCRA）認可之驗證機構進行第三方驗證，符合或等同於下列任一標準者：

一　共同準則（Common Criteria）ISO／IEC15408 v2.3 EAL4+（含增項 AVA_VLA.4 及 ADV_IMP.2）。

二　共同準則（Common Criteria）ISO／IEC15408 v3.1 EAL4+（含增項 AVA_VAN.5）。

三　我國國家標準 CNS 15408 EAL4+（含增項 AVA_VLA.4 及 ADV_IMP.2）。

四　其他經主管機關認可之驗證標準。

第一三條

發行機構對電子票證應採取下列防護措施：

一　建立安全防護策略
　㈠確認電子票證之合法性。
　㈡採用戶代號與固定密碼者，應有一定之安全設計。
　㈢儲存於電子票證之個人資料必須保護。

二　制定作業管理規範：制定電子票證交貨控管流程。

第一四條

前條發行機構電子票證安全需求之安全設計應符合下列要求：

一　電子票證須具有獨立且唯一之識別碼或具有認證之功能，以確保其合法性。

二　若採用戶代號及固定密碼者，應具有下列之安全設計：

㈠用戶代號如使用顯性資料（如商業統一編號、身分證統一編號、行動電話號碼、電子郵件帳號、電子票證編號等）作為唯一之識別，應另行增設持卡人代號以資識別。持卡人代號亦不得為上述顯性資料。

㈡密碼不應少於六位。

㈢密碼不應與用戶代號相同，亦不得與持卡人代號相同。

㈣密碼不應訂為相同之英數字、連續英文字或連號數字，預設密碼不在此限。

㈤密碼建議採英數字混合使用，且宜包含大小寫英文字母或符號。

㈥密碼連續錯誤達五次時應限制使用，須重新申請密碼。

㈦變更後之密碼不得與變更前一次密碼相同。

㈧密碼超過一年未變更，發行機構應做妥善處理。

㈨持卡人註册時係由發行機構發予預設密碼者，於持卡人首次登入時，應強制變更預設密碼。

三　儲存於電子票證之個資必須保護：若使用電子票證儲存個人資料，應設計存取控制或持卡人確認之機制，以限制其讀取。

四　制定電子票證交貨控管流程：發行機構應針對電子票證之生命週期進行妥善之管理，應制定電子票證製發卡與交貨控管流程、管制外包製卡作業及落實實體電子票證之安全控管。

第一五條

發行機構應按季向主管機關申報異常交易金額，若年度累計總金額超過實收資本額之百分之一，應即向主管機關提報改善計畫。

第一六條

發行機構應依第五條有關商品或服務之性質及交易金額等之分類，按季向主管機關或其指定機構申報統計資料。

第一七條

發行機構應委託會計師查核依本準則規定辦理之情形，並於年度終了後二個月內，將查核情形報主管機關備查。

第一八條

本準則自發布日施行。

電子票證發行機構負責人兼職限制及應遵行事項準則

①民國 98 年 7 月 15 日行政院金融監督管理委員會令訂定發布全文 10 條；並自發布日施行。
②民國 99 年 1 月 20 日行政院金融監督管理委員會令修正發布第 6 條條文。
③民國 105 年 2 月 18 日金融監督管理委員會令修正發布第 6、7 條條文；刪除第 9 條條文。

第一條

本準則依電子票證發行管理條例（以下簡稱本條例）第十七條第一項規定訂定之。

第二條

爲強化發行機構負責人之專業經營績效，並提升負責人兼任職務之經營效率及制衡機制，以落實公司治理，爰訂定本準則。

第三條

本準則所稱負責人，指發行機構之董事長、董事、監察人或經理人。

第四條

①有下列情事之一者，不得充任發行機構之負責人：

一　無行爲能力或限制行爲能力者。
二　曾犯組織犯罪防制條例規定之罪，經有罪判決確定者。
三　曾犯僞造貨幣、僞造有價證券、侵占、詐欺、背信罪，經宣告有期徒刑以上之刑確定，尚未執行完畢，或執行完畢、緩刑期滿或赦免後尚未逾十年者。
四　曾犯僞造文書、妨害秘密、重利、損害債權罪或違反稅捐稽徵法、商標法、專利法或其他工商管理法規，經宣告有期徒刑確定，尚未執行完畢，或執行完畢、緩刑期滿或赦免後尚未逾五年者。
五　曾犯貪污罪，受刑之宣告確定，尚未執行完畢，或執行完畢、緩刑期滿或赦免後尚未逾五年者。
六　違反本條例、銀行法、金融控股公司法、信託業法、票券金融管理法、金融資產證券化條例、不動產證券化條例、保險法、證券交易法、期貨交易法、證券投資信託及顧問法、管理外匯條例、信用合作社法、農會法、漁會法、農業金融法、洗錢防制法或其他金融管理法，受刑之宣告確定，尚未執行完畢，或執行完畢、緩刑期滿或赦免後尚未逾五年者。
七　受破產之宣告，尚未復權者。

八　曾任法人宣告破產時之負責人，破產終結尚未逾五年，或調協未履行者。
九　使用票據經拒絕往來尚未恢復往來者，或恢復往來後三年內仍有存款不足退票紀錄者。
十　有重大喪失債信情事尚未了結，或了結後尚未逾五年者。
十一　因違反本條例、銀行法、金融控股公司法、信託業法、票券金融管理法、金融資產證券化條例、不動產證券化條例、保險法、證券交易法、期貨交易法、證券投資信託及顧問法、信用合作社法、農會法、漁會法、農業金融法或其他金融管理法，經主管機關命令撤換或解任，尚未逾五年者。
十二　受感訓處分之裁定確定或因犯竊盜、贓物罪，受強制工作處分之宣告，尚未執行完畢，或執行完畢尚未逾五年者。
十三　有事實證明從事或涉及其他不誠信或不正當之活動，顯示其不適合擔任發行機構之負責人者。

②政府或法人為股東時，其代表人或被指定代表行使職務之自然人，擔任董事、監察人者，準用前項之規定。
③發行機構負責人於充任後始發生第一項各款情事之一者，當然解任。

第五條

①發行機構負責人有發生本準則當然解任情事時應立即通知發行機構。
②發行機構於知其負責人有當然解任事由後應即主動處理，並向主管機關申報及通知經濟部廢止或撤銷其相關登記事項。

第六條 105

①發行機構負責人除因發行機構投資關係外，不得兼任下列機構之任何職務：
一　其他發行機構。
二　該發行機構所簽訂之特約機構。
三　與該發行機構有財務或業務往來，且該金額達該發行機構上年度營業收入百分之三十以上之機構。

②特約機構為財團法人、非營利社團法人或學校，不受前項第二款之限制。但其他法令對兼任職務另有規定者，從其規定。
③第一項第二款及第三款機構屬下列情形之一者，發行機構之董事或監察人得由該二款機構之負責人兼任：
一　發行機構之股東。
二　發行機構之關係企業。
三　發行機構百分之百持股母公司之股東。
四　發行機構百分之百持股母公司之關係企業。

第七條 105

發行機構之經理人除得兼任發行機構投資子公司之董事或監察人外，不得兼任其他公司或機構之有給職務。

第八條

發行機構負責人之兼任行爲不得有利益衝突或違反發行機構內部控制之情事，並應確保持卡人及股東權益。

第九條（刪除）105

第一〇條

本準則自發布日施行。

非銀行支付機構儲值款項準備金繳存及查核辦法

①民國 98 年 6 月 24 日中央銀行令訂定發布全文 8 條；並自發布日施行。

②民國 104 年 4 月 10 日中央銀行令修正發布名稱及全文 10 條；並自 104 年 5 月 3 日施行（原名稱：非銀行發行機構發行電子票證預收款項準備金繳存及查核辦法）。

第一條

本辦法依電子票證發行管理條例第十八條第一項、第三項規定及電子支付機構管理條例第十九條、第四十條準用第十九條規定訂定之。

第二條

本辦法所稱非銀行支付機構指電子票證發行管理條例所定之非銀行發行機構及電子支付機構管理條例所定之專營電子支付機構。

第三條

①非銀行支付機構收受下列儲值款項，金額折算爲等值新臺幣後，超過新臺幣五十億元部分，應繳存準備金：

一　電子票證持卡人預先儲存於電子票證之款項。但不包括另向持卡人收受之押金。

二　使用者預先存放於電子支付帳戶，以供與電子支付機構以外之其他使用者進行資金移轉使用之款項。

②前項應繳存準備金之金額，應分款計算。

第四條

前條準備金之繳存比率，比照中央銀行（以下簡稱本行）公告之當時銀行業準備金之比率。屬新臺幣者，比照活期存款準備率；屬外幣者，比照外匯存款準備率。

第五條

儲值款項應提準備額之計算，應就儲值款項折算爲等值新臺幣後，每月日平均額超過新臺幣五十億元部分，依新臺幣及外幣儲值款項日平均額之比率，分別乘以前條所定之繳存比率，並依計算產生之合計數，以新臺幣繳存準備金。

第六條

外幣儲值款項折算爲等值新臺幣，應依準備金計算期間之前一個月最末營業日臺灣銀行股份有限公司（以下簡稱臺灣銀行）各幣別即期賣出匯率之收盤價格計算。

第七條

儲值款項準備金之收存、調整、查核及其他有關事項，由本行委託臺灣銀行辦理。

第八條

依第三條規定應繳存準備金之機構，應於臺灣銀行開立「同業存款－準備金甲戶」及「同業存款－準備金乙戶」；並應於提存期間結束後五個營業日內，檢同準備金調整表，辦理調整準備金乙戶。

第九條

儲值款項準備金之收存、調整、查核及其他應遵行事項，除本辦法另有規定者外，準用金融機構存款及其他各種負債準備金調整及查核辦法第六條第一項、第三項、第七條第一項第二款、第二項、第九條至第十三條、第十四條第一項關於超額準備抵充之規定、第十四條第二項、第十五條及第十六條第二項之相關規定。

第一〇條

①本辦法自發布日施行。

②本辦法修正條文自中華民國一百零四年五月三日施行。

電子票證定型化契約應記載及不得記載事項

①民國 98 年 7 月 15 日行政院金融監督管理委員會公告訂定發布全文；並自 98 年 7 月 15 日生效。
②民國 100 年 6 月 27 日行政院金融監督管理委員會公告修正發布；並自 100 年 9 月 27 日生效。
③民國 102 年 11 月 6 日金融監督管理委員會公告修正發布；並自 102 年 12 月 6 日生效。

電子票證定型化契約應記載事項

一　電子票證發行機構資訊：
㈠發行機構名稱及識別標幟：＿＿＿＿＿＿＿＿＿＿＿＿＿＿。
㈡消費爭議處理申訴（客服）專線：＿＿＿＿＿＿＿＿＿＿。
㈢網址：＿＿＿＿＿＿＿＿＿＿＿＿＿＿＿＿＿＿＿＿＿＿＿＿。
㈣地址：＿＿＿＿＿＿＿＿＿＿＿＿＿＿＿＿＿＿＿＿＿＿＿＿。

二　使用須知：（同時發行記名式與非記名式電子票證，如有不同使用規定者，應明定於契約）
㈠購買與持有：包含購買、加值、退換、掛失、毀損等之處理方法及退款之規定。
㈡使用範圍、自動扣款之方法。
㈢費用收取：包括手續費、工本費或押金等費用是否收取及其金額等；如收取，其金額限制如下：
1.（記名式）掛失手續費：結合信用卡發行之電子票證，每次掛失補發費用最高不得超過新臺幣貳佰元。非結合信用卡發行之電子票證，辦理掛失後，如不申請補發者，每次最高不得超過新臺幣貳拾元；如申請補發者，每次最高不得超過新臺幣壹佰元。
2.（記名式）贖回作業手續費：每次最高不得超過新臺幣參拾元。但贖回方式，如於非發卡機構自行之自動化服務設備提領現金或轉帳者，依金融卡交易手續費計收。
3. 終止契約作業手續費：最高不得超過新臺幣貳拾元。但電子票證使用五次（含）以上且滿三個月者，則免收手續費。

三　發行機構提供之消費者保障機制（發行機構應將下列消費者保障機制公告於公司網站及運輸場站或其他明顯處所）
㈠銀行發行機構發行電子票證所預先收取之款項，應依電子票證發行管理條例第二十九條第二項規定辦理。
㈡非銀行發行機構發行電子票證所收取之款項，除依電子票證發行管理條例第十八條第一項繳存準備金外，其餘款項並依規定，採下列方式辦理：

□已全部交付信託。

（註：「1.本公司依電子票證發行管理條例第十八條第二項規定，將發行電子票證所收取之款項交付信託予信託業者時，該信託之委託人及受益人皆為本公司而非持卡人，故信託業者係為本公司而非為持卡人管理處分信託財產，惟持卡人得請求本公司或信託業者提供信託契約相關約定條款影本」2.持卡人對於存放信託業者之信託財產，就因電子票證所產生之債權，有優先於本公司之其他債權及股東受償之權利）

□已取得銀行十足之履約保證。

四　電子票證儲值餘額上限。（儲值餘額上限不得超過新臺幣一萬元）

五　電子票證之遺失、被竊或毀損滅失

㈠無記名式電子票證如有滅失、遺失或被竊等情形時，持卡人不得掛失止付。

㈡記名式電子票證如有遺失或被竊等情形時，持卡人應儘速以電話或其他方式通知發行機構或其他經發行機構指定機構辦理掛失停用手續，並依第二點第三款繳交掛失手續費（註：各發行機構得視其狀況自行約定是否收取掛失手續費，但應明定於契約）。惟如發行機構認有必要時，應於受理掛失手續日起十日內通知持卡人，要求於受通知日起三日內向當地警察機關報案或以書面補行通知發行機構。

㈢記名式電子票證持卡人依前款規定以電話或其他方式通知掛失，即視爲完成掛失手續，並自完成掛失手續後被冒用所發生之損失，應由發行機構負擔。但依前款完成掛失手續後小時內（不得超逾十二小時），就非線上即時交易被冒用所發生之損失，應由持卡人自行負擔。

㈣記名式電子票證持卡人於辦理掛失手續後，未提出發行機構所請求之文件、拒絕協助調查、未依第二款規定於受通知日起三日內向當地警察機關報案或有其他違反誠信原則之行爲者，其被冒用之損失應全部由持卡人負擔。

㈤電子票證如有毀損，或記名式電子票證有遺失、被竊或滅失情事時，持卡人得申請發行機構換發電子票證。但發行機構如有正當理由，得不發給相同卡面圖案、卡片材質、形狀、大小之電子票證。

㈥電子票證如有毀損，或記名式電子票證有遺失、被竊或滅失情事，而其原因係由於發行機構或特約機構所致者，不得向持卡人請求支付電子票證換發工本費。

電子票證定型化契約不得記載事項

一　不得記載逾期或未使用完之票證餘額不得退費或其他不合理之使用限制，但依政府相關規定發行之特種卡片者，依其規定。

二　不得記載記名式電子票證不得辦理掛失。

三　不得記載發行機構得片面解約之條款。

四　不得記載預先免除發行機構故意及重大過失責任。

五　不得記載違反其他法律強制禁止規定或爲顯失公平或欺罔之事項。

電子票證儲存款項信託契約之應記載及不得記載事項

民國 98 年 4 月 22 日行政院金融監督管理委員會令訂定發布全文 2 點；並自即日生效。

電子票證儲存款項信託契約之應記載事項

一　應載明以發行機構爲委託人及受益人，信託業者爲受託人等法律關係當事人之名稱、住所。

二　應提供委託人合理審閱期間。

三　應載明信託目的係爲維護電子票證持卡人之權益，並表明委託人發行電子票證所收取之款項，扣除應提列之準備金後，應全部交付信託，並由信託業者依信託契約，予以管理、運用及處分。

四　應載明信託財產之種類、名稱、數量及價額。

五　應載明信託契約之存續期間。

委託人應於前項存續期間到期日前一個月完成續約或與其他業者訂定新約，並函報主管機關備查。

六　應載明信託財產之管理運用方法，並表明該管理運用方法係單獨管理運用或集合管理運用，及信託業者對信託財產有無運用決定權。

前項管理運用方法應包含下列事項：

(一)委託人應將每日持卡人儲存於電子票證之款項於次營業日內存入信託專戶。

(二)交付信託之款項，除下列方式外，不得動用：

1.支付特約機構提供之商品或服務對價、政府部門各種款項及其他經主管機關核准之款項。

2.持卡人要求返還電子票證之餘額。

3.信託財產之運用。

4.運用信託財產所生之孳息或其他收益分配予受益人。

(三)委託人就特約機構之請款，應依結算結果，指示信託業者撥付予特約機構，不得有拖延或虛僞之行爲。

(四)信託業者對於信託財產之運用，應以下列各款方式爲限：

1.銀行存款。

2.購買政府債券或金融債券。

3.購買國庫券或銀行可轉讓定期存單。

4.購買經主管機關核准之其他金融商品。

七　應載明信託財產結算及差額補足之作業。

信託業就發行機構交付信託之款項，應於每月底結算一次，結算時應將信託財產未實現之損失計入，結算結果未達發行機構應交付信託之餘額者，發行機構應依信託業之通知以現金補足差額存入信託專戶。信託業應於每年一、四、七、十月底前將前一季底結算報告送主管機關。

八　應載明信託收益之計算、分配之時期及方法。

信託業者運用信託財產所生之孳息或其他收益，應於所得發生年度，減除成本、必要費用及耗損後，依前項約定分配予受益人。

九　應載明信託契約變更之方式。

十　應載明信託契約之解除或終止事由。

十一　應載明信託關係消滅時，信託財產之歸屬及交付方式。

十二　應載明信託業者之責任。

十三　應載明信託業者之報酬標準、種類、計算方法、支付時期及方法。

十四　應載明各項費用之負擔及其支付方法，並明確告知其信託報酬、各項費用與收取方式。

十五　應載明信託業者對於委託人除法律或主管機關另有規定外，對於因簽訂信託契約所獲得有關委託人及其客戶之交易及往來資料，負有保密義務，並不得爲契約履行範圍外之利用。

十六　應載明信託受益權轉讓之限制。

十七　應載明委託人於行銷、廣告、業務招攬或與持卡人訂約時，應向其行銷、廣告或業務招攬之對象或持卡人明確告知，該等信託之受益人爲委託人而非持卡人，委託人並不得使持卡人誤認信託業者係爲持卡人受託管理信託財產。委託人有與持卡人訂約者，並應於與持卡人之契約中明定。經持卡人請求時，委託人或信託業者應提供前項所載之約定條款影本，或以其他方式揭露之（例如於委託人或信託業者之網站揭露）。

十八　應載明契約份數，並由委託人及信託業者雙方收執。

十九　應載明簽訂契約之日期。

二十　應告知可能涉及之風險及載明其他法律或主管機關規定之事項。

電子票證儲存款項信託契約之不得記載事項

一　不得約定由信託業者保證信託本金之安全或最低收益率。

二　不得有使持卡人誤認信託業者係爲其受託管理信託財產之內容。

三　信託業者除爲共同受益人外，不得約定享有信託利益。

四　不得爲其他違反法令強制或禁止規定之約定。

洗錢防制法

①民國 85 年 10 月 23 日總統令制定公布全文 15 條；並自公布後六個月起施行。
②民國 92 年 2 月 6 日總統令修正公布全文 15 條；並自公布後六個月施行。
③民國 95 年 5 月 30 日總統令修正公布第 3、9、15 條條文；並自 95 年 7 月 1 日施行。
④民國 96 年 7 月 11 日總統令修正公布全文 17 條；並自公布日施行。
⑤民國 97 年 6 月 11 日總統令修正公布第 3 條條文。
⑥民國 98 年 6 月 10 日總統令修正公布第 3、7～11、13 條條文。
民國 101 年 6 月 25 日行政院公告第 10 條第 2 項所列屬「行政院金融監督管理委員會」之權責事項，自 101 年 7 月 1 日起改由「金融監督管理委員會」管轄。
⑦民國 105 年 4 月 13 日總統令修正公布第 3、17 條條文。
民國 105 年 12 月 14 日行政院令發布定自 106 年 1 月 1 日施行。
⑧民國 105 年 12 月 28 日總統令修正公布全文 23 條；並自公布日後六個月施行。
⑨民國 107 年 11 月 7 日總統令修正發布第 5、6、9～11、16、17、22、23 條條文；並自公布日施行。

第一條 （立法目的）

為防制洗錢，打擊犯罪，健全防制洗錢體系，穩定金融秩序，促進金流之透明，強化國際合作，特制定本法。

第二條 （洗錢之定義）

本法所稱洗錢，指下列行為：

一　意圖掩飾或隱匿特定犯罪所得來源，或使他人逃避刑事追訴，而移轉或變更特定犯罪所得。
二　掩飾或隱匿特定犯罪所得之本質、來源、去向、所在、所有權、處分權或其他權益者。
三　收受、持有或使用他人之特定犯罪所得。

第三條 （特定犯罪）

本法所稱特定犯罪，指下列各款之罪：

一　最輕本刑為六月以上有期徒刑以上之刑之罪。
二　刑法第一百二十一條第一項、第一百二十三條、第二百零一條之一第二項、第二百六十八條、第三百三十九條、第三百三十九條之三、第三百四十二條、第三百四十四條、第三百四十九條之罪。
三　懲治走私條例第二條第一項、第三條第一項之罪。
四　破產法第一百五十四條、第一百五十五條之罪。
五　商標法第九十五條、第九十六條之罪。

六　廢棄物清理法第四十五條第一項後段、第四十七條之罪。
七　稅捐稽徵法第四十一條、第四十二條及第四十三條第一項、第二項之罪。
八　政府採購法第八十七條第三項、第五項、第六項、第八十九條、第九十一條第一項、第三項之罪。
九　電子支付機構管理條例第四十四條第二項、第三項、第四十五條之罪。
十　證券交易法第一百七十二條第一項、第二項之罪。
十一　期貨交易法第一百十三條第一項、第二項之罪。
十二　資恐防制法第八條、第九條之罪。
十三　本法第十四條之罪。

第四條　（特定犯罪所得）

①本法所稱特定犯罪所得，指犯第三條所列之特定犯罪而取得或變得之財物或財產上利益及其孳息。
②前項特定犯罪所得之認定，不以其所犯特定犯罪經有罪判決為必要。

第五條　（金融機構；指定之非金融事業或人員）

①本法所稱金融機構，包括下列機構：
一　銀行。
二　信託投資公司。
三　信用合作社。
四　農會信用部。
五　漁會信用部。
六　全國農業金庫。
七　辦理儲金匯兌、簡易人壽保險業務之郵政機構。
八　票券金融公司。
九　信用卡公司。
十　保險公司。
十一　證券商。
十二　證券投資信託事業。
十三　證券金融事業。
十四　證券投資顧問事業。
十五　證券集中保管事業。
十六　期貨商。
十七　信託業。
十八　其他經目的事業主管機關指定之金融機構。
②辦理融資性租賃、虛擬通貨平台及交易業務之事業，適用本法關於金融機構之規定。
③本法所稱指定之非金融事業或人員，指從事下列交易之事業或人員：
一　銀樓業。
二　地政士及不動產經紀業從事與不動產買賣交易有關之行為。

三　律師、公證人、會計師爲客戶準備或進行下列交易時：
㈠買賣不動產。
㈡管理客戶金錢、證券或其他資產。
㈢管理銀行、儲蓄或證券帳戶。
㈣有關提供公司設立、營運或管理之資金籌劃。
㈤法人或法律協議之設立、營運或管理以及買賣事業體。
四　信託及公司服務提供業爲客戶準備或進行下列交易時：
㈠關於法人之籌備或設立事項。
㈡擔任或安排他人擔任公司董事或秘書、合夥之合夥人或在其他法人組織之類似職位。
㈢提供公司、合夥、信託、其他法人或協議註册之辦公室、營業地址、居住所、通訊或管理地址。
㈣擔任或安排他人擔任信託或其他類似契約性質之受託人或其他相同角色。
㈤擔任或安排他人擔任實質持股股東。
五　其他業務特性或交易型態易爲洗錢犯罪利用之事業或從業人員。

④第二項辦理融資性租賃、虛擬通貨平台及交易業務事業之範圍、第三項第五款指定之非金融事業或人員，其適用之交易型態，及得不適用第九條第一項申報規定之前項各款事業或人員，由法務部會同中央目的事業主管機關報請行政院指定。

⑤第一項金融機構、第二項辦理融資性租賃業務事業及第三項指定之非金融事業或人員所從事之交易，必要時，得由法務部會同中央目的事業主管機關指定其使用現金以外之支付工具。

⑥第一項、第二項及前二項之中央目的事業主管機關認定有疑義者，由行政院指定目的事業主管機關。

⑦前三項之指定，其事務涉司法院者，由行政院會同司法院指定之。

第六條　（建立洗錢防制內部控制與稽核制度）

①金融機構及指定之非金融事業或人員應依洗錢與資恐風險及業務規模，建立洗錢防制內部控制與稽核制度；其內容應包括下列事項：
一　防制洗錢及打擊資恐之作業及控制程序。
二　定期舉辦或參加防制洗錢之在職訓練。
三　指派專責人員負責協調監督第一款事項之執行。
四　備置並定期更新防制洗錢及打擊資恐風險評估報告。
五　稽核程序。
六　其他經中央目的事業主管機關指定之事項。

②前項制度之執行，中央目的事業主管機關應定期查核，並得委託其他機關（構）、法人或團體辦理。

③第一項制度之實施內容、作業程序、執行措施，前項查核之方式、受委託之資格條件及其他應遵行事項之辦法，由中央目的事

業主管機關會商法務部及相關機關定之；於訂定前應徵詢相關公會之意見。

④違反第一項規定未建立制度，或前項辦法中有關制度之實施內容、作業程序、執行措施之規定者，由中央目的事業主管機關限期令其改善，屆期未改善者，處金融機構新臺幣五十萬元以上一千萬元以下罰鍰；處指定之非金融事業或人員新臺幣五萬元以上一百萬元以下罰鍰。

⑤金融機構及指定之非金融事業或人員規避、拒絕或妨礙現地或非現地查核者，由中央目的事業主管機關處金融機構新臺幣五十萬元以上五百萬元以下罰鍰；處指定之非金融事業或人員新臺幣五萬元以上五十萬元以下罰鍰。

第七條 （*確認客戶身分程序及留存所得資料*）

①金融機構及指定之非金融事業或人員應進行確認客戶身分程序，並留存其確認客戶身分程序所得資料；其確認客戶身分程序應以風險為基礎，並應包括實質受益人之審查。

②前項確認客戶身分程序所得資料，應自業務關係終止時起至少保存五年；臨時性交易者，應自臨時性交易終止時起至少保存五年。但法律另有較長保存期間規定者，從其規定。

③金融機構及指定之非金融事業或人員對現任或曾任國內外政府或國際組織重要政治性職務之客戶或受益人與其家庭成員及有密切關係之人，應以風險為基礎，執行加強客戶審查程序。

④第一項確認客戶身分範圍、留存確認資料之範圍、程序、方式及前項加強客戶審查之範圍、程序、方式之辦法，由中央目的事業主管機關會商法務部及相關機關定之；於訂定前應徵詢相關公會之意見。前項重要政治性職務之人與其家庭成員及有密切關係之人之範圍，由法務部定之。

⑤違反第一項至第三項規定及前項所定辦法者，由中央目的事業主管機關處金融機構新臺幣五十萬元以上一千萬元以下罰鍰、處指定之非金融事業或人員新臺幣五萬元以上一百萬元以下罰鍰。

第八條 （*辦理國內外交易留存交易紀錄*）

①金融機構及指定之非金融事業或人員因執行業務而辦理國內外交易，應留存必要交易紀錄。

②前項交易紀錄之保存，自交易完成時起，應至少保存五年。但法律另有較長保存期間規定者，從其規定。

③第一項留存交易紀錄之適用交易範圍、程序、方式之辦法，由中央目的事業主管機關會商法務部及相關機關定之；於訂定前應徵詢相關公會之意見。

④違反第一項、第二項規定及前項所定辦法者，由中央目的事業主管機關處金融機構新臺幣五十萬元以上一千萬元以下罰鍰、處指定之非金融事業或人員新臺幣五萬元以上一百萬元以下罰鍰。

第九條 （*一定金額以上通貨交易之申報*）

①金融機構及指定之非金融事業或人員對於達一定金額以上之通貨

交易，除本法另有規定外，應向法務部調查局申報。

②金融機構及指定之非金融事業或人員依前項規定為申報者，免除其業務上應保守秘密之義務。該機構或事業之負責人、董事、經理人及職員，亦同。

③第一項一定金額、通貨交易之範圍、種類、申報之範圍、方式、程序及其他應遵行事項之辦法，由中央目的事業主管機關會商法務部及相關機關定之；於訂定前應徵詢相關公會之意見。

④違反第一項規定或前項所定辦法中有關申報之範圍、方式、程序之規定者，由中央目的事業主管機關處金融機構新臺幣五十萬元以上一千萬元以下罰鍰；處指定之非金融事業或人員新臺幣五萬元以上一百萬元以下罰鍰。

第一〇條 （金融機構及指定之非金融事業或人員之申報義務）

①金融機構及指定之非金融事業或人員對疑似犯第十四條、第十五條之罪之交易，應向法務部調查局申報；其交易未完成者，亦同。

②金融機構及指定之非金融事業或人員依前項規定為申報者，免除其業務上應保守秘密之義務。該機構或事業之負責人、董事、經理人及職員，亦同。

③第一項之申報範圍、方式、程序及其他應遵行事項之辦法，由中央目的事業主管機關會商法務部及相關機關定之；於訂定前應徵詢相關公會之意見。

④前項、第六條第三項、第七條第四項、第八條第三項及前條第三項之辦法，其事務涉司法院者，由司法院會商行政院定之。

⑤違反第一項規定或第三項所定辦法中有關申報之範圍、方式、程序之規定者，由中央目的事業主管機關處金融機構新臺幣五十萬元以上一千萬元以下罰鍰；處指定之非金融事業或人員新臺幣五萬元以上一百萬元以下罰鍰。

第一一條 （對洗錢或資恐高風險國家或地區得採相關防制措施）

①為配合防制洗錢及打擊資恐之國際合作，金融目的事業主管機關及指定之非金融事業或人員之中央目的事業主管機關得自行或經法務部調查局通報，對洗錢或資恐高風險國家或地區，為下列措施：

一　令金融機構、指定之非金融事業或人員強化相關交易之確認客戶身分措施。

二　限制或禁止金融機構、指定之非金融事業或人員與洗錢或資恐高風險國家或地區為匯款或其他交易。

三　採取其他與風險相當且有效之必要防制措施。

②前項所稱洗錢或資恐高風險國家或地區，指下列之一者：

一　經國際防制洗錢組織公告防制洗錢及打擊資恐有嚴重缺失之國家或地區。

二　經國際防制洗錢組織公告未遵循或未充分遵循國際防制洗錢

組織建議之國家或地區。

三　其他有具體事證認有洗錢及資恐高風險之國家或地區。

第一二條　（一定金額、有價證券、黃金及物品之申報義務）

①旅客或隨交通工具服務之人員出入境攜帶下列之物，應向海關申報；海關受理申報後，應向法務部調查局通報：

一　總價值達一定金額以上之外幣、香港或澳門發行之貨幣及新臺幣現鈔。

二　總面額達一定金額以上之有價證券。

三　總價值達一定金額以上之黃金。

四　其他總價值達一定金額以上，且有被利用進行洗錢之虞之物品。

②以貨物運送、快遞、郵寄或其他相類之方法運送前項各款物品出入境者，亦同。

③前二項之一定金額、有價證券、黃金、物品、受理申報與通報之範圍、程序及其他應遵行事項之辦法，由財政部會商法務部、中央銀行、金融監督管理委員會定之。

④外幣、香港或澳門發行之貨幣未依第一項、第二項規定申報者，由海關沒入之；申報不實者，其超過申報部分由海關沒入之；有價證券、黃金、物品未依第一項、第二項規定申報或申報不實者，由海關科以相當於未申報或申報不實之有價證券、黃金、物品價額之罰鍰。

⑤新臺幣依第一項、第二項規定申報者，超過中央銀行依中央銀行法第十八條之一第一項所定限額部分，應予退運。未依第一項、第二項規定申報者，由海關沒入之；申報不實者，其超過申報部分由海關沒入之，均不適用中央銀行法第十八條之一第二項規定。

⑥大陸地區發行之貨幣依第一項、第二項所定方式出入境，應依臺灣地區與大陸地區人民關係條例相關規定辦理，總價值超過同條例第三十八條第五項所定限額時，海關應向法務部調查局通報。

第一三條　（禁止處分）

①檢察官於偵查中，有事實足認被告利用帳戶、匯款、通貨或其他支付工具犯第十四條及第十五條之罪者，得聲請該管法院指定六個月以內之期間，對該筆交易之財產為禁止提款、轉帳、付款、交付、轉讓或其他必要處分之命令。其情況急迫，有相當理由足認非立即為上開命令，不能保全得沒收之財產或證據者，檢察官得逕命執行之。但應於執行後三日內，聲請法院補發命令。法院如不於三日內補發或檢察官未於執行後三日內聲請法院補發命令者，應即停止執行。

②前項禁止提款、轉帳、付款、交付、轉讓或其他必要處分之命令，法官於審判中得依職權為之。

③前二項命令，應以書面為之，並準用刑事訴訟法第一百二十八條規定。

④第一項之指定期間如有繼續延長之必要者，檢察官應檢附具體理由，至遲於期間屆滿之前五日聲請該管法院裁定。但延長期間不得逾六個月，並以延長一次爲限。
⑤對於外國政府、機構或國際組織依第二十一條所簽訂之條約或協定或基於互惠原則請求我國協助之案件，如所涉之犯罪行爲符合第三條所列之罪，雖非在我國偵查或審判中者，亦得準用前四項規定。
⑥對第一項、第二項之命令、第四項之裁定不服者，準用刑事訴訟法第四編抗告之規定。

第一四條（洗錢行為之處罰）

①有第二條各款所列洗錢行爲者，處七年以下有期徒刑，併科新臺幣五百萬元以下罰金。
②前項之未遂犯罰之。
③前二項情形，不得科以超過其特定犯罪所定最重本刑之刑。

第一五條（罰則）

①收受、持有或使用之財物或財產上利益，有下列情形之一，而無合理來源且與收入顯不相當者，處六月以上五年以下有期徒刑，得併科新臺幣五百萬元以下罰金：
一　冒名或以假名向金融機構申請開立帳戶。
二　以不正方法取得他人向金融機構申請開立之帳戶。
三　規避第七條至第十條所定洗錢防制程序。
②前項之未遂犯罰之。

第一六條（洗錢犯罪之成立不以特定犯罪之行為發生在中華民國領域內為必要）

①法人之代表人、代理人、受雇人或其他從業人員，因執行業務犯前二條之罪者，除處罰行爲人外，對該法人並科以各該條所定之罰金。
②犯前二條之罪，在偵查或審判中自白者，減輕其刑。
③前二條之罪，於中華民國人民在中華民國領域外犯罪者，適用之。
④第十四條之罪，不以本法所定特定犯罪之行爲或結果在中華民國領域內爲必要。但該特定犯罪依行爲地之法律不罰者，不在此限。

第一七條（洩漏或交付罪責）

①公務員洩漏或交付關於申報疑似犯第十四條、第十五條之罪之交易或犯第十四條、第十五條之罪嫌疑之文書、圖畫、消息或物品者，處三年以下有期徒刑。
②第五條第一項至第三項不具公務員身分之人洩漏或交付關於申報疑似犯第十四條、第十五條之罪之交易或犯第十四條、第十五條之罪嫌疑之文書、圖畫、消息或物品者，處二年以下有期徒刑、拘役或新臺幣五十萬元以下罰金。

第一八條（洗錢犯罪所得之沒收範圍）

①犯第十四條之罪，其所移轉、變更、掩飾、隱匿、收受、取得、持有、使用之財物或財產上利益，沒收之；犯第十五條之罪，其所收受、持有、使用之財物或財產上利益，亦同。
②以集團性或常習性方式犯第十四條或第十五條之罪，有事實足以證明行為人所得支配之前項規定以外之財物或財產上利益，係取自其他違法行為所得者，沒收之。
③對於外國政府、機構或國際組織依第二十一條所簽訂之條約或協定或基於互惠原則，請求我國協助執行扣押或沒收之案件，如所涉之犯罪行為符合第三條所列之罪，不以在我國偵查或審判中者為限。

第一九條　（沒收財產）

①犯本法之罪沒收之犯罪所得為現金或有價證券以外之財物者，得由法務部撥交檢察機關、司法警察機關或其他協助查緝洗錢犯罪之機關作公務上使用。
②我國與外國政府、機構或國際組織依第二十一條所簽訂之條約或協定或基於互惠原則協助執行沒收犯罪所得或其他追討犯罪所得作為者，法務部得依條約、協定或互惠原則將該沒收財產之全部或一部撥交該外國政府、機構或國際組織，或請求撥交沒收財產之全部或一部款項。
③前二項沒收財產之撥交辦法，由行政院定之。

第二〇條　（設置基金）

法務部辦理防制洗錢業務，得設置基金。

第二一條　（國際合作條約或協定之簽訂）

①為防制洗錢，政府依互惠原則，得與外國政府、機構或國際組織簽訂防制洗錢之條約或協定。
②對於外國政府、機構或國際組織請求我國協助之案件，除條約或協定另有規定者外，得基於互惠原則，提供第九條、第十條、第十二條受理申報或通報之資料及其調查結果。
③臺灣地區與大陸地區、香港及澳門間之洗錢防制，準用前二項規定。

第二二條　（定期陳報查核成效）

第六條第二項之查核，第六條第四項、第五項、第七條第五項、第八條第四項、第九條第四項、第十條第五項之裁處及其調查，中央目的事業主管機關得委辦直轄市、縣（市）政府辦理，並由直轄市、縣（市）政府定期陳報查核成效。

第二三條　（施行日）

①本法自公布日後六個月施行。
②本法修正條文自公布日施行。

電子支付機構管理條例

①民國 104 年 2 月 4 日總統令制定公布全文 58 條。
民國 104 年 3 月 5 日行政院令發布定自 104 年 5 月 3 日施行。
②民國 106 年 6 月 14 日總統令修正公布第 58 條條文；刪除第 53 條條文；並自公布日施行。
③民國 107 年 1 月 31 日總統令增訂公布第 3-1 條條文。

第一章　總　則

第一條　（立法目的）

爲促進電子支付機構健全經營及發展，以提供安全便利之資金移轉服務，特制定本條例。

第二條　（主管機關）

本條例之主管機關爲金融監督管理委員會。

第三條　（電子支付機構之定義）

①本條例所稱電子支付機構，指經主管機關許可，以網路或電子支付平臺爲中介，接受使用者註册及開立記錄資金移轉與儲值情形之帳戶（以下簡稱電子支付帳戶），並利用電子設備以連線方式傳遞收付訊息，於付款方及收款方間經營下列業務之公司。但僅經營第一款業務，且所保管代理收付款項總餘額未逾一定金額者，不包括之：

一　代理收付實質交易款項。
二　收受儲值款項。
三　電子支付帳戶間款項移轉。
四　其他經主管機關核定之業務。

②前項但書所定代理收付款項總餘額之計算方式及一定金額，由主管機關定之。

③屬第一項但書者，於所保管代理收付款項總餘額逾主管機關規定一定金額之日起算六個月內，應向主管機關申請電子支付機構之許可。

④主管機關爲查明前項情形，得要求特定之自然人、法人、團體於限期內提供所保管代理收付款項總餘額之相關資料及說明；必要時，得要求銀行及其他金融機構提供其存款及其他有關資料。

第三條之一　（促進金融科技創新，推動金融監理沙盒，於核准辦理期間及範圍，得不適用本法之規定）107

①爲促進普惠金融及金融科技發展，不限於電子支付機構，得依金融科技發展與創新實驗條例申請辦理電子支付機構業務創新實驗。

②前項之創新實驗，於主管機關核准辦理之期間及範圍內，得不適用本條例之規定。

③主管機關應參酌第一項創新實驗之辦理情形，檢討本條例及相關金融法規之妥適性。

第四條　（電子支付機構經營之業務）

①電子支付機構經營業務，應符合下列規定：

一　涉及外匯部分，應依中央銀行規定辦理。

二　前條第一項第一款之實質交易，不得涉有未經主管機關核准代理收付款項之金融商品或服務及其他法規禁止或各中央目的事業主管機關公告不得從事之交易。

三　經營前條第一項第二款至第四款業務，以有經營前條第一項第一款業務為限。

②電子支付機構經營前條第一項第二款業務，如電子票證發行管理條例之規定與本條例之規定牴觸時，適用本條例。

第五條　（電子支付機構之組織）

電子支付機構以股份有限公司組織為限；除依第九條規定及經主管機關許可兼營者外，應專營第三條第一項各款業務。

第六條　（電子支付機構收受使用者支付款項之範圍）

電子支付機構收受使用者支付款項之範圍如下：

一　代理收付款項：實質交易之金額、電子支付帳戶間款項移轉之資金，及已執行使用者支付指示，尚未記錄轉入收款方電子支付帳戶之款項。

二　儲值款項：使用者預先存放於電子支付帳戶，以供與電子支付機構以外之其他使用者進行資金移轉使用之款項。

第二章　申請及許可

第七條　（電子支付機構之最低實收資本額）

①電子支付機構之最低實收資本額為新臺幣五億元。但僅經營第三條第一項第一款業務者之最低實收資本額為新臺幣一億元。

②前項最低實收資本額，主管機關得視社會經濟情況及實際需要調整之。

③第一項最低實收資本額，發起人應於發起時一次認足。

④電子支付機構之實收資本額未達主管機關依第二項調整之金額者，主管機關應限期命其辦理增資；屆期未完成增資者，主管機關得勒令其停業。

第八條　（電子支付機構不得經營之業務）

①電子支付機構不得經營未經主管機關核定之業務。

②專營之電子支付機構得經營之業務項目，由主管機關於營業執照載明之；其業務項目涉及跨境者，應一併載明。

第九條　（電子支付機構得兼營電子票證業務）

電子支付機構經主管機關依電子票證發行管理條例之規定核准者，得兼營電子票證業務。

第一〇條（申請經營電子支付機構業務許可應檢具之書件）

①申請專營第三條第一項各款業務之許可，應由發起人或負責人檢具下列書件，向主管機關為之：

一　申請書。

二　發起人或董事、監察人名冊及證明文件。

三　發起人會議或董事會會議紀錄。

四　資金來源說明。

五　公司章程。

六　營業計畫書：載明業務範圍、業務經營之原則、方針與具體執行之方法、市場展望、風險與效益評估、經會計師認證得以滿足未來五年資訊系統及業務適當營運之預算評估。

七　總經理或預定總經理之資料。

八　業務章則及業務流程說明。

九　電子支付機構業務各關係人間權利義務關係約定書或其範本。

十　經營電子支付機構業務所採用之資訊系統及安全控管作業說明。

十一　經會計師認證之電子支付機構業務交易之結算及清算機制說明。

十二　經會計師認證之支付款項保障機制說明及信託契約、履約保證契約或其範本。

十三　其他主管機關規定之書件。

②前項第八款所定之業務章則，應記載下列事項：

一　組織結構及部門職掌。

二　人員配置、管理及培訓。

三　內部控制制度及內部稽核制度。

四　洗錢防制相關作業流程。

五　使用者身分確認機制。

六　會計制度。

七　營業之原則及政策。

八　消費者權益保障措施及消費糾紛處理程序。

九　作業手冊及權責劃分。

十　其他主管機關規定之事項。

③銀行及中華郵政股份有限公司申請兼營第三條第一項各款業務之許可，應檢具第一項第一款、第五款、第六款、第八款至第十一款、第十三款規定之書件及董事會或理事會會議紀錄，向主管機關為之。

④電子票證發行機構申請兼營第三條第一項各款業務之許可，應檢具第一項第一款、第五款、第六款、第八款至第十三款規定之書件及董事會會議紀錄，向主管機關為之。

⑤第一項第十款之書件，主管機關得洽請相關同業公會或其他適當機構協助檢視，並提出審查建議。

⑥主管機關爲第一項、第三項及第四項之許可前，應洽商中央銀行意見。

⑦本條例施行前，經主管機關同意辦理網路交易代收代付服務業務之銀行及中華郵政股份有限公司，視爲已取得第三項之許可。

第一一條　（主管機關得不予許可之事由）

依前條第一項、第三項及第四項申請許可者，有下列情形之一，主管機關得不予許可：

一　最低實收資本額不符第七條規定。

二　申請書件內容有虛僞不實。

三　經主管機關限期補正相關事項屆期未補正。

四　營業計畫書欠缺具體內容或執行顯有困難。

五　經營業務之專業能力不足，難以經營業務。

六　有妨害國家安全之虞者。

七　其他未能健全經營業務之虞之情形。

第一二條　（電子支付機構營業執照之核發、換發及開業）

①專營之電子支付機構應自取得許可後六個月內，檢具下列書件，向主管機關申請核發營業執照：

一　營業執照申請書。

二　公司登記證件。

三　會計師資本繳足查核報告書。

四　股東名册。

五　董事名册及董事會會議紀錄。設有常務董事者，其常務董事名册及常務董事會會議紀錄。

六　監察人名册及監察人會議紀錄。

七　其他主管機關規定之書件。

②前項規定期限屆滿前，如有正當理由者，得申請延展，延展期限不得超過三個月，並以一次爲限。

③專營之電子支付機構未於第一項或前項所定期間內申請營業執照者，主管機關得廢止其許可。

④專營之電子支付機構取得營業執照後，經發現原申請事項有虛僞情事且情節重大者，主管機關應撤銷其許可及營業執照，並令限期繳回營業執照，屆期未繳回者，註銷之。

⑤專營之電子支付機構應於主管機關核發營業執照後六個月內開始營業。但有正當理由經主管機關核准者，得予延展開業，延展期限不得超過六個月，並以一次爲限。

⑥專營之電子支付機構未依前項規定期限開始營業者，主管機關得廢止其許可及營業執照，並令限期繳回營業執照，屆期未繳回者，註銷之。

⑦專營之電子支付機構營業執照所載事項有變更者，應經主管機關許可，並申請換發營業執照。

第一三條　（開始營業限期內以書面通知主管機關）

電子支付機構應於開始營業之日起算五個營業日內，以書面通知主管機關。

第一四條 （境外機構於我國境內經營電子支付機構業務之管理，及與境外機構合作或協助我國境內從事電子支付機構業務相關行為之管理）

①境外機構非依本條例申請許可設立電子支付機構，不得於我國境內經營第三條第一項各款業務。

②非經主管機關核准，任何人不得有與境外機構合作或協助其於我國境內從事第三條第一項各款業務之相關行爲。

③前項主管機關核准之對象、條件、應檢具書件、與境外機構合作或協助其於我國境內從事第三條第一項各款業務相關行爲之範圍與方式、作業管理及其他應遵行事項之辦法，由主管機關洽商中央銀行定之。

④大陸地區機構申請許可設立電子支付機構，以及任何人有與大陸地區支付機構合作或協助其於我國境內從事第三條第一項各款業務之相關行爲，應依臺灣地區與大陸地區人民關係條例第七十二條及第七十三條之規定辦理。

⑤主管機關應協助國內電子支付機構發展境外合作業務。

第三章　監督及管理

第一節　專營之電子支付機構

第一五條 （收受儲值款項與電子支付帳戶間款項移轉之限額及交易金額之限制）

①專營之電子支付機構收受每一使用者之新臺幣及外幣儲值款項，其餘額合計不得超過等值新臺幣五萬元。

②專營之電子支付機構辦理每一使用者之新臺幣及外幣電子支付帳戶間款項移轉，每筆不得超過等值新臺幣五萬元。

③前二項額度，得由主管機關洽商中央銀行依經濟發展情形調整之。

④主管機關於必要時得限制專營之電子支付機構經營第三條第一項各款業務之交易金額；其限額，由主管機關洽商中央銀行定之。

第一六條 （電子支付款項之管理）

①專營之電子支付機構收取使用者之支付款項，應存入其於銀行開立之相同幣別專用存款帳戶，並確實於電子支付帳戶記錄支付款項金額及移轉情形。

②前項銀行對專營之電子支付機構所儲存支付款項之存管、移轉、動用及運用，應予管理，並定期向主管機關報送其專用存款帳戶之相關資料。

③第一項專用存款帳戶開立之限制、管理與作業方式及其他應遵行事項之辦法，由主管機關定之。

第一七條 （專營之電子支付機構支付款項之方式）

①專營之電子支付機構應依各方使用者之支付指示，進行支付款項

移轉作業，不得有遲延支付之行爲。

②專營之電子支付機構應於收到支付指示後，以各方使用者同意之方式通知各方使用者再確認。

第一八條（支付款項之提領及外幣儲值款項之存撥）

①專營之電子支付機構於使用者提領電子支付帳戶款項時，不得以現金支付，應將提領款項轉入該使用者之銀行相同幣別存款帳戶。

②專營之電子支付機構於使用者辦理外幣儲值時，儲值款項非由該使用者之銀行外匯存款帳戶以相同幣別存撥者，不得受理。

第一九條（收受新台幣及外幣儲值款項達一定金額以上者，應繳存足額之準備金）

專營之電子支付機構收受新臺幣及外幣儲值款項合計達一定金額者，應繳存足額之準備金；其一定金額、準備金繳存之比率、方式、調整、查核及其他應遵行事項之辦法，由中央銀行洽商主管機關定之。

第二〇條（支付款項應交付信託或取得銀行十足履約保證）

①專營之電子支付機構對於儲值款項扣除應提列準備金之餘額，併同代理收付款項之金額，應全部交付信託或取得銀行十足之履約保證。

②專營之電子支付機構應委託會計師每季查核前項辦理情形，並於每季終了後一個月內，將會計師查核情形報請主管機關備查。

③第一項所稱交付信託，指與專用存款帳戶銀行簽訂信託契約，以專用存款帳戶爲信託專戶。

④前項信託契約之應記載及不得記載事項，由主管機關公告之。

⑤第三項之信託契約，違反主管機關公告之應記載及不得記載事項者，其契約條款無效；未記載主管機關公告之應記載事項者，仍構成契約之內容。

⑥第一項所稱取得銀行十足之履約保證，指與銀行簽訂足額之履約保證契約，由銀行承擔專營之電子支付機構對使用者之履約保證責任。

⑦專營之電子支付機構應於信託契約或履約保證契約到期日二個月前完成續約或訂定新契約，並函報主管機關備查。

⑧專營之電子支付機構未依前項規定辦理者，不得受理新使用者註冊及收受原使用者新增之支付款項。

第二一條（支付款項動用與運用方式、運用所得孳息或其他收益計提一定比率之金額及使用者之優先受償權）

①專營之電子支付機構對於支付款項，除有下列情形之一者外，不得動用或指示專用存款帳戶銀行動用：

一　依使用者支付指示移轉支付款項。

二　使用者提領支付款項。

三　依第二項至第四項所爲支付款項之運用及其所生孳息或其他收益之分配或收取。

②專營之電子支付機構對於代理收付款項，限以專用存款帳戶儲存及保管，不得為其他方式之運用或指示專用存款帳戶銀行為其他方式之運用。
③專營之電子支付機構對於儲值款項，得於一定比率內為下列各款之運用或指示專用存款帳戶銀行運用：
一　銀行存款。
二　購買政府債券。
三　購買國庫券或銀行可轉讓定期存單。
四　購買經主管機關核准之其他金融商品。
④專用存款帳戶銀行運用信託財產所生孳息或其他收益，應於所得發生年度，減除成本、必要費用及耗損後，依信託契約之約定，分配予專營之電子支付機構。
⑤專營之電子支付機構對於運用支付款項所得之孳息或其他收益，應計提一定比率金額，於專用存款帳戶銀行以專戶方式儲存，作為回饋使用者或其他主管機關規定用途使用。
⑥第三項及前項所定一定比率，由主管機關定之。
⑦專營之電子支付機構依第二項及第三項運用支付款項之總價值，依一般公認會計原則評價，如有低於投入時金額之情形，應立即補足。
⑧專營之電子支付機構應委託會計師每半營業年度查核第一項至第三項、第五項及前項規定辦理之情形，並於每半營業年度終了後二個月內，將會計師查核情形報請主管機關備查。
⑨使用者就其支付款項，對專營之電子支付機構經營第三條第一項各款業務所生之債權，有優先其他債權人受償之權。

第二二條（辦理境內或跨境業務，其支付款項結算及清算之幣別）

①專營之電子支付機構辦理我國境內業務，其與境內使用者間之支付款項、結算及清算，應以新臺幣為之。
②專營之電子支付機構辦理跨境業務，其與境內使用者間之支付款項、結算及清算，得以新臺幣或外幣為之；對境外款項收付、結算及清算，應以外幣為之。
③專營之電子支付機構辦理跨境業務，應於其網頁上揭示兌換匯率所參考之銀行牌告匯率及合作銀行。

第二三條（主管機關得限制止電子支付機構收受使用者之支付款項總餘額與該公司實收資本額或淨值之倍數）

①主管機關於必要時，得就專營之電子支付機構收受使用者之支付款項總餘額與該公司實收資本額或淨值之倍數，予以限制。
②專營之電子支付機構收受使用者之支付款項總餘額與該公司實收資本額或淨值之倍數，不符主管機關依前項所定之限制者，主管機關得命其限期增資或降低其所收受使用者之支付款項總餘額，並為其他必要之處置或限制。

第二四條（應建立使用者身分確認機制及所得資料留存期限）

①專營之電子支付機構應建立使用者身分確認機制，於使用者註冊時確認其身分，並留存確認使用者身分程序所得之資料；使用者變更身分資料時，亦同。
②前項確認使用者身分程序所得資料之留存期間，自電子支付帳戶終止或結束後至少五年。
③第一項使用者身分確認機制之建立方式、程序、管理及前項確認使用者身分程序所得資料範圍等相關事項之辦法，由主管機關洽商法務部及中央銀行定之。
④主管機關得自行或委託適當機構推動身分資料查詢、比對、認證或驗證相關機制，以利專營之電子支付機構確認使用者身分。
⑤利用前項機制之收費標準及管理規則，由主管機關定之。

第二五條（交易紀錄資料之留存）
①專營之電子支付機構應留存使用者電子支付帳戶之帳號、交易項目、日期、金額及幣別等必要交易紀錄；未完成之交易，亦同。
②前項必要交易紀錄，於停止或完成交易後，至少應保存五年。但其他法規有較長之規定者，依其規定。
③第一項留存必要交易紀錄之範圍及方式，由主管機關洽商法務部、財政部及中央銀行定之。
④稅捐稽徵機關、海關及中央銀行因其業務需求，得要求專營之電子支付機構提供第一項之必要交易紀錄及前條第一項之確認使用者身分程序所得資料，專營之電子支付機構不得拒絕。

第二六條（客訴處理及糾爭解決機制之建置）
專營之電子支付機構應建置客訴處理及紛爭解決機制。

第二七條（電子支付機構業務定型化契約之管理規範）
專營之電子支付機構訂定電子支付機構業務定型化契約條款之內容，應遵守主管機關公告之定型化契約應記載及不得記載事項，對使用者權益之保障，不得低於主管機關所定電子支付機構業務定型化契約範本之內容。

第二八條（使用者往來交易資料之保密）
①專營之電子支付機構對於使用者之往來交易資料及其他相關資料，除其他法律或主管機關另有規定者外，應保守秘密。
②專營之電子支付機構不得利用使用者個人資料爲第三人從事行銷行爲。

第二九條（交易資料之隱密性與安全性、資訊系統標準與安全控管作業基準之訂定及實體通路交易支付服務之管理）
①專營之電子支付機構應確保交易資料之隱密性及安全性，並維持資料傳輸、交換或處理之正確性。
②專營之電子支付機構應建置符合一定水準之資訊系統，其辦理業務之資訊系統標準及安全控管作業基準，由主管機關定之，變更時亦同。
③專營之電子支付機構就第三條第一項各款業務，利用行動電話或

其他可攜式設備於實體通路提供服務，其作業應符合前項安全控管作業基準規定，並於開辦前經主管機關核准。

第三〇條　（內部控制及稽核制度之建立）

專營之電子支付機構應建立內部控制及稽核制度；其目的、原則、政策、作業程序、內部稽核人員應具備之資格條件、委託會計師辦理內部控制查核之範圍及其他應遵行事項之辦法，由主管機關定之。

第三一條　（業務資料之申報與提交）

①專營之電子支付機構應依主管機關及中央銀行之規定，申報業務有關資料。

②專營之電子支付機構應定期提交帳務作業明細報表予專用存款帳戶銀行，供其核對支付款項之存管、移轉、動用及運用情形。

第三二條　（營業報告書及財務報告等財務文件之編製、申報並公告）

專營之電子支付機構應於會計年度終了四個月內，編製業務之營業報告書、經會計師查核簽證之財務報告或製作其他經主管機關指定之財務文件，於股東會通過後十五日內，向主管機關申報並公告之。

第三三條　（專營之電子支付機構之業務管理與作業方式等其他應遵行事項之規則，由主管機關洽商中央銀行定之）

專營之電子支付機構之業務管理與作業方式、使用者管理、使用者支付指示方式、營業據點、作業委外、投資限制、重大財務業務與營運事項之核准、申報及其他應遵行事項之規則，由主管機關洽商中央銀行定之。

第三四條　（主管機關之金融檢查及查核）

①主管機關得隨時派員或委託適當機構檢查專營之電子支付機構之業務、財務及其他有關事項，或令專營之電子支付機構於限期內提報財務報告、財產目錄或其他有關資料及報告。

②主管機關於必要時，得指定專門職業及技術人員，就前項規定應行檢查事項、報表或資料予以查核，並向主管機關提出報告，其費用由受查核對象負擔。

第三五條　（違反法令、章程或其行為有礙健全經營之虞時，主管機關得採行之措施及處分）

①專營之電子支付機構違反法令、章程或其行爲有礙健全經營之虞時，主管機關除得予以糾正、令其限期改善外，並得視情節之輕重，爲下列處分：

一　撤銷股東會或董事會等法定會議之決議。

二　廢止專營之電子支付機構全部或部分業務之許可。

三　命令專營之電子支付機構解除經理人或職員之職務。

四　解除董事、監察人職務或停止其於一定期間內執行職務。

五　其他必要之處置。

②主管機關依前項第四款解除董事、監察人職務時，應通知經濟部廢止其董事、監察人登記。

第三六條　（累積虧損逾實收資本額二分之一之因應措施）

①專營之電子支付機構累積虧損逾實收資本額二分之一者，應立即將財務報表及虧損原因，函報主管機關。

②主管機關對前項專營之電子支付機構，得限期令其補足資本，或限制其業務；專營之電子支付機構未依期限補足資本者，主管機關得勒令其停業。

第三七條　（退場機制）

①專營之電子支付機構因業務或財務顯著惡化，不能支付其債務或有損及使用者權益之虞時，主管機關得通知有關機關或機構禁止該專營之電子支付機構及其負責人或職員為財產移轉、交付、設定他項權利或行使其他權利，或函請入出國管理機關限制其負責人或職員出境，或令其將業務移轉予其他電子支付機構。

②專營之電子支付機構因解散、停業、歇業、撤銷或廢止許可、命令解散等事由，致不能繼續經營業務者，應洽其他電子支付機構承受其業務，並經主管機關核准。

③專營之電子支付機構未依前項規定辦理者，由主管機關指定其他電子支付機構承受。

第三八條　（清償基金之設置）

①為避免電子支付機構未依第二十條交付信託或取得銀行十足履約保證，而損及消費者權益，電子支付機構應提撥資金，設置清償基金。

②電子支付機構因財務困難失卻清償能力而違約時，清償基金得以第三人之地位向消費者為清償，並自清償時起，於清償之限度內承受消費者之權利。

③清償基金之組織、管理及清償等事項之辦法，由主管機關定之。

④清償基金由各電子支付機構自營業收入提撥；其提撥比率，由主管機關審酌經濟、業務情形及各電子支付機構承擔能力定之。

第二節　兼營之電子支付機構

第三九條　（銀行及中華郵政股份有限公司兼營電子支付機構業務之準用規定）

銀行及中華郵政股份有限公司兼營第三條第一項各款業務，準用第十五條、第十七條、第十八條、第二十一條第九項、第二十二條第一項、第二項、第二十四條至第二十九條、第三十一條第一項、第三十三條至第三十五條、第三十七條及第三十八條規定。

第四〇條　（電子票證發行機構兼營電子支付機構業務之準用規定）

電子票證發行機構兼營第三條第一項各款業務，準用第十五條至第三十五條、第三十七條及第三十八條規定。

第四一條　（銀行及中華郵政股份有限公司兼營電子支付機構業

務，收受儲值款項之準備金提列及存款保險）
銀行及中華郵政股份有限公司兼營第三條第一項第二款業務所收受之儲值款項，應依銀行法或其他相關法令提列準備金，且爲存款保險條例所稱之存款保險標的。

第四章　公　會

第四二條　（加入公會，始得營業）
①電子支付機構應加入主管機關指定之同業公會或中華民國銀行商業同業公會全國聯合會（以下簡稱銀行公會）電子支付業務委員會，始得營業。
②前項主管機關所指定同業公會之章程及銀行公會電子支付業務委員會之章則、議事規程，應報請主管機關核定，變更時亦同。
③第一項主管機關所指定同業公會之業務，應受主管機關之指導及監督。
④前項同業公會之理事、監事有違反法令、章程，怠於實施該會應辦理事項，濫用職權，或違反誠實信用原則之行爲者，主管機關得予糾正，或命令該同業公會予以解任。

第四三條（公會之自律功能及應確實遵守公會之業務規章及自律公約）
①主管機關所指定同業公會及銀行公會電子支付業務委員會，爲會員之健全經營及維護同業聲譽，應辦理下列事項：
一　協助主管機關推行、研究電子支付機構業務之相關政策及法令。
二　訂定並定期檢討共同性業務規章或自律公約，並報請主管機關備查；變更時亦同。
三　就會員所經營電子支付機構業務，爲必要指導或調處其間之糾紛。
四　主管機關指定辦理之事項。
②電子支付機構應確實遵守前項第二款之業務規章及自律公約。

第五章　罰　則

第四四條　（未經主管機關許可，經營電子支付機構業務之刑罰）
①非電子支付機構經營第三條第一項第二款至第四款業務者，處三年以上十年以下有期徒刑，得併科新臺幣二千萬元以上五億元以下罰金。
②未依第三條第三項或第五十四條規定向主管機關申請許可，或已依規定申請許可，經主管機關不予許可後，仍經營第三條第一項第一款業務者，處五年以下有期徒刑，得併科新臺幣一億元以下罰金。
③法人犯前二項之罪者，處罰其行爲負責人，對該法人並科以前二項所定罰金。

第四五條（未將支付款項交付信託或取得銀行十足履約保證及違法動用支付款項之刑罰）

①專營之電子支付機構違反第二十條第一項或第二十一條第一項規定者，其行爲負責人處七年以下有期徒刑，得併科新臺幣五億元以下罰金。

②電子票證發行機構兼營第三條第一項各款業務違反第四十條準用第二十條第一項或第二十一條第一項規定者，其行爲負責人依前項規定處罰。

③前二項情形，除處罰行爲負責人外，對該專營之電子支付機構或電子票證發行機構，並科以第一項所定罰金。

第四六條（未經主管機關核准，與境外機構合作或協助於我國境內從事電子支付機構業務相關行為之刑罰）

①違反第十四條第二項規定，未經主管機關核准，與境外機構合作或協助其於我國境內從事第三條第一項各款業務之相關行爲；或未依第五十六條規定向主管機關申請核准，或已依規定申請核准，經主管機關不予核准後，仍從事上開業務之相關行爲者，處三年以下有期徒刑、拘役或科或併科新臺幣五百萬元以下罰金。

②法人犯前項之罪者，處罰其行爲負責人，對該法人並科以前項所定罰金。

第四七條（罰則）

第四十四條及第四十五條之罪，爲洗錢防制法第三條第一項所定之重大犯罪，適用洗錢防制法之相關規定。

第四八條（罰則）

有下列情事之一者，處新臺幣六十萬元以上三百萬元以下罰鍰：

一　違反第四條第一項第二款或第三款規定。

二　違反第五條規定未專營第三條第一項各款業務。

三　違反第八條第一項規定。

四　違反第十四條第三項所定辦法中有關與境外機構合作或協助其於我國境內從事第三條第一項各款業務相關行爲之方式或作業管理之規定。

五　違反第十五條第一項、第二項、第三十九條或第四十條準用第十五條第一項、第二項所定額度；或違反主管機關依第十五條第四項、第三十九條或第四十條準用第十五條第四項所定限額。

六　違反第十六條第一項、第四十條準用第十六條第一項規定；或違反第十六條第三項、第四十條準用第十六條第三項所定辦法中有關專用存款帳戶開立之限制、管理或作業方式之規定。

七　違反第十七條、第三十九條或第四十條準用第十七條規定，遲延進行支付款項移轉作業或未以使用者同意之方式通知使用者再確認。

八　違反第十八條、第三十九條或第四十條準用第十八條規定。

九　違反第二十條第七項、第八項或第四十條準用第二十條第七項、第八項規定，未依限完成續約、訂定新契約或函報主管機關備查，或受理新使用者註冊、收受原使用者新增之支付款項。

十　違反第二十一條第五項、第七項或第四＋條準用第二十一條第五項、第七項規定。

十一　違反第二十二條第一項、第三十九條或第四十條準用第二十二條第一項規定；或違反第二十二條第二項、第三十九條或第四十條準用第二十二條第二項規定，對境外款項收付、結算及清算，未以外幣為之。

十二　違反第二十四條第一項、第二項、第三十九條或第四十條準用第二十四條第一項、第二項規定；或違反第二十四條第三項、第三十九條或第四十條準用第二十四條第三項所定辦法中有關使用者身分確認機制之建立方式、程序、管理之規定。

十三　違反第二十五條第一項、第二項、第三十九條或第四十條準用第二十五條第一項、第二項規定。

十四　違反第二十八條、第三十九條或第四十條準用第二十八條規定。

十五　違反第二十九條第一項、第三項、第三十九條或第四十條準用第二十九條第一項、第三項規定。

十六　違反第三十條或第四十條準用第三十條規定，未建立內部控制及稽核制度或未確實執行。

十七　違反第三十一條、第三十九條準用第三十一條第一項或第四＋條準用第三十一條規定。

十八　違反第三十二條或第四十條準用第三十二條規定。

十九　違反第三十三條、第三十九條或第四十條準用第三十三條所定規則中有關業務管理、作業方式、使用者管理、使用者支付指示方式、營業據點、作業委外、投資限制或重大財務業務、營運事項之核准或申報之規定。

二十　違反第三十八條第一項、第三十九條或第四十條準用第三十八條第一項規定，未提撥資金。

第四九條　（罰則）

電子支付機構之負責人或職員於主管機關依第三十四條、第三十九條或第四十條準用第三十四條規定，派員或委託適當機構，或指定專門職業及技術人員，檢查或查核業務、財務及其他有關事項，或令電子支付機構於限期內提報財務報告、財產目錄或其他有關資料、報告時，有下列情形之一者，處新臺幣六十萬元以上三百萬元以下罰鍰：

一　拒絕檢查。

二　隱匿或毀損有關業務或財務狀況之帳冊文件。

三　對檢查或查核人員詢問無正當理由不為答復或答復不實。

四　屆期未提報財務報告、財產目錄或其他有關資料、報告，或提報不實、不全，或未於規定期限內繳納查核費用。

第五〇條　（罰則）

有下列情事之一者，處新臺幣二十萬元以上一百萬元以下罰鍰：

一　違反第三條第四項規定。

二　違反第十二條第七項規定。

三　違反第十三條規定。

四　違反第二十條第二項或第四十條準用第二十條第二項規定。

五　違反第二十一條第八項或第四十條準用第二十一條第八項規定。

六　違反第二十二條第三項或第四十條準用第二十二條第三項規定。

七　違反第二十五條第四項、第三十九條或第四十條準用第二十五條第四項規定，拒絕提供紀錄或資料。

八　違反第二十七條、第三十九條或第四十條準用第二十七條規定，對使用者權益之保障，低於主管機關所定電子支付機構業務定型化契約範本之內容。

九　違反第三十六條第一項規定。

十　違反第四十二條第一項規定，未加入公會而營業。

第五一條　（罰則）

違反第十九條或違反第四十條準用第十九條規定未繳存足額準備金者，由中央銀行就其不足部分，按該行公告最低之融通利率，加收年息百分之五以下之利息；其情節重大者，由中央銀行處新臺幣二十萬元以上一百萬元以下罰鍰。

第五二條　（依規定處罰後，未限期改正者，得按次處罰）

電子支付機構經依本條例規定處罰後，經主管機關限期令其改正而屆期未改正者，主管機關得按次處罰；其情節重大者，並得責令限期撤換負責人、停止營業或廢止許可。

第五三條　（刪除）106

第六章　附　則

第五四條　（本條例施行前，保管代理收付款項總餘額已逾規定一定金額者，應依本條例規定申請許可期限）

本條例施行前已辦理第三條第一項第一款業務，且所保管代理收付款項總餘額已逾主管機關依同條第二項所定一定金額者，應自本條例施行之日起算六個月內，由負責人檢具第十條第一項規定之書件向主管機關申請許可。

第五五條　（本條例施行前，已取得許可之銀行及中華郵政股份有限公司調整符合相關規定之期限）

第十條第七項之銀行及中華郵政股份有限公司，應自本條例施行之日起算四個月內，提出調整後符合本條例相關規定之營業計畫書及自評報告，報請主管機關備查。

第五六條（本條例施行前，已與境外機構合作或協助從事電子支付業務者申請核准之期限）

本條例施行前已與境外機構合作或協助其於我國境內從事第三條第一項各款業務之相關行爲者，應自本條例施行之日起算六個月內，依第十四條第三項辦法之規定向主管機關申請核准。

第五七條（主管機關依第五十四、五十五條為許可或備查時，業務管理或作業方式如不符規定，應指定期限命其調整）

主管機關依第五十四條、第五十五條爲許可或備查時，業者之業務管理或作業方式如有與本條例規定不符合者，應指定期限命其調整。

第五八條（施行日）106

①本條例施行日期，由行政院定之。

②本條例修正條文，自公布日施行。

電子支付機構管理條例第三條第二項授權規定事項辦法

民國 104 年 4 月 27 日金融監督管理委員會令訂定發布全文 6 條；並自 104 年 5 月 3 日施行。

第一條

本辦法依電子支付機構管理條例（以下簡稱本條例）第三條第二項規定訂定之。

第二條

本條例第三條第一項但書所稱代理收付款項總餘額，指經營代理收付實質交易款項業務所保管使用者代理收付款項之一年日平均餘額。

第三條

本條例第三條第一項但書所定代理收付款項總餘額之一定金額爲新臺幣十億元。

第四條

第二條所定一年日平均餘額之計算方式如下：

一　首次計算：

㈠本條例施行前已經營代理收付實質交易款項業務逾一年者，以本條例施行之日前一年每日餘額之和除以實際天數計算之。

㈡本條例施行前已經營代理收付實質交易款項業務未逾一年及本條例施行後經營代理收付實質交易款項業務者，以開始營業之日起一年每日餘額之和除以實際天數計算之。

二　後續計算：以每年一月一日起至十二月三十一日止每日餘額之和除以當年天數計算之。

第五條

屬本條例第三條第一項但書者，經計算其所保管代理收付款項總餘額逾一定金額，應依本條例第三條第三項規定，自前條計算期間末日之次日起算六個月內，向主管機關申請電子支付機構之許可。

第六條

本辦法自中華民國一百零四年五月三日施行。

電子支付機構管理條例第二十一條第六項授權規定事項辦法

民國 104 年 4 月 27 日金融監督管理委員會令訂定發布全文 5 條；並自 104 年 5 月 3 日施行。

第一條

本辦法依電子支付機構管理條例（以下簡稱本條例）第二十一條第六項及第四十條準用第二十一條第六項規定訂定之。

第二條

①本辦法所稱電子支付機構，指專營之電子支付機構及兼營電子支付機構業務之電子票證發行機構。

②前項所稱電子支付機構業務，指本條例第三條第一項各款業務。

第三條

①本條例第二十一條第三項所稱儲值款項，以扣除依本條例第十九條應繳存準備金後之餘額計算之。

②電子支付機構依本條例第二十一條第三項各款運用儲值款項之比率，合計不得逾百分之六十。

③本條例第二十一條第三項第一款所稱銀行存款，不包含專用存款帳戶。

第四條

①本條例第二十一條第五項所稱孳息或其他收益，以運用支付款項所得之孳息或其他收益總額計算之。

②電子支付機構依本條例第二十一條第五項計提孳息或其他收益之比率，不得低於百分之五十。

第五條

本辦法自中華民國一百零四年五月三日施行。

與境外機構合作或協助境外機構於我國境內從事電子支付機構業務相關行為管理辦法

①民國 104 年 4 月 27 日金融監督管理委員會令訂定發布全文 24 條；並自 104 年 5 月 3 日施行。
②民國 105 年 7 月 1 日金融監督管理委員會令修正發布第 24 條條文；增訂第 17-1 條條文；並自發布日施行。

第一章　總　則

第一條

本辦法依電子支付機構管理條例（以下簡稱本條例）第十四條第三項規定訂定之。

第二條

本辦法用詞定義如下：

一　境外機構：指依其他國家或地區（包含大陸地區）法令組織登記，經營相當於本條例所定電子支付機構業務者。
二　經核准機構：指經主管機關核准與境外機構合作或協助其於我國境內從事電子支付機構業務相關行爲者。
三　電子支付機構：指專營之電子支付機構及兼營電子支付機構業務之銀行、中華郵政股份有限公司及電子票證發行機構。
四　電子支付機構業務：指本條例第三條第一項各款業務。
五　金融資訊服務事業：指銀行法第四十七條之三所定經營銀行間資金移轉帳務清算之金融資訊服務事業。
六　資料處理服務業者：指從事跨境網路實質交易價金代收轉付服務，本條例施行前領有經濟部核發評鑑合格證明或本條例施行後獲經濟部推薦之資料處理服務業者。
七　在臺無住所境外自然人：指未取得我國外僑居留證之外國自然人及未持有臺灣地區居留證之大陸地區自然人。
八　境外機構支付帳戶：指境外機構提供予其使用者相當於本條例所定電子支付帳戶之網路帳戶。
九　客戶：指接受經核准機構服務之我國境內收款方或付款方。

第三條

下列機構得申請與境外機構合作或協助其於我國境內從事電子支付機構業務相關行爲之核准：

一　電子支付機構。
二　非兼營電子支付機構業務之銀行。
三　金融資訊服務事業。

四　資料處理服務業者。

第四條

①經核准機構與境外機構合作或協助其於我國境內從事電子支付機構業務相關行為之範圍及方式如下：

一　提供客戶就跨境網路實質交易價金匯入或匯出之代理收付款項服務。

二　提供收款方客戶就在臺無住所境外自然人，於我國境內利用境外機構支付帳戶進行實體通路實質交易價金匯入之代理收付款項服務。

三　提供客戶就提領境外機構支付帳戶餘額，匯入我國境內銀行之客戶同名存款帳戶之代理收付款項服務。

四　提供客戶或接受客戶委託就前三款服務所生款項匯入或匯出，辦理結匯及外幣匯款服務。

五　提供金融機構就第一款至第三款服務所生款項匯入或匯出，辦理集中支付作業程序及跨行金融資訊網路系統介接、資訊傳輸交換服務。

六　其他經主管機關核准之相關行為。

②前項第二款服務，僅得由電子支付機構申請核准。

③第一項第三款服務，僅得由電子支付機構及非兼營電子支付機構業務之銀行申請核准。

④第一項第五款服務，僅得由金融資訊服務事業申請核准；金融資訊服務事業不得申請辦理第一項第一款至第四款服務。

⑤經核准機構辦理第一項各款服務涉及外匯部分，應依中央銀行規定辦理。

第五條

非經核准機構，不得與境外機構合作或協助其於我國境內從事電子支付機構業務相關行為。

第二章　申請及核准

第六條

①與境外機構合作或協助其於我國境內從事電子支付機構業務相關行為，應向主管機關申請核准，並取得核准函後，始得辦理。

②主管機關依本辦法為核准前，應洽商中央銀行意見。

第七條

①電子支付機構申請與境外機構合作或協助其於我國境內從事電子支付機構業務相關行為，應符合下列條件：

一　取得主管機關核發之電子支付機構營業執照或兼營許可。

二　最近一年無違反金融相關法規或處理消費金融爭議不妥適而受主管機關處分或糾正，或受處分或糾正而其違法情事已具體改善並經主管機關認可。

②非兼營電子支付機構業務之銀行及金融資訊服務事業申請與境外機構合作或協助其於我國境內從事電子支付機構業務相關行為，

應符合下列條件：

一　申請前一年度經會計師查核簽證無累積虧損。

二　最近一年無違反金融相關法規或處理消費金融爭議不妥適而受主管機關處分或糾正，或受處分或糾正而其違法情事已具體改善並經主管機關認可。

③資料處理服務業者申請與境外機構合作或協助其於我國境內從事電子支付機構業務相關行為，應符合下列條件：

一　從事網路實質交易價金代收轉付服務或第三方支付服務業，並營業一年以上。

二　申請前一年度經會計師查核簽證無累積虧損。

三　最近一年無違反經濟部相關法規而受經濟部處分，或無違反金融相關法規而受主管機關處分，或受處分而其違法情事已具體改善並經經濟部或主管機關認可。

④第一項第二款、第二項第二款及前項第三款所稱金融相關法規，指本條例、電子票證發行管理條例、銀行法、金融控股公司法、信託業法、票券金融管理法、金融資產證券化條例、不動產證券化條例、保險法、證券交易法、期貨交易法、證券投資信託及顧問法、管理外匯條例、信用合作社法、農業金融法、農會法、漁會法及洗錢防制法。

⑤第三項第三款所稱經濟部相關法規，指公司法及商業會計法。

第八條

經核准機構擬合作或協助之境外機構，應符合下列條件：

一　最低實收資本額達等值新臺幣五千萬元。但經主管機關同意者，不在此限。

二　經營相當於本條例所定電子支付機構業務達一年以上。

三　最近三年無重大違反當地政府之相關法令。

四　其他經主管機關規定之條件。

第九條

①申請與境外機構合作或協助其於我國境內從事電子支付機構業務相關行為之核准，應由發起人或負責人檢具下列書件各二份，向主管機關為之：

一　申請書。

二　發起人會議、股份有限公司董事會會議紀錄或有限公司董事書面同意。

三　營業計畫書：載明所申請相關行為之範圍與方式、業務經營之原則、方針與具體執行之方法、市場展望、風險及效益評估。

四　業務章則及業務流程說明。

五　所申請相關行為之各關係人間權利義務關係約定書或其範本。

六　所申請相關行為採用之資訊系統與安全控管作業說明。

七　經會計師認證之交易結算及清算機制說明。

八　經會計師認證之代理收付款項保障機制說明及信託契約、履約保證契約或其範本。
九　境外機構符合前條所定條件之證明文件。
十　其他經主管機關規定之書件。

②兼營電子支付機構業務之銀行與中華郵政股份有限公司及非兼營電子支付機構業務之銀行申請與境外機構合作或協助其於我國境內從事電子支付機構業務相關行為之核准，免檢具前項第八款規定之書件。

③金融資訊服務事業申請與境外機構合作或協助其於我國境內從事電子支付機構業務相關行為之核准，免檢具第一項第五款至第八款規定之書件。

④資料處理服務業者申請與境外機構合作或協助其於我國境內從事電子支付機構業務相關行為之核准，除檢具第一項規定之書件外，另應檢具經濟部所核發且於有效期限內之評鑑合格證明或推薦文件。

⑤第一項第四款所稱之業務章則，應記載下列事項：
一　作業手册及權責劃分。
二　洗錢防制相關作業流程。
三　客戶身分確認機制。
四　會計處理方式。
五　客戶權益保障措施及糾紛處理程序。
六　內部控制制度及內部稽核制度。
七　其他經主管機關規定之事項。

⑥金融資訊服務事業申請與境外機構合作或協助其於我國境內從事電子支付機構業務相關行為之核准，其所檢具第一項第四款所稱之業務章則，免記載前項第二款至第五款規定之事項。

⑦第一項第九款所稱之證明文件，指下列書件：
一　境外機構經所屬當地政府主管機關核發之執照或許可及認證書。
二　境外機構於最近三年內，無重大違反當地政府之相關法令之聲明書。
三　其他經主管機關規定之書件。

⑧前項第一款認證書，應經境外機構所屬當地政府之公證人予以認證及我國駐外使領館、代表處、辦事處或其他經外交部授權機構予以驗證。

第一〇條

經核准機構就經核准之第四條第一項相關行為，新增合作或協助之境外機構時，得僅提出前條第一項第一款至第三款及第九款之書件，向主管機關申請核准。

第一一條

申請與境外機構合作或協助其於我國境內從事電子支付機構業務相關行為之核准，有下列情形之一者，主管機關得不予核准：

一　不符合第七條及第八條規定之條件。
二　申請書件內容有虛僞不實。
三　經主管機關限期補正相關事項屆期未補正。
四　營業計畫書欠缺具體內容或執行顯有困難。
五　經營業務之專業能力不足，難以經營業務。
六　有妨害國家安全之虞者。
七　有其他事實顯示有礙健全經營業務之虞。

第一二條

經核准機構取得核准後，經發現原申請事項有虛僞情事且情節重大者，主管機關應撤銷其核准。

第一三條

①資料處理服務業者取得核准之有效期限，與其領有經濟部核發評鑑合格證明或推薦文件之有效期限相同。
②資料處理服務業者應於核准有效期限屆滿前三個月內，重新申請核准，始得繼續與境外機構合作或協助其於我國境內從事電子支付機構業務相關行爲。

第三章　作業管理

第一四條

①經核准機構不得與境外機構合作或協助其於我國境內從事未經主管機關核准之電子支付機構業務相關行爲。
②電子支付機構經核准與境外機構合作或協助其於我國境內從事電子支付機構業務相關行爲，視爲經營本條例第三條第一項第四款其他經主管機關核定之業務，並依本辦法規定進行作業管理。

第一五條

①經核准機構與境外機構合作或協助其於我國境內從事電子支付機構業務相關行爲，應符合下列規定：
一　依與客戶或境外機構之約定，進行代理收付款項移轉作業，不得有遲延支付之行爲。
二　與客戶間之代理收付款項、結算及清算，得以新臺幣或外幣爲之；對境外代理收付款項收付、結算及清算，應以外幣爲之。涉及外匯收支或交易事項，銀行業以外之經核准機構，應經由銀行業，以受託人名義辦理結匯申報。
三　對客戶支付代理收付款項時，應將款項轉入該客戶之銀行相同幣別存款帳戶，不得以現金爲之。
四　建立客戶身分確認機制，並留存確認客戶身分程序所得之資料；客戶變更身分資料時，亦同。
五　留存客戶交易項目、日期、金額及幣別等必要交易紀錄；未完成之交易，亦同。
六　建置客訴處理及紛爭解決機制。
七　依主管機關及中央銀行之規定，申報與境外機構合作或協助其於我國境內從事電子支付機構業務相關行爲之有關資料。

②前項第四款確認客戶身分程序所得資料，於契約關係消滅後，至少應留存五年。

③第一項第五款必要交易紀錄，於停止或完成交易後，至少應留存五年。但其他法規有較長之規定者，依其規定。

④經核准機構對於第一項第四款客戶身分確認機制之建立方式、程序、管理、確認客戶身分程序所得資料範圍等相關事項，及第一項第五款留存必要交易紀錄之範圍與方式，準用本條例第二十四條第三項及第二十五條第三項所定辦法之規定。

⑤經核准機構辦理第四條第一項第一款及第二款服務之交易限額，準用本條例第十五條第四項所定辦法之規定。

第一六條

①專營之電子支付機構、兼營電子支付機構業務之電子票證發行機構及資料處理服務業者與境外機構合作或協助其於我國境內從事電子支付機構業務相關行為，應符合下列規定：

一　收取之代理收付款項，應存入其於銀行開立之專用存款帳戶，並確實記錄代理收付款項金額及移轉情形。

二　收取之代理收付款項，應全部交付信託或取得銀行十足之履約保證。

三　收取之代理收付款項，限以專用存款帳戶儲存及保管，不得為其他方式之運用或指示專用存款帳戶銀行為其他方式之運用。

四　於其網頁上揭示兌換匯率所參考之銀行牌告匯率及合作銀行。

②專營之電子支付機構、兼營電子支付機構業務之電子票證發行機構及資料處理服務業者對於前項第一款專用存款帳戶開立之限制、管理與作業方式及其他應遵行事項，準用本條例第十六條第三項所定辦法之規定。

第一七條

電子支付機構辦理第四條第一項第二款服務，應要求境外機構對其在臺無住所境外自然人之使用者，建立身分控管機制。

第一七條之一 105

①經核准機構辦理第四條第一項第一款及第二款實質交易價金匯入之代理收付款項服務，於收取境外機構移轉之代理收付款項前，如符合下列各款情形，得為客戶辦理墊付：

一　不得以客戶之代理收付款項作為辦理墊付之資金。

二　經確認客戶已交運或提供商品或服務。

三　辦理墊付未違反與客戶間移轉代理收付款項之條件。

②經核准機構依前項規定辦理墊付，應符合下列規定：

一　墊付款項幣別以新臺幣為限。

二　墊付總餘額不得超過經境外機構通知及確認已收取並待移轉之代理收付款項金額。但最高以新臺幣一千萬元為限。

三　墊付期限自墊付每筆款項之日起至經核准機構應收取境外機

構移轉該筆代理收付款項之日止。但最長不得超過十五日。

四　對同一客戶之最高墊付限額及比率，經核准機構應予控管，並訂定風險控管作業程序，適當評估客戶額度及控管墊付風險。

五　經核准機構應與客戶簽訂契約，就辦理墊付相關事項，約定雙方之權利、義務及責任。

③客戶或境外機構如有下列情事，於該情事完結前，經核准機構應停止對客戶辦理墊付：

一　客戶應返還而未返還墊付款項。

二　境外機構應移轉而未移轉代理收付款項。

④專營之電子支付機構、兼營電子支付機構業務之電子票證發行機構及資料處理服務業者為客戶辦理墊付之款項，應存入其於銀行開立之專用存款帳戶，並視為客戶之代理收付款項辦理相關作業；上開經核准機構收取境外機構移轉之代理收付款項，經專用存款帳戶銀行確認已為客戶辦理墊付者，得指示專用存款帳戶銀行轉出專用存款帳戶，不適用第十六條第一項第二款至第三款及第二項之規定。

⑤經核准機構為銀行並依銀行法對客戶辦理授信，不適用第一項及第二項之規定。

第一八條

①專營之電子支付機構及資料處理服務業者將第四條第一項服務之一部委託他人處理，應先報經主管機關核准。

②專營之電子支付機構及資料處理服務業者對於涉及第四條第一項服務之作業委託他人處理，以下列事項範圍為限：

一　收受以現金繳納之跨境網路實質交易價金。

二　跨境網路實質交易價金之保管及運送。

三　資料處理，包括資訊系統之資料登錄、處理、輸出，資訊系統之開發、監控、維護，及辦理業務涉及資料處理之後勤作業。

四　表單、憑證等資料保存之作業。

五　客戶服務作業，包括電話自動語音系統服務、客戶電子郵件之回覆與處理作業、第四條第一項服務之相關諮詢及協助。

六　其他經主管機關核定得委託他人處理之作業項目。

③專營之電子支付機構及資料處理服務業者辦理作業委託他人處理，應符合下列規定：

一　就委託事項範圍、客戶權益保障、風險管理及內部控制原則，訂定內部作業制度及程序，並經股份有限公司董事會決議通過或有限公司董事書面同意；修正時，亦同。

二　確認受委託機構符合經核准機構之作業安全及風險管理之要求。

三　要求受委託機構不得違反法令強制或禁止規定。

四　要求受委託機構就受託事項範圍，同意主管機關及中央銀行得取得相關資料或報告，及進行金融檢查。

五 如因受委託機構或其受僱人員之故意或過失致客戶權益受損，仍應對客戶依法負同一責任。

④兼營之電子支付機構及非兼營電子支付機構業務之銀行，對於涉及第四條第一項服務之作業委託他人處理，除其範圍適用第二項規定外，應依本業有關作業委託他人處理之規定辦理。

第一九條

①主管機關得隨時派員或委託適當機構，檢查資料處理服務業者涉及第四條第一項服務之業務、財務及其他有關事項，或令資料處理服務業者於限期內據實提報財務報告、財產目錄或其他有關資料及報告。

②主管機關於必要時，得指定專門職業及技術人員，就前項規定應行檢查事項、報表或資料予以查核，並向主管機關據實提出報告，其費用由資料處理服務業者負擔。

第二〇條

金融資訊服務事業辦理第四條第一項第五款服務，其作業管理應依銀行間資金移轉帳務清算之金融資訊服務事業許可及管理辦法規定辦理，除第十四條第一項及第十五條第一項第七款外，不適用本章規定。

第二一條

經核准機構或經核准機構知悉其合作或所協助之境外機構有下列情事之一者，經核准機構應立即擬具相關因應方案函報主管機關：

一 累積虧損逾實收資本額之二分之一。

二 合併、讓與全部或主要部分之營業或財產。

三 締結、變更或終止關於出租全部營業之契約。

四 存款不足之退票、拒絕往來或其他重大喪失債信情事。

五 因訴訟、非訟、行政處分或行政爭訟事件，對公司財務或業務有重大影響。

六 內部控制發生重大缺失情事。

七 發生資通安全事件，且其結果造成客戶權益重大受損或影響機構健全營運。

八 其他足以影響營運或股東權益之重大情事。

第二二條

①經核准機構終止辦理第四條第一項相關行為之一部或全部，應檢具計畫書，向主管機關申請核准。

②經核准機構暫停辦理第四條第一項相關行為之一部，應檢具計畫書及敘明擬暫停之期間等資料，向主管機關申請核准；未來如再繼續辦理業務，應函報主管機關備查。

③前二項計畫書應載明下列事項：

一 擬終止或暫停辦理之理由。

二 具體說明對原有客戶權利義務之處理或其他替代服務方式。

第四章　附　則

第二三條

主管機關依本條例第五十六條爲核准時，經核准機構之作業如有與本辦法規定不符合者，應指定期限命其調整。

第二四條 105

①本辦法自中華民國一百零四年五月三日施行。

②本辦法修正條文，自發布日施行。

電子支付機構使用者身分確認機制及交易限額管理辦法

①民國104年4月27日金融監督管理委員會令訂定發布全文23條；並自104年5月3日施行。
②民國105年9月10日金融監督管理委員會令修正發布第5、6、8、11、12、16、22、23條條文；並自發布日施行。
③民國107年8月28日金融監督管理委員會令修正發布第6、8、12、17條條文。

第一章　總　則

第一條

本辦法依電子支付機構管理條例（以下簡稱本條例）第十五條第四項、第二十四條第三項、第二十五條第三項、第三十九條及第四十條準用第十五條第四項、第二十四條第三項、第二十五條第三項規定訂定之。

第二條

本辦法用詞定義如下：

一　使用者：指於電子支付機構註册及開立電子支付帳戶，利用電子支付機構所提供服務進行資金移轉或儲值者。

二　電子支付帳戶：指電子支付機構接受使用者開立記錄資金移轉與儲值情形之網路帳戶。

三　個人使用者：指自然人之使用者，包括外國自然人及大陸地區自然人。

四　非個人使用者：指我國政府機關、法人、行號、其他團體及外國法人與大陸地區法人之使用者。

第二章　使用者身分確認機制之建立方式、程序及管理

第三條

①電子支付機構接受使用者註册時，應依本辦法規定認識使用者身分、留存使用者身分資料及確認使用者身分資料之眞實性；使用者變更身分資料，亦同。

②電子支付機構應要求使用者提供眞實之身分資料，不得接受使用者以匿名或假名申請註册。

第四條

①電子支付機構接受使用者註册之申請時，應向財團法人金融聯合徵信中心查詢下列資料，並留存相關紀錄備查：

一　疑似不法或顯屬異常交易存款帳戶資料。

二　電子支付機構交換有關電子支付機構業務管理規則第二十條第一項第二款及第三款規定之資料。
三　當事人請求加強身分確認註記資料。
四　其他經主管機關規定之資料。

②電子支付機構對於前項查詢所得資料，應審慎運用，並以其客觀性及自主性，決定核准或拒絕使用者註冊之申請。

第五條

①電子支付機構於使用者有下列情形之一者，應拒絕其註冊之申請：
一　持僞造、變造身分證明文件、登記證照或相關核准文件。
二　疑似使用假名、人頭、虛設行號或虛設法人團體。
三　提供之文件資料可疑、模糊不清、不願提供其他佐證資料，或提供之文件資料無法進行查證。
四　不尋常拖延應提供之身分證明文件、登記證照或相關核准文件。
五　對於以委託或授權方式申請註冊，查證委託或授權之事實及身分資料有困難。
六　對於已提供用於身分確認之同一金融支付工具，遭不同使用者重複提供用於身分確認。
七　經相關機關通報該使用者有非法使用金融機構存款帳戶或電子支付帳戶之紀錄。
八　其他經主管機關規定應拒絕申請註冊之情形。

②電子支付機構於使用者有下列情形之一者，得拒絕其註冊之申請：
一　存款帳戶經通報爲警示帳戶尚未解除。
二　短期間內頻繁申請註冊，且無法提出合理說明。
三　申請之交易功能與其年齡或背景顯不相當。
四　依前條第一項向財團法人金融聯合徵信中心查詢所得資料，有異常情事。
五　對於已提供用於身分確認之同一行動電話號碼，遭不同使用者重複提供用於身分確認，且無法提出合理說明。
六　其他經主管機關規定得拒絕申請註冊之情形。

第六條 107

電子支付機構接受使用者註冊所開立之電子支付帳戶，其分類及交易功能如下：
一　第一類電子支付帳戶：個人使用者之電子支付帳戶，得具代理收付實質交易款項之付款及儲值功能，無收款及電子支付帳戶間款項移轉之付款功能。
二　第二類及第三類電子支付帳戶：個人使用者及非個人使用者之電子支付帳戶，得具收款、付款及儲值功能。

第七條

電子支付機構接受個人使用者註冊時，應徵提其基本身分資料，至少包含姓名、國籍、身分證明文件種類與號碼及出生年月日等。

第八條 107

①電子支付機構接受個人使用者註册及開立第一類電子支付帳戶，其身分確認程序應符合下列規定：

一　確認使用者提供之行動電話號碼。

二　提供國民身分證資料者，應向內政部或財團法人金融聯合徵信中心查詢國民身分證領補換資料之眞實性；提供居留證資料者，應向內政部查詢資料之眞實性。

②無法依前項第二款規定辦理身分確認程序之使用者，應以可追查資金流向之支付方式進行付款及儲值。

③前項可追查資金流向之支付方式，以存款帳戶轉帳、信用卡刷卡或其他經主管機關認定之支付方式爲限。

第九條

①電子支付機構接受個人使用者註册及開立第二類電子支付帳戶，其身分確認程序應符合下列規定：

一　辦理前條第一項規定之程序。

二　確認使用者本人之金融支付工具。

②前項第二款規定之金融支付工具，以存款帳戶、信用卡或其他經主管機關認定之金融支付工具爲限。但不包含未以臨櫃或符合電子簽章法之憑證確認身分後所開立之存款帳戶。

第一〇條

電子支付機構接受個人使用者註册及開立第三類電子支付帳戶，其身分確認程序應符合下列規定：

一　辦理前條規定之程序。

二　以臨櫃審查或符合電子簽章法之憑證確認使用者之身分。

第一一條

電子支付機構接受非個人使用者註册時，應徵提其基本身分資料，至少包括機構名稱、註册國籍、登記證照或核准設立文件之種類、號碼、聯絡方式與代表人之姓名、國籍、身分證明文件種類、號碼、聯絡地址及電話等。

第一二條 107

①電子支付機構接受非個人使用者註册及開立第二類電子支付帳戶，其身分確認程序應符合下列規定：

一　確認使用者本人之金融支付工具。

二　徵提登記證照或核准設立文件及其代表人身分證明文件之影像檔。但我國政府機關、公立學校、公營事業及政府依法遴選派任代表人之事業機構與財團法人，得不適用之。

②前項第一款規定之金融支付工具，準用第九條第二項規定。

③電子支付機構依第一項第二款規定，對於境內非個人使用者所徵提登記證照或核准設立文件之影像檔，應向經濟部、財政部或其目的事業主管機關查詢登記資料。

第一三條

①電子支付機構接受非個人使用者註册及開立第三類電子支付帳戶，其身分確認程序應符合下列規定：

一　辦理前條規定之程序。

二　由代表人或其所授權之代理人以臨櫃審查或符合電子簽章法之憑證確認使用者之身分。

②電子支付機構應依其所訂定之防制洗錢及打擊資助恐怖主義注意事項規定，確認使用者之實際受益人。

第一四條

①電子支付機構對於境外使用者，經委託境外受委託機構以不低於第八條至第十條、第十二條及第十三條規定之程序確認其身分，得視爲已辦理各該規定之身分確認程序。

②電子支付機構對依前項規定委託境外受委託機構辦理身分確認程序，應對境外受委託機構採取下列管理措施：

一　確認境外受委託機構是否位於未採取有效防制洗錢或打擊資助恐怖主義之高風險地區或國家，作爲委託該境外受委託機構辦理身分確認程序之考量因素。

二　確認境外受委託機構受到規範、監督或監控，並有適當措施遵循確認客戶身分及紀錄保存之相關規範。

三　確保可取得境外受委託機構受託辦理身分確認程序所蒐集之相關資料，並建立要求境外受委託機構不得延遲提供該等資料之相關機制。

③前項第一款所稱高風險地區或國家，包括但不限於主管機關函轉國際防制洗錢組織所公告防制洗錢與打擊資助恐怖主義有嚴重缺失之國家或地區，及其他未遵循或未充分遵循國際防制洗錢組織建議之國家或地區。

④境外受委託機構未能配合第二項第二款及第三款規定之管理措施者，電子支付機構應終止委託。

⑤電子支付機構依第一項規定委託境外受委託機構辦理身分確認程序，仍應由電子支付機構負使用者身分確認之責任。

第一五條

電子支付機構應依本辦法所規定之差異化身分確認之結果，訂定使用者風險等級劃分標準，並據以評定其風險等級，以及進行定期或不定期之監控、查核與風險控管。

第一六條

①電子支付機構應定期提醒使用者更新身分資料。

②電子支付機構應採一定方式持續性審查使用者身分資料，如有下列情形之一者，應要求使用者再次進行確認身分程序：

一　個人使用者申請變更第七條及非個人使用者申請變更第十一條之基本身分資料。

二　使用者電子支付帳戶之交易出現異常情形。

三　使用者於註册時提供之身分證明文件或登記證照等相關文件

疑似僞造或變造。

四　使用者交易時距前次交易已逾一年。

五　同一行動電話號碼遭不同使用者用於身分確認程序。

六　發現疑似洗錢或資助恐怖主義交易，或自洗錢或資助恐怖主義高風險國家或地區匯入款項之交易時。

七　對於所取得使用者身分資料之眞實性或妥適性有所懷疑時。

八　電子支付機構依明顯事證認有必要再行確認使用者身分之情形。

③電子支付機構依前項審查使用者身分資料，除核對身分證明文件及登記證照等相關文件之方式外，得以下列方式再次進行識別及確認使用者身分：

一　要求使用者補充其他身分資料。

二　以電話或書面方式聯絡使用者。

三　實地查訪使用者。

四　向相關機構查證。

④電子支付機構對於未配合前二項再次進行識別及確認身分之使用者，應暫停其交易功能。

第三章　交易限額及管理

第一七條 107

①電子支付機構接受使用者註册所開立之電子支付帳戶，其交易限額如：

一　第一類電子支付帳戶：每月累計代理收付實質交易款項之付款金額，以等值新臺幣三萬元爲限；儲值餘額以等值新臺幣一萬元爲限。

二　第二類電子支付帳戶：每月累計收款及付款金額，分別以等值新臺幣三十萬元爲限。

三　第三類電子支付帳戶：每月累計代理收付實質交易款項之收款及付款金額，由電子支付機構與使用者約定之；個人使用者每月累計電子支付帳戶間款項移轉之收款及付款金額，分別以等值新臺幣一百萬元爲限；非個人使用者每月累計電子支付帳戶間款項移轉之收款及付款金額，分別以等值新臺幣一千萬元爲限。

②電子支付機構得視其風險承擔能力或使用者實際需要，提高前項第一款所定每月累計代理收付實質交易款項之付款金額。但每月累計代理收付實質交易款項之付款金額，不得超過等值新臺幣十萬元，且每年累計代理收付實質交易款項之付款金額，以等值新臺幣三十六萬元爲限。

第一八條

同一使用者於同一電子支付機構開立一個以上之電子支付帳戶時，各帳戶收款及付款金額不得超過該帳戶類別之限額，歸戶後總限額不得超過該使用者註册及開立電子支付帳戶中最高類別之限額。

第一九條

電子支付機構經營收受儲值款項及電子支付帳戶間款項移轉業務，應符合本條例第十五條第一項及第二項之限額規定，並得於限額範圍內對使用者進行分級管理。

第四章　使用者身分確認程序所得資料及必要交易紀錄留存

第二〇條

電子支付機構應留存確認使用者身分程序所得資料及執行各項確認使用者身分程序之相關紀錄；使用者變更身分資料時，亦同。

第二一條

①電子支付機構應留存使用者電子支付帳戶之必要交易紀錄，其範圍如下：

一　代理收付實質交易款項業務：留存付款方支付工具種類、帳號或卡號、支付金額、支付幣別、支付時間、付款方與收款方電子支付帳戶帳號、交易手續費及交易結果；發生退款時，留存退款方式、退款金額、退款幣別、退款時間、退款金額入帳之支付工具種類、帳號或卡號及交易結果。

二　收受儲值款項業務：留存儲值方式、收受儲值款項之電子支付帳戶帳號、儲值金額、儲值幣別、儲值時間、交易手續費及交易結果；辦理外幣儲值，留存用以存撥儲值款項之銀行外匯存款帳戶帳號。

三　電子支付帳戶間款項移轉業務：留存付款方與收款方電子支付帳戶帳號、移轉金額、移轉幣別、移轉時間、交易手續費及交易結果。

四　提領電子支付帳戶支付款項：留存提領支付款項之電子支付帳戶帳號、轉入之使用者本人銀行相同幣別存款帳戶之帳號、提領金額、提領幣別、提領時間、交易手續費及交易結果。

②電子支付機構應保留前項必要交易紀錄之軌跡資料至少五年以上，並應確保其眞實性及完整性，以供帳務查核與勾稽。

第五章　附　則

第二二條

①電子支付機構對於使用者身分確認及交易限額未符合第二章及第三章規定者，應於一百零六年九月三十日前調整符合相關規定。

②電子支付機構於前項規定之調整期間內接受使用者註册時，應至少確認使用者提供之行動電話號碼及電子郵件信箱或社群媒體帳號，始得提供代理收付實質交易款項之付款服務。

③電子支付機構對於僅符合前項身分確認程序所開立之電子支付帳戶，應就降低其佔全部電子支付帳戶之比率，訂定調整計畫，函

報主管機關備查，且其交易功能僅限提供代理收付實質交易款項之付款服務，交易限額如下：

一　一百零六年六月三十日前：每月累計代理收付實質交易款項之付款金額，以等值新臺幣一萬元為限。

二　一百零六年七月一日起至九月三十日止：每月累計代理收付實質交易款項之付款金額，以等值新臺幣五千元為限。

④電子支付機構對於第二項使用者，應按月及於每次提供服務時，向其通知應於一百零六年九月三十日前完成符合第二章規定之身分確認程序，並提醒前項規定內容及未於一百零六年九月三十日前完成符合第二章規定之身分確認程序者，電子支付機構將無法繼續提供服務。

第二三條

①本辦法自中華民國一百零四年五月三日施行。

②本辦法修正條文，自發布日施行。

電子支付機構專用存款帳戶管理辦法

民國 104 年 4 月 27 日金融監督管理委員會令訂定發布全文 34 條；並自 104 年 5 月 3 日施行。

第一章　總　則

第一條

本辦法依電子支付機構管理條例（以下簡稱本條例）第十六條第三項及第四十條準用第十六條第三項規定訂定之。

第二條

本辦法用詞定義如下：

一　電子支付機構：指專營之電子支付機構及兼營電子支付機構業務之電子票證發行機構。

二　電子支付機構業務：指本條例第三條第一項各款業務。

三　專用存款帳戶銀行：指與電子支付機構或受託銀行簽訂契約，接受開立專用存款帳戶之下列銀行：

㈠專用存款帳戶管理銀行（以下簡稱管理銀行）：接受開立專用存款管理帳戶之銀行。

㈡專用存款帳戶合作銀行（以下簡稱合作銀行）：接受開立專用存款合作帳戶之銀行。

四　專用存款帳戶：指電子支付機構或受託銀行專用以儲存支付款項之下列存款帳戶：

㈠專用存款管理帳戶（以下簡稱管理帳戶）：指於管理銀行開立得以現金與轉帳方式辦理支付款項收取作業，及以跨行或自行轉帳方式辦理支付款項支付作業之活期存款帳戶。

㈡專用存款合作帳戶（以下簡稱合作帳戶）：指於合作銀行開立得以現金與轉帳方式辦理支付款項收取作業，及以自行轉帳方式辦理支付款項支付作業之活期存款帳戶。

五　收益計提金帳戶：指電子支付機構於管理銀行開立，專用以儲存依本條例第二十一條第五項規定運用支付款項所得孳息或其他收益應計提金額之存款帳戶。

六　自有資金帳戶：指電子支付機構於管理銀行開立，專用以儲存向使用者收取手續費、管理費及其他相關費用收入之活期存款帳戶。

七　受託銀行：指電子支付機構依本條例第二十條第一項規定將支付款項交付信託，受託管理、運用及處分支付款項之銀行。

第三條

電子支付機構對儲存於專用存款帳戶銀行之支付款項，應依本辦法規定配合專用存款帳戶銀行辦理存管、移轉、動用及運用作業。

第四條

管理銀行辦理事項如下：

一　對電子支付機構儲存於自行之支付款項之存管、移轉、動用及運用情形進行管理。

二　依電子支付機構及合作銀行所提供資訊及報表，核對全部支付款項之存管、移轉、動用及運用情形。

三　定期向主管機關報送全部專用存款帳戶之相關資料。

四　統籌全部專用存款帳戶之資金調撥。

五　協調及督導各合作銀行辦理支付款項相關管理事項。

六　其他主管機關規定之事項。

第五條

合作銀行辦理事項如下：

一　對電子支付機構儲存於自行之支付款項之存管、移轉、動用及運用情形進行管理。

二　定期向管理銀行報送合作帳戶之相關資料。

三　配合管理銀行辦理支付款項相關管理事項。

四　其他主管機關規定之事項。

第二章　專用存款帳戶之開立、限制及銷戶

第六條

電子支付機構或受託銀行應向依銀行法組織登記之銀行申請開立專用存款帳戶。惟合作帳戶之申請開立，得向中華郵政股份有限公司爲之。

第七條

①電子支付機構僅得選擇一銀行爲管理銀行，各幣別管理帳戶以一戶爲限。

②電子支付機構應於管理銀行開立收益計提金帳戶及自有資金帳戶，且各幣別帳戶以一戶爲限。

第八條

電子支付機構得視業務需要選擇合作銀行，於單一合作銀行之各幣別合作帳戶以一戶爲限。

第九條

①電子支付機構依本條例第二十條第一項及第三項規定將支付款項交付信託，應以管理銀行爲受託銀行，以專用存款帳戶爲信託專戶，並由管理銀行依信託契約約定以受託銀行名義辦理合作帳戶之開立。

②依前項規定由管理銀行以受託銀行名義至各合作銀行開立合作帳戶，本辦法有關合作銀行之權責及合作帳戶之管理與作業規定，

由管理銀行辦理。

第一〇條

①電子支付機構選擇管理銀行，應符合下列條件：

一　最近一季向主管機關申報自有資本與風險性資產之比率應符合銀行資本適足性及資本等級管理辦法第五條規定。

二　最近三個月平均逾放比率低於百分之二。

三　最近二年度經會計師查核簽證無連續累積虧損。

②管理銀行與電子支付機構簽訂契約時，應向其出具聲明書，聲明符合前項各款條件。

③管理銀行與電子支付機構簽訂契約後，發生未符合第一項各款條件之一者，管理銀行應通知電子支付機構；如於契約到期日前二個月仍未改善，電子支付機構應更換管理銀行。

第一一條

①電子支付機構或受託銀行向管理銀行申請開立管理帳戶，應檢具下列書件：

一　主管機關核發予電子支付機構之營業執照。

二　其他依管理銀行規定開戶所需之必要文件。

②電子支付機構或受託銀行向合作銀行申請開立合作帳戶，應檢具下列書件：

一　主管機關核發予電子支付機構之營業執照。

二　電子支付機構與管理銀行簽訂契約之證明文件。

三　其他依合作銀行規定開戶所需之必要文件。

③前項第二款之證明文件，應由管理銀行出具，並載明重大違反情事之條款內容。

第一二條

①電子支付機構或受託銀行應與專用存款帳戶銀行簽訂契約，約定雙方之權利、義務及責任。

②電子支付機構與管理銀行所簽訂契約，應至少包括下列事項：

一　雙方之權利義務，並不得有與保障使用者權益相牴觸之事項。

二　雙方發生爭議之處理方式。

三　電子支付機構應負責確認使用者支付指示之眞實性及正確性，並確實依使用者支付指示進行支付款項移轉作業，不得有遲延支付之行爲。

四　電子支付機構應配合提供之相關資訊或報表內容。

五　管理銀行對電子支付機構之收費標準。

六　電子支付機構經營業務應符合相關法令規定及與管理銀行所簽訂契約，如有重大違反情事，管理銀行得限制或暫停電子支付機構移轉、動或運用所有專用存款帳戶之支付款項，並通報主管機關。

③電子支付機構或受託銀行與合作銀行所簽訂契約，應至少包括下列事項：

一　前項第一款至第三款事項。
二　合作銀行對電子支付機構或受託銀行之收費標準。
三　合作銀行應向管理銀行報送之相關資料內容。
四　電子支付機構經營業務應符合相關法令規定及與管理銀行、合作銀行所簽訂契約，如有重大違反情事，合作銀行應通報管理銀行，並依管理銀行指示辦理前項第六款之行爲。

④由管理銀行以受託銀行名義開立合作帳戶時，不適用前項第三款及第四款規定。

第一三條

專用存款帳戶名稱應敘明爲「專用存款管理帳戶」、「專用存款合作帳戶」、「受託信託財產專用存款管理帳戶」或「受託信託財產專用存款合作帳戶」，並標明該電子支付機構名稱。

第一四條

①電子支付機構應於開立管理帳戶、收益計提金帳戶及自有資金帳戶之日起五個營業日內，將管理銀行、帳戶類別、戶名及帳號等資料函報主管機關備查；帳戶新增、銷戶或異動時，亦同。

②電子支付機構應於開立合作帳戶之日起五個營業日內，將合作銀行、帳戶類別、戶名及帳號等資料函報主管機關備查，並副知管理銀行；帳戶新增、銷戶或異動時，亦同。

第一五條

①電子支付機構或受託銀行於下列情事之一時，應辦理專用存款帳戶之銷戶：
一　依本條例第三十七條規定，經主管機關命令、核准或指定將其業務移轉或由其他電子支付機構承受者。
二　電子支付機構更換專用存款帳戶銀行或與專用存款帳戶銀行之契約關係消滅者。

②依前項第一款規定辦理銷戶時，應檢具主管機關命令、核准或指定之書面文件。

③辦理管理帳戶之銷戶時，應同時辦理收益計提金帳戶之銷戶。

第三章　專用存款帳戶之管理及作業方式

第一六條

①電子支付機構收取使用者之支付款項，應確實於使用者之電子支付帳戶內記錄支付款項金額，並區分代理收付款項及儲值款項，存入其於專用存款帳戶銀行開立之相同幣別專用存款帳戶。

②電子支付機構對於支付款項，應與其自有資金及收益計提金分別儲存及管理。

第一七條

電子支付機構對於使用者以存款轉帳、匯款及銀行臨櫃存入現金方式收受之支付款項，應直接存入專用存款帳戶。

第一八條

①電子支付機構對於每日記錄於使用者電子支付帳戶之代理收付款

項，最遲應於次一銀行營業日內存入專用存款帳戶。

②電子支付機構儲存於管理銀行之代理收付款項每日餘額，不得低於前一銀行營業日全部專用存款帳戶代理收付款項總餘額之百分之五十；如有不足者，電子支付機構應於當日補足。

第一九條

電子支付機構應將每日記錄於使用者電子支付帳戶之儲值款項，於次一銀行營業日內全額存入管理帳戶。

第二〇條

電子支付機構依本條例第二十條第一項規定將支付款項交付信託，其對於本條例第二十一條第三項各款規定儲值款項之運用，應指示管理銀行辦理。

第二一條

①電子支付機構依本條例第二十一條第七項規定所補足之款項，應存入管理帳戶。

②電子支付機構依本條例第二十一條第三項各款規定運用儲值款項完結時，應將原運用儲值款項扣除前項所補足款項之餘額，存入管理帳戶。

第二二條

電子支付機構或受託銀行對於依本條例第二十一條第二項至第四項運用支付款項所生孳息或其他收益，應於取得收益後五個營業日內依本條例第二十一條第五項規定，將應計提金額存入收益計提金帳戶。

第二三條

電子支付機構與使用者約定，自該使用者之支付款項中扣抵所收取手續費、管理費及其他相關費用收入，電子支付機構應指示管理銀行透過管理帳戶存入自有資金帳戶。

第二四條

①電子支付機構得指示管理銀行以管理帳戶辦理支付款項之自行或跨行轉帳支付作業，或將管理帳戶之支付款項調撥轉入合作帳戶。

②電子支付機構得指示合作銀行以合作帳戶辦理支付款項之自行轉帳支付作業，或將合作帳戶之支付款項調撥轉入管理帳戶。

第二五條

①電子支付機構依本條例第二十一條第一項第一款及第二款辦理支付款項之動用，有資金調撥之需要，應透過管理帳戶調撥至各合作帳戶，不得調撥至合作帳戶以外之其他銀行帳戶。

②電子支付機構依前項辦理資金調撥所產生之費用，不得由使用者負擔。

第二六條

電子支付機構除有第二十八條規定之情形者外，不得將專用存款帳戶款項撥轉予其他電子支付機構。

第二七條

①電子支付機構應以網路查詢或系統介接方式，與管理銀行建立支付款項帳務核對機制，區分代理收付款項及儲值款項，於每一銀行營業日與管理銀行核對支付款項餘額、各合作帳戶餘額及在途款項餘額，並留存核對紀錄至少五年。
②前項所列餘額之時間，以每日二十三時五十九分五十九秒爲基準。
③電子支付機構每月應彙總各專用存款帳戶餘額及依主管機關要求報送之資料，於次月起五個銀行營業日內報送管理銀行。
④電子支付機構如無法就管理銀行依第一項規定之核對結果提出合理說明或證明者，電子支付機構應於接獲管理銀行通知之次一銀行營業日內補足款項。

第二八條

①電子支付機構或受託銀行辦理管理帳戶之銷戶，原管理帳戶支付款項應全額存入新開立之管理帳戶或受讓、承受其業務之其他電子支付機構之管理帳戶。
②電子支付機構或受託銀行辦理合作帳戶之銷戶，原合作帳戶支付款項應全額存入管理帳戶。
③電子支付機構辦理收益計提金帳戶之銷戶，原收益計提金帳戶款項應全額存入新開立之收益計提金帳戶或受讓、承受其業務之其他電子支付機構之收益計提金帳戶。

第四章　專用存款帳戶銀行應遵循事項

第二九條

管理銀行對支付款項之存管、移轉、動用及運用，應依下列規定管理：

一　每一銀行營業日核對全部專用存款帳戶餘額與支付款項總餘額之一致性與合理性，並留存核對紀錄；如有異常情事，進行必要之查明及處理。
二　每一銀行營業日核對代理收付款項及儲值款項餘額符合第十八條及第十九條規定。
三　核對電子支付機構已依本條例第二十條第一項規定辦理將支付款項全部交付信託或取得銀行十足履約保證之證明文件。
四　核對電子支付機構依本條例第二十一條第三項規定運用儲值款項，其運用比率符合主管機關之規定。
五　核對電子支付機構已依第二十一條規定辦理款項補足作業。
六　核對電子支付機構對運用支付款項所生孳息或其他收益存入收益計提金帳戶作業符合第二十二條規定。
七　每季彙總及核對全部專用存款帳戶餘額及相關資料，於每季終了後十五日內報送主管機關備查。

第三〇條

合作銀行對支付款項之存管、移轉、動用及運用，應依下列規定管理：

一　每一銀行營業日提供合作帳戶餘額資料予管理銀行，該項餘額之時間以每日二十三時五十九分五十九秒為基準。

二　配合管理銀行需要提供合作帳戶存款明細資料予管理銀行。

三　合作帳戶產生孳息或手續費用時，提供資料予管理銀行。

第三一條

專用存款帳戶銀行依前二條規定辦理之資料應保存至少五年。

第三二條

專用存款帳戶銀行如發現電子支付機構有違反本辦法規定情事時，應立即通報主管機關。

第五章　附　則

第三三條

①依本條例第十四條第三項所定辦法之規定，經主管機關核准與境外機構合作或協助其於我國境內從事電子支付機構業務相關行為之專營之電子支付機構、兼營電子支付機構業務之電子票證發行機構及資料處理服務業者，其專用存款帳戶開立之限制、管理與作業方式及其他應遵行事項，準用本辦法之規定。

②專營之電子支付機構及兼營電子支付機構業務之電子票證發行機構依前項規定開立之專用存款帳戶，與其經營其他電子支付機構業務開立之專用存款帳戶，應分別獨立。

第三四條

本辦法自中華民國一百零四年五月三日施行。

電子支付機構清償基金組織及管理辦法

①民國 104 年 4 月 27 日金融監督管理委員會令訂定發布全文 12 條；並自 104 年 5 月 3 日施行。
②民國 105 年 8 月 17 日金融監督管理委員會令修正發布第 9、10、12 條條文；並自發布日施行。

第一條

本辦法依電子支付機構管理條例（以下簡稱本條例）第三十八條第三項、第四項、第三十九條及第四十條準用第三十八條第三項、第四項規定訂定之。

第二條

電子支付機構清償基金（以下簡稱本基金）之組織及管理，應依本辦法規定辦理；本辦法未規定者，適用其他有關法令之規定。

第三條

本辦法用詞定義如下：

一　電子支付機構：指專營之電子支付機構及兼營電子支付機構業務之銀行、中華郵政股份有限公司及電子票證發行機構。
二　電子支付機構業務：指本條例第三條第一項各款業務。
三　營業收入：指經營電子支付機構業務之手續費收入及依本條例第二十一條第二項與第三項運用支付款項所得之孳息或其他收益總額。

第四條

①本基金由各電子支付機構於每年五月底前，自前一年度營業收入提撥之，其提撥比率如下：

一　經營電子支付機構之手續費收入：
㈠第一年：提撥新臺幣二百萬元。但僅經營代理收付實質交易款項業務者，提撥新臺幣五十萬元。
㈡第二年至第五年：每年提撥萬分之一。
㈢第六年至第十年：每年提撥萬分之三。
㈣第十一年起：每年提撥萬分之五。
二　依本條例第二十一條第二項及第三項運用支付款項所得之孳息或其他收益總額：按本條例第二十一條第五項規定之應計提金額，提撥百分之五十。

②前項營業收入之範圍，以依本條例第三十二條經會計師查核簽證之財務報告所載者為準。

③兼營電子支付機構業務之銀行及中華郵政股份有限公司，應就前一年度所保管使用者支付款項每日餘額之和除以實際天數，按其前一年度十二月三十一日之活期存款牌告利率計算金額，準用第

一項第二款規定核計提撥。

④電子支付機構依第一項第一款第一目規定，第一年提撥不足新臺幣二百萬元，或僅經營代理收付實質交易款項業務者，第一年提撥不足新臺幣五十萬元，應於其後年度提撥補足之。

第五條

本基金之收入來源如下：

一　電子支付機構依前條規定提撥之金額。

二　孳息收入。

三　其他收入。

第六條

①本基金應於主管機關核定之銀行，以電子支付機構清償基金專戶方式儲存，其孳息併入本基金。

②本基金之總額暫定爲新臺幣五億元。

第七條

本基金之用途如下：

一　電子支付機構因財務困難失卻清償能力而違約時，以第三人之地位向消費者爲清償。

二　本基金之人事、行政、衍生稅賦及其他管理事務之必要費用。

第八條

①本基金之收支、保管及清償，應組成電子支付機構清償基金管理委員會（以下簡稱基金會）辦理之。

②基金會依前條規定動用本基金之決議，應報經主管機關核准後執行。

第九條 105

①基金會置委員十三人至十五人，其中一人爲主任委員，爲無給職，任期三年，除主任委員外，其餘委員由各電子支付機構指派代表一人，以無記名連記法選任之，並聘任專家學者二人擔任委員。任期內因故改指派或改聘任者，其任期以任至原任委員任期屆滿之日爲止。

②主任委員由本條例第四十二條第一項所定主管機關指定同業公會之理事長擔任；於主管機關指定同業公會前，由中華民國銀行商業同業公會全國聯合會電子支付業務委員會之主任委員擔任。

③基金會設執行秘書一人，必要時得另增聘會計或稽核一至二人，辦理有關事務。

④前項人員得由基金會聘請適當人員兼任之。

⑤基金會之章則、議事規程，應報經主管機關核定，變更時亦同。

第一〇條 105

①基金會之辦理事項如下：

一　本基金繳存金額之核計。

二　依第七條規定動用之審議。

三　其他有關本基金管理及動用之審議。

②基金會會議由主任委員召集並擔任主席，主任委員因故無法執行職務時，由主任委員指定委員一人代理之；主任委員未指定代理人者，由委員互推一人代理之。

③基金會之決議，應經二分之一以上委員出席，以出席委員過半數同意行之。但第一項第二款事項之決議，應經三分之二以上委員出席，以出席委員三分之二以上之同意行之。

第一一條

電子支付機構未依第四條規定繳付或拒絕繳付本基金者，基金會應函報主管機關。

第一二條 105

①本辦法自中華民國一百零四年五月三日施行。

②本辦法修正條文，自發布日施行。

電子支付機構支付款項信託契約不得記載事項

民國 104 年 4 月 27 日金融監督管理委員會公告訂定全文 4 點；並自 104 年 5 月 3 日生效。

一　不得約定由受託人保證信託本金之安全或最低收益率。
二　不得有使使用者誤認受託人係爲其受託管理信託財產之內容。
三　受託人除爲共同受益人外，不得約定享有信託利益。
四　不得爲其他違反法令強制或禁止規定之約定。

電子支付機構支付款項信託契約應記載事項

民國 104 年 4 月 27 日金融監督管理委員會公告訂定全文 20 點；並自 104 年 5 月 3 日生效。

一　應載明以電子支付機構為委託人及受益人，信託業者為受託人等法律關係當事人之名稱及住所。

二　應載明信託目的係為確保使用者支付款項之安全與保護使用者權益，及委託人對於儲值款項扣除應提列準備金之餘額，併同代理收付款項之金額，應全部交付信託，並由受託人依信託契約，予以管理、運用及處分之意旨。

三　應載明信託財產之種類、名稱、數量及價額。

信託財產係指下列存入信託專戶之金額及其經受託人管理運用後所生之孳息或其他收益：

㈠依電子支付機構管理條例（以下稱本條例）第二十條第一項規定之代理收付款項及儲值款項扣除應提列準備金之餘額。

㈡依本條例第二十一條第七項應補足之金額。

四　應載明信託契約之存續期間。

委託人應於信託契約存續期間到期日二個月前完成續約或與其他業者訂定新約，或另訂定履約保證契約，並函報主管機關備查。

五　應載明信託財產之管理運用方法係單獨管理運用，及受託人對信託財產無運用決定權。

信託財產之管理運用方法應包含下列事項：

㈠交付信託之支付款項，除下列方式外，委託人不得指示受託人動用：

1.依使用者支付指示移轉支付款項。委託人應依使用者之支付指示，通知受託人進行支付款項移轉作業，不得有遲延支付之行為。

2.使用者提領支付款項。受託人應將使用者提領之支付款項，轉入委託人提供該使用者之銀行相同幣別存款帳戶，不得以現金支付。

3.依第二款及第三款所為之運用。

4.前目所生之孳息或其他收益分配予受益人。

㈡交付信託之代理收付款項，其運用限以信託專戶儲存及保管。

㈢交付信託之儲值款項，得依主管機關所訂比率為下列運用，且主管機關對於運用標的定有條件者，應符合其規定：

1.銀行存款。

2.購買政府債券。

3.購買國庫券或銀行可轉讓定期存單。

4.購買經主管機關核准之其他金融商品。

六　應載明信託財產結算及差額補足之作業。

受託人運用委託人交付信託之支付款項總價值，應於每月底依一般公認會計原則評價，如有低於投入時金額之情形，應通知委託人補足，委託人並應於接獲通知之次營業日以現金補足差額存入信託專戶。委託人未於限期內補足差額者，受託人應立即通報主管機關。

七　應載明信託收益之計算、分配之時期及方法。

受託人運用信託財產所生之孳息或其他收益，應於所得發生年度，減除成本、必要費用及耗損，並依主管機關之規定計提一定比率金額存入委託人依本條例第二十一條第五項規定於專用存款帳戶銀行開立之專戶後，再依信託契約之約定分配予受益人。

八　應載明信託契約之變更方式。

九　應載明信託契約之解除或終止事由。

十　應載明信託關係消滅時，信託財產之歸屬及交付方式。

信託契約存續期間屆滿，或提前終止，致信託關係消滅，且委託人已與其他信託業者簽訂信託契約者，信託財產應交付該其他信託業者；如簽訂十足之履約保證契約者，信託財產應返還予委託人。

十一　應載明受託人之義務與責任。

十二　委託人應定期提交使用者支付款項之帳務作業明細報表予受託人，供其核對交付信託之支付款項之存管、移轉、動用及運用情形。受託人並應定期向主管機關報送信託財產之相關資料。

十三　應載明受託人之報酬標準、種類、計算方法、支付時期及方法。

信託報酬應由委託人以自有資金支付，不得由信託財產扣抵之。

十四　應載明各項費用之負擔及其支付方法。

各項費用應由委託人以自有資金支付，不得由信託財產扣抵之。

十五　應載明除法律或主管機關另有規定外，受託人對於委託人因簽訂信託契約所獲得有關委託人及其使用者之往來交易資料及其他相關資料，負有保密義務。

十六　應載明信託受益權不得轉讓或設定質權。

十七　應載明委託人於行銷、廣告、業務招攬或與使用者訂約時，應向其行銷、廣告或業務招攬之對象或使用者明確告知，該等信託之受益人為委託人而非使用者，委託人並不得使使用者誤認受託人係為使用者受託管理信託財產，並應與使用者於契約中明定。

經使用者請求時，委託人或受託人應提供信託契約所載前項約定條款影本，或以其他方式揭露之（例如於委託人或受託人之網站揭露）。

十八　應載明契約份數，並由委託人及受託人雙方收執。

十九　應載明簽訂契約之日期。

二十　應告知可能涉及之風險及載明其他法律或主管機關規定之事項。

電子支付機構業務定型化契約範本

①民國 104 年 4 月 27 日金融監督管理委員會令訂定發布全文 27 條，並自 104 年 5 月 3 日生效。
②民國 107 年 9 月 20 日金融監督管理委員會公告修正發布第 2～4、6～8、11、19 條條文；並自發布日施行。

〔公司名稱〕（下稱「本公司」）依電子支付機構管理條例第三條第一項各款所載之各項業務提供服務（下稱「本服務」）。爲保障使用者權益，本公司已提供電子支付機構業務定型化契約（下稱「本契約」）全部條款內容供使用者攜回或於本服務網頁上公告，供使用者審閱至少○○日（不得少於三日）。
使用者申請本服務時，應先審閱、瞭解及同意本契約內容後，再簽署本契約或於本服務網頁上就本契約點選「同意」鍵，並應提供申請身分認證等級類型所需之相關資料，以完成註冊申請。經本公司依規定處理及接受使用者註冊申請，並以電子郵件或雙方約定之方式通知後，本契約始爲成立。

第一條 （本公司資訊）
一 主管機關許可字號：
二 公司及代表人名稱：
三 申訴（客服）專線與服務時間及電子郵件信箱：
四 網址：
五 營業地址：

第二條 （定義）107
本契約中之用詞定義如下（得依實際承作業務範圍選擇記載之）：
一 使用者：指於本公司註冊及開立電子支付帳戶，利用本公司所提供服務進行資金移轉或儲值者。
二 收款使用者：指利用本公司所提供代理收付實質交易款項服務，進行收款之使用者。
三 電子支付帳戶：指使用者於本公司所開立記錄資金移轉與儲值情形之網路帳戶。
四 代理收付實質交易款項服務：指本公司獨立於實質交易之使用者以外，依交易雙方委任，接受付款方所移轉實質交易之金額，並經一定條件成就、一定期間屆至或付款方指示後，將該實質交易之金額移轉予收款方之服務。
五 收受儲值款項服務：指本公司接受使用者將款項預先存放於

電子支付帳戶，以供與本公司以外之其他使用者進行資金移轉之服務。

六　電子支付帳戶間款項移轉服務：指本公司依使用者非基於實質交易之支付指示，將其電子支付帳戶內之資金，移轉至本公司其他使用者電子支付帳戶之服務。

七　存款帳戶：指使用者於註册電子支付帳戶或提領電子支付帳戶款項時，事先指定之同一使用者於金融機構開立相同幣別之活期存款帳戶。

八　專用存款帳戶：指本公司應依法於銀行開立，專用以儲存使用者支付款項之活期存款帳戶。（僅適用於專營電子支付機構）

九　電子文件：指文字、聲音、圖片、影像、符號或其他資料，以電子或其他以人之知覺無法直接認識之方式，所製成足以表示其用意之紀錄，而供電子處理之用者。

十　約定連結存款帳戶付款：指本公司辦理電子支付機構業務，依使用者與開戶金融機構間之約定，向開戶金融機構提出扣款指示，連結該使用者存款帳戶進行轉帳，由本公司收取支付款項，並於該使用者電子支付帳戶記錄支付款項金額及移轉情形之服務。

十一　收款使用者收付訊息整合傳遞：指本公司接受收款使用者及其他機構委任，提供端末設備或應用程式，整合傳遞收付訊息。

第三條　（同意事項）107

本公司及使用者同意下列事項：

一　本服務包括：代理收付實質交易款項、收受儲值款項、電子支付帳戶間款項移轉或其他經主管機關核定之業務等服務。本公司將依使用者之申請或本公司依法得經營之業務範圍，提供使用者本服務之全部或一部。（得依實際承作業務範圍選擇記載之）

二　本公司應依本契約提供本服務所生之爭議負責，使用者間之其他交易與本服務無關者，依使用者間之法律關係辦理。

三　本公司與使用者得以電子文件爲表示方法，如該電子文件內容可完整呈現且足以辨識其身分，並可供日後查驗者，其效力與書面文件相同。

四　本公司於使用者提領電子支付帳戶款項時，不得以現金支付，應將提領款項轉入該使用者之銀行相同幣別存款帳戶。

五　本公司於使用者辦理外幣儲值時，儲值款項非由該使用者之銀行外匯存款帳戶以相同幣別存撥者，不得受理。（得依實際承作業務範圍選擇記載之）

六　使用者支付款項儲存於專用存款帳戶，所生孳息或其他收益之歸屬及運用依相關法令之規定。

七　使用者使用本服務如應辦理外匯申報，使用者同意授權本公

司代為申報，並提供申報所需資料。（得依實際承作業務範圍選擇記載之）

八　使用者不得非法利用本服務，亦不得提供電子支付帳戶供非法使用。使用者如有違反，應負法律責任。

九　使用者於本公司開立一個以上之電子支付帳戶時，各帳戶收款及付款金額不得超過該帳戶類別之限額，歸戶後總限額不得超過該使用者註冊及開立電子支付帳戶中最高類別之限額。

十　本公司提供使用者以信用卡或約定連結存款帳戶付款進行自動儲值服務，應與使用者約定每筆及每日自動儲值之限額，並提供使用者隨時調整限額及停止自動儲值之機制。

第四條　（*身分資料確認及再確認*）107

①本公司應留存確認使用者身分程序所得資料及執行各項確認使用者身分程序之相關紀錄，留存期間自電子支付帳戶終止或結束後至少五年。但其他法規有較長規定者，依其規定。使用者變更身分資料時，亦同。

②使用者應確認註冊時提供及留存之資料正確且眞實，並與當時情況相符，如該等資料事後有變更，應立即通知本公司。

③本公司確認使用者身分時，有下列情形之一者，不得申請本服務或交易：

一　疑似使用匿名、假名、人頭、虛設行號或虛設法人團體。

二　使用者拒絕提供審核使用者身分措施相關文件，但經可靠、獨立之來源確實查證身分屬實者不在此限。

三　對於由代理人辦理註冊電子支付帳戶或交易之情形，且查證代理之事實及身分資料有困難。

四　持用僞、變造身分證明文件。

五　臨櫃申請時，出示之身分證明文件均為影本。但依規定得以身分證明文件影本或影像檔，輔以其他管控措施辦理之業務，不在此限。

六　提供文件資料可疑、模糊不清，不願提供其他佐證資料或提供之文件資料無法進行查證。

七　使用者不尋常拖延應補充之身分證明文件、登記證照或相關核准文件。

八　建立業務關係之對象為資恐防制法指定制裁之個人、法人或團體，以及外國政府或國際組織認定或追查之恐怖分子或團體。但依資恐防制法第六條第一項第二款至第四款所為支付不在此限。

九　對於已提供用於身分確認之同一金融支付工具，遭不同使用者重複提供用於身分確認。

十　經相關機關通報該使用者有非法使用金融機構存款帳戶或電子支付帳戶之紀錄。

十一　其他經主管機關規定應拒絕申請註冊之情形。

④如有下列情形之一者，本公司並得要求使用者再次進行確認身分程序：
一　個人使用者與非個人使用者分別變更基本身分資料。
二　使用者電子支付帳戶之交易出現異常情形。
三　使用者於註册時提供之身分證明文件或登記證照等相關文件疑似僞造或變造。
四　使用者交易時距前次交易已逾一年。
五　同一行動電話號碼遭不同使用者用於身分確認程序。
六　發現疑似洗錢或資恐交易，或自洗錢或資恐高風險國家或地區匯入款項之交易時。
七　對於所取得使用者身分資料之眞實性或妥適性有所懷疑時。
八　其他本公司依明顯事證認有必要再行確認使用者身分之情形。
⑤使用者對於本公司前項要求及本公司爲確認使用者身分所依法令執行之程序有協助配合義務。對於未配合前項再次進行識別及確認身分之使用者，本公司應暫停其交易功能。

第五條　（代理收付實質交易款項服務）
本公司依身分認證等級之不同，對不同類型電子支付帳戶所提供代理收付實質交易款項服務之限額如下：
一　第一類電子支付帳戶：無代理收付實質交易款項之收款功能。每月累計代理收付實質交易款項之付款金額，以等值新臺幣三萬元爲限。
二　第二類電子支付帳戶：每月累計代理收付實質交易款項與電子支付帳戶間款項移轉之收款合計金額及付款合計金額，分別以等值新臺幣三十萬元爲限。
三　第三類電子支付帳戶：每月累計代理收付實質交易款項之收款及付款金額，由本公司與使用者約定。

第六條　（收受儲值款項服務）107
①使用者得經由本公司同意之方式，於電子支付帳戶存入儲值款項。
②使用者利用信用卡進行儲值時，以新臺幣爲限。
③使用者於電子支付帳戶中之新臺幣及外幣儲值款項，餘額合計不得超過等值新臺幣五萬元（外幣部分依本契約第十三條第三項計算之）。但個人使用者之第一類電子支付帳戶，經查詢中華民國國民身分證領補換或居留證資料確認身分者，其儲值餘額合計不得超過等值新臺幣一萬元，超過時該筆款項將無法完成儲值。

第七條　（電子支付帳戶間款項移轉服務）107
①本公司辦理每一使用者之新臺幣及外幣電子支付帳戶間款項移轉，每筆不得超過等值新臺幣五萬元（外幣部分依本契約第十三條第三項計算之）。
②使用者利用信用卡儲值之款項，不得進行電子支付帳戶間款項移轉或提領。

③本公司依身分認證等級之不同，對不同類型電子支付帳戶所提供電子支付帳戶間款項移轉服務之限額如下：

一　第一類電子支付帳戶：無電子支付帳戶間款項移轉之收款及付款功能。

二　第二類電子支付帳戶：每月累計代理收付實質交易款項與電子支付帳戶間款項移轉之收款合計金額及付款合計金額，分別以等值新臺幣三十萬元為限。

三　第三類電子支付帳戶：個人使用者每月累計電子支付帳戶間款項移轉之收款及付款金額，分別以等值新臺幣一百萬元為限；非個人使用者每月累計電子支付帳戶間款項移轉之收款及付款金額，分別以等值新臺幣一千萬元為限。

④使用者了解並同意，本公司提供電子支付帳戶間款項移轉服務採立即移轉給付，本公司於收到付款方支付指示後，將立即記錄移轉款項由付款方轉至收款方電子支付帳戶，付款方或收款方就該移轉款項有任何爭議，應由付款方及收款方間自行處理。本公司不將該筆款項列為爭議款項。

第八條　（核對機制）107

①本公司接到使用者依本公司指定方式所為之支付指示時，本公司應於支付完成前，由付款方再確認。

②本公司辦理下列各款代理收付實質交易款項業務，經與使用者以符合「電子支付機構資訊系統標準及安全控管作業基準辦法」（以下簡稱安控基準）第七條第一項第三款或第四款所定安全設計方式事先約定，且單筆交易金額以新臺幣一萬元為限，每月累計交易金額以新臺幣三萬元為限，得不適用前項支付指示及再確認之規定：

一　提供實體通路支付服務。

二　繳納政府部門規費、稅捐、罰鍰或其他費用、支付公用事業、電信服務、公共運輸或停車等服務費用、支付收款使用者受政府部門委託代徵收之規費、稅捐、罰鍰、其他費用或公用事業、電信服務、公共運輸或停車等委託代收之服務費。

③本公司提供實體通路支付服務，得不適用第一項有關再確認之規定。

④本公司於每次處理使用者支付指示完成後，應以雙方約定之方式通知使用者，使用者應核對處理結果有無錯誤。如有不符，應於本公司發出通知之日起○○日（不得少於四十五日）內，以雙方約定之方式通知本公司查明。

⑤本公司於收到使用者前項通知後，應即進行調查，並於通知到達本公司之日起○○日（不得多於三十日）內，將調查之情形或結果以雙方約定之方式告知使用者。

⑥本公司應依雙方約定之方式，免費提供使用者隨時查詢一年內之交易紀錄及儲值紀錄，並應依使用者之請求，提供交易或儲值一

年後未滿五年之交易紀錄或儲值紀錄。

第九條 （錯誤之處理）

①電子文件錯誤如係因不可歸責於使用者之事由所致者，本公司應協助使用者更正及提供必要協助。

②電子文件錯誤如因係可歸責本公司之事由所致者，本公司應於知悉時立即更正，並同時以雙方約定之方式通知使用者。

③電子文件錯誤如係因可歸責於使用者之事由所致者，倘屬使用者申請或操作轉入電子支付帳戶帳號或金額錯誤，致誤轉電子支付帳戶帳號或金額，經使用者通知後，本公司應立即協助處理下列事項：

一 依據相關法令提供該筆款項之明細及相關資料。

二 通知各該使用者協助處理。

三 回報處理情形。

第一〇條 （帳號安全性與被冒用之處理）

①使用者對本服務所提供之帳號、密碼、憑證或其他足以辨別身分之工具負有妥善保管之義務，不得以任何方式讓與或轉借他人使用。

②本公司或使用者於發現第三人冒用或盜用使用者持有之本服務帳號、密碼或憑證等資料，或其他任何未經合法授權之情形時，應立即以雙方約定之方式通知他方停止本服務並採取防範措施。

③本公司於接受前項通知前，對於因第三人使用本服務已發生之損失，由本公司負擔。但有下列任一情形者，不在此限：

一 本公司可證明損失係因使用者之故意或過失所致。

二 使用者未於本公司依雙方約定方式通知核對資料或帳單後○○日（不得少於四十五日）內，就資料或帳單內容通知本公司查明；惟使用者有特殊事由（如長途旅行、住院等）致無法取得通知且經使用者提供相關文件者，以該特殊事由結束日起算○○日（不得少於四十五日）。但本公司有故意或過失者，不在此限。

④針對第二項冒用、盜用事實調查所生之費用由本公司負擔。

⑤本公司應於本服務網頁明顯處，載明使用者帳號、密碼等資料被冒用、盜用或發生其他任何未經合法授權時之通知方式，包含電話、電子郵件信箱等資訊，除有不可抗力或其他重大事由，受理通知之服務時間應爲全日全年無休。

⑥使用者同意於使用本服務時，本公司得就使用者登入資訊（包括網路IP位置與時間）、所爲之行爲及其他依法令應留存之紀錄予以詳實記錄。

第一一條 （資訊系統安全、控管與責任）107

①爲確保使用者之傳輸或交易資料安全，本公司辦理本服務之資訊系統標準及安全控管作業基準，應符合「電子支付機構資訊系統標準及安全控管作業基準辦法」之規定。

②本公司於使用者登入電子支付平臺時應依安控基準之規定進行身

分確認，當發生身分認證資訊錯誤時，本公司系統應依上述規定自動停止使用者使用本服務。使用者如擬恢復使用，應依約定辦理相關手續。

③本公司及使用者均有義務確保所使用資訊系統之安全，防止非法進入系統、竊取、竄改、毀損業務紀錄或使用者個人資料。

④本公司資訊系統之保護措施或資訊系統之漏洞所生爭議，由本公司就該事實不存在負舉證責任。如有不可歸責使用者之事由者，由本公司承擔該交易之損失。

第一二條　（費用）

①使用者使用本服務時，本公司將依約定收費標準，向使用者收取各項費用，使用者同意授權本公司得直接於電子支付帳戶中扣除相關收費。

②各項費用之項目、計算方式及金額，以本服務網頁明顯處公告為準。本公司調整本服務之各項費用，須於調整生效○○日前（不得少於六十天），於本服務網頁明顯處公告其內容，並以電子郵件或雙方約定之方式通知使用者後始生效力。但有利於使用者不在此限。

第一三條　（匯率之計算）

①本公司辦理本服務境內業務，與境內使用者間之支付款項、結算及清算，以新臺幣為限。

②本公司辦理跨境業務，與境內使用者間之支付款項、結算及清算，得以新臺幣或外幣為之。對境外款項收付、結算及清算，以外幣為限。

③本公司應於本服務網頁上揭示兌換匯率或於本服務網頁上揭示兌換匯率所參考之銀行牌告匯率及合作銀行。

第一四條　（使用者之保障）

①本公司所收受之儲值款項，應依銀行法或其他相關法令提列準備金，且為存款保險條例所稱之存款保險標的。（銀行或中華郵政股份有限公司適用）

②本公司對於儲值款項扣除依電子支付機構管理條例第十九條提列準備金之餘額，併同代理收付款項之金額，應全額採下列方式辦理：（銀行或中華郵政股份有限公司不適用；視實際情形選擇記載之）

□已取得銀行十足之履約保證。

□已全部交付信託。本公司將上開款項交付信託時，該信託之委託人及受益人皆為本公司而非使用者，故信託業者係為本公司而非為使用者管理及處分信託財產。使用者就其支付款項，對本服務所產生之債權，有優先於本公司之其他債權人受償之權。

第一五條　（使用者之義務）

①使用者於使用本服務前，應確認本服務網頁之正確網址。

②使用者瞭解本公司將透過雙方約定之方式，通知使用者使用本服

務之情形，故使用者應確保可即時依雙方約定之方式閱覽本公司之通知。
③使用者使用本服務時，應符合本服務所預設之目的，且不得違反本契約、中華民國法令或公序良俗，或不得侵害本公司或第三人合法權益。

第一六條 （收款使用者特別約定事項）

①收款使用者不得涉有未經主管機關核准代理收付款項之金融商品或服務及其他法規禁止或各中央目的事業主管機關公告不得從事之交易。
②如收款使用者銷售或提供遞延性商品或服務，應依相關法規規定辦理履約保證或交付信託，並應揭露該履約保證或交付信託資訊予使用者知悉。
③收款使用者使用代理收付實質交易款項服務收取交易款項時，應妥善保存相關之交易資料、文件及單據至少五年，並應配合本公司之要求，提供交易條件、履行方式與結果等交易內容相關資料及收款使用者所經營之營業項目與資格。對於本公司所要求之資料，收款使用者應詳細陳述，並提供必要之文件。
④收款使用者對因使用代理收付實質交易款項服務所蒐集之資料，除其他法律或主管機關另有規定者外，應保守秘密，並符合個人資料保護法之規定。

第一七條 （紀錄保存）

本公司應留存使用者電子支付帳戶之帳號、交易項目、日期、金額、幣別及其他主管機關所規定應留存之必要交易紀錄至少五年。但其他法規有較長之規定者，依其規定；未完成之交易，亦同。

第一八條 （客訴處理及紛爭解決機制）

①本公司應於本服務網頁載明本服務爭議採用之申訴及處理機制及程序。使用者就本服務爭議，得以第一條所載之申訴（客服）專線及電子郵件信箱與本公司聯繫。
②使用者間因實質交易致生爭議時，經任一方使用者請求，本公司應將爭議事項之內容通知各該使用者。
③本公司於代理收付實質交易款項撥付前，使用者間如對該交易發生任何爭議，經任一方依第一項所提及之爭議處理程序向本公司請求暫停撥付款項時，本公司得留存該款項，待確認雙方對於款項達成合意時，始將款項無息撥付至收款方之電子支付帳戶或退回至付款方之電子支付帳戶。
④若付款方或收款方就前項爭議，除依本公司爭議處理程序向本公司請求暫停撥付款項外，另提起調解、訴訟或仲裁，該爭議款項將保留至調解、訴訟或仲裁程序結束，待付款方或收款方提出適當證明時，本公司方將款項無息撥付至收款方之電子支付帳戶或退回至付款方之電子支付帳戶。

第一九條 （使用者資料之蒐集、處理及利用）107

①本公司蒐集、處理及利用個人資料，應依個人資料保護法等相關法令規定辦理。但其他法律或主管機關另有規定者，不在此限。
②使用者同意本公司得於法令許可特定目的範圍內，自行或委託第三人蒐集、處理及利用前項個人資料，且同意本公司得於法令許可範圍內向財團法人金融聯合徵信中心（以下簡稱聯徵中心）及其他有關機構查詢使用者之資料，並將前述資料及交易往來紀錄交付或登錄於聯徵中心或其他本公司依法令應交付或登錄之機構。

第二〇條　（服務暫停事由與處理）

①本公司得基於下列原因而暫停提供本服務之全部或一部：
一　本公司對本服務之系統進行預定之維護、搬遷、升級或保養，應於○日（不得少於七日）前，於本服務網頁公告，並依雙方約定之方式通知使用者。但有緊急情事者，不在此限。
二　因天災、停電、設備故障、第三人之行為或其他不可歸責於本公司之事由。
②本公司如因辦理本服務之資訊系統故障或其他任何因素致無法正常處理支付指示時，本公司應及時處理並依雙方約定之方式通知使用者。

第二一條　（因使用者事由所致之服務暫停）

如有下列情形之一，本公司得依情節輕重以電子郵件或雙方約定之方式通知使用者，暫停其使用本服務之全部或一部：
一　使用者不配合核對或重新核對身分者。
二　使用者有提交虛偽身分資料之虞者。
三　有相當事證足認使用者利用電子支付帳戶從事詐欺、洗錢等不法行為或疑似該等不法行為者。
四　使用者未經本公司同意，擅自將本契約之權利或義務轉讓第三人。
五　使用者依破產法聲請宣告破產或消費者債務清理條例請求前置協商、前置調解、聲請更生、清算程序，或依其他法令進行相同或類似之程序。
六　經相關機關或其他電子支付機構通報為非法之使用者。
七　使用者違反本契約第十五條第三項、第十六條規定之情事。
八　其他重大違反本契約之情事。

第二二條　（契約之終止）

①使用者得依約定方式隨時通知本公司終止本契約。
②本公司終止本契約時，須於終止日三十日前以書面、電子郵件或雙方約定方式通知使用者。
③如使用者有本契約第二十一條所列情事之一且情節重大者，本公司得以電子郵件或雙方約定之方式通知使用者終止本契約。
④本契約終止後，除有爭議款項外，本公司應於合理期間將使用者得提領之支付款項餘額，撥付至使用者存款帳戶。

⑤除經主管機關同意外，本公司不得將本服務及因本服務所生之權利義務關係移轉予第三人。

第二三條　（契約條款變更與其他約定）

①本契約之條款如有疑義時，應爲有利於使用者之解釋。

②本契約約款如有修改或增刪時，應於本服務網頁明顯處公告，並以電子郵件或雙方約定之方式通知使用者後，使用者於七日內不爲異議者，推定承認該修改或增刪約款。但下列事項如有變更，應於變更前六十日以電子郵件或雙方約定之方式通知使用者，並於該電子郵件或雙方約定之方式以顯著明確文字載明其變更事項、新舊約款內容，暨告知使用者得於變更事項生效前表示異議，及使用者未於該期間內異議者，推定承認該修改或增刪約款；並告知使用者如有異議，應於得異議時間內通知本公司終止契約：

一　第三人冒用或盜用使用者代號、密碼、憑證或其他任何未經合法授權之情形，本公司或使用者通知他方之方式。

二　其他經主管機關規定之事項。

第二四條　（通知）

①使用者同意除本契約另有約定外，本公司依本契約所爲之通知應以雙方約定之方式送達使用者申請本服務時所提供之通訊資料。

②使用者通訊資料如有變更，應立即於本服務網頁或以雙方約定之方式通知本公司。使用者如未依約定方式通知變更通訊資料時，本公司依原留存之通訊資料所爲之通知，推定已爲送達。

第二五條　（作業委託他人處理）

①使用者同意本公司得依相關法令規定或經主管機關核准，將本服務之一部，委託第三人（機構）處理。

②本公司依前項規定委託他人處理業務時，應督促並確保該等資料利用人遵照相關法令之保密規定，不得將該等有關資料洩漏予受託人以外之第三人。

③受本公司委託之處理資料利用人，違反個人資料保護法規定，致個人資料遭不法蒐集、處理、利用或其他侵害使用者權利者，使用者得向本公司及受本公司委託之處理資料利用人請求連帶賠償。

第二六條　（準據法與管轄法院）

①本契約準據法，依中華民國法律。

②因本服務所生之爭議，如因此涉訟，雙方同意以○○地方法院爲第一審管轄法院。但不得排除消費者保護法第四十七條或民事訴訟法第二十八條第二項、第四百三十六條之九規定小額訴訟管轄法院之適用。

第二七條　（契約之交付）

本契約正本一式二份，由雙方當事人各執一份爲憑。

電子支付機構業務定型化契約應記載事項

①民國104年4月27日金融監督管理委員會公告訂定發布全文24點；並自104年5月3日生效。
②民國107年9月20日金融監督管理委員會公告修正發布第2～5、8、16點；並自發布日施行。

一　電子支付機構資訊

主管機關許可字號、電子支付機構之名稱、代表人、申訴（客服）專線與服務時間、電子郵件信箱、網址及營業地址。

二　同意事項

電子支付機構及使用者同意下列事項：

㈠電子支付機構業務服務包括：代理收付實質交易款項、收受儲值款項、電子支付帳戶間款項移轉或其他經主管機關核定之業務等服務。電子支付機構將依使用者之申請或電子支付機構依法得經營之業務範圍，提供使用者其業務服務之全部或一部。（得依實際承作業務範圍選擇記載之）

㈡電子支付機構應依本契約提供服務所生之爭議負責，使用者間之其他交易與其業務服務無關者，依使用者間之法律關係辦理。

㈢電子支付機構與使用者得以電子文件爲表示方法，如該電子文件內容可完整呈現且足以辨識其身分，並可供日後查驗者，其效力與書面文件相同。

㈣電子支付機構於使用者提領電子支付帳戶款項時，不得以現金支付，應將提領款項轉入該使用者之銀行相同幣別存款帳戶。

㈤電子支付機構於使用者辦理外幣儲值時，儲值款項非由該使用者之銀行外匯存款帳戶以相同幣別存撥者，不得受理。（得依實際承作業務範圍選擇記載之）

㈥使用者支付款項儲存於專用存款帳戶，所生孳息或其他收益之歸屬及運用依相關法令之規定。

㈦使用者使用電子支付機構業務服務如應辦理外匯申報，使用者同意授權電子支付機構代爲申報，並提供申報所需資料。（得依實際承作業務範圍選擇記載之）

㈧使用者不得非法利用電子支付機構業務服務，亦不得提供電子支付帳戶供非法使用。使用者如有違反，應負法律責任。

㈨使用者於電子支付機構開立一個以上之電子支付帳戶時，各帳戶收款及付款金額不得超過該帳戶類別之限額，歸戶後總限額不得超過該使用者註冊及開立電子支付帳戶中最高類別之限額。

(十)電子支付機構提供使用者以信用卡或約定連結存款帳戶付款進行自動儲值服務，應與使用者約定每筆及每日自動儲值之限額，並提供使用者隨時調整限額及停止自動儲值之機制。

三　身分資料確認及再確認

電子支付機構應留存確認使用者身分程序所得資料及執行各項確認使用者身分程序之相關紀錄，留存期間自電子支付帳戶終止或結束後至少五年。但其他法規有較長規定者，依其規定。使用者變更身分資料時，亦同。

使用者應確認註册時提供及留存之資料正確且眞實，並與當時情況相符，如該等資料事後有變更，應立即通知電子支付機構。

電子支付機構確認使用者身分時，有下列情形之一者，不得申請本服務或交易：

(一)疑似使用匿名、假名、人頭、虛設行號或虛設法人團體。

(二)使用者拒絕提供審核使用者身分措施相關文件，但經可靠、獨立之來源確實查證身分屬實者不在此限。

(三)對於由代理人辦理註册電子支付帳戶或交易之情形，且查證代理之事實及身分資料有困難。

(四)持用僞、變造身分證明文件。

(五)臨櫃申請時，出示之身分證明文件均爲影本。但依規定得以身分證明文件影本或影像檔，輔以其他管控措施辦理之業務，不在此限。

(六)提供文件資料可疑、模糊不清，不願提供其他佐證資料或提供之文件資料無法進行查證。

(七)使用者不尋常拖延應補充之身分證明文件、登記證照或相關核准文件。

(八)建立業務關係之對象爲資恐防制法指定制裁之個人、法人或團體，以及外國政府或國際組織認定或追查之恐怖分子或團體。但依資恐防制法第六條第一項第二款至第四款所爲支付不在此限。

(九)對於已提供用於身分確認之同一金融支付工具，遭不同使用者重複提供用於身分確認。

(十)經相關機關通報該使用者有非法使用金融機構存款帳戶或電子支付帳戶之紀錄。

(十一)其他經主管機關規定應拒絕申請註册之情形。

電子支付機構並得要求使用者再次進行確認身分程序：

(一)個人使用者與非個人使用者分別申請變更基本身分資料。

(二)使用者電子支付帳戶之交易出現異常情形。

(三)使用者於註册時提供之身分證明文件或登記證照等相關文件疑似僞造或變造。

(四)使用者交易時距前次交易已逾一年。

(五)同一行動電話號碼遭不同使用者用於身分確認程序。

㈥發現疑似洗錢或資恐交易，或自洗錢或資恐高風險國家或地區匯入款項之交易時。

㈦對於所取得使用者身分資料之眞實性或妥適性有所懷疑時。

㈧其他電子支付機構依明顯事證認有必要再行確認使用者身分之情形。

使用者對於電子支付機構前項要求及電子支付機構爲確認使用者身分所依法令執行之程序有協助配合義務。對於未配合前項再次進行識別及確認身分之使用者，電子支付機構應暫停其交易功能。

四　電子支付機構業務服務之說明

電子支付機構依身分認證等級之不同而對使用者每月累計付款金額、每月累計收款金額及帳戶餘額，訂定不同金額上限。

使用者得透過電子支付機構同意之方式，於電子支付帳戶存入儲值款項，若使用者利用信用卡於電子支付帳戶進行儲值，儲值款項以新臺幣爲限，且僅供代理收付實質交易款項使用，不得進行電子支付帳戶間款項移轉或提領。

使用者於電子支付帳戶中之新臺幣及外幣儲值款項，餘額合計不得超過等值新臺幣五萬元。超過時該筆款項將無法完成儲值。

電子支付機構辦理每一使用者之新臺幣及外幣電子支付帳戶間款項移轉，每筆不得超過等值新臺幣五萬元。

五　核對機制

電子支付機構接到使用者依電子支付機構指定方式所爲之支付指示時，電子支付機構應於支付完成前，由付款方再確認。

電子支付機構辦理下列各款代理收付實質交易款項業務，經與使用者以符合電子支付機構資訊系統標準及安全控管作業基準辦法（以下簡稱安控基準）第七條第一項第三款或第四款所定安全設計方式事先約定，且單筆交易金額以新臺幣一萬元爲限，每月累計交易金額以新臺幣三萬元爲限，得不適用前項支付指示及再確認之規定：

㈠提供實體通路支付服務。

㈡繳納政府部門規費、稅捐、罰鍰或其他費用、支付公用事業、電信服務、公共運輸或停車等服務費用、支付收款使用者受政府部門委託代徵收之規費、稅捐、罰鍰、其他費用或公用事業、電信服務、公共運輸或停車等委託代收之服務費。

電子支付機構提供實體通路支付服務，得不適用第一項有關再確認之規定。

電子支付機構於每次處理使用者支付指示完成後，應以雙方約定之方式通知使用者，使用者應核對處理結果有無錯誤。如有不符，應於電子支付機構發出通知之日起○○日（不得少於四十五日）內，以雙方約定之方式通知電子支付機構查明。

電子支付機構於收到使用者前項通知後，應即進行調查，並於通知到達電子支付機構之日起○○日（不得多於三十日）內，將調查之情形或結果以雙方約定之方式告知使用者。

電子支付機構應依雙方約定之方式，免費提供使用者隨時查詢一年內之交易紀錄及儲值紀錄，並應依使用者之請求，提供交易或儲值一年後未滿五年之交易紀錄或儲值紀錄。

六　錯誤之處理

電子文件錯誤如係因不可歸責於使用者之事由所致者，電子支付機構應協助使用者更正及提供必要協助。電子文件錯誤如因係可歸責電子支付機構之事由所致者，電子支付機構應於知悉時立即更正，並同時以雙方約定之方式通知使用者。

電子文件錯誤如係因可歸責於使用者之事由所致者，倘屬使用者申請或操作轉入電子支付帳戶帳號或金額錯誤，致誤轉電子支付帳戶帳號或金額，經使用者通知後，電子支付機構應立即協助處理下列事項：

㈠依據相關法令提供該筆款項之明細及相關資料。

㈡通知各該使用者協助處理。

㈢回報處理情形。

七　帳號安全性與被冒用之處理

使用者對電子支付機構業務服務所提供之帳號、密碼、憑證或其他足以辨別身分之工具負有妥善保管之義務，不得以任何方式讓與或轉借他人使用。

電子支付機構或使用者於發現第三人冒用或盜用使用者持有之電子支付帳號、密碼或憑證等資料，或其他任何未經合法授權之情形時，應立即以雙方約定之方式通知他方停止電子支付機構業務服務並採取防範措施。

電子支付機構於接受前項通知前，對於因第三人使用電子支付機構業務服務已發生之損失，由電子支付機構負擔。但有下列任一情形者，不在此限：

㈠電子支付機構可證明損失係因使用者之故意或過失所致。

㈡使用者未於電子支付機構依雙方約定方式通知核對資料或帳單後○○日（不得少於四十五日）內，就資料或帳單內容通知電子支付機構查明；惟使用者有特殊事由（如長途旅行、住院等）致無法取得通知且經使用者提供相關文件者，以該特殊事由結束日起算○○日（不得少於四十五日）。但電子支付機構有故意或過失者，不在此限。

針對第二項冒用、盜用事實調查所生之費用由電子支付機構負擔。

電子支付機構應於其業務服務網頁明顯處，載明使用者帳號、密碼等資料被冒用、盜用或發生其他任何未經合法授權時之通知方式，包含電話、電子郵件信箱等資訊，除有不可抗力或其他重大事由，受理通知之服務時間應為全日全年無休。

八　資訊系統安全、控管與責任

為確保使用者之傳輸或交易資料安全，電子支付機構辦理其業務服務之資訊系統標準及安全控管作業基準，應符合「電子支付機構資訊系統標準及安全控管作業基準辦法」之規定。

電子支付機構進行身分確認及執行交易安全設計應符合安控基準之規定，發生身分認證資訊錯誤時，電子支付機構應依上述規定建立自動停止使用者使用其業務服務之機制。使用者如擬恢復使用，應依約定辦理相關手續。

電子支付機構及使用者均有義務確保所使用資訊系統之安全，防止非法進入系統、竊取、竄改、毀損業務紀錄或使用者個人資料。

電子支付機構資訊系統之保護措施或資訊系統之漏洞所生爭議，由電子支付機構就該事實不存在負舉證責任。如有不可歸責使用者之事由者，由電子支付機構承擔該交易之損失。

九　費用

使用者使用電子支付機構業務服務時，電子支付機構將依約定收費標準，向使用者收取各項費用，使用者同意授權電子支付機構得直接於電子支付帳戶中扣除相關收費。

各項費用之項目、計算方式及金額，以電子支付機構業務服務網頁明顯處公告爲準。電子支付機構調整其業務服務之各項費用，須於調整生效○○日前（不得少於六十天），於其業務服務網頁明顯處公告其內容，並以電子郵件或雙方約定之方式通知使用者後始生效力。但有利於使用者不在此限。

十　匯率之計算

電子支付機構辦理我國境內業務，與境內使用者間之支付款項、結算及清算，以新臺幣爲限。

電子支付機構辦理跨境業務，與境內使用者間之支付款項、結算及清算，得以新臺幣或外幣爲之。對境外款項收付、結算及清算，以外幣爲限。

電子支付機構應於其業務服務網頁上揭示兌換匯率或於業務服務網頁上揭示兌換匯率所參考之銀行牌告匯率及合作銀行。

十一　履約保證機制

電子支付機構所收受之儲值款項，應依銀行法或其他相關法令提列準備金，且爲存款保險條例所稱之存款保險標的。【銀行或中華郵政股份有限公司適用】

電子支付機構對於儲值款項扣除依電子支付機構管理條例第十九條提列準備金之餘額，併同代理收付款項之金額，應全額採下列方式辦理：【銀行或中華郵政股份有限公司不適用；視實際情形選擇記載】

□已取得銀行十足之履約保證。

□已全部交付信託。電子支付機構將上開款項交付信託時，該信託之委託人及受益人皆爲電子支付機構而非使用者，故信託業者係爲電子支付機構而非爲使用者管理及處分信託財產。使用者就其支付款項，對電子支付機構業務服務所生之債權，有優先於電子支付機構之其他債權人受償之權。

十二　使用者之義務

使用者於使用電子支付機構業務服務前，應確認其業務服務網頁之正確網址。

使用者瞭解電子支付機構將透過雙方約定之方式，通知使用者使用本服務之情形，故使用者應確保可即時依雙方約定之方式閱覽電子支付機構之通知。

使用者使用電子支付機構業務服務時，應符合本服務所預設之目的，且不得違反本契約、中華民國法令、公序良俗或侵害電子支付機構或第三人合法權益。

十三　收款使用者特別約定事項

收款使用者不得涉有未經主管機關核准代理收付款項之金融商品或服務及其他法規禁止或各中央目的事業主管機關公告不得從事之交易。

如收款使用者銷售或提供遞延性商品或服務，應依相關法規規定辦理履約保證或交付信託，並應揭露該履約保證或交付信託資訊予使用者知悉。

收款使用者使用代理收付實質交易款項服務收取交易款項時，應妥善保存相關之交易資料、文件及單據至少五年，並應配合電子支付機構之要求，提供交易條件、履行方式與結果等交易內容相關資料及收款使用者所經營之營業項目與資格。對於電子支付機構所要求之資料，收款使用者應詳細陳述，並提供必要之文件。

收款使用者對因使用代理收付實質交易款項服務所蒐集之資料，除其他法律或主管機關另有規定者外，應保守秘密，並符合個人資料保護法之規定。

十四　紀錄保存

電子支付機構應留存使用者電子支付帳戶之帳號、交易項目、日期、金額、幣別及其他主管機關所規定應留存之必要交易紀錄至少五年，但其他法規有較長之規定者，依其規定；未完成之交易，亦同。

十五　客訴處理及紛爭解決機制

電子支付機構應於其業務服務網頁載明業務服務爭議採用之申訴及處理機制及程序。使用者就電子支付機構業務服務爭議，得以第一點所載之申訴（客服）專線及電子郵件信箱與電子支付機構聯繫。

使用者間因實質交易致生爭議時，經任一方使用者請求，電子支付機構應將爭議事項之內容通知各該使用者。

電子支付機構於代理收付實質交易款項撥付前，使用者間如對該交易發生任何爭議，經任一方依第一項所提及之爭議處理程序向電子支付機構請求暫停撥付款項時，電子支付機構得留存該款項，待確認雙方對於款項達成合意時，始將款項無息撥付至收款方之電子支付帳戶或退回至付款方之電子支付帳戶。

若付款方或收款方就前項爭議，除依電子支付機構爭議處理程序向電子支付機構請求暫停撥付款項外，另提起調解、訴訟或仲裁，該爭議款項將保留至調解、訴訟或仲裁程序結束，待付款方或收款方提出適當證明時，電子支付機構方將款項無息撥付至收款方之電子支付帳戶或退回至付款方之電子支付帳戶。

十六　使用者資料之蒐集、處理及利用

電子支付機構蒐集、處理及利用個人資料，應依個人資料保護法等相關法令規定辦理。但其他法律或主管機關另有規定者，不在此限。

使用者同意電子支付機構得於法令許可特定目的範圍內，自行或委託第三人蒐集、處理及利用前項個人資料，且同意電子支付機構得於法令許可範圍內向財團法人金融聯合徵信中心（以下簡稱聯徵中心）及其他有關機構查詢使用者之資料，並將前述資料及交易往來紀錄交付或登錄於聯徵中心、或其他電子支付機構依法令應交付或登錄之機構。

十七　服務暫停事由與處理

電子支付機構得基於下列原因而暫停提供其業務服務之全部或一部：

㈠電子支付機構對其業務服務之系統進行預定之維護、搬遷、升級或保養，應於○日（不得少於七日）前，於其業務服務網頁公告，並依雙方約定之方式通知使用者。但有緊急情事者，不在此限。

㈡因天災、停電、設備故障、第三人之行為或其他不可歸責於電子支付機構之事由。

電子支付機構如因辦理其業務服務之資訊系統故障或其他任何因素致無法正常處理支付指示時，電子支付機構應及時處理並依雙方約定之方式通知使用者。

十八　因使用者事由所致之服務暫停

如有下列情形之一，電子支付機構得依情節輕重以電子郵件或雙方約定之方式通知使用者，暫停其使用該業務服務之全部或一部：

㈠使用者不配合核對或重新核對身分者。

㈡使用者有提交虛偽身分資料之虞者。

㈢有相當事證足認使用者利用電子支付帳戶從事詐欺、洗錢等不法行為或疑似該等不法行為者。

㈣使用者未經電子支付機構同意，擅自將本契約之權利或義務轉讓第三人。

㈤使用者依破產法聲請宣告破產或消費者債務清理條例請求前置協商、前置調解、聲請更生、清算程序，或依其他法令進行相同或類似之程序。

㈥經相關機關或其他電子支付機構通報為非法之使用者。

㈦使用者違反本契約第十二點第三項、第十三點規定之情事。
㈧其他重大違反本契約之情事。

十九　契約之終止

使用者得依約定方式隨時通知電子支付機構終止本契約。

電子支付機構終止本契約時，須於終止日三十日前以書面、電子郵件或雙方約定方式通知使用者。

如使用者有上述第十八點之事由所致服務暫停情事之一且情節重大者，電子支付機構得以電子郵件或雙方約定之方式通知使用者終止本契約。

本契約終止後，除有爭議款項外，電子支付機構應於合理期間將使用者得提領之支付款項餘額，撥付至使用者存款帳戶。

除經主管機關同意外，電子支付機構不得將其業務服務及因該服務所生之權利義務關係移轉予第三人。

二十　契約條款變更

本契約約款如有修改或增刪時，電子支付機構應於其業務服務網頁明顯處公告，並以電子郵件或雙方約定之方式通知使用者後，使用者於七日內不爲異議者，推定承認該修改或增刪約款。但下列事項如有變更，應於變更前六十日以電子郵件或雙方約定之方式通知使用者，並於該電子郵件或雙方約定之方式以顯註明確文字載明其變更事項、新舊約款內容，暨告知使用者得於變更事項生效前表示異議，及使用者未於該期間內異議者，推定承認該修改或增刪約款；並告知使用者如有異議，應於前項得異議時間內通知電子支付機構終止契約：

㈠第三人冒用或盜用使用者代號、密碼、憑證或其他任何未經合法授權之情形，電子支付機構或使用者通知他方之方式。
㈡其他經主管機關規定之事項。

二一　定型化契約解釋原則

本契約之條款如有疑義時，應爲有利使用者之解釋。

二二　通知

使用者同意除本契約另有約定外，電子支付機構依本契約所爲之通知應以雙方約定之方式送達使用者申請其業務服務時所提供之通訊資料。

使用者通訊資料如有變更，應立即於電子支付機構業務服務網頁或以雙方約定之方式通知電子支付機構。使用者如未依約定方式通知變更通訊資料時，電子支付機構依原留存之通訊資料所爲之通知，推定已爲送達。

二三　作業委託他人處理

使用者同意電子支付機構得依相關法令規定或經主管機關核准，將其業務服務之一部，委託第三人（機構）處理。

電子支付機構依前項規定委託他人處理業務時，應督促並確保該等資料利用人遵照相關法令之保密規定，不得將該等有關資料洩漏予受託人以外之第三人。

受電子支付機構委託之處理資料利用人，違反個人資料保護法規定，致個人資料遭不法蒐集、處理、利用或其他侵害使用者權利者，使用者得向電子支付機構及受其委託之處理資料利用人請求連帶賠償。

二四　準據法與管轄法院

本契約之準據法爲中華民國法律。

因電子支付機構業務服務所生之爭議，如因此涉訟，雙方同意以○○地方法院爲第一審管轄法院。但不得排除消費者保護法第四十七條或民事訴訟法第二十八條第二項、第四百三十六條之九規定小額訴訟管轄法院之適用。

電子支付機構業務定型化契約不得記載事項

民國 104 年 4 月 27 日金融監督管理委員會公告訂定發布全文 9 點，並自 104 年 5 月 3 日生效。

一　不得約定拋棄契約審閱期間。

二　不得約定在電子支付機構未辦妥使用者電子支付帳戶因第三人冒用或盜用，或其他任何未經合法授權之情形所採取之防範措施前，使用者因此所生之損失一律由使用者負擔。

三　不得約定電子支付機構就使用者使用電子支付機構業務服務所生之爭議不負責任。

四　單方變更契約之禁止

不得約定電子支付機構得不經通知使用者，即得單方變更服務內容及服務費用，使用者不得異議之條款。

不得約定電子支付機構得不經通知使用者，即單方變更契約內容。

五　不得任意解除或終止契約及免除賠償責任

不得約定電子支付機構得不經通知而任意終止或解除契約。

不得約定預先免除電子支付機構終止或解除契約時依法所應負擔之賠償責任。

六　不得約定使用者拋棄或限制使用者依法享有之契約解除權或終止權。

七　不得約定電子支付機構之廣告及與使用者之口頭約定不構成契約內容，亦不得約定廣告僅供參考。

八　不得為其他違反法律強制、禁止之規定或其他違反誠信、顯失公平之約定。

九　不得記載電子支付機構僅負故意或重大過失責任。

電子支付機構內部控制及稽核制度實施辦法

民國 104 年 4 月 27 日金融監督管理委員會令訂定發布全文 40 條；並自 104 年 5 月 3 日施行。

第一章　總　則

第一條

本辦法依電子支付機構管理條例（以下簡稱本條例）第三十條及第四十條準用第三十條規定訂定之。

第二條

本辦法用詞定義如下：

一　電子支付機構：指專營之電子支付機構及兼營電子支付機構業務之電子票證發行機構。

二　電子支付機構業務：指本條例第三條第一項各款業務。

三　專業訓練機構：指依金融控股公司及銀行業訓練機構審核原則所認定之訓練機構。

第三條

①電子支付機構應建立內部控制制度，並確保該制度得以持續有效執行，以健全電子支付機構經營。

②電子支付機構應規劃整體經營策略、風險管理政策及指導準則，並擬定經營計畫、風險管理程序及執行準則。

第四條

①內部控制之基本目的在於促進電子支付機構健全經營，並應由其董事會、管理階層及所有從業人員共同遵行，以合理確保達成下列目標：

一　營運之效果及效率。

二　報導具可靠性、及時性、透明性及符合相關規範。

三　相關法令規章之遵循。

②前項第一款所稱營運之效果及效率目標，包括獲利、績效及保障資產安全等目標。

③第一項第二款所稱之報導包括電子支付機構內部與外部財務報導及非財務報導。其中外部財務報導之目標包括確保對外之財務報表係依照一般公認會計原則編製，交易經適當核准等目標。

第五條

電子支付機構之內部控制制度，應經董事會通過，如有董事表示反對意見或保留意見者，應將其意見及理由於董事會議紀錄載明，連同經董事會通過之內部控制制度送監察人或審計委員會；修正時，亦同。

第二章　內部控制制度之設計及執行

第六條

電子支付機構應建立內部稽核制度、自行查核制度、法令遵循制度以及風險管理機制，以維持有效適當之內部控制制度運作。

第七條

電子支付機構之內部控制制度應包含下列組成要素：

一　控制環境：係電子支付機構設計及執行內部控制制度之基礎。控制環境包括電子支付機構之誠信與道德價值、董事會及監察人或審計委員會治理監督責任、組織結構、權責分派、人力資源政策、績效衡量及獎懲等。董事會與經理人應建立內部行爲準則，包括訂定董事行爲準則、員工行爲準則等事項。

二　風險評估：風險評估之先決條件爲確立各項目標，並與電子支付機構不同層級單位相連結，同時需考慮電子支付機構目標之適合性。管理階層應考量電子支付機構外部環境與商業模式改變之影響，以及可能發生之舞弊情事。其評估結果，可協助電子支付機構及時設計、修正及執行必要之控制作業。

三　控制作業：係指電子支付機構依據風險評估結果，採用適當政策與程序之行動，將風險控制在可承受範圍之內。控制作業之執行應包括電子支付機構所有層級、業務流程內之各個階段、所有科技環境等範圍、對子公司之監督與管理、適當之職務分工，且管理階層及員工不應擔任責任相衝突之工作。

四　資訊與溝通：係指電子支付機構蒐集、產生及使用來自內部與外部之攸關、具品質之資訊，以支持內部控制其他組成要素之持續運作，並確保資訊在電子支付機構內部與外部之間皆能進行有效溝通。內部控制制度須具備產生規劃、執行、監督等所需資訊及提供資訊需求者適時取得資訊之機制，並保有完整之財務、營運及遵循資訊。有效之內部控制制度應建立有效之溝通管道。

五　監督作業：係指電子支付機構進行持續性評估、個別評估或兩者併行，以確定內部控制制度之各組成要素是否已經存在及持續運作。持續性評估係指不同層級營運過程中之例行評估；個別評估係由內部稽核人員、監察人或審計委員會、董事會等其他人員進行評估。對於所發現之內部控制制度缺失，應向適當層級之管理階層、董事會及監察人或審計委員會溝通，並及時改善。

第八條

①內部控制制度應涵蓋所有營運活動，並應訂定下列適當之政策及作業程序，且應適時檢討修訂：

一　組織規程或管理章則，應包括訂定明確之組織系統、單位職掌、業務範圍及明確之授權與分層負責辦法。

二　相關業務規範及處理手冊，包括：

㈠使用者資料保密之管理。

㈡適用國際會計準則之管理、會計暨財務報表編製流程、總務、資訊、人事之管理。

㈢對外資訊揭露作業之管理。

㈣金融檢查報告之管理。

㈤金融消費者保護之管理。

㈥委外作業之管理。

㈦使用者身分確認之管理。

㈧代理收付實質交易款項、收受儲值款項、電子支付帳戶間款項移轉業務之管理。

㈨資訊系統及安全控管作業之管理。

㈩資訊單位及資訊系統使用單位權責劃分之管理。

⑪其他業務之規範及作業程序。

②電子支付機構設置審計委員會者，其內部控制制度，應包括審計委員會議事運作之管理。

③第一項各種作業及管理章則之訂定、修正或廢止，必要時應有法令遵循、內部稽核及風險管理單位等相關單位之參與。

第三章　內部控制制度之查核

第一節　內部稽核

第九條

內部稽核制度之目的，在於協助董事會及管理階層查核及評估內部控制制度是否有效運作，並適時提供改進建議，以合理確保內部控制制度得以持續有效實施及作爲檢討修正內部控制制度之依據。

第一〇條

①電子支付機構應設立隸屬董事會之內部稽核單位，以獨立超然之精神，執行稽核業務，並應至少每年向董事會及監察人或審計委員會報告稽核業務。

②電子支付機構應視事業規模、業務情況及管理需要，設置適當職級之稽核主管，綜理稽核業務。稽核主管應具備領導及有效督導稽核工作之能力，且不得兼任與稽核工作有相互衝突或牽制之職務。

③稽核主管之聘任、解聘或調職，應經董事會全體董事三分之二以上之同意後爲之。

④電子支付機構設置審計委員會者，前項稽核主管之聘任、解聘或

調職，應先經審計委員會全體成員二分之一以上同意，未經審計委員會全體成員二分之一以上同意者，應於董事會議事錄載明審計委員會之決議，未設審計委員會而設有獨立董事者，如有反對意見或保留意見，亦應於董事會議事錄載明。

⑤內部稽核單位之人事任用、免職、升遷、獎懲、輪調及考核等，應由稽核主管簽報，報經董事長核定後辦理。但涉及其他管理、業務單位人事者，應事先洽商人事單位轉報總經理同意後，再行簽報董事長核定。

第一一條

稽核主管有下列情形之一者，主管機關得視情節之輕重，予以糾正、命其限期改善或命令電子支付機構解除其稽核主管職務：

一　濫用職權，有事實證明從事不正當之活動，或意圖為自己或第三人不法之利益，或圖謀損害所屬電子支付機構之利益，而為違背其職務之行為，致生損害於所屬電子支付機構及其子公司或第三人。

二　未經主管機關同意，對執行職務無關之人員洩漏、交付或公開檢查報告全部或其中任一部分內容。

三　因所屬電子支付機構內部管理不善，發生重大舞弊案件，未通報主管機關。

四　對所屬電子支付機構財務與業務之嚴重缺失，未於內部稽核報告揭露。

五　辦理內部稽核工作，出具不實內部稽核報告。

六　因所屬電子支付機構配置之內部稽核人員顯有不足或不適任，未能發現財務及業務有嚴重缺失。

七　未配合主管機關指示事項辦理查核工作或提供相關資料。

八　其他有損害所屬電子支付機構信譽或利益之行為者。

第一二條

①電子支付機構應依據使用者人數、業務交易量、業務情況、管理需要及其他相關法令規章之規定，配置適任及適當人數之專任內部稽核人員，以超然獨立、客觀公正之立場，執行其職務；職務代理，應由內部稽核單位人員互為代理。

②電子支付機構內部稽核人員應具備下列條件：

一　具有二年以上之金融檢查經驗；或大專院校畢業、高等考試或相當於高等考試、國際內部稽核師之考試及格並具有二年以上之金融業務經驗；或具有五年以上之金融業務經驗；符合前述資格之內部稽核人員，其員額不得少於一人。曾任稽核、會計師事務所查帳員、電腦公司程式設計師或系統分析師等專業人員二年以上，經施以三個月以上之電子支付機構業務及管理訓練，視同符合規定。

二　最近三年內應無記過以上之不良紀錄，但其因他人違規或違法所致之連帶處分，已功過相抵者，不在此限。

三　內部稽核人員充任領隊時，應有三年以上之稽核或金融檢查經驗；或一年以上之稽核經驗及五年以上之金融業務經驗；或一年以上之稽核經驗及曾任三年以上會計師事務所查帳員。

③電子支付機構應隨時檢查內部稽核人員有無違反前二項之規定，如有違反規定者，應於發現之日起二個月內改善，若逾期未予改善，應立即調整其職務。

第一三條

①內部稽核人員執行業務應本誠實信用原則，並不得有下列情事：

一　明知所屬電子支付機構之營運活動、報導及相關法令規章遵循情況有直接損害利害關係人之情事，而予以隱飾或作不實、不當之揭露。

二　逾越稽核職權範圍以外之行爲或有其他不正當情事，對於所取得之資訊，對外洩漏或爲己圖利或侵害所屬電子支付機構之利益。

三　因職務上之廢弛，致有損及所屬電子支付機構或利害關係人之權益等情事。

四　對於以前曾服務之部門，於一年內進行稽核作業。

五　對於以前執行之業務或與自身有利害關係案件未予迴避，而辦理該等案件或業務之稽核工作。

六　收受所屬電子支付機構或從業人員或客戶之不當招待或餽贈或其他不正當利益。

七　未配合辦理主管機關指示查核事項或提供相關資料。

八　其他違反法令規章或經主管機關規定不得爲之行爲。

②電子支付機構應隨時檢查內部稽核人員有無違反前項之規定，如有違反規定者，應於發現之日起一個月內調整其職務。

第一四條

①內部稽核單位應辦理下列事項：

一　規劃內部稽核之組織、編制與職掌，並編撰內部稽核工作手冊及工作底稿，其內容至少應包括對內部控制制度各項規定與業務流程進行評估，以判斷現行規定、程序是否已具有適當之內部控制，各單位是否切實執行內部控制及執行內部控制之效益是否合理等，並隨時提出改進意見。

二　督導各單位訂定自行查核內容與程序，及各單位自行查核之執行情形。

三　擬訂年度稽核計畫，並依各單位業務風險特性及其內部稽核執行情形，訂定對各單位之查核計畫。

②電子支付機構應督促各單位辦理自行查核，並由內部稽核單位覆核各單位之內部控制自行查核報告，併同內部稽核單位所發現之內部控制缺失及異常事項改善情形，以作爲董事會、總經理、稽核主管及法令遵循主管評估整體內部控制制度有效性及出具內部控制制度聲明書之依據。

第一五條

①內部稽核單位對業務、財務、資產保管及資訊單位每年至少應辦理一次一般查核及一次專案查核，對其他管理單位每年至少應辦理一次專案查核。
②內部稽核單位應將法令遵循制度之執行情形，併入對業務及管理單位之一般查核或專案查核辦理。

第一六條

①內部稽核單位辦理一般查核，其內部稽核報告內容應依受檢單位之性質，分別揭露下列項目：
一　查核範圍、綜合評述、財務狀況、經營績效、資產品質、董事會及審計委員會議事運作之管理、法令遵循、內部控制、各項業務作業控制與內部管理、使用者資料保密管理、資訊管理、員工保密教育、金融消費者權益保護措施及自行查核辦理情形，並加以評估。
二　對各單位發生重大違法、缺失或弊端之檢查意見及對失職人員之懲處建議。
三　金融檢查機關、會計師、內部稽核單位（含母公司內部稽核單位）、自行查核人員所提列檢查意見或查核缺失，及內部控制制度聲明書所列應加強辦理改善事項之未改善情形。
②前項之內部稽核報告、工作底稿及相關資料應至少保存五年。

第一七條

①電子支付機構因內部管理不善、內部控制欠佳、內部稽核制度及法令遵循制度未落實、對金融檢查機關檢查意見覆查追踪之缺失改善辦理情形或內部稽核單位（含母公司內部稽核單位）對查核結果有隱匿未予揭露，而肇致重大弊端時，相關人員應負失職責任。內部稽核人員發現重大弊端或疏失，並使所屬電子支付機構免於重大損失，應予獎勵。
②電子支付機構各單位發生重大缺失或弊端時，內部稽核單位應有懲處建議權，並應於內部稽核報告中充分揭露對重大缺失應負責之失職人員。

第一八條

電子支付機構應將內部稽核報告交付監察人或審計委員會查閱，並於查核結束日起二個月內陳報主管機關，設有獨立董事者，應一併交付。

第一九條

①初任電子支付機構之內部稽核人員應自擔任稽核工作之日起半年內，參加主管機關指定之專業訓練機構所舉辦之稽核相關業務專業訓練課程十八小時以上。
②內部稽核人員（含稽核主管）每年應參加主管機關指定之專業訓練機構所舉辦或所屬電子支付機構自行舉辦之電子支付機構業務相關專業訓練，其最低訓練時數，稽核主管應達十小時以上，其餘內部稽核人員應達十五小時以上。當年度取得國際內部稽核師證照者，得抵免當年度之訓練時數。

③參加主管機關指定之專業訓練機構所舉辦之電子支付機構業務相關專業訓練時數不得低於前項應達訓練時數二分之一。

④電子支付機構應每年訂定自行查核訓練計畫，依各單位之業務性質對於自行查核人員應持續施以適當查核訓練。

⑤電子支付機構應確認內部稽核人員之資格條件符合本辦法規定，該等確認文件及紀錄應留存備查。

第二〇條

①電子支付機構應將內部稽核人員之資料，於每年一月底前依主管機關規定格式以網際網路資訊系統申報主管機關備查。

②電子支付機構依前項規定申報內部稽核人員之基本資料時，應檢查內部稽核人員是否符合第十二條第二項及前條規定，如有違反者，應於二個月內改善，若逾期未予改善，應立即調整其職務。

第二一條

①電子支付機構應於每會計年度終了前將次一年度稽核計畫及每會計年度終了後二個月內將上一年度之年度稽核計畫執行情形，依主管機關規定格式以網際網路資訊系統申報主管機關備查。

②電子支付機構應於每會計年度終了前將次一年度稽核計畫以書面交付監察人或審計委員會核議，並作成紀錄，如未設審計委員會者，並應先送獨立董事表示意見。年度稽核計畫並應經董事會通過；修正時，亦同。

③前項提交稽核計畫內容至少應包括：計畫編列說明、年度稽核重點項目、計畫受檢單位、查核性質（一般查核或專案查核）、查核頻次與主管機關規定是否相符等，如查核性質屬專案查核者，應註明專案查核範圍。

第二二條

電子支付機構應於每會計年度終了後五個月內將上一年度內部控制制度缺失與異常事項及其改善情形，依主管機關規定格式以網際網路資訊系統申報主管機關備查。

第二節　自行查核及內部控制制度聲明書

第二三條

①電子支付機構應建立自行查核制度。各業務、財務、資產保管及資訊單位應每半年至少辦理一次一般自行查核及一次專案自行查核。

②各單位辦理前項之自行查核，應由該單位主管指定非原經辦人員辦理並事先保密。

③第一項自行查核報告應作成工作底稿，併同自行查核報告及相關資料至少留存五年備查。

第二四條

內部稽核單位對金融檢查機關、會計師、內部稽核單位（含母公司內部稽核單位）與內部單位自行查核所提列檢查意見或查核缺失及內部控制制度聲明書所列應加強辦理改善事項，應持續追踪覆查，並將其追蹤考核改善情形，以書面提報董事會及交付監察人或審計委員會，並列爲對各單位獎懲及績效考核之重要項目。

第二五條

電子支付機構總經理應督導各單位審慎評估及檢討內部控制制度執行情形，由董事長、總經理、稽核主管及法令遵循主管聯名出具內部控制制度聲明書（附表），並提報董事會通過，於每會計年度終了後三個月內將內部控制制度聲明書內容揭露於電子支付機構網站，並於主管機關指定網站辦理申報。

第三節　會計師對電子支付機構之查核

第二六條

①電子支付機構年度財務報表由會計師辦理查核簽證時，應委託會計師辦理內部控制制度之查核，並對電子支付機構申報主管機關表報資料正確性、內部控制制度及法令遵循制度執行情形之妥適性表示意見。

②會計師之查核費用由電子支付機構及會計師自行議定，並由電子支付機構負擔會計師之查核費用。

第二七條

主管機關於必要時，得邀集電子支付機構及其委託之會計師就前條委託辦理查核相關事宜進行討論，主管機關若發現電子支付機構委託之會計師有未足以勝任委託查核工作之情事者，得令電子支付機構更換委託查核會計師重新辦理查核工作。

第二八條

①會計師辦理第二十六條規定之查核時，若遇受查電子支付機構有下列情況應立即通報主管機關：

一　查核過程中，未提供會計師所需要之報表、憑證、帳册及會議紀錄或對會計師之詢問事項拒絕提出說明，或受其他客觀環境限制，致使會計師無法繼續辦理查核工作。

二　在會計或其他紀錄有虛僞、造假或缺漏，情節重大者。

三　資產不足以抵償負債或財務狀況顯著惡化。

四　有證據顯示交易對淨資產有重大減損之虞。

②受查電子支付機構有前項第二款至第四款情事者，會計師並應就查核結果先行向主管機關提出摘要報告。

第二九條

①電子支付機構委託會計師辦理第二十六條規定之查核，應於每年四月底前出具上一年度會計師查核報告報主管機關備查，其查核報告至少應說明查核之範圍、依據、查核程序及查核結果。

②主管機關對於查核報告之內容提出詢問時，會計師應詳實提供相關資料及說明。

第四節　法令遵循制度

第三〇條

①電子支付機構為符合法令之遵循，應指定一隸屬於總經理之管理單位，負責法令遵循制度之規劃、管理及執行，並指派高階主管一人擔任法令遵循主管，綜理法令遵循事務，至少每半年向董事會及監察人或審計委員會報告。

②法令遵循主管及法令遵循單位所屬人員，每年應至少參加主管機關指定之專業訓練機構所舉辦或所屬電子支付機構自行舉辦十五小時之教育訓練，訓練內容應至少包含新修正法令。

③電子支付機構應以網際網路資訊系統向主管機關申報法令遵循主管及法令遵循單位所屬人員之名單及受訓資料。

第三一條

①電子支付機構對法令規章遵循事宜，應建立諮詢溝通管道，以有效傳達法令規章，俾使職員對於法令規章之疑義得以迅速釐清，並落實法令遵循。

②法令遵循單位對各單位就法令遵循重大缺失或弊端，應分析原因及提出改善建議，簽報總經理後，提報董事會。

第三二條

①法令遵循單位應辦理下列事項：

一　建立清楚適當之法令規章傳達、諮詢、協調及溝通系統。

二　確認各項作業及管理規章均配合相關法規適時更新，使各項營運活動符合法令規定。

三　於電子支付機構推出各項新商品、服務及向主管機關申請開辦新種業務前，法令遵循主管應出具符合法令及內部規範之意見並簽署負責。

四　訂定法令遵循之評估內容與程序，及督導各單位定期自行評估執行情形，並對各單位法令遵循自行評估作業成效加以考核，經簽報總經理後，作為單位考評之參考依據。

五　對各單位人員施以適當合宜之法令規章訓練。

②內部稽核單位得自行訂定所屬單位法令遵循之評估內容與程序，及自行評估所屬單位法令遵循執行情形，不適用前項第四款規定。

③法令遵循自行評估作業每半年至少須辦理一次，其辦理結果應送法令遵循單位備查。各單位辦理自行評估作業，應由該單位主管指定專人辦理。

④前項自行評估工作底稿及資料應至少保存五年。

第五節　風險管理機制

第三三條

①電子支付機構應訂定適當之風險管理政策及程序，建立獨立有效風險管理機制，以評估及監督整體風險承擔能力、已承受風險現況、決定風險因應策略及風險管理程序遵循情形。

②前項風險管理政策及程序應經董事會通過並適時檢討修訂。

第三四條

①電子支付機構應設置風險控管單位，並定期向董事會提出風險控管報告，若發現重大暴險，危及財務或業務狀況或法令遵循者，應立即採取適當措施並向董事會報告。
②前項風險控管單位之設置，得指定一管理單位替代。

第三五條

電子支付機構之風險控管機制應包括下列事項：

一　建立防範詐欺控管機制，以維護交易安全並控管詐欺風險。
二　建立作業程序之檢查及控管機制，並建立資訊安全防護機制及緊急應變計畫。
三　建立辨識、衡量與監控洗錢及資助恐怖主義風險之管理機制，及遵循防制洗錢相關法令之標準作業程序，以降低其洗錢及資助恐怖主義風險。
四　建立使用者管理機制。
五　建立業務或財務顯著惡化之退場機制。
六　建立支付款項管理機制。
七　建立使用者身分確認機制。
八　建立使用者資料保護機制。
九　建立委外業務管理機制。
十　建立金融消費者保護機制。

第四章　附　則

第三六條

①電子支付機構應確保金融檢查報告之機密性，其負責人或職員除依法令或經主管機關同意者外，不得閱覽或對執行職務無關之人員洩漏、交付或公開金融檢查報告全部或部分內容。
②電子支付機構應依主管機關之規定，制定金融檢查報告之相關內部管理規範及作業程序，並提報董事會通過。

第三七條

電子支付機構應於內部控制制度中訂定經理人及相關人員違反本辦法或其所定內部控制制度規定時之處罰。

第三八條

內部稽核人員及法令遵循主管對內部控制重大缺失或違法違規情事所提改進建議不為管理階層採納，將肇致所屬電子支付機構重大損失者，應立即作成報告陳核，並通知獨立董事及監察人或審計委員會，同時通報主管機關。

第三九條

①電子支付機構之內部稽核人員不符第十二條第二項第一款規定者，應自本辦法施行之日起九個月內，調整至符合規定。
②電子支付機構之內部稽核人員充任領隊不符第十二條第二項第三款規定者，應自本辦法施行之日起三個月內，調整至符合規定。

第四〇條

本辦法自中華民國一百零四年五月三日施行。

電子支付機構業務管理規則

①民國 104 年 4 月 27 日金融監督管理委員會令訂定發布全文 31 條；並自 104 年 5 月 3 日施行。
②民國 105 年 8 月 17 日金融監督管理委員會令修正發布第 2、7、12、31 條條文；並自發布日施行。
③民國 105 年 9 月 10 日金融監督管理委員會令修正發布第 2、12 條條文。
④民國 106 年 8 月 18 日金融監督管理委員會令修正發布第 2、7、9、12、24、27 條條文；增訂第 20-1 條條文。

第一章　總　則

第一條

本規則依電子支付機構管理條例（以下簡稱本條例）第三十三條規定、第三十九條及第四十條準用第三十三條規定訂定之。

第二條 106

本規則用詞定義如下：

一　代理收付實質交易款項：指電子支付機構獨立於實質交易之使用者以外，依交易雙方委任，接受付款方所移轉實質交易之金額，並經一定條件成就、一定期間屆至或付款方指示後，將該實質交易之金額移轉予收款方之業務。

二　收受儲值款項：指電子支付機構接受使用者將款項預先存放於電子支付帳戶，以供與電子支付機構以外之其他使用者進行資金移轉使用之業務。

三　電子支付帳戶間款項移轉：指電子支付機構依使用者非基於實質交易之支付指示，將其電子支付帳戶內之資金，移轉至該電子支付機構其他使用者之電子支付帳戶之業務。

四　電子支付機構業務：指本條例第三條第一項各款業務。

五　電子支付帳戶：指電子支付機構接受使用者開立記錄資金移轉與儲值情形之網路帳戶。

六　使用者：指於電子支付機構註册及開立電子支付帳戶，利用電子支付機構所提供服務進行資金移轉或儲值者。

七　收款使用者：指利用電子支付機構所提供代理收付實質交易款項服務，進行收款之使用者。

八　約定連結存款帳戶付款：指電子支付機構辦理電子支付機構業務，依使用者與開戶金融機構間之約定，向開戶金融機構提出扣款指示，連結該使用者存款帳戶進行轉帳，由電子支付機構收取支付款項，並於該使用者電子支付帳戶記錄支付款項金額及移轉情形之服務，作業機制如下：

(一)直接連結機制：指電子支付機構直接向開戶金融機構提出扣款指示，連結使用者存款帳戶進行轉帳之機制。

(二)間接連結機制：指電子支付機構經由專用存款帳戶銀行介接金融資訊服務事業或票據交換所，間接向開戶金融機構提出扣款指示，連結使用者存款帳戶進行轉帳之機制。

九　收款使用者收付訊息整合傳遞：指電子支付機構接受收款使用者及其他機構委任，提供端末設備或應用程式，整合傳遞收付訊息。

第二章　使用者管理

第三條

電子支付機構接受使用者註册，應依下列方式辦理：

一　依本條例第二十四條第三項所定辦法之規定認識使用者身分、留存使用者身分資料及確認使用者身分資料之眞實性；使用者變更身分資料，亦同。

二　對異常申請情形建立管理機制，防杜人頭帳戶。

三　向使用者提醒，如利用電子支付帳戶爲非法使用，應負法律責任。

第四條

①電子支付機構接受使用者註册時，雙方契約之內容應符合本條例第二十七條規定，並應以雙方約定之方式，提供使用者得查詢契約之內容。

②電子支付機構應於其網站公告下列事項：

一　電子支付機構之名稱及聯絡資訊。

二　電子支付機構業務定型化契約條款。

三　電子支付帳戶之使用方式、終止事由及支付款項提領與退還方式。

四　向使用者收取手續費與使用者可能負擔之一切費用及其計算方式，並以淺顯文字輔以實例具體說明之。

五　使用電子支付帳戶可能產生之風險。

六　使用者代號或電子支付帳戶密碼遺失或被竊時之處理方式，並提醒使用者妥善保管其代號、密碼及其他與使用者身分相關之資料。

七　電子支付帳戶遭盜用之權利義務關係。

八　客訴處理及紛爭解決機制。

九　使用者利用電子支付帳戶爲非法使用時，應負法律責任之警語。

十　其他與使用者權利義務有關之事項。

十一　其他經主管機關要求應於網站公告之事項。

③前項公告事項之內容應通俗簡明，與使用者權益有關之重要事項，應以顯著方式標示。

④電子支付機構向使用者收取之各項費用，應合理反映其成本。

第五條

電子支付機構對於收款使用者，應建立徵信審核、契約簽訂及定期查核相關管理機制，並遵循下列事項：

一　於契約中約定收款使用者不得涉有未經主管機關核准代理收付款項之金融商品或服務及其他法規禁止或各中央目的事業主管機關公告不得從事之交易。

二　於契約中約定收款使用者就所銷售之遞延性商品或服務，依相關法規規定辦理履約保證或交付信託，並應揭露該履約保證或交付信託資訊予使用者知悉。

三　於契約中約定收款使用者應遵守下列交易紀錄保存及查詢事項：

㈠收款使用者應妥善保存相關之交易資料、文件及單據至少五年。

㈡收款使用者應配合電子支付機構之要求，提供交易內容相關資料，包括但不限於交易條件、履行方式與結果及收款使用者之營業項目與資格。對於電子支付機構所要求之資料，收款使用者應詳細陳述，並提供必要之文件。

第六條

電子支付機構對於收款使用者，應採取下列風險控管措施：

一　建立收款使用者之徵信審核機制及流程，並指派專人負責收款使用者審查、核准及管理作業。

二　建立收款使用者之風險評等機制，對風險等級較高之收款使用者，應採取限制交易金額、加強交易監測、實地訪視、提存保證金、提供其他擔保或延遲清算等措施，降低交易風險。

三　建立收款使用者之調查、評估或實地訪視機制，並根據收款使用者之風險等級，採取適當之調查、評估或實地訪視之頻率及方式，並留存相關紀錄。

四　其他主管機關規定之風險控管措施。

第三章　使用者支付指示方式

第七條 106

①電子支付機構應依使用者之支付指示，進行支付款項移轉作業，除其他法律、本規則另有規定或使用者與電子支付機構另有約定者外，不得任意凍結使用者電子支付帳戶內之款項。

②使用者支付指示應記載下列事項：

一　付款方姓名或名稱及其電子支付帳戶帳號。

二　收款方姓名或名稱及其電子支付帳戶帳號。

三　支付款項之確定金額及幣別。

四　支付款項移轉之時點；如非立即移轉，其移轉條件、期間或付款方指示方式。

五　其他主管機關規定之事項。

③電子支付機構對於使用者支付指示，應以使用者同意之方式通知其再確認，並於執行使用者支付指示後通知其結果。

④電子支付機構辦理下列各款代理收付實質交易款項業務，經與使用者以符合電子支付機構資訊系統標準及安全控管作業基準辦法第七條第一項第三款或第四款所定安全設計方式事先約定，且單筆交易金額以新臺幣一萬元爲限，每月累計交易金額以新臺幣三萬元爲限，得不適用第二項支付指示及前項有關再確認之規定：

一　提供實體通路支付服務。

二　繳納政府部門規費、稅捐、罰鍰或其他費用、支付公用事業、電信服務、公共運輸或停車等服務費用、支付收款使用者受政府部門委託代徵收之規費、稅捐、罰鍰、其他費用或公用事業、電信服務、公共運輸或停車等委託代收之服務費。

⑤電子支付機構提供實體通路支付服務，得不適用第二項第一款、第二款及第三項有關再確認之規定。

⑥電子支付機構應依與使用者約定之方式，免費提供使用者隨時查詢一年內之交易紀錄，並依使用者之請求，提供一年以上未滿五年之交易紀錄。

第八條

電子支付機構因辦理業務之資訊系統故障或其他原因，致無法執行使用者支付指示時，應及時通知使用者。

第四章　電子支付機構之業務管理及作業方式

第九條 106

①不同之電子支付機構所開立之電子支付帳戶間，無論是否爲同一使用者所有，均不得爲款項移轉。

②經主管機關核准經營電子票證業務之電子支付機構，得依使用者之支付指示，將紀錄於電子支付帳戶之新臺幣支付款項移轉至同一使用者所持有該機構發行之新臺幣記名式電子票證。

第一〇條

電子支付機構間及電子支付機構與經營代理收付實質交易款項業務者間之資金移轉應委託金融機構辦理，不得交互開立電子支付帳戶，或委託其他電子支付機構或經營代理收付實質交易款項業務者辦理。

第一一條

電子支付機構不得以津貼、贈與或其他給與方法吸收儲值款項。

第一二條 106

①電子支付機構不得受理使用者利用信用卡進行電子支付帳戶間款項移轉；受理使用者利用信用卡進行儲值，應符合下列規定：

一　儲值款項以新臺幣爲限。

二　與信用卡發卡機構約定儲值限額及風險控管機制。

三　對於以信用卡儲值之款項，限供代理收付實質交易款項使用，不得進行電子支付帳戶間款項移轉或提領，並於服務網頁及使用者每次利用信用卡進行儲值時，以顯著文字向其通知。
四　提供使用者以信用卡進行自動儲值服務，應與使用者約定每筆及每日自動儲值之限額，並提供使用者隨時調整限額及停止自動儲值之機制。

②電子支付機構提供約定連結存款帳戶付款服務，電子支付機構及開戶金融機構之作業，應符合本條例第二十九條第二項所定辦法及金融機構辦理電子銀行業務安全控管作業基準之相關規定。

③電子支付機構與開戶金融機構就約定連結存款帳戶付款服務所訂定之契約應包括下列事項。但兼營電子支付機構爲開戶金融機構時，不在此限：
一　約定連結存款帳戶之範圍、方式及程序。
二　提出扣款指示之內容及方式。
三　爭議處理方式。
四　交易流量異常之處理方式。
五　扣款指示來源別之區分。
六　雙方之其他重要權利、義務及費用分攤方式。
七　使用者否認約定連結之處理方式。
八　開戶金融機構於轉帳前，應檢核約定資料，並於完成轉帳後，向使用者通知之義務。
九　主管機關規定之其他事項。

④電子支付機構與專用存款帳戶銀行就約定連結存款帳戶付款服務所訂定之契約應包括前項第一款至第六款、第九款規定。但兼營電子支付機構之銀行或中華郵政股份有限公司，不在此限。

⑤電子支付機構依間接連結機制辦理約定連結存款帳戶付款服務，得以同意遵守包括第三項規定事項之金融資訊服務事業或票據交換所之規約或作業規定之方式，代替第三項規定與開戶金融機構訂定之契約事項。

⑥電子支付機構提供使用者以約定連結存款帳戶付款進行自動儲值服務，應與使用者約定每筆及每日自動儲值之限額，並提供使用者隨時調整限額及停止自動儲值之機制。

第一三條

①電子支付機構辦理使用者支付款項退款作業時，應將相關款項依使用者原支付方式，退回至其原電子支付帳戶、原存款帳戶或原信用卡帳戶。

②電子支付機構經許可經營收受儲值款項業務，除使用者之原支付方式爲信用卡刷卡外，得與使用者約定將前項退回款項轉爲儲值款項，其儲值餘額仍應符合本條例第十五條第一項規定。

③電子支付機構無法依前二項規定辦理退款作業時，應與使用者約定可供辦理退款作業之使用者本人存款帳戶，將相關款項轉入該

存款帳戶，不得以現金支付。

第一四條

電子支付機構對所收取之支付款項，不得訂定使用期限。

第一五條

電子支付機構不得對使用者提供電子支付帳戶透支及放款等授信或信用額度，或於使用者支付指示之金額逾電子支付帳戶餘額時，爲使用者代墊款項。

第一六條

電子支付機構對於電子支付帳戶僞冒交易之爭議應負舉證之責，如有不可歸責使用者之事由者，應承擔該交易之損失。

第一七條

①使用者與電子支付機構之契約關係終止或消滅時，電子支付機構應於合理期間內返還使用者得提領之支付款項餘額。

②電子支付機構依前項規定返還款項時，不得以現金支付，應將返還之款項轉入使用者之存款帳戶。

第一八條

專營之電子支付機構及兼營電子支付機構業務之電子票證發行機構，依本條例第二十條規定，將儲值款項扣除應提列準備金之餘額，併同代理收付款項之金額，取得銀行十足之履約保證者，其所簽訂履約保證契約之銀行，應符合下列條件：

一　最近一季向主管機關申報自有資本與風險性資產之比率應符合銀行資本適足性及資本等級管理辦法第五條規定。

二　最近三個月平均逾放比率低於百分之二。

三　最近二年度經會計師查核簽證無連續累積虧損。

第一九條

電子支付機構發現使用者代號或電子支付帳戶密碼遺失或被竊等情形，或有其他相當事證足認使用者電子支付帳戶疑似或已遭盜用時，電子支付機構應暫停該使用者電子支付帳戶之作業處理，並通知使用者。

第二〇條

①使用者有下列情形之一時，電子支付機構得暫停其使用電子支付機構業務服務之全部或一部；其情節重大者，應立即終止與其之契約：

一　不配合核對或重新核對身分者。

二　提交虛僞身分資料之虞者。

三　有相當事證足認有利用電子支付帳戶從事詐欺、洗錢等不法行爲或疑似該等不法行爲者。

②電子支付機構依前項第二款及第三款終止與使用者之契約時，應通報財團法人金融聯合徵信中心。

第二〇條之一 106

電子支付機構提供收款使用者收付訊息整合傳遞服務，應符合下列規定：

一　與收款使用者及其他機構簽訂契約，就收款使用者收付訊息整合傳遞相關事項，約定雙方之權利、義務及責任。
二　對於所提供端末設備或應用程式，採取適當防護及控管措施，避免收付訊息遭洩漏或竄改。
三　所取得及儲存之收付訊息，以提供服務所必要者為限。
四　對於執行業務所知悉之相關資訊，除法令另有規定、經簽訂契約或書面明示同意者外，不得為執行業務目的外之利用。

第二一條

電子支付機構對於電子支付機構業務之作業應符合洗錢防制法相關法令規定，並建立下列措施，及依洗錢防制法第六條規定訂定防制洗錢注意事項，報請中央目的事業主管機關備查：
一　建立電子化監控機制，自動監控及分析疑似洗錢交易。
二　建立發現符合疑似洗錢交易表徵之處理機制。
三　確實留存必要交易紀錄。
四　指定專屬單位負責訂定防制洗錢政策及內部管制程序。
五　定期實施防制洗錢查核。

第五章　電子支付機構之監督及管理

第二二條

專營之電子支付機構增設營業據點，應於設立日起五個營業日內將設立日期、地址及營業範圍報請主管機關備查；遷移或裁撤時，亦同。

第二三條

①電子支付機構經營電子支付機構業務之資訊系統及安全控管作業，應符合主管機關依本條例第二十九條第二項所定辦法之規定，並於依本條例第十條申請許可時及其後每年四月底前，由會計師進行檢視，提出資訊系統及安全控管作業評估報告。
②專營之電子支付機構辦理電子支付機構業務之資訊系統及其備援系統，應設置於我國境內。

第二四條 106

①專營之電子支付機構將電子支付機構業務之一部委託他人處理，除第二項第三款、第六款及第八款所列規定事項，應先報經主管機關核准外，應於首次辦理作業委託他人處理後五個營業日內，報主管機關備查。
②專營之電子支付機構對於涉及營業執照所載業務項目或使用者資訊之相關作業委託他人處理，以下列事項範圍為限：
一　代收以現金繳納支付款項作業，但受委託機構以經主管機關核准者為限。
二　支付款項現金之保管及運送作業。
三　資料處理：包括資訊系統之資料登錄、處理、輸出，資訊系統之開發、監控、維護，及辦理業務涉及資料處理之後勤作業。

四　表單、憑證等資料保存之作業。
五　使用者服務作業，包括電話自動語音系統服務、使用者電子郵件之回覆與處理作業、電子支付機構業務之相關諮詢及協助。
六　委託境外受委託機構辦理境外使用者之身分確認作業。
七　收付訊息處理作業，包括利用他人端末設備或應用程式及委託整合傳遞收付訊息。
八　其他經主管機關核定得委託他人處理之作業項目。
③專營之電子支付機構辦理作業委託他人處理，應符合下列規定：
一　就委託事項範圍、使用者權益保障、風險管理及內部控制原則，訂定內部作業制度及程序，並經董事會通過；修正時，亦同。
二　確認受委託機構符合電子支付機構作業安全及風險管理之要求。
三　要求受委託機構不得違反法令強制或禁止規定。
四　要求受委託機構就受託事項範圍，同意主管機關及中央銀行得取得相關資料或報告，及進行金融檢查。
五　如因受委託機構或其受僱人員之故意或過失致使用者權益受損，仍應對使用者依法負同一責任。
④兼營之電子支付機構對於涉及電子支付機構業務項目或使用者資訊之相關作業委託他人處理，除其範圍適用第二項規定外，應依本業有關作業委託他人處理之規定辦理。

第二五條

①專營之電子支付機構不得投資其他企業。但經主管機關核准投資於與其業務密切關聯且持股比率百分之五十以上之子公司，不在此限。
②專營之電子支付機構轉投資總額不得超過其投資時實收資本額扣除本條例規定之最低實收資本額及累積虧損後之百分之十。
③專營之電子支付機構就自有資金之運用，應訂定內部作業準則報董事會核准，修正時亦同。
④專營之電子支付機構不得對外辦理保證。
⑤主管機關於必要時，得就專營之電子支付機構各項負債之比率，予以限制。

第二六條

①電子支付機構應定期向財團法人金融聯合徵信中心報送電子支付機構業務相關資料。
②電子支付機構報送與查詢資料之範圍、建檔與查詢方式、收費標準、作業管理、資料揭露期限、資訊安全控管及查核程序等相關規範，由財團法人金融聯合徵信中心擬訂，報請主管機關核定之。
③財團法人金融聯合徵信中心蒐集、處理或利用電子支付機構依第一項規定報送之資料，屬個人資料保護法第八條第二項第二款爲

履行法定義務所必要，得免爲個人資料保護法第九條第一項之告知。

④電子支付機構依第一項規定報送及揭露之資料，不得有虛僞不實之情事，以確保資料之正確性。

第二七條 106

①電子支付機構依本條例第三條第一項申請增加經營業務項目，應檢具營業計畫書向主管機關申請核准。

②前項營業計畫書應載明下列事項：

一　經營業務緣起。

二　各關係人間權利義務關係約定書或其範本。

三　業務章則、業務流程及風險控管。

四　市場展望及風險、效益評估。

③電子支付機構提供收款使用者收付訊息整合傳遞服務，視爲經營本條例第三條第一項第四款其他經主管機關核定之業務，並應於首次開辦後五個營業日內，報請主管機關備查，不適用第一項規定。

第二八條

①電子支付機構終止經營部分業務，應檢具計畫書，向主管機關申請核准。

②電子支付機構暫停經營部分業務，應檢具計畫書及敘明擬暫停之期間等資料，向主管機關申請核准；未來如再繼續經營業務，應函報主管機關備查。

③前二項計畫書應載明下列事項：

一　擬終止或暫停經營之理由。

二　具體說明對原有使用者權利義務之處理或其他替代服務方式。

第二九條

專營之電子支付機構有下列情事之一者，應先報請主管機關核准：

一　變更公司章程。

二　合併。

三　讓與全部或主要部分之營業或財產。

四　受讓他人全部或主要部分之營業或財產。

五　變更資本額。

六　變更公司營業處所。

七　其他經主管機關規定應經核准之事項。

第三〇條

專營之電子支付機構有下列情事之一者，應於知悉後一日內檢具事由及資料向主管機關申報並副知中央銀行：

一　自行或經利害關係人向法院聲請重整或宣告破產。

二　於我國境外經營相當於本條例第三條第一項各款業務，或與境外機構合作經營該等業務，經當地政府爲下列行爲之一者：

㈠撤銷、中止或終止電子支付機構或該境外機構之經營業務許可。

㈡禁止、暫停電子支付機構或該境外機構繼續經營業務。

三　依本條例第二十一條第三項規定運用儲值款項，所持有之有價證券或其他金融商品遭註銷或價值嚴重減損。

四　發生百分之十以上之股權讓與、股權結構變動。

五　發生存款不足之退票、拒絕往來或其他喪失債信情事。

六　因訴訟、非訟、行政處分或行政爭訟事件，對公司財務或業務有重大影響。

七　有公司法第一百八十五條第一項第一款規定之情事。

八　發生舞弊案或內部控制發生重大缺失情事。

九　發生資通安全事件，且其結果造成使用者權益受損或影響公司健全營運。

十　董事、監察人或經理人有下列情形之一者：

㈠觸犯僞造文書、僞造貨幣、僞造有價證券、侵占、詐欺、背信罪而受有期徒刑以上宣告。

㈡觸犯銀行法、金融控股公司法、信託業法、票券金融管理法、金融資產證券化條例、不動產證券化條例、保險法、證券交易法、期貨交易法、證券投資信託及顧問法、管理外匯條例、信用合作社法、農業金融法、農會法、漁會法、洗錢防制法等金融管理法規，而受刑之宣告者。

十一　其他足以影響營運、股東權益或使用者權益之重大情事。

第六章　附　則

第三一條

①本規則自中華民國一百零四年五月三日施行。

②本規則修正條文，自發布日施行。

電子支付機構從事行銷活動自律規範

民國 105 年 6 月 2 日金融監督管理委員會函訂定發布全文 14 條。

第一條

爲建立電子支付機構業務市場秩序及維護使用者權益，並適度規範電子支付機構從事行銷活動，特訂定本自律規範。

第二條

①本自律規範所稱行銷活動，指以推廣電子支付機構業務爲目的，利用廣告、業務招攬及營業促銷活動方式，鼓勵使用者註册、開立電子支付帳戶、利用電子支付機構所提供服務進行資金移轉或從事其他與電子支付機構業務相關行爲。

②本自律規範所稱行銷給與方法，指津貼、贈與、紅利積點、現金回饋或其他給與方法。

第三條

電子支付機構從事行銷活動，應依電子支付機構管理條例、金融消費者保護法、本自律規範及其他相關法令之規定辦理。

第四條

電子支付機構從事行銷活動，應遵守下列事項：

一　提供行銷給與方法，應考量效益原則。

二　提供行銷給與方法，應避免有誤導正確消費觀念之行爲，並注意社會觀感。

三　從事電子支付機構業務促銷廣告，應確保內容眞實並應揭露使用者應負擔費用、稅捐、及其他義務等事項。

四　應告知並提醒使用者妥善利用電子支付機構所提供服務，避免過度消費。

五　禁止惡性價格競爭，以維護市場之健全發展。

第五條

電子支付機構從事行銷活動，不得有下列情事：

一　以行銷給與方法吸收儲值款項。

二　攻擊或詆毀同業之文字、行爲或活動。

第六條

電子支付機構於提供行銷給與方法，除應充分揭露兌換之方式、限制、條件、稅賦及有效期限外，並應注意風險控制機制以防範道德風險或投機行爲造成財產或名譽損失，並宜審愼評估兌換率及提撥適足準備金。

第七條

電子支付機構以紅利積點爲行銷給與方法，應遵守下列事項：

一　紅利積點之產生事由，應與電子支付機構業務相關，其範圍以下列為限：

㈠使用者註册或開立電子支付帳戶。

㈡使用者利用電子支付機構所提供服務進行資金移轉。

㈢使用者參與電子支付機構業務之行銷活動。

㈣使用者自同一電子支付機構其他使用者移轉紅利積點。

㈤使用者從事其他與電子支付機構業務相關之行為。

二　紅利積點之使用範圍，以下列事項為限：

㈠兌換商品或服務。

㈡折抵實質交易之金額。

㈢折抵電子支付機構業務相關手續費。

㈣移轉至同一電子支付機構其他使用者。

三　電子支付機構就紅利積點之使用、兌換及移轉等各項條件或限制，應充分告知使用者，並提供紅利積點查詢管道。

四　使用者已累積之紅利積點於原使用條件屆期後，仍可繼續適用新使用條件或屆期將失其效力者，電子支付機構應於原約定提供期間屆期六十日前，倘原約定提供期間短於六十日內應於屆期七日前，以與使用者約定之方式，通知使用者新適用條件及提供期間或屆期將失其效力。

五　使用者將紅利積點移轉予他人時，應遵守下列事項：

㈠紅利積點移轉不得作為商業買賣。

㈡電子支付機構倘收取紅利積點移轉手續費，應合理反映作業成本。

第八條

電子支付機構以現金回饋為行銷給與方法，應遵守下列事項：

一　現金回饋之產生事由，應與電子支付機構業務相關，其範圍以下列為限：

㈠使用者註册或開立電子支付帳戶。

㈡使用者利用電子支付機構所提供服務進行資金移轉。

㈢使用者參與電子支付機構業務之行銷活動。

㈣使用者從事其他與電子支付機構業務相關之行為。

二　現金回饋之款項視為儲值款項，應存入電子支付機構之專用存款帳戶，並確實於使用者之電子支付帳戶記錄儲值款項金額及移轉情形。使用者之儲值款項餘額，應符合電子支付機構管理條例第十五條及電子支付機構使用者身分確認機制及交易限額管理辦法第十七條之規定。

三　電子支付機構不得限制現金回饋之款項使用範圍、方式及期限。

四　電子支付機構將現金回饋之款項記錄於使用者電子支付帳戶，應以與使用者約定之方式通知使用者。

第九條

電子支付機構應設置使用者服務中心或人員，負責處理行銷活動所衍生之使用者問題諮詢及申訴案件，並建立處理作業程序，定期檢視使用者申訴案件之處理執行情形及分析其原因，適時檢討修正作業程序。

第一〇條

①電子支付機構以電話、簡訊或推播等電子方式，對使用者從事行銷活動，宜於晚上九點以前或早上九點以後進行，但經使用者同意者不在此限。

②使用者表明不願接受行銷活動，電子支付機構即不得爲之。

③電子支付機構應提供使用者得拒絕接受行銷活動之方式。

第一一條

電子支付機構從事行銷活動有關之廣告、行銷文案及促銷資料，應至少保存二年。

第一二條

①電子支付機構基於發展電子支付機構業務，經使用者同意之前提下，得利用使用者個人資料，透過電子支付機構系統爲收款使用者從事行銷活動。

②電子支付機構爲收款使用者從事前項行銷活動，應遵守下列事項：

一　應遵循個人資料保護法相關規定。

二　電子支付機構除經使用者同意外，不得提供使用者個人資料予收款使用者。

三　對於收款使用者收取行銷活動費用，應明確告知收款使用者收費標準、服務期間、服務範圍及服務方式。

第一三條

電子支付機構與使用者以外之第三方業者合作從事行銷活動時，所提供之廣告、行銷文案及促銷資料，應明確標示電子支付機構名稱。

第一四條

本自律規範經中華民國銀行公會電子支付業務委員會議或聯席會議通過並報會本會理事會議及金融監督管理委員會備查後實施；修正時，亦同。

電子支付機構業務資料報送及查詢作業規範

民國 104 年 5 月 12 日金融監督管理委員會函核定全文 19 條。

第一條（訂定依據）

本作業規範依據電子支付機構業務管理規則（以下簡稱業管規則）第二十六條第二項規定訂定之。

第二條（申請程序）

①電子支付機構應依本作業規範規定，向財團法人金融聯合徵信中心（以下簡稱本中心）申請查詢及報送電子支付機構業務相關資料。

②前項申請，電子支付機構應檢具下列文件，向本中心爲之：

一　申請書（附式樣）。

二　主管機關核發之許可文件影本。

三　查詢及利用聯徵中心資訊作業控管要點。

③依前項申請經本中心審核同意後，電子支付機構應檢附加入主管機關指定之同業公會或中華民國銀行商業同業公會全國聯合會電子支付業務委員會之證明文件影本，向本中心申請開放查詢及報送權限。

第三條（經核准機構申請查詢權限）

①依與境外機構合作或協助境外機構於我國境內從事電子支付機構業務相關行爲管理辦法，經主管機關核准之非兼營電子支付機構業務之銀行及資料處理服務業者（以下合稱經核准機構）準用前條第二項申請規定。

②依前項申請經本中心審核同意後，經核准機構應向本中心申請開放查詢權限。

第四條（查詢及報送資料之範圍與格式）

①電子支付機構應依本作業規範，於資料報送期限內將下列資料報送本中心建檔：

一　依業管規則第二十條第二項規定通報之資料。

二　其他經主管機關核定應報送之資料。

②電子支付機構報送與查詢資料之範圍及格式規定如附件。

第五條（連線方式）

電子支付機構應經由虛擬私有網路（VPN）連結本中心伺服器，並以帳號與密碼進行連線，登入後方可報送或查詢資料。

第六條（收費標準）

本中心依據經報請主管機關核准之各項資訊查詢費用，按電子支付機構之實際查詢筆數計收。

第七條（查詢要件）

①電子支付機構於符合辦理電子支付機構業務目的或金融管理法令遵循目的等特定目的，並取得當事人書面同意，或與當事人有契約或類似契約關係者，始得向本中心查詢當事人資訊。但法令另有規定者，從其規定。

②電子支付機構應自查詢日起，保留當事人書面同意、契約書或其他足以證明與其當事人之間存有類似契約關係之往來資料五年，並於本中心請求時提供之。

③書面同意意思表示之方式，依電子簽章法之規定，得以電子文件爲之。

第八條（資料之補正）

①電子支付機構對於報送本中心之各項資料，應確保其正確性及完整性。

②電子支付機構發現報送之資料內容有遺漏、錯誤或疑義時，應立即依個人資料保護法等相關法令及本中心作業規定辦理補充更正。

第九條（爭議處理機制）

電子支付機構應負責妥速處理與當事人間之資料查詢及報送爭議，並建立客訴處理及紛爭解決機制。

第一〇條（資料揭露期限）

電子支付機構依業管規則第二十條第二項規定所通報之資料，揭露至結案日止，惟最長不超過通報日起二年。

第一一條（查詢及利用資料之作業控管）

①爲防止查詢本中心所得資訊洩漏或受不當利用，確保資訊查詢作業安全，電子支付機構應訂定查詢及利用聯徵中心資訊作業控管要點予本中心備查，修正時亦同。

②前項規定之規範內容至少應包括查詢單位主管之職責、受指定查詢人員應注意事項、查詢作業之內部管理與控制、查詢資格要件、資訊之利用、保密及定期查核等相關事項。

第一二條（查詢及利用資料之適法性）

電子支付機構查詢及利用本中心資料，應遵守電子支付機構管理條例、個人資料保護法、消費者保護法、電子支付機構業務定型化契約應記載事項及金融管理相關法令等規定，並確保資料利用之適法性及合目的性，不得逾越特定目的之必要範圍，並應與查詢目的具有正當合理之關聯。

第一三條（留存相關紀錄備查）

①電子支付機構應留存確認使用者身分註冊程序所得資料及執行各項確認使用者身分程序之相關紀錄；使用者變更身分資料時，亦同。

②前項查詢所得之資訊，應限內部參考，不得對外公開或移轉他人，並至少保存五年。

第一四條（建立內部控制機制）

①電子支付機構依本作業規範查詢及報送資料時，應建立內部控制機制。電子支付機構內部每年至少執行查核一次，以確保落實內部控制機制之執行。

②前項查核結果，應於本中心請求時提供之。

第一五條（違規處理）

①經發現電子支付機構有違反第七條、第八條及第十一條至第十四條規定，本中心應通知該電子支付機構限期提出說明、補正改善或配合辦理，電子支付機構應於改善作業完成後辦理內部查核並將查核結果函報本中心。

②電子支付機構違反前項所列規定者，本中心將函知主管機關指定之同業公會或中華民國銀行商業同業公會全國聯合會電子支付業務委員會，並陳報主管機關。

③電子支付機構逾三個月未提出改善計畫及相關改善措施者，本中心得要求其資料列報或查詢利用相關人員接受訓練講習並副知主管機關。

第一六條（權限終止）

①電子支付機構如有停業、解散、撤銷、廢止許可或其他終止或暫停營業之情事，應立即以書面通知本中心。

②電子支付機構如有前項情事發生，本中心得終止或暫停其查詢及報送資料之權限。

第一七條（準用）

經核准機構依第三條規定提出申請，且於法令許可之業務範圍內，始具有查詢權限，並準用第五條至第七條、第九條、第十一條至第十六條規定。

第一八條（附則）

①本作業規範範圍包括本作業規範、附件及主管機關或本中心就前述規範所為之函告或補充。

②本作業規範未規定事項，悉依相關法令辦理。

第一九條（實施程序）

本作業規範於報請主管機關核定後實施；修正時，亦同。

電子支付機構提供使用者往來交易資料及其他相關資料要點

民國 104 年 4 月 27 日金融監督管理委員會令訂定發布全文 7 點；並自 104 年 5 月 3 日生效。

一　為利電子支付機構依電子支付機構管理條例（以下稱本條例）第二十八條除外規定，提供使用者往來交易資料及其他相關資料予相關機關（構），特訂定本要點。

二　本要點所稱電子支付機構，指專營之電子支付機構及兼營電子支付機構業務之銀行、中華郵政股份有限公司及電子票證發行機構。

前項所稱電子支付機構業務，指本條例第三條第一項各款業務。

三　司法、軍法、稅務、監察、審計及其他依法律規定具有調查權之機關（構），應表明為調查需要，註明案由，並應載明所需資料之內容及範圍，正式備文洽電子支付機構查詢使用者之往來交易資料或其他相關資料。

四　前點司法、軍法、稅務、監察、審計及其他依法律規定具有調查權之機關（構），正式備文洽電子支付機構提供相關資料時，應符合以下規定：

㈠稅務機關依稅捐稽徵法第三十條規定查詢時，應依金融監督管理委員會九十五年六月七日銀局㈠字第○九五一○○○二二二○號函規定辦理。

㈡行政院海岸巡防署、海洋巡防總局及海岸巡防總局查詢時，應表明係為偵辦案件需要，註明案由，並須由首長（副首長）判行。

㈢法務部調查局查詢時，應表明係為偵辦案件需要，註明案由，以經該局局長（副局長）審核認定為必要者為限。所稱審核認定包括臺北市等直轄市調查處、福建省調查處及航業調查處以調查處名義行文並經處長判行，及臺灣省調查處所屬調查站及工作站以站名義行文並經站主任判行後，逕行發文向電子支付機構查詢客戶資料並副知該局備查，且於來文註明該偵查中案件係經該局審核立案者。

㈣警察機關查詢時，應表明係為偵辦刑事案件需要，註明案由，並須經由警察局局長（副局長）或警察總隊總隊長（副總隊長）判行。但警察機關查察人頭帳戶犯罪案件，依警示通報機制請金融機構將電子支付機構使用者支付、提領及連結之存款帳戶列為警示帳戶（終止該帳號使用提款卡、語音轉帳、網路轉帳及其他電子支付轉帳功能）者，得由警察分局分局長（刑警大隊長）判行後，逕行發文向電子支付機構查詢該電子支付帳戶資金移轉情形之資料。

㈤軍事警察機關以憲兵司令部名義，正式備文查詢時，應表明係為偵辦刑事案件需要，註明案由，並須以憲兵司令部名義正式備文查詢。

㈥受理財產申報機關（構）依據公職人員財產申報法第十一條第二項規定，向各該財產所在地之電子支付機構進行查詢申報人之電子支付帳戶之相關資料時，電子支付機構應配合辦理。

㈦行政院海岸巡防署、海洋巡防總局及海岸巡防總局、法務部調查局、警察機關（包括軍事警察機關）、受理財產申報機關（構）為辦案需要，向電子支付機構查詢使用者之身分資料（如使用者之年籍、身分證字號、住址及電話等）時，可備文逕洽電子支付機構辦理。

㈧監察院依政治獻金法第二十二條規定查核政黨、政治團體及擬參選人於電子支付機構開立之電子支付帳戶之往來交易資料及其他相關資料時，電子支付機構應配合辦理。

五　前二點以外其他機關因辦理移送行政執行署強制執行、偵辦犯罪或為執行公法上金錢給付義務之必要，而有查詢需要者，應敘明案由、所查詢電子支付機構名稱及查詢範圍，在中央應由部（會）、在直轄市應由直轄市政府、在縣（市）應由縣（市）政府具函經本會同意後，註明核准文號，再洽相關電子支付機構辦理。

六　電子支付機構依據本要點提供使用者之往來交易資料或其他相關資料予各機關（構）時，應以密件處理，並提示查詢機關（構）及查詢者應予保密。

七　各機關（構）依本要點，調取及查詢使用者往來交易資料或其他相關資料時，應建立內部控制機制，指派專人列管，並應作定期與不定期考核，以確保電子支付機構使用者之隱私權。

電子支付機構資訊系統標準及安全控管作業基準辦法

①民國 104 年 4 月 27 日金融監督管理委員會令訂定發布全文 24 條；並自 104 年 5 月 3 日施行。
②民國 105 年 8 月 17 日金融監督管理委員會令修正發布第 3、5、7、10、24 條條文；增訂第 10-1 條條文；並自發布日施行。
③民國 105 年 9 月 10 日金融監督管理委員會令修正發布第 3、4、6 條條文。
④民國 106 年 12 月 28 日金融監督管理委員會令修正發布第 5、7、9～10-1、14、24 條條文；並自 107 年 1 月 1 日施行。

第一條

本辦法依電子支付機構管理條例（以下簡稱本條例）第二十九條第二項、第三十九條及第四十條準用第二十九條第二項規定訂定之。

第二條

電子支付機構辦理電子支付機構業務之資訊系統及安全控管作業，應依本辦法規定辦理。

第三條

本辦法用詞定義如下：

一　電子支付機構業務：指本條例第三條第一項各款業務。

二　電子支付平臺：指辦理電子支付機構業務相關之應用軟體、系統軟體及硬體設備。

三　電子支付作業環境：指電子支付平臺、網路、作業人員及與該電子支付平臺網路直接連結之應用軟體、系統軟體及硬體設備。

四　網路型態區分如下：

㈠專屬網路：指利用電子設備或通訊設備直接以連線方式（撥接（Dial-Up）、專線（Leased-Line）或虛擬私有網路（Virtual Private Network, VPN）等）進行訊息傳輸。

㈡網際網路（Internet）：指利用電子設備或通訊設備，透過網際網路服務業者進行訊息傳輸。

㈢行動網路：指利用電子設備或通訊設備，透過電信服務業者進行訊息傳輸。

五　訊息防護措施區分如下：

㈠訊息隱密性（Confidentiality）：指訊息不會遭截取、窺竊而洩漏資料內容致損害其秘密性。

㈡訊息完整性（Integrity）：指訊息內容不會遭篡改而造成資料不正確，即訊息如遭篡改時，該筆訊息無效。

㈢訊息來源辨識性（Authentication）：指傳送方無法冒名傳送資料。

㈣訊息不可重複性（Non-duplication）：指訊息內容不得重複。

㈤訊息不可否認性（Non-repudiation）：指無法否認其傳送或接收訊息行為。

六　常用密碼學演算法如下：

㈠對稱性加解密演算法：指資料加密標準（Data Encryption Standard；以下簡稱 DES）、三重資料加密標準（Triple DES；以下簡稱 3DES）、進階資料加密標準（Advanced Encryption Standard；以下簡稱 AES）。

㈡非對稱性加解密演算法：指 RSA 加密演算法（Rivest, Shamir and Adleman Encryption Algorithm；以下簡稱 RSA）、橢圓曲線密碼學（Elliptic Curve Cryptography；以下簡稱 ECC）。

㈢雜湊函數：指安全雜湊演算法（Secure Hash Algorithm；以下簡稱 SHA）。

七　系統維運人員：指電子支付平臺之作業人員，其管理或操作營運環境之應用軟體、系統軟體、硬體、網路、資料庫、使用者服務、業務推廣、帳務管理或會計管理等作業。

八　一次性密碼（One Time Password；以下簡稱 OTP）：指運用動態密碼產生器、晶片金融卡或以其他方式運用 OTP 原理，產生限定一次使用之密碼。

九　行動裝置：指包含但不限於智慧型手機、平板電腦等具通信及連網功能之設備。

十　機敏資料：指包含但不限於密碼、個人資料、身分認證資料、信用卡卡號、信用卡驗證碼或個人化資料等。

十一　近距離無線通訊（Near Field Communication；以下簡稱 NFC）：指利用點對點功能，使行動裝置在近距離內與其他設備進行資料傳輸。

十二　實體通路支付服務（Online To Offline, O2O）：指電子支付機構就電子支付機構業務，利用行動裝置或其他可攜式設備於實體通路提供服務。

十三　約定連結存款帳戶付款：指電子支付機構辦理電子支付機構業務，依使用者與開戶金融機構間之約定，向開戶金融機構提出扣款指示，連結該使用者存款帳戶進行轉帳，由電子支付機構收取支付款項，並於該使用者電子支付帳戶記錄支付款項金額及移轉情形之服務，作業機制如下：

㈠直接連結機制：指電子支付機構直接向開戶金融機構提出

扣款指示，連結使用者存款帳戶進行轉帳之機制。

㈡間接連結機制：指電子支付機構經由專用存款帳戶銀行介接金融資訊服務事業或票據交換所，間接向開戶金融機構提出扣款指示，連結使用者存款帳戶進行轉帳之機制。

第四條

電子支付機構於受理使用者註册時，所採用之身分確認程序之安全設計如下：

一　確認行動電話號碼：應確認使用者可操作並接收訊息通知。

二　確認金融支付工具之持有人與電子支付帳戶使用者相符，方式如下：

㈠確認存款帳戶持有人：應向金融機構查詢或確認存款帳戶持有人身分證統一編號或商業統一編號。個人使用者無身分證統一編號者，應提供其他身分證明文件及其號碼等資料供金融機構確認。

㈡確認信用卡持有人：應向信用卡發卡機構查詢或確認持有人身分證統一編號。

三　確認證明文件影本：得採上傳或拍照方式取得完整清晰可辨識之影像檔。

四　臨櫃確認身分：臨櫃受理使用者註册，應了解使用者動機、查證電話與住址、辨識具照片之身分證明文件、留存影像、留存印鑑或簽名、約定收付款限額及注意周邊環境。

五　以電子簽章確認身分：應透過憑證進行簽章、驗證憑證有效性，並確認該憑證之身分與電子支付帳戶使用者相符。

第五條 106

①電子支付機構於使用者登入電子支付平臺時應進行身分確認，使用者應以帳號及第七條規定之 A 類、B 類、C 類或 D 類交易安全設計登入。

②前項帳號及採用固定密碼之安全設計如下：

一　帳號如使用顯性資料（如商業統一編號、身分證統一編號、行動電話號碼、電子郵件帳號、信用卡卡號等）作爲唯一之識別，應另行增設使用者代號以資識別。使用者代號亦不得爲上述顯性資料。

二　密碼不應少於六位。

三　密碼不應與帳號相同，亦不得與使用者代號相同。

四　密碼不應訂爲相同之英數字、連續英文字或連號數字，預設密碼不在此限。

五　密碼建議應採英數字混合使用，且宜包含大小寫英文字母或符號。

六　密碼連續錯誤達五次時應限制使用，須重新申請密碼。

七　變更後之密碼不得與變更前一次密碼相同。

八　密碼超過一年未變更，電子支付機構應做妥善處理。

九　使用者註册時係由電子支付機構發予預設密碼者，於使用者首次登入時，應強制變更預設密碼。

③第一項採用圖形鎖或手勢之安全設計，準用前項第六款及第七款規定。

第六條

①電子支付機構對於不同交易類型，應依其不同交易限額，採用下列交易安全設計：

一　辦理代理收付實質交易款項（含實體通路支付服務交易），於使用者以電子支付帳戶款項支付、以約定連結存款帳戶付款支付、提出提前付款請求或提出取消暫停支付請求時，及使用者以約定連結存款帳戶付款支付儲值款項時，應依其不同交易限額，採用下列交易安全設計：

(一)每筆交易金額未達等值新臺幣五千元，或每日交易金額未達等值新臺幣二萬元，或每月交易金額未達等值新臺幣五萬元者，應採用 A 類交易安全設計。

(二)每筆交易金額達等值新臺幣五千元且未達等值新臺幣五萬元，或每日交易金額達等值新臺幣二萬元且未達等值新臺幣十萬元，或每月交易金額達等值新臺幣五萬元且未達等值新臺幣二十萬元者，應採用 B 類交易安全設計。

(三)每筆交易金額達等值新臺幣五萬元以上，或每日交易金額達等值新臺幣十萬元以上，或每月交易金額達等值新臺幣二十萬元以上者，應採用 C 類交易安全設計。

二　於使用者進行電子支付帳戶間款項移轉之支付時，應依其不同交易限額，採用下列交易安全設計：

(一)每筆交易金額未達等值新臺幣五萬元，或每日交易金額未達等值新臺幣十萬元，或每月交易金額未達等值新臺幣二十萬元者，應採用 C 類交易安全設計。

(二)每筆交易金額達等值新臺幣五萬元，或每日交易金額達等值新臺幣十萬元以上，或每月交易金額達等值新臺幣二十萬元以上者，應採用 D 類交易安全設計。

②前項 D 類交易安全設計得替代 C 類交易安全設計，C 類交易安全設計得替代 B 類交易安全設計，B 類交易安全設計得替代 A 類交易安全設計。

第七條 106

①電子支付機構執行前條所列交易安全設計，應符合下列要求：

一　A 類交易安全設計：指採用固定密碼、圖形鎖或手勢之安全設計，如為固定密碼，其安全設計應符合第五條第二項之規定；如為圖形鎖或手勢，其安全設計應符合第五條第三項之規定。

二　B 類交易安全設計：指採用簡訊傳送一次性密碼至使用者行動裝置之安全設計，應設定密碼有效時間，並應避免簡訊遭竊取或轉發。

三　C 類交易安全設計：指採用下列任一款之安全設計：

㈠採用晶片金融卡之安全設計，應依每筆交易動態產製不可預知之端末設備查核碼，每次需輸入卡片密碼產生交易驗證碼，並由原發卡銀行驗證交易驗證碼；應設計防止第三者存取。

㈡採用一次性密碼之安全設計，應採用實體設備且非同一執行交易之設備；設定密碼有效時間；設計密碼連續錯誤達三次時予以鎖定使用，經適當身分認證後才能解除。如實體設備與執行交易之設備為同一設備，則應於使用者端經由人工確認交易內容後才能完成交易。

㈢採用二項（含）以上技術（Two Factors Authentication），其安全設計應具有下列任二項以上技術：

1.使用者與電子支付機構所約定之資訊，且無第三人知悉（如固定密碼、圖形鎖或手勢）。

2.使用者所持有之實體設備（如密碼產生器、密碼卡、晶片卡、電腦、行動裝置、憑證載具等）：電子支付機構應確認該設備為使用者與電子支付機構所約定持有之設備。

3.使用者所擁有之生物特徵（如指紋、臉部、虹膜、聲音、掌紋、靜脈、簽名等）：電子支付機構應直接或間接驗證該生物特徵，並依據其風險承擔能力調整生物特徵之錯誤接受度，以有效識別使用者身分，必要時應增加其他身分確認機制（如密碼）。間接驗證由使用者端設備（如行動裝置）驗證，電子支付機構僅讀取驗證結果，必要時應增加驗證來源辨識；採用間接驗證者，應事先評估使用者身分驗證機制之有效性。

四　D類交易安全設計：指採用下列任一款之安全設計：

㈠臨櫃受理使用者交易，應核對身分證明文件及印鑑或簽名。

㈡採用符合電子簽章法之安全設計。

②使用者依第五條規定以帳號及前項A類、B類、C類或D類交易安全設計登入電子支付平臺，於符合第十條第一款第二目規定之連線控制及網頁逾時中斷機制時限內，得直接進行該類交易安全設計及依前條第二項所定其得替代交易安全設計之交易。

③第一項第四款第二目採用符合電子簽章法之安全設計得使用憑證機制，相關要求如下：

一　應遵循憑證機構之憑證作業辦法。

二　應確認憑證之合法性、正確性、有效性、保證等級及用途限制，該憑證應由憑證主管機關核定之第三方憑證機構所核發。

三　擔任憑證註册中心，受理使用者憑證註册或資料異動時，其臨櫃作業應額外增加具二項（含）以上技術之安全設計或經由另一位人員審核。

四　憑證線上更新時，須以原使用中有效私密金鑰對憑證更新訊息做成簽章傳送至註冊中心提出申請。
五　應用於交易不可否認之憑證，應選擇負賠償責任之憑證機構，且該憑證申請須由使用者自行產製私鑰。
六　政府機關核發之憑證限應用於註册時之身分確認。
七　每筆交易須針對支付內容進行簽章並驗證該憑證之有效性。
八　應確認該憑證私鑰儲存於符合共同準則（Common Criteria）EAL 4+（至少包含增項 AVA_VLA.4 或 AVA_VAN.5）或 FIPS 140-2 Level 3（含）以上或其他相同安全強度之認證等晶片硬體內，以防止該私鑰被匯出或複製。如晶片硬體與產生支付指示為同一設備，則應於使用者端經由人工確認交易內容後才完成交易；或於交易過程額外增加具二項（含）以上安全設計。

第八條

電子支付機構於不同網路型態應確保電子支付交易符合下列安全規定：
一　專屬網路：應符合訊息完整性、訊息來源辨識性及訊息不可重複性之訊息防護措施。如採用前條第一項第四款第二目之交易安全設計者，應同時符合訊息不可否認性之訊息防護措施。
二　網際網路或行動網路：應符合訊息隱密性、訊息完整性、訊息來源辨識性及訊息不可重複性之訊息防護措施。如採用前條第一項第四款第二目之交易安全設計者，應同時符合訊息不可否認性之訊息防護措施。

第九條 106

前條所稱訊息隱密性、訊息完整性、訊息來源辨識性、訊息不可重複性及訊息不可否認性之安全設計，應符合下列要求：
一　訊息隱密性：應採用 3DES 112bits、AES 128bits、RSA 2048bits、ECC 256bits 以上或其他安全強度相同（含）以上之演算法進行加密運算。
二　訊息完整性：應採用 SHA 160bits、3DES 112bits、AES 128bits、RSA 2048bits、ECC 256bits 以上或其他安全強度相同（含）以上之演算法進行押碼或加密運算。
三　訊息來源辨識性：應採用 SHA 160bits、3DES 112bits、AES 128bits、RSA 2048bits、ECC 256bits 以上或其他安全強度相同（含）以上之演算法進行押碼、加密運算或數位簽章。
四　訊息不可重複性：應採用序號、一次性亂數、時間戳記等機制產生。
五　訊息不可否認性：應採用 SHA 256 以上或其他安全強度相同（含）以上之演算法進行押碼，及採用 RSA 2048bits、ECC 256bits 以上或其他安全強度相同（含）以上之演算法進行數位簽章。

第一〇條 106

電子支付平臺之設計原則，應符合下列要求：

一 網際網路應用系統設計要求：

㈠載具密碼不應於網際網路上傳輸，機敏資料於網際網路傳輸時應全程加密。

㈡應設計連線控制及網頁逾時中斷機制，使用者超過十分鐘未使用應中斷其連線。但使用者以第七條第一項第三款第三目之 2 所定使用者所持有之實體設備進行交易，得延長至三十分鐘。

㈢應辨識外部網站及其所傳送交易資料之訊息來源及交易資料正確性。

㈣應辨識使用者輸入與系統接收之支付指示一致性。

㈤應設計於使用者進行身分確認與交易機制時，須採用一次性亂數或時間戳記，以防止重送攻擊。

㈥應設計於使用者進行身分確認與交易機制時，如需使用亂數函數進行運算，須採用安全亂數函數產生所需亂數。

㈦應設計於使用者修改個人資料、約定或變更提領電子支付帳戶款項之銀行存款帳戶時，須先經第七條第一項第二款至第四款任一類交易安全設計進行身分確認。

㈧應設計個人資料顯示之隱碼機制。

㈨應設計個人資料檔案及資料庫之存取控制與保護監控措施。

㈩應建置防偽冒與洗錢防制偵測系統，建立風險分析模組與指標，用以於異常交易行爲發生時即時告警並妥善處理。該風險分析模組與指標應定期檢討修訂。

二 實體通路支付服務程式設計要求：

㈠電子支付機構應確認實體通路之設備及其所傳送或接收之訊息隱密性及完整性。

㈡電子支付機構辦理款項間移轉或支付實質交易款項時，如將支付指示記錄於圖片、條碼或檔案，應經使用者確認；如將上述媒體透過近距離無線通訊、藍芽、掃描、上傳等機制交付他人者，應視必要增加存取限制（如密碼），防止第三人竊取或竄改。

三 使用者端程式設計要求：

㈠應採用被作業系統認可之數位憑證進行程式碼簽章。

㈡執行時應先驗證網站正確性。

㈢應避免儲存機敏資料，如有必要應採取加密或亂碼化等相關機制保護並妥善保護加密金鑰，且能有效防範相關資料被竊取。

四 行動裝置應用程式設計要求：

㈠於發布前檢視行動裝置應用程式所需權限應與提供服務相當；首次發布或權限變動，應經法遵部門及風控部門同意，以利綜合評估是否符合個人資料保護法之告知義務。

㈡應於官網上提供行動裝置應用程式之名稱、版本與下載位置。

㈢啓動行動裝置應用程式時，如偵測行動裝置疑似遭破解，應提示使用者注意風險。

㈣應於顯著位置（如行動裝置應用程式下載頁面等）提示使用者於行動裝置上安裝防護軟體。

㈤採用憑證技術進行傳輸加密時，行動裝置應用程式應建立可信任憑證清單並驗證完整憑證鏈及其憑證有效性。

㈥採用NFC技術進行付款交易資料傳輸前，應經由使用者人工確認。

㈦行動裝置應用程式設計要求應符合中華民國銀行商業同業公會全國聯合會（以下簡稱銀行公會）所訂定之行動裝置應用程式相關自律規範。

五　再確認之設計要求：

㈠收到支付指示後，以信用卡線上刷卡、電子支付帳戶款項或約定連結存款帳戶付款進行支付者，應以事先與使用者同意之方式（如交易確認頁面、郵件、簡訊等）通知付款方再確認，經確認無誤後才進行交易。但實體通路支付服務，不適用之。

㈡非以前目方式辦理者，如透過其他方式進行付款者，可視爲付款方之再確認。

六　採用條碼掃描技術之設計要求，應符合銀行公會所訂定之條碼掃描應用安全相關自律規範。但本條例及本條例授權訂定之命令另有規定者，依其規定。

第一〇條之一 106

①約定連結存款帳戶付款之設計原則，應符合下列要求：

一　電子支付機構採用直接連結機制或間接連結機制，提供約定連結存款帳戶付款服務。

二　電子支付機構應向金融機構申請金融憑證，並與金融機構約定爲執行約定連結存款帳戶付款作業之專屬憑證；應用時應以憑證簽章方式提出約定連結申請或扣款指示，雙方同意以憑證簽驗章機制作爲交易不可否認。申請方式如下：

㈠直接連結機制：向使用者開戶金融機構申請。

㈡間接連結機制：向電子支付機構之專用存款帳戶銀行申請。

三　約定連結程序：

㈠使用者應向電子支付機構提出申請並同意委由電子支付機構代使用者辦理轉帳，使用者並依下列方式向開戶金融機構提出申請：

1.以臨櫃或電子銀行向開戶金融機構提出申請。

2.透過電子支付機構依前款所定方式，向開戶金融機構提出申請。

㈡使用者提出申請時，應提供其開戶金融機構存款帳戶帳號、電子支付帳戶帳號及其他約定資料，經開戶金融機構確認使用者身分後完成約定。

㈢電子支付機構應要求開戶金融機構依金融機構辦理電子銀行業務安全控管作業基準所規定之交易面之介面安全設計確認使用者身分，並依不同身分確認方式所適用之風險類別，限制轉帳交易額度。

㈣使用者利用同一電子支付機構之約定連結存款帳戶付款服務，每月付款金額以新臺幣三十萬元為限。

四 交易程序：

㈠直接連結機制：電子支付機構應依使用者支付指示，向開戶金融機構提出扣款指示，經開戶金融機構驗證與電子支付機構約定之金融憑證及核對約定連結存款帳戶相關資料後撥付款項。

㈡間接連結機制：電子支付機構應依使用者支付指示，經由專用存款帳戶銀行介接金融資訊服務事業或票據交換所，向開戶金融機構提出扣款指示，經專用存款帳戶銀行驗證與電子支付機構約定之金融憑證，並由開戶金融機構核對約定連結存款帳戶相關資料及金融資訊服務事業或票據交換所傳送之相關訊息後撥付款項。

五 私鑰保護：憑證私鑰應儲存於符合共同準則（Common Criteria）EAL 4+（至少包含增項AVA_VLA.4或AVA_VAN.5）或FIPS 140-2 Level 3（含）以上或其他相同安全強度之硬體安全模組內並限制金鑰明文匯出。

六 存取控制：電子支付機構應建立管控機制，限制非授權人員或程式存取私鑰及約定連結存款帳戶付款作業之相關程式。

七 通知機制：電子支付機構應要求開戶金融機構建立通知機制，於完成轉帳交易後，通知使用者。

八 風險控管：電子支付機構應要求專用存款帳戶銀行或開戶金融機構建立合理交易流量管控機制。

九 終止約定連結申請：

㈠使用者應依第三款第一目方式或其他與電子支付機構或開戶金融機構約定之方式，提出終止約定連結申請。

㈡開戶金融機構於使用者直接向其申請終止約定連結時，應通知電子支付機構。

十 兼營電子支付機構簡化規定：

㈠兼營電子支付機構之銀行或中華郵政股份有限公司為開戶金融機構時，得依本辦法之規定確認使用者身分，完成約定連結程序及交易程序，不適用第二款至第四款、第七款及第八款之規定。

㈡兼營電子支付機構之銀行或中華郵政股份有限公司非開戶

金融機構，並採用間接連結機制時，得不適用第二款第二目、第三款第一目之 2 及第四款第二目有關與專用存款帳戶銀行約定及驗證金融憑證之規定。

第一一條

電子支付機構之資訊安全政策、內部組織及資產管理應符合下列要求：

一　資訊安全政策應經董事會、常務董事會決議或經其授權之經理部門核定。但外國銀行在臺分行應由其負責人簽署。

二　前款資訊安全政策應對所有員工及相關外部各方公布與傳達。

三　應訂定資訊作業相關管理及操作規範。

四　第一款資訊安全政策及前款管理及操作規範應每年檢討修訂，並於發生重大變更（如新頒布法令法規）時審查，以持續確保其合宜性、適切性及有效性。

五　應依據電子支付平臺之作業流程，識別人員、表單、設備、軟體、系統等資產，建立資產清冊、作業流程、網路架構圖、組織架構圖及負責人，並定期清點以維持其正確性。

六　應定義人員角色與責任並區隔相互衝突的角色。

七　應依據作業風險與專業能力選擇適當人員擔任其角色並定期提供必要教育訓練。

第一二條

電子支付平臺之系統維運人員管理應符合下列要求：

一　應建立人員之註册、異動及撤銷註册程序，用以配置適當之存取權限。

二　應至少每年定期審查帳號與權限之合理性，人員離職或調職時應盡速移除權限，以符合職務分工與牽制原則。

三　硬體設備、應用軟體、系統軟體之最高權限帳號或具程式異動、參數變更權限之帳號應列册保管；最高權限帳號使用時須先取得權責主管同意，並保留稽核軌跡。

四　應確認人員之身分與存取權限，必要時得限定其使用之機器與網路位置（IP）。

五　人員超過十分鐘未操作電腦時，應限制使用者個人資料顯示於螢幕。

六　於登入作業系統進行系統異動或資料庫存取時，應留存人爲操作紀錄，並於使用後儘速變更密碼；但因故無法變更密碼者，應建立監控機制，避免未授權變更，並於使用後覆核其操作紀錄。

七　帳號應採一人一號管理，避免多人共用同一個帳號爲原則，如有共用需求，申請與使用須有其他補強管控方式，並留存操作紀錄且應能區分人員身分。

八　採用固定密碼者，應符合第五條第二項規定，並應定期變更密碼：提供人員使用之帳號至少三個月一次；提供系統連線之帳號，至少每三個月一次或其他補強管控方式（如限制人工登入）。

九　加解密程式或具變更權限之公用程式（如資料庫存取程式）應列冊管理並限制使用，該程式應設定存取權限，防止未授權存取，並保留稽核軌跡。

第一三條

電子支付作業環境之個人資料保護應符合下列要求：

一　爲維護所保有個人資料之安全，應採取下列資料安全管理措施：

㈠訂定各類設備或儲存媒體之使用規範，及報廢或轉作他用時，應採取防範資料洩漏之適當措施。

㈡針對所保有之個人資料內容，有加密之需要者，於蒐集、處理或利用時，採取適當之加密措施。

㈢作業過程有備份個人資料之需要時，對備份資料予以適當保護。

二　保有個人資料存在於紙本、磁碟、磁帶、光碟片、微縮片、積體電路晶片、電腦、自動化機器設備或其他媒介物者，應採取下列設備安全管理措施：

㈠實施適宜之存取管制。

㈡訂定妥善保管媒介物之方式。

㈢依媒介物之特性及其環境，建置適當之保護設備或技術。

三　爲維護所保有個人資料之安全，應依執行業務之必要，設定相關人員接觸個人資料之權限及控管其接觸情形，並與所屬人員約定保密義務。

四　應針對電子支付作業環境，包含資料庫、資料檔案、報表、文件、傳檔伺服器及個人電腦等進行清查盤點是否含有個人資料並編製個人資料清冊，並進行風險評估與控管。

五　應建置留存個人資料使用稽核軌跡（如登入帳號、系統功能、時間、系統名稱、查詢指令或結果）或辨識機制，以利個人資料外洩時得以追踪個人資料使用狀況，包括檔案、螢幕畫面、列表。

六　應建立資料外洩防護機制，管制個人資料檔案透過輸出入裝置、通訊軟體、系統操作複製至網頁或網路檔案、或列印等方式傳輸，並應留存相關紀錄、軌跡與數位證據。

七　如刪除、停止處理或利用所保有之個人資料後，應留存下列紀錄：

㈠刪除、停止處理或利用之方法、時間。

㈡將刪除、停止處理或利用之個人資料移轉其他對象者，其移轉之原因、對象、方法、時間，及該對象蒐集、處理或利用之合法依據。

八　爲持續改善個人資料安全維護，其所屬個人資料管理單位或人員，應定期提出相關自我評估報告，並訂定下列機制：

㈠檢視及修訂相關個人資料保護事項。

㈡針對評估報告中有違反法令之虞者，規劃、執行改善及預防措施。

九　前款自我評估報告，應經董（理）事會、常務董（理）事會決議或經其授權之經理部門核定。但外國銀行在臺分行或未設董（理）事會者，應由其負責人簽署。

第一四條 106

電子支付平臺之機敏資料隱密及金鑰管理，應符合下列要求：

一　如有下列情形者，應建立訊息隱密性機制：

㈠機敏資料儲存於使用者端操作環境。

㈡機敏資料於網際網路上傳輸。

㈢使用者身分識別資料（如密碼、個人化資料）儲存於系統內；如為生物特徵（如指紋、臉部、虹膜、聲音、掌紋、靜脈、簽名等），應遵循銀行公會所訂定之生物特徵相關自律規範辦理。

二　使用者身分識別資料如為固定密碼者，於儲存時應先進行不可逆運算（如雜湊演算法），另為防止透過預先產製雜湊值推測密碼，應進行加密保護或加入不可得知之資料運算；採用加密演算法者，其金鑰應儲存於硬體安全模組內並限制匯出功能。

三　採用硬體安全模組保護金鑰者，該金鑰應由非系統開發與維護單位（如客服、會計、業管等）之二個單位（含）以上產製並分持管理其產製之基碼單，另金鑰得以加密方式分持匯出至安全載具（如晶片卡）或備份至具存取權限控管之位置，供維護單位緊急使用。

四　應減少金鑰儲存之地點，並僅允許必要之管理人員存取金鑰，以利管理並降低金鑰外洩之可能性。

五　當金鑰使用期限將屆或有洩漏疑慮時，應進行金鑰替換。

第一五條

①電子支付平臺之實體安全應符合下列要求：

一　主機房與異地機房應避免同時在地震斷層帶、海岸線、山坡地、海平面下、機場飛航下、土石流好發區域、百年洪水氾濫區域、核災警戒範圍區域、工安高風險區域，並應有相關防護措施，以避免受到地震、海嘯、洪水、火災或其他天然或人為災難之損害。

二　營運設備應集中於機房內，機房應建立門禁管制，以確保僅允許經授權人員進出；非授權人員進出應填寫進出登記，並由內部人員陪同與監督；進出登記紀錄應定期審查，如有異常應適當處置。

三　應於主機房及異地機房內建立全天候監視設備並確保監視範圍無死角。

四　應有足夠營運使用之電力、供水、用油等供應措施，當發生供應措施中斷時，應至少維持七十二小時運作時間，並應介接二家以上或異地二線以上網際網路電信營運商互為備援。

五　油槽儲存及消防安全應符合相關法規規定。

六　應設置環境監控機制，以管理電信、空調、電力、消防、門禁、監視及機房溫濕度等，並自動告警與通知。

七　機房管理應具備與機房相當之操作環境，或獨立可管制人員操作系統與設備之監控室。

②前項第七款監控室應符合下列要求：

一　應具門禁與監視設備，且必須留存連線及使用軌跡，並定期稽核管理。

二　系統維運人員應經授權進入監控室使用監控室內專屬電腦設備；或應使用指定設備由內部網路以一次性密碼登入並經服務管控設備（如防火牆）使用監控室內專屬電腦設備。

三　連線過程須以內部網路、專線或虛擬私有網路進行。

四　監控室之網路設備與電腦設備如為電子支付作業環境之範圍，應符合本辦法相關規定。

第一六條

電子支付作業環境之營運管理應符合下列要求：

一　應避免於營運環境安裝程式原始碼。

二　應建立定期備份機制及備份清冊，備份媒體或檔案應妥善防護，確保資訊之可用性及防止未授權存取。

三　應建立回存測試機制，以驗證備份之完整性及儲存環境的適當性。

四　相關留存紀錄應確保數位證據之收集、保護與適當管理程序，至少留存二年。

五　應訂定系統安全強化標準，建立並落實電子支付作業環境安全設定辦法。

第一七條

電子支付作業環境之脆弱性管理應符合下列要求：

一　應偵測網頁與程式異動，紀錄並通知相關人員處理。

二　應偵測惡意網站連結並定期更新惡意網站清單。

三　應建立入侵偵測或入侵防禦機制並定期更新惡意程式行為特徵。

四　應建立病毒偵測機制並定期更新病毒碼。

五　應建立上網管制措施，限制連結非業務相關網站，以避免下載惡意程式。

六　應隨時掌握資安事件，針對高風險或重要項目立即進行清查與應變。

七　應針對系統維運人員定期執行電子郵件社交工程演練與教育訓練，至少每年一次。

八　每季應進行弱點掃描，並針對其掃描或測試結果進行風險評估，針對不同風險訂定適當措施及完成時間，填寫評估結果與處理情形，採取適當措施並確保作業系統及軟體安裝經測試且無弱點顧慮之安全修補程式。

九　應避免採用已停止弱點修補或更新之系統軟體與應用軟體，如有必要應採用必要防護措施。

十　電子支付平臺上線前及每半年應針對異動程式進行程式碼掃描或黑箱測試，並針對其掃描或測試結果進行風險評估，針對不同風險訂定適當措施及完成時間，執行矯正、紀錄處理情形並追蹤改善。

十一　電子支付平臺每年應執行滲透測試，以加強資訊安全。

第一八條

電子支付作業環境之網路管理應符合下列要求：

一　網路應區分網際網路、非武裝區（Demilitarized Zone；以下簡稱DMZ）、營運環境及其他（如內部辦公區）等區域，並使用防火牆進行彼此間之存取控管。機敏資料僅能存放於安全的網路區域，不得存放於網際網路及 DMZ 等區域。對外網際網路服務僅能透過DMZ進行，再由DMZ連線至其他網路區域。

二　電子支付作業環境與其他網路間之連線必須透過防火牆或路由器進行控管。

三　系統僅得開啓必要之服務及程式，使用者僅能存取已被授權使用之網路及網路服務。內部網址及網路架構等資訊，未經授權不得對外揭露。

四　應檢視防火牆及具存取控制（Access control list，ACL）網路設備之設定，至少每年一次；針對高風險設定及六個月內無流量之防火牆規則應評估其必要性與風險；針對已下線系統應立即停用防火牆規則。

五　使用遠端連線進行系統管理作業時，應使用足夠強度之加密通訊協定，並不得將通行碼紀錄於工具軟體內。

六　應管控內部無線網路之使用人員申請，不得於內部無線網路連線至電子支付作業環境，並應使用必要防護措施進行隔離。

七　經由網際網路連接至內部網路進行遠距之系統管理工作，應遵循下列措施：

㈠應審查其申請目的、期間、時段、網段、使用設備、目的設備或服務，至少每年一次。

㈡應建立授權機制，依據其申請項目提供必要授權，至少每年檢視一次。

㈢變更作業應加強身分認證，每次登入可採用照會或二項（含）以上安全設計並取得主管授權。

㈣應定義允許可連結之遠端設備，並確保已安裝必要資訊安全防護。

㈤應建立監控機制，留存操作紀錄，並由主管定期覆核。

第一九條

電子支付作業環境之系統生命週期管理應符合下列要求：

一　應訂定資訊安全開發設計規範並落實執行。

二　對於委外開發的應用軟體，應執行監督並確保其有效遵循本辦法規定。

三　應確保系統軟體和應用軟體安裝最新安全修補程式。

四　對於測試用之機敏資料，應先進行資料遮蔽處理或管制保護。

五　於開發階段起至營運階段，應遵循變更控制程序處理並留存相關紀錄；營運環境變更（如執行、覆核）應由二人以上進行，以相互牽制。

六　系統軟體變更應先進行技術審查並測試；套裝軟體不應自行異動，並應先進行風險評估。程式不應由開發人員自行換版或產製比對報表，應建立程式原始碼管理機制，以符合職務分工與牽制原則。

第二〇條

電子支付作業環境之委外管理應符合下列要求：

一　委外處理前應先對受託廠商進行適當之安全評估，並依據最小權限及資訊最小揭露原則進行安全管控設計。

二　委託契約或相關文件中，應明確約定下列內容：

㈠受託廠商應遵守本辦法及其他適當資訊安全國際標準要求，確保委託人資料之安全。

㈡對受託廠商應依本辦法內容進行適當監督。

㈢當委外業務安全遭到破壞時，受託廠商應主動、即時通知委託人。

㈣交付之系統或程式應確保無惡意程式及後門程式，其放置於網際網路之程式應通過程式碼掃描或黑箱測試。

三　應對委外廠商進行資訊安全稽核或由委外廠商提出資訊安全稽核報告，至少每年一次。

第二一條

電子支付作業環境之資訊安全事故管理應符合下列要求：

一　應將各作業系統、網路設備及資安設備之日誌及稽核軌跡集中管理，進行異常紀錄分析，設定合適告警指標並定期檢討修訂。

二　應建立資訊安全事故通報、處理、應變及事後追蹤改善作業機制，並應留存相關作業紀錄。

三　如有資訊安全事故發生時，其系統交易紀錄、系統日誌、安全事件日誌應妥善保管，並應注意處理過程中軌跡紀錄與證據留存之有效性。

第二二條

電子支付作業環境之營運持續管理應符合下列要求：

一　應進行營運衝擊分析，定義最大可接受系統中斷時間，設定系統復原時間與資料復原時點，採取必要備援機制並應考量如有系統復原時間限制狀況下，建立安全距離外之異地備援機制，以維持交易可用性。

二　應建立對於重大資訊系統事件或天然災害之應變程序，並確認相對應之資源，以確保重大災害對於重要營運業務之影響在其合理範圍內。

三　應每年驗證及演練其營運持續性控制措施，以確保其有效性，並應保留相關演練紀錄及召開檢討會議。

第二三條

①電子支付機構應盤點與資訊安全相關法規規定，並將相關資訊安全要求與內部控制制度結合，定期進行法令遵循自評，以確保資訊安全之法令遵循性。

②本辦法所訂之資訊系統及安全控管項目，電子支付機構應透過內部控制制度進行定期檢核，並應於依本條例第十條申請許可時及其後每年四月底前，由會計師進行檢視，提出資訊系統及安全控管作業評估報告。

③前項評估報告內容應至少包含評估人員資格、評估範圍、評估時所發現之缺失項目、缺失嚴重程度、缺失類別、風險說明、具體改善建議及社交演練結果，且應送稽核單位進行缺失改善事項之追踪覆查。該報告應併同缺失改善等相關文件至少保存二年。

④爲確保交易資料之隱密性及安全性，並維持資料傳輸、交換或處理之正確性，主管機關於必要時，得要求電子支付機構提高資訊系統標準及加強安全控管作業。

第二四條 106

①本辦法自中華民國一百零四年五月三日施行。

②本辦法修正條文除中華民國一百零六年十二月二十八日修正發布之條文自一百零七年一月一日施行外，自發布日施行。

資料補充欄

肆、消費者保護

消費者保護法

①民國 83 年 1 月 11 日總統令制定公布全文 64 條。
②民國 92 年 1 月 22 日總統令修正公布第 2、6、7、13～17、35、38、39、41、42、49、50、57、58、62 條條文；並增訂第 7-1、10-1、11-1、19-1、44-1、45-1～45-5 條條文。
民國 92 年 5 月 26 日行政院令發布第 45-4 條第 4 項之小額消費爭議額度定為新臺幣十萬元。
③民國 94 年 2 月 5 日總統令增訂公布第 22-1 條條文。
民國 100 年 12 月 16 日行政院公告第 39 條、第 40 條第 1 項、第 41 條第 1、2 項、第 44-1 條、第 49 條第 1、4 項所列屬「行政院消費者保護委員會」之權責事項，自 101 年 1 月 1 日起改由「行政院」管轄；第 40 條第 2 項所列「行政院消費者保護委員會」，自 101 年 1 月 1 日起改為諮詢審議性質之任務編組「行政院消費者保護會」，並以設置要點定之；第 60 條所列屬「行政院消費者保護委員會」之權責事項，自 101 年 1 月 1 日起停止辦理。
民國 104 年 6 月 17 日總統令修正公布第 2、8、11-1、13、17、18、19、22、29、39～41、44-1、45、45-4、46、49、51、57、58、60、62、64 條條文及第三節節名；增訂第 17-1、19-2、56-1 條條文；刪除第 19-1 條條文；並自公布日施行，但第 2 條第 10、11 款及第 18～19-2 條之施行日期，由行政院定之。
民國 104 年 12 月 31 日行政院令發布第 2 條第 10、11 款及第 18～19-2 條，定自 105 年 1 月 1 日施行。

第一章　總　則

第一條　（立法目的）

①爲保護消費者權益，促進國民消費生活安全，提昇國民消費生活品質，特制定本法。

②有關消費者之保護，依本法之規定，本法未規定者，適用其他法律。

第二條　（名詞定義）104

本法所用名詞定義如下：

一　消費者：指以消費爲目的而爲交易、使用商品或接受服務者。

二　企業經營者：指以設計、生產、製造、輸入、經銷商品或提供服務爲營業者。

三　消費關係：指消費者與企業經營者間就商品或服務所發生之法律關係。

四　消費爭議：指消費者與企業經營者間因商品或服務所生之爭議。

五　消費訴訟：指因消費關係而向法院提起之訴訟。

六　消費者保護團體：指以保護消費者為目的而依法設立登記之法人。
七　定型化契約條款：指企業經營者為與多數消費者訂立同類契約之用，所提出預先擬定之契約條款。定型化契約條款不限於書面，其以放映字幕、張貼、牌示、網際網路、或其他方法表示者，亦屬之。
八　個別磋商條款：指契約當事人個別磋商而合意之契約條款。
九　定型化契約：指以企業經營者提出之定型化契約條款作為契約內容之全部或一部而訂立之契約。
十　通訊交易：指企業經營者以廣播、電視、電話、傳真、型錄、報紙、雜誌、網際網路、傳單或其他類似之方法，消費者於未能檢視商品或服務下而與企業經營者所訂立之契約。
十一　訪問交易：指企業經營者未經邀約而與消費者在其住居所、工作場所、公共場所或其他場所所訂立之契約。
十二　分期付款：指買賣契約約定消費者支付頭期款，餘款分期支付，而企業經營者於收受頭期款時，交付標的物與消費者之交易型態。

第三條　（定期檢討、協調、改進）
①政府為達成本法目的，應實施下列措施，並應就與下列事項有關之法規及其執行情形，定期檢討、協調、改進之：
一　維護商品或服務之品質與安全衛生。
二　防止商品或服務損害消費者之生命、身體、健康、財產或其他權益。
三　確保商品或服務之標示，符合法令規定。
四　確保商品或服務之廣告，符合法令規定。
五　確保商品或服務之度量衡，符合法令規定。
六　促進商品或服務維持合理價格。
七　促進商品之合理包裝。
八　促進商品或服務之公平交易。
九　扶植、獎助消費者保護團體。
十　協調處理消費爭議。
十一　推行消費者教育。
十二　辦理消費者諮詢服務。
十三　其他依消費生活之發展所必要之消費者保護措施。
②政府為達成前項之目的，應制定相關法律。

第四條　（企業經營者提供之商品或服務應遵守事項）
企業經營者對於其提供之商品或服務，應重視消費者之健康與安全，並向消費者說明商品或服務之使用方法，維護交易之公平，提供消費者充分與正確之資訊，及實施其他必要之消費者保護措施。

第五條　（充實消費資訊）
政府、企業經營者及消費者均應致力充實消費資訊，提供消費者運用，俾能採取正確合理之消費行為，以維護其安全與權益。

第六條 （主管機關）92

本法所稱主管機關：在中央為目的事業主管機關；在直轄市為直轄市政府；在縣（市）為縣（市）政府。

第二章　消費者權益

第一節　健康與安全保障

第七條 （企業經營者就其商品或服務應負責任）92

①從事設計、生產、製造商品或提供服務之企業經營者，於提供商品流通進入市場，或提供服務時，應確保該商品或服務，符合當時科技或專業水準可合理期待之安全性。

②商品或服務具有危害消費者生命、身體、健康、財產之可能者，應於明顯處為警告標示及緊急處理危險之方法。

③企業經營者違反前二項規定，致生損害於消費者或第三人時，應負連帶賠償責任。但企業經營者能證明其無過失者，法院得減輕其賠償責任。

第七條之一 （舉證責任）92

①企業經營者主張其商品於流通進入市場，或其服務於提供時，符合當時科技或專業水準可合理期待之安全性者，就其主張之事實負舉證責任。

②商品或服務不得僅因其後有較佳之商品或服務，而被視為不符合前條第一項之安全性。

第八條 （企業經營者就其商品或服務所負之除外責任）104

①從事經銷之企業經營者，就商品或服務所生之損害，與設計、生產、製造商品或提供服務之企業經營者連帶負賠償責任。但其對於損害之防免已盡相當之注意，或縱加以相當之注意而仍不免發生損害者，不在此限。

②前項之企業經營者，改裝、分裝商品或變更服務內容者，視為第七條之企業經營者。

第九條 （輸入商品或服務之提供者）

輸入商品或服務之企業經營者，視為該商品之設計、生產、製造者或服務之提供者，負本法第七條之製造者責任。

第一〇條 （企業經營者對於危險商品或服務之處理行為）

①企業經營者於有事實足認其提供之商品或服務有危害消費者安全與健康之虞時，應即回收該批商品或停止其服務。但企業經營者所為必要之處理，足以除去其危害者，不在此限。

②商品或服務有危害消費者生命、身體、健康或財產之虞，而未於明顯處為警告標示，並附載危險之緊急處理方法者，準用前項規定。

第一〇條之一 （損害賠償責任）92

本節所定企業經營者對消費者或第三人之損害賠償責任，不得預先約定限制或免除。

第二節　定型化契約

第一一條　（定型化契約之一般條款）

①企業經營者在定型化契約中所用之條款，應本平等互惠之原則。

②定型化契約條款如有疑義時，應為有利於消費者之解釋。

第一一條之一　（審閱期間）104

①企業經營者與消費者訂立定型化契約前，應有三十日以內之合理期間，供消費者審閱全部條款內容。

②企業經營者以定型化契約條款使消費者拋棄前項權利者，無效。

③違反第一項規定者，其條款不構成契約之內容。但消費者得主張該條款仍構成契約之內容。

④中央主管機關得選擇特定行業，參酌定型化契約條款之重要性、涉及事項之多寡及複雜程度等事項，公告定型化契約之審閱期間。

第一二條　（定型化契約無效之情形）

①定型化契約中之條款違反誠信原則，對消費者顯失公平者，無效。

②定型化契約中之條款有下列情形之一者，推定其顯失公平：

一　違反平等互惠原則者。

二　條款與其所排除不予適用之任意規定之立法意旨顯相矛盾者。

三　契約之主要權利或義務，因受條款之限制，致契約之目的難以達成者。

第一三條　（構成契約內容之要件；定型化契約書之給與）104

①企業經營者應向消費者明示定型化契約條款之內容；明示其內容顯有困難者，應以顯著之方式，公告其內容，並經消費者同意者，該條款即為契約之內容。

②企業經營者應給與消費者定型化契約書。但依其契約之性質致給與顯有困難者，不在此限。

③定型化契約書經消費者簽名或蓋章者，企業經營者應給與消費者該定型化契約書正本。

第一四條　（契約條款不構成契約內容之要件）92

定型化契約條款未經記載於定型化契約中而依正常情形顯非消費者所得預見者，該條款不構成契約之內容。

第一五條　（定型化契約中一般條款無效之情形）92

定型化契約中之定型化契約條款牴觸個別磋商條款之約定者，其牴觸部分無效。

第一六條　（契約部分無效之情形）92

定型化契約中之定型化契約條款，全部或一部無效或不構成契約內容之一部者，除去該部分，契約亦可成立者，該契約之其他部分，仍為有效。但對當事人之一方顯失公平者，該契約全部無效。

第一七條（中央主管機關公告特定行業定型化契約應記載或不得記載之事項）104

①中央主管機關為預防消費糾紛，保護消費者權益，促進定型化契約之公平化，得選擇特定行業，擬訂其定型化契約應記載或不得記載事項，報請行政院核定後公告之。

②前項應記載事項，依契約之性質及目的，其內容得包括：

一　契約之重要權利義務事項。

二　違反契約之法律效果。

三　預付型交易之履約擔保。

四　契約之解除權、終止權及其法律效果。

五　其他與契約履行有關之事項。

③第一項不得記載事項，依契約之性質及目的，其內容得包括：

一　企業經營者保留契約內容或期限之變更權或解釋權。

二　限制或免除企業經營者之義務或責任。

三　限制或剝奪消費者行使權利，加重消費者之義務或責任。

四　其他對消費者顯失公平事項。

④違反第一項公告之定型化契約，其定型化契約條款無效。該定型化契約之效力，依前條規定定之。

⑤中央主管機關公告應記載之事項，雖未記載於定型化契約，仍構成契約之內容。

⑥企業經營者使用定型化契約者，主管機關得隨時派員查核。

第一七條之一（企業經營者負定型化契約符合規定之舉證責任）104

企業經營者與消費者訂立定型化契約，主張符合本節規定之事實者，就其事實負舉證責任。

第三節　特種交易105

第一八條（企業經營者以通訊或訪問交易訂立契約，應記載於書面之資訊事項）104

①企業經營者以通訊交易或訪問交易方式訂立契約時，應將下列資訊以清楚易懂之文句記載於書面，提供消費者：

一　企業經營者之名稱、代表人、事務所或營業所及電話或電子郵件等消費者得迅速有效聯絡之通訊資料。

二　商品或服務之內容、對價、付款期日及方式、交付期日及方式。

三　消費者依第十九條規定解除契約之行使期限及方式。

四　商品或服務依第十九條第二項規定排除第十九條第一項解除權之適用。

五　消費申訴之受理方式。

六　其他中央主管機關公告之事項。

②經由網際網路所為之通訊交易，前項應提供之資訊應以可供消費

者完整查閱、儲存之電子方式爲之。

第一九條（通訊或訪問交易之解約）104

①通訊交易或訪問交易之消費者，得於收受商品或接受服務後七日內，以退回商品或書面通知方式解除契約，無須說明理由及負擔任何費用或對價。但通訊交易有合理例外情事者，不在此限。

②前項但書合理例外情事，由行政院定之。

③企業經營者於消費者收受商品或接受服務時，未依前條第一項第三款規定提供消費者解除契約相關資訊者，第一項七日期間自提供之次日起算。但自第一項七日期間起算，已逾四個月者，解除權消滅。

④消費者於第一項及第三項所定期間內，已交運商品或發出書面者，契約視爲解除。

⑤通訊交易或訪問交易違反本條規定所爲之約定，其約定無效。

第一九條之一（刪除）104

第一九條之二（消費者退回商品或解除契約之處理）104

①消費者依第十九條第一項或第三項規定，以書面通知解除契約者，除當事人另有個別磋商外，企業經營者應於收到通知之次日起十五日內，至原交付處所或約定處所取回商品。

②企業經營者應於取回商品、收到消費者退回商品或解除服務契約通知之次日起十五日內，返還消費者已支付之對價。

③契約經解除後，企業經營者與消費者間關於回復原狀之約定，對於消費者較民法第二百五十九條之規定不利者，無效。

第二〇條（保管義務）

①未經消費者要約而對之郵寄或投遞之商品，消費者不負保管義務。

②前項物品之寄送人，經消費者定相當期限通知取回而逾期未取回或無法通知者，視爲拋棄其寄投之商品。雖未經通知，但在寄送後逾一個月未經消費者表示承諾，而仍不取回其商品者，亦同。

③消費者得請求償還因寄送物所受之損害，及處理寄送物所支出之必要費用。

第二一條（契約書應載事項）

①企業經營者與消費者分期付款買賣契約應以書面爲之。

②前項契約書應載明下列事項：

　一　頭期款。

　二　各期價款與其他附加費用合計之總價款與現金交易價格之差額。

　三　利率。

③企業經營者未依前項規定記載利率者，其利率按現金交易價格週年利率百分之五計算之。

④企業經營者違反第二項第一款、第二款之規定者，消費者不負現金交易價格以外價款之給付義務。

第四節　消費資訊之規範

第二二條　（企業經營者對消費者所負之義務，不得低於廣告之內容）104

①企業經營者應確保廣告內容之眞實，其對消費者所負之義務不得低於廣告之內容。

②企業經營者之商品或服務廣告內容，於契約成立後，應確實履行。

第二二條之一（信用交易之規範）94

①企業經營者對消費者從事與信用有關之交易時，應於廣告上明示應付所有總費用之年百分率。

②前項所稱總費用之範圍及年百分率計算方式，由各目的事業主管機關定之。

第二三條　（損害賠償責任）

①刊登或報導廣告之媒體經營者明知或可得而知廣告內容與事實不符者，就消費者因信賴該廣告所受之損害與企業經營者負連帶責任。

②前項損害賠償責任，不得預先約定限制或拋棄。

第二四條　（商品及服務之標示）

①企業經營者應依商品標示法等法令爲商品或服務之標示。

②輸入之商品或服務，應附中文標示及說明書，其內容不得較原產地之標示及說明書簡略。

③輸入之商品或服務在原產地附有警告標示者，準用前項之規定。

第二五條　（書面保證書應載事項）

①企業經營者對消費者保證商品或服務之品質時，應主動出具書面保證書。

②前項保證書應載明下列事項：

一　商品或服務之名稱、種類、數量，其有製造號碼或批號者，其製造號碼或批號。

二　保證之內容。

三　保證期間及其起算方法。

四　製造商之名稱、地址。

五　由經銷商售出者，經銷商之名稱、地址。

六　交易日期。

第二六條　（包裝之規定）

企業經營者對於所提供之商品應按其性質及交易習慣，爲防震、防潮、防塵或其他保存商品所必要之包裝，以確保商品之品質與消費者之安全。但不得誇張其內容或爲過大之包裝。

第三章　消費者保護團體

第二七條　（消費者保護團體之定義）

①消費者保護團體以社團法人或財團法人爲限。

②消費者保護團體應以保護消費者權益、推行消費者教育爲宗旨。

第二八條　（消費者保護團體之任務）

消費者保護團體之任務如下：

一　商品或服務價格之調查、比較、研究、發表。
二　商品或服務品質之調查、檢驗、研究、發表。
三　商品標示及其內容之調查、比較、研究、發表。
四　消費資訊之諮詢、介紹與報導。
五　消費者保護刊物之編印發行。
六　消費者意見之調查、分析、歸納。
七　接受消費者申訴，調解消費爭議。
八　處理消費爭議，提起消費訴訟。
九　建議政府採取適當之消費者保護立法或行政措施。
十　建議企業經營者採取適當之消費者保護措施。
十一　其他有關消費者權益之保護事項。

第二九條　（消費者保護團體發表檢驗結果，應公布檢驗相關資訊並通知相關經營者，如有錯誤，應進行更正及澄清）104

①消費者保護團體爲從事商品或服務檢驗，應設置與檢驗項目有關之檢驗設備或委託設有與檢驗項目有關之檢驗設備之機關、團體檢驗之。

②執行檢驗人員應製作檢驗紀錄，記載取樣、儲存樣本之方式與環境、使用之檢驗設備、檢驗方法、經過及結果，提出於該消費者保護團體。

③消費者保護團體發表前項檢驗結果後，應公布其取樣、儲存樣本之方式與環境、使用之檢驗設備、檢驗方法及經過，並通知相關企業經營者。

④消費者保護團體發表第二項檢驗結果有錯誤時，應主動對外更正，並使相關企業經營者有澄清之機會。

第三〇條　（消費者組織參與權）

政府對於消費者保護之立法或行政措施，應徵詢消費者保護團體、相關行業、學者專家之意見。

第三一條　（商品或服務檢驗得請求政府協助之）

消費者保護團體爲商品或服務之調查、檢驗時，得請求政府予以必要之協助。

第三二條　（消費者保護組織之獎勵）

消費者保護團體辦理消費者保護工作成績優良者，主管機關得予以財務上之獎助。

第四章　行政監督

第三三條　（調查進行方式）

①直轄市或縣（市）政府認爲企業經營者提供之商品或服務有損害消費者生命、身體、健康或財產之虞者，應即進行調查。於調查

完成後，得公開其經過及結果。

②前項人員爲調查時，應出示有關證件，其調查得依下列方式進行：

一　向企業經營者或關係人查詢。

二　通知企業經營者或關係人到場陳述意見。

三　通知企業經營者提出資料證明該商品或服務對於消費者生命、身體、健康或財產無損害之虞。

四　派員前往企業經營者之事務所、營業所或其他有關場所進行調查。

五　必要時，得就地抽樣商品，加以檢驗。

第三四條　（調查之扣押）

①直轄市或縣（市）政府於調查時，對於可爲證據之物，得聲請檢察官扣押之。

②前項扣押，準用刑事訴訟法關於扣押之規定。

第三五條　（主管機關辦理檢驗）92

直轄市或縣（市）主管機關辦理檢驗，得委託設有與檢驗項目有關之檢驗設備之消費者保護團體、職業團體或其他有關公私機構或團體辦理之。

第三六條　（企業經營者改善、收回或停止生產之情形）

直轄市或縣（市）政府對於企業經營者提供之商品或服務，經第三十三條之調查，認爲確有損害消費者生命、身體、健康或財產，或確有損害之虞者，應命其限期改善、回收或銷燬，必要時並得命企業經營者立即停止該商品之設計、生產、製造、加工、輸入、經銷或服務之提供，或採取其他必要措施。

第三七條　（借用大眾傳播媒體公告之情形）

直轄市或縣（市）政府於企業經營者提供之商品或服務，對消費者已發生重大損害或有發生重大損害之虞，而情況危急時，除爲前條之處置外，應即在大眾傳播媒體公告企業經營者之名稱、地址、商品、服務、或爲其他必要之處置。

第三八條　（中央或省之主管機關必要時之措施）92

中央主管機關認爲必要時，亦得爲前五條規定之措施。

第三九條　（消費者保護官之設置、任用及職掌）104

①行政院、直轄市、縣（市）政府應置消費者保護官若干名。

②消費者保護官任用及職掌之辦法，由行政院定之。

第四〇條　（行政院應定期邀集事務相關部會首長、團體代表及學者等專家提供諮詢）104

行政院爲監督與協調消費者保護事務，應定期邀集有關部會首長、全國性消費者保護團體代表、全國性企業經營者代表及學者、專家，提供本法相關事項之諮詢。

第四一條　（行政院推動消費者保護，應辦理之事項）104

①行政院爲推動消費者保護事務，辦理下列事項：

一　消費者保護基本政策及措施之研擬及審議。

二　消費者保護計畫之研擬、修訂及執行成果檢討。
三　消費者保護方案之審議及其執行之推動、連繫與考核。
四　國內外消費者保護趨勢及其與經濟社會建設有關問題之研究。
五　消費者保護之教育宣導、消費資訊之蒐集及提供。
六　各部會局署關於消費者保護政策、措施及主管機關之協調事項。
七　監督消費者保護主管機關及指揮消費者保護官行使職權。

②消費者保護之執行結果及有關資料，由行政院定期公告。

第四二條（消費者服務中心之設置）92

①直轄市、縣（市）政府應設消費者服務中心，辦理消費者之諮詢服務、教育宣導、申訴等事項。

②直轄市、縣（市）政府消費者服務中心得於轄區內設分中心。

第五章　消費爭議之處理

第一節　申訴與調解

第四三條（申訴之處理期限）

①消費者與企業經營者因商品或服務發生消費爭議時，消費者得向企業經營者、消費者保護團體或消費者服務中心或其分中心申訴。

②企業經營者對於消費者之申訴，應於申訴之日起十五日內妥適處理之。

③消費者依第一項申訴，未獲妥適處理時，得向直轄市、縣（市）政府消費者保護官申訴。

第四四條（申訴調解）

消費者依前條申訴未能獲得妥適處理時，得向直轄市或縣（市）消費爭議調解委員會申請調解。

第四四條之一（消費爭議調解事件辦法之訂定）104

前條消費爭議調解事件之受理、程序進行及其他相關事項之辦法，由行政院定之。

第四五條（消費爭議調解委員會之設置）104

①直轄市、縣（市）政府應設消費爭議調解委員會，置委員七名至二十一名。

②前項委員以直轄市、縣（市）政府代表、消費者保護官、消費者保護團體代表、企業經營者所屬或相關職業團體代表、學者及專家充任之，以消費者保護官爲主席，其組織另定之。

第四五條之一（調解程序不公開）92

①調解程序，於直轄市、縣（市）政府或其他適當之處所行之，其程序得不公開。

②調解委員、列席協同調解人及其他經辦調解事務之人，對於調解事件之內容，除已公開之事項外，應保守秘密。

第四五條之二 （消費爭議之調解）92

①關於消費爭議之調解，當事人不能合意但已甚接近者，調解委員得斟酌一切情形，求兩造利益之平衡，於不違反兩造當事人之主要意思範圍內，依職權提出解決事件之方案，並送達於當事人。

②前項方案，應經參與調解委員過半數之同意，並記載第四十五條之三所定異議期間及未於法定期間提出異議之法律效果。

第四五條之三 （調解不成立）92

①當事人對於前條所定之方案，得於送達後十日之不變期間內，提出異議。

②於前項期間內提出異議者，視爲調解不成立；其未於前項期間內提出異議者，視爲已依該方案成立調解。

③第一項之異議，消費爭議調解委員會應通知他方當事人。

第四五條之四 （小額消費爭議解決方案之送達）104

①關於小額消費爭議，當事人之一方無正當理由，不於調解期日到場者，調解委員得審酌情形，依到場當事人一造之請求或依職權提出解決方案，並送達於當事人。

②前項之方案，應經全體調解委員過半數之同意，並記載第四十五條之五所定異議期間及未於法定期間提出異議之法律效果。

③第一項之送達，不適用公示送達之規定。

④第一項小額消費爭議之額度，由行政院定之。

第四五條之五 （提出異議）92

①當事人對前條之方案，得於送達後十日之不變期間內，提出異議；未於異議期間內提出異議者，視爲已依該方案成立調解。

②當事人於異議期間提出異議，經調解委員另定調解期日，無正當理由不到場者，視爲依該方案成立調解。

第四六條 （調解書之作成及效力）104

①調解成立者應作成調解書。

②前項調解書之作成及效力，準用鄉鎮市調解條例第二十五條至第二十九條之規定。

第二節　消費訴訟

第四七條 （消費訴訟之管轄）

消費訴訟，得由消費關係發生地之法院管轄。

第四八條 （消費法庭）

①高等法院以下各級法院及其分院得設立消費專庭或指定專人審理消費訴訟事件。

②法院爲企業經營者敗訴之判決時，得依職權宣告爲減免擔保之假執行。

第四九條 （消費者保護團體之訴訟權）104

①消費者保護團體許可設立二年以上，置有消費者保護專門人員，且申請行政院評定優良者，得以自己之名義，提起第五十條消費者損害賠償訴訟或第五十三條不作爲訴訟。

②消費者保護團體依前項規定提起訴訟者，應委任律師代理訴訟。受委任之律師，就該訴訟，得請求預付或償還必要費用。
③消費者保護團體關於其提起之第一項訴訟，有不法行爲者，許可設立之主管機關應廢止其許可。
④優良消費者保護團體之評定辦法，由行政院定之。

第五〇條　（消費者損害賠償訴訟）92

①消費者保護團體對於同一之原因事件，致使衆多消費者受害時，得受讓二十人以上消費者損害賠償請求權後，以自己名義，提起訴訟。消費者得於言詞辯論終結前，終止讓與損害賠償請求權，並通知法院。
②前項訴訟，因部分消費者終止讓與損害賠償請求權，致人數不足二十人者，不影響其實施訴訟之權能。
③第一項讓與之損害賠償請求權，包括民法第一百九十四條、第一百九十五條第一項非財產上之損害。
④前項關於消費者損害賠償請求權之時效利益，應依讓與之消費者單獨個別計算。
⑤消費者保護團體受讓第三項所定請求權後，應將訴訟結果所得之賠償，扣除訴訟及依前條第二項規定支付予律師之必要費用後，交付該讓與請求權之消費者。
⑥消費者保護團體就第一項訴訟，不得向消費者請求報酬。

第五一條　（消費者求懲罰性賠償金之訴訟）104

依本法所提之訴訟，因企業經營者之故意所致之損害，消費者得請求損害額五倍以下之懲罰性賠償金；但因重大過失所致之損害，得請求三倍以下之懲罰性賠償金，因過失所致之損害，得請求損害額一倍以下之懲罰性賠償金。

第五二條　（訴訟之免繳裁判費）

消費者保護團體以自己之名義提起第五十條訴訟，其標的價額超過新臺幣六十萬元者，超過部分免繳裁判費。

第五三條　（訴訟之免繳裁判費）

①消費者保護官或消費者保護團體，就企業經營者重大違反本法有關保護消費者規定之行爲，得向法院訴請停止或禁止之。
②前項訴訟免繳裁判費。

第五四條　（消費者集體訴訟）

①因同一消費關係而被害之多數人，依民事訴訟法第四十一條之規定，選定一人或數人起訴請求損害賠償者，法院得徵求原被選定人之同意後公告曉示，其他之被害人得於一定之期間內以書狀表明被害之事實、證據及應受判決事項之聲明，併案請求賠償。其請求之人，視爲已依民事訴訟法第四十一條爲選定。
②前項併案請求之書狀，應以繕本送達於兩造。
③第一項之期間，至少應有十日，公告應黏貼於法院牌示處，並登載新聞紙，其費用由國庫墊付。

第五五條　（訴訟法定代理之準用）

民事訴訟法第四十八條、第四十九條之規定，於依前條為訴訟行為者，準用之。

第六章　罰　則

第五六條　（罰則）

違反第二十四條、第二十五條或第二十六條規定之一者，經主管機關通知改正而逾期不改正者，處新臺幣二萬元以上二十萬元以下罰鍰。

第五六條之一　（罰鍰）104

企業經營者使用定型化契約，違反中央主管機關依第十七條第一項公告之應記載或不得記載事項者，除法律另有處罰規定外，經主管機關令其限期改正而屆期不改正者，處新臺幣三萬元以上三十萬元以下罰鍰；經再次令其限期改正而屆期不改正者，處新臺幣五萬元以上五十萬元以下罰鍰，並得按次處罰。

第五七條　（罰鍰）104

企業經營者規避、妨礙或拒絕主管機關依第十七條第六項、第三十三條或第三十八條規定所為之調查者，處新臺幣三萬元以上三十萬元以下罰鍰，並得按次處罰。

第五八條　（罰鍰）104

企業經營者違反主管機關依第三十六條或第三十八條規定所為之命令者，處新臺幣六萬元以上一百五十萬元以下罰鍰，並得按次處罰。

第五九條　（罰則）

企業經營者有第三十七條規定之情形者，主管機關除依該條及第三十六條之規定處置外，並得對其處新臺幣十五萬元以上一百五十萬元以下罰鍰。

第六〇條　（停止營業之情形）104

企業經營者違反本法規定，生產商品或提供服務具有危害消費者生命、身體、健康之虞者，影響社會大衆經中央主管機關認定為情節重大，中央主管機關或行政院得立即命令其停止營業，並儘速協請消費者保護團體以其名義，提起消費者損害賠償訴訟。

第六一條　（處罰）

依本法應予處罰者，其他法律有較重處罰之規定時，從其規定；涉及刑事責任者，並應即移送偵查。

第六二條　（罰鍰未繳，移送行政執行）104

本法所定之罰鍰，由主管機關處罰，經限期繳納後，屆期仍未繳納者，依法移送行政執行。

第七章　附　則

第六三條　（施行細則）

本法施行細則，由行政院定之。

第六四條　（施行日）104

本法自公布日施行。但中華民國一百零四年六月二日修正公布之第二條第十款與第十一款及第十八條至第十九條之二之施行日期，由行政院定之。

消費者保護法施行細則

①民國 83 年 11 月 2 日行政院令訂定發布全文 43 條。
②民國92年7月8日行政院令修正發布第5、12、17、18、19、22、23、24、39 條條文；並刪除第 3、6、7、9、10、11、35、38 條條文。
民國 100 年 12 月 16 日行政院公告第 27 條所列屬「行政院消費者保護委員會」之權責事項，自 101 年 1 月 1 日起改由「行政院」管轄。
③民國 104 年 12 月 31 日行政院令修正發布第 15、18、23、27 條條文及第二章第三節節名；並刪除第 16、19、20 條條文。

第一章　總　則

第一條

本細則依消費者保護法（以下簡稱本法）第六十三條規定訂定之。

第二條

本法第二條第二款所稱營業，不以營利爲目的者爲限。

第三條　（刪除）92

第二章　消費者權益

第一節　健康與安全保障

第四條

本法第七條所稱商品，指交易客體之不動產或動產，包括最終產品、半成品、原料或零組件。

第五條 92

本法第七條第一項所定商品或服務符合當時科技或專業水準可合理期待之安全性，應就下列情事認定之：

一　商品或服務之標示說明。
二　商品或服務可期待之合理使用或接受。
三　商品或服務流通進入市場或提供之時期。

第六條至第七條　（刪除）92

第八條

本法第八條第二項所稱改變，指變更、減少或增加商品原設計、生產或製造之內容或包裝。

第二節　定型化契約

第九條至第一一條　（刪除）92

第一二條 92

定型化契約條款因字體、印刷或其他情事，致難以注意其存在或辨識者，該條款不構成契約之內容。但消費者得主張該條款仍構成契約之內容。

第一三條

定型化契約條款是否違反誠信原則，對消費者顯失公平，應斟酌契約之性質、締約目的、全部條款內容、交易習慣及其他情事判斷之。

第一四條

定型化契約條款，有下列情事之一者，為違反平等互惠原則：

一　當事人間之給付與對待給付顯不相當者。

二　消費者應負擔非其所能控制之危險者。

三　消費者違約時，應負擔顯不相當之賠償責任者。

四　其他顯有不利於消費者之情形者。

第一五條

定型化契約記載經中央主管機關公告應記載之事項者，仍有本法關於定型化契約規定之適用。

第三節　特種交易 104

第一六條　（刪除）104

第一七條 92

消費者因檢查之必要或因不可歸責於自己之事由，致其收受之商品有毀損、滅失或變更者，本法第十九條第一項規定之解除權不消滅。

第一八條 104

消費者於收受商品或接受服務前，亦得依本法第十九條第一項規定，以書面通知企業經營者解除契約。

第一九條　（刪除）104

第二〇條　（刪除）104

第二一條

企業經營者應依契約當事人之人數，將本法第二十一條第一項之契約書作成一式數份，由當事人各持一份。有保證人者，並應交付一份於保證人。

第二二條 92

①本法第二十一條第二項第二款所稱各期價款，指含利息之各期價款。

②分期付款買賣契約書所載利率，應載明其計算方法及依此計算方法而得之利息數額。

③分期付款買賣之附加費用，應明確記載，且不得併入各期價款計算利息；其經企業經營者同意延期清償或分期給付者，亦同。

第四節　消費資訊之規範

第二三條 104

本法第二十二條至第二十三條所稱廣告，指利用電視、廣播、影片、幻燈片、報紙、雜誌、傳單、海報、招牌、牌坊、電腦、電話傳眞、電子視訊、電子語音或其他方法，可使多數人知悉其宣傳內容之傳播。

第二四條 92

主管機關認爲企業經營者之廣告內容誇大不實，足以引人錯誤，有影響消費者權益之虞時，得通知企業經營者提出資料，證明該廣告之眞實性。

第二五條

本法第二十四條規定之標示，應標示於適當位置，使消費者在交易前及使用時均得閱讀標示之內容。

第二六條

企業經營者未依本法第二十五條規定出具書面保證書者，仍應就其保證之品質負責。

第三章　消費者保護團體

第二七條 104

主管機關每年應將依法設立登記之消費者保護團體名稱、負責人姓名、社員人數或登記財產總額、消費者保護專門人員姓名、會址、聯絡電話等資料彙報行政院公告之。

第二八條

消費者保護團體依本法第二十九條規定從事商品或服務檢驗所採之樣品，於檢驗紀錄完成後，應至少保存三個月。但依其性質不能保存三個月者，不在此限。

第二九條

政府於消費者保護團體依本法第三十一條規定請求協助時，非有正當理由不得拒絕。

第四章　行政監督

第三〇條

本法第三十三條第二項所稱出示有關證件，指出示有關執行職務之證明文件；其未出示者，被調查者得拒絕之。

第三一條

①主管機關依本法第三十三條第二項第五款抽樣商品時，其抽樣數量以足供檢驗之用者爲限。

②主管機關依本法第三十三條、第三十八條規定，公開調查經過及結果前，應先就調查經過及結果讓企業經營者有說明或申訴之機會。

第三二條

主管機關依本法第三十六條或第三十八條規定對於企業經營者所爲處分，應以書面爲之。

第三三條

依本法第三十六條所爲限期改善、回收或銷燬，除其他法令有特別規定外，其期間應由主管機關依個案性質決定之；但最長不得超過六十日。

第三四條

企業經營者經主管機關依本法第三十六條規定命其就商品或服務限期改善、回收或銷燬者，應將處理過程及結果函報主管機關備查。

第五章　消費爭議之處理

第三五條　（刪除）92

第三六條

本法第四十三條第二項規定十五日之期間，以企業經營者接獲申訴之日起算。

第三七條

本法第四十九條第一項所稱消費者保護專門人員，指該團體專任或兼任之有給職或無給職人員中，具有下列資格或經歷之一者：

一　曾任法官、檢察官或消費者保護官者。

二　律師、醫師、建築師、會計師或其他執有全國專門職業執業證照之專業人士，且曾在消費者保護團體服務一年以上者。

三　曾在消費者保護團體擔任保護消費者工作三年以上者。

第三八條　（刪除）92

第三九條 92

本法第五十條第五項所稱訴訟及支付予律師之必要費用，包括民事訴訟費用、消費者保護團體及律師為進行訴訟所支出之必要費用，及其他依法令應繳納之費用。

第四〇條

本法第五十三條第一項所稱企業經營者重大違反本法有關保護消費者規定之行為，指企業經營者違反本法有關保護消費者規定之行為，確有損害消費者生命、身體、健康或財產，或確有損害之虞者。

第六章　罰　則

第四一條

依本法第五十六條所為通知改正，其期間應由主管機關依個案性質決定之；但最長不得超過六十日。

第七章　附　則

第四二條

本法對本法施行前已流通進入市場之商品或已提供之服務不適用之。

第四三條

本細則自發布日施行。

消費爭議調解辦法

①民國 83 年 11 月 16 日行政院消費者保護委員會令訂定發布全文 16 條。
②民國 92 年 7 月 30 日行政院消費者保護委員會令修正發布全文 33 條；並自發布日施行。
民國 100 年 12 月 16 日行政院公告第 11 條第 2 項所列屬「行政院消費者保護委員會」之權責事項，自 101 年 1 月 1 日起改由「行政院」管轄。
③民國 102 年 9 月 18 日行政院令修正發布第 4、5、8、11、28、31 條條文。

第一條

本辦法依消費者保護法（以下簡稱本法）第四十四條之一規定訂定之。

第二條

①消費者對於消費爭議事件，經依本法第四十三條規定申訴未獲妥適處理者，得向直轄市或縣（市）消費爭議調解委員會（以下簡稱調解委員會）申請調解。
②消費者爲未成年人者，應由法定代理人代爲調解行爲。
③消費者得委任代理人代理調解行爲；代理人應於最初爲調解行爲時，向調解委員會提出委任書。

第三條

①申請調解，應以書面爲之，並按相對人人數提出繕本。
②前項申請書應記載下列事項，並由申請人或代理人簽名或蓋章：
　一　申請人姓名、性別、出生年月日及住（居）所。
　二　相對人姓名、性別及住（居）所，如爲機關、學校、公司或其他法人或團體者，其名稱及事務所或營業所。
　三　申請人有法定代理人或委任代理人者，其姓名、性別、出生年月日及住（居）所。
　四　調解事由及請求內容。
　五　爭議及申訴未獲妥適處理之情形。

第四條

申請調解，有下列情形之一者，調解委員會應定相當期間命其補正：
　一　申請調解書未依前條規定記載。
　二　無具體相對人或內容。
　三　未成年人申請調解，未經法定代理人代爲。
　四　由代理人申請調解，未附具委任書。
　五　其他經調解委員會認爲應予補正。

第五條

①申請調解，有下列情事之一者，調解委員會應不予受理：
　一　經依前條通知補正，逾期未為補正。
　二　非屬消費爭議事件。
　三　未經本法第四十三條第一項或第三項申訴。
　四　非消費者或其代理人提起。
　五　曾經調解或仲裁成立。
　六　曾經調解委員會調解不成立者。但經相對人同意重行調解者，不在此限。
　七　經第一審法院言詞辯論終結。
　八　無相對人。
　九　曾經法院判決確定。
　十　同一消費爭議事件，在調解程序中，重複申請調解。
②前項第六款但書之情形，以一次為限。

第六條

①雙方當事人之住（居）所、營業所、事務所均在同一直轄市或縣（市）者，應向該直轄市或縣（市）調解委員會申請調解。
②雙方當事人之住（居）所、營業所、事務所不在同一直轄市或縣（市）者，得向下列調解委員會擇一申請調解：
　一　消費者住（居）所所在地之調解委員會。
　二　企業經營者住（居）所、營業所、事務所所在地之調解委員會。
　三　消費關係發生地之調解委員會。
　四　其他經雙方當事人合意所定之調解委員會。

第七條

①調解委員會受理調解申請後，應即決定調解期日，通知當事人或其代理人到場，並將申請調解書之繕本一併送達於相對人。
②前項調解期日，自受理申請之日起，不得逾三十日。但經當事人之一方申請延期者，得於十日內延長之。

第八條

①調解委員會應有委員合計三分之一以上出席，始得開會。
②有下列情形之一者，調解委員會得由主席指定調解委員一人或數人逕行調解：
　一　經全體委員三分之二以上之出席，出席委員二分之一以上之同意。
　二　經雙方當事人同意。

第九條

①調解委員應親自進行調解，不得委任他人代理。
②調解委員會得邀請公正或專業人士列席，擔任協同調解人。

第一〇條

①調解委員會委員對於調解事項涉及本身或其同居家屬時，應自行迴避。
②前項情形，經當事人聲請者，亦應行迴避。

第一一條

①調解委員會主席因故未能執行職務時，應由具有消費者保護官身分者，代行其職權。

②直轄市、縣（市）政府因故無消費者保護官擔任調解委員會主席時，得報經行政院消費者保護委員會指派該會或鄰近直轄市、縣（市）政府之消費者保護官代行之。

第一二條

①同一消費爭議事件之調解申請人數超過五人以上，未共同委任代理人者，得選定一人至三人出席調解委員會。

②未選定當事人，而調解委員會認有礙程序之正常進行者，得定相當期限請其選定。

第一三條

雙方當事人各得偕同輔佐人一人至三人列席調解委員會。

第一四條

①就調解事件有利害關係之第三人，經調解委員會之許可，得參加調解程序，調解委員會得依職權通知其參加。

②前項有利害關係之第三人，經雙方當事人及其本人之同意，得加入為當事人。

第一五條

①調解程序，於該直轄市、縣（市）政府或其他適當之處所行之，其程序得不公開。

②調解委員、列席協同調解人及其他經辦調解事務之人，對於調解事件之內容，除已公開之事項外，應保守秘密。

第一六條

①關於消費爭議之調解，當事人不能合意但已甚接近，調解委員依本法第四十五條之二第一項規定提出解決方案時，應將其意旨及內容記明或附於調解筆錄，並應於取得參與調解委員過半數簽名同意後，作成解決方案書，送達雙方當事人。

②前項解決方案書應記載下列事項：

一　解決方案之內容。

二　提出異議之法定期間。

三　提出異議，應以書面為之。但親自至調解委員會以言詞提出異議者，應在調解委員會作成之紀錄上簽名或蓋章。

四　異議之提出，以掛號郵寄方式向調解委員會提出者，以交郵當日之郵戳為準。

五　未於法定期間提出異議之法律效果。

第一七條

當事人於前條解決方案書送達後，未於十日之不變期間內提出異議，視為已依該方案成立調解時，調解委員會應將方案作成調解書，並敘明理由後併同原卷逕送法院核定。

第一八條

當事人於前條異議期間提出異議，視為調解不成立時，調解委員會應敘明理由，通知他方當事人。

第一九條

當事人無正當理由，於調解期日不到場者，除本法第四十五條之四所定小額消費爭議之情形外，視爲調解不成立。但調解委員會認爲有成立調解之望者，得另定調解期日。

第二〇條

①關於小額消費爭議，當事人之一方無正當理由，不於調解期日到場，經到場當事人一方請求或調解委員依職權提出解決方案時，應將其意旨及內容記明或附於調解筆錄，並應於取得全體調解委員過半數簽名同意後，作成解決方案書，送達雙方當事人。

②前項解決方案書之應記載事項，準用第十六條第二項之規定。

第二一條

當事人於前條解決方案書送達後，未於十日之不變期間內提出異議，視爲已依該方案成立調解時，準用第十七條規定之程序辦理。

第二二條

①當事人於前條異議期間提出異議者，調解委員應另定調解期日，通知雙方當事人到場。

②前項調解期日，自接受異議之日起，不得逾二十日。

③第一項之通知，應記載下列事項：

一　另定調解之期日。

二　另定調解期日之理由及異議內容要旨。

三　提出異議當事人無正當理由不到場者，視爲依該方案成立調解之意旨。

④經調解委員另定調解期日，提出異議之當事人無正當理由未到場者，視爲已依該方案成立調解，並依前條規定之程序辦理。

第二三條

①調解應審究事實眞相及雙方當事人爭議之所在。

②調解委員會依本辦法處理調解事件，得商請有關機關協助。

第二四條

調解除勘驗費及鑑定費應由當事人核實開支外，不得徵收任何費用，或以任何名義收受報酬。

第二五條

調解委員或列席協同調解人，不得以強暴、脅迫或詐術進行調解，阻止起訴或其他涉嫌犯罪之行爲。

第二六條

①調解成立時，調解委員會應作成調解書，記載下列事項，並由當事人及出席調解委員簽名、蓋章或按指印：

一　當事人或其法定代理人之姓名、性別、出生年月日及住（居）所。如有參加調解之利害關係人時，其姓名、性別、出生年月日及住（居）所。

二　出席調解委員及列席協同調解人之姓名。

三　調解事由。

四　調解成立之內容。

五　調解成立之場所。

六　調解成立之年、月、日。

②依本法第四十五條之三第二項或第四十五條之五規定視為成立調解者，其調解書無需當事人簽名、蓋章或按指印，但應記載當事人未於法定期間提出異議或提出異議又無正當理由不到場之事由。

第二七條

①調解不成立者，當事人得申請調解委員會發給調解不成立之證明書。

②前項證明書，應於申請後七日內發給之。

第二八條

①調解委員會應於調解成立之日起十日內，將調解書送請管轄法院審核。

②前項調解書經法院核定發還者，調解委員會應即將之送達雙方當事人。

第二九條

調解有關文書之送達，除本法另有規定外，準用民事訴訟法關於送達之規定。

第三〇條

①調解經法院核定後，當事人就該事件不得再行起訴。

②經法院核定之調解，與民事確定判決有同一之效力。

第三一條

民事事件已繫屬法院，在判決確定前，調解成立，並經法院核定者，依本法第四十六條第二項準用鄉鎮市調解條例第二十八條第一項之規定，訴訟終結。

第三二條

①經法院核定之調解，有無效或得撤銷之原因者，當事人得向原核定法院提起宣告調解無效或撤銷調解之訴。

②前項訴訟，當事人應於法院核定之調解書送達後三十日內提起之。

第三三條

本辦法自發布日施行。

零售業等網路交易定型化契約應記載及不得記載事項

①民國99年6月21日經濟部公告發布全文；並自100年1月1日生效。
②民國105年7月15日經濟部令修正發布壹之第5點，並自105年10月1日生效。

本公告適用於經濟部主管之零售業等，透過網路方式對消費者進行交易所訂立之定型化契約。不包括非企業經營者透過網路所進行之交易活動。

適用本公告事項之網路交易活動，已適用其他「應記載及不得記載事項」者，於網路交易定型化契約之範圍，仍不排除本公告之適用。

壹、零售業等網路交易定型化契約應記載事項

一　企業經營者資訊

企業經營者之名稱、負責人、電話、電子郵件信箱及營業所所在地地址。

二　定型化契約解釋原則

本契約條款如有疑義時，應爲有利於消費者之解釋。

三　商品資訊

商品交易頁面呈現之商品名稱、價格、內容、規格、型號及其他相關資訊，爲契約之一部分。

四　以電子文件爲表示方法

交易雙方同意以電子文件作爲表示方法。

五　確認機制及契約履行 105

企業經營者應於消費者訂立契約前，提供商品之種類、數量、價格及其他重要事項之確認機制，並應於契約成立後，確實履行契約。

六　商品訂購數量上限

企業經營者於必要時，得就特定商品訂定個別消費者每次訂購之數量上限。

消費者逾越企業經營者訂定之數量上限進行下單時，企業經營者僅依該數量上限出貨。

七　商品交付地及交付方式

企業經營者應提供商品交付之地點及方式供消費者選擇，並依消費者之擇定交付。

八　付款方式說明

企業經營者應提供付款方式之說明供消費者參閱。

企業經營者提供之付款方式如有小額信用貸款或其他債權債務關係產生時，企業經營者須主動向消費者告知及說明如債權債務主體、利息計算方式、是否另有信用保險或保證人之設定或涉入等資訊。

九　運費

企業經營者應記載寄送商品運費之計價及負擔方式；如未記載，視同運費由企業經營者負擔。

十　退貨及契約解除權

消費者得依消費者保護法第十九條第一項行使相關權利。

十一　個人資料保護

企業經營者應遵守個人資料保護相關法令規定。

十二　帳號密碼被冒用之處理

企業經營者應於知悉消費者之帳號密碼被冒用時，立即暫停該帳號所生交易之處理及後續利用。

十三　系統安全

企業經營者應確保其與消費者交易之電腦系統具有符合一般可合理期待之安全性。

十四　消費爭議處理

企業經營者應就消費爭議說明採用之申訴及爭議處理機制、程序及相關聯絡資訊。

貳、零售業等網路交易定型化契約不得記載事項

一　個人資料行使之權利

不得記載消費者預先拋棄或限制下列個人資料權利之行使：

㈠查詢及請求閱覽。

㈡請求製給複製本。

㈢請求補充或更正。

㈣請求停止蒐集、處理或利用。

㈤請求刪除。

二　目的外之個人資料利用

不得記載消費者個人資料得爲契約目的必要範圍外之利用。

三　單方契約變更之禁止

不得記載企業經營者得片面變更商品之規格、原產地與配件，及消費者不得異議之條款。

不得記載企業經營者得單方變更契約內容。

四　終止契約及賠償責任免除

不得記載企業經營者得任意終止或解除契約。

不得預先免除企業經營者終止或解除契約時所應負之賠償責任。

五　消費者之契約解除或終止權

不得記載消費者放棄或限制依法享有之契約解除權或終止權。

六　廣告

不得記載廣告僅供參考。

七　證據排除

不得記載如有糾紛，限以企業經營者所保存之電子交易資料作爲認定相關事實之依據。

八　管轄法院

不得記載排除消費者保護法第四十七條或民事訴訟法第四百三十六條之九小額訴訟管轄法院之適用。

通訊交易解除權合理例外情事適用準則

民國 104 年 12 月 31 日行政院令訂定發布全文 4 條；並自 105 年 1 月 1 日施行。

第一條

本準則依消費者保護法（以下簡稱本法）第十九條第二項規定訂定之。

第二條

本法第十九條第一項但書所稱合理例外情事，指通訊交易之商品或服務有下列情形之一，並經企業經營者告知消費者，將排除本法第十九條第一項解除權之適用：

一　易於腐敗、保存期限較短或解約時即將逾期。

二　依消費者要求所為之客製化給付。

三　報紙、期刊或雜誌。

四　經消費者拆封之影音商品或電腦軟體。

五　非以有形媒介提供之數位內容或一經提供即為完成之線上服務，經消費者事先同意始提供。

六　已拆封之個人衛生用品。

七　國際航空客運服務。

第三條

通訊交易，經中央主管機關依本法第十七條第一項公告其定型化契約應記載及不得記載事項者，適用該事項關於解除契約之規定。

第四條

本準則自中華民國一百零五年一月一日施行。

零售業等商品（服務）禮券定型化契約應記載及不得記載事項

①民國 95 年 10 月 19 日經濟部公告訂定發布全文，並自 96 年 4 月 1 日生效（民國 100 年 12 月 16 日行政院公告屬「行政院消費者保護委員會」之權責事項，自 101 年 1 月 1 日起改由「行政院相關業務處」管轄）。
②民國 102 年 1 月 14 日經濟部公告修正發布全文，並自 102 年 7 月 1 日生效。
③民國 103 年 10 月 16 日經濟部公告修正發布全文，並自即日生效

本事項適用之行業別包含：零售業（食品、服飾品、家庭電器及設備、電腦資訊設備、運動用品、百貨公司、超市、便利商店、量販店、加油站等）、洗衣業、視聽歌唱業、一般浴室業、三溫暖業、理髮美髮業、K 書中心、室內兒童遊樂園業等行業。
本事項所稱商品（服務）禮券，指由發行人發行記載或圈存一定金額、項目或次數之憑證、晶片卡或其他類似性質之證券，而由持有人以提示、交付或其他方法，向發行人或其指定之人請求交付或提供等同於上開證券所載內容之商品或服務，但不包括發行人無償發行之抵用券、折扣（價）券。
前項所稱商品（服務）禮券不包括電子票證發行管理條例所稱之電子票證。

零售業等商品（服務）禮券定型化契約應記載事項

一　商品（服務）禮券之應記載事項

㈠發行人名稱、地址、統一編號及負責人姓名。
㈡商品（服務）禮券之面額或使用之項目、次數。
㈢商品（服務）禮券發售編號。
㈣使用方式。

二　發行人應依下列方式之一提供消費者期間至少一年之履約保證機制，並記載於禮券券面明顯處：

㈠本商品（服務）禮券內容表彰之金額，已經○金融機構提供足額履約保證，前開保證期間自中華民國○年○月○日（出售日）至中華民國○年○月○日止（至少一年）。
㈡本商品（服務）禮券，已與○公司（同業同級，市占率至少百分之五以上）等相互連帶保證，持本禮券可依面額向上列公司購買等值之商品（服務）。上列公司不得為任何異議或差別待遇，亦不得要求任何費用或補償。前開相互連帶保證期間自中

華民國○年○月○日（出售日）至中華民國○年○月○日止（至少一年）。

(三)本商品（服務）禮券所發行之金額，已存入發行人於○金融機構開立之信託專戶，專款專用；所稱專用，係指供發行人履行交付商品或提供服務義務使用。前開信託期間自中華民國○年○月○日（出售日））至中華民國○年○月○日止（至少一年）。

(四)本商品（服務）禮券已加入由○商業同業公會辦理之○同業禮券聯合連帶保證協定，持本禮券可依面額向加入本協定之公司購買等值之商品（服務）。前開連帶保證期間自中華民國○年○月○日（出售日）至中華民國○年○月○日止（至少一年）。

(五)其他經經濟部許可之履約保證方式。（須敘明該履約保證方式內容，及經濟部許可同意公文字號）。

三　消費爭議處理申訴（客服）專線。（例如：電話……；電子信箱……；網址……）。

四　商品（服務）禮券如因毀損或變形，而其重要內容（含主、副券）仍可辨認者，得請求交付商品（服務）或補發；其補發費用紙券每次不得超過新臺幣五十元，磁條卡或晶片卡每張不得超過新臺幣一百元。

五　商品（服務）禮券為記名式，如發生遺失、被竊或滅失等情事，得申請補發；其補發費用紙券每次不得超過新臺幣五十元，磁條卡或晶片卡每張不得超過新臺幣一百元。

六　發行人以第三方為實際商品（服務）之提供者時，應記載實收資本額（不得低於新臺幣三千萬元）及實際商品（服務）提供者之名稱、地址及聯絡電話。其履約保證機制，應依第二點第一款金融機構足額履約保證，或第二點第三款之存入金融機構開立信託專戶專款專用之方式為之。

七　禮券因以磁條卡、晶片卡或其他電子方式發行，而難以完整呈現應記載事項者，發行人應以書面或其他合理方式告知消費者應記載事項及得隨時查詢交易明細之方法。

零售業等商品（服務）禮券定型化契約不得記載事項

一　不得記載使用期限。

二　不得記載「未使用完之禮券餘額不得消費」。

三　不得記載免除交付商品或提供服務義務，或另行加收其他費用。

四　不得記載限制使用地點、範圍、截角無效等不合理之使用限制。

五　不得記載發行人得片面解約之條款。

六　不得記載預先免除發行人故意或重大過失責任。

七　不得記載違反其他法律強制禁止規定或爲顯失公平或欺罔之事項。

八　不得記載廣告僅供參考。

九　發行人以第三方爲實際商品（服務）之提供者時，不得記載較現金消費不利之情形。

十　發行人以第三方爲實際商品（服務）之提供者時，不得記載消費者要求退回禮券返還價金時，加收任何費用之文字或類似意思之表示。

十一　發行人以第三方為實際商品（服務）之提供者時，不得記載消費者與實際商品（服務）提供者發生消費爭議時，免除自身責任之文字或類似意思之表示。

商品（服務）禮券定型化契約應記載及不得記載事項（核定本）

行政院消費者保護處 108 年 3 月 28 日院臺消保字第 1080170199 號公告，施行日期另待主管機關公告。

壹、前言

本事項所稱商品（服務）禮券，指發行人發行一定金額之憑證、磁 條卡、晶片卡或其他類似性質之證券，由持有人以提示、交付或其 他方法，向發行人或其指定之人請求交付或提供等同於上開證券所 載金額之商品或服務。

前項所稱商品（服務）禮券不包括發行人無償發行之抵用券、折扣（價）券，及電子票證發行管理條例所稱之電子票證。

本事項之主管機關爲經濟部、農業委員會、衛生福利部、教育部、國家通訊傳播委員會、交通部、文化部、財政部及國軍退除役 官兵輔導委員會，其適用範圍，如附表。

貳、應記載事項

一　商品（服務）禮券應記載下列事項：

㈠發行人名稱、地址、統一編號及代表人姓名。如發行人非爲實際商品（服務）之提供者時，並應記載實收資本額或在中華民國 境內營業所用之資金，及實際商品（服務）提供者之名稱、地 址、聯絡電話。

㈡面額。

㈢發售編號及出售日。

㈣使用方式。

㈤消費申訴（客服）專線。（例如：電話、電子信箱、網址或即時 通訊軟體）。

㈥履約保障機制，並載明逾保障期間者，發行人仍負履約責任。

二　發行人應依下列方式之一提供消費者自出售日起算至少一年期間之履約保障機制：

㈠禮券面額已經○金融機構提供足額履約保證。保證期間自中華民國○年○月○日（出售日）起至○年○月○日止（至少一年）。

㈡禮券面額已先時存入發行人於○金融機構開立之信託專戶，專款專用，信託期間自中華民國○年○月○日（出售日）起至○年○月○日止（至少一年）。

㈢禮券面額已經○金融機構或○電子支付機構提供價金保管服務，並先時存入○金融機構之價金保管專戶或○電子支付機構於○金融機構開立之專用存款專戶，專款專用。保管期間自中華民國○年○月○日（出售日）起至○年○月○日止（至少一年）。

㈣禮券面額已與依公司章程規定得對外為保證之同業同級○公司等為相互連帶擔保，持本禮券可依面額向上列公司請求提供等值之商品（服務），上列公司不得為任何異議或差別待遇，亦不 得要求任何費用或補償。連帶擔保期間自中華民國○年○月○ 日（出售日）起至○年○月○日止（至少一年）。

㈤其他經主管機關許可之履約保障機制。（禮券明顯處應記載該履約保障機制內容，及主管機關許可字號）。

前項第四款同業同級公司之實收資本額或市占率等基準，由主管機關定之。

發行人變更第一項規定之履約保障機制者，其保障期間必須接續，不得中斷，並應於轉換履約保障機制生效日前公告之。

發行人應提供第一項履約保障機制之佐證方式，以利消費者查詢。

三　禮券如有毀損或變形，而其重要內容（含主、副券）仍可辨認者，得 請求交付商品（服務）或申請換發。

禮券為記名式者，如發生遺失、被竊或滅失等情事，得申請補發。

依前二項申請換發或補發禮券者，發行人如需收取費用，紙券每次不得超過新臺幣五十元，以磁條卡、晶片卡發行者，每張不得超過新臺幣一百元。

四　禮券應記載消費者要求退還禮券之程序及返還金額。

消費者退還禮券，企業經營者得收取手續費，其費用不得逾返還金 額百分之三。

因不可歸責於消費者之事由退還禮券者，企業經營者不得收取手續費。

五　發行人以第三方為實際商品（服務）之提供者時，發行人之實收資本額或在中華民國境內營業所用之資金不得低於新臺幣三千萬元。但主管機關得就該額度公告調整之。

未達前項之額度者，應經主管機關許可，並於禮券明顯處記載主管機關許可之年度、字號及期限。

前二項發行人提供之履約保障機制，應依第二點第一項第一款至第三款之方式為之。

六　禮券以磁條卡、晶片卡或其他電子方式發行，而難以完整呈現應記載事項者，得僅記載發行人、履約保障機制及消費申訴（客服）專線。但發行人應以合理方式充分揭露其他應記載事項，並提供隨時查詢交易明細之方法。

貳、不得記載事項

一　不得記載使用期限。

二　不得記載未使用完之禮券餘額不得消費。

三　不得記載免除交付商品或提供服務義務，或另行加收其他費用。

四　不得記載不合理之使用限制。

五　不得記載發行人得片面解約之條款。

六　不得記載預先免除發行人故意或重大過失責任。

七　發行人以第三方為實際商品（服務）之提供者時，不得記載消費者與實 際商品（服務）提供者發生消費爭議時，免除發行人責任或類似意思表 示。

八　不得記載較現金消費不利之情形。

九　不得記載違反其他法律強制禁止規定或為顯失公平或欺罔之事項。

十　不得記載廣告僅供參考。

附表-商品（服務）禮券定型化契約應記載及不得記載事項之主管機關及適用範圍

項次	行業別	適用範圍	主管機關
一	零售業等	零售業（食品、服飾品、家庭電器及設備、電腦資訊設備、運動用品、百貨公司、超市、便利商店、量販店、加油站等）、視聽歌唱業、一般浴室業、三溫暖業、K 書中心、室內兒童遊樂園業等行業。	經濟部
二	休閒農場	休閒農場、民宿、農會、漁會、農村酒莊、田媽媽餐廳及農園等休閒農業經營場域。	農業委員會
三	森林遊樂區	「森林遊樂區設置管理辦法」所述相關育樂活動、食宿及服務設施。	
四	娛樂漁業	娛樂漁業。	
五	瘦身美容業	瘦身美容業。	衛生福利部
六	美容美髮服務業	臉部美容及理髮美髮業。	
七	餐飲業等	餐飲、烘焙等行業。	
八	民俗調理業	傳統整復推拿業、按摩業、腳底按摩業及經絡調理業。	
九	運動場館業	㈠高爾夫球場業。㈡運動場館業。	教育部
十	電信業	電信業。	國家通訊傳播委員會
十一	觀光遊樂業	觀光遊樂業。	交通部
十二	觀光旅館業	觀光旅館業。	
十三	旅館業	旅館業。	
十四	民宿經營業	民宿經營業。	
十五	停車場經營業	路外停車場回數票。	
十六	電影片映演業	電影片映演業。	文化部
十七	出版業等	圖書出版業、文教育樂用品零售業。	
十八	菸酒販賣業	菸酒販賣業。	財政部
十九	農場	國軍退除役官兵輔導委員會所屬農場。	國軍退除役官兵輔導委員會

網路連線遊戲服務定型化契約應記載及不得記載事項

①民國 96 年 12 月 13 日經濟部令公告訂定發布全文。
②民國 99 年 12 月 1 日經濟部令公告修正發布全文。
③民國 107 年 10 月 8 日經濟部公告修正發布名稱及全文；並自 108 年 1 月 8 日生效（原名稱：線上遊戲定型化契約應記載及不得記載事項）。

本事項適用於遊戲營運業者提供消費者透過電腦、智慧型裝置或其他電子化載具，連結網際網路至業者指定之伺服器所進行連線遊戲服務（以下簡稱本遊戲服務）締結之定型化契約。但不包括電子遊戲場業管理條例所稱電子遊戲機、單純區域連線或其他無需透過網路連結遊戲伺服器之遊戲服務。

壹、應記載事項

一　當事人及其基本資料

㈠消費者（請依會員註冊流程填寫）。

㈡企業經營者：業者之名稱、代表人、電話、營業所、網址、電子郵件及統一編號。

二　法定代理人

消費者為限制行為能力人者，本契約訂定時，應經消費者之法定代理人同意，本契約始生效力；消費者為無行為能力人者，本契約之訂定，應由消費者之法定代理人代為之。

若有限制行為能力人未經同意或無行為能力人未由法定代理人代為付費購買點數致生法定代理人主張退費時，法定代理人得依官網公告流程，備妥證明文件並提出申請，經企業經營者確認後，退還消費者未使用之遊戲費用。

企業經營者應於官網首頁、遊戲登入頁面或購買頁面以中文明顯標示，若消費者為限制行為能力人或無行為能力人，除應符合第一項規定外，並應於消費者之法定代理人閱讀、瞭解並同意本契約之所有內容後，方得使用本遊戲服務，本契約條款變更時亦同。

三　契約內容

以下視為本契約之一部分，與本契約條款具有相同之效力：

㈠企業經營者有關本遊戲服務之廣告或宣傳內容。

㈡計費制遊戲之費率表及遊戲管理規則。

本契約條款如有疑義時，應為消費者有利之解釋。

四　契約解除權規定

消費者得於開始遊戲後七日內，以書面告知企業經營者解除本契約，消費者無需說明理由及負擔任何費用。

前項情形，消費者得就未使用之付費購買點數向企業經營者請求退費。

五　計費標準、變更及其通知相關規定

本遊戲服務之收費計算方式爲：

□免費制

□計時制（應敘明計價單位及幣別，計價單位最高不得逾二小時）

□其他費制____

本遊戲服務內（例如：遊戲商城、線上商店等）有提供需消費者額外付費購買之點數、商品或其他服務（例如：虛擬貨幣或寶物、進階道具等），企業經營者應在官網首頁、遊戲登入頁面或購買頁面公告載明付款方式及商品資訊。

費率調整時，企業經營者應於預定調整生效日三十日前於官網首頁、遊戲登入頁面或購買頁面公告；若消費者於註册帳號時已登錄通訊資料者，並依消費者登錄之通訊資料通知消費者。

費率如有調整時，應自調整生效日起按新費率計收；若新費率高於舊費率時，消費者在新費率生效日前已於官網中登錄之付費購買點數或遊戲費用應依舊費率計收。

六　本遊戲服務應載明之資訊

企業經營者應於官網首頁、遊戲登入頁面或購買頁面及遊戲套件包裝上載明以下事項：

㈠依遊戲軟體分級管理辦法規定標示遊戲分級級別及禁止或適合使用之年齡層。

㈡進行本遊戲服務之最低軟硬體需求。

㈢有提供安全裝置者，其免費或付費資訊。

㈣有提供付費購買之機會中獎商品或活動，其活動內容、獎項及中獎等資訊，並應記載「此爲機會中獎商品，消費者購買或參與活動不代表即可獲得特定商品」等提示。

七　帳號密碼之使用

消費者完成註册程序後取得之帳號及密碼，僅供消費者使用。

前項之密碼得依企業經營者提供之修改機制進行變更。企業經營者人員（含客服人員、遊戲管理員）不得主動詢問消費者之密碼。企業經營者應於契約終止後____日內（不得低於三十日），保留消費者之帳號及附隨於該帳號之電磁紀錄。

契約非因可歸責消費者之事由而終止者，消費者於前項期間內辦理續用後，有權繼續使用帳號及附隨於該帳號之電磁紀錄。

第二項期間屆滿時，消費者仍未辦理續用，企業經營者得刪除該帳號及附隨於該帳號之所有資料，但法令另有規定者不在此限。

八　帳號密碼遭非法使用之通知與處理

當事人一方如發現帳號、密碼被非法使用時，應立即通知對方並由企業經營者進行查證，經企業經營者確認有前述情事後，得暫停該組帳號或密碼之使用權，更換帳號或密碼予消費者，立即限制第三人就本遊戲服務之使用權利，並將相關處理方式揭載於遊戲管理規則。

企業經營者應於暫時限制遊戲使用權利之時起，即刻以官網公告、簡訊、電子郵件、推播或其他雙方約定之方式通知前項第三人提出說明。如該第三人未於接獲通知時起七日內提出說明，企業經營者應直接回復遭不當移轉之電磁紀錄予消費者，不能回復時可採其他雙方同意之相當補償方式，並於回復後解除對第三人之限制。但企業經營者有提供免費安全裝置（例如：防盜卡、電話鎖等）而消費者不使用或有其他可歸責於消費者之事由，企業經營者不負回復或補償責任。

第一項之第三人不同意企業經營者前項之處理時，消費者得依報案程序，循司法途徑處理。

企業經營者依第一項規定限制消費者或第三人之使用權時，在限制使用期間內，企業經營者不得向消費者或第三人收取費用。

消費者如有申告不實之情形致生企業經營者或第三人權利受損時，應負一切法律責任。

九　遊戲歷程之保存期限、查詢方式及費用

企業經營者應保存消費者之個人遊戲歷程紀錄，且保存期間為____日（不得低於三十日），以供消費者查詢。

消費者得以書面、網路，或親至企業經營者之服務中心申請調閱消費者之個人遊戲歷程，且須提出與身分證明文件相符之個人資料以供查驗，查詢費用如下，由消費者負擔：

□免費。

□____元（不得超過新臺幣二百元）。

□其他計費方式（計費方式另行公告於官網首頁、遊戲登入頁面或購買頁面，其收費不得超過新臺幣二百元）。

企業經營者接獲消費者之查詢申請，應提供第一項所列之消費者個人遊戲歷程，並於七日內以儲存媒介或書面、電子郵件方式提供資料。

十　個人資料

關於個人資料之保護，依相關法律規定處理。

十一　電磁紀錄

本遊戲之所有電磁紀錄均屬企業經營者所有，企業經營者並應維持消費者相關電磁紀錄之完整。

消費者對於前項電磁紀錄有使用支配之權利。但不包括本遊戲服務範圍外之移轉、收益行為。

十二　連線品質

企業經營者為維護本遊戲服務相關系統及軟硬體設備而預先規

劃暫停本遊戲服務之全部或一部時，應於七日前於官網首頁、遊戲登入頁面或購買頁面公告。但因臨時性、急迫性或不可歸責於企業經營者之事由者，不在此限。

因可歸責企業經營者事由，致消費者不能連線使用本遊戲服務時，企業經營者應立即更正或修復。對於消費者於無法使用期間遭扣除遊戲費用或遊戲內商品，企業經營者應返還遊戲費用或商品，無法返還時則應提供其他合理之補償。

十三　企業經營者及消費者責任

企業經營者應依本契約之規定負有於提供本服務時，維護其自身電腦系統，符合當時科技或專業水準可合理期待之安全性。

電腦系統或電磁紀錄受到破壞，或電腦系統運作異常時，企業經營者應於採取合理之措施後儘速予以回復。

企業經營者違反前二項規定或因遊戲程式漏洞致生消費者損害時，應依消費者受損害情形，負損害賠償責任。但企業經營者能證明其無過失者，得減輕其賠償責任。

企業經營者電腦系統發生第二項所稱情況時，於完成修復並正常運作之前，企業經營者不得向消費者收取費用。

消費者因共用帳號、委託他人付費購買點數衍生與第三人間之糾紛，企業經營者得不予協助處理。

十四　遊戲管理規則

為規範遊戲進行之方式，企業經營者應訂立合理公平之遊戲管理規則，消費者應遵守企業經營者公告之遊戲管理規則。

遊戲管理規則之變更應依第十七點之程序為之。

遊戲管理規則有下列情形之一者，其規定無效：

㈠牴觸本契約之規定。

㈡剝奪或限制消費者之契約上權利。但企業經營者依第十五點之規定處理者，不在此限。

十五　違反遊戲管理規則之處理

除本契約另有規定外，有事實足證消費者於本遊戲服務中違反遊戲管理規則時，企業經營者應於官網首頁、遊戲登入頁面或購買頁面公告，並依消費者登錄之通訊資料通知消費者。

消費者第一次違反遊戲管理規則，企業經營者應通知消費者於一定期間內改善。經企業經營者通知改善而未改善者，企業經營者得依遊戲管理規則，按其情節輕重限制消費者之遊戲使用權利。如消費者因同一事由再次違反遊戲管理規則時，企業經營者得立即依遊戲管理規則限制消費者進行遊戲之權利。

企業經營者依遊戲管理規則限制消費者進行遊戲之權利，每次不得超過___日（至長不得超過七日）。

十六　申訴權利

消費者不滿意企業經營者提供之連線品質、遊戲管理、費用計費、其他相關之服務品質，或對企業經營者依遊戲管理規則之處置不服時，得於收到通知之翌日起七日內至企業經營者之服務中心或以電子郵件或書面提出申訴，企業經營者應於接獲申訴後，於____日（至長不得超過十五日）內回覆處理之結果。

企業經營者應於官網或遊戲管理規則中明定服務專線、電子郵件等相關聯絡資訊與二十四小時申訴管道。

消費者反映第三人利用外掛程式或其他影響遊戲公平性之申訴，依第一項規定辦理。

十七　契約之變更

企業經營者修改本契約時，應於官網首頁、遊戲登入頁面或購買頁面公告之，並依消費者登錄之通訊資料通知消費者。

企業經營者未依前項進行公告及通知者，其契約之變更無效。

消費者於第一項通知到達後十五日內：

㈠消費者未為反對之表示者，企業經營者依契約變更後之內容繼續提供本遊戲服務。

㈡消費者為反對之表示者，依消費者終止契約方式處理。

十八　契約之終止及退費

消費者得隨時通知企業經營者終止本契約。

企業經營者得與消費者約定，若消費者逾____期間（不得少於一年）未登入使用本遊戲服務，企業經營者得定相當期限（不得少於十五日）通知消費者登入，如消費者屆期仍未登入使用，則企業經營者得終止本契約。

消費者有下列重大情事之一者，企業經營者依消費者登錄之通訊資料通知消費者後，得立即終止本契約：

㈠利用任何系統或工具對企業經營者電腦系統之惡意攻擊或破壞。

㈡以利用外掛程式、病毒程式、遊戲程式漏洞或其他違反遊戲常態設定或公平合理之方式進行遊戲。

㈢以冒名、詐騙或其他虛偽不正等方式付費購買點數或遊戲內商品。

㈣因同一事由違反遊戲管理規則達一定次數（不得少於三次）以上，經依第十五點第二項通知改善而未改善者。

㈤經司法機關查獲從事任何不法之行為。

企業經營者對前項事實認定產生錯誤或無法舉證時，企業經營者應對消費者之損害負賠償責任。

契約終止時，企業經營者於扣除必要成本後，應於三十日內以現金、信用卡、匯票或掛號寄發支票方式退還消費者未使用之付費購買之點數或遊戲費用，或依雙方同意之方式處理前述點數或費用。

十九　停止營運

因企業經營者停止本遊戲服務之營運而終止契約者，應於終止前____日（不得少於三十日）公告於官網首頁、遊戲登入頁面或購買頁面；若消費者於註册帳號時已登錄通訊資料者，並依消費者登錄之通訊資料通知消費者。

企業經營者未依前項期間公告並通知者，除應退還消費者未使用之付費購買點數或遊戲費用且不得扣除必要成本外，並應提供消費者其他合理之補償。

二十　管轄法院

消費者與企業經營者得合意定第一審管轄法院。

前項約定不得排除消費者保護法第四十七條及民事訴訟法第二十八條第二項、第四百三十六條之九規定之適用。

貳、不得記載事項

一　不得約定拋棄契約審閱期間。

二　不得約定概括授權企業經營者得就消費者所提供之各項個人資料，爲履行契約目的範圍外之利用或洩露。

三　不得約定排除消費者之任意解除及終止契約之權利。

四　企業經營者不得約定其得減輕或免除依消費者保護法應負之責任及無故任意解除及終止契約而不負賠償責任。

五　不得約定企業經營者之廣告不構成契約內容，亦不得約定廣告僅供參考。

六　不得約定如有糾紛，限以企業經營者所保存之遊戲歷程及相關電子資料爲認定標準。

七　不得約定所有使用消費者帳號和密碼進入企業經營者管理之電腦系統後之行爲，均視爲消費者之行爲。

八　不得約定其得單方變更契約內容。

九　除法律另有規定外，不得約定因本契約提供之服務所生之糾紛涉訟，應賠償企業經營者所支出之律師費用。

十　不得記載付費購買點數之使用期限。

十一　不得記載企業經營者對契約內容有最終解釋權。

線上遊戲點數（卡）定型化契約應記載及不得記載事項

民國101年6月11日經濟部令公告訂定發布全文；並自即日生效。

定義及適用範圍

本契約內所稱線上遊戲點數（卡），指預付一定金額購買發行人所發行記載或圈存一定面額、遊戲物品項目或使用次數等形式之點數（卡），並由持有人將表彰價值之序號或其他方式登錄至特定帳號中，用以兌換發行人所提供之線上遊戲服務或商品。

前項點數（卡）不包括多用途現金儲值卡（例如：悠遊卡）或其他具有相同性質之晶片卡。

本契約內所稱發行人之履約保證責任範圍，不包括可區分之附贈點數（卡）。無法區分者，所有點數（卡）均在履約保證範圍。

壹、應記載事項

發行線上遊戲點數（卡），其為實體卡者，應將以下應記載事項記載於實體點數卡之正面或背面明顯處。其為非實體卡者，應記載於購買時之網頁或其他消費者明顯可知悉或瀏覽之處。

一　發行人及線上遊戲點數（卡）消費資訊

㈠發行人名稱、地址、網址、電子信箱、統一編號及負責人姓名。

㈡本點數（卡）之面額或使用之項目、次數。

㈢本點數（卡）之發售序號或其他足資證明交易之資訊。

㈣使用須知。

㈤本點數（卡）若有附贈點數，而依「定義及適用範圍」約定，附贈之點數因與購買之點數可區分，致附贈之點數不提供履約保證者，視為消費者先行使用無履約保證之附贈點數。

二　發行人之履約保證責任（發行人應依下列方式之一為之）；

□本點數（卡）內容表彰之金額，已經○○金融機構提供足額履約保證，自購買日起至少一年。但保證期間更換金融機構者，由更換後之金融機構接續提供履約保證。

□本點數（卡），已與○○公司（同業同級，市占率至少百分之五以上）等相互連帶擔保，持本點數（卡）可依面額向上列公司兌換等值之服務或商品。上列公司不得為任何異議或差別待遇，亦不得要求任何費用或補償。

□本點數（卡）所收取之金額，已存入發行人於○○金融機構開立之信託專戶，專款專用；所稱專用，指供發行人履行交付商品或提供服務義務使用。

□本點數（卡）已加入由○○商業同業公會辦理之○○同業點數（卡）聯合連帶保證協定，持本點數（卡）可依面額向加入本協定之公司兌換等值之服務或商品。

□其他經經濟部許可之履約保證方式。註明＿＿＿＿＿＿＿＿。

三　消費爭議處理申訴（客服）專線電話、網址、電子信箱。

貳、不得記載事項

一　不得記載使用或登錄期限。

二　不得記載「未使用完之點數（卡）餘額不得消費」。

三　不得記載免除兌換商品或提供服務義務，或另行加收其他費用。

四　不得記載限制使用地點、範圍等不合理之使用限制。

五　不得記載發行人得片面終止或解除契約。

六　不得記載預先免除發行人故意或過失責任。

七　不得記載違反其他法律強制禁止規定或爲顯失公平或欺罔之事項。

八　不得記載廣告僅供參考。

藝文展覽票券定型化契約應記載及不得記載事項

民國 102 年 3 月 13 日文化部令訂定發布全文；並自 102 年 3 月 15 日生效。

本契約於中華民國＿＿年＿＿月＿＿日經消費者審閱＿＿日（不得少於 1 日）。

本事項所稱藝文展覽票券，指針對藝文物品及其他藝文創作展覽所公開販售並向消費者收取對價之記名式（或無記名式）證券。但其他目的事業主管機關另有規定者，不在此限。

壹、應記載事項

一　企業經營者資訊

企業經營者應載明名稱、負責人、聯絡方式（電話、傳眞、網址、電子信箱、服務專線）及營業所所在地地址。

二　銷售資訊

企業經營者應載明藝文展覽票券之票價、展覽時間、展覽地點、展覽名稱、銷售方式、預售期間、優惠方案及其他應告知消費者之事項。

三　展覽內容

企業經營者應確保合於宣稱內容之展出。

企業經營者之廣告就展覽內容所爲之說明或保證，消費者得據此而爲主張。

藝文展覽之主要內容，於展出首日前發生變動時，企業經營者應即以適當方式通知消費者並以明顯方式公告之。企業經營者並應說明變動主要內容之理由。

企業經營者依前項規定通知並公告者，消費者得於入場前要求全額退費。未依前項規定通知或公告者，於觀覽結束後，消費者仍得要求全額退費。

四　付款方式

本藝文展覽票券之費用共計新臺幣（以下同）＿＿元。除本契約另有約定外，雙方不得要求增減費用。

甲方得依下列方式之一繳付費用：

□現金。

□信用卡。

□支票。

□其他：

五　票券交付

票券交付方式如下：

□購票處。

□郵寄。

□現場取票。

□超商取票。

□其他：

六　退票機制

企業經營者應提供藝文展覽票券退票機制並詳加說明。

消費者於藝文展覽結束前，得向企業經營者申請退票。

消費者申請退票者，企業經營者收取之手續費不得逾____元（超過票面金額百分之十者，以百分之十為限）。但申請退票之事由不可歸責於消費者時，不得收取手續費。

七　入場規範

企業經營者得於維護藝文展覽品質及觀賞者權益之必要範圍內，訂立入場規範並於明顯處（售票處、入場處或網站）公告之。

各場次之進場人數不得超出該展覽場所之容留人數管制總量。

八　消費爭議處理

企業經營者應載明消費爭議處理機制、程序及相關聯絡資訊。

貳、不得記載事項

一　單方契約變更之禁止

不得記載企業經營者得單方變更契約內容。

二　終止契約及賠償責任免除

不得記載企業經營者得任意終止或解除契約。

不得預先免除企業經營者終止或解除契約時所應負之賠償責任。

三　消費者之契約解除或終止權

不得記載消費者拋棄或限制依法享有之契約解除權或終止權。

四　故意及過失責任免除

不得記載企業經營者得預先免除故意及過失責任。

五　履行輔助人責任免除

不得記載企業經營者得預先免除對履行輔助人所負責任。

六　廣告責任

不得記載企業經營者之廣告不構成契約之內容，亦不得記載廣告僅供參考。

藝文表演票券定型化契約應記載及不得記載事項

①民國 101 年 6 月 29 日文化部令訂定發布全文；並自 1017 月 1 日施行。
②民國 107 年 5 月 16 日文化部公告修正發布壹之第 4、6、7 點；並自即日生效。

本契約於中華民國____年____月____日經消費者審閱____日（不得少於 3 日）。

本事項所稱藝文表演票券，指針對現場演出之音樂、戲劇、舞蹈或其他形式之藝文表演活動所公開販售並向消費者收取對價之無記名式（或記名式）證券。但電影片票券或其他目的事業主管機關另有規定者，不在此限。

壹、應記載事項

一　企業經營者資訊

企業經營者應載明名稱、負責人、聯絡方式（電話、傳眞、網址、電子信箱、服務專線）及營業所所在地地址。

二　銷售資訊

企業經營者應載明藝文表演票券之票價、演出時間、演出地點、座次、節目名稱、銷售方式、預售期間、優惠方案及其他應告知消費者之事項。

三　表演內容

企業經營者應確保合於宣稱內容之演出。

企業經營者之廣告就表演內容所爲之說明或保證，消費者得據此而爲主張。

藝文表演主要表演人員或主要節目內容，於預定表演前發生變動時，企業經營者應即以適當方式通知消費者並以明顯方式公告之。企業經營者並應說明變動主要表演人員或主要節目內容之理由。

企業經營者依前項規定通知並公告者，消費者得於演出前要求全額退費。未依前項規定通知或公告者，於表演結束後，消費者仍得要求全額退費。

四　付款方式

本藝文表演票券之費用共計新臺幣（以下同）____元。除本契約另有約定外，雙方不得要求增減費用。

消費者得依下列方式之一繳付費用：

□現金。

□信用卡。
□支票。
□其他：

五　票券交付

票券交付方式如下：

□購票處
□郵寄。
□現場取票。
□超商取票。
□其他：

六　退、換票機制

企業經營者應提供藝文表演票券退、換票機制並詳加說明。但非供自用，購買票券而轉售圖利者，企業經營者得不予退、換票。

企業經營者應依藝文表演之性質，就以下退、換票機制擇一勾選。但請求退、換票之事由不可歸責於消費者時，不得收取手續費：

□方案一：

消費者請求退、換票之時限爲該票券所載演出日前____日（不得多於十日）。但消費者於退、換票時限屆至前購買，迄於時限屆至後始收受票券或於開演前仍未收受票券者，亦得退票。

消費者請求退、換票者，企業經營者收取之手續費不得逾____元（超過票面金額百分之十者，以百分之十爲限）。

□方案二：

□A（僅供退票）

消費者請求退票之時限爲購買票券後三日內；企業經營者收取之手續費不得逾____元（超過票面金額百分之五者，以百分之五爲限）。

□B（併供退、換票）

消費者請求退、換票之時限爲購買票券後三日內；企業經營者收取之手續費不得逾____元（超過票面金額百分之五者，以百分之五爲限）。

□方案三：

□A（僅供退票）

消費者請求退票之時限爲該票券所載演出日前____日（不得多於二十日）；企業經營者收取之手續費不得逾____元（超過票面金額百分之十者，以百分之十爲限）。

□B（併供退、換票）

消費者請求退、換票之時限爲該票券所載演出日前____日（不得多於二十日）；企業經營者收取之手續費不得逾____元（超過票面金額百分之十者，以百分之十爲限）。

□方案四：

□A（僅供退票）

消費者請求退票之時限及企業經營者收取之手續費如下：

演出日前第三十一日前請求退票者，企業經營者收取之手續費不得逾____不得逾____元（超過票面金額百分之三十者，以百分之三十為限）。

演出日前第三日至第十日內請求退票者，企業經營者收取之手續費不得逾____元（超過票面金額百分之五十者，以百分之五十為限）。

演出當日至演出日前第二日內請求退票者，企業經營者得不予退票。

□B（併供退、換票）

消費者請求退、換票之時限及企業經營者收取之手續費如下：

演出日前第三十一日前請求退、換票者，企業經營者收取之手續費不得逾____元（超過票面金額百分之十者，以百分之十為限）。

演出日前第十一日至第三十日內請求退、換票者，企業經營者收取之手續費不得逾____元（超過票面金額百分之三十者，以百分之三十為限）。

演出日前第三日至第十日以內請求退、換票者，企業經營者收取之手續費不得逾____元（超過票面金額百分之五十者，以百分之五十為限）。

演出當日至演出日前第二日內請求退、換票者，企業經營者得不予退、換票。

七　票券毀損、滅失及遺失之入場機制

企業經營者應提供消費者票券毀損、滅失及遺失時之入場機制並詳加說明。

就下列票券，企業經營者不得拒絕消費者入場：

㈠記名式票券：持有身分證明及票券購買證明者。

㈡劃位式無記名票券：持有票券購買證明且無其他票券持有人入場者。

八　入場規範

企業經營者得於維護藝文表演品質、表演人及其他觀賞者權益之必要範圍內，訂立入場規範並於明顯處（售票處、入場處或網站）公告之。

企業經營者各場次之票券數量不得超出該演出場所之容留人數管制總量。

九　消費爭議處理

企業經營者應載明消費爭議處理機制、程序及相關聯絡資訊。

貳、不得記載事項

一　單方契約變更之禁止

不得記載企業經營者得單方變更契約內容。

二　終止契約及賠償責任免除

不得記載企業經營者得任意終止或解除契約。

不得預先免除企業經營者終止或解除契約時所應負之賠償責任。

三　消費者之契約解除或終止權

不得記載消費者拋棄或限制依法享有之契約解除權或終止權。

四　故意及重大過失責任免除

不得記載企業經營者得預先免除故意及過失責任。

五　履行輔助人責任免除

不得記載企業經營者得預先免除對履行輔助人所負責任。

六　廣告責任

不得記載企業經營者之廣告不構成契約之內容，亦不得記載廣告僅供參考。

以通訊交易方式訂定之食品或餐飲服務定型化契約應記載及不得記載事項

①民國 103 年 9 月 5 日衛生福利部令訂定發布全文；並自 104 年 1 月 1 日生效。
②民國 104 年 6 月 9 日衛生福利部令公告修正發布壹之第 3 點；並自 104 年 9 月 30 日生效。
③民國 106 年 12 月 25 日衛生福利部公告修正發布名稱及全文；並自即日生效（原名稱：食品或餐飲服務等郵購買賣定型化契約應記載及不得記載事項）。

本記載事項用詞，定義如下：

一　以通訊交易方式訂定之食品或餐飲服務：指企業經營者以廣播、電視、電話、傳真、型錄、報紙、雜誌、網際網路、傳單或其他類似之方法，消費者於未能檢視食品或餐飲服務下而與企業經營者所訂立之契約。

二　食品：指依食品安全衛生管理法第三條第一款規定，供人飲食或咀嚼之產品及其原料。

食品或餐飲服務等通訊交易活動，除應適用本記載事項外，亦適用其他應記載及不得記載事項之相關規定。

壹、以通訊交易方式訂定之食品或餐飲服務定型化契約應記載事項

一　企業經營者資訊

應載明企業經營者之名稱、代表人、事務所或營業所及電話或電子郵件等消費者得迅速有效聯絡之通訊資料和受理消費者申訴之方式。

二　定型化契約解釋原則

契約條款如有疑義時，應爲有利於消費者之解釋。

三　商品資訊

㈠企業經營者應提供下列資訊。但法規對於商品或食品之標示另有規定者，從其規定：

1.品名。

2.內容物名稱及淨重、容量或數量；其爲二種以上混合物時，應分別標明，必要時應記載食品之尺寸大小。前述內容物標示方式應依下列規定辦理：

⑴淨重、容量以法定度量衡單位或其代號標示之。

⑵內容物中液汁與固形物混合者，分別標明內容量及固形量。但其爲均勻混合且不易分離者，得僅標示內容物淨重。

3.食品添加物名稱。

4.製造廠商或國內負責廠商名稱、電話號碼及地址。

5.原產地（國）。

6.以消費者收受日起算，至少距有效日期前___日以上或製造日期後___日內。

7.企業經營者如屬「應申請登錄始得營業之食品業者類別、規模及實施日期」公告之販售業者，應記載食品業者登錄字號。

8.其他經中央主管機關公告特定產品指定之標示事項，亦應一併標示。

9.交易總價款，並應載明商品單價、商品總價、折扣方式等資訊。

□含運費

□不含運費；運費計價________。

（如有運費約定，其計價及負擔方式應於交易前詳細記載，如未記載，視同運費由企業經營者負擔。）

㈡企業經營者應提供其投保產品責任險證明文件影本或於契約上揭露相關資訊。

㈢企業經營者應主動揭露委託（任）廠商、監製廠商或薦證代言人等相關資訊；主動揭露顯有困難者，應確實充分說明揭露委託（任）、監製或薦證等之文字說明。

四　付款方式說明

企業經營者應提供付款方式之說明供消費者參閱。企業經營者提供之付款方式如有小額信用貸款或其他債權務關係產生時，企業經營者須主動向消費者告知及說明如債權務主體、利息計算方式、是否另有信用保險或保證人之設定或涉入等資訊。

五　契約履行及確認機制

企業經營者應於消費者訂立契約前，提供商品之種類、數量、價格及其他重要事項之確認機制，並應於契約成立後，確實履行契約。

六　商品交付地、交付期日及交付方式

㈠企業經營者應載明商品交付期日或期間，並提供交付地點供消費者選擇。企業經營者如採取收到貨款後再寄送商品者，應於收受貨款後三日內（雙方另有約定者不在此限）將商品寄出或交付予消費者。

㈡交付（運送）方式：__________（溫度：□冷藏□冷凍□常溫□_____）。

七　商品訂購數量上限

企業經營者於必要時，得揭露商品數量上限資訊，並得就特定商品訂定個別消費者每次訂購之數量上限。

消費者逾越企業經營者訂定之數量上限進行下單時，企業經營者僅依該數量上限出貨或提供服務。

八　受領物之檢視義務

消費者於收受商品後，應按物之性質，依通常程序從速檢查其所受領之物，如發現有應由企業經營者負擔保責任之瑕疵時，應即通知企業經營者。

九　消費爭議之處理

企業經營者應就消費爭議說明採用之申訴及爭議處理機制、程序及相關聯絡資訊。

十　訴訟管轄

因本契約發生訴訟時，雙方同意以○○地方法院爲第一審管轄法院。但不得排除消費者保護法第四十七條及民事訴訟法第四百三十六條之九規定之小額訴訟管轄法院之適用。

貳、以通訊交易方式訂定之食品或餐飲服務定型化契約不得記載事項

一　不得約定拋棄契約審閱期間及審閱權。

二　除法律另有規定外，不得對消費者個人資料爲契約目的必要範圍外之利用。

三　不得約定企業經營者得片面變更契約內容。

四　不得約定企業經營者得片面變更標的物之份量、數量、重量等商品資訊，消費者不得異議之條款。

五　企業經營者應確保廣告內容之眞實，不得爲不實、誇張、易生誤解或涉及醫療效能之食品標示、宣傳或廣告。

六　不得約定企業經營者得任意解除契約。

七　不得約定免除或減輕企業經營者依民法、消費者保護法及食品安全衛生管理法等法規應負之責任。

八　不得約定企業經營者得保管或收回消費者持有之契約。

九　不得約定剝奪或限制消費者依法享有之契約解除權。

十　不得約定如有糾紛，限以企業經營者所保存之交易資料爲認定標準。

十一　不得約定企業經營者交付商品時得收回訂貨單。

十二　不得為其他違反法律強制、禁止規定或顯失公平之約定。

個別旅客訂房定型化契約應記載及不得記載事項

①民國 102 年 8 月 1 日交通部令訂定發布全文；並自 102 年 10 月 1 日生效。
②民國 106 年 1 月 24 日交通部公告修正發布名稱及部分規定；並自即日生效（原名稱：觀光旅館業與旅館業及民宿個別旅客直接訂房定型化契約應記載及不得記載事項）。

壹、前言

本契約應記載及不得記載事項適用於個別旅客直接或間接向觀光旅館業、旅館業、民宿經營者（以下簡稱業者）訂房者。

貳、應記載事項

一　旅客之姓名、電話、住（居）所、身分證字號（外國護照號碼、居停留證號碼）。業者公司或商號之名稱、代表人或經營者之姓名、電話、地址、營業執照或登記證號碼、網址、聯絡人姓名、電話、傳眞或電子信箱。

二　住宿期間、所需客房房型、數量、訂房者或住房者姓名及連絡方式。

三　房價總金額（含稅金及服務費）、付款方式、房價所含之商品（服務）及提供之設施設備。

四　業者接受旅客訂房後旅客入住前，業者應依下列方式之一與旅客約定是否收取定金、收取定金金額或預收約定房價總金額：

□不收取定金。

□收取定金新臺幣元（不得逾約定房價總金額百分之三十，但預定住宿日爲三日以上之連續假日期間，定金得提高至約定房價總金額百分之五十）。

□預收約定房價總金額新臺幣元。

五　旅客解除契約時，應通知業者，並得要求業者依下列基準處理：

□收取定金者，依下列方式處理：

㈠旅客解約通知於預定住宿日前第十四日以前到達者，得請求業者退還定金百分之百。

㈡旅客解約通知於預定住宿日前第十日至第十三日到達者，得請求業者退還定金百分之七十。

㈢旅客解約通知於預定住宿日前第七日至第九日到達者，得請求業者退還定金百分之五十。

㈣旅客解約通知於預定住宿日前第四日至第六日到達者，得請求業者退還定金百分之四十。
㈤旅客解約通知於預定住宿日前第二日至第三日到達者，得請求業者退還定金百分之三十。
㈥旅客解約通知於預定住宿日前第一日到達者，得請求業者退還定金百分之二十。
㈦旅客解約通知於預定住宿日當日到達或未爲解約通知者，業者得不退還定金。

□預收約定房價總金額者，依下列方式之一處理：

□比例退還預收約定房價總金額：

㈠旅客解約通知於預定住宿日前第三日以前到達者，業者應退還預收約定房價總金額百分之百。
㈡旅客解約通知於預定住宿日前第一日至第二日到達者，業者應退還預收約定房價總金額百分之五十。
㈢旅客解約通知於預定住宿日當日到達或未爲解約通知者，業者得不退還預收約定房價總金額。

□一年內保留已付金額作爲日後消費折抵使用：

㈠旅客解約通知於預定住宿日當日前到達者，得於一年內保留已付金額作爲日後消費折抵使用。
㈡旅客解約通知於預定住宿日當日到達或未爲解約通知者，業者得不退還預收約定房價總金額。

六　旅客於訂房後，要求變更住宿日期、住宿天數、房型、房間數量，經業者同意者，旅客不需支付因變更所生之費用。

七　業者無法履行訂房契約時，應即通知旅客。

八　因可歸責於業者之事由致無法履行訂房契約者，旅客得請求約定房價總金額一倍計算之損害賠償；其因業者之故意所致者，旅客得請求約定房價總金額三倍計算之損害賠償。

旅客證明受有前項所定以外之其他損害者，得併請求賠償之。

業者與旅客有其他更有利於旅客之協議者，依其協議。

九　因不可抗力或其他不可歸責於雙方當事人之事由，致契約無法履行者，業者應即無息返還旅客已支付之全部定金及其他費用。

十　業者應設消費爭議處理申訴（客服）專線或電子郵件信箱。

十一　業者對旅客個人資料之蒐集、處理及利用，應依個人資料保護法規定，並負有保密義務，非經旅客書面同意，業者不得對外揭露或爲契約目的範圍外之利用。契約關係消滅後，亦同。

十二　業者與旅客應於入住當日____時前，向對方確認住房。

十三　業者應確保旅客入住期間客房合於使用狀態，並提供各項約定之服務。非因旅客之事由致客房設備故障者，旅客得請求業者立即爲妥適之處理或更換房間。

旅客應注意並遵守業者之管理規定，使用業者各項設施，如因故意或過失破壞或損毀者，應負損害賠償責任。

十四　雙方就契約有關之爭議，以中華民國之法律爲準據法。

因契約發生訴訟時，雙方同意以＿＿＿＿地方法院爲第一審管轄法院，但不得排除消費者保護法第四十七條及民事訴訟法第四百三十六條之九規定之小額訴訟管轄法院之適用。

參、不得記載事項

一　不得記載約定拋棄契約審閱期間。

二　不得記載廣告內容僅供參考或類此字樣。

三　不得記載排除旅客之任意解除及終止契約權利。

四　不得記載業者於訂約後得片面變更契約內容。

五　不得記載違反法律強制、禁止規定或違反公序良俗、誠實信用及對消費者顯失公平之條款。

個人網路銀行業務服務定型化契約應記載及不得記載事項

民國 101 年 10 月 8 日金融監督管理委員會令公告發布。

壹、個人網路銀行業務服務定型化契約應記載事項

一　銀行資訊

(一)銀行名稱：

(二)申訴及客服專線：

(三)網址：

(四)地址：

(五)傳真號碼：

(六)銀行電子信箱：

二　契約之適用範圍

本契約係個人網路銀行業務服務之一般性共同約定，除個別契約另有約定外，悉依本契約之約定。

個別契約不得牴觸本契約。但個別契約對客戶之保護更有利者，從其約定。

本契約條款如有疑義時，應為有利於消費者之解釋。

三　網頁之確認

客戶使用網路銀行前，請先確認網路銀行正確之網址，才使用網路銀行服務；如有疑問，請電客服電話詢問。

銀行應以一般民眾得認知之方式，告知客戶網路銀行應用環境之風險。銀行應盡善良管理人之注意義務，隨時維護網站的正確性與安全性，並隨時注意有無偽造之網頁，以避免客戶之權益受損。

四　服務項目

銀行應於本契約載明提供之服務項目，如於網路銀行網站呈現相關訊息者，並應確保該訊息之正確性，其對消費者所負之義務不得低於網站之內容。

五　連線所使用之網路

銀行及客戶同意使用網路進行電子文件傳送及接收。

銀行及客戶應分別就各項權利義務關係與各該網路業者簽訂網路服務契約，並各自負擔網路使用之費用。

六　電子文件之接收與回應

銀行接收含數位簽章或經銀行及客戶同意用以辨識身分之電子文件後，除查詢之事項外，銀行應提供該交易電子文件中重要資

訊之網頁供客戶再次確認後，即時進行檢核及處理，並將檢核及處理結果，以雙方約定之方式通知客戶。

銀行或客戶接收來自對方任何電子文件，若無法辨識其身分或內容時，視為自始未傳送。但銀行可確定客戶身分時，應立即將內容無法辨識之事實，以雙方約定之方式通知客戶。

七　電子文件之不執行

如有下列情形之一，銀行得不執行任何接收之電子文件：

㈠有具體理由懷疑電子文件之眞實性或所指定事項之正確性者。

㈡銀行依據電子文件處理，將違反相關法令之規定者。

㈢銀行因客戶之原因而無法於帳戶扣取客戶所應支付之費用者。

銀行不執行前項電子文件者，應同時將不執行之理由及情形，以雙方約定之方式通知客戶，客戶受通知後得以雙方約定方式向銀行確認。

八　電子文件交換作業時限

電子文件係由銀行電腦自動處理，客戶發出電子文件，經客戶依第六點第一項銀行提供之再確認機制確定其內容正確性後，傳送至銀行後即不得撤回。但未到期之預約交易在銀行規定之期限內，得撤回、修改。

若電子文件經由網路傳送至銀行後，於銀行電腦自動處理中已逾銀行營業時間時（【由各銀行自行塡載營業時間】），銀行應即以電子文件通知客戶，該筆交易將改於次一營業日處理或依其他約定方式處理。

九　費用

客戶自使用本契約服務之日起，依約定收費標準繳納服務費、手續費及郵電費，並授權銀行自客戶之帳戶內自動扣繳；如未記載者，銀行不得收取。

前項收費標準於訂約後如有調整者，銀行應於銀行網站之明顯處公告其內容，並以雙方約定之方式使客戶得知（以下稱通知）調整之內容。

第二項之調整如係調高者，銀行應於網頁上提供客戶表達是否同意費用調高之選項。客戶未於調整生效日前表示同意者，銀行將於調整生效日起暫停客戶使用網路銀行一部或全部之服務。客戶於調整生效日後，同意費用調整者，銀行應立即恢復網路銀行契約相關服務。

前項銀行之公告及通知應於調整生效○○日前（不得少於六十日）為之，且調整生效日不得早於公告及通知後次一年度之起日。

十　客戶軟硬體安裝與風險

客戶申請使用本契約之服務項目，應自行安裝所需之電腦軟體、硬體，以及其他與安全相關之設備。安裝所需之費用及風險，由客戶自行負擔。

第一項軟硬體設備及相關文件如係由銀行所提供，銀行僅同意客戶於約定服務範圍內使用，不得將之轉讓、轉借或以任何方式交付第三人。銀行並應於網站及所提供軟硬體之包裝上載明進行本服務之最低軟硬體需求，且負擔所提供軟硬體之風險。

客戶於契約終止時，如銀行要求返還前項之相關設備，應以契約特別約定者爲限。

十一　客戶連線與責任

銀行與客戶有特別約定者，必須爲必要之測試後，始得連線。

客戶對銀行所提供之使用者代號、密碼、憑證及其它足以識別身分之工具，應負保管之責。

客戶輸入前項密碼連續錯誤達○次時（三次以上，五次以下），銀行電腦即自動停止客戶使用本契約之服務。客戶如擬恢復使用，應依約定辦理相關手續。

十二　交易核對

銀行於每筆交易指示處理完畢後，以電子文件或雙方約定之方式通知客戶，客戶應核對其結果有無錯誤。如有不符，應於使用完成之日起○○日內（此空白塡載日不得少於四十五日），以雙方約定之方式通知銀行查明。

銀行應於每月對客戶以雙方約定方式寄送上月之交易對帳單（該月無交易時不寄）。客戶核對後如認爲交易對帳單所載事項有錯誤時，應於收受之日起○○日內（此空白塡載日不得少於四十五日），以雙方約定之方式通知銀行查明。

銀行對於客戶之通知，應即進行調查，並於通知到達銀行之日起○○日內（此空白塡載日不得多於三十日），將調查之情形或結果以書面方式覆知客戶。

十三　電子文件錯誤之處理

客戶利用本契約之服務，其電子文件如因不可歸責於客戶之事由而發生錯誤時，銀行應協助客戶更正，並提供其他必要之協助。

前項服務因可歸責於銀行之事由而發生錯誤時，銀行應於知悉時，立即更正，並同時以電子文件或雙方約定之方式通知客戶。

客戶利用本契約之服務，其電子文件因可歸責於客戶之事由而發生錯誤時，倘屬客戶申請或操作轉入之金融機構代號、存款帳號或金額錯誤，致轉入他人帳戶或誤轉金額時，一經客戶通知銀行，銀行應即辦理以下事項：

㈠依據相關法令提供該筆交易之明細及相關資料。

㈡通知轉入行協助處理。

㈢回報處理情形。

十四　電子文件之合法授權與責任

銀行及客戶應確保所傳送至對方之電子文件均經合法授權。

銀行或客戶於發現有第三人冒用或盜用使用者代號、密碼、憑證、私密金鑰，或其他任何未經合法授權之情形，應立即以雙方約定方式通知他方停止使用該服務並採取防範之措施。

銀行接受前項通知前，對第三人使用該服務已發生之效力，由銀行負責。但有下列任一情形者，不在此限：

㈠銀行能證明客戶有故意或過失。

㈡銀行依雙方約定方式通知交易核對資料或帳單後超過○○日（此空白填載日不得少於四十五日）。惟客戶有特殊事由（如長途旅行、住院等）致無法通知者，以該特殊事由結束日起算○○日（此空白填載日不得少於四十五日），但銀行有故意或過失者，不在此限。

針對第二項冒用、盜用事實調查所生之鑑識費用由銀行負擔。

十五　資訊系統安全

銀行及客戶應各自確保所使用資訊系統之安全，防止非法入侵、取得、竄改、毀損業務紀錄或客戶個人資料。

第三人破解銀行資訊系統之保護措施或利用資訊系統之漏洞爭議，由銀行就該事實不存在負舉證責任。

第三人入侵銀行資訊系統對客戶所造成之損害，由銀行負擔。

十六　保密義務

除其他法律規定外，銀行應確保所交換之電子文件因使用或執行本契約服務而取得客戶之資料，不洩漏予第三人，亦不可使用於與本契約無關之目的，且於經客戶同意告知第三人時，應使第三人負本條之保密義務。

前項第三人如不遵守此保密義務者，視爲本人義務之違反。

十七　損害賠償責任

銀行及客戶同意依本契約傳送或接收電子文件，因可歸責於當事人一方之事由，致有遲延、遺漏或錯誤之情事，而致他方當事人受有損害時，該當事人應就他方所生之損害負賠償責任。

十八　紀錄保存

銀行及客戶應保存所有交易指示類電子文件紀錄，並應確保其眞實性及完整性。

銀行對前項紀錄之保存，應盡善良管理人之注意義務。保存期限爲五年以上，但其他法令有較長規定者，依其規定。

十九　電子文件之效力

銀行及客戶同意以電子文件作爲表示方法，依本契約交換之電子文件，其效力與書面文件相同。但法令另有排除適用者，不在此限。

二十　客戶終止契約

客戶得隨時終止本契約，但應親自、書面或雙方約定方式辦理。

二一　銀行終止契約

銀行終止本契約時，須於終止日三十日前以書面通知客戶。

客戶如有下列情事之一者，銀行得隨時以書面或雙方約定方式通知客戶終止本契約：

㈠客戶未經銀行同意，擅自將契約之權利或義務轉讓第三人者。

㈡客戶依破產法聲請宣告破產或消費者債務清理條例聲請更生、清算程序者。

㈢客戶違反本契約第十二點或第十四點之規定者。

㈣客戶違反本契約之其他約定，經催告改善或限期請求履行未果者。

二二　契約修訂

本契約約款如有修改或增刪時，銀行以書面或雙方約定方式通知客戶後，客戶於七日內不為異議者，視同承認該修改或增刪約款。但下列事項如有變更，應於變更前六十日以書面或雙方約定方式通知客戶，並於該書面或雙方約定方式以顯著明確文字載明其變更事項、新舊約款內容，暨告知客戶得於變更事項生效前表示異議，及客戶未於該期間內異議者，視同承認該修改或增刪約款；並告知客戶如有異議，應於前項得異議時間內通知銀行終止契約：

㈠第三人冒用或盜用使用者代號、密碼、憑證、私密金鑰，或其他任何未經合法授權之情形，銀行或客戶通知他方之方式。

㈡其他經主管機關規定之事項。

二三　文書送達

客戶同意以契約中載明之地址為相關文書之送達處所，倘客戶之地址變更，應即以書面或其他約定方式通知銀行，並同意改依變更後之地址為送達處所；如客戶未以書面或依約定方式通知變更地址時，銀行仍以契約中客戶載明之地址或最後通知銀行之地址為送達處所。

二四　法院管轄

因本契約而涉訟者，銀行及客戶同意以地方法院為第一審管轄法院。

二五　契約分存

本契約壹式貳份，由銀行及客戶各執壹份為憑。

貳、個人網路銀行業務服務定型化契約不得記載事項

一　不得約定拋棄契約審閱期間。

二　不得約定爭議之處理，僅以銀行所保存之電子交易資料為認定標準。

三　不得約定銀行得片面變更契約內容及得任意終止或解除契約。

四　不得約定銀行得免除或限制終止或解除契約時所應負之賠償責任。

五　不得約定消費者得放棄或限制依法或依約定所享有之契約解除權或終止權。

六　不得為其他違反法律強制、禁止之規定或其他違反誠實信用、平等互惠、不合理風險分配、顯失公平之約定。

七　不得排除消費者保護法第四十七條或民事訴訟法第四百三十六

條之九規定小額訴訟管轄法院之適用。

八　不得約定銀行僅負故意或重大過失責任。

九　不得約定銀行之廣告僅供參考。

第三方支付服務定型化契約應記載及不得記載事項

民國 103 年 1 月 13 日經濟部公告訂定發布全文，並自 103 年 4 月 15 日生效。

本事項適用於經濟部主管之第三方支付業者與消費者之間，針對消費者使用第三方支付服務所簽訂之定型化契約。
本事項所稱之「第三方支付業者」，指架設網路平台，提供網路交易之消費者，以連線方式進行支付活動之業者。
本事項所稱之「第三方支付服務」，指第三方支付業者，於網路交易發生後，收受網路交易之價金，並依消費者指示轉交與收款人之服務。

壹、第三方支付服務定型化契約應記載事項

一　企業經營者資訊

第三方支付業者之名稱、負責人、網址、營業所所在地地址、電話、電子郵件信箱、客服連絡方式與服務時間。

二　定型化契約解釋原則

本契約條款如有疑義時，應為有利於消費者之解釋。

三　以電子文件為表示方法

第三方支付業者與消費者得以電子文件為表示方法，依本契約交換之電子文件，如其內容可完整呈現且可於日後取出供查驗者，其效力與書面文件相同。但依法令或行政機關之公告排除適用者，不在此限。

四　第三方支付服務內容及費用

第三方支付服務內容，包含可以使用的支付工具、收費項目、收費方式、收費標準、收費金額、支付流程、支付帳戶款項提領方式，以及支付款項專用存款帳戶的存款銀行，如有價金保管機制，應一併說明。

五　匯率之計算

消費者所有支付款項均應以新臺幣結付，如支付之貨幣非為新臺幣而涉及匯率換算時，應載明匯率所參考結匯合作銀行約定時點之牌告匯率。

適用匯率之計算準則若變動時，第三方支付業者應主動告知消費者，並訂定參考匯率產生糾紛時之妥善處理機制。

第三方支付業者受託處理網路交易涉及外匯收支或交易之申

報，消費者應委託業者或合作銀行向中央銀行申報，並同意提供辦理結匯所需之資料。已取得經濟部發給之資料處理服務業受託處理跨境網路交易評鑑合格證明者，應載明其評鑑合格證明之經營範圍及有效期限。

六　支付款項之保障

第三方支付業者應就消費者之支付款項提供下述任一之保障措施，並揭示於服務網頁明顯處：

□支付款項已經取得○○金融機構提供之足額履約保證，前開保證期間自○○年○○月○○日至○○年○○月○○日，第三方支付業者並應於到期前兩個月與金融業者簽訂新的足額履約保證契約。

□支付款項已經全部存入與○○信託業者簽訂信託契約所約定之信託專戶，專款專用。所稱專用，指第三方支付業者為履行第三方支付服務契約之義務所使用。

七　消費者之身分認證

消費者應提交身分認證之資料，不得有虛僞情事。

具備會員制度之第三方支付業者，應建立會員身分認證機制。

八　支付指示之再確認及事後核對

第三方支付業者應於支付完成前，就消費者之支付指示，提供消費者再確認之機制，消費者應依該機制確認支付指示是否正確。

第三方支付業者應於每筆款項支付完成後，以電子郵件或其他約定之方式通知消費者支付明細，並於每月寄送上月之支付明細對帳單或適時提供支付明細查詢網頁供消費者隨時查詢。

九　支付錯誤之處理

因不可歸責於消費者之事由而發生支付錯誤時，第三方支付業者應協助消費者更正，並提供其他必要之協助。

因可歸責於第三方支付業者之事由而發生支付錯誤時，第三方支付業者應於知悉時，立即更正，並同時以電子郵件或雙方約定之方式通知消費者。

因可歸責於消費者之事由而發生支付錯誤時，例如消費者輸入錯誤之金額或輸入錯誤之收款方，經消費者通知後，第三方支付業者應立即協助處理。

十　資訊安全

第三方支付業者應載明其已獲得之資訊安全認證標準。

第三方支付業者及消費者應各自確保其資訊系統之安全，防止非法入侵、取得、竄改、毀損業務紀錄或消費者之個人資料。

第三人破解第三方支付業者資訊系統之保護措施或利用資訊系統之漏洞爭議，由第三方支付業者就該事實不存在負舉證責任。

第三人入侵第三方支付業者之資訊系統對消費者所造成之損害，由第三方支付業者負擔。

十一　第三方支付業者之終止契約或暫停服務

第三方支付業者於下列情形，得終止契約或暫停服務：

㈠有相當事證足認消費者有利用支付帳戶為洗錢、詐欺等犯罪行為或不法行為者。

㈡支付款項經法院裁定或檢察官命令扣押者。

㈢消費者提交虛偽之身分認證資料，經查證屬實者。

十二　消費者之終止契約

消費者得依雙方約定之方式隨時終止契約。

十三　帳號密碼被冒用之處理

消費者應於知悉其帳號密碼被冒用後即時通知第三方支付業者。

第三方支付業者應於知悉消費者之帳號密碼被冒用時，立即通知消費者並暫停該帳號所指示之支付行為，並暫停接受該帳號後續之支付指示。

第三方支付業者應於服務網頁明顯處載明帳號密碼被冒用時的通知管道，包含電話、電子郵件信箱等，除有不可抗力或其他重大事由，通知管道之服務時間應為全日全年無休。

消費者辦理帳號密碼被冒用手續完成後所發生之損失，概由第三方支付業者負擔；其辦理帳號密碼被冒用手續前所發生之損失，如消費者需自行分擔部分或全部，其數額或比例應由第三方支付業者與消費者於契約中約定之。

前項消費者需自行分擔部分或全部損失，以有下列情事者為限：

㈠消費者未妥善保管帳號密碼。

㈡消費者自行將帳號密碼提供與他人。

㈢消費者未使用第三方支付業者所提供的帳號安全機制。

㈣其他因消費者之故意或重大過失所致之事由。

調查消費者帳號密碼被冒用所生之費用，由第三方支付業者負擔。

十四　爭議處理

第三方支付業者應載明消費爭議採用之申訴及處理機制、程序及電話、電子郵件信箱等相關聯絡資訊。

十五　契約條款變更

第三方支付業者如欲變更契約內容，應於網站明顯處公告，並以電子郵件或雙方約定之方式通知消費者。

第三方支付業者未依前項進行公告及通知者，其契約之變更無效。

貳、第三方支付服務定型化契約不得記載事項

一　不得限制個人資料權利之行使

不得記載消費者預先拋棄或限制下列個人資料權利之行使：

㈠查詢及請求閱覽。

㈡請求製給複製本。

㈢請求補充或更正。

㈣請求停止蒐集、處理或利用。

㈤請求刪除。

二　單方變更契約之禁止

不得記載第三方支付業者得單方變更服務內容及消費者不得異議之條款。

不得記載第三方支付業者得單方變更契約內容。

三　契約審閱期間拋棄之禁止

不得記載消費者拋棄契約審閱期間。

四　不得任意解除或終止契約及免除賠償責任

不得記載第三方支付業者得任意終止或解除契約。

不得預先免除第三方支付業者終止或解除契約時所應負擔之賠償責任。

五　消費者之契約解除或終止權

不得記載消費者拋棄或限制消費者依法享有之契約解除權或終止權。

六　禁止約定證據排除

不得記載如有糾紛，限以第三方支付業者所保存之電子文件作爲認定相關事實之證據。

七　廣告

不得記載廣告不構成契約內容，亦不得記載廣告僅供參考。

八　管轄法院

不得記載排除消費者保護法第四十七條或民事訴訟法第四百三十六條之九小額訴訟管轄法院之適用。

個人資料保護法

①民國 84 年 8 月 11 日總統令制定公布全文 45 條。
②民國 99 年 5 月 26 日總統令修正公布名稱及全文 56 條（原名稱：電腦處理個人資料保護法）。
民國 101 年 9 月 21 日行政院令發布除第 6、54 條外，餘定自 101 年 10 月 1 日施行。
③民國 104 年 12 月 30 日總統令修正公布第 6～8、11、15、16、19、20、41、45、53、54 條條文。
民國 105 年 2 月 25 日行政院令發布定自 105 年 3 月 15 日施行。

第一章　總　則

第一條　（立法目的）

為規範個人資料之蒐集、處理及利用，以避免人格權受侵害，並促進個人資料之合理利用，特制定本法。

第二條　（用詞定義）

本法用詞，定義如下：

一　個人資料：指自然人之姓名、出生年月日、國民身分證統一編號、護照號碼、特徵、指紋、婚姻、家庭、教育、職業、病歷、醫療、基因、性生活、健康檢查、犯罪前科、聯絡方式、財務情況、社會活動及其他得以直接或間接方式識別該個人之資料。

二　個人資料檔案：指依系統建立而得以自動化機器或其他非自動化方式檢索、整理之個人資料之集合。

三　蒐集：指以任何方式取得個人資料。

四　處理：指為建立或利用個人資料檔案所為資料之記錄、輸入、儲存、編輯、更正、複製、檢索、刪除、輸出、連結或內部傳送。

五　利用：指將蒐集之個人資料為處理以外之使用。

六　國際傳輸：指將個人資料作跨國（境）之處理或利用。

七　公務機關：指依法行使公權力之中央或地方機關或行政法人。

八　非公務機關：指前款以外之自然人、法人或其他團體。

九　當事人：指個人資料之本人。

第三條　（不得預先拋棄或以特約限制）

當事人就其個人資料依本法規定行使之下列權利，不得預先拋棄或以特約限制之：

一　查詢或請求閱覽。

二　請求製給複製本。

三　請求補充或更正。
四　請求停止蒐集、處理或利用。
五　請求刪除。

第四條　（視同委託機關）
受公務機關或非公務機關委託蒐集、處理或利用個人資料者，於本法適用範圍內，視同委託機關。

第五條　（個人資料之處理行為）
個人資料之蒐集、處理或利用，應尊重當事人之權益，依誠實及信用方法爲之，不得逾越特定目的之必要範圍，並應與蒐集之目的具有正當合理之關聯。

第六條　（特種個人資料之保護）104
①有關病歷、醫療、基因、性生活、健康檢查及犯罪前科之個人資料，不得蒐集、處理或利用。但有下列情形之一者，不在此限：
一　法律明文規定。
二　公務機關執行法定職務或非公務機關履行法定義務必要範圍內，且事前或事後有適當安全維護措施。
三　當事人自行公開或其他已合法公開之個人資料。
四　公務機關或學術研究機構基於醫療、衛生或犯罪預防之目的，爲統計或學術研究而有必要，且資料經過提供者處理後或經蒐集者依其揭露方式無從識別特定之當事人。
五　爲協助公務機關執行法定職務或非公務機關履行法定義務必要範圍內，且事前或事後有適當安全維護措施。
六　經當事人書面同意。但逾越特定目的之必要範圍或其他法律另有限制不得僅依當事人書面同意蒐集、處理或利用，或其同意違反其意願者，不在此限。
②依前項規定蒐集、處理或利用個人資料，準用第八條、第九條規定；其中前項第六款之書面同意，準用第七條第一項、第二項及第四項規定，並以書面爲之。

第七條　（書面同意之內涵）104
①第十五條第二款及第十九條第一項第五款所稱同意，指當事人經蒐集者告知本法所定應告知事項後，所爲允許之意思表示。
②第十六條第七款、第二十條第一項第六款所稱同意，指當事人經蒐集者明確告知特定目的外之其他利用目的、範圍及同意與否對其權益之影響後，單獨所爲之意思表示。
③公務機關或非公務機關明確告知當事人第八條第一項各款應告知事項時，當事人如未表示拒絕，並已提供其個人資料者，推定當事人已依第十五條第二款、第十九條第一項第五款之規定表示同意。
④蒐集者就本法所稱經當事人同意之事實，應負舉證責任。

第八條　（直接蒐集個人資料應告知事項及免告知之情形）104
①公務機關或非公務機關依第十五條或第十九條規定向當事人蒐集個人資料時，應明確告知當事人下列事項：

一　公務機關或非公務機關名稱。
二　蒐集之目的。
三　個人資料之類別。
四　個人資料利用之期間、地區、對象及方式。
五　當事人依第三條規定得行使之權利及方式。
六　當事人得自由選擇提供個人資料時，不提供將對其權益之影響。

②有下列情形之一者，得免為前項之告知：
一　依法律規定得免告知。
二　個人資料之蒐集係公務機關執行法定職務或非公務機關履行法定義務所必要。
三　告知將妨害公務機關執行法定職務。
四　告知將妨害公共利益。
五　當事人明知應告知之內容。
六　個人資料之蒐集非基於營利之目的，且對當事人顯無不利之影響。

第九條　（間接蒐集個人資料之告知義務）

①公務機關或非公務機關依第十五條或第十九條規定蒐集非由當事人提供之個人資料，應於處理或利用前，向當事人告知個人資料來源及前條第一項第一款至第五款所列事項。

②有下列情形之一者，得免為前項之告知：
一　有前條第二項所列各款情形之一。
二　當事人自行公開或其他已合法公開之個人資料。
三　不能向當事人或其法定代理人為告知。
四　基於公共利益為統計或學術研究之目的而有必要，且該資料須經提供者處理後或蒐集者依其揭露方式，無從識別特定當事人者為限。
五　大眾傳播業者基於新聞報導之公益目的而蒐集個人資料。

③第一項之告知，得於首次對當事人為利用時併同為之。

第一〇條　（妨害重大利益要件之請求限制）

公務機關或非公務機關應依當事人之請求，就其蒐集之個人資料，答覆查詢、提供閱覽或製給複製本。但有下列情形之一者，不在此限：
一　妨害國家安全、外交及軍事機密、整體經濟利益或其他國家重大利益。
二　妨害公務機關執行法定職務。
三　妨害該蒐集機關或第三人之重大利益。

第一一條　（個人資料更正或補充及權責）104

①公務機關或非公務機關應維護個人資料之正確，並應主動或依當事人之請求更正或補充之。

②個人資料正確性有爭議者，應主動或依當事人之請求停止處理或利用。但因執行職務或業務所必須，或經當事人書面同意，並經

註明其爭議者，不在此限。
③個人資料蒐集之特定目的消失或期限屆滿時，應主動或依當事人之請求，刪除、停止處理或利用該個人資料。但因執行職務或業務所必須或經當事人書面同意者，不在此限。
④違反本法規定蒐集、處理或利用個人資料者，應主動或依當事人之請求，刪除、停止蒐集、處理或利用該個人資料。
⑤因可歸責於公務機關或非公務機關之事由，未爲更正或補充之個人資料，應於更正或補充後，通知曾提供利用之對象。

第一二條 （個人資料遭違法侵害之通知）
公務機關或非公務機關違反本法規定，致個人資料被竊取、洩漏、竄改或其他侵害者，應查明後以適當方式通知當事人。

第一三條 （處理期限或延長）
①公務機關或非公務機關受理當事人依第十條規定之請求，應於十五日內，爲准駁之決定；必要時，得予延長，延長之期間不得逾十五日，並應將其原因以書面通知請求人。
②公務機關或非公務機關受理當事人依第十一條規定之請求，應於三十日內，爲准駁之決定；必要時，得予延長，延長之期間不得逾三十日，並應將其原因以書面通知請求人。

第一四條 （使用者付費）
查詢或請求閱覽個人資料或製給複製本者，公務機關或非公務機關得酌收必要成本費用。

第二章　公務機關對個人資料之蒐集、處理及利用

第一五條 （公務機關蒐集或處理個人資料之要件）104
公務機關對個人資料之蒐集或處理，除第六條第一項所規定資料外，應有特定目的，並符合下列情形之一者：
一　執行法定職務必要範圍內。
二　經當事人同意。
三　對當事人權益無侵害。

第一六條 （公務機關不得逾越執行法定職務之必要範圍）104
公務機關對個人資料之利用，除第六條第一項所規定資料外，應於執行法定職務必要範圍內爲之，並與蒐集之特定目的相符。但有下列情形之一者，得爲特定目的外之利用：
一　法律明文規定。
二　爲維護國家安全或增進公共利益所必要。
三　爲免除當事人之生命、身體、自由或財產上之危險。
四　爲防止他人權益之重大危害。
五　公務機關或學術研究機構基於公共利益爲統計或學術研究而有必要，且資料經過提供者處理後或經蒐集者依其揭露方式無從識別特定之當事人。
六　有利於當事人權益。
七　經當事人同意。

第一七條　（提供民眾查閱之公開事項）

公務機關應將下列事項公開於電腦網站，或以其他適當方式供公眾查閱；其有變更者，亦同：

一　個人資料檔案名稱。
二　保有機關名稱及聯絡方式。
三　個人資料檔案保有之依據及特定目的。
四　個人資料之類別。

第一八條　（個人資料檔案之安全維護）

公務機關保有個人資料檔案者，應指定專人辦理安全維護事項，防止個人資料被竊取、竄改、毀損、滅失或洩漏。

第三章　非公務機關對個人資料之蒐集、處理及利用

第一九條　（非公務機關蒐集或處理個人資料之要件）104

①非公務機關對個人資料之蒐集或處理，除第六條第一項所規定資料外，應有特定目的，並符合下列情形之一者：

一　法律明文規定。
二　與當事人有契約或類似契約之關係，且已採取適當之安全措施。
三　當事人自行公開或其他已合法公開之個人資料。
四　學術研究機構基於公共利益爲統計或學術研究而有必要，且資料經過提供者處理後或經蒐集者依其揭露方式無從識別特定之當事人。
五　經當事人同意。
六　爲增進公共利益所必要。
七　個人資料取自於一般可得之來源。但當事人對該資料之禁止處理或利用，顯有更值得保護之重大利益者，不在此限。
八　對當事人權益無侵害。

②蒐集或處理者知悉或經當事人通知依前項第七款但書規定禁止對該資料之處理或利用時，應主動或依當事人之請求，刪除、停止處理或利用該個人資料。

第二〇條　（非公務機關利用個人資料之除外情形）104

①非公務機關對個人資料之利用，除第六條第一項所規定資料外，應於蒐集之特定目的必要範圍內爲之。但有下列情形之一者，得爲特定目的外之利用：

一　法律明文規定。
二　爲增進公共利益所必要。
三　爲免除當事人之生命、身體、自由或財產上之危險。
四　爲防止他人權益之重大危害。
五　公務機關或學術研究機構基於公共利益爲統計或學術研究而有必要，且資料經過提供者處理後或經蒐集者依其揭露方式無從識別特定之當事人。

六　經當事人同意。

七　有利於當事人權益。

②非公務機關依前項規定利用個人資料行銷者，當事人表示拒絕接受行銷時，應即停止利用其個人資料行銷。

③非公務機關於首次行銷時，應提供當事人表示拒絕接受行銷之方式，並支付所需費用。

第二一條（非公務機關為國際傳輸個人資料之限制）

非公務機關爲國際傳輸個人資料，而有下列情形之一者，中央目的事業主管機關得限制之：

一　涉及國家重大利益。

二　國際條約或協定有特別規定。

三　接受國對於個人資料之保護未有完善之法規，致有損當事人權益之虞。

四　以迂迴方法向第三國（地區）傳輸個人資料規避本法。

第二二條（行政監督之權責及保密義務）

①中央目的事業主管機關或直轄市、縣（市）政府爲執行資料檔案安全維護、業務終止資料處理方法、國際傳輸限制或其他例行性業務檢查而認有必要或有違反本法規定之虞時，得派員攜帶執行職務證明文件，進入檢查，並得命相關人員爲必要之說明、配合措施或提供相關證明資料。

②中央目的事業主管機關或直轄市、縣（市）政府爲前項檢查時，對於得沒入或可爲證據之個人資料或其檔案，得扣留或複製之。對於應扣留或複製之物，得要求其所有人、持有人或保管人提出或交付；無正當理由拒絕提出、交付或抗拒扣留或複製者，得採取對該非公務機關權益損害最少之方法強制爲之。

③中央目的事業主管機關或直轄市、縣（市）政府爲第一項檢查時，得率同資訊、電信或法律等專業人員共同爲之。

④對於第一項及第二項之進入、檢查或處分，非公務機關及其相關人員不得規避、妨礙或拒絕。

⑤參與檢查之人員，因檢查而知悉他人資料者，負保密義務。

第二三條（扣留物或複製物之標示、保管及發還）

①對於前條第二項扣留物或複製物，應加封緘或其他標識，並爲適當之處置；其不便搬運或保管者，得命人看守或交由所有人或其他適當之人保管。

②扣留物或複製物已無留存之必要，或決定不予處罰或未爲沒入之裁處者，應發還之。但應沒入或爲調查他案應留存者，不在此限。

第二四條（不服聲明異議之權利及救濟）

①非公務機關、物之所有人、持有人、保管人或利害關係人對前二條之要求、強制、扣留或複製行爲不服者，得向中央目的事業主管機關或直轄市、縣（市）政府聲明異議。

②前項聲明異議，中央目的事業主管機關或直轄市、縣（市）政府

認爲有理由者，應立即停止或變更其行爲；認爲無理由者，得繼續執行。經該聲明異議之人請求時，應將聲明異議之理由製作紀錄交付之。

③對於中央目的事業主管機關或直轄市、縣（市）政府前項決定不服者，僅得於對該案件之實體決定聲明不服時一併聲明之。但第一項之人依法不得對該案件之實體決定聲明不服時，得單獨對第一項之行爲逕行提起行政訴訟。

第二五條 （違反規定之裁處）

①非公務機關有違反本法規定之情事者，中央目的事業主管機關或直轄市、縣（市）政府除依本法規定裁處罰鍰外，並得爲下列處分：

一　禁止蒐集、處理或利用個人資料。

二　命令刪除經處理之個人資料檔案。

三　沒入或命銷燬違法蒐集之個人資料。

四　公布非公務機關之違法情形，及其姓名或名稱與負責人。

②中央目的事業主管機關或直轄市、縣（市）政府爲前項處分時，應於防制違反本法規定情事之必要範圍內，採取對該非公務機關權益損害最少之方法爲之。

第二六條 （公布檢查結果）

中央目的事業主管機關或直轄市、縣（市）政府依第二十二條規定檢查後，未發現有違反本法規定之情事者，經該非公務機關同意後，得公布檢查結果。

第二七條 （個人資料檔案安全維護計畫及業務終止處理方法）

①非公務機關保有個人資料檔案者，應採行適當之安全措施，防止個人資料被竊取、竄改、毀損、滅失或洩漏。

②中央目的事業主管機關得指定非公務機關訂定個人資料檔案安全維護計畫或業務終止後個人資料處理方法。

③前項計畫及處理方法之標準等相關事項之辦法，由中央目的事業主管機關定之。

第四章　損害賠償及團體訴訟

第二八條 （公務機關違法之損害賠償）

①公務機關違反本法規定，致個人資料遭不法蒐集、處理、利用或其他侵害當事人權利者，負損害賠償責任。但損害因天災、事變或其他不可抗力所致者，不在此限。

②被害人雖非財產上之損害，亦得請求賠償相當之金額；其名譽被侵害者，並得請求爲回復名譽之適當處分。

③依前二項情形，如被害人不易或不能證明其實際損害額時，得請求法院依侵害情節，以每人每一事件新臺幣五百元以上二萬元以下計算。

④對於同一原因事實造成多數當事人權利受侵害之事件，經當事人請求損害賠償者，其合計最高總額以新臺幣二億元爲限。但因該

原因事實所涉利益超過新臺幣二億元者，以該所涉利益爲限。
⑤同一原因事實造成之損害總額逾前項金額時，被害人所受賠償金額，不受第三項所定每人每一事件最低賠償金額新臺幣五百元之限制。
⑥第二項請求權，不得讓與或繼承。但以金額賠償之請求權已依契約承諾或已起訴者，不在此限。

第二九條 （非公務機關違法之損害賠償）

①非公務機關違反本法規定，致個人資料遭不法蒐集、處理、利用或其他侵害當事人權利者，負損害賠償責任。但能證明其無故意或過失者，不在此限。
②依前項規定請求賠償者，適用前條第二項至第六項規定。

第三〇條 （請求損害賠償之時效）

損害賠償請求權，自請求權人知有損害及賠償義務人時起，因二年間不行使而消滅；自損害發生時起，逾五年者，亦同。

第三一條 （公務、非公務機關損害賠償之適用法）

損害賠償，除依本法規定外，公務機關適用國家賠償法之規定，非公務機關適用民法之規定。

第三二條 （團體訴訟之符合要件）

依本章規定提起訴訟之財團法人或公益社團法人，應符合下列要件：

一　財團法人之登記財產總額達新臺幣一千萬元或社團法人之社員人數達一百人。
二　保護個人資料事項於其章程所定目的範圍內。
三　許可設立三年以上。

第三三條 （損害賠償訴訟之管轄權）

①依本法規定對於公務機關提起損害賠償訴訟者，專屬該機關所在地之地方法院管轄。對於非公務機關提起者，專屬其主事務所、主營業所或住所地之地方法院管轄。
②前項非公務機關爲自然人，而其在中華民國現無住所或住所不明者，以其在中華民國之居所，視爲其住所；無居所或居所不明者，以其在中華民國最後之住所，視爲其住所；無最後住所者，專屬中央政府所在地之地方法院管轄。
③第一項非公務機關爲自然人以外之法人或其他團體，而其在中華民國現無主事務所、主營業所或主事務所、主營業所不明者，專屬中央政府所在地之地方法院管轄。

第三四條 （損害賠償團體訴訟裁判費減免）

①對於同一原因事實造成多數當事人權利受侵害之事件，財團法人或公益社團法人經受有損害之當事人二十人以上以書面授與訴訟實施權者，得以自己之名義，提起損害賠償訴訟。當事人得於言詞辯論終結前以書面撤回訴訟實施權之授與，並通知法院。
②前項訴訟，法院得依聲請或依職權公告曉示其他因同一原因事實受有損害之當事人，得於一定期間內向前項起訴之財團法人或公

益社團法人授與訴訟實施權，由該財團法人或公益社團法人於第一審言詞辯論終結前，擴張應受判決事項之聲明。

③其他因同一原因事實受有損害之當事人未依前項規定授與訴訟實施權者，亦得於法院公告曉示之一定期間內起訴，由法院併案審理。

④其他因同一原因事實受有損害之當事人，亦得聲請法院爲前項之公告。

⑤前二項公告，應揭示於法院公告處、資訊網路及其他適當處所；法院認爲必要時，並得命登載於公報或新聞紙，或用其他方法公告之，其費用由國庫墊付。

⑥依第一項規定提起訴訟之財團法人或公益社團法人，其標的價額超過新臺幣六十萬元者，超過部分暫免徵裁判費。

第三五條 （撤回訴訟之當然停止）

①當事人依前條第一項規定撤回訴訟實施權之授與者，該部分訴訟程序當然停止，該當事人應即聲明承受訴訟，法院亦得依職權命該當事人承受訴訟。

②財團法人或公益社團法人依前條規定起訴後，因部分當事人撤回訴訟實施權之授與，致其餘部分不足二十人者，仍得就其餘部分繼續進行訴訟。

第三六條 （損害賠償請求權）

各當事人於第三十四條第一項及第二項之損害賠償請求權，其時效應分別計算。

第三七條 （訴訟行為之限制）

①財團法人或公益社團法人就當事人授與訴訟實施權之事件，有爲一切訴訟行爲之權。但當事人得限制其爲捨棄、撤回或和解。

②前項當事人中一人所爲之限制，其效力不及於其他當事人。

③第一項之限制，應於第三十四條第一項之文書內表明，或以書狀提出於法院。

第三八條 （自行提起上訴之要件及時期）

①當事人對於第三十四條訴訟之判決不服者，得於財團法人或公益社團法人上訴期間屆滿前，撤回訴訟實施權之授與，依法提起上訴。

②財團法人或公益社團法人於收受判決書正本後，應即將其結果通知當事人，並應於七日內將是否提起上訴之意旨以書面通知當事人。

第三九條 （不得請求訴訟所得之報酬）

①財團法人或公益社團法人應將第三十四條訴訟結果所得之賠償，扣除訴訟必要費用後，分別交付授與訴訟實施權之當事人。

②提起第三十四條第一項訴訟之財團法人或公益社團法人，均不得請求報酬。

第四〇條 （訴訟代理人）

依本章規定提起訴訟之財團法人或公益社團法人，應委任律師代理訴訟。

第五章　罰　則

第四一條　（罰則）104

意圖爲自己或第三人不法之利益或損害他人之利益，而違反第六條第一項、第十五條、第十六條、第十九條、第二十條第一項規定，或中央目的事業主管機關依第二十一條限制國際傳輸之命令或處分，足生損害於他人者，處五年以下有期徒刑，得併科新臺幣一百萬元以下罰金。

第四二條　（罰則）

意圖爲自己或第三人不法之利益或損害他人之利益，而對於個人資料檔案爲非法變更、刪除或以其他非法方法，致妨害個人資料檔案之正確而足生損害於他人者，處五年以下有期徒刑、拘役或科或併科新臺幣一百萬元以下罰金。

第四三條　（國外犯罪之適用）

中華民國人民在中華民國領域外對中華民國人民犯前二條之罪者，亦適用之。

第四四條　（罰則）

公務員假借職務上之權力、機會或方法，犯本章之罪者，加重其刑至二分之一。

第四五條　（告訴乃論）104

本章之罪，須告訴乃論。但犯第四十一條之罪者，或對公務機關犯第四十二條之罪者，不在此限。

第四六條　（罰則）

犯本章之罪，其他法律有較重處罰規定者，從其規定。

第四七條　（罰則）

非公務機關有下列情事之一者，由中央目的事業主管機關或直轄市、縣（市）政府處新臺幣五萬元以上五十萬元以下罰鍰，並令限期改正，屆期未改正者，按次處罰之：

一　違反第六條第一項規定。
二　違反第十九條規定。
三　違反第二十條第一項規定。
四　違反中央目的事業主管機關依第二十一條規定限制國際傳輸之命令或處分。

第四八條　（罰則）

非公務機關有下列情事之一者，由中央目的事業主管機關或直轄市、縣（市）政府限期改正，屆期未改正者，按次處新臺幣二萬元以上二十萬元以下罰鍰：

一　違反第八條或第九條規定。
二　違反第十條、第十一條、第十二條或第十三條規定。
三　違反第二十條第二項或第三項規定。
四　違反第二十七條第一項或未依第二項訂定個人資料檔案安全維護計畫或業務終止後個人資料處理方法。

第四九條　（罰則）

非公務機關無正當理由違反第二十二條第四項規定者，由中央目的事業主管機關或直轄市、縣（市）政府處新臺幣二萬元以上二十萬元以下罰鍰。

第五〇條　（罰則）

非公務機關之代表人、管理人或其他有代表權人，因該非公務機關依前三條規定受罰鍰處罰時，除能證明已盡防止義務者外，應並受同一額度罰鍰之處罰。

第六章　附　則

第五一條　（除外規定）

①有下列情形之一者，不適用本法規定：

一　自然人為單純個人或家庭活動之目的，而蒐集、處理或利用個人資料。

二　於公開場所或公開活動中所蒐集、處理或利用之未與其他個人資料結合之影音資料。

②公務機關及非公務機關，在中華民國領域外對中華民國人民個人資料蒐集、處理或利用者，亦適用本法。

第五二條　（委託及保密義務）

①第二十二條至第二十六條規定由中央目的事業主管機關或直轄市、縣（市）政府執行之權限，得委任所屬機關、委託其他機關或公益團體辦理；其成員因執行委任或委託事務所知悉之資訊，負保密義務。

②前項之公益團體，不得依第三十四條第一項規定接受當事人授與訴訟實施權，以自己之名義提起損害賠償訴訟。

第五三條　（特定目的及個人資料類別之訂定）104

法務部應會同中央目的事業主管機關訂定特定目的及個人資料類別，提供公務機關及非公務機關參考使用。

第五四條　（告知義務及處罰）104

①本法中華民國九十九年五月二十六日修正公布之條文施行前，非由當事人提供之個人資料，於本法一百零四年十二月十五日修正之條文施行後為處理或利用者，應於處理或利用前，依第九條規定向當事人告知。

②前項之告知，得於本法中華民國一百零四年十二月十五日修正之條文施行後首次利用時併同為之。

③未依前二項規定告知而利用者，以違反第九條規定論處。

第五五條　（施行細則）

本法施行細則，由法務部定之。

第五六條　（施行日）

①本法施行日期，由行政院定之。

②現行條文第十九條至第二十二條及第四十三條之刪除，自公布日施行。

③前項公布日於現行條文第四十三條第二項指定之事業、團體或個人應於指定之日起六個月內辦理登記或許可之期間內者，該指定之事業、團體或個人得申請終止辦理，目的事業主管機關於終止辦理時，應退還已繳規費。已辦理完成者，亦得申請退費。

④前項退費，應自繳費義務人繳納之日起，至目的事業主管機關終止辦理之日止，按退費額，依繳費之日郵政儲金之一年期定期存款利率，按日加計利息，一併退還。已辦理完成者，其退費，應自繳費義務人繳納之日起，至目的事業主管機關核准申請之日止，亦同。

個人資料保護法施行細則

①民國 85 年 5 月 1 日法務部令訂定發布全文 46 條。
②民國 101 年 9 月 26 日法務部令修正發布名稱及全文 33 條；並自 101 年 10 月 1 日施行（原名稱：電腦處理個人資料保護法施行細則）。
③民國 105 年 3 月 2 日法務部令修正發布第 9～15、17、18 條條文；並自 105 年 3 月 15 日施行。

第一條

本細則依個人資料保護法（以下簡稱本法）第五十五條規定訂定之。

第二條

本法所稱個人，指現生存之自然人。

第三條

本法第二條第一款所稱得以間接方式識別，指保有該資料之公務或非公務機關僅以該資料不能直接識別，須與其他資料對照、組合、連結等，始能識別該特定之個人。

第四條

①本法第二條第一款所稱病歷之個人資料，指醫療法第六十七條第二項所列之各款資料。

②本法第二條第一款所稱醫療之個人資料，指病歷及其他由醫師或其他之醫事人員，以治療、矯正、預防人體疾病、傷害、殘缺爲目的，或其他醫學上之正當理由，所爲之診察及治療；或基於以上之診察結果，所爲處方、用藥、施術或處置所產生之個人資料。

③本法第二條第一款所稱基因之個人資料，指由人體一段去氧核醣核酸構成，爲人體控制特定功能之遺傳單位訊息。

本法第二條第一款所稱性生活之個人資料，指性取向或性慣行之個人資料。

④本法第二條第一款所稱健康檢查之個人資料，指非針對特定疾病進行診斷或治療之目的，而以醫療行爲施以檢查所產生之資料。

本法第二條第一款所稱犯罪前科之個人資料，指經緩起訴、職權不起訴或法院判決有罪確定、執行之紀錄。

第五條

本法第二條第二款所定個人資料檔案，包括備份檔案。

第六條

①本法第二條第四款所稱刪除，指使已儲存之個人資料自個人資料檔案中消失。

②本法第二條第四款所稱內部傳送，指公務機關或非公務機關本身

內部之資料傳送。

第七條

受委託蒐集、處理或利用個人資料之法人、團體或自然人，依委託機關應適用之規定爲之。

第八條

①委託他人蒐集、處理或利用個人資料時，委託機關應對受託者爲適當之監督。

②前項監督至少應包含下列事項：

一　預定蒐集、處理或利用個人資料之範圍、類別、特定目的及其期間。

二　受託者就第十二條第二項採取之措施。

三　有複委託者，其約定之受託者。

四　受託者或其受僱人違反本法、其他個人資料保護法律或其法規命令時，應向委託機關通知之事項及採行之補救措施。

五　委託機關如對受託者有保留指示者，其保留指示之事項。

六　委託關係終止或解除時，個人資料載體之返還，及受託者履行委託契約以儲存方式而持有之個人資料之刪除。

③第一項之監督，委託機關應定期確認受託者執行之狀況，並將確認結果記錄之。

④受託者僅得於委託機關指示之範圍內，蒐集、處理或利用個人資料。受託者認委託機關之指示有違反本法、其他個人資料保護法律或其法規命令者，應立即通知委託機關。

第九條 105

本法第六條第一項但書第一款、第八條第二項第一款、第十六條但書第一款、第十九條第一項第一款、第二十條第一項但書第一款所稱法律，指法律或法律具體明確授權之法規命令。

第一〇條 105

本法第六條第一項但書第二款及第五款、第八條第二項第二款及第三款、第十條但書第二款、第十五條第一款、第十六條所稱法定職務，指於下列法規中所定公務機關之職務：

一　法律、法律授權之命令。

二　自治條例。

三　法律或自治條例授權之自治規則。

四　法律或中央法規授權之委辦規則。

第一一條 105

本法第六條第一項但書第二款及第五款、第八條第二項第二款所稱法定義務，指非公務機關依法律或法律具體明確授權之法規命令所定之義務。

第一二條 105

①本法第六條第一項但書第二款及第五款所稱適當安全維護措施、第十八條所稱安全維護事項、第十九條第一項第二款及第二十七條第一項所稱適當之安全措施，指公務機關或非公務機關爲防止

個人資料被竊取、竄改、毀損、滅失或洩漏，採取技術上及組織上之措施。

②前項措施，得包括下列事項，並以與所欲達成之個人資料保護目的間，具有適當比例為原則：

一 配置管理之人員及相當資源。
二 界定個人資料之範圍。
三 個人資料之風險評估及管理機制。
四 事故之預防、通報及應變機制。
五 個人資料蒐集、處理及利用之內部管理程序。
六 資料安全管理及人員管理。
七 認知宣導及教育訓練。
八 設備安全管理。
九 資料安全稽核機制。
十 使用紀錄、軌跡資料及證據保存。
十一 個人資料安全維護之整體持續改善。

第一三條 105

①本法第六條第一項但書第三款、第九條第二項第二款、第十九條第一項第三款所稱當事人自行公開之個人資料，指當事人自行對不特定人或特定多數人揭露其個人資料。

②本法第六條第一項但書第三款、第九條第二項第二款、第十九條第一項第三款所稱已合法公開之個人資料，指依法律或法律具體明確授權之法規命令所公示、公告或以其他合法方式公開之個人資料。

第一四條 105

本法第六條第一項但書第六款、第十一條第二項及第三項但書所定當事人書面同意之方式，依電子簽章法之規定，得以電子文件為之。

第一五條 105

本法第七條第二項所定單獨所為之意思表示，如係與其他意思表示於同一書面為之者，蒐集者應於適當位置使當事人得以知悉其內容並確認同意。

第一六條

依本法第八條、第九條及第五十四條所定告知之方式，得以言詞、書面、電話、簡訊、電子郵件、傳真、電子文件或其他足以使當事人知悉或可得知悉之方式為之。

第一七條 105

本法第六條第一項但書第四款、第九條第二項第四款、第十六條但書第五款、第十九條第一項第四款及第二十條第一項但書第五款所稱無從識別特定當事人，指個人資料以代碼、匿名、隱藏部分資料或其他方式，無從辨識該特定個人者。

第一八條 105

本法第十條但書第三款所稱妨害第三人之重大利益，指有害於第三人個人之生命、身體、自由、財產或其他重大利益。

第一九條

當事人依本法第十一條第一項規定向公務機關或非公務機關請求更正或補充其個人資料時，應為適當之釋明。

第二〇條

本法第十一條第三項所稱特定目的消失，指下列各款情形之一：

一　公務機關經裁撤或改組而無承受業務機關。

二　非公務機關歇業、解散而無承受機關，或所營事業營業項目變更而與原蒐集目的不符。

三　特定目的已達成而無繼續處理或利用之必要。

四　其他事由足認該特定目的已無法達成或不存在。

第二一條

有下列各款情形之一者，屬於本法第十一條第三項但書所定因執行職務或業務所必須：

一　有法令規定或契約約定之保存期限。

二　有理由足認刪除將侵害當事人值得保護之利益。

三　其他不能刪除之正當事由

第二二條

①本法第十二條所稱適當方式通知，指即時以言詞、書面、電話、簡訊、電子郵件、傳眞、電子文件或其他足以使當事人知悉或可得知悉之方式為之。但需費過鉅者，得斟酌技術之可行性及當事人隱私之保護，以網際網路、新聞媒體或其他適當公開方式為之。

②依本法第十二條規定通知當事人，其內容應包括個人資料被侵害之事實及已採取之因應措施。

第二三條

①公務機關依本法第十七條規定為公開，應於建立個人資料檔案後一個月內為之；變更時，亦同。公開方式應予以特定，並避免任意變更。

②本法第十七條所稱其他適當方式，指利用政府公報、新聞紙、雜誌、電子報或其他可供公衆查閱之方式為公開。

第二四條

公務機關保有個人資料檔案者，應訂定個人資料安全維護規定。

第二五條

①本法第十八條所稱專人，指具有管理及維護個人資料檔案之能力，且足以擔任機關之個人資料檔案安全維護經常性工作之人員。

②公務機關為使專人具有辦理安全維護事項之能力，應辦理或使專人接受相關專業之教育訓練。

第二六條

本法第十九條第一項第二款所定契約或類似契約之關係，不以本法修正施行後成立者為限。

第二七條

①本法第十九條第一項第二款所定契約關係，包括本約，及非公務機關與當事人間為履行該契約，所涉及必要第三人之接觸、磋商或聯繫行為及給付或向其為給付之行為。

②本法第十九條第一項第二款所稱類似契約之關係，指下列情形之一者：

一　非公務機關與當事人間於契約成立前，為準備或商議訂立契約或為交易之目的，所進行之接觸或磋商行為。

二　契約因無效、撤銷、解除、終止而消滅或履行完成時，非公務機關與當事人為行使權利、履行義務，或確保個人資料完整性之目的所為之連繫行為。

第二八條

本法第十九條第一項第七款所稱一般可得之來源，指透過大眾傳播、網際網路、新聞、雜誌、政府公報及其他一般人可得知悉或接觸而取得個人資料之管道。

第二九條

依本法第二十二條規定實施檢查時，應注意保守秘密及被檢查者之名譽。

第三〇條

①依本法第二十二條第二項規定，扣留或複製得沒入或可為證據之個人資料或其檔案時，應掣給收據，載明其名稱、數量、所有人、地點及時間。

②依本法第二十二條第一項及第二項規定實施檢查後，應作成紀錄。

③前項紀錄當場作成者，應使被檢查者閱覽及簽名，並即將副本交付被檢查者；其拒絕簽名者，應記明其事由。

④紀錄於事後作成者，應送達被檢查者，並告知得於一定期限內陳述意見。

第三一條

本法第五十二條第一項所稱之公益團體，指依民法或其他法律設立並具備個人資料保護專業能力之公益社團法人、財團法人及行政法人。

第三二條

本法修正施行前已蒐集或處理由當事人提供之個人資料，於修正施行後，得繼續為處理及特定目的內之利用；其為特定目的外之利用者，應依本法修正施行後之規定為之。

第三三條

本細則施行日期，由法務部定之。

個人資料保護法之特定目的及個人資料之類別

①民國 85 年 8 月 7 日法務部令、財政部令、經濟部令、教育部令、交通部號令、行政院新聞局令、行政院衛生署令會銜訂定發布。
②民國 101 年 10 月 1 日法務部號令、內政部令、財政部令、教育部令、經濟部令、交通部令、文化部令、蒙藏委員會令、僑務委員會令、中央銀行令、行政院衛生署令、行政院環境保護署令、國立故宮博物院令、行政院大陸委員會令、行政院經濟建設委員會令、金融監督管理委員會令、行政院國軍退除役官兵輔導委員會令、行政院原子能委員會令、行政院國家科學委員會令、行政院農業委員會農令、行政院勞工委員會令、公平交易委員會令、行政院公共工程委員會令、行政院原住民族委員會令、行政院體育委員會令、客家委員會令、國家通訊傳播委員會令會銜修正發布名稱及全文；並定自 101 年 10 月 1 日生效（原名稱：電腦處理個人資料保護法之特定目的及個人資料之類別）。

代號　修正特定目的項目
○○一　人身保險
○○二　人事管理（包含甄選、離職及所屬員工基本資訊、現職、學經歷、考試分發、終身學習訓練進修、考績獎懲、銓審、薪資待遇、差勤、福利措施、褫奪公權、特殊查核或其他人事措施）
○○三　入出國及移民
○○四　土地行政
○○五　工程技術服務業之管理
○○六　工業行政
○○七　不動產服務
○○八　中小企業及其他產業之輔導
○○九　中央銀行監理業務
○一○　公立與私立慈善機構管理
○一一　公共造產業務
○一二　公共衛生或傳染病防治
○一三　公共關係
○一四　公職人員財產申報、利益衝突迴避及政治獻金業務
○一五　戶政
○一六　文化行政
○一七　文化資產管理
○一八　水利、農田水利行政
○一九　火災預防與控制、消防行政
○二○　代理與仲介業務

○二一　外交及領事事務
○二二　外匯業務
○二三　民政
○二四　民意調查
○二五　犯罪預防、刑事偵查、執行、矯正、保護處分、犯罪被害人保護或更生保護事務
○二六　生態保育
○二七　立法或立法諮詢
○二八　交通及公共建設行政
○二九　公民營（辦）交通運輸、公共運輸及公共建設
○三○　仲裁
○三一　全民健康保險、勞工保險、農民保險、國民年金保險或其他社會保險
○三二　刑案資料管理
○三三　多層次傳銷經營
○三四　多層次傳銷監管
○三五　存款保險
○三六　存款與匯款
○三七　有價證券與有價證券持有人登記
○三八　行政執行
○三九　行政裁罰、行政調查
○四○　行銷（包含金控共同行銷業務）
○四一　住宅行政
○四二　兵役、替代役行政
○四三　志工管理
○四四　投資管理
○四五　災害防救行政
○四六　供水與排水服務
○四七　兩岸暨港澳事務
○四八　券幣行政
○四九　宗教、非營利組織業務
○五○　放射性物料管理
○五一　林業、農業、動植物防疫檢疫、農村再生及土石流防災管理
○五二　法人或團體對股東、會員（含股東、會員指派之代表）、董事、監察人、理事、監事或其他成員名册之內部管理
○五三　法制行政
○五四　法律服務
○五五　法院執行業務
○五六　法院審判業務
○五七　社會行政
○五八　社會服務或社會工作
○五九　金融服務業依法令規定及金融監理需要，所爲之蒐集處理

及利用
○六○ 金融爭議處理
○六一 金融監督、管理與檢查
○六二 青年發展行政
○六三 非公務機關依法定義務所進行個人資料之蒐集處理及利用
○六四 保健醫療服務
○六五 保險經紀、代理、公證業務
○六六 保險監理
○六七 信用卡、現金卡、轉帳卡或電子票證業務
○六八 信託業務
○六九 契約、類似契約或其他法律關係事務
○七○ 客家行政
○七一 建築管理、都市更新、國民住宅事務
○七二 政令宣導
○七三 政府資訊公開、檔案管理及應用
○七四 政府福利金或救濟金給付行政
○七五 科技行政
○七六 科學工業園區、農業科技園區、文化創業園區、生物科技園區或其他園區管理行政
○七七 訂位、住宿登記與購票業務
○七八 計畫、管制考核與其他研考管理
○七九 飛航事故調查
○八○ 食品、藥政管理
○八一 個人資料之合法交易業務
○八二 借款戶與存款戶存借作業綜合管理
○八三 原住民行政
○八四 捐供血服務
○八五 旅外國人急難救助
○八六 核子事故應變
○八七 核能安全管理
○八八 核貸與授信業務
○八九 海洋行政
○九○ 消費者、客戶管理與服務
○九一 消費者保護
○九二 畜牧行政
○九三 財產保險
○九四 財產管理
○九五 財稅行政
○九六 退除役官兵輔導管理及其眷屬服務照顧
○九七 退撫基金或退休金管理
○九八 商業與技術資訊
○九九 國內外交流業務

一〇〇　國家安全行政、安全查核、反情報調查
一〇一　國家經濟發展業務
一〇二　國家賠償行政
一〇三　專門職業及技術人員之管理、懲戒與救濟
一〇四　帳務管理及債權交易業務
一〇五　彩券業務
一〇六　授信業務
一〇七　採購與供應管理
一〇八　救護車服務
一〇九　教育或訓練行政
一一〇　產學合作
一一一　票券業務
一一二　票據交換業務
一一三　陳情、請願、檢舉案件處理
一一四　勞工行政
一一五　博物館、美術館、紀念館或其他公、私營造物業務
一一六　場所進出安全管理
一一七　就業安置、規劃與管理
一一八　智慧財產權、光碟管理及其他相關行政
一一九　發照與登記
一二〇　稅務行政
一二一　華僑資料管理
一二二　訴願及行政救濟
一二三　貿易推廣及管理
一二四　鄉鎮市調解
一二五　傳播行政與管理
一二六　債權整貼現及收買業務
一二七　募款（包含公益勸募）
一二八　廉政行政
一二九　會計與相關服務
一三〇　會議管理
一三一　經營郵政業務郵政儲匯保險業務
一三二　經營傳播業務
一三三　經營電信業務與電信加值網路業務
一三四　試務、銓敘、保訓行政
一三五　資（通）訊服務
一三六　資（通）訊與資料庫管理
一三七　資通安全與管理
一三八　農產品交易
一三九　農產品推廣資訊
一四〇　農糧行政
一四一　遊說業務行政

一四二　運動、競技活動
一四三　運動休閒業務
一四四　電信及傳播監理
一四五　僱用與服務管理
一四六　圖書館、出版品管理
一四七　漁業行政
一四八　網路購物及其他電子商務服務
一四九　蒙藏行政
一五〇　輔助性與後勤支援管理
一五一　審計、監察調查及其他監察業務
一五二　廣告或商業行爲管理
一五三　影視、音樂與媒體管理
一五四　徵信
一五五　標準、檢驗、度量衡行政
一五六　衛生行政
一五七　調查、統計與研究分析
一五八　學生（員）（含畢、結業生）資料管理
一五九　學術研究
一六〇　憑證業務管理
一六一　輻射防護
一六二　選民服務管理
一六三　選舉、罷免及公民投票行政
一六四　營建業之行政管理
一六五　環境保護
一六六　證券、期貨、證券投資信託及顧問相關業務
一六七　警政
一六八　護照、簽證及文件證明處理
一六九　體育行政
一七〇　觀光行政、觀光旅館業、旅館業、旅行業、觀光遊樂業及民宿經營管理業務
一七一　其他中央政府機關暨所屬機關構內部單位管理、公共事務監督、行政協助及相關業務
一七二　其他公共部門（包括行政法人、政府捐助財團法人及其他公法人）執行相關業務
一七三　其他公務機關對目的事業之監督管理
一七四　其他司法行政
一七五　其他地方政府機關暨所屬機關構內部單位管理、公共事務監督、行政協助及相關業務
一七六　其他自然人基於正當性目的所進行個人資料之蒐集處理及利用
一七七　其他金融管理業務
一七八　其他財政收入

一七九　其他財政服務
一八〇　其他經營公共事業（例如：自來水、瓦斯等）業務
一八一　其他經營合於營業登記項目或組織章程所定之業務
一八二　其他諮詢與顧問服務

代號　識別類

C〇〇一　辨識個人者。
例如：姓名、職稱、住址、工作地址、以前地址、住家電話號碼、行動電話、即時通帳號、網路平臺申請之帳號、通訊及戶籍地址、相片、指紋、電子郵遞地址、電子簽章、憑證卡序號、憑證序號、提供網路身分認證或申辦查詢服務之紀錄及其他任何可辨識資料本人者等。
C〇〇二　辨識財務者。
例如：金融機構帳戶之號碼與姓名、信用卡或簽帳卡之號碼、保險單號碼、個人之其他號碼或帳戶等。
C〇〇三　政府資料中之辨識者。
例如：身分證統一編號、統一證號、稅籍編號、保險憑證號碼、殘障手册號碼、退休證之號碼、證照號碼、護照號碼等。

代號　特徵類

C〇一一　個人描述。
例如：年齡、性別、出生年月日、出生地、國籍、聲音等。
C〇一二　身體描述。
例如：身高、體重、血型等。
C〇一三　習慣。
例如：抽煙、喝酒等。
C〇一四　個性。
例如：個性等之評述意見。

代號　家庭情形

C〇二一　家庭情形。
例如：結婚有無、配偶或同居人之姓名、前配偶或同居人之姓名、結婚之日期、子女之人數等。
C〇二二　婚姻之歷史。
例如：前次婚姻或同居、離婚或分居等細節及相關人之姓名等。
C〇二三　家庭其他成員之細節。
例如：子女、受扶養人、家庭其他成員或親屬、父母、同居人及旅居國外及大陸人民親屬等。
C〇二四　其他社會關係。
例如：朋友、同事及其他除家庭以外之關係等。

代號　社會情況

C〇三一　住家及設施。
例如：住所地址、設備之種類、所有或承租、住用之期間、租金或稅率及其他花費在房屋上之支出、房屋之種類、價值及所有人之姓名等。

C○三二　財產。
例如：所有或具有其他權利之動產或不動產等。
C○三三　移民情形。
例如：護照、工作許可文件、居留證明文件、住居或旅行限制、入境之條件及其他相關細節等。
C○三四　旅行及其他遷徙細節。
例如：過去之遷徙、旅行細節、外國護照、居留證明文件及工作證照及工作證等相關細節等。
C○三五　休閒活動及興趣。
例如：嗜好、運動及其他興趣等。
C○三六　生活格調。
例如：使用消費品之種類及服務之細節、個人或家庭之消費模式等。
C○三七　慈善機構或其他團體之會員資格。
例如：俱樂部或其他志願團體或持有參與者紀錄之單位等。
C○三八　職業。
例如：學校校長、民意代表或其他各種職業等。
C○三九　執照或其他許可。
例如：駕駛執照、行車執照、自衛槍枝使用執照、釣魚執照等。
C○四○　意外或其他事故及有關情形。
例如：意外事件之主體、損害或傷害之性質、當事人及證人等。
C○四一　法院、檢察署或其他審判機關或其他程序。
例如：關於資料主體之訴訟及民事或刑事等相關資料等。

代號　教育、考選、技術或其他專業

C○五一　學校紀錄。
例如：大學、專科或其他學校等。
C○五二　資格或技術。
例如：學歷資格、專業技術、特別執照（如飛機駕駛執照等）、政府職訓機構學習過程、國家考試、考試成績或其他訓練紀錄等。
C○五三　職業團體會員資格。
例如：會員資格類別、會員資格紀錄、參加之紀錄等。
C○五四　職業專長。
例如：專家、學者、顧問等。
C○五五　委員會之會員資格。
例如：委員會之詳細情形、工作小組及會員資格因專業技術而產生之情形等。
C○五六　著作。
例如：書籍、文章、報告、視聽出版品及其他著作等。
C○五七　學生（員）、應考人紀錄。
例如：學習過程、相關資格、考試訓練考核及成績、評分評語或其他學習或考試紀錄等。

C○五八　委員工作紀錄。
例如：委員參加命題、閱卷、審查、口試及其他試務工作情形記錄。

代號　受僱情形

C○六一　現行之受僱情形。
例如：僱主、工作職稱、工作描述、等級、受僱日期、工時、工作地點、產業特性、受僱之條件及期間、與現行僱主有關之以前責任與經驗等。
C○六二　僱用經過。
例如：日期、受僱方式、介紹、僱用期間等。
C○六三　離職經過。
例如：離職之日期、離職之原因、離職之通知及條件等。
C○六四　工作經驗。
例如：以前之僱主、以前之工作、失業之期間及軍中服役情形等。
C○六五　工作、差勤紀錄。
例如：上、下班時間及事假、病假、休假、娩假各項請假紀錄在職紀錄或未上班之理由、考績紀錄、獎懲紀錄、褫奪公權資料等。
C○六六　健康與安全紀錄。
例如：職業疾病、安全、意外紀錄、急救資格、旅外急難救助資訊等。
C○六七　工會及員工之會員資格。
例如：會員資格之詳情、在工會之職務等。
C○六八　薪資與預扣款。
例如：薪水、工資、佣金、紅利、費用、零用金、福利、借款、繳稅情形、年金之扣繳、工會之會費、工作之基本工資或工資付款之方式、加薪之日期等。
C○六九　受僱人所持有之財產。
例如：交付予受僱人之汽車、工具、書籍或其他設備等。
C○七○　工作管理之細節。
例如：現行義務與責任、工作計畫、成本、用人費率、工作分配與期間、工作或特定工作所花費之時間等。
C○七一　工作之評估細節。
例如：工作表現與潛力之評估等。
C○七二　受訓紀錄。
例如：工作必須之訓練與已接受之訓練，已具有之資格或技術等。
C○七三　安全細節。
例如：密碼、安全號碼與授權等級等。

代號　財務細節

C○八一　收入、所得、資產與投資。
例如：總收入、總所得、賺得之收入、賺得之所得、資產、儲蓄、開始日期與到期日、投資收入、投資所得、資產費用等。

C○八二　負債與支出。
例如：支出總額、租金支出、貸款支出、本票等信用工具支出等。
C○八三　信用評等。
例如：信用等級、財務狀況與等級、收入狀況與等級等。
C○八四　貸款。
例如：貸款類別、貸款契約金額、貸款餘額、初貸日、到期日、應付利息、付款紀錄、擔保之細節等。
C○八五　外匯交易紀錄。
C○八六　票據信用。
例如：支票存款、基本資料、退票資料、拒絕往來資料等。
C○八七　津貼、福利、贈款。
C○八八　保險細節。
例如：保險種類、保險範圍、保險金額、保險期間、到期日、保險費、保險給付等。
C○八九　社會保險給付、就養給付及其他退休給付。
例如：生效日期、付出與收入之金額、受益人等。
C○九一　資料主體所取得之財貨或服務。
例如：貨物或服務之有關細節、資料主體之貸款或僱用等有關細節等。
C○九二　資料主體提供之財貨或服務。
例如：貨物或服務之有關細節等。
C○九三　財務交易。
例如：收付金額、信用額度、保證人、支付方式、往來紀錄、保證金或其他擔保等。
C○九四　賠償。
例如：受請求賠償之細節、數額等。

代號　商業資訊

C一○一　資料主體之商業活動。
例如：商業種類、提供或使用之財貨或服務、商業契約等。
C一○二　約定或契約。
例如：關於交易、商業、法律或其他契約、代理等。
C一○三　與營業有關之執照。
例如：執照之有無、市場交易者之執照、貨車駕駛之執照等。

代號　健康與其他

C一一一　健康紀錄。
例如：醫療報告、治療與診斷紀錄、檢驗結果、身心障礙種類、等級、有效期間、身心障礙手冊證號及聯絡人等。
C一一二　性生活。
C一一三　種族或血統來源。
例如：去氧核糖核酸資料等。
C一一四　交通違規之確定裁判及行政處分。
例如：裁判及行政處分之內容、其他與肇事有關之事項等。

C一一五　其他裁判及行政處分。

例如：裁判及行政處分之內容、其他相關事項等。

C一一六　犯罪嫌疑資料。

例如：作案之情節、通緝資料、與已知之犯罪者交往、化名、足資證明之證據等。

C一一七　政治意見。

例如：政治上見解、選舉政見等。

C一一八　政治團體之成員。

例如：政黨黨員或擔任之工作等。

C一一九　對利益團體之支持。

例如：係利益團體或其他組織之會員、支持者等。

C一二〇　宗教信仰。

C一二一　其他信仰。

代號　其他各類資訊

C一三一　書面文件之檢索。

例如：未經自動化機器處理之書面文件之索引或代號等。

C一三二　未分類之資料。

例如：無法歸類之信件、檔案、報告或電子郵件等。

C一三三　輻射劑量資料。

例如：人員或建築之輻射劑量資料等。

C一三四　國家情報工作資料。

例如：國家情報工作法、國家情報人員安全查核辦法等有關資料。

個人資料保護法非公務機關之中央目的事業主管機關列表

①民國 101 年 10 月 22 日行政院函。
②民國 102 年 8 月 23 日行政院函。
③民國 103 年 5 月 15 日行政院函。
④民國 103 年 5 月 28 日行政院函。
⑤民國 103 年 7 月 3 日法務部函。
⑥民國 103 年 10 月 1 日法務部函。

代碼（行政院主計總處分類代碼（小類）	行業標準分類（參考行政院主計總處之分類）	中央目的事業主管機關
011	農作物栽培業	行政院農業委員會
012	畜牧業	行政院農業委員會
013	農事及畜牧服務業	【畜牧服務業】：行政院農業委員會
021	造林業	行政院農業委員會
022	林產經營業	行政院農業委員會
031	漁撈業	行政院農業委員會
032	水產養殖業	行政院農業委員會
050	石油及天然氣礦業	經濟部
060	砂、石及黏土採取業	經濟部
070	其他礦業及土石採取業	經濟部
081	肉類處理保藏及其製品製造業	【未屠宰肉類】：行政院農業委員會 【已屠宰肉類】：衛生福利部（基於食品衛生管理）
（新增）	屠宰業	行政院農業委員會
082	水產處理保藏及其製品製造業	行政院農業委員會 衛生福利部　經濟部
083	蔬果處理保藏及其製品製造業	經濟部
084	食用油脂製造業	衛生福利部　經濟部
085	乳品製造業	衛生福利部　經濟部
086	碾穀、磨粉及澱粉製品製造	【碾穀製造業】：行政院農業委員會 【磨粉及澱粉製品製造業】：衛生福利部
089	其他食品製造業	衛生福利部　經濟部
091	酒精飲料製造業	【酒精濃度 0.5%以下飲料製造業】：衛生福利部 【酒精濃度超過 0.5%飲料製造業】：財政部
092	非酒精飲料製造業	衛生福利部　經濟部
112	織布業	經濟部

113	不織布業	經濟部
114	印染整理業	經濟部
115	紡織品製造業	經濟部
121	梭織成衣製造業	經濟部
122	針織成衣製造業	經濟部
123	服飾品製造業	經濟部
130	皮革、毛皮及其製品製造業	經濟部
140	木竹製品製造業	經濟部
151	紙漿、紙及紙板製造業	經濟部
152	紙容器製造業	經濟部
159	其他紙製品製造業	經濟部
161	印刷及其輔助業	經濟部
162	資料儲存媒體複製業	經濟部
170	石油及煤製品製造業	經濟部
181	基本化學材料製造業	經濟部
182	石油化工原料製造業	經濟部
183	肥料製造業	行政院農業委員會
184	合成樹脂、塑膠及橡膠製造業	經濟部
185	人造纖維製造業	經濟部
191	農藥及環境用藥製造業	經濟部　行政院農業委員會
192	塗料、染料及顏料製造業	經濟部
193	清潔用品製造業	經濟部
194	化妝品製造業	經濟部　衛生福利部
199	其他化學製品製造業	經濟部
200	藥品及醫用化學製品製造業	經濟部 【中藥製造業】：衛生福利部 【其餘藥品及醫用化學製品製造業】：衛生福利部
210	橡膠製品製造業	經濟部
220	塑膠製品製造業	經濟部
231	玻璃及其製品製造業	經濟部
232	耐火、黏土建築材料及陶瓷製品製造業	經濟部
233	水泥及其製品製造業	經濟部
234	石材製品製造業	經濟部
239	其他非金屬礦物製品製造業	經濟部
241	鋼鐵製造業	經濟部
242	鋁製造業	經濟部
243	銅製造業	經濟部

249	其他基本金屬製造業	經濟部
251	金屬手工具及模具製造業	經濟部
252	金屬結構及建築組件製造業	經濟部
253	金屬容器製造業	經濟部
254	金屬加工處理業	經濟部
259	其他金屬製品製造業	經濟部
261	半導體製造業	經濟部
262	被動電子元件製造業	經濟部
263	印刷電路板製造業	經濟部
264	光電材料及元件製造業	經濟部
269	其他電子零組件製造業	經濟部
271	電腦及其週邊設備製造業	經濟部
272	通訊傳播設備製造業	經濟部
273	視聽電子產品製造業	經濟部
274	資料儲存媒體製造業	經濟部
275	量測、導航、控制設備及鐘錶製造業	經濟部
276	輻射及電子醫學設備製造業	【游離輻射設備製造業】：行政院原子能委員會 【非輻射電子醫療器材設備製造業】：衛生福利部
277	光學儀器及設備製造業	經濟部
281	發電、輸電、配電機械製造業	經濟部
282	電池製造業	經濟部
283	電線及配線器材製造業	經濟部
284	照明設備製造業	經濟部
285	家用電器製造業	經濟部
289	其他電力設備製造業	經濟部
291	金屬加工用機械設備製造業	經濟部
292	其他專用機械設備製造業	經濟部
293	通用機械設備製造業	經濟部
301	汽車製造業	經濟部
302	車體製造業	經濟部
303	汽車零件製造業	經濟部
311	船舶及其零件製造業	經濟部
312	機車及其零件製造業	經濟部
313	自行車及其零件製造業	經濟部
319	未分類其他運輸工具及其零件製造業	經濟部

321	非金屬家具製造業	經濟部
322	金屬家具製造業	經濟部
331	育樂用品製造業	經濟部
332	醫療器材及用品製造業	經濟部 衛生福利部
339	未分類其他製造業	經濟部
340	產業用機械設備維修及安裝業	經濟部
351	電力供應業	經濟部
352	天然氣業與液化石油氣業	經濟部
（新增，原353蒸汽供應業）	汽電共生業	經濟部
360	用水供應業	經濟部
370	廢（汙）水處理業	內政部
381	廢棄物清除業	行政院環境保護署
382	廢棄物處理業	行政院環境保護署
383	應回收廢棄物處理業	行政院環境保護署
390	汙染整治業	行政院環境保護署
410	建築工程業	內政部
421	道路工程業	內政部
422	公用事業設施工程業	內政部
429	其他土木工程業	內政部
431	整地、基礎及結構工程業	內政部
432	庭園景觀工程業	內政部
433	機電、管道及其他建築設備安裝業	內政部
434	最後修整工程業	內政部
439	其他專門營造業	內政部
451	商品經紀業	經濟部
452	綜合商品批發業	經濟部
453	農產原料及活動物批發業	行政院農委會
454	食品、飲料及菸草製品批發業	【食品飲料批發業】：衛生福利部 【菸草製品輸入業】：財政部 【菸草製品販賣業】：財政部
455	布疋及服飾品批發業	經濟部
456	家庭器具及用品批發業	經濟部
457	藥品、醫療用品及化妝品批發業	衛生福利部
458	文教、育樂用品批發業	經濟部
461	建材批發業	經濟部

462	化學材料及其製品批發業	經濟部
463	燃料及相關產品批發業	經濟部
464	機械器具批發業	原則經濟部主政 【消防機具、器材及設備（4649 其他機械器具批發業－消防設備批發）】：內政部
465	汽機車及其零配件、用品批發業	經濟部
471	綜合商品零售業	經濟部
472	食品、飲料及菸草製品零售業	經濟部
473	布疋及服飾品零售業	經濟部
474	家庭器具及用品零售業	經濟部
475	藥品、醫療用品及化妝品零售業	衛生福利部
476	文教、育樂用品零售業	經濟部
481	建材零售業	經濟部
483	資訊及通訊設備零售業	【電信器材屬管制射頻器材之製造、輸入】：國家通訊傳播委員會 【非屬電信管制射頻器材之通訊設備零售業】：經濟部 【電信器材屬管制射頻器材之單純零售業】：國家通訊傳播委員會為主管機關
484	汽機車及其零配件、用品零售業	經濟部
485	其他專賣零售業	經濟部
486	零售攤販業	經濟部
487	其他無店面零售業	【以網際網路及型錄方式零售商品之公司行號】：經濟部 【電視購物頻道供應者】：國家通訊傳播委員會 【多層次傳銷之行業】：公平交易委員會
491	鐵路運輸業	交通部
492	大眾捷運系統運輸業	交通部
493	汽車客運業	交通部
494	汽車貨運業	交通部
499	其他陸上運輸業	交通部
501	海洋水運業	交通部
502	內河及湖泊水運業	交通部
510	航空運輸業	交通部
521	報關業	財政部
522	船務代理業	交通部
523	貨運承攬業	交通部
524	陸上運輸輔助業	交通部　內政部
525	水上運輸輔助業	交通部

526	航空運輸輔助業	交通部
529	其他運輸輔助業	交通部
530	倉儲業	【一般倉儲業】：經濟部 【保稅倉庫、物流中心】：財政部 【隸屬加工出口區之倉儲】：經濟部 【隸屬科學工業園區之倉儲】：科技部
541	郵政業	交通部
542	快遞服務業	交通部
551	觀光旅館業、旅館業及民宿	交通部
561	餐館業	【飯店、觀光旅館、機場附屬之餐館業】：交通部 【百貨業附屬之餐館業】：經濟部 【其他餐館業】：衛生福利部
562	飲料店業	【飯店、觀光旅館、機場附屬之飲料店業】：交通部 【百貨業附屬之飲料店業】：經濟部 【其他飲料店業】：衛生福利部
563	餐飲攤販業	經濟部
569	其他餐飲業	衛生福利部　經濟部
581	新聞、雜誌（期刊）、書籍及其他出版業	文化部
582	軟體出版業	經濟部
592	聲音錄製及音樂出版業	文化部
601	廣播業	國家通訊傳播委員會
602	電視傳播及付費節目播送業	國家通訊傳播委員會
610	電信事業	國家通訊傳播委員會
620	電腦系統設計服務業	經濟部
631	入口網站經營、資料處理、網站代管及相關服務業	【已有明確之中央目的事業主管機關】：各該行業之目的事業主管機關 【無明確之中央目的事業主管機關】：經濟部
639	其他資訊供應服務業	經濟部
641	存款機構	金融監督管理委員會 【農業金融機構】：行政院農業委員會 【郵局存款】：交通部
642	金融控股業	金融監督管理委員會
649	其他金融仲介業	【6492 票券金融業、6494 信用卡發卡業】：金融監督管理委員會 【6493 證券金融業】：金融監督管理委員會 【當舖業】：內政部
651	人身保險業	金融監督管理委員會 【郵政簡易人壽】：交通部
652	財產保險業	金融監督管理委員會
563	再保險業	金融監督管理委員會
661	證券業	金融監督管理委員會

662	期貨業	金融監督管理委員會
663	金融輔助業【證券投資顧問事業、期貨顧問事業、期貨經理事業、信用評等事業、證券集中保管事業、期貨結算機構、金融交易處理及清算活動（含信用卡交易處理）、票據交換所】	【投資顧問業（證券投資顧問事業、期貨顧問事業、期貨經理事業、信用評等事業）、其他金融輔助業（證券集中保管事業、期貨結算機構）、其他金融輔助業（金融交易處理及清算活動（含信用卡交易處理）】：金融監督管理委員會 【票據交換所】：中央銀行
670	不動產開發業（從事 動產開發、住 、大 及其他建設投資興建、租售業務等業）	內政部
681	不動產經紀業	內政部
691	法律服務業	法務部
692	會計服務業	【會計師】：金融監督管理委員會 【記帳士】：財政部
702	管理顧問業	經濟部
711	建築、工程服務及相關技術顧問業	【工程服務及相關服務業】：行政院公共工程委員會 【建築服務業】：內政部
712	技術檢測及分析服務業	經濟部
721	自然及工程科學研究發展服務業（「提供研發規劃服務」、「提供研發、設計、實驗、模擬、檢測及技術量產化等專門技術服務」及「提供研發成果運用規劃服務」，限經濟部工業局職掌所指導之行業）	經濟部
722	社會及人文科學研究發展服務業	經濟部
723	綜合研究發展服務業	經濟部
731	廣告業	經濟部
732	市場研究及民意調查業（市場研究業）	經濟部
740	專門設計服務業	經濟部
750	獸醫服務業	行政院農業委員會
760	其他專業、科學及技術服務業	經濟部
771	機械設備租賃業	經濟部
772	交通運輸及租賃業	交通部
773	個人及家庭用品租賃業	經濟部
781	人力仲介業	勞動部
782	人力供應業	勞動部
790	旅行及相關代訂服務業	交通部
800	保全及私家偵探服務業	【保全業】：內政部
812	清潔服務業	行政院環境保護署

831	公共行政業	內政部
832	國防事務業	國防部
840	國際組織及外國機構	外交部
852	小學	教育部
853	中學	教育部
854	職業學校	教育部
855	大專院校	教育部
856	特殊教育學校	教育部
857	其他教育服務業	教育部
858	教育輔助服務業	教育部
861	醫院	衛生福利部
862	診所	衛生福利部
870	居住型照顧服務業	衛生福利部
880	其他社會工作服務業	衛生福利部
901	文化創意業	文化部
902	藝術表演業	文化部
903	藝術表演輔助服務業	文化部
910	圖書館、博物館及類似機構	【圖書館及類似機構】：教育部 【教育部設置或屬社教性質之博物館及類似機構】：教育部 【文化部設置或屬文化性質之博物館及類似機構】：文化部
920	博弈業	交通部
（新增）	彩券業	【公益彩券】：財政部 【運動彩券】：教育部
931	運動服務業	教育部
932	觀光遊樂業	交通部
941	宗教組織	內政部
942	職業團體	內政部
951	汽車維修及美容業	【汽車維修業】：內政部、交通部、經濟部 【汽車美容業】：經濟部
952	電腦、通訊傳播設備及電子產品修理業	經濟部
959	其他個人及家庭用品維修業	經濟部
961	洗衣業	經濟部
962	美髮及美容美體業	經濟部【瘦身美容院】：衛生署（瘦身美容業管理規範）
963	殯葬服務業	內政部
964	家事服務業	【居家式托育服務人員】：衛生福利部 【家庭看護工、家庭幫傭以照顧家庭成員起居之家事服務業人員】：勞動部
970	不動產開發業	內政部

網際網路零售業及網際網路零售服務平台業個人資料檔案安全維護計畫及業務終止後個人資料處理作業辦法

民國104年9月17日經濟部令訂定發布全文21條；自發布日施行。

第一條

本辦法依個人資料保護法（以下簡稱本法）第二十七條第三項規定訂定之。

第二條

①本辦法所稱網際網路零售業，指以網際網路方式零售商品，且登記資本額爲新臺幣一千萬元以上之股份有限公司，或受經濟部（以下簡稱本部）指定之公司或商號。但不包括應經特許、許可或受專門管理法令規範之行業。

②本辦法所稱網際網路零售服務平台業，指經營供他人零售商品之網際網路平台，且登記資本額爲新臺幣一千萬元以上之股份有限公司，或受本部指定之公司或商號。但不包括應經特許、許可或受專門管理法令規範之行業。

第三條

①網際網路零售業爲符合本法、本辦法及其他相關法令之規定，應依其業務規模及特性，衡酌經營資源之合理分配，設個人資料管理單位或適當組織，並配置適當資源，負責下列事項：

一　個人資料保護管理政策（以下簡稱個資保護政策）之訂定及修正。

二　個人資料檔案安全維護計畫及業務終止後個人資料處理方法（以下簡稱安全維護計畫）之訂定、修正及執行。

②個資保護政策及安全維護計畫之訂定或修正，應由網際網路零售業之代表人或其授權之其他負責人核定之。

第四條

網際網路零售業應對內公開周知個資保護政策，使所屬人員明確瞭解及遵循，其內容應包括下列事項之說明：

一　遵守我國個人資料保護相關法令規定。

二　以合理安全之方式，於特定目的範圍內，蒐集、處理及利用個人資料。

三　以可期待之合理安全水準技術保護其所蒐集、處理、利用之個人資料檔案。

四　設置聯絡窗口，供個人資料當事人行使其個人資料相關權利或提出相關申訴與諮詢。

五　規劃緊急應變程序，以處理個人資料被竊取、竄改、毀損、滅失或洩漏等事故。
六　如委託蒐集、處理及利用個人資料者，應妥善監督受託人。
七　持續維運安全維護計畫之義務，以確保個人資料檔案之安全。

第五條

①第三條之安全維護計畫應納入符合第六條至第十九條規定之具體內容。
②網際網路零售業應隨時檢視其所適用之個人資料保護法令及該法令之變動，並適時檢討修正安全維護計畫；如有業務或環境之變動，亦同。
③本部於必要時，得要求網際網路零售業提出安全維護計畫及其相關文件。

第六條

網際網路零售業應適時並每年定期清查其所保有之個人資料檔案及其蒐集、處理或利用個人資料之作業流程，據以建立個人資料檔案清冊及個人資料作業流程說明文件。

第七條

網際網路零售業應適時並每年定期評估其因蒐集、處理或利用個人資料可能面臨的法律或其他風險，並訂定適當之管控及因應措施。

第八條

①前條因應措施，應包括個人資料被竊取、竄改、毀損、滅失或洩漏等事故之應變機制，其內容應對下列事項為具體規定：
一　降低、控制事故對當事人造成損害之作法。
二　適時以電子郵件、簡訊、電話或其他便利當事人知悉之適當方式，通知當事人事故之發生與處理情形，及後續供當事人查詢之專線與其他查詢管道。
三　避免類似事故再次發生之矯正及預防機制。
四　發生重大事故時，即時依本部指定之機制進行通報，並依本部指示，公告或持續通報事故之處理情形與避免類似事故再次發生之矯正及預防機制。
②前項第四款所稱重大事故，指個人資料遭竊取、竄改、毀損、滅失或洩漏，將危及網際網路零售業正常營運或大量當事人權益之情形。

第九條

①除法律另有規定外，網際網路零售業應就下列事項訂定具體程序或機制，並提出有效方式維持其運作：
一　檢視個人資料之蒐集、處理，符合本法第十九條第一項所定之法定情形及特定目的，或有其他合法事由。
二　檢視個人資料之利用，符合蒐集時之特定目的，或符合本法所定得為特定目的外利用之情形，或有其他合法事由；依當事人書面同意而為特定目的外利用者，應確認已符合本法第七條第二項有關書面同意之規定。

三　檢視已依便利當事人之適當方式，踐行本法第八條及第九條所定之告知義務；如有免為告知之情形，應確認其合法依據。

四　檢視已於首次行銷時提供當事人表示拒絕行銷之管道，並由網際網路零售業支付所需費用。

五　檢視當事人已拒絕接受行銷時，即停止利用其個人資料為行銷，並周知所屬人員或採行防範所屬人員再次行銷之措施。

六　檢視個人資料之蒐集、處理、利用與本法第五條之規定相符。

七　對個人資料進行國際傳輸前，應針對該次傳輸進行可能之影響及風險分析，並採取適當安全保護措施。

八　於特定目的消失、期限屆滿、有本法第十九條第二項所定情形，或有違反本法規定而為個人資料之蒐集、處理或利用時，應依法刪除或停止蒐集、處理、利用個人資料。

九　如於特定目的消失或期限屆滿，而未刪除、停止處理或利用個人資料時，須因執行業務所必須或經當事人書面同意。

十　檢視個人資料是否正確，有不正確或正確性有爭議者，應分別情形依本法第十一條第一項、第二項及第五項之規定辦理。

十一　關於本法第三條所列當事人權利之行使事宜：

㈠提供行使權利之方式應考量個人資料安全管理之必要性及當事人之便利性。

㈡應依適當之方式確認，或請求當事人或代為行使權利之人說明，其確為當事人本人或有權代為行使權利之人。

㈢於提供查詢或製給複製本時，得收取成本費用，但應先明確告知。

㈣應遵守本法第＋三條有關處理期限之規定。

㈤於得合法拒絕權利行使或得延長處理期限之情形，應將拒絕之理由或延長之原因，以書面通知當事人。

十二　委託他人蒐集、處理或利用個人資料之全部或一部時，應有選任受託人之標準及評估機制，且應於委託契約或相關文件明確約定適當之監督方式，並確實執行。

十三　受他人委託處理個人資料之全部或一部時，如認委託機關之指示有違反本法或其他個人資料保護相關法令者，應立即通知委託機關。

②本部依本法第二十一條規定就國際傳輸個人資料定有相關限制者，其相關限制應納入前項之程序或機制。

第一〇條

網際網路零售業如有保護消費者個人資料之機制，應適時提醒消費者應用，並為適當之公告。

第一一條

網際網路零售業應考量業務性質、個人資料存取環境、個人資料傳輸之工具與方法及個人資料之種類、數量等因素，採取適當之人員、作業、設備及技術之安全管理措施。

第一二條

前條之人員安全管理措施，應包括下列事項：

一　確認蒐集、處理及利用個人資料之相關業務流程之負責人員。

二　依據執行業務之必要，設定所屬人員關於個人資料蒐集、處理或利用，及接觸個人資料儲存媒體之相關權限，定期檢視權限設定內容之必要性，並控管接觸個人資料之情形。

三　與所屬人員約定保密義務。

第一三條

第十一條之作業安全管理措施，應包括下列事項：

一　訂定個人資料儲存媒體使用規範並確實執行之。

二　個人資料儲存媒體於廢棄或轉作其他用途前，應以適當方式銷毀或確實刪除該媒體中所儲存之個人資料。委託他人執行上開行爲時，準用第九條第十二款之規定，應爲適當之監督。

三　蒐集、處理或利用個人資料時，如有加密或遮蔽之必要，應採取適當之加密或遮蔽機制。

四　傳輸個人資料時，應有適當安全之防護機制。

五　依據所保有個人資料之重要性，採取適當之備份機制，並比照原件保護之。

第一四條

第十一條之設備安全管理措施，應包括下列事項：

一　依據作業內容及環境之不同，實施必要之安全環境管制。

二　妥善維護並控管個人資料蒐集、處理或利用過程中所使用之實體設備。

三　針對不同作業環境，建置必要之保護設備或技術。

第一五條

第十一條之技術安全管理措施，應包括下列事項：

一　採取適當之安全機制，避免用以蒐集、處理或利用個人資料之電腦、相關設備或系統遭受無權限之存取，包括但不限就個人資料之存取權限，設定必要之控管機制，並定期確認控管機制之有效性。

二　定期確認蒐集、處理或利用個人資料之電腦、相關設備或系統具備必要之安全性，包括但不限採取適當之安全機制，因應惡意程式及系統漏洞所造成之威脅。

三　進行軟硬體測試時，應避免使用實際個人資料。如確有使用實際個人資料之必要時，應明確規定其使用之程序及安全管理方式。

四　定期檢查使用於蒐集、處理或利用個人資料之電腦、相關設備或系統之使用狀況及個人資料存取之情形。

第一六條

網際網路零售業應每年定期實施所屬人員之個人資料保護與管理認知宣導及教育訓練，使其明瞭個人資料保護相關法令之要求、人員之責任範圍及各項個人資料保護相關作業程序；對代表人、負責人或第三條所稱管理單位或適當組織之人員，另應依其於安全維護計畫所擔負之任務及角色，每年定期實施必要之教育訓練。

第一七條

①網際網路零售業於業務之一部或全部終止時，應刪除、銷毀或停止處理、利用相關之個人資料。如將相關之個人資料移轉第三人，於移轉前，應確認該第三人依法有權蒐集該個人資料。

②前項之移轉，應採取合法且適當之方式為之。

第一八條

網際網路零售業應每年定期由第三條所設之個人資料管理單位或適當組織執行安全維護計畫之內部稽核，提出評估報告，並採取下列改善措施：

一　修正個資保護政策及安全維護計畫。

二　評估報告中有不符合法令或有違法之虞者，應規劃並採取相關改善及預防措施。

第一九條

網際網路零售業執行安全維護計畫，除其他法令另有規定外，應留存下列紀錄或證據：

一　個人資料提供或移轉第三人之紀錄，該紀錄應包括提供或移轉之對象、依據、原因、方法、時間及地點等資訊。

二　確認個人資料正確性及補充、更正之紀錄。

三　當事人行使本法第三條之權利及處理過程之紀錄。

四　個人資料或儲存個人資料媒體之刪除、停止處理、利用或銷毀之原因、方法、時間及地點等紀錄。

五　存取個人資料系統之紀錄。

六　資料備份及確認其有效性之紀錄。

七　人員權限新增、變動及刪除之紀錄。

八　因應事故發生所採取行為之紀錄。

九　定期檢查處理個人資料之資訊系統之紀錄。

十　認知宣導及教育訓練之紀錄。

十一　稽核及改善安全維護計畫之紀錄。

十二　其他必要紀錄或證據。

第二〇條

網際網路零售服務平台業，準用第三條至第十九條之規定，其安全維護計畫，並應加入下列事項：

一　對其平台使用者，進行適當之個人資料保護及管理之認知宣導或教育訓練。
二　訂定個人資料保護守則，要求平台使用者遵守。

第二一條

本辦法自發布日施行。

公平交易法

①民國 80 年 2 月 4 日總統令制定公布全文 49 條。
②民國 88 年 2 月 3 日總統令修正公布第 10、11、16、18～21、23、35 至 37、40 至 42、46、49 條條文；並增訂第 23-1～23-4 條條文。
③民國 89 年 4 月 26 日總統令修正公布第 9 條條文。
④民國 91 年 2 月 6 日總統令修正公布第 7、8、11～17、23-4、40 條條文；並增訂第 5-1、11-1、27-1、42-1 條條文。
⑤民國 99 年 6 月 9 日總統令修正公布第 21 條條文。
⑥民國 100 年 11 月 23 日總統令修正公布第 21、41 條條文；並增訂第 35-1 條條文。
民國 101 年 2 月 3 日行政院公告第 9 條第 1、2 項所列屬「行政院公平交易委員會」之權責事項，自 101 年 2 月 6 日起改由「公平交易委員會」管轄。
⑦民國 104 年 2 月 4 日總統令修正公布全文 50 條；除第 10、11 條條文自公布三十日後施行外，自公布日施行。
⑧民國 104 年 6 月 24 日總統令增訂公布第 47-1 條條文。
⑨民國 106 年 6 月 14 日總統令修正公布第 11 條條文。

第一章　總　則

第一條　（立法目的）
為維護交易秩序與消費者利益，確保自由與公平競爭，促進經濟之安定與繁榮，特制定本法。

第二條　（事業之定義）
①本法所稱事業如下：
一　公司。
二　獨資或合夥之工商行號。
三　其他提供商品或服務從事交易之人或團體。
②事業所組成之同業公會或其他依法設立、促進成員利益之團體，視為本法所稱事業。

第三條　（交易相對人之定義）
本法所稱交易相對人，指與事業進行或成立交易之供給者或需求者。

第四條　（競爭之定義）
本法所稱競爭，指二以上事業在市場上以較有利之價格、數量、品質、服務或其他條件，爭取交易機會之行為。

第五條　（相關市場之定義）
本法所稱相關市場，指事業就一定之商品或服務，從事競爭之區域或範圍。

第六條　（主管機關）

①本法所稱主管機關爲公平交易委員會。
②本法規定事項，涉及其他部會之職掌者，由主管機關商同各該部會辦理之。

第二章　限制競爭

第七條　（獨占之定義）

①本法所稱獨占，指事業在相關市場處於無競爭狀態，或具有壓倒性地位，可排除競爭之能力者。
②二以上事業，實際上不爲價格之競爭，而其全體之對外關係，具有前項規定之情形者，視爲獨占。

第八條　（獨占事業認定範圍）

①事業無下列各款情形者，不列入前條獨占事業認定範圍：
　一　事業於相關市場之占有率達二分之一。
　二　事業全體於相關市場之占有率達三分之二。
　三　事業全體於相關市場之占有率達四分之三。
②有前項各款情形之一，其個別事業於相關市場占有率未達十分之一或上一會計年度事業總銷售金額未達主管機關所公告之金額者，該事業不列入獨占事業之認定範圍。
③事業之設立或事業所提供之商品或服務進入相關市場，受法令、技術之限制或有其他足以影響市場供需可排除競爭能力之情事者，雖有前二項不列入認定範圍之情形，主管機關仍得認定其爲獨占事業。

第九條　（獨占事業禁止之行為）

獨占之事業，不得有下列行爲：
　一　以不公平之方法，直接或間接阻礙他事業參與競爭。
　二　對商品價格或服務報酬，爲不當之決定、維持或變更。
　三　無正當理由，使交易相對人給予特別優惠。
　四　其他濫用市場地位之行爲。

第一〇條　（事業之結合）

①本法所稱結合，指事業有下列情形之一者：
　一　與他事業合併。
　二　持有或取得他事業之股份或出資額，達到他事業有表決權股份總數或資本總額三分之一以上。
　三　受讓或承租他事業全部或主要部分之營業或財產。
　四　與他事業經常共同經營或受他事業委託經營。
　五　直接或間接控制他事業之業務經營或人事任免。
②計算前項第二款之股份或出資額時，應將與該事業具有控制與從屬關係之事業及與該事業受同一事業或數事業控制之從屬關係事業所持有或取得他事業之股份或出資額一併計入。

第一一條（事業結合之申報）106

①事業結合時，有下列情形之一者，應先向主管機關提出申報：
　一　事業因結合而使其市場占有率達三分之一。

二　參與結合之一事業，其市場占有率達四分之一。

三　參與結合之事業，其上一會計年度銷售金額，超過主管機關所公告之金額。

②前項第三款之銷售金額，應將與參與結合之事業具有控制與從屬關係之事業及與參與結合之事業受同一事業或數事業控制之從屬關係事業之銷售金額一併計入，其計算方法由主管機關公告之。

③對事業具有控制性持股之人或團體，視為本法有關結合規定之事業。

④前項所稱控制性持股，指前項之人或團體及其關係人持有他事業有表決權之股份或出資額，超過他事業已發行有表決權之股份總數或資本總額半數者。

⑤前項所稱關係人，其範圍如下：

一　同一自然人與其配偶及二親等以內血親。

二　前款之人持有已發行有表決權股份總數或資本總額超過半數之事業。

三　第一款之人擔任董事長、總經理或過半數董事之事業。

四　同一團體與其代表人、管理人或其他有代表權之人及其配偶與二親等以內血親。

五　同一團體及前款之自然人持有已發行有表決權股份總數或資本總額超過半數之事業。

⑥第一項第三款之銷售金額，得由主管機關擇定行業分別公告之。

⑦事業自主管機關受理其提出完整申報資料之日起算三十工作日內，不得為結合。但主管機關認為必要時，得將該期間縮短或延長，並以書面通知申報事業。

⑧主管機關依前項但書延長之期間，不得逾六十工作日；對於延長期間之申報案件，應依第十三條規定作成決定。

⑨主管機關屆期未為第七項但書之延長通知或前項之決定者，事業得逕行結合。但有下列情形之一者，不得逕行結合：

一　經申報之事業同意再延長期間。

二　事業之申報事項有虛偽不實。

⑩主管機關就事業結合之申報，得徵詢外界意見，必要時得委請學術研究機構提供產業經濟分析意見。但參與結合事業之一方不同意結合者，主管機關應提供申報結合事業之申報事由予該事業，並徵詢其意見。

⑪前項但書之申報案件，主管機關應依第十三條規定作成決定。

第一二條　（不適用事業結合申報之情形）

前條第一項之規定，於下列情形不適用之：

一　參與結合之一事業或其百分之百持有之子公司，已持有他事業達百分之五十以上之有表決權股份或出資額，再與該他事業結合者。

二　同一事業所持有有表決權股份或出資額達百分之五十以上之事業間結合者。

三　事業將其全部或主要部分之營業、財產或可獨立營運之全部或一部營業，讓與其獨自新設之他事業者。

四　事業依公司法第一百六十七條第一項但書或證券交易法第二十八條之二規定收回股東所持有之股份，致其原有股東符合第十條第一項第二款之情形者。

五　單一事業轉投資成立並持有百分之百股份或出資額之子公司者。

六　其他經主管機關公告之類型。

第一三條　（不得禁止事業結合之限制）

①對於事業結合之申報，如其結合，對整體經濟利益大於限制競爭之不利益者，主管機關不得禁止其結合。

②主管機關對於第十一條第八項申報案件所為之決定，得附加條件或負擔，以確保整體經濟利益大於限制競爭之不利益。

第一四條　（聯合行為之定義）

①本法所稱聯合行為，指具競爭關係之同一產銷階段事業，以契約、協議或其他方式之合意，共同決定商品或服務之價格、數量、技術、產品、設備、交易對象、交易地區或其他相互約束事業活動之行為，而足以影響生產、商品交易或服務供需之市場功能者。

②前項所稱其他方式之合意，指契約、協議以外之意思聯絡，不問有無法律拘束力，事實上可導致共同行為者。

③聯合行為之合意，得依市場狀況、商品或服務特性、成本及利潤考量、事業行為之經濟合理性等相當依據之因素推定之。

④第二條第二項之同業公會或其他團體藉章程或會員大會、理、監事會議決議或其他方法所為約束事業活動之行為，亦為本法之聯合行為。

第一五條　（聯合行為之禁止及例外）

①事業不得為聯合行為。但有下列情形之一，而有益於整體經濟與公共利益，經申請主管機關許可者，不在此限：

一　為降低成本、改良品質或增進效率，而統一商品或服務之規格或型式。

二　為提高技術、改良品質、降低成本或增進效率，而共同研究開發商品、服務或市場。

三　為促進事業合理經營，而分別作專業發展。

四　為確保或促進輸出，而專就國外市場之競爭予以約定。

五　為加強貿易效能，而就國外商品或服務之輸入採取共同行為。

六　因經濟不景氣，致同一行業之事業難以繼續維持或生產過剩，為有計畫適應需求而限制產銷數量、設備或價格之共同行為。

七　為增進中小企業之經營效率，或加強其競爭能力所為之共同行為。

八　其他爲促進產業發展、技術創新或經營效率所必要之共同行為。

②主管機關收受前項之申請，應於三個月內爲決定；必要時得延長一次。

第一六條（聯合行為許可之附加條件、限制或負擔）

①主管機關爲前條之許可時，得附加條件或負擔。

②許可應附期限，其期限不得逾五年；事業如有正當理由，得於期限屆滿前三個月至六個月期間內，以書面向主管機關申請延展；其延展期限，每次不得逾五年。

第一七條（許可之撤銷、變更）

聯合行爲經許可後，因許可事由消滅、經濟情況變更、事業逾越許可範圍或違反主管機關依前條第一項所附加之條件或負擔者，主管機關得廢止許可、變更許可內容、令停止、改正其行爲或採取必要更正措施。

第一八條（聯合行為之許可及相關條件等之公開）

主管機關對於前三條之許可及其有關之條件、負擔、期限，應主動公開。

第一九條（不得限制交易相對人轉售價格）

①事業不得限制其交易相對人，就供給之商品轉售與第三人或第三人再轉售時之價格。但有正當理由者，不在此限。

②前項規定，於事業之服務準用之。

第二〇條（妨害公平競爭之行為）

有下列各款行爲之一，而有限制競爭之虞者，事業不得爲之：

一　以損害特定事業爲目的，促使他事業對該特定事業斷絕供給、購買或其他交易之行爲。

二　無正當理由，對他事業給予差別待遇之行爲。

三　以低價利誘或其他不正當方法，阻礙競爭者參與或從事競爭之行爲。

四　以脅迫、利誘或其他不正當方法，使他事業不爲價格之競爭、參與結合、聯合或爲垂直限制競爭之行爲。

五　以不正當限制交易相對人之事業活動爲條件，而與其交易之行爲。

第三章　不公平競爭

第二一條（虛偽不實記載或廣告薦證引人不實之賠償責任）

①事業不得在商品或廣告上，或以其他使公眾得知之方法，對於與商品相關而足以影響交易決定之事項，爲虛僞不實或引人錯誤之表示或表徵。

②前項所定與商品相關而足以影響交易決定之事項，包括商品之價格、數量、品質、內容、製造方法、製造日期、有效期限、使用方法、用途、原產地、製造者、製造地、加工者、加工地，及其他具有招徠效果之相關事項。

③事業對於載有前項虛僞不實或引人錯誤表示之商品，不得販賣、運送、輸出或輸入。
④前三項規定，於事業之服務準用之。
⑤廣告代理業在明知或可得而知情形下，仍製作或設計有引人錯誤之廣告，與廣告主負連帶損害賠償責任。廣告媒體業在明知或可得而知其所傳播或刊載之廣告有引人錯誤之虞，仍予傳播或刊載，亦與廣告主負連帶損害賠償責任。廣告薦證者明知或可得而知其所從事之薦證有引人錯誤之虞，而仍爲薦證者，與廣告主負連帶損害賠償責任。但廣告薦證者非屬知名公衆人物、專業人士或機構，僅於受廣告主報酬十倍之範圍內，與廣告主負連帶損害賠償責任。
⑥前項所稱廣告薦證者，指廣告主以外，於廣告中反映其對商品或服務之意見、信賴、發現或親身體驗結果之人或機構。

第二二條 （仿冒行為之制止）

①事業就其營業所提供之商品或服務，不得有下列行爲：
　一　以著名之他人姓名、商號或公司名稱、商標、商品容器、包裝、外觀或其他顯示他人商品之表徵，於同一或類似之商品，爲相同或近似之使用，致與他人商品混淆，或販賣、運送、輸出或輸入使用該項表徵之商品者。
　二　以著名之他人姓名、商號或公司名稱、標章或其他表示他人營業、服務之表徵，於同一或類似之服務爲相同或近似之使用，致與他人營業或服務之設施或活動混淆者。
②前項姓名、商號或公司名稱、商標、商品容器、包裝、外觀或其他顯示他人商品或服務之表徵，依法註册取得商標權者，不適用之。
③第一項規定，於下列各款行爲不適用之：
　一　以普通使用方法，使用商品或服務習慣上所通用之名稱，或交易上同類商品或服務之其他表徵，或販賣、運送、輸出或輸入使用該名稱或表徵之商品或服務者。
　二　善意使用自己姓名之行爲，或販賣、運送、輸出或輸入使用該姓名之商品或服務者。
　三　對於第一項第一款或第二款所列之表徵，在未著名前，善意爲相同或近似使用，或其表徵之使用係自該善意使用人連同其營業一併繼受而使用，或販賣、運送、輸出或輸入使用該表徵之商品或服務者。
④事業因他事業爲前項第二款或第三款之行爲，致其商品或服務來源有混淆誤認之虞者，得請求他事業附加適當之區別標示。但對僅爲運送商品者，不適用之。

第二三條 （禁止不當提供贈品、贈獎促銷）

①事業不得以不當提供贈品、贈獎之方法，爭取交易之機會。
②前項贈品、贈獎之範圍、不當提供之額度及其他相關事項之辦法，由主管機關定之。

第二四條（競爭手段之限制）

事業不得為競爭之目的，而陳述或散布足以損害他人營業信譽之不實情事。

第二五條（不法行為之禁止）

除本法另有規定者外，事業亦不得為其他足以影響交易秩序之欺罔或顯失公平之行為。

第四章　調查及裁處程序

第二六條（主管機關對於危害公共利益之處理）

主管機關對於涉有違反本法規定，危害公共利益之情事，得依檢舉或職權調查處理。

第二七條（主管機關之調查程序）

①主管機關依本法調查，得依下列程序進行：

一　通知當事人及關係人到場陳述意見。

二　通知當事人及關係人提出帳冊、文件及其他必要之資料或證物。

三　派員前往當事人及關係人之事務所、營業所或其他場所為必要之調查。

②依前項調查所得可為證據之物，主管機關得扣留之；其扣留範圍及期間，以供調查、檢驗、鑑定或其他為保全證據之目的所必要者為限。

③受調查者對於主管機關依第一項規定所為之調查，無正當理由不得規避、妨礙或拒絕。

④執行調查之人員依法執行公務時，應出示有關執行職務之證明文件；其未出示者，受調查者得拒絕之。

第二八條（中止調查及恢復調查之決定）

①主管機關對於事業涉有違反本法規定之行為進行調查時，事業承諾在主管機關所定期限內，採取具體措施停止並改正涉有違法之行為者，主管機關得中止調查。

②前項情形，主管機關應對事業有無履行其承諾進行監督。

③事業已履行其承諾，採取具體措施停止並改正涉有違法之行為者，主管機關得決定終止該案之調查。但有下列情形之一者，應恢復調查：

一　事業未履行其承諾。

二　作成中止調查之決定所依據之事實發生重大變化。

三　作成中止調查之決定係基於事業提供不完整或不真實之資訊。

④第一項情形，裁處權時效自中止調查之日起，停止進行。主管機關恢復調查者，裁處權時效自恢復調查之翌日起，與停止前已經過之期間一併計算。

第五章　損害賠償

第二九條 （權益之保護）

事業違反本法之規定，致侵害他人權益者，被害人得請求除去之；有侵害之虞者，並得請求防止之。

第三〇條 （損害賠償責任）

事業違反本法之規定，致侵害他人權益者，應負損害賠償責任。

第三一條 （損害賠償額之酌給）

①法院因前條被害人之請求，如爲事業之故意行爲，得依侵害情節，酌定損害額以上之賠償。但不得超過已證明損害額之三倍。

②侵害人如因侵害行爲受有利益者，被害人得請求專依該項利益計算損害額。

第三二條 （損害賠償請求權之消滅時效）

本章所定之請求權，自請求權人知有行爲及賠償義務人時起，二年間不行使而消滅；自爲行爲時起，逾十年者亦同。

第三三條 （被害人得請求侵害人負擔訴訟費用）

被害人依本法之規定，向法院起訴時，得請求由侵害人負擔費用，將判決書內容登載新聞紙。

第六章　罰　則

第三四條 （獨占、聯合行為之罰則）

違反第九條或第十五條規定，經主管機關依第四十條第一項規定限期令停止、改正其行爲或採取必要更正措施，而屆期未停止、改正其行爲或未採取必要更正措施，或停止後再爲相同違反行爲者，處行爲人三年以下有期徒刑、拘役或科或併科新臺幣一億元以下罰金。

第三五條 （違反聯合行為之罰則）

①違反第十五條之事業，符合下列情形之一，並經主管機關事先同意者，免除或減輕主管機關依第四十條第一項、第二項所爲之罰鍰處分：

一　當尚未爲主管機關知悉或依本法進行調查前，就其所參與之聯合行爲，向主管機關提出書面檢舉或陳述具體違法，並檢附事證及協助調查。

二　當主管機關依本法調查期間，就其所參與之聯合行爲，陳述具體違法，並檢附事證及協助調查。

②前項之適用對象之資格要件、裁處減免之基準及家數、違法事證之檢附、身分保密及其他執行事項之辦法，由主管機關定之。

第三六條 （罰則）

違反第十九條或第二十條規定，經主管機關依第四十條第一項規定限期令停止、改正其行爲或採取必要更正措施，而屆期未停止、改正其行爲或未採取必要更正措施，或停止後再爲相同違反行爲者，處行爲人二年以下有期徒刑、拘役或科或併科新臺幣五千萬元以下罰金。

第三七條 （罰則）

①違反第二十四條規定者，處行為人二年以下有期徒刑、拘役或科或併科新臺幣五千萬元以下罰金。
②法人之代表人、代理人、受僱人或其他從業人員，因執行業務違反第二十四條規定者，除依前項規定處罰其行為人外，對該法人亦科處前項之罰金。
③前二項之罪，須告訴乃論。

第三八條 （罰則）

第三十四條、第三十六條、第三十七條之處罰，其他法律有較重之規定者，從其規定。

第三九條 （違反事業結合之罰則）

①事業違反第十一條第一項、第七項規定而為結合，或申報後經主管機關禁止其結合而為結合，或未履行第十三條第二項對於結合所附加之負擔者，主管機關得禁止其結合、限期令其分設事業、處分全部或部分股份、轉讓部分營業、免除擔任職務或為其他必要之處分，並得處新臺幣二十萬元以上五千萬元以下罰鍰。
②事業對結合申報事項有虛偽不實而為結合之情形者，主管機關得禁止其結合、限期令其分設事業、處分全部或部分股份、轉讓部分營業、免除擔任職務或為其他必要之處分，並得處新臺幣十萬元以上一百萬元以下罰鍰。
③事業違反主管機關依前二項所為之處分者，主管機關得命令解散、勒令歇業或停止營業。
④前項所處停止營業之期間，每次以六個月為限。

第四〇條 （違法行為之限期停止、改正之罰則）

①主管機關對於違反第九條、第十五條、第十九條及第二十條規定之事業，得限期令停止、改正其行為或採取必要更正措施，並得處新臺幣十萬元以上五千萬元以下罰鍰；屆期仍不停止、改正其行為或未採取必要更正措施者，得繼續限期令停止、改正其行為或採取必要更正措施，並按次處新臺幣二十萬元以上一億元以下罰鍰，至停止、改正其行為或採取必要更正措施為止。
②事業違反第九條、第十五條，經主管機關認定有情節重大者，得處該事業上一會計年度銷售金額百分之十以下罰鍰，不受前項罰鍰金額限制。
③前項事業上一會計年度銷售金額之計算、情節重大之認定、罰鍰計算之辦法，由主管機關定之。

第四一條 （第三九條、第四十條裁處權之消滅時效）

前二條規定之裁處權，因五年期間之經過而消滅。

第四二條 （罰則）

主管機關對於違反第二十一條、第二十三條至第二十五條規定之事業，得限期令停止、改正其行為或採取必要更正措施，並得處新臺幣五萬元以上二千五百萬元以下罰鍰；屆期仍不停止、改正其行為或未採取必要更正措施者，得繼續限期令停止、改正其行為或採取必要更正措施，並按次處新臺幣十萬元以上五千萬元以下罰鍰，至停止、改正其行爲或採取必要更正措施爲止。

第四三條　（同業公會或其他團體成員參與違法行為之處罰）

第二條第二項之同業公會或其他團體違反本法規定者，主管機關得就其參與違法行爲之成員併同罰之。但成員能證明其不知、未參與合意、未實施或在主管機關開始調查前即停止該違法行爲者，不予處罰。

第四四條　（受調者違反規定之罰則）

主管機關依第二十七條規定進行調查時，受調查者違反第二十七條第三項規定，得處新臺幣五萬元以上五十萬元以下罰鍰；受調查者再經通知，無正當理由規避、妨礙或拒絕者，主管機關得繼續通知調查，並按次處新臺幣十萬元以上一百萬元以下罰鍰，至接受調查、到場陳述意見或提出有關帳册、文件等資料或證物爲止。

第七章　附　則

第四五條　（除外規定）

依照著作權法、商標法、專利法或其他智慧財產權法規行使權利之正當行爲，不適用本法之規定。

第四六條　（競爭行為優先適用本法）

事業關於競爭之行爲，優先適用本法之規定。但其他法律另有規定且不牴觸本法立法意旨者，不在此限。

第四七條　（未經認許外國法人、團體之訴訟權）

未經認許之外國法人或團體，就本法規定事項得爲告訴、自訴或提起民事訴訟。但以依條約或其本國法令、慣例，中華民國人或團體得在該國享受同等權利者爲限；其由團體或機構互訂保護之協議，經主管機關核准者亦同。

第四七條之一　（反托拉斯基金之設立及基金來源與用途）

①主管機關爲強化聯合行爲查處，促進市場競爭秩序之健全發展，得設立反托拉斯基金。

②前項基金之來源如下：

一　提撥違反本法罰鍰之百分之三十。

二　基金孳息收入。

三　循預算程序之撥款。

四　其他有關收入。

③第一項基金之用途如下：

一　檢舉違法聯合行爲獎金之支出。

二　推動國際競爭法執法機關之合作、調查及交流事項。

三　補助本法與涉及檢舉獎金訴訟案件相關費用之支出。

四　辦理競爭法相關資料庫之建置及維護。

五　辦理競爭法相關制度之研究發展。

六　辦理競爭法之教育及宣導。

七　其他維護市場交易秩序之必要支出。

④前項第一款有關檢舉獎金適用之範圍、檢舉人資格、發給標準、發放程序、獎金之撤銷、廢止與追償、身分保密等事項之辦法，由主管機關定之。

第四八條　（行政處分或決定不服之處理）

①對主管機關依本法所為之處分或決定不服者，直接適用行政訴訟程序。

②本法修正施行前，尚未終結之訴願事件，依訴願法規定終結之。

第四九條　（施行細則）

本法施行細則，由主管機關定之。

第五〇條　（施行日）

本法除中華民國一百零四年一月二十二日修正之第十條及第十一條條文自公布三十日後施行外，自公布日施行。

公平交易法施行細則

①民國 81 年 6 月 24 日行政院公平交易委員會令訂定發布全文 32 條。
②民國 88 年 8 月 30 日行政院公平交易委員會令修正發布全文 35 條；並自發布日起施行。
③民國 91 年 6 月 19 日行政院公平交易委員會令修正發布全文 37 條；並自發布日施行。
④民國 103 年 4 月 18 日公平交易委員會令發布刪除第 29 條條文。
⑤民國 104 年 7 月 2 日公平交易委員會令修正發布全文 37 條；並自發布日施行。

第一條

本細則依公平交易法（以下簡稱本法）第四十九條規定訂定之。

第二條

①本法第二條第二項所稱同業公會如下：

一　依工業團體法成立之工業同業公會及工業會。

二　依商業團體法成立之商業同業公會、商業同業公會聯合會、輸出業同業公會及聯合會、商業會。

三　依其他法規規定成立之律師公會、會計師公會、建築師公會、醫師公會、技師公會等職業團體。

②本法第二條第二項所稱其他依法設立、促進成員利益之團體，指除前項外其他依人民團體法或相關法律設立、促進成員利益之事業團體。

第三條

本法第七條所稱獨占，應審酌下列事項認定之：

一　事業在相關市場之占有率。

二　考量時間、空間等因素下，商品或服務在相關市場變化中之替代可能性。

三　事業影響相關市場價格之能力。

四　他事業加入相關市場有無不易克服之困難。

五　商品或服務之輸入、輸出情形。

第四條

①計算事業之市場占有率時，應先審酌該事業及該相關市場之生產、銷售、存貨、輸入及輸出值（量）之資料。

②計算市場占有率所需之資料，得以主管機關調查所得資料或其他政府機關記載資料為基準。

第五條

本法第二條第二項所稱同業公會或其他團體之代表人，得為本法聯合行為之行為人。

第六條

①本法第十條第二項與第十一條第二項所稱控制與從屬關係，指有下列情形之一者：

一　事業持有他事業有表決權之股份或出資額，超過他事業已發行有表決權股份總數或資本總額半數。

二　事業直接或間接控制他事業之人事、財務或業務經營，而致一事業對另一事業有控制力。

三　二事業間，有本法第十條第一項第三款或第四款所定情形，而致一事業對另一事業有控制力。

四　本法第十一條第三項之人或團體及其關係人持有他事業有表決權之股份或出資額，超過他事業已發行有表決權股份總數或資本總額半數。

②有下列情形之一者，推定爲有控制與從屬關係：

一　事業與他事業之執行業務股東或董事有半數以上相同。

二　事業與他事業之已發行有表決權股份總數或資本總額有半數以上爲相同之股東持有或出資。

第七條

①本法第十一條第一項第三款所稱銷售金額，指事業之營業收入總額。

②前項營業收入總額之計算，得以主管機關調查所得資料或其他政府機關記載資料爲基準。

第八條

①本法第十一條第一項之事業結合，由下列之事業向主管機關提出申報：

一　與他事業合併、受讓或承租他事業之營業或財產、經常共同經營或受他事業委託經營者，爲參與結合之事業。

二　持有或取得他事業之股份或出資額者，爲持有或取得之事業。但持有或取得事業間具有控制與從屬關係者，或受同一事業或數事業控制者，爲最終控制之事業。

三　直接或間接控制他事業之業務經營或人事任免者，爲控制事業。

②應申報事業尚未設立者，由參與結合之既存事業提出申報。

③金融控股公司或其依金融控股公司法具控制性持股之子公司參與結合時，由金融控股公司提出申報。

第九條

①本法第十一條第一項之事業結合，應備下列文件，向主管機關提出申報：

一　申報書，載明下列事項：

㈠結合型態及內容。

㈡參與事業之姓名、住居所或公司、行號或團體之名稱、事務所或營業所。

㈢預定結合日期。

㈣設有代理人者，其代理人之姓名及其證明文件。

㈤其他必要事項。

二　參與事業之基本資料：

㈠事業設有代表人或管理人者，其代表人或管理人之姓名及住居所。

㈡參與事業之資本額及營業項目。

㈢參與事業、與參與事業具有控制與從屬關係之事業，以及與參與事業受同一事業或數事業控制之從屬關係事業，其上一會計年度之營業額。

㈣每一參與事業之員工人數。

㈤參與事業設立證明文件。

三　參與事業上一會計年度之財務報表及營業報告書。

四　參與事業就該結合相關商品或服務之生產或經營成本、銷售價格及產銷值（量）等資料。

五　實施結合對整體經濟利益及限制競爭不利益之說明。

六　參與事業未來主要營運計畫。

七　參與事業轉投資之概況。

八　本法第十一條第三項之人或團體，持有他事業有表決權股份或出資額之概況。

九　參與事業之股票在證券交易所上市，或於證券商營業處所買賣者，其最近一期之公開說明書或年報。

十　參與事業之水平競爭或其上下游事業之市場結構資料。

十一　主管機關為完整評估結合對競爭影響所指定之其他文件。

②前項申報書格式，由主管機關定之。

③事業結合申報，有正當理由無法提出第一項應備文件或資料者，應於申報書內表明並釋明之。

第一〇條

事業結合依本法第十一條第一項提出申報時，所提資料不符前條規定或記載不完備者，主管機關得敘明理由限期通知補正；屆期不補正或補正後所提資料仍不齊備者，不受理其申報。

第一一條

本法第十一條第七項所定受理其提出完整申報資料之日，指主管機關受理事業提出之申報資料符合第九條規定且記載完備之收文日。

第一二條

①事業依本法第十五條第一項但書規定申請許可，應由參與聯合行為之事業共同為之。

②前項事業為本法第二條第二項所定之同業公會或其他團體者，應由該同業公會或團體為之。

③前二項之申請，得委任代理人為之。

第一三條

①依本法第十五條第一項但書規定申請許可，應備下列文件：

一　申請書，載明下列事項：

㈠申請聯合行爲之商品或服務名稱。
㈡聯合行爲之型態。
㈢聯合行爲實施期間及地區。
㈣設有代理人者，其代理人之姓名及其證明文件。
㈤其他必要事項。
二　聯合行爲之契約書、協議書或其他合意文件。
三　實施聯合行爲之具體內容及實施方法。
四　參與事業之基本資料：
㈠參與事業之姓名、住居所或公司、行號、公會或團體之名稱、事務所或營業所。
㈡事業設有代表人或管理人者，其代表人或管理人之姓名及住居所。
㈢參與事業之營業項目、資本額及上一會計年度之營業額。
五　參與事業最近三年與聯合行爲有關之商品或服務價格及產銷值（量）之逐季資料。
六　參與事業上一會計年度之財務報表及營業報告書。
七　參與事業之水平競爭或其上下游事業之市場結構資料。
八　聯合行爲評估報告書。
九　其他經主管機關指定之文件。
②前項申請書格式，由主管機關定之。

第一四條

前條第一項第八款聯合行爲評估報告書，並應載明下列事項：
一　參與事業實施聯合行爲前後成本結構及變動分析預估。
二　聯合行爲對未參與事業之影響。
三　聯合行爲對該市場結構、供需及價格之影響。
四　聯合行爲對上、下游事業及其市場之影響。
五　聯合行爲對整體經濟與公共利益之具體效益與不利影響。
六　其他必要事項。

第一五條

依本法第十五條第一項第一款、第三款或第八款規定申請許可者，其聯合行爲評估報告書除依前條規定外，並應詳載其實施聯合行爲達成降低成本、改良品質、增進效率、促進合理經營、產業發展或技術創新之具體預期效果。

第一六條

依本法第十五條第一項第二款規定申請許可者，其聯合行爲評估報告書除第十四條規定外，並應詳載下列事項：
一　個別研究開發及共同研究開發所需經費之差異。
二　提高技術、改良品質、降低成本或增進效率之具體預期效果。

第一七條

依本法第十五條第一項第四款規定申請許可者，其聯合行爲評估報告書除第十四條規定外，並應詳載下列事項：

一　參與事業最近三年之輸出值（量）與其占該商品總輸出值（量）及內外銷之比例。
二　促進輸出之具體預期效果。

第一八條

依本法第十五條第一項第五款規定申請許可者，其聯合行為評估報告書除第十四條規定外，並應詳載下列事項：
一　參與事業最近三年之輸入值（量）。
二　事業為個別輸入及聯合輸入所需成本比較。
三　達成加強貿易效能之具體預期效果。

第一九條

①依本法第十五條第一項第六款規定申請許可者，其聯合行為評估報告書除第十四條規定外，並應詳載下列事項：
一　因經濟不景氣，而致同一行業之事業難以繼續維持或生產過剩之資料。
二　參與事業最近三年每月之產能、設備利用率、產銷值（量）、輸出入值（量）及存貨量資料。
三　最近三年間該行業廠家數之變動狀況。
四　該行業之市場展望資料。
五　除聯合行為外，已採或擬採之自救措施。
六　實施聯合行為之預期效果。
②除前項應載事項外，主管機關得要求提供其他相關資料。

第二〇條

依本法第十五條第一項第七款規定申請許可者，其聯合行為評估報告書除第十四條規定外，並應詳載下列事項：
一　符合中小企業認定標準之資料。
二　達成增進經營效率或加強競爭能力之具體預期效果。

第二一條

本法第十五條第一項第七款所稱中小企業，依中小企業發展條例規定之標準認定之。

第二二條

事業依本法第十五條第一項但書規定申請聯合行為許可時，所提資料不全或記載不完備者，主管機關得敘明理由限期通知補正；屆期不補正或補正後所提資料仍不齊備者，駁回其申請。

第二三條

本法第十五條第二項所定三個月期限，自主管機關收文之次日起算。但事業提出之資料不全或記載不完備，經主管機關限期通知補正者，自補正之次日起算。

第二四條

①事業依本法第十六條第二項規定申請延展時，應備下列資料，向主管機關提出：
一　申請書。
二　聯合行為之契約書、協議書或其他合意文件。

三　實施聯合行為之具體內容及實施方法。
四　參與事業之基本資料。
五　參與事業最近三年與聯合行為有關之商品或服務價格及產銷值（量）之逐季資料。
六　參與事業上一會計年度之財務報表及營業報告書。
七　參與事業之水平競爭或其上下游事業之市場結構資料。
八　聯合行為評估報告書。
九　原許可文件影本。
十　申請延展之理由。
十一　其他經主管機關指定之文件或資料。

②前項第三款應符合原申請許可之內容，如逾越許可範圍，應重新提出申請。

③事業依本法第十六條第二項規定申請聯合行為延展時，所提資料不全或記載不完備者，主管機關得敘明理由限期通知補正；屆期不補正或補正後所提資料仍不齊備者，駁回其申請。

第二五條

本法第十九條第一項但書所稱正當理由，主管機關得就事業所提事證，應審酌下列因素認定之：
一　鼓勵下游事業提升售前服務之效率或品質。
二　防免搭便車之效果。
三　提升新事業或品牌參進之效果。
四　促進品牌間之競爭。
五　其他有關競爭考量之經濟上合理事由。

第二六條

①本法第二十條第二款所稱正當理由，應審酌下列情形認定之：
一　市場供需情況。
二　成本差異。
三　交易數額。
四　信用風險。
五　其他合理之事由。

②差別待遇是否有限制競爭之虞，應綜合當事人之意圖、目的、市場地位、所屬市場結構、商品或服務特性及實施情況對市場競爭之影響等加以判斷。

第二七條

①本法第二十條第三款所稱低價利誘，指事業以低於成本或顯不相當之價格，阻礙競爭者參與或從事競爭。

②低價利誘是否有限制競爭之虞，應綜合當事人之意圖、目的、市場地位、所屬市場結構、商品或服務特性及實施情況對市場競爭之影響等加以判斷。

第二八條

①本法第二十條第五款所稱限制，指搭售、獨家交易、地域、顧客或使用之限制及其他限制事業活動之情形。

②前項限制是否不正當而有限制競爭之虞，應綜合當事人之意圖、目的、市場地位、所屬市場結構、商品或服務特性及履行情況對市場競爭之影響等加以判斷。

第二九條

①事業有違反本法第二十一條第一項、第四項規定之行為，主管機關得依本法第四十二條規定，令其刊登更正廣告。

②前項更正廣告方法、次數及期間，由主管機關審酌原廣告之影響程度定之。

第三〇條

主管機關對於無具體內容、未具真實姓名或住址之檢舉案件，得不予處理。

第三一條

①主管機關依本法第二十七條第一項第一款規定為通知時，應以書面載明下列事項：

一　受通知者之姓名、住居所。受通知者為公司、行號、公會或團體者，其負責人之姓名及事務所、營業所。

二　擬調查之事項及受通知者對該事項應提供之說明或資料。

三　應到之日、時、處所。

四　無正當理由不到場之處罰規定。

②前項通知，至遲應於到場日四十八小時前送達。但有急迫情形者，不在此限。

第三二條

前條之受通知者得委任代理人到場陳述意見。但主管機關認為必要時，得通知應由本人到場。

第三三條

第三十一條之受通知者到場陳述意見後，主管機關應作成陳述紀錄，由陳述者簽名。其不能簽名者，得以蓋章或按指印代之；其拒不簽名、蓋章或按指印者，應載明其事實。

第三四條

主管機關依本法第二十七條第一項第二款規定為通知時，應以書面載明下列事項：

一　受通知者之姓名、住居所。受通知者為公司、行號、公會或團體者，其負責人之姓名及事務所、營業所。

二　擬調查之事項。

三　受通知者應提供之說明、帳冊、文件及其他必要之資料或證物。

四　應提出之期限。

五　無正當理由拒不提出之處罰規定。

第三五條

主管機關收受當事人或關係人所提出之帳冊、文件及其他必要之資料或證物後，應依提出者之請求製發收據。

第三六條

依本法量處罰鍰時，應審酌一切情狀，並注意下列事項：

一　違法行爲之動機、目的及預期之不當利益。

二　違法行爲對交易秩序之危害程度。

三　違法行爲危害交易秩序之持續期間。

四　因違法行爲所得利益。

五　事業之規模、經營狀況及其市場地位。

六　以往違法類型、次數、間隔時間及所受處罰。

七　違法後悛悔實據及配合調查等態度。

第三七條

本細則自發布日施行。

公平交易委員會對於公平交易法第二十一條案件之處理原則

①民國 83 年 8 月 31 日行政院公平交易委員會訂定發布。
②民國 85 年 12 月 24 日行政院公平交易委員會修正發布。
③民國 86 年 10 月 15 日行政院公平交易委員會修正發布第 22、23 點。
④民國 88 年 4 月 6 日行政院公平交易委員會修正發布第 6、16 點。
⑤民國 88 年 11 月 3 日行政院公平交易委員會修正發布第 16、21 點。
⑥民國 91 年 11 月 5 日行政院公平交易委員會令修正發布全文 25 點。
⑦民國 94 年 2 月 24 日行政院公平交易委員會令修正發布名稱；並自 94 年 2 月 24 日生效（原名稱：行政院公平交易委員會公平交易法第二十一條案件處理原則）。
⑧民國 94 年 8 月 26 日行政院公平交易委員會令修正發布第 13、23 點；並自即日生效。
⑨民國 96 年 11 月 30 日行政院公平交易委員會令修正發布全文 22 點；並自即日生效。
⑩民國 98 年 11 月 19 日行政院公平交易委員會令修正發布第 3、5～7、12、13、15、18、20、22 點；並自即日生效。
⑪民國 99 年 2 月 25 日行政院公平交易委員會令修正發布第 13、14、19、21 點；並自即日生效。
⑫民國 99 年 10 月 13 日行政院公平交易委員會令修正發布第 17 點之附表二；並自即日生效。
⑬民國 101 年 3 月 3 日公平交易委員會令修正發布名稱及第 1、20、22 點、第 15 點之附表一；並自 101 年 2 月 6 日生效（原名稱：行政院公平交易委員會對於公平交易法第二十一條案件之處理原則）。
⑭民國 102 年 12 月 23 日公平交易委員會令修正發布全文 21 點；並自即日生效。
⑮民國 104 年 3 月 12 日公平交易委員會令修正發布第 2、18、20 點；並自即日生效。
⑯民國 105 年 11 月 14 日公平交易委員會令修正發布第 1、2、7～9 點及第 15 點之附表一、第 17 點之附表二；並自即日生效。

第一章　總　則

一　公平交易委員會（以下簡稱本會）爲確保事業公平競爭，保障消費者權益，有效執行公平交易法（以下簡稱本法）第二十一條，禁止事業於商品（服務）或廣告上，或以其他使公衆得知之方法，爲虛僞不實或引人錯誤之表示或表徵，特訂定本處理原則。

二　本法第二十一條第二項所稱其他具有招徠效果之相關事項，指凡一切具有經濟價值之其他非直接屬於交易標的而足以影響交易決定之事項，諸如事業之身分、資格、營業狀況，與他事業、公益團體或政府機關之關係，事業就該交易附帶提供之贈品、贈獎，及就他事業商品（服務）之比較項目等。

三　本法第二十一條所稱其他使公衆得知之方法，係指得直接或間接使非特定之一般或相關大衆共見共聞之訊息的傳播行爲，包括設置市招、散發名片、舉辦產品（服務）說明會、事業將資料提供媒體以報導方式刊登、以發函之方式使事業得以共見共聞、於公開銷售之書籍上登載訊息、以推銷介紹方式將宣傳資料交付於消費者、散發產品使用手册於專業人士進而將訊息散布於衆等。

四　本法第二十一條所稱表示或表徵，係指以文字、語言、聲響、圖形、記號、數字、影像、顏色、形狀、動作、物體或其他方式足以表達或傳播具商業價値之訊息或觀念之行爲。

五　本法第二十一條所稱虛僞不實，係指表示或表徵與事實不符，其差異難爲一般或相關大衆所接受，而有引起錯誤之認知或決定之虞者。

六　本法第二十一條所稱引人錯誤，係指表示或表徵不論是否與事實相符，而有引起一般或相關大衆錯誤之認知或決定之虞者。

七　判斷虛僞不實或引人錯誤之表示或表徵應考量因素如下：

㈠表示或表徵應以相關交易相對人普通注意力之認知，判斷有無虛僞不實或引人錯誤之情事。

㈡表示或表徵之內容以對比或特別顯著方式爲之，而其特別顯著之主要部分易形成消費者決定是否交易之主要因素者，得就該特別顯著之主要部分單獨加以觀察而判定。

㈢表示或表徵隔離觀察雖爲眞實，然合併觀察之整體印象及效果，有引起相關交易相對人錯誤認知或決定之虞者，即屬引人錯誤。

㈣表示或表徵有關之重要交易資訊內容於版面排版、位置及字體大小顯不成比例者，有引起相關交易相對人錯誤認知或決定之虞。

㈤表示或表徵有關之負擔或限制條件未充分揭示者，有引起相關交易相對人錯誤認知或決定之虞。

㈥表示或表徵客觀上具有多重合理的解釋時，其中一義爲眞者，即無不實。但其引人錯誤之意圖明顯者，不在此限。

㈦表示或表徵與實際狀況之差異程度。

㈧表示或表徵之內容是否足以影響具有普通知識經驗之相關交易相對人爲合理判斷並作成交易決定。

㈨表示或表徵之內容對於競爭之事業及交易相對人經濟利益之影響。

八　廣告是否虛僞不實或引人錯誤，應以廣告主使用廣告時之客觀狀況予以判斷。

廣告主使用廣告時，已預知或可得知其日後給付之內容無法與廣告相符，則其廣告有虛僞不實或引人錯誤。

第一項所稱之客觀狀況，係指廣告主提供日後給付之能力、法令之規定、商品（或服務）之供給……等。

九　請釋案件可依循本會已作成之解釋，依例釋復，或於法規上已明定或相當清楚且無爭議，無須再為闡釋者之處理及函復，授權承辦單位主管決行，並按月提報委員會議追認。

第二章　案件之處理程序

十　本會收受檢舉他事業為虛偽不實或引人錯誤之表示或表徵時，基於調查事實及證據之必要，應請檢舉人為下列事項：

㈠以書面載明具體內容，並書明眞實姓名及地址。其以言詞為之者，本會應作成書面紀錄，經向檢舉人朗讀或使其閱覽，確認其內容無誤，記明年月日後由其簽名或蓋章。

㈡提供相關商品、包裝、廣告等必要事證，並釋明他事業所為表示或表徵有使相關交易相對人就有無虛偽不實或引人錯誤之情事，依一般經驗法則判斷，足以產生之懷疑，及所受之損害。委託他人檢舉者，並應提出委任書。

十一　本會於收受檢舉文書或電子郵件時，應先就檢舉之程式進行下列事項審核：

㈠是否符合第十點之規定。如未符合者，得不予受理，並請檢舉人依檢舉程式另案檢舉。

㈡來文是否屬本會職掌。如來文係屬民刑事或他機關職掌案件者，得以非本會職掌函復，或逕轉相關主管機關辦理。

㈢案件是否已逾裁處權時效。如依檢舉人所附資料，可顯認檢舉案件已逾裁處權時效者，得不予受理。

㈣檢舉人是否因所檢舉之表示或表徵受有損害或不利益。非競爭事業或非交易相對人提出檢舉者，得函復檢舉人檢具受有不利益之具體事證另案檢舉。

前項各款不符檢舉程式之處理及函復，授權承辦單位主管決行，並按月提報委員會議追認。

檢舉案件同時涉及本法第二十一條及其他條文之規定，且有第一項各款事由者，得依前二項規定辦理。

檢舉案件涉及重大公共利益者，雖不具備第一項第一款或第四款規定程式要件，仍得依職權主動調查。

十二　檢舉案件有下列情形之一者，得不經調查，由承辦單位簽註意見層送輪值委員審查，經主任委員或副主任委員核定後，按月彙總提報委員會議追認：

㈠檢舉事實、理由與本法要件明顯不符。

㈡案件所涉僅係檢舉人個別之損害或不利益，影響交易秩序、公共利益輕微。

㈢因被檢舉人歇業、解散（死亡）、搬遷不明等事由，致無法進行調查。

㈣被檢舉人於被檢舉前已自行停止或改正其表示或表徵。

㈤檢舉人檢舉之事實，業經本會處分所涵括。

㈥檢舉案件經撤回後，檢舉人無新事證，就同一事件再行檢舉。

檢舉案件經初步審理，足以實質認定其檢舉內容不違反本法規定者，得由承辦單位簽註意見層送輪値委員審查，經主任委員或副主任委員核定後，於次週提報委員會議追認。

十三　第十點至第十二點規定，於他機關移送案件之情形準用之。

十四　調查中之案件有下列情事之一，得停止調查，由承辦單位簽註意見層送輪値委員審查，經主任委員或副主任委員核定後，按月彙總提報委員會議追認：

㈠有第十二點第一項第二款至第六款所列之情形者。

㈡屬民、刑事或他機關職掌者。

㈢已逾裁處權時效者。

㈣經雙方和解，影響交易秩序、公共利益輕微者。

㈤檢舉程式不備，經函請檢舉人限期補正，逾期未補正者。

十五　有關本法第二十一條案件，本會與其他主管機關依特別法優於普通法原則予以分工。

依前項分工結果，移請各主管機關處理之案件類型，如附表一。

十六　本原則所定影響交易秩序、公共利益之判斷原則如下：

㈠受害人數多寡。

㈡是否爲該行業普遍現象。

㈢商業倫理之非難性。

㈣戕害效能競爭之程度。

十七　有關表示或表徵有虛僞不實或引人錯誤之案件類型例示如附表二。

第三章　簡易作業程序

十八　違法案件有下列情形之一，且各被處分人之罰鍰金額均爲新臺幣四十萬元以下者，得以簡易作業程序處分。但適用本法第四十二條後段規定者，不在此限：

㈠表示或表徵與事實明顯不符之案情單純案件。

㈡已有處分前例，且違反本會訂定之規範說明或處理原則或屬本處理原則第十七點所訂之違法行爲類型。

涉法案件依調查結果足認不違法，或雖涉有違法惟影響交易秩序、公共利益輕微者，得以簡易作業程序不處分。

十九　以簡易作業程序處理之處分案件，承辦單位應擬具簡式處分書、復函稿，層送輪値委員審查，經主任委員或副主任委員核定後，即先行繕發，並於次週提報委員會議追認。

以簡易作業程序處理之不處分案件，承辦單位應擬具處理意見、復函稿，並依前項程序陳核及提報委員會議追認。

二十　簡式處分書之格式及內容如次：

㈠「公平交易委員會處分書」字樣及文號。

㈡被處分人及其代表人（負責人）、代理人之名稱及住居所。

㈢主文。

㈣事實。以條例式簡潔用語說明本會認定之違法事實。

㈤理由。簡潔說明要件事實認定之理由，倘被處分人申請調查或提出之事實或證據，有不予調查或採納者，並分段記載其理由。

㈥證據。記載調查所得相關事證，如檢舉函、廣告名稱、被處分人陳述之意見、被處分人提出之資料、被處分人營業所受調查所得資料、本會其他調查所得資料（如照片、統計資料、商品實物、本會函詢相關機關、團體之復函）、其他機關、團體之資料（如判決、起訴書、鑑定意見等）。

㈦適用法條。本法第二十一條第一項、第二項、第三項、第四項。本法第四十二條。

㈧附註。依序爲行政訴訟教示部分及其他應載事項。

二一　第十八點之案件於審查過程中如有不同意見並經核示提會審議者，應依核示內容提請委員會議審議。

附表一　移請各主管機關處理之案件類型表 105

案件	類型	主管機關
一	商品或服務之廣告內容宣稱、暗示或影射具醫療效能者	衛生福利部
二	食品、健康食品、市售乳品、化粧品、藥物等之標示及廣告	衛生福利部
三	醫療廣告	衛生福利部
四	人體器官保存庫之廣告衛生	福利部
五	一般商品之標示	經濟部
六	銷售種苗之標示	行政院農業委
七	農藥、肥料、飼料、種畜禽或種源、動物用藥品、寵物食品等之標示及廣告	行政院農業委
九	農產品廣告、於零售市場階段之農產品標示、市售包裝米之廣告	衛生福利部
十	獸醫師對其業務所登載之廣告委員會	行政院農業
十一	菸酒標示、酒品廣告	財政部國庫署
十二	已立案之補習班廣告直轄市、縣（市）主管教育	行政機關
十三	推介就業或招募員工有不實廣告者	勞動部
十四	職業訓練機構之招訓廣告或簡章內容不實者	勞動部
十五	旅遊服務廣告	交通部觀光局
十六	證券或期貨業爲虛僞不實或引人錯誤之廣告者金融監督管理委員會	
十七	未依法取得會計師資格而刊登廣告使人誤認有會計師資格之案件	金融監督管理委員會
十八	涉及金融相關法規規範之廣告金融監督	管理委員會
十九	有關移民業務廣告	內政部
二十	不動產經紀業廣告，屬於不動產經紀盞例規範範疇者	內政部
二一	跨國（境）婚姻媒合廣告	內政部
二二	其他經本會與其他行政機關協調結果，或依特別法優於普通法原則，應先由他機關處理者。	其他機關

附表二　表示或表徵有虛偽不實或引人錯誤之案件類型例示 105

項　目	案件類型
一	表示或表徵使人誤認事業主體係他事業之（總）代理商、（總）經銷商、分支機構、維修中心或服務站等具有一定之資格、信用或其他足以吸引其交易相對人與其交易者。
二	表示或表徵使人誤認政府機關、公益團體係主辦或協辦單位，或與政府機關、公益團體有關者。
三	表示或表徵使人誤認他事業名稱或產品品牌已變更者。
四	表示或表徵誇大營業規模、事業或商品（服務）品牌之創始時間或存續期間且差距過大者。
五	表示或表徵僞稱他人技術（合作）或授權者。
六	表示或表徵使人誤認已取得特定獎項，以提升商品（服務）之地位者。
七	表示或表徵使人誤認其有專利、商標授權或其他智慧財產權者。
八	表示或表徵使人誤認係特定商品（服務）之獨家供應者。
九	表示或表徵使人誤認其商品（服務）有投保責任險者。
十	表示或表徵訂價長期與實際售價不符且差距過大者。
十一	長期以特價或類似名義標示價格，而實爲原價者。
十二	有最低或優惠價格之表示，然無符合最低或優惠價格商品（服務）或符合之商品（服務）數量過少，難爲一般或相關大衆所接受者。
十三	表示或表徵使人誤認給付一定價格即可獲得所宣稱之商品（服務）者。
十四	表示或表徵之具體數字與實際不符，其差距逾越一般或相關大衆所能接受程度者。
十五	表示或表徵說明服務之項目或等級與實際之差距逾越一般或相關大衆所能接受程度者。
十六	表示或表徵說明自身或比較之商品（服務）具有一定品質，然差距逾越一般或相關大衆所能接受程度者。
十七	表示或表徵使人誤認商品（服務）已獲政府機關或其他專業機構核發證明或
十八	表示或表徵援引公文書敘述使人誤認商品（服務）品質者。
十九	表示或表徵使人誤認出版品之實際演出者、撰寫者或參與工作者。
二十	表示或表徵使人誤認商品具有特定功能，且差距逾越一般或相關大衆所能接受程度者。
二十一	實際附有條件、負擔、期間或其他限制等，而表示或表徵未予明示者。
二十二	表示或表徵將不同資格、性質、品質之商品（服務）合併敘述，使人誤認所提及商品（服務）皆具有相同之資格、性質、品質者。
二十三	表示或表徵產品原產地（國）之標示使人誤爲係於該原產地（國）所生產或製造者。但該產地（國）名稱已爲產品通用之說明者，不在此限。
二十四	銷售投資性商品或服務之事業所爲表示或表徵使人誤認加盟者或經銷商有巨額收入者。
二十五	表示或表徵說明商品（服務）具有一定效果，而無科學學理或實驗依據。
二十六	表示或表徵之利率與實際成交之利率不符，其差距逾越一般或相關大衆所能接受程度者。
二十七	表示或表徵使人誤認其商品（服務）之製造者或提供者。
二十八	表示或表徵使人誤認政府將舉辦特定資格、公職考試或特定行業之檢定考試者。
二十九	廣告使用「第一」、「冠軍」、「最多」、「最大」……等最高級用語連結客觀陳述，但無銷售數字或意見調查等客觀數據佐證者。
三十	表示或表徵未揭露交易之風險，或揭露之方式使人誤認其商品（服務）之提供合法。
三十一	表示或表徵就贈品（或贈獎或抽獎）活動之內容、參加辦法等與實際不符；或附有條件、負擔或其他限制未予明示者。

公平交易委員會對於公平交易法第二十五條案件之處理原則

①民國 91 年 1 月 9 日行政院公平交易委員會函訂定發布全文 7 點。
②民國 94 年 2 月 24 日行政院公平交易委員會令修正發布名稱及第 1 點；並自 94 年 2 月 24 日生效（原名稱：公平交易法第二十四條案件處理原則）。
③民國 101 年 4 月 18 日公平交易委員會令修正發布名稱及第 7 點（原名稱：行政院公平交易委員會對於公平交易法第二十四條案件之處理原則）。
④民國 104 年 2 月 16 日公平交易委員會令修正發布名稱及第 1、2 點；並自即日生效（原名稱：公平交易委員會對於公平交易法第二十四條案件之處理原則）。
⑤民國 106 年 1 月 13 日公平交易委員會令修正發布全文 9 點；並自即日生效。

一　目的

鑑於公平交易法第二十五條（以下簡稱本條）為一概括性規定，為使其適用具體化、明確化與類型化，特訂定本處理原則。

二　公平交易法第二十五條適用之基本原則

為釐清本條與民法、消費者保護法等其他法律相關規定之區隔，應以「足以影響交易秩序」之要件，作為篩選是否適用公平交易法或本條之準據，即於系爭行為對於市場交易秩序足生影響時，本會始依本條規定受理該案件；倘未合致「足以影響交易秩序」之要件，則應請其依民法、消費者保護法或其他法律請求救濟。

本條係補遺性質之概括條款，蓋事業競爭行為之態樣繁多，公平交易法無法一一列舉，為避免有所遺漏或不足，故以本條補充適用之。是以，本條除得作為公平交易法其他條文既有違法行為類型之補充規定外，對於與既有違法行為類型無直接關聯之新型行為，亦應依據公平交易法之立法目的及本條之規範意旨，判斷有無本條補充適用之餘地（即「創造性補充適用」）。

本條與公平交易法其他條文適用之區隔，應有「補充原則」之適用，適用時應先檢視「限制競爭」之規範（獨占、結合、聯合行為及垂直限制競爭等），再行檢視「不公平競爭」之規範（如不實廣告、營業誹謗等）是否未窮盡規範系爭行為之不法內涵，而容有適用本條之餘地。即本條僅能適用於公平交易法其他條文規定所未涵蓋之行為，若公平交易法之其他條文規定對於某違法行為之規範已涵蓋殆盡，即該個別規定已充分評價該行為之不法性，或該個別規定已窮盡規範該行為之不法內涵，則該行為僅有構成或不構成該個別條文規定的問題，而無再就本條加以補充規範之餘地。反之，如該個別條文規定評價該違法行為後仍具剩餘之不法內涵時，始有以本條加以補充規範之餘地。

關於「維護消費者權益」方面，則應檢視系爭事業是否係利用資訊之不對稱或憑仗其相對之市場優勢地位，以「欺罔」或「顯失公平」之交易手段，使消費者權益遭受損害，並合致「足以影響交易秩序」之要件，以為是否適用本條規定之判斷準據。

三　本條與其他法律適用之區別

本條對事業之規範，常與其他法律有適用上之疑義，應考慮下列事項判斷之：

(一)按事業與事業或消費者間之契約約定，係本於自由意思簽定交易條件，無論其內容是否有失公平或事後有無依約履行，此契約行為原則上應以民事契約法規範之。惟當系爭行為危及競爭秩序或市場交易秩序時，始有本條適用之餘地。例如在契約內容顯失公平部分，倘未合致「足以影響交易秩序」之要件，則應循民事救濟途徑解決；僅於合致前開要件，考慮市場交易秩序之公共利益受妨害時，始由本條介入規範。

(二)消費者權益之保護固為公平交易法第一條所明定之立法目的，惟為區別兩者之保護法益重點，本條對於消費者權益之介入，應以規範合致「足以影響交易秩序」之要件且涉及公共利益之行為為限，如廠商之於消費者具資訊不對稱或相對市場優勢地位，或屬該行業之普遍現象，致多數消費者無充分之資訊以決定交易、高度依賴而無選擇餘地，或廣泛發生消費者權益受損之虞之情形。

四　本條與公平交易法其他條款規定之區隔適用

適用本條之規定，應符合「補充原則」，即本條僅能適用於公平交易法其他條文規定所未涵蓋之行為，若公平交易法之其他條文規定對於某違法行為已涵蓋規範殆盡，即該個別條文規定已充分評價該行為之不法性，或該個別條文規定已窮盡規範該行為之不法內涵，則該行為僅有構成或不構成該個別條文規定的問題，而無再依本條加以補充規範之餘地。反之，如該個別條文規定不能充分涵蓋涉案行為之不法內涵者，始有以本條加以補充規範之餘地。

五　判斷足以影響交易秩序之考慮事項

本條所稱交易秩序，泛指一切商品或服務交易之市場經濟秩序，可能涉及研發、生產、銷售與消費等產銷階段，其具體內涵則為水平競爭秩序、垂直交易關係中之市場秩序、以及符合公平競爭精神之交易秩序。

判斷是否「足以影響交易秩序」時，可考慮受害人數之多寡、造成損害之量及程度、是否會對其他事業產生警惕效果、是否為針對特定團體或組群所為之行為、有無影響將來潛在多數受害人之效果，以及行為所採取之方法手段、行為發生之頻率與規模、行爲人與相對人資訊是否對等、糾紛與爭議解決資源之多寡、市場力量大小、有無依賴性存在、交易習慣與產業特性等，且不以其對交易秩序已實際產生影響者爲限。至單一個別非經常性之交易糾紛，原則上應尋求民事救濟，而不適用本條之規定。

六　判斷欺罔之考慮事項

本條所稱欺罔，係對於交易相對人，以欺瞞、誤導或隱匿重要交易資訊致引人錯誤之方式，從事交易之行爲。

前項所稱之重要交易資訊，係指足以影響交易決定之交易資訊；所稱引人錯誤，則以客觀上是否會引起一般大衆所誤認或交易相對人受騙之合理可能性（而非僅爲任何想像上可能）爲判斷標準。衡量交易相對人判斷能力之標準，以一般大衆所能從事之「合理判斷」爲基準（不以極低或特別高之注意程度爲判斷標準）。

欺罔之常見行爲類型例示如下：

㈠冒充或依附有信賴力之主體，如：

1.瓦斯安全器材業者藉瓦斯防災宣導或瓦斯安全檢查等名義或機會銷售瓦斯安全器材，使民衆誤認而與其交易。

2.依附政府機關或公益團體活動行銷商品，使民衆誤認其與政府機關或公益團體相關而與其交易。

3.冒充或依附知名事業或組織從事交易。

㈡未涉及廣告之不實促銷手段。

㈢隱匿重要交易資訊，如：

1.不動產經紀業者從事不動產買賣之仲介業務時，未以書面告知買方斡旋金契約與內政部版「要約書」之區別及其替代關係，或對賣方隱瞞已有買方斡旋之資訊。

2.預售屋之銷售，就未列入買賣契約共有部分之項目，要求購屋人找補價款。

3.行銷商品時隱瞞商品不易轉售之特性，以欺瞞或隱匿交易資訊之方法使交易相對人誤認可獲得相當之轉售利益而作出交易決定。

4.以贊助獎學金之名義推銷報紙。

5.假藉健康檢查之名義推銷健康器材。

6.航空業者宣稱降價，卻隱匿艙位比例大幅變化，致無法依過往銷售情形合理提供對外宣稱降價之低價艙位數量之資訊。

七　判斷顯失公平之考慮事項

本條所稱顯失公平，係指以顯然有失公平之方法從事競爭或營業交易者。

顯失公平之行爲類型例示如下：

㈠以損害競爭對手爲目的之阻礙競爭，如：

1.進行不當商業干擾，如赴競爭對手交易相對人之處所，散布競爭對手侵權之言論。

2.不當散發侵害智慧財產權之警告函：事業以警告函等書面方

式對其自身或他事業之交易相對人或潛在交易相對人，散發他事業侵害其著作權、商標權或專利權之行為。

3.以新聞稿或網站等使公衆得知之方式，散布競爭對手侵權之訊息，使交易相對人產生疑慮。

㈡榨取他人努力成果，如：

1.使用他事業名稱作為關鍵字廣告，或以使用他事業名稱為自身名稱、使用與他事業名稱、表徵或經營業務等相關之文字為自身營運宣傳等方式攀附他人商譽，使人誤認兩者屬同一來源或有一定關係，藉以推展自身商品或服務。

2.以他人表徵註册為自身網域名稱，增加自身交易機會。

3.利用網頁之程式設計，不當使用他人表徵，增進自身網站到訪率。

4.抄襲他人投入相當努力建置之網站資料，混充為自身網站或資料庫之內容，藉以增加自身交易機會。

5.眞品平行輸入，以積極行為使人誤認係代理商進口銷售之商品。

㈢不當招攬顧客：以脅迫或煩擾等不正當方式干擾交易相對人之交易決定，如以一對一緊迫釘人、長時間疲勞轟炸或趁消費者窘迫或接受瘦身美容服務之際從事銷售。

㈣不當利用相對市場優勢地位：

若交易相對人對事業不具有足夠且可期待之偏離可能性時，應認有依賴性存在，該事業具相對市場優勢地位。具相對市場優勢地位之事業，不得濫用其市場地位。濫用相對市場優勢地位之情形如：

1.鎖入：如電梯事業利用安裝完成後相對人對其具有經濟上依賴性而濫用其相對優勢地位之行為（惟如構成公平交易法第二十條應先依該條處斷），如收取無關之費用或迫使使用人代替他人清償維修糾紛之款項。

2.流通事業未事先與交易相對人進行協商，並以書面方式訂定明確之下架或撤櫃條件或標準，而不當要求交易相對人下架、撤櫃或變更交易條件，且未充分揭露相關佐證資料。

3.影片代理商於他事業標得視聽資料採購案後，即提高對該事業之交易條件。

4.代為保管經銷契約，阻礙經銷商行使權利。

5.專利權人要求被授權人提供與權利金無關之敏感性資訊。

㈤利用資訊不對稱之行為，如：

1.加盟業主於招募加盟過程中，未以書面提供交易相對人加盟重要資訊，或未給予合理契約審閱期間。

2.不動產開發業者或不動產經紀業者銷售預售屋時，未以書面提供購屋人重要交易資訊，或不當限制購屋人之契約審閱。

㈥補充公平交易法限制競爭行為之規定，如補充聯合行為之規定：非適用政府採購法案件之借牌參標。

㈦妨礙消費者行使合法權益：如不動產開發業者與購屋人締結預售屋買賣契約後，未交付契約書或要求繳回。

㈧利用定型化契約之不當行爲，如：

1.於定型化契約中訂定不公平之條款，如限制訪問交易之猶豫期間解約權、解約時除返還商品外並需給付分期付款中未到期餘額之一定比例作爲賠償、解約時未使用之課程服務亦需全額繳費、契約發生解釋爭議時以英文爲準。

2.瓦斯公用事業強制後用戶負擔前用戶之欠費。

判斷事業未揭露重要交易資訊而與交易相對人從事交易之行爲，究屬本條所稱之欺罔或顯失公平，應考慮該事業是否居於交易資訊之優勢地位。如本會已針對居於交易資訊優勢地位之特定行業，明定其資訊揭露義務（如加盟業主對於加盟重要資訊之揭露義務），事業違反該資訊揭露義務時，即應以顯失公平論斷。

八　常見行為類型例示規定之釐清

第六點第三項及前點第二項規定，僅係例示若干常見之欺罔及顯失公平行爲類型，違反本條規定之情形不以此爲限，仍須就特定行爲處理原則（或規範說明）及個案具體事實加以認定。

九　高度抄襲行為得另循民事途徑

事業因他事業涉及未合致公平交易法第二十二條之高度抄襲行爲而受有損害者，得循公平交易法民事救濟途徑解決。

公平交易委員會對於國外渡假村會員卡（權）銷售行為案件之處理原則

①民國 91 年 12 月 25 日公平交易委員會令訂定發布全文 5 點。
②民國 93 年 11 月 11 日行政院公平交易委員會令修正發布全文 5 點。
③民國 94 年 2 月 24 日行政院公平交易委員會令修正發布名稱；並自 94 年 2 月 24 日生效（原名稱：公平交易法對於國外渡假村會員卡銷售行為之規範説明）。
④民國 101 年 3 月 12 日公平交易委員會令修正發布名稱及第 4 點；並溯及自 101 年 2 月 6 日生效（原名稱：行政院公平交易委員會對於國外渡假村會員卡銷售行為之規範説明）。
⑤民國 104 年 4 月 13 日公平交易委員會令修正發布全文 5 點；並自即日生效。
⑥民國 105 年 8 月 26 日公平交易委員會令修正發布名稱及全文 10 點；並自即日生效（原名稱：公平交易委員會對於國外渡假村會員卡銷售行為之規範説明）。

一　爲避免國外渡假村會員卡（權）銷售業者以不當手段招徠消費者、隱匿重要交易資訊或以不當陳述進行商品或服務之銷售，造成交易糾紛，及維護市場交易秩序，特訂定本處理原則。

二　本處理原則名詞定義如下：

㈠國外渡假村：指位於本國以外，提供會員住宿、娛樂、休憩或特定用途之場所。

㈡國外渡假村會員卡（權）：指會員使用國外渡假村場地、服務或設備設施之權益，及表彰該權益之憑證。

㈢銷售業者：指在本國銷售國外渡假村會員卡（權）之事業。

三　銷售業者不得於廣告、網站或以其他使公衆得知之方法，對於與國外渡假村會員卡（權）相關而足以影響交易決定之事項爲虛僞不實或引人錯誤之陳述。

四　銷售業者隱匿促銷國外渡假村會員卡（權）之眞實目的，僞稱消費者中獎、幸運中選等類似陳述，誘引其參加說明會者，構成欺罔行爲。

五　銷售業者以強迫或煩擾方式促使消費者與其交易，構成顯失公平行爲。例如：長時間干擾、糾纏或造成厭煩等推銷方式。

六　銷售業者爲銷售行爲時，未以書面方式（或空白契約書）提供消費者下列重要交易資訊，構成顯失公平行爲：

㈠銷售業者在銷售關係中之法律地位；銷售業者若爲代理銷售者，應提供經公證或認證之授權書及經我國駐外館處驗證之證明。

㈡所銷售國外渡假村之基本資訊，包括該國外渡假村之所有（經營）者、實際位置、完工日期、主要設備及提供之服務內容等。

㈢國外渡假村會員之權利、義務內容及行使方式。
㈣所銷售國外渡假村若具備交換權利，其交換方式、費用、條件及限制。
㈤國外渡假村所在地國家之法令對外國人會員所提供之保護內容及條件。
㈥解除契約之權利及方式。
㈦以中華民國文字記載之契約書。
前項第六款解除契約之權利及方式，應以相較其他內容稍大之字體、粗體字或不同顏色之字體呈現。

七　銷售業者不得為下列限制消費者契約審閱之顯失公平行為：
㈠要求消費者須給付定金或一定費用始提供契約書攜回審閱。
㈡簽約前未提供消費者至少三日審閱期。但經銷售業者舉證證明消費者已充分審閱契約並同意縮短期限者，不在此限。

八　銷售業者為銷售行為時，以口頭或書面對消費者為下列之陳述，構成欺罔行為：
㈠不當陳述所銷售之國外渡假村實際狀況。例如所銷售國外渡假村實際未完工卻宣稱已完工、隱瞞所銷售國外渡假村未獲當地政府機關之允許使用、誇大所銷售國外渡假村之評等及其設施、所銷售國外渡假村之分時渡假權已逾實際可使用之單位卻仍繼續銷售等。
㈡不當陳述所銷售之國外渡假村會員卡（權）之限定時間優惠價格。例如宣稱當日簽約始可享優惠價格，實際他日簽約之消費者亦可享相同之優惠等。
㈢不當陳述國外渡假村會員卡（權）之出租、轉售、增值等利益或市場價值。例如會員卡（權）尚未在市場上流通、實際未有會員成功地出租、轉售會員卡（權），或因會員卡（權）增值而轉售獲利之普遍案例，卻宣稱出租、轉售或增值等利益或於市場上已有相當價值。
㈣不當陳述會員專屬權利。例如不當保證會員實際上無法使用或交換之國外渡假村或其設施、隱瞞使用國外渡假村相關設施之限制及費用、隱瞞交換國外渡假村之限制條件及應負擔之費用等。
㈤不當陳述國外渡假村會員卡（權）之回饋利益。例如宣稱可全額或高額回饋之方式領回會員費，卻隱瞞回饋方案內容或投資風險。

九　銷售業者不當阻撓消費者解約退款，構成顯失公平行為。例如：銷售業者未給予消費者解約退款之權利、以不公平之解約條件限制消費者行使解約權利，或刻意扭曲消費者對消費者保護法之認知，妨礙其行使解約權利。

十　銷售業者違反第三點者，構成公平交易法第二十一條之違反。
銷售業者違反第四點至第九點，且足以影響交易秩序者，構成公平交易法第二十五條之違反。

公平交易委員會對於網路廣告案件之處理原則

①民國 100 年 12 月 9 日公平交易委員會令訂定發布全文 11 點；並自即日生效。
②民國 101 年 3 月 3 日公平交易委員會令。
修正發布名稱；並自 101 年 2 月 6 日生效（原名稱行政院公平交易委員會對於網路廣告案件之處理原則）。
③民國 105 年 11 月 16 日公平交易委員會令修正發布第 5 點；並自即日生效。

一　目的

為維護交易秩序與保障消費者權益，並有效處理網路廣告不實案件，特訂定本處理原則。

二　名詞定義

本處理原則所稱網路廣告，指事業為銷售其商品或服務，以網際網路為媒介，提供商品或服務之相關資訊，以招徠交易機會之傳播行為。

三　廣告主一

事業為銷售商品或服務，於網際網路刊播網路廣告者，為廣告主。

四　廣告主二

由供貨商與網站經營者共同合作完成之購物網站廣告，其提供商品或服務資訊之供貨商，及以自身名義對外刊播並從事銷售之網站經營者，均為該網路廣告之廣告主。

五　真實表示原則

事業刊播網路廣告應善盡真實表示義務，並確保廣告內容與實際提供情形相符。

六　及時更正原則

事業刊播網路廣告後應隨時注意廣告刊播內容是否與實際相符。如其廣告內容錯誤、變更或已停止銷售該商品或服務，應及時更正。

七　限制條件充分揭示原則

事業刊播網路廣告，對於足以影響消費者交易決定之限制條件應充分揭示，避免以不當版面編排及呈現方式，致消費者難以認知限制條件內容，而有產生錯誤認知或決定之虞。

八　虛偽不實或引人錯誤之表示或表徵類型

網路廣告不得有下列虛偽不實或引人錯誤之表示或表徵：

㈠廣告所示價格、數量、品質、內容及其他相關交易資訊等與事實不符。

㈡廣告內容及交易條件發生變動或錯誤須更正時，未充分且即時揭露，而僅使用詳見店面公告或電話洽詢等方式替代。

㈢廣告就相關優惠內容或贈品贈獎之提供附有條件，但未給予消費者成就該條件之機會或方式。

㈣廣告就重要交易資訊及相關限制條件，未予明示或雖有登載，但因編排不當，致引人錯誤。

㈤廣告宣稱線上付款服務具保密機制，但與實際情形不符。

㈥廣告就網路抽獎活動之時間、採用方式、型態等限制，未予以明示。

㈦廣告內容提供他網站超連結，致消費者就其商品或服務之品質、內容或來源等產生錯誤之認知或決定。

㈧廣告提供網路禮券、買一送一　下載折價優惠券等優惠活動，但未明示相關使用條件、負擔或期間等。

九　虛偽不實或引人錯誤之表示或表徵類型－網路薦證廣告

網路廣告以他人薦證或社群網站用戶（含部落客）撰文之方式推廣商品或服務者，廣告主應確保其內容與事實相符，不得有前點所列之行爲。

十　法律效果

事業違反第八點及第九點，可能構成公平交易法第二十一條之違反。

網路廣告違反第九點者，與廣告主故意共同實施之薦證者或社群網站用戶（含部落客），得依廣告主所涉違反條文併同罰之。

十一　補充規定

網路廣告案件除受本處理原則規範外，仍應適用公平交易法第二十一條及相關處理原則之規定。

公平交易委員會對於促銷廣告案件之處理原則

①民國 99 年 8 月 5 日行政院公平交易委員會訂定令發布全文 9 點；並自即日生效。
②民國 101 年 3 月 3 日公平交易委員會令發布修正名稱及第 9 點；增訂第 10 點；並自 101 年 2 月 6 日生效（原名稱：行政院公平交易委員會對於促銷廣告案件處理原則）。
③民國 104 年 3 月 12 日公平交易委員會令修正發布第 9 點。
④民國 105 年 11 月 14 日公平交易委員會令修正發布第 7～9 點；並自即日生效。

一　目的

爲維護交易秩序與保障消費者權益，避免事業以不當促銷廣告誤導消費者，造成市場不公平競爭，特訂定本處理原則。

二　名詞定義

本處理原則所稱促銷廣告，係指事業於商品（服務）之廣告，以特價、減價、折扣、分期、免費或買一送一等價格或數量優惠、限時或限量交易、提供贈品或贈獎等方式，促進對消費者之招徠效果，而增加其商品（服務）之交易機會。

三　真實表示原則

事業就商品（服務）促銷廣告應善盡眞實表示義務，並確保促銷內容與實際提供情形相符。

四　妥善規劃原則

事業爲促銷廣告前應充分考量、善予規劃及妥爲準備，無論促銷活動係自行辦理或與他事業合作，促銷內容係自行或他事業提供，均應確保廣告之眞實履行。

五　充分備貨原則

事業促銷廣告未有限量表示者，應事前備置充足商品（服務），並於促銷期間提供，以確保廣告眞實履行。

六　限制條件充分揭示原則

事業就商品（服務）所爲促銷廣告，對於足以影響消費者交易決定之重要交易限制條件應充分揭示，避免以不當版面編排及呈現方式，致消費者難以認知限制條件內容或有產生錯誤認知或決定之虞。

七　虛偽不實或引人錯誤之表示或表徵類型

事業於促銷廣告不得爲下列虛僞不實或引人錯誤之表示或表徵：

㈠廣告所示商品（服務）價格或數量優惠與實際提供情形不符，包括事業實際並未提供銷售、提供數量顯較廣告所示數量爲少，或未有限量表示，而實際提供銷售之商品（服務）顯未達合理可預期之需求數量。

㈡廣告所示商品（服務）之價格、數量或其他優惠，實際附有條件、負擔或期間等限制而未予明示，或刊登之版面排版、位置及字體大小顯不成比例者。

㈢廣告所示商品（服務）之圖片、型號等表示或表徵與實際交易情形不符。

㈣廣告就贈品贈獎之內容、數量、價值、參加辦法（資格、期間、方式等）、抽獎日期等所爲表示或表徵與實際不符。

㈤廣告所示贈品贈獎實際附有條件、負擔或期間等限制而未予明示，或刊登之版面排版、位置及字體大小顯不成比例者。

㈥廣告就商品（服務）價格爲業界最低或類似表示，實際並無銷售或銷售價格並非最低。

㈦廣告內容僅於特定門市、分店或交易場所適用而未予明示。

㈧廣告強調商品（服務）數量之稀少或限量，而爲不實之銷售。

㈨廣告爲虛僞不實之限時表示。

㈩廣告宣稱價格優惠，但所示商品（服務）之「原價」、「市價」等基準價格屬虛僞不實或引人錯誤。

⑪廣告表示消費一定數額得獲嗣後交易優惠之抵用券、折價券等，就抵用券、折價券等使用方式、期間、範圍等限制未予明示，致消費者就其價值產生錯誤認知之虞。

八　法律效果

事業違反第七點者，可能構成公平交易法第二十一條之違反。

九　補充規定

促銷廣告案件除受本處理原則規範外，仍應適用公平交易法第二十一條及相關處理原則之規定。

公平交易委員會對於薦證廣告之規範說明

①民國 94 年 9 月 23 日行政院公平交易委員會令訂定發布全文 7 點。
②民國 96 年 5 月 11 日行政院公平交易委員會令修正發布第 5 點。
③民國 99 年 7 月 8 日行政院公平交易委員會令修正發布第 1、2、5 點。
④民國 101 年 3 月 3 日公平交易委員會令修正發布名稱、第 4、5 點及；增訂第 8 點；並自 101 年 2 月 6 日生效（原名稱：行政院公平交易委員會對於薦證廣告之規範說明）。
⑤民國 102 年 11 月 7 日公平交易委員會令修正發布全文 10 點。
⑥民國 104 年 3 月 12 日公平交易委員會令修正發布第 5～7、10 點。

一　背景說明

事業爲提高其商品或服務之銷售量、知名度或認知度，聘請知名公衆人物、專業人士（機構）或以消費者經驗分享之方式爲其商品或服務代言，原無可厚非；惟倘該代言廣告之內容涉有虛僞不實或引人錯誤之情形，則民衆因信賴代言人之薦證而購買該廣告商品或服務者，不惟其消費權益難以確保，市場上其他正當經營之業者亦將遭受競爭上之不利益。因此，對於此種不實之代言廣告內容，有必要進一步加以規範。

薦證廣告又有稱爲名人代言廣告、推薦廣告或證言廣告等，名稱不一而足。就此類廣告之表現形式以觀，殆係爲突顯代言人之形象、專業或經驗，使其與廣告商品或服務作連結，或使其以消費代言之方式增強廣告之說服力，俾有效取信消費者。故所謂之代言，究其實質，乃爲對廣告商品或服務之「薦證」。且一般廣告中之薦證者，並不以知名公衆人物爲限，實務上如以專業人士（機構）所爲之薦證，或以一般消費者於廣告中進行消費經驗分享之表現方式，亦屢見不鮮。因之，與其將此種廣告稱爲代言廣告，毋寧將其統稱爲「薦證廣告」，以爲完整、妥適。

鑑於公平交易法（以下簡稱本法）之立法目的，係在維護交易秩序與消費者利益，確保自由與公平競爭，促進經濟之安定與繁榮，公平交易委員會（以下簡稱本會）爰在現行法令架構下，整編薦證廣告可能涉及違反本法之行爲態樣，並參酌美國、日本及德國等相關規範與案例，訂定本規範說明，俾使廣告主、廣告薦證者、廣告代理業與廣告媒體業得所依循，同時作爲本會處理相關案件之參考。

二　名詞定義

本規範說明之用詞定義如下：

㈠薦證廣告：指廣告薦證者，於廣告或以其他使公衆得知之方法反映其對商品或服務之意見、信賴、發現或親身體驗結果，製播而成之廣告或對外發表之表示。

㈡廣告薦證者（以下簡稱薦證者）：指廣告主以外，於薦證廣告中反映其對商品或服務之意見、信賴、發現或親身體驗結果之人或機構，其可為知名公眾人物、專業人士、機構及一般消費者。

㈢利益關係：指薦證者與廣告主間具有僱用、贈與、受有報酬或其他有償等關係。

範例一：

某遊樂園於廣告中引述某知名電視旅遊節目主持人對該遊樂園之評語，該廣告即屬一種薦證廣告，因為消費者會將廣告內容視為該主持人之意見，而非遊樂園老闆之意見。故如廣告引述之內容係將該主持人談話全文加以竄改或斷章取義，致無法忠實反映該主持人之意見時，即可能涉及違法。

範例二：

某運動廠商邀請一知名奧運網球金牌得主拍攝新款網球鞋之電視廣告，並於廣告中陳述該廠牌網球鞋之設計符合人體工學，不僅具舒適性，且可提升運動表現及成績。在此廣告中，即便該運動員僅在分享個人的感受及心得，消費者仍將認其係為運動廠商作薦證，原因在於消費者直覺認為奧運金牌得主所具有的運動專業能力，足以判斷其所陳述的意見必為眞實可信且經得起驗證的，亦即，其於廣告中所言不僅代表廣告主的意見，同時也反映其個人之見解及觀點，故此情形亦符合薦證廣告之定義。

範例三：

某鍋具電視廣告播放一知名爆炸頭名廚使用該品牌快鍋等鍋具輕鬆料理一桌豐盛年菜的畫面，縱使廣告中未出現該名廚之聲音（或口頭陳述、意見），該廣告仍可視為其為該品牌鍋具所作之薦證廣告。

範例四：

某濃縮洗衣精電視廣告播放兩年輕少婦陪同稚齡女兒阿珠、阿花於公園嬉戲之畫面，阿珠及阿花穿著她們母親於去年大拍賣時購買之相同款式花色洋裝，阿珠的洋裝嚴重褪色，阿花的洋裝則鮮艷如新，阿花的媽咪馬上告訴阿珠的媽咪，她現在所使用的某品牌濃縮洗衣精，固色效果很神奇，可使衣服色彩常保如新，而阿珠的媽咪立刻表示她也要買來試試看。類似此種取材自眞實生活，且明顯為虛構之廣告內容，非屬本規範說明所稱的薦證廣告。

範例五：

某通信業電視廣告中，出現一身著深色套裝、貌似專業秘書之不知名年輕女子，於鏡頭前娓娓道出其能提供全年無休、全天二十四小時服務，可協助老闆過濾電話、記錄留言……等工作，請消費者給她一個機會為大家服務云云。由於消費者會認為該陌生女子係代表廣告主陳述該公司通信服務內容，而非表達她個人之意見，故該廣告非屬薦證廣告。

三　薦證廣告之真實原則

廣告主對於薦證廣告行爲，應依下列原則處理，否則即有違反本法規定之虞：

㈠廣告內容須忠實反映薦證者之眞實意見、信賴、發現或其親身體驗結果，不得有虛僞不實或引人錯誤之表示。

㈡以知名公衆人物或專業人士（機構）從事薦證者，薦證廣告商品或服務之內容或品質變更時，廣告主須有正當理由足以確信該薦證者於廣告刊播期間內，並未變更其於廣告中對所薦證商品或服務所表達之見解。

㈢以專業人士（機構）從事薦證廣告，或於薦證廣告中之內容明示或暗示薦證者係其所薦證商品或服務之專家時，該薦證者須確實具有該方面之專業知識或技術，且其薦證意見須與其他具有相同專業或技術之人所爲之驗證結果一致。

㈣以消費者之親身體驗結果作爲薦證者，須符合以下要件：

1.該消費者於薦證當時即須係其所薦證商品或服務之眞實使用者；以非眞實之使用者作爲薦證時，在廣告中應明示該薦證者並非廣告商品或服務之眞實使用者。

2.除薦證內容有科學學理或實驗依據外，廣告中應明示在廣告所設定之情況下，消費者所可能獲得之使用結果，或在某些條件下，消費者始可能達成該薦證廣告所揭示之效果

㈤薦證者與廣告主間具有非一般大衆可合理預期之利益關係者，應於廣告中充分揭露。

範例一：

一當紅名模在電視廣告中陳述某廠牌除濕劑具有良好之除濕效果，非常有助其保存名牌服飾、皮鞋、皮件等。在此情況下，該名模必須確實有使用該廠牌除濕劑，始可作此種薦證廣告，日後倘該除濕劑成分有所變更時（如添加更有效的防霉配方致氣味有所改變），廣告主必須先洽詢該名模，確認其有繼續使用該除濕劑，且仍同意其之前於廣告中所爲之薦證內容，廣告主始可繼續播出上開廣告。

範例二：

某電視廣告播放一名水電師傅在整修房屋現場工作的畫面，並由主持人介紹說「阿祿師是個有三十多年水電裝修經驗的老師傅，現在我們就請他來試一試這七個看不出廠牌名稱的電燈泡，然後告訴我們哪一個燈泡的照明效果最佳」，廣告描述該水電師傅試裝後，挑出了廣告主所銷售的電燈泡，並隨即接受主持人訪問說明其選擇的理由。此種情形，即符合本規範說明所稱的專家薦證。

範例三：

某連鎖瘦身機構之廣告中出現一位被描述爲「營養師」之薦證人，明示或暗示該薦證人受過專業訓練，並具相關經驗，足可幫助、指導他人有效地塑身、美容。倘該薦證人眞實之身分非爲

「營養師」，該廣告即可能涉有不實。

範例四：

某專業人員公會於某保健儀器廠商廣告中推薦該公司產品，該廣告即可視為一種機構薦證廣告，因消費者極可能將該公會當成足以判斷保健儀器好壞的專家，故該公會所為的薦證，必須獲得業經該公會認可之專家（至少一名以上）進行評估分析所得結果之支持，或符合該公會先前為評鑑保健儀器所訂定的標準，萬不可援用為替廣告廠商背書而量身設計之臨時的、特定的標準。

範例五：

某知名電影明星於廣告中推薦某項特定商品，並提及該商品之品質與個人偏好。此一薦證廣告當然必須反映其眞實之意見或經驗，但該電影明星因為代言薦證而獲有報償及其與廣告主間存有利益關係，則無需揭露，因此種報酬與利益關係是一般大衆可合理預期的。

範例六：

某大專學生為頗知名的視訊遊戲達人，在其所經營個人網誌或稱「部落格」上張貼有關遊戲經驗之文章。其部落格讀者經常閱讀其所發表有關視訊遊戲軟硬體之意見。某個新上市視訊遊戲系統之製造商依慣例免費寄給該學生一套新系統，並要求他在部落格上撰寫評論文章。他測試了新的遊戲系統，並撰寫有利的評論。因其評論是透過消費者自營媒體傳播，故其與廣告主之關係並不顯著，讀者不太可能可以合理預期他免費獲得視訊遊戲系統以交換他撰寫的產品評論文章，考量該視訊遊戲系統的價額，此一事實可能嚴重影響讀者對其薦證內容之可信度評價。因此，該部落格須淸楚明確地揭露作者收到免費視訊遊戲系統之事實。製造商應在提供遊戲系統時，提醒並監督作者應揭露此一關係。

四　薦證廣告之違法態樣

薦證廣告之商品或服務有下列虛偽不實或引人錯誤之表示或表徵者，涉及違反本法第二十一條規定：

㈠無廣告所宣稱之品質或效果。

㈡廣告所宣稱之效果缺乏科學學理或實驗依據之支持。

㈢無法於廣告所宣稱之期間內達到預期效果。

㈣廣告內容有「公平交易委員會對於公平交易法第二十一條案件之處理原則」第十七點所示情形之一。

㈤經目的事業主管機關認定為誇大不實。

㈥其他就商品或服務為虛偽不實或引人錯誤之表示或表徵。

範例一：

某家國際專業美容公司廣告宣稱「科學瘦身第一」，並以護理學院院長、醫學院保健營養系主任、市議員、名主播及作家等人口碑推薦，姑且不論渠等人士之專業背景暨其學識專長，為此推薦是否妥適可靠，該公司在無法提出所稱「第一」之具體事證情況下，純以創業目標及標榜業界首創之健康瘦身為「瘦身第一」之廣告內容，足以引發一般消費大衆錯誤認知，進而產生錯誤決策，該宣稱顯有不實。

範例二：

某牙醫師於電視廣告中受訪陳述：「現在我只推薦某種品牌牙膏商品」，並結合系爭廣告連貫呈現之內容，使一般消費者認有遠超過百分之五十以上之牙醫師，目前均已由推薦其他品牌牙膏轉為僅推薦該種品牌牙膏，並宣稱「大部分牙醫已改成推薦該種品牌牙膏」，倘該廣告主無法提出證明，該宣稱即屬不實。

範例三：

某知名電視購物頻道於廣告中販賣「XX 美體按摩機」，並宣稱「......燃燒脂肪......讓您從 L Size 變成 M Size 或 S Size......每天十分鐘幫您甩掉多餘之贅肉」，後由薦證人示範操作並展示窈窕身材，倘廣告主無法提出證明，該宣稱即屬不實。

五　利益關係之揭露義務

薦證廣告以社群網站推文方式爲之，如薦證者與廣告主間具有非一般大衆可合理預期之利益關係，而未於廣告中充分揭露，且足以影響交易秩序者，涉及違反本法第二十五條規定。

前項社群網站推文包括網路部落客推文及論壇發言等方式。

範例：

某一網路留言板專門提供MP3 播放器使用者討論新的音樂下載技術。他們交換各種有關播放裝置的新產品、新應用、及新功能。某家在播放裝置產品業界具領導地位廠商的一名員工，其身分不爲留言板使用社群所知悉，他在討論板上張貼促銷該製造商產品的訊息。如果知道貼文者受僱於廠商，可能影響到他的薦證內容可信度。因此，張貼者應淸楚明確地向留言板會員及讀者揭露他與製造商的關係。製造商應提醒並監督張貼者揭露此一關係。

六　法律效果

違反本法規定之罰則與法律責任：

㈠廣告主：

1.本會對於違反本法規定之事業，依據第四十二條規定得限期令停止、改正其行爲或採取必要更正措施，並得處新臺幣五萬元以上二千五百萬元以下罰鍰；屆期仍不停止、改正其行爲或未採取必要更正措施者，得繼續限期令停止、改正其行爲或採取必要更正措施，並按次處新臺幣十萬元以上五千萬元以下罰鍰，至停止、改正其行爲或採取必要更正措施爲止。

2.事業違反本法之規定，除前述行政責任或其他刑事責任外，被害人並得循本法第五章之規定請求損害賠償。

㈡薦證者：

1.薦證者倘爲商品或服務之提供者或銷售者，即爲本規範說明所稱之廣告主，適用有關廣告主之規範。

2.薦證者與廣告主故意共同實施違反本法之規定者，仍得視其從事薦證行為之具體情形，依廣告主所涉違反條文併同罰之。

3.薦證者明知或可得而知其所從事之薦證有引人錯誤之虞，而仍為薦證者，依本法第二十一條第五項後段規定，與廣告主負連帶損害賠償責任。但薦證者非屬知名公衆人物、專業人士或機構，依本法第二十一條第五項但書規定，僅於受廣告主報酬十倍之範圍內，與廣告主負連帶損害賠償責任。

4.薦證者因有第二目、第三目情形，而涉及其他法律之規範者，並可能與廣告主同負其他刑事責任。

㈢廣告代理業：

1.廣告代理業依其參與製作或設計薦證廣告之具體情形，得認其兼具廣告主之性質者，依本法關於廣告主之規範罰之。

2.廣告代理業在明知或可得而知情形下，仍製作或設計有引人錯誤之廣告，依本法第二十一條第五項前段規定與廣告主負連帶損害賠償責任。

㈣廣告媒體業：

1.廣告媒體業依其參與製作、設計、傳播或刊載薦證廣告之具體情形，得認其兼具廣告主之性質者，依本法關於廣告主之規範罰之。

2.廣告媒體業在明知或可得而知其所傳播或刊載之廣告有引人錯誤之虞，仍予傳播或刊載，依本法第二十一條第五項中段規定與廣告主負連帶損害賠償責任。

七　與其他法律之競合與處理

本法與其他法令對於虛僞不實或引人錯誤之廣告均有規範者，依特別法優於普通法原則，由該其他法令之主管機關依法查處；其他法令未涵蓋部分而屬本法規範範疇者，由本會依本法相關規定處理。

八　補充規定

薦證廣告案件除受本規範說明規範外，仍應適用本法第二十一條、第二十四條與第二十五條及相關處理原則之規定。

九　本規範說明，僅係說明本會對於薦證廣告之一般違法考量因素，並例示若干薦證廣告常見之可能牴觸本法之行為態樣，至於個案之處理，仍須就實務上具體事實個別認定之。

伍、其他管理規範

中華民國刑法（節錄）

①民國 100 年 1 月 26 日總統令修正公布第 321 條條文；並自公布日施行。（僅節錄民國 100 年以後之沿革）
②民國 100 年 11 月 30 日總統令修正公布第 185-3 條條文；並自公布日施行。
③民國 101 年 12 月 5 日總統令修正公布第 286 條條文；並自公布日施行。
④民國 102 年 1 月 23 日總統令修正公布第 50 條條文；並自公布日施行。
⑤民國 102 年 6 月 11 日總統令修正公布第 185-3、185-4 條條文；並自公布日施行。
⑥民國 103 年 1 月 15 日總統令修正公布第 315-1 條條文；並自公布日施行。
⑦民國 103 年 6 月 18 日總統令修正公布第 251、285、339～339-3、341～344、347、349 條條文；增訂第 339-4、344-1 條條文；並自公布日施行。
⑧民國 104 年 12 月 30 日總統令修正公布第 2、11、36、38、40、51、74、84 條條文；增訂第 37-1、37-2、38-1～38-3、40-2 條條文及第五章之一章名、第五章之二章名；刪除第 34、39、40-1、45、46 條條文；並自 105 年 7 月 1 日施行。
⑨民國 105 年 6 月 22 日總統令修正公布第 38-3 條條文；並自 105 年 7 月 1 日施行。
⑩民國 105 年 11 月 30 日總統令修正公布第 5 條條文。
⑪民國 107 年 5 月 23 日總統令修正公布第 121、122、131、143 條條文。
⑫民國 107 年 6 月 13 日總統令修正公布第 190-1 條條文。

第一五一條（恐嚇公眾罪）
以加害生命、身體、財產之事恐嚇公衆，致生危害於公安者，處二年以下有期徒刑。

第二〇一條（有價證券之僞造、變造與行使罪）
①意圖供行使之用，而僞造、變造公債票、公司股票或其他有價證券者，處三年以上十年以下有期徒刑，得併科三千元以下罰金。
②行使僞造、變造之公債票、公司股票或其他有價證券，或意圖供行使之用，而收集或交付於人者，處一年以上、七年以下有期徒刑，得併科三千元以下罰金。

第二〇一條之一（信用卡之僞造、變造與行使罪）90
①意圖供行使之用，而僞造、變造信用卡、金融卡、儲值卡或其他相類作爲簽帳、提款、轉帳或支付工具之電磁紀錄物者，處一年以上七年以下有期徒刑，得併科三萬元以下罰金。
②行使前項僞造、變造之信用卡、金融卡、儲值卡或其他相類作爲簽帳、提款、轉帳或支付工具之電磁紀錄物，或意圖供行使之

用，而收受或交付於人者，處五年以下有期徒刑，得併科三萬元以下罰金。

第二〇二條（郵票、印花稅票之偽造、變造與行使塗抹罪）

①意圖供行使之用，而僞造、變造郵票或印花稅票者，處六月以上、五年以下有期徒刑，得併科一千元以下罰金。

②行使僞造、變造之郵票或印花稅票，或意圖供行使之用而收集或交付於人者，處三年以下有期徒刑，得併科一千元以下罰金。

③意圖供行使之用，而塗抹郵票或印花稅票上之註銷符號者，處一年以下有期徒刑、拘役或三百元以下罰金。其行使之者，亦同。

第二〇三條（偽造、變造及行使往來客票罪）

意圖供行使之用，而僞造、變造船票、火車、電車票或其他往來客票者，處一年以下有期徒刑、拘役或三百元以下罰金。其行使之者，亦同。

第二〇四條（預備偽造、變造有價證券罪）90

①意圖供僞造、變造有價證券、郵票、印花稅票、信用卡、金融卡、儲值卡或其他相類作爲簽帳、提款、轉帳或支付工具之電磁紀錄物之用，而製造、交付或收受各項器械、原料、或電磁紀錄者，處二年以下有期徒刑，得併科五千元以下罰金。

②從事業務之人利用職務上機會犯前項之罪者，加重其刑至二分之一。

第二〇五條（沒收物）90

僞造、變造之有價證券、郵票、印花稅票、信用卡、金融卡、儲值卡或其他相類作爲提款、簽帳、轉帳或支付工具之電磁紀錄物及前條之器械原料及電磁紀錄，不問屬於犯人與否，沒收之。

第二一〇條（偽造變造私文書罪）

僞造、變造私文書，足以生損害於公衆或他人者，處五年以下有期徒刑。

第二一一條（偽造變造公文書罪）

僞造、變造公文書，足以生損害於公衆或他人者，處一年以上、七年以下有期徒刑。

第二一二條（偽造變造特種文書罪）

僞造、變造護照、旅劵、免許證、特許證及關於品行、能力、服務或其他相類之證書、介紹書，足以生損害於公衆或他人者，處一年以下有期徒刑、拘役或三百元以下罰金。

第二一三條（公文書不實登載罪）

公務員明知爲不實之事項，而登載於職務上所掌之公文書，足以生損害於公衆或他人者，處一年以上七年以下有期徒刑。

第二一四條（使公務員登載不實罪）

明知爲不實之事項，而使公務員登載於職務上所掌之公文書，足以生損害於公衆或他人者，處三年以下有期徒刑、拘役或五百元以下罰金。

第二一五條（業務上文書登載不實罪）

從事業務之人，明知爲不實之事項，而登載於其業務上作成之文書，足以生損害於公衆或他人者，處三年以下有期徒刑、拘役或五百元以下罰金。

第二一六條（行使偽造變造或登載不實文書罪）

行使第二百十條至第二百十五條之文書者，依僞造、變造文書或登載不實事項或使登載不實事項之規定處斷。

第二一七條（偽造盜用印章、印文或署押罪）

①僞造印章、印文或署押，足以生損害於公衆或他人者，處三年以下有期徒刑。

②盜用印章、印文或署押，足以生損害於公衆或他人者，亦同。

第二一八條（偽造或盜用公印或公印文罪）

①僞造公印或公印文者，處五年以下有期徒刑。

②盜用公印或公印文，足以生損害於公衆或他人者，亦同。

第二一九條（沒收之特例）

僞造之印章、印文或署押，不問屬於犯人與否，沒收之。

第二二〇條（準文書）94

①在紙上或物品上之文字、符號、圖畫、照像，依習慣或特約，足以爲表示其用意之證明者，關於本章及本章以外各罪，以文書論。

②錄音、錄影或電磁紀錄，藉機器或電腦之處理所顯示之聲音、影像或符號，足以爲表示其用意之證明者，亦同。

第二六六條（普通賭博罪與沒收物）

①在公共場所或公衆得出入之場所賭博財物者，處一千元以下罰金。但以供人暫時娛樂之物爲賭者，不在此限。

②當場賭博之器具與在賭檯或兌換籌碼處之財物，不問屬於犯人與否，沒收之。

第二六八條（圖利供給賭場或聚眾賭博罪）

意圖營利，供給賭博場所或聚衆賭博者，處三年以下有期徒刑，得併科三千元以下罰金。

第二六九條（辦理有獎儲蓄或發行彩券罪、經營或媒介之罪）

①意圖營利，辦理有獎儲蓄或未經政府允准而發行彩票者，處一年以下有期徒刑或拘役，得併科三千元以下罰金。

②經營前項有獎儲蓄或爲買賣前項彩票之媒介者，處六月以下有期徒刑、拘役或科或併科一千元以下罰金。

第二七〇條（公務員包庇賭博罪）

公務員包庇他人犯本章各條之罪者，依各該條之規定，加重其刑至二分之一。

第三〇九條（公然侮辱罪）

①公然侮辱人者，處拘役或三百元以下罰金。

②以強暴犯前項之罪者，處一年以下有期徒刑、拘役或五百元以下罰金。

第三一〇條（誹謗罪）

①意圖散布於衆，而指摘或傳述足以毀損他人名譽之事者，爲誹謗

罪，處一年以下有期徒刑、拘役或五百元以下罰金。
②散布文字、圖畫犯前項之罪者，處二年以下有期徒刑、拘役或一千元以下罰金。
③對於所誹謗之事，能證明其爲眞實者，不罰。但涉於私德而與公共利益無關者，不在此限。

第三一一條 （免責條件）
以善意發表言論，而有左列情形之一者，不罰：
一 因自衛、自辯或保護合法之利益者。
二 公務員因職務而報告者。
三 對於可受公評之事，而爲適當之評論者。
四 對於中央及地方之會議或法院或公眾集會之記事，而爲適當之載述者。

第三一二條 （侮辱誹謗死者罪）
①對於已死之人，公然侮辱者，處拘役或三百元以下罰金。
②對於已死之人，犯誹謗罪者，處一年以下有期徒刑、拘役或一千元以下罰金。

第三一三條 （妨害信用罪）
散布流言或以詐術損害他人之信用者，處二年以下有期徒刑、拘役或科或併科一千元以下罰金。

第三一四條 （告訴乃論）
本章之罪，須告訴乃論。

第三一五條 （妨害書信秘密罪）86
無故開拆或隱匿他人之封緘信函、文書或圖畫者，處拘役或三千元以下罰金。無故以開拆以外之方法，窺視其內容者，亦同。

第三一五條之一 （妨害秘密罪）103
有下列行爲之一者，處三年以下有期徒刑、拘役或三十萬元以下罰金：
一 無故利用工具或設備窺視、竊聽他人非公開之活動、言論、談話或身體隱私部位者。
二 無故以錄音、照相、錄影或電磁紀錄竊錄他人非公開之活動、言論、談話或身體隱私部位者。

第三一五條之二 （圖利便利妨害秘密罪）94
①意圖營利供給場所、工具或設備，便利他人爲前條第一項之行爲者，處五年以下有期徒刑、拘役或科或併科五萬元以下罰金。
②意圖散布、播送、販賣而有前條第二款之行爲者，亦同。
③製造、散布、播送或販賣前二項或前條第二款竊錄之內容者，依第一項之規定處斷。
④前三項之未遂犯罰之。

第三一五條之三 （持有妨害秘密之物品）88
前二條竊錄內容之附著物及物品，不問屬於犯人與否，沒收之。

第三一六條 （洩露業務上秘密罪）94
醫師、藥師、藥商、助產士、心理師、宗教師、律師、辯護人、公證人、會計師或其業務上佐理人，或曾任此等職務之人，無故洩漏因業務知悉或持有之他人秘密者，處一年以下有期徒刑、拘役或五萬元以下罰金。

第三一七條（洩漏業務上知悉工商秘密罪）

依法令或契約有守因業務知悉或持有工商秘密之義務，而無故洩漏之者，處一年以下有期徒刑、拘役或一千元以下罰金。

第三一八條（洩漏職務上工商秘密罪）

公務員或曾任公務員之人，無故洩漏因職務知悉或持有他人之工商秘密者，處二年以下有期徒刑、拘役或二千元以下罰金。

第三一八條之一（洩密之處罰）86

無故洩漏因利用電腦或其他相關設備知悉或持有他人之秘密者，處二年以下有期徒刑、拘役或五千元以下罰金。

第三一八條之二（加重其刑）86

利用電腦或其相關設備犯第三百十六條至第三百十八條之罪者，加重其刑至二分之一。

第三一九條（告訴乃論）88

第三百十五條、第三百十五條之一及第三百十六條至第三百十八條之二之罪，須告訴乃論。

第三三九條（普通詐欺罪）103

①意圖爲自己或第三人不法之所有，以詐術使人將本人或第三人之物交付者，處五年以下有期徒刑、拘役或科或併科五十萬元以下罰金。

②以前項方法得財產上不法之利益或使第三人得之者，亦同。

③前二項之未遂犯罰之。

第三三九條之一（違法由收費設備取得他人之物之處罰）103

①意圖爲自己或第三人不法之所有，以不正方法由收費設備取得他人之物者，處一年以下有期徒刑、拘役或十萬元以下罰金。

②以前項方法得財產上不法之利益或使第三人得之者，亦同。

③前二項之未遂犯罰之。

第三三九條之二（違法由自動付款設備取得他人之物之處罰）103

①意圖爲自己或第三人不法之所有，以不正方法由自動付款設備取得他人之物者，處三年以下有期徒刑、拘役或三十萬元以下罰金。

②以前項方法得財產上不法之利益或使第三人得之者，亦同。

③前二項之未遂犯罰之。

第三三九條之三（違法製作財產權之處罰）103

①意圖爲自己或第三人不法之所有，以不正方法將虛僞資料或不正指令輸入電腦或其相關設備，製作財產權之得喪、變更紀錄，而取得他人之財產者，處七年以下有期徒刑，得併科七十萬元以下罰金。

②以前項方法得財產上不法之利益或使第三人得之者，亦同。

③前二項之未遂犯罰之。

第三三九條之四　（加重詐欺罪）103

①犯第三百三十九條詐欺罪而有下列情形之一者，處一年以上七年以下有期徒刑，得併科一百萬元以下罰金：

一　冒用政府機關或公務員名義犯之。

二　三人以上共同犯之。

三　以廣播電視、電子通訊、網際網路或其他媒體等傳播工具，對公衆散布而犯之。

②前項之未遂犯罰之。

第三四一條　（準詐欺罪）103

①意圖爲自己或第三人不法之所有，乘未滿十八歲人之知慮淺薄，或乘人精神障礙、心智缺陷而致其辨識能力顯有不足或其他相類之情形，使之將本人或第三人之物交付者，處五年以下有期徒刑、拘役或科或併科五十萬元以下罰金。

②以前項方法得財產上不法之利益或使第三人得之者，亦同。

③前二項之未遂犯罰之。

第三四二條　（背信罪）103

①爲他人處理事務，意圖爲自己或第三人不法之利益，或損害本人之利益，而爲違背其任務之行爲，致生損害於本人之財產或其他利益者，處五年以下有期徒刑、拘役或科或併科五十萬元以下罰金。

②前項之未遂犯罰之。

第三四三條　（準用之規定）103

第三百二十三條及第三百二十四條之規定，於第三百三十九條至前條之罪準用之。

第三四四條　（重利罪）103

①乘他人急迫、輕率、無經驗或難以求助之處境，貸以金錢或其他物品，而取得與原本顯不相當之重利者，處三年以下有期徒刑、拘役或科或併科三十萬元以下罰金。

②前項重利，包括手續費、保管費、違約金及其他與借貸相關之費用。

第三四四條之一　（加重重利罪）103

①以強暴、脅迫、恐嚇、侵入住宅、傷害、毀損、監控或其他足以使人心生畏懼之方法取得前條第一項之重利者，處六月以上五年以下有期徒刑，得併科五十萬元以下罰金。

②前項之未遂犯罰之。

第三四五條　（刪除）94

第三四六條　（單純恐嚇罪）

①意圖爲自己或第三人不法之所有，以恐嚇使人將本人或第三人之物交付者，處六月以上、五年以下有期徒刑，得併科一千元以下罰金。

②以前項方法得財產上不法之利益，或使第三人得之者，亦同。

③前二項之未遂犯罰之。

第三四七條 （擄人勒贖罪）103

①意圖勒贖而擄人者，處無期徒刑或七年以上有期徒刑。

②因而致人於死者，處死刑、無期徒刑或十二年以上有期徒刑；致重傷者，處無期徒刑或十年以上有期徒刑。

③第一項之未遂犯罰之。

④預備犯第一項之罪者，處二年以下有期徒刑。

⑤犯第一項之罪，未經取贖而釋放被害人者，減輕其刑；取贖後而釋放被害人者，得減輕其刑。

第三四九條 （普通贓物罪）103

①收受、搬運、寄藏、故買贓物或媒介者，處五年以下有期徒刑、拘役或科或併科五十萬元以下罰金。

②因贓物變得之財物，以贓物論。

第三五一條 （親屬贓物罪）

於直系血親、配偶或同財共居親屬之間，犯本章之罪者，得免除其刑。

第三五八條 （入侵電腦的罰則）92

無故輸入他人帳號密碼、破解使用電腦之保護措施或利用電腦系統之漏洞，而入侵他人之電腦或其相關設備者，處三年以下有期徒刑、拘役或科或併科十萬元以下罰金。

第三五九條（取得刪除、變更電磁記錄、致生損害之罰則） 92

無故取得、刪除或變更他人電腦或其相關設備之電磁紀錄，致生損害於公眾或他人者，處五年以下有期徒刑、拘役或科或併科二十萬元以下罰金。

第三六〇條 （干擾他人電腦致生損害之罰則）92

無故以電腦程式或其他電磁方式干擾他人電腦或其相關設備，致生損害於公眾或他人者，處三年以下有期徒刑、拘役或科或併科十萬元以下罰金。

第三六一條 （對象為公務機關之加重懲罰）92

對於公務機關之電腦或其相關設備犯前三條之罪者，加重其刑至二分之一。

第三六二條（製作程式供犯罪之用）92

製作專供犯本章之罪之電腦程式，而供自己或他人犯本章之罪，致生損害於公眾或他人者，處五年以下有期徒刑、拘役或科或併科二十萬元以下罰金。

第三六三條 （妨害電腦使用罪為告訴乃論）92

第三百五十八條至第三百六十條之罪，須告訴乃論。

著作權法

①民國 17 年 5 月 14 日國民政府制定公布全文 40 條。
②民國 33 年 4 月 27 日國民政府修正公布全文 37 條。
③民國 38 年 1 月 13 日總統令修正公布第 30～34 條條文。
④民國 53 年 7 月 10 日總統令修正公布第 25、26、33、35、37～40 條條文；並增訂第 22、31、32、36、41 條條文，原條文遞改。
⑤民國 74 年 7 月 10 日總統令修正公布全文 52 條。
⑥民國 79 年 1 月 24 日總統令修正公布第 3、28、39 條條文；並增訂第 50-1 條條文。
⑦民國 81 年 6 月 10 日總統令修正公布全文 117 條。
⑧民國 81 年 7 月 6 日總統令修正公布第 53 條條文。
⑨民國 82 年 4 月 24 日總統令修正公布第 87 條條文；並增訂第 87-1 條條文。
⑩民國 87 年 1 月 21 日總統令修正公布全文 117 條；第 106-1～106-3 條，自世界貿易組織協定在中華民國管轄區域內生效日起施行。
⑪民國 90 年 11 月 12 日總統令修正公布第 2、34、37、71、81、82、90-1 條條文。
⑫民國 92 年 7 月 9 日總統令修正公布第 2、3、7-1、22、24、26、29、37、49、50、53、56、56-1、60、61、63、65、69、79、82、87、88、91～95、98、100～102、105、106、106-2、106-3、111、113、115-1、115-2、117 條條文；並增訂第 26-1、28-1、59-1、80-1、82-1～82-4、90-3、91-1、96-1、96-2、98-1 條條文及第四章之一章名。
⑬民國 93 年 9 月 1 日總統令修正公布第 3、22、26、82、87、90-1、90-3、91、91-1、92、93、96-1 條條文及第四章之一章名；並增訂第 80-2 條條文。
⑭民國 95 年 5 月 30 日總統令修正公布第 98、99～102、117 條條文；刪除第 94 條條文；並自 95 年 7 月 1 日施行。
⑮民國 96 年 7 月 11 日總統令修正公布第 87、93 條條文；並增訂第 97-1 條條文。
⑯民國 98 年 5 月 13 日總統令修正公布第 3 條條文；並增訂第 90-4～90-12 條條文及第六章之一章名。
⑰民國 99 年 2 月 10 日總統令修正公布第 37、53、81 及 82 條條文及第五章章名。
⑱民國 103 年 1 月 22 日總統令修正公布第 53、65、80-2、87、87-1 條條文。
⑲民國 105 年 11 月 30 日總統令修正公布第 98 條條文。

第一章　總　則

第一條　（立法目的）

爲保障著作人著作權益，調和社會公共利益，促進國家文化發展，特制定本法。本法未規定者，適用其他法律之規定。

第二條　（主管機關）92

①本法主管機關爲經濟部。
②著作權業務，由經濟部指定專責機關辦理。

第三條　（名詞定義）98

①本法用詞，定義如下：

一　著作：指屬於文學、科學、藝術或其他學術範圍之創作。
二　著作人：指創作著作之人。
三　著作權：指因著作完成所生之著作人格權及著作財產權。
四　公衆：指不特定人或特定之多數人。但家庭及其正常社交之多數人，不在此限。
五　重製：指以印刷、複印、錄音、錄影、攝影、筆錄或其他方法直接、間接、永久或暫時之重複製作。於劇本、音樂著作或其他類似著作演出或播送時予以錄音或錄影；或依建築設計圖或建築模型建造建築物者，亦屬之。
六　公開口述：指以言詞或其他方法向公衆傳達著作內容。
七　公開播送：指基於公衆直接收聽或收視爲目的，以有線電、無線電或其他器材之廣播系統傳送訊息之方法，藉聲音或影像，向公衆傳達著作內容。由原播送人以外之人，以有線電、無線電或其他器材之廣播系統傳送訊息之方法，將原播送之聲音或影像向公衆傳達者，亦屬之。
八　公開上映：指以單一或多數視聽機或其他傳送影像之方法於同一時間向現場或現場以外一定場所之公衆傳達著作內容。
九　公開演出：指以演技、舞蹈、歌唱、彈奏樂器或其他方法向現場之公衆傳達著作內容。以擴音器或其他器材，將原播送之聲音或影像向公衆傳達者，亦屬之。
十　公開傳輸：指以有線電、無線電之網路或其他通訊方法，藉聲音或影像向公衆提供或傳達著作內容，包括使公衆得於其各自選定之時間或地點，以上述方法接收著作內容。
十一　改作：指以翻譯、編曲、改寫、拍攝影片或其他方法就原著作另爲創作。
十二　散布：指不問有償或無償，將著作之原件或重製物提供公衆交易或流通。
十三　公開展示：指向公衆展示著作內容。
十四　發行：指權利人散布能滿足公衆合理需要之重製物。
十五　公開發表：指權利人以發行、播送、上映、口述、演出、展示或其他方法向公衆公開提示著作內容。
十六　原件：指著作首次附著之物。
十七　權利管理電子資訊：指於著作原件或其重製物，或於著作向公衆傳達時，所表示足以確認著作、著作名稱、著作人、著作財產權人或其授權之人及利用期間或條件之相關電子資訊；以數字、符號表示此類資訊者，亦屬之。
十八　防盜拷措施：指著作權人所採取有效禁止或限制他人擅自進入或利用著作之設備、器材、零件、技術或其他科技方法。

十九　網路服務提供者，指提供下列服務者：

㈠連線服務提供者：透過所控制或營運之系統或網路，以有線或無線方式，提供資訊傳輸、發送、接收，或於前開過程中之中介及短暫儲存之服務者。

㈡快速存取服務提供者：應使用者之要求傳輸資訊後，透過所控制或營運之系統或網路，將該資訊為中介及暫時儲存，以供其後要求傳輸該資訊之使用者加速進入該資訊之服務者。

㈢資訊儲存服務提供者：透過所控制或營運之系統或網路，應使用者之要求提供資訊儲存之服務者。

㈣搜尋服務提供者：提供使用者有關網路資訊之索引、參考或連結之搜尋或連結之服務者。

②前項第八款所定現場或現場以外一定場所，包含電影院、俱樂部、錄影帶或碟影片播映場所、旅館房間、供公衆使用之交通工具或其他供不特定人進出之場所。

第四條　（外國人著作權之取得）

外國人之著作合於下列情形之一者，得依本法享有著作權。但條約或協定另有約定，經立法院議決通過者，從其約定。

一　於中華民國管轄區域內首次發行，或於中華民國管轄區域外首次發行後三十日內在中華民國管轄區域內發行者。但以該外國人之本國，對中華民國人之著作，在相同之情形下，亦予保護且經查證屬實者為限。

二　依條約、協定或其本國法令、慣例，中華民國人之著作得在該國享有著作權者。

第二章　著　作

第五條　（著作之種類）

①本法所稱著作，例示如下：

一　語文著作。

二　音樂著作。

三　戲劇、舞蹈著作。

四　美術著作。

五　攝影著作。

六　圖形著作。

七　視聽著作。

八　錄音著作。

九　建築著作。

十　電腦程式著作。

②前項各款著作例示內容，由主管機關訂定之。

第六條　（衍生著作之保護）

①就原著作改作之創作為衍生著作，以獨立之著作保護之。

②衍生著作之保護，對原著作之著作權不生影響。

第七條（編輯著作之保護）

①就資料之選擇及編排具有創作性者為編輯著作，以獨立之著作保護之。

②編輯著作之保護，對其所收編著作之著作權不生影響。

第七條之一（表演著作之保護）92

①表演人對既有著作或民俗創作之表演，以獨立之著作保護之。

②表演之保護，對原著作之著作權不生影響。

第八條（共同著作之意義）

二人以上共同完成之著作，其各人之創作，不能分離利用者，為共同著作。

第九條（著作權標的之限制）

①下列各款不得為著作權之標的：

一　憲法、法律、命令或公文。

二　中央或地方機關就前款著作作成之翻譯物或編輯物。

三　標語及通用之符號、名詞、公式、數表、表格、簿冊或時曆。

四　單純為傳達事實之新聞報導所作成之語文著作。

五　依法令舉行之各類考試試題及其備用試題。

②前項第一款所稱公文，包括公務員於職務上草擬之文告、講稿、新聞稿及其他文書。

第三章　著作人及著作權

第一節　通　則

第一〇條（著作人之推定）

著作人於著作完成時享有著作權。但本法另有規定者，從其規定。

第一〇條之一（著作權保護之範圍）

依本法取得之著作權，其保護僅及於該著作之表達，而不及於其所表達之思想、程序、製程、系統、操作方法、概念、原理、發現。

第二節　著作人

第一一條（法人及其受僱人之著作權歸屬）

①受雇人於職務上完成之著作，以該受雇人為著作人。但契約約定以雇用人為著作人者，從其約定。

②依前項規定，以受雇人為著作人者，其著作財產權歸雇用人享有。但契約約定其著作財產權歸受雇人享有者，從其約定。

③前二項所稱受雇人，包括公務員。

第一二條（出資人及其受聘人著作權之歸屬）

①出資聘請他人完成之著作，除前條情形外，以該受聘人為著作

人。但契約約定以出資人為著作人者，從其約定。

②依前項規定，以受聘人為著作人者，其著作財產權依契約約定歸受聘人或出資人享有。未約定著作財產權之歸屬者，其著作財產權歸受聘人享有。

③依前項規定著作財產權歸受聘人享有者，出資人得利用該著作。

第一三條（著作權之取得）

①在著作之原件或其已發行之重製物上，或將著作公開發表時，以通常之方法表示著作人之本名或衆所周知之別名者，推定為該著作之著作人。

②前項規定，於著作發行日期、地點及著作財產權人之推定，準用之。

第一四條（刪除）

第三節　著作人格權

第一五條（公開發表著作權）

①著作人就其著作享有公開發表之權利。但公務員，依第十一條及第十二條規定為著作人，而著作財產權歸該公務員隸屬之法人享有者，不適用之。

②有下列情形之一者，推定著作人同意公開發表其著作：

一　著作人將其尚未公開發表著作之著作財產權讓與他人或授權他人利用時，因著作財產權之行使或利用而公開發表者。

二　著作人將其尚未公開發表之美術著作或攝影著作之著作原件或其重製物讓與他人，受讓人以其著作原件或其重製物公開展示者。

三　依學位授予法撰寫之碩士、博士論文，著作人已取得學位者。

③依第十一條第二項及第十二條第二項規定，由雇用人或出資人自始取得尚未公開發表著作之著作財產權者，因其著作財產權之讓與、行使或利用而公開發表者，視為著作人同意公開發表其著作。

④前項規定，於第十二條第三項準用之。

第一六條（著作人格權之行使）

①著作人於著作之原件或其重製物上或於著作公開發表時，有表示其本名、別名或不具名之權利。著作人就其著作所生之衍生著作，亦有相當之權利。

②前條第一項但書規定，於前項準用之。

③利用著作之人，得使用自己之封面設計，並加冠設計人或主編之姓名或名稱。但著作人有特別表示或違反社會使用慣例者，不在此限。

④依著作利用之目的及方法，於著作人之利益無損害之虞，且不違反社會使用慣例者，得省略著作人之姓名或名稱。

第一七條（著作人之權利）

著作人享有禁止他人以歪曲、割裂、竄改或其他方法改變其著作之內容、形式或名目致損害其名譽之權利。

第一八條 （著作人格權之存續）

著作人死亡或消滅者，關於其著作人格權之保護，視同生存或存續，任何人不得侵害。但依利用行爲之性質及程度、社會之變動或其他情事可認爲不違反該著作人之意思者，不構成侵害。

第一九條 （共同著作之著作人格權）

①共同著作之著作人格權，非經著作人全體同意，不得行使之。各著作人無正當理由者，不得拒絕同意。

②共同著作人之著作人，得於著作人中選定代表人行使著作人格權。

③對於前項代表人之代表權所加限制，不得對抗善意第三人。

第二〇條 （著作不得作為強制執行之標的）

未公開發表之著作原件及其著作財產權，除作爲買賣之標的或經本人允諾者外，不得作爲強制執行之標的。

第二一條 （著作人格權專屬於著作人）

著作人格權專屬於著作人本身，不得讓與或繼承。

第四節　著作財產權

第一款　著作財產權之種類

第二二條 （著作人自行重製權）93

①著作人除本法另有規定外，專有重製其著作之權利。

②表演人專有以錄音、錄影或攝影重製其表演之權利。

③前二項規定，於專爲網路合法中繼性傳輸，或合法使用著作，屬技術操作過程中必要之過渡性、附帶性而不具獨立經濟意義之暫時性重製，不適用之。但電腦程式著作，不在此限。

④前項網路合法中繼性傳輸之暫時性重製情形，包括網路瀏覽、快速存取或其他爲達成傳輸功能之電腦或機械本身技術上所不可避免之現象。

第二三條 （著作人公開口述權）

著作人專有公開口述其語文著作之權利。

第二四條（著作人公開播送權） 92

①著作人除本法另有規定外，專有公開播送其著作之權利。

②表演人就其經重製或公開播送後之表演，再公開播送者，不適用前項規定。

第二五條 （著作人公開上映權）

著作人專有公開上映其視聽著作之權利。

第二六條 （著作人公開演出權）93

①著作人除本法另有規定外，專有公開演出其語文、音樂或戲劇、舞蹈著作之權利。

②表演人專有以擴音器或其他器材公開演出其表演之權利。但將表演重製後或公開播送後再以擴音器或其他器材公開演出者，不在

此限。

③錄音著作經公開演出者，著作人得請求公開演出之人支付使用報酬。

第二六條之一　（公開傳輸權利）92

①著作人除本法另有規定外，專有公開傳輸其著作之權利。

②表演人就其經重製於錄音著作之表演，專有公開傳輸之權利。

第二七條　（著作人之公開展示權）

著作人專有公開展示其未發行之美術著作或攝影著作之權利。

第二八條　（著作人之改作成編輯著作權）

著作人專有將其著作改作成衍生著作或編輯成編輯著作之權利。但表演不適用之。

第二八條之一　（以移轉所有權散布權利）92

①著作人除本法另有規定外，專有以移轉所有權之方式，散布其著作之權利。

②表演人就其經重製於錄音著作之表演，專有以移轉所有權之方式散布之權利。

第二九條　（著作人出租著作權）92

①著作人除本法另有規定外，專有出租其著作之權利。

②表演人就其經重製於錄音著作之表演，專有出租之權利。

第二九條之一　（著作財產權之雇用、出資人權利專用）

依第十一條第二項或第十二條第二項規定取得著作財產權之雇用人或出資人，專有第二十二條至第二十九條規定之權利。

第二款　著作財產權之存續期間

第三〇條　（著作財產權之存續期間）

①著作財產權，除本法另有規定外，存續於著作人之生存期間及其死亡後五十年。

②著作於著作人死亡後四十年至五十年間首次公開發表者，著作財產權之期間，自公開發表時起存續十年。

第三一條　（共同著作之著作財產權之存續期間）

共同著作之著作財產權，存續至最後死亡之著作人死亡後五十年。

第三二條　（別名著作或不具名著作之著作財產權存續期間）

①別名著作或不具名著作之著作財產權，存續至著作公開發表後五十年。但可證明其著作人死亡已逾五十年者，其著作財產權消滅。

②前項規定，於著作人之別名爲衆所周知者，不適用之。

第三三條　（法人為著作人之著作財產權存續期間）

法人爲著作人之著作，其著作財產權存續至其著作公開發表後五十年。但著作在創作完成時起算五十年內未公開發表者，其著作財產權存續至創作完成時起五十年。

第三四條　（攝影、視聽、錄音、電腦程式及表演之著作財產權之存續期間）90

①攝影、視聽、錄音及表演之著作財產權存續至著作公開發表後五十年。
②前條但書規定，於前項準用之。

第三五條（著作財產權存續期間之計算方式）
①第三十條至第三十四條所定存續期間，以該期間屆滿當年之末日爲期間之終止。
②繼續或逐次公開發表之著作，依公開發表日計算著作財產權存續期間時，如各次公開發表能獨立成一著作者，著作財產權存續期間自各別公開發表日起算。如各次公開發表不能獨立成一著作者，以能獨立成一著作時之公開發表日起算。
③前項情形，如繼續部分未於前次公開發表日後三年內公開發表者，其著作財產權存續期間自前次公開發表日起算。

第三款　著作財產權之讓與、行使及消滅

第三六條（著作財產權之讓與）
①著作財產權得全部或部分讓與他人或與他人共有。
②著作財產權之受讓人，在其受讓範圍內，取得著作財產權。
③著作財產權讓與之範圍依當事人之約定；其約定不明之部分，推定爲未讓與。

第三七條（著作財產權人授權之利用）99
①著作財產權人得授權他人利用著作，其授權利用之地域、時間、內容、利用方法或其他事項，依當事人之約定；其約定不明之部分，推定爲未授權。
②前項授權不因著作財產權人嗣後將其著作財產權讓與或再爲授權而受影響。
③非專屬授權之被授權人非經著作財產權人同意，不得將其被授與之權利再授權第三人利用。
④專屬授權之被授權人在被授權範圍內，得以著作財產權人之地位行使權利，並得以自己名義爲訴訟上之行爲。著作財產權人在專屬授權範圍內，不得行使權利。
⑤第二項至前項規定，於中華民國九十年十一月十二日本法修正施行前所爲之授權，不適用之。
⑥有下列情形之一者，不適用第七章規定。但屬於著作權集體管理團體管理之著作，不在此限：
一　音樂著作經授權重製於電腦伴唱機者，利用人利用該電腦伴唱機公開演出該著作。
二　將原播送之著作再公開播送。
三　以擴音器或其他器材，將原播送之聲音或影像向公衆傳達。
四　著作經授權重製於廣告後，由廣告播送人就該廣告爲公開播送或同步公開傳輸，向公衆傳達。

第三八條（刪除）

第三九條（以著作財產權為質權之標的物，不影響其行使）
以著作財產權爲質權之標的物者，除設定時另有約定外，著作財

產權人得行使其著作財產權。

第四〇條　（共同著作人之著作財產權行使㈠）

①共同著作各著作人之應有部分，依共同著作人間之約定定之；無約定者，依各著作人參與創作之程度定之。各著作人參與創作之程度不明時，推定爲均等。

②共同著作之著作人拋棄其應有部分者，其應有部分由其他共同著作人依其應有部分之比例分享之。

③前項規定，於共同著作之著作人死亡無繼承人或消滅後無承受人者，準用之。

第四〇條之一　（共同著作人之著作財產權行使㈡）

①共有之著作財產權，非經著作財產權人全體同意，不得行使之；各著作財產權人非經其他共有著作財產權人之同意，不得以其應有部分讓與他人或爲他人設定質權。各著作財產權人，無正當理由者，不得拒絕同意。

②共有著作財產權人，得於著作財產權人中選定代表人行使著作財產權。對於代表人之代表權所加限制，不得對抗善意第三人。

③前條第二項及第三項規定，於共有著作財產權準用之。

第四一條　（授與刊載或公開播送一次之權利不影響著作財產權人之其他權利）

著作財產權人投稿於新聞紙、雜誌或授權公開播送著作者，除另有約定外，推定僅授與刊載或公開播送一次之權利，對著作財產權人之其他權利不生影響。

第四二條　（著作財產權存續期間之消滅）

著作財產權因存續期間屆滿而消滅。於存續期間內，有下列情形之一者，亦同：

一　著作財產權人死亡，其著作財產權依法應歸屬國庫者。

二　著作財產權人爲法人，於其消滅後，其著作財產權依法應歸屬於地方自治團體者。

第四三條　（著作財產權消滅之著作得自由利用）

著作財產權消滅之著作，除本法另有規定外，任何人均得自由利用。

第四款　著作財產權之限制

第四四條　（立法或行政機關得重製他人著作之條件）

中央或地方機關，因立法或行政目的所需，認有必要將他人著作列爲內部參考資料時，在合理範圍內，得重製他人之著作。但依該著作之種類、用途及其重製物之數量、方法，有害於著作財產權人之利益者，不在此限。

第四五條　（為司法程序得重製他人著作之條件）

①專爲司法程序使用之必要，在合理範圍內，得重製他人之著作。

②前條但書規定，於前項情形準用之。

第四六條　（為學校授課時得重製他人著作條件）

①依法設立之各級學校及其擔任教學之人，爲學校授課需要，在合

理範圍內，得重製他人已公開發表之著作。
②第四十四條但書規定，於前項情形準用之。

第四七條（為教育目的得公開播送或轉載他人著作之條件）
①為編製依法令應經教育行政機關審定之教科用書，或教育行政機關編製教科用書者，在合理範圍內，得重製、改作或編輯他人已公開發表之著作。
②前項規定，編製附隨於該教科用書且專供教學之人教學用之輔助用品，準用之。但以由該教科用書編製者編製為限。
③依法設立之各級學校或教育機構，為教育目的之必要，在合理範圍內，得公開播送他人已公開發表之著作。
④前三項情形，利用人應將利用情形通知著作財產權人並支付使用報酬。使用報酬率，由主管機關定之。

第四八條（文教機構得重製他人著作之條件）
供公眾使用之圖書館、博物館、歷史館、科學館、藝術館或其他文教機構，於下列情形之一，得就其收藏之著作重製之：
一　應閱覽人供個人研究之要求，重製已公開發表著作之一部分，或期刊或已公開發表之研討會論文集之單篇著作，每人以一份為限。
二　基於保存資料之必要者。
三　就絕版或難以購得之著作，應同性質機構之要求者。

第四八條之一（文教機構得重製他人著作之條件）
中央或地方機關、依法設立之教育機構或供公眾使用之圖書館，得重製下列已公開發表之著作所附之摘要：
一　依學位授予法撰寫之碩士、博士論文，著作人已取得學位者。
二　刊載於期刊中之學術論文。
三　已公開發表之研討會論文集或研究報告。

第四九條（報導得利用他人著作之條件）92
以廣播、攝影、錄影、新聞紙、網路或其他方法為時事報導者，在報導之必要範圍內，得利用其報導過程中所接觸之著作。

第五〇條（中央機關或公法人著作之轉載或播送）92
以中央或地方機關或公法人之名義公開發表之著作，在合理範圍內，得重製、公開播送或公開傳輸。

第五一條（非為營利得重製他人著作之條件）
供個人或家庭為非營利之目的，在合理範圍內，得利用圖書館及非供公眾使用之機器重製已公開發表之著作。

第五二條（得引用他人著作之條件）
為報導、評論、教學、研究或其他正當目的之必要，在合理範圍內，得引用已公開發表之著作。

第五三條（得重製公開發表著作之條件）103
①中央或地方政府機關、非營利機構或團體、依法立案之各級學校，為專供視覺障礙者、學習障礙者、聽覺障礙者或其他感知著

作有困難之障礙者使用之目的，得以翻譯、點字、錄音、數位轉換、口述影像、附加手語或其他方式利用已公開發表之著作。
②前項所定障礙者或其代理人為供該障礙者個人非營利使用，準用前項規定。
③依前二項規定製作之著作重製物，得於前二項所定障礙者、中央或地方政府機關、非營利機構或團體、依法立案之各級學校間散布或公開傳輸。

第五四條（為試題之用得重製他人著作之條件）

中央或地方機關、依法設立之各級學校或教育機構辦理之各種考試，得重製已公開發表之著作，供為試題之用。但已公開發表之著作如為試題者，不適用之。

第五五條（非營利性表演活動得利用他人著作之條件）

非以營利為目的，未對觀眾或聽眾直接或間接收取任何費用，且未對表演人支付報酬者，得於活動中公開口述、公開播送、公開上映或公開演出他人已公開發表之著作。

第五六條（電台得錄製他人著作之條件）92

①廣播或電視，為公開播送之目的，得以自己之設備錄音或錄影該著作。但以其公開播送業經著作財產權人之授權或合於本法規定者為限。
②前項錄製物除經著作權專責機關核准保存於指定之處所外，應於錄音或錄影後六個月內銷燬之。

第五六條之一（電台得錄製他人著作之條件）92

為加強收視效能，得以依法令設立之社區共同天線同時轉播依法設立無線電視台播送之著作，不得變更其形式或內容。

第五七條（美術著作或攝影著作之展示及重製）

①美術著作或攝影著作原件或合法重製物之所有人或經其同意之人，得公開展示該著作原件或合法重製物。
②前項公開展示之人，為向參觀人解說著作，得於說明書內重製該著作。

第五八條（長期展示之美術著作或建築著作利用）

於街道、公園、建築物之外壁或其他向公眾開放之戶外場所長期展示之美術著作或建築著作，除下列情形外，得以任何方法利用之：

一　以建築方式重製建築物。
二　以雕塑方式重製雕塑物。
三　為於本條規定之場所長期展示目的所為之重製。
四　專門以販賣美術著作重製物為目的所為之重製。

第五九條（合法電腦程式著作之修改或重製）

①合法電腦程式著作重製物之所有人得因配合其所使用機器之需要，修改其程式，或因備用存檔之需要重製其程式。但限於該所有人自行使用。
②前項所有人因滅失以外之事由，喪失原重製物之所有權者，除經

著作財產權人同意外，應將其修改或重製之程式銷燬之。

第五九條之一　（境內以移轉所有權方式散布）92

在中華民國管轄區域內取得著作原件或其合法重製物所有權之人，得以移轉所有權之方式散布之。

第六〇條　（合法著作重製之出租）92

①著作原件或其合法著作重製物之所有人，得出租該原件或重製物。但錄音及電腦程式著作，不適用之。

②附含於貨物、機器或設備之電腦程式著作重製物，隨同貨物、機器或設備合法出租且非該項出租之主要標的物者，不適用前項但書之規定。

第六一條　（媒體時論之轉載或播作）92

揭載於新聞紙、雜誌或網路上有關政治、經濟或社會上時事問題之論述，得由其他新聞紙、雜誌轉載或由廣播或電視公開播送，或於網路上公開傳輸。但經註明不許轉載、公開播送或公開傳輸者，不在此限。

第六二條　（公開演說及公開陳述之利用）

政治或宗教上之公開演說、裁判程序及中央或地方機關之公開陳述，任何人得利用之。但專就特定人之演說或陳述，編輯成編輯著作者，應經著作財產權人之同意。

第六三條（依法利用他人著作者得翻譯該著作）92

①依第四十四條、第四十五條、第四十八條第一款、第四十八條之一至第五十條、第五十二條至第五十五條、第六十一條及第六十二條規定得利用他人著作者，得翻譯該著作。

②依第四十六條及第五十一條規定得利用他人著作者，得改作該著作。

③依第四十六條至第五十條、第五十二條至第五十四條、第五十七條第二項、第五十八條、第六十一條及第六十二條規定利用他人著作者，得散布該著作。

第六四條　（依法利用他人著作者應明示出處）

①依第四十四條至第四十七條、第四十八條之一至第五十條、第五十二條、第五十三條、第五十五條、第五十七條、第五十八條、第六十條至第六十三條規定利用他人著作者，應明示其出處。

②前項明示出處，就著作人之姓名或名稱，除不具名著作或著作人不明者外，應以合理之方式爲之。

第六五條　（合法利用他人著作之判準）103

①著作之合理使用，不構成著作財產權之侵害。

②著作之利用是否合於第四十四條至第六十三條所定之合理範圍或其他合理使用之情形，應審酌一切情狀，尤應注意下列事項，以爲判斷之基準：

一　利用之目的及性質，包括係爲商業目的或非營利教育目的。

二　著作之性質。

三　所利用之質量及其在整個著作所占之比例。

四　利用結果對著作潛在市場與現在價值之影響。

③著作權人團體與利用人團體就著作之合理使用範圍達成協議者，得為前項判斷之參考。

④前項協議過程中，得諮詢著作權專責機關之意見。

第六六條（著作人格權不受他人利用之影響）

第四十四條至第六十三條及第六十五條規定，對著作人之著作人格權不生影響。

第五款　著作利用之強制授權

第六七條（刪除）

第六八條（刪除）

第六九條（音樂著作利用之強制授權）92

①錄有音樂著作之銷售用錄音著作發行滿六個月，欲利用該音樂著作錄製其他銷售用錄音著作者，經申請著作權專責機關許可強制授權，並給付使用報酬後，得利用該音樂著作，另行錄製。

②前項音樂著作強制授權許可、使用報酬之計算方式及其他應遵行事項之辦法，由主管機關定之。

第七〇條（強制授權之著作銷售區域限制）

依前條規定利用音樂著作者，不得將其錄音著作之重製物銷售至中華民國管轄區域外。

第七一條（強制授權許可之撤銷）90

①依第六十九條規定，取得強制授權之許可後，發現其申請有虛偽情事者，著作權專責機關應撤銷其許可。

②依第六十九條規定，取得強制授權之許可後，未依著作權專責機關許可之方式利用著作者，著作權專責機關應廢止其許可。

第七二條至第七八條（刪除）

第四章　製版權

第七九條（製版權）92

①無著作財產權或著作財產權消滅之文字著述或美術著作，經製版人就文字著述整理印刷，或就美術著作原件以影印、印刷或類似方式重製首次發行，並依法登記者，製版人就其版面，專有以影印、印刷或類似方式重製之權利。

②製版人之權利，自製版完成時起算存續十年。

③前項保護期間，以該期間屆滿當年之末日，為期間之終止。

④製版權之讓與或信託，非經登記，不得對抗第三人。

⑤製版權登記、讓與登記、信託登記及其他應遵行事項之辦法，由主管機關定之。

第八〇條（製版權之準用）

第四十二條及第四十三條有關著作財產權消滅之規定、第四十四條至第四十八條、第四十九條、第五十一條、第五十二條、第五十四條、第六十四條及第六十五條關於著作財產權限制之規定，於製版權準用之。

第四章之一　權利管理電子資訊及防盜拷措施 92

第八〇條之一　（權利管理電子資訊規定）92

①著作權人所為之權利管理電子資訊，不得移除或變更。但有下列情形之一者，不在此限：

一　因行為時之技術限制，非移除或變更著作權利管理電子資訊即不能合法利用該著作。

二　錄製或傳輸系統轉換時，其轉換技術上必要之移除或變更。

②明知著作權利管理電子資訊，業經非法移除或變更者，不得散布或意圖散布而輸入或持有該著作原件或其重製物，亦不得公開播送、公開演出或公開傳輸。

第八〇條之二　（破解、破壞或規避防盜拷措施之設備器材或技術等，未經合法授權不得製造輸入之除外情形）103

①著作權人所採取禁止或限制他人擅自進入著作之防盜拷措施，未經合法授權不得予以破解、破壞或以其他方法規避之。

②破解、破壞或規避防盜拷措施之設備、器材、零件、技術或資訊，未經合法授權不得製造、輸入、提供公眾使用或為公眾提供服務。

③前二項規定，於下列情形不適用之：

一　為維護國家安全者。

二　中央或地方機關所為者。

三　檔案保存機構、教育機構或供公眾使用之圖書館，為評估是否取得資料所為者。

四　為保護未成年人者。

五　為保護個人資料者。

六　為電腦或網路進行安全測試者。

七　為進行加密研究者。

八　為進行還原工程者。

九　為依第四十四條至第六十三條及第六十五條規定利用他人著作者。

十　其他經主管機關所定情形。

④前項各款之內容，由主管機關定之，並定期檢討。

第五章　著作權集體管理團體與著作權審議及調解委員會

第八一條　（著作權仲介團體）99

①著作財產權人為行使權利、收受及分配使用報酬，經著作權專責機關之許可，得組成著作權集體管理團體。

②專屬授權之被授權人，亦得加入著作權集體管理團體。

③第一項團體之許可設立、組織、職權及其監督、輔導，另以法律定之。

第八二條　（著作權審議及調解委員會）99

①著作權專責機關應設置著作權審議及調解委員會，辦理下列事項：

一　第四十七條第四項規定使用報酬率之審議。

二　著作權集體管理團體與利用人間，對使用報酬爭議之調解。

三　著作權或製版權爭議之調解。

四　其他有關著作權審議及調解之諮詢。

②前項第三款所定爭議之調解，其涉及刑事者，以告訴乃論罪之案件爲限。

第八二條之一　（調解書）92

①著作權專責機關應於調解成立後七日內，將調解書送請管轄法院審核。

②前項調解書，法院應儘速審核，除有違反法令、公序良俗或不能強制執行者外，應由法官簽名並蓋法院印信，除抽存一份外，發還著作權專責機關送達當事人。

③法院未予核定之事件，應將其理由通知著作權專責機關。

第八二條之二（經法院核定之調解）92

①調解經法院核定後，當事人就該事件不得再行起訴、告訴或自訴。

②前項經法院核定之民事調解，與民事確定判決有同一之效力；經法院核定之刑事調解，以給付金錢或其他代替物或有價證券之一定數量爲標的者，其調解書具有執行名義。

第八二條之三（民刑事件調解成立）92

①民事事件已繫屬於法院，在判決確定前，調解成立，並經法院核定者，視爲於調解成立時撤回起訴。

②刑事事件於偵查中或第一審法院辯論終結前，調解成立，經法院核定，並經當事人同意撤回者，視爲於調解成立時撤回告訴或自訴。

第八二條之四　（調解之無效或得撤銷提起令）92

①民事調解經法院核定後，有無效或得撤銷之原因者，當事人得向原核定法院提起宣告調解無效或撤銷調解之訴。

②前項訴訟，當事人應於法院核定之調解書送達後三十日內提起之。

第八三條　（調解委員會組織規程及調解辦法）

前條著作權審議及調解委員會之組織規程及有關爭議之調解辦法，由主管機關擬訂，報請行政院核定後發布之。

第六章　權利侵害之救濟

第八四條　（權利侵害之救濟）

著作權人或製版權人對於侵害其權利者，得請求排除之，有侵害之虞者，得請求防止之。

第八五條　（侵害著作人格權之民事責任）

①侵害著作人格權者，負損害賠償責任。雖非財產上之損害，被害

人亦得請求賠償相當之金額。

②前項侵害，被害人並得請求表示著作人之姓名或名稱、更正內容或為其他回復名譽之適當處分。

第八六條 （著作人死亡後得請求救濟著作人格權遭侵害者之先後順序）

著作人死亡後，除其遺囑另有指定外，下列之人，依順序對於違反第十八條或有違反之虞者，得依第八十四條及前條第二項規定，請求救濟：

一　配偶。
二　子女。
三　父母。
四　孫子女。
五　兄弟姊妹。
六　祖父母。

第八七條 （視為侵害著作權或製版權）103

①有下列情形之一者，除本法另有規定外，視為侵害著作權或製版權：

一　以侵害著作人名譽之方法利用其著作者。
二　明知為侵害製版權之物而散布或意圖散布而公開陳列或持有者。
三　輸入未經著作財產權人或製版權人授權重製之重製物或製版物者。
四　未經著作財產權人同意而輸入著作原件或其國外合法重製物者。
五　以侵害電腦程式著作財產權之重製物作為營業之使用者。
六　明知為侵害著作財產權之物而以移轉所有權或出租以外之方式散布者，或明知為侵害著作財產權之物，意圖散布而公開陳列或持有者。
七　未經著作財產權人同意或授權，意圖供公眾透過網路公開傳輸或重製他人著作，侵害著作財產權，對公眾提供可公開傳輸或重製著作之電腦程式或其他技術，而受有利益者。

②前項第七款之行為人，採取廣告或其他積極措施，教唆、誘使、煽惑、說服公眾利用電腦程式或其他技術侵害著作財產權者，為具備該款之意圖。

第八七條之一 （為特定原因而輸入或重製，不視為侵害著作權或製版權之情形）103

①有下列情形之一者，前條第四款之規定，不適用之：

一　為供中央或地方機關之利用而輸入。但為供學校或其他教育機構之利用而輸入或非以保存資料之目的而輸入視聽著作原件或其重製物者，不在此限。
二　為供非營利之學術、教育或宗教機構保存資料之目的而輸入視聽著作原件或一定數量重製物，或為其圖書館借閱或保存資料之目的而輸入視聽著作以外之其他著作原件或一定數量重製物，並應依第四十八條規定利用之。

三　爲供輸入者個人非散布之利用或屬入境人員行李之一部分而輸入著作原件或一定數量重製物者。

四　中央或地方政府機關、非營利機構或團體、依法立案之各級學校，爲專供視覺障礙者、學習障礙者、聽覺障礙者或其他感知著作有困難之障礙者使用之目的，得輸入以翻譯、點字、錄音、數位轉換、口述影像、附加手語或其他方式重製之著作重製物，並應依第五十三條規定利用之。

五　附含於貨物、機器或設備之著作原件或其重製物，隨同貨物、機器或設備之合法輸入而輸入者，該著作原件或其重製物於使用或操作貨物、機器或設備時不得重製。

六　附屬於貨物、機器或設備之說明書或操作手冊隨同貨物、機器或設備之合法輸入而輸入者。但以說明書或操作手冊爲主要輸入者，不在此限。

②前項第二款及第三款之一定數量，由主管機關另定之。

第八八條　（不法侵害著作財產權或製版權之民事責任）92

①因故意或過失不法侵害他人之著作財產權或製版權者，負損害賠償責任。數人共同不法侵害者，連帶負賠償責任。

②前項損害賠償，被害人得依下列規定擇一請求：

一　依民法第二百十六條之規定請求。但被害人不能證明其損害時，得以其行使權利依通常情形可得預期之利益，減除被侵害後行使同一權利所得利益之差額，爲其所受損害。

二　請求侵害人因侵害行爲所得之利益。但侵害人不能證明其成本或必要費用時，以其侵害行爲所得之全部收入，爲其所得利益。

③依前項規定，如被害人不易證明其實際損害額，得請求法院依侵害情節，在新臺幣一萬元以上一百萬元以下酌定賠償額。如損害行爲屬故意且情節重大者，賠償額得增至新臺幣五百萬元。

第八八條之一　（侵害行為之處置）

依第八十四條或前條第一項請求時，對於侵害行爲作成之物或主要供侵害所用之物，得請求銷燬或爲其他必要之處置。

第八九條　（被害人得請求侵害人負擔刊載判決書之費用）

被害人得請求由侵害人負擔費用，將判決書內容全部或一部登載新聞紙、雜誌。

第八九條之一　（損害賠償請求權之消滅時效）

第八十五條及第八十八條之損害賠償請求權，自請求權人知有損害及賠償義務人時起，二年間不行使而消滅。自有侵權行爲時起，逾十年者亦同。

第九〇條　（共同著作之權利救濟）

①共同著作之各著作權人，對於侵害其著作權者，得各依本章之規定，請求救濟，並得按其應有部分，請求損害賠償。

②前項規定，於因其他關係成立之共有著作財產權或製版權之共有人準用之。

第九〇條之一 （海關查扣）93

①著作權人或製版權人對輸入或輸出侵害其著作權或製版權之物者，得申請海關先予查扣。

②前項申請應以書面爲之，並釋明侵害之事實，及提供相當於海關核估該進口貨物完稅價格或出口貨物離岸價格之保證金，作爲被查扣人因查扣所受損害之賠償擔保。

③海關受理查扣之申請，應即通知申請人。如認符合前項規定而實施查扣時，應以書面通知申請人及被查扣人。

④申請人或被查扣人，得向海關申請檢視被查扣之物。

⑤查扣之物，經申請人取得法院民事確定判決，屬侵害著作權或製版權者，由海關予以沒入。沒入物之貨櫃延滯費、倉租、裝卸費等有關費用暨處理銷燬費用應由被查扣人負擔。

⑥前項處理銷燬所需費用，經海關限期通知繳納而不繳納者，依法移送強制執行。

⑦有下列情形之一者，除由海關廢止查扣依有關進出口貨物通關規定辦理外，申請人並應賠償被查扣人因查扣所受損害：

一　查扣之物經法院確定判決，不屬侵害著作權或製版權之物者。

二　海關於通知申請人受理查扣之日起十二日內，未被告知就查扣物爲侵害物之訴訟已提起者。

三　申請人申請廢止查扣者。

⑧前項第二款規定之期限，海關得視需要延長十二日。

⑨有下列情形之一者，海關應依申請人之申請返還保證金：

一　申請人取得勝訴之確定判決或與被查扣人達成和解，已無繼續提供保證金之必要者。

二　廢止查扣後，申請人證明已定二十日以上之期間，催告被查扣人行使權利而未行使者。

三　被查扣人同意返還者。

⑩被查扣人就第二項之保證金與質權人有同一之權利。

⑪海關於執行職務時，發現進出口貨物外觀顯有侵害著作權之嫌者，得於一個工作日內通知權利人並通知進出口人提供授權資料。權利人接獲通知後對於空運出口貨物應於四小時內，空運進口及海運進出口貨物應於一個工作日內至海關協助認定。權利人不明或無法通知，或權利人未於通知期限內至海關協助認定，或經權利人認定系爭標的物未侵權者，若無違反其他通關規定，海關應即放行。

⑫經認定疑似侵權之貨物，海關應採行暫不放行措施。

⑬海關採行暫不放行措施後，權利人於三個工作日內，未依第一項至第十項向海關申請查扣，或未採行保護權利之民事、刑事訴訟程序，若無違反其他通關規定，海關應即放行。

第九〇條之二 （實施辦法之訂定）

前條之實施辦法，由主管機關會同財政部定之。

第九〇條之三　（損害賠償責任）93

①違反第八十條之一或第八十條之二規定，致著作權人受損害者，負賠償責任。數人共同違反者，負連帶賠償責任。

②第八十四條、第八十八條之一、第八十九條之一及第九十條之一規定，於違反第八十條之一或第八十條之二規定者，準用之。

第六章之一　網路服務提供者之民事免責事由 98

第九〇條之四　（網路服務提供者適用民事免責事由之共通要件）98

①符合下列規定之網路服務提供者，適用第九十條之五至第九十條之八之規定：

一　以契約、電子傳輸、自動偵測系統或其他方式，告知使用者其著作權或製版權保護措施，並確實履行該保護措施。

二　以契約、電子傳輸、自動偵測系統或其他方式，告知使用者若有三次涉有侵權情事，應終止全部或部分服務。

三　公告接收通知文件之聯繫窗口資訊。

四　執行第三項之通用辨識或保護技術措施。

②連線服務提供者於接獲著作權人或製版權人就其使用者所為涉有侵權行為之通知後，將該通知以電子郵件轉送該使用者，視為符合前項第一款規定。

③著作權人或製版權人已提供為保護著作權或製版權之通用辨識或保護技術措施，經主管機關核可者，網路服務提供者應配合執行之。

第九〇條之五　（連線服務提供者對使用者侵權行為不負賠償責任之情形）98

有下列情形者，連線服務提供者對其使用者侵害他人著作權或製版權之行為，不負賠償責任：

一　所傳輸資訊，係由使用者所發動或請求。

二　資訊傳輸、發送、連結或儲存，係經由自動化技術予以執行，且連線服務提供者未就傳輸之資訊為任何篩選或修改。

第九〇條之六　（快速存取服務提供者對使用者侵權行為不負賠償責任之情形）98

有下列情形者，快速存取服務提供者對其使用者侵害他人著作權或製版權之行為，不負賠償責任：

一　未改變存取之資訊。

二　於資訊提供者就該自動存取之原始資訊為修改、刪除或阻斷時，透過自動化技術為相同之處理。

三　經著作權人或製版權人通知其使用者涉有侵權行為後，立即移除或使他人無法進入該涉有侵權之內容或相關資訊。

第九〇條之七　（資訊儲存服務提供者對使用者侵權行為不負賠償責任之情形）98

有下列情形者，資訊儲存服務提供者對其使用者侵害他人著作權或製版權之行為，不負賠償責任：

一　對使用者涉有侵權行為不知情。

二　未直接自使用者之侵權行為獲有財產上利益。

三　經著作權人或製版權人通知其使用者涉有侵權行為後，立即移除或使他人無法進入該涉有侵權之內容或相關資訊。

第九〇條之八　（搜尋服務提供者對使用者侵權行為不負賠償責任之情形）98

有下列情形者，搜尋服務提供者對其使用者侵害他人著作權或製版權之行為，不負賠償責任：

一　對所搜尋或連結之資訊涉有侵權不知情。

二　未直接自使用者之侵權行為獲有財產上利益。

三　經著作權人或製版權人通知其使用者涉有侵權行為後，立即移除或使他人無法進入該涉有侵權之內容或相關資訊。

第九〇條之九　（提供資訊儲存服務執行回復措施時應遵守事項）98

①資訊儲存服務提供者應將第九十條之七第三款處理情形，依其與使用者約定之聯絡方式或使用者留存之聯絡資訊，轉送該涉有侵權之使用者。但依其提供服務之性質無法通知者，不在此限。

②前項之使用者認其無侵權情事者，得檢具回復通知文件，要求資訊儲存服務提供者回復其被移除或使他人無法進入之內容或相關資訊。

③資訊儲存服務提供者於接獲前項之回復通知後，應立即將回復通知文件轉送著作權人或製版權人。

④著作權人或製版權人於接獲資訊儲存服務提供者前項通知之次日起十個工作日內，向資訊儲存服務提供者提出已對該使用者訴訟之證明者，資訊儲存服務提供者不負回復之義務。

⑤著作權人或製版權人未依前項規定提出訴訟之證明，資訊儲存服務提供者至遲應於轉送回復通知之次日起十四個工作日內，回復被移除或使他人無法進入之內容或相關資訊。但無法回復者，應事先告知使用者，或提供其他適當方式供使用者回復。

第九〇條之一〇　（依規定移除涉嫌侵權之資訊對使用者不負賠償責任）98

有下列情形之一者，網路服務提供者對涉有侵權之使用者，不負賠償責任：

一　依第九十條之六至第九十條之八之規定，移除或使他人無法進入該涉有侵權之內容或相關資訊。

二　知悉使用者所為涉有侵權情事後，善意移除或使他人無法進入該涉有侵權之內容或相關資訊。

第九〇條之一一　（不實通知或回復通知致他人受損害者應負損害賠償責任）98

因故意或過失，向網路服務提供者提出不實通知或回復通知，致使用者、著作權人、製版權人或網路服務提供者受有損害者，負損害賠償責任。

第九〇條之一二 （各項執行細節授權主管機關訂定）98

第九十條之四聯繫窗口之公告、第九十條之六至第九十條之九之通知、回復通知內容、應記載事項、補正及其他應遵行事項之辦法，由主管機關定之。

第七章　罰　則

第九一條 （重製他人著作之處罰）93

①擅自以重製之方法侵害他人之著作財產權者，處三年以下有期徒刑、拘役，或科或併科新臺幣七十五萬元以下罰金。

②意圖銷售或出租而擅自以重製之方法侵害他人之著作財產權者，處六月以上五年以下有期徒刑，得併科新臺幣二十萬元以上二百萬元以下罰金。

③以重製於光碟之方法犯前項之罪者，處六月以上五年以下有期徒刑，得併科新臺幣五十萬元以上五百萬元以下罰金。

④著作僅供個人參考或合理使用者，不構成著作權侵害。

第九一條之一 （以移轉所有權方式散布侵害之處罰）93

①擅自以移轉所有權之方法散布著作原件或其重製物而侵害他人之著作財產權者，處三年以下有期徒刑、拘役，或科或併科新臺幣五十萬元以下罰金。

②明知係侵害著作財產權之重製物而散布或意圖散布而公開陳列或持有者，處三年以下有期徒刑，得併科新臺幣七萬元以上七十五萬元以下罰金。

③犯前項之罪，其重製物爲光碟者，處六月以上三年以下有期徒刑，得併科新臺幣二十萬元以上二百萬元以下罰金。但違反第八十七條第四款規定輸入之光碟，不在此限。

④犯前二項之罪，經供出其物品來源，因而破獲者，得減輕其刑。

第九二條 （公開侵害著作財產權之處罰）93

擅自以公開口述、公開播送、公開上映、公開演出、公開傳輸、公開展示、改作、編輯、出租之方法侵害他人之著作財產權者，處三年以下有期徒刑、拘役、或科或併科新臺幣七十五萬元以下罰金。

第九三條 （侵害著作人格權、著作權及違反強制授權利用之處罰）96

有下列情形之一者，處二年以下有期徒刑、拘役，或科或併科新臺幣五十萬元以下罰金：

一　侵害第十五條至第十七條規定之著作人格權者。

二　違反第七十條規定者。

三　以第八十七條第一項第一款、第三款、第五款或第六款方法之一侵害他人之著作權者。但第九十一條之一第二項及第三項規定情形，不在此限。

四　違反第八十七條第一項第七款規定者。

第九四條（刪除）95

第九五條（侵害著作人格權及重製權之處罰）92

違反第一百十二條規定者，處一年以下有期徒刑、拘役或科或併科新臺幣二萬元以上二十五萬元以下罰金。

第九六條（未銷毀侵害或重製程式及未明示他人著作出處之處罰）

違反第五十九條第二項或第六十四條規定者，科新臺幣五萬元以下罰金。

第九六條之一（違反權利管理資訊）93

有下列情形之一者，處一年以下有期徒刑、拘役，或科或併科新臺幣二萬元以上二十五萬元以下罰金：

一　違反第八十條之一規定者。

二　違反第八十條之二第二項規定者。

第九六條之二（易科罰金審酌令）92

依本章科罰金時，應審酌犯人之資力及犯罪所得之利益。如所得之利益超過罰金最多額時，得於所得利益之範圍內酌量加重。

第九七條（刪除）

第九七條之一（罰則）96

事業以公開傳輸之方法，犯第九十一條、第九十二條及第九十三條第四款之罪，經法院判決有罪者，應即停止其行爲；如不停止，且經主管機關邀集專家學者及相關業者認定侵害情節重大，嚴重影響著作財產權人權益者，主管機關應限期一個月內改正，屆期不改正者，得命令停業或勒令歇業。

第九八條（沒收）105

犯第九十一條第三項及第九十一條之一第三項之罪，其供犯罪所用、犯罪預備之物或犯罪所生之物，不問屬於犯罪行爲人與否，得沒收之。

第九八條之一（行為人逃逸沒入物之處理）92

①犯第九十一條第三項或第九十一條之一第三項之罪，其行爲人逃逸而無從確認者，供犯罪所用或因犯罪所得之物，司法警察機關得逕爲沒入。

②前項沒入之物，除沒入款項繳交國庫外，銷燬之。其銷燬或沒入款項之處理程序，準用社會秩序維護法相關規定辦理。

第九九條（被告及判決書登報之費用）95

犯第九十一條至第九十三條、第九十五條之罪者，因被害人或其他有告訴權人之聲請，得令將判決書全部或一部登報，其費用由被告負擔。

第一〇〇條（告訴乃論及例外）92

本章之罪，須告訴乃論。但犯第九十一條第三項及第九十一條之一第三項之罪，不在此限。

第一〇一條　（執行業務者侵害他人著作權時之連帶處罰）95

①法人之代表人、法人或自然人之代理人、受雇人或其他從業人員，因執行業務，犯第九十一條至第九十三條、第九十五條至第九十六條之一之罪者，除依各該條規定處罰其行爲人外，對該法人或自然人亦科各該條之罰金。

②對前項行爲人、法人或自然人之一方告訴或撤回告訴者，其效力及於他方。

第一〇二條（外國人之訴訟資格）95

未經認許之外國法人，對於第九十一條至第九十三條、第九十五條至第九十六條之一之罪，得爲告訴或提起自訴。

第一〇三條　（司法警察之扣押權、移送權）

司法警察官或司法警察對侵害他人之著作權或製版權，經告訴、告發者，得依法扣押其侵害物，並移送偵辦。

第一〇四條　（刪除）

第八章　附　則

第一〇五條　（規費之繳納）92

①依本法申請強制授權、製版權登記、製版權讓與登記、製版權信託登記、調解、查閱製版權登記或請求發給謄本者，應繳納規費。

②前項收費基準，由主管機關定之。

第一〇六條　（本法修正前之著作適用之法律）92

①著作完成於中華民國八十一年六月十日本法修正施行前，且合於中華民國八十七年一月二十一日修正施行前本法第一百零六條至第一百零九條規定之一者，除本章另有規定外，適用本法。

②著作完成於中華民國八十一年六月十日本法修正施行後者，適用本法。

第一〇六條之一　（在 WTO 協定生效前取得著作權）

①著作完成於世界貿易組織協定在中華民國管轄區域內生效日之前，未依歷次本法規定取得著作權而依本法所定著作財產權期間計算仍在存續中者，除本章另有規定外，適用本法。但外國人著作在其源流國保護期間已屆滿者，不適用之。

②前項但書所稱源流國依西元一九七一年保護文學與藝術著作之伯恩公約第五條規定決定之。

第一〇六條之二　（第六章、第七章適用之排除㈠）92

①依前條規定受保護之著作，其利用人於世界貿易組織協定在中華民國管轄區域內生效日之前，已著手利用該著作或爲利用該著作已進行重大投資者，除本章另有規定外，自該生效日起二年內，得繼續利用，不適用第六章及第七章規定。

②自中華民國九十二年六月六日本法修正施行起，利用人依前項規定利用著作者，除出租或出借之情形外，應對被利用著作之著作財產權人支付該著作一般經自由磋商所應支付合理之使用報酬。

③依前條規定受保護之著作，利用人未經授權所完成之重製物，自本法修正公布一年後，不得再行銷售。但仍得出租或出借。

④利用依前條規定受保護之著作另行創作之著作重製物，不適用前項規定。但除合於第四十四條至第六十五條規定外，應對被利用著作之著作財產權人支付該著作一般經自由磋商所應支付合理之使用報酬。

第一〇六條之三　（第六章、第七章適用之排除㈡）92

①於世界貿易組織協定在中華民國管轄區域內生效日之前，就第一百零六條之一著作改作完成之衍生著作，且受歷次本法保護者，於該生效日以後，得繼續利用，不適用第六章及第七章規定。

②自中華民國九十二年六月六日本法修正施行起，利用人依前項規定利用著作者，應對原著作之著作財產權人支付該著作一般經自由磋商所應支付合理之使用報酬。

③前二項規定，對衍生著作之保護，不生影響。

第一〇七條至第一〇九條　（刪除）

第一一〇條　（第十三條不適用於本法修正施行前完成註冊之著作）

第十三條規定，於中華民國八十一年六月十日本法修正施行前已完全註冊之著作，不適用之。

第一一一條　（第十一及十二條之排除適用）92

有下列情形之一者，第十一條及第十二條規定，不適用之：

一　依中華民國八十一年六月十日修正施行前本法第十條及第十一條規定取得著作權者。

二　依中華民國八十七年一月二十一日修正施行前本法第十一條及第十二條規定取得著作權者。

第一一二條　（翻譯外國人著作重製及銷售限制）

①中華民國八十一年六月十日本法修正施行前，翻譯受中華民國八十一年六月十日修正施行前本法保護之外國人著作，如未經其著作權人同意者，於中華民國八十一年六月十日本法修正施行後，除合於第四十四條至第六十五條規定者外，不得再重製。

②前項翻譯之重製物，於中華民國八十一年六月十日本法修正施行滿二年後，不得再行銷售。

第一一三條　（本法修正施行前取得之製版權適用本法之規定）92

自中華民國九十二年六月六日本法修正施行前取得之製版權，依本法所定權利期間計算仍在存續中者，適用本法規定。

第一一四條　（刪除）

第一一五條　（經行政院核准之協定視為協定）

本國與外國之團體或機構互訂保護著作權之協議，經行政院核准者，視爲第四條所稱協定。

第一一五條之一　（註冊簿及登記簿之閱覽）92

①製版權登記簿、註冊簿或製版物樣本，應提供民眾閱覽抄錄。

②中華民國八十七年一月二十一日本法修正施行前之著作權註冊

簿、登記簿或著作樣本，得提供民衆閱覽抄錄。

第一一五條之二（專業法庭之設立）92

①法院爲處理著作權訴訟案件，得設立專業法庭或指定專人辦理。

②著作權訴訟案件，法院應以判決書正本一份送著作權專責機關。

第一一六條（刪除）

第一一七條（施行日）95

本法除中華民國八十七年一月二一日修正公布之第一百零六條之一至第一百零六條之三規定，自世界貿易組織協定在中華民國管轄區域內生效日起施行，及中華民國九十五年五月五日修正之條文，自中華民國九十五年七月一日施行外，自公布日施行。

網路服務提供者民事免責事由實施辦法

民國98年11月17日經濟部令訂定發布全文7條；並自發布日施行。

第一條

本辦法依著作權法（以下簡稱本法）第九十條之十二規定訂定之。

第二條

本法第九十條之四第一項第三款所稱聯繫窗口資訊，應載明下列事項：

一　聯繫窗口之姓名或名稱、地址、聯絡電話、傳眞號碼及電子郵件信箱。

二　接受電子簽章之格式或無須電子簽章之說明。

第三條

①本法第九十條之六至第九十條之八所稱通知，應載明下列事項，並由著作權人、製版權人、專屬授權之被授權人（以下簡稱權利人）或權利人之代理人簽名或蓋章：

一　權利人或其代理人之姓名或名稱、地址及聯絡電話、傳眞號碼、電子郵件信箱或其他自動聯繫方式之說明。

二　被侵害之著作或製版之名稱。

三　請求將涉有侵害著作權或製版權之內容移除或使他人無法進入之聲明。

四　足使網路服務提供者知悉該涉有侵權內容之相關資訊及其存取路徑。

五　表示權利人係基於善意，相信涉有侵權內容係未經合法授權或違反著作權法之陳述。

六　註明如有不實致他人受損害者，權利人願負法律責任。

②前項通知，應用書面或經電子簽章之文件，以郵寄、傳眞或電子郵件方式爲之。但網路服務提供者已提供判別權利人之機制，或與權利人或其代理人另有約定者，從其機制或約定。

③以代理人名義提出第一項之通知者，應同時聲明其已受權利人委任，並載明權利人之姓名或名稱。

④在同一系統或網路，有多數著作或製版涉有侵權者，權利人或其代理人得以同一通知爲之。

第四條

①權利人或其代理人之通知不符合前條規定者，網路服務提供者得通知補正。

②前項補正通知，應由網路服務提供者自接到權利人或其代理人通知之次日起五個工作日內爲之。

③權利人或其代理人，應於接到補正通知之次日起五個工作日內補正；屆期未補正或補正未完全者，視爲未提出通知。

④第一項之補正通知，應以權利人或其代理人原通知網路服務提供者之方式爲之。但另有約定者，從其約定。

⑤第一項不合格式之通知或第三項未補正或補正未完全者，不得作爲網路服務提供者知悉侵權情事之依據。

第五條

①本法第九十條之九第二項所稱回復通知，應載明下列事項，並由使用者或其代理人簽名或蓋章：

一 使用者或其代理人之姓名或名稱、地址及聯絡電話、傳眞號碼或電子郵件信箱。

二 請求回復被移除或無法進入之內容之聲明。

三 足使網路服務提供者知悉該內容之相關資訊。

四 表示使用者基於善意，認爲其有合法權利利用該內容，而該內容被移除或使他人無法進入，係出於權利人或其代理人不實或錯誤之陳述。

五 同意資訊儲存服務提供者將回復通知轉送予權利人或其代理人。

六 註明如有不實致他人受損害者，使用者願負法律責任。

②前項回復通知，應用書面或經電子簽章之文件，以郵寄、傳眞或電子郵件方式爲之。但網路服務提供者認電子郵件無須採用電子簽章者，不在此限。

③以代理人名義提出第一項之回復通知者，應同時聲明其已受使用者委任，並載明使用者之姓名或名稱。

第六條

①回復通知不符合前條規定者，資訊儲存服務提供者應通知補正。

②前項補正通知，應由資訊儲存服務者自接到使用者或其代理人回復通知之次日起五個工作日內爲之。

③使用者或其代理人，應於接到補正通知之次日起五個工作日內補正；屆期未補正或補正未完全者，視爲未提出回復通知。

④第一項之補正通知，應以使用者或其代理人原通知資訊儲存服務提供者之方式爲之。但另有約定者，從其約定。

第七條

本辦法自發布日施行。

兒童及少年性剝削防制條例

①民國 84 年 8 月 11 日總統令制定公布全文 39 條；並自公布日施行。
②民國 88 年 4 月 21 日總統令修正公布第 2、27 條條文；並刪除第 37 條條文。
③民國 88 年 6 月 2 日總統令修正公布第 9、22、29、33、34 條條文。
④民國 89 年 11 月 8 日總統令修正公布第 3、13～16、33 條條文；並增訂第 36-1 條條文。
⑤民國 94 年 2 月 5 日總統令修正公布第 14、20、23～26、28、31 條條文；並增訂第 36-2 條條文。
⑥民國 95 年 5 月 30 日總統令修正公布第 23～25、27、39 條條文；並自 95 年 7 月 1 日施行。
⑦民國 96 年 7 月 4 日總統令修正公布第 9、28 條條文。
民國 102 年 7 月 19 日行政院公告第 3 條第 1 項、第 6、8 條、第 14 條第 1 項所列屬「內政部」之權責事項，自 102 年 7 月 23 日起改由「衛生福利部」管轄。
⑧民國 104 年 2 月 4 日總統令修正公布名稱及全文 55 條；施行日期，由行政院定之（原名稱：兒童及少年性交易防制條例）。
民國 105 年 11 月 17 日行政院令發布定自 106 年 1 月 1 日施行。
⑨民國 106 年 11 月 29 日總統令修正公布第 36、38、39、51 條條文。
民國 107 年 3 月 19 日行政院令發布定自 107 年 7 月 1 日施行。
⑩民國 107 年 1 月 3 日總統令修正公布第 2、7、8、15、19、21、23、30、44、45、49、51 條條文。
民國 107 年 3 月 19 日行政院令發布定自 107 年 7 月 1 日施行。

第一章　總　則

第一條（立法目的）

爲防制兒童及少年遭受任何形式之性剝削，保護其身心健全發展，特制定本條例。

第二條（兒童或少年性剝削之定義）107

①本條例所稱兒童或少年性剝削，係指下列行爲之一：

一　使兒童或少年爲有對價之性交或猥褻行爲。
二　利用兒童或少年爲性交、猥褻之行爲，以供人觀覽。
三　拍攝、製造兒童或少年爲性交或猥褻行爲之圖畫、照片、影片、影帶、光碟、電子訊號或其他物品。
四　使兒童或少年坐檯陪酒或涉及色情之伴遊、伴唱、伴舞等行爲。

②本條例所稱被害人，係指遭受性剝削或疑似遭受性剝削之兒童或少年。

第三條（主管機關）

①本條例所稱主管機關：在中央爲衛生福利部；在直轄市爲直轄市

政府；在縣（市）為縣（市）政府。主管機關應獨立編列預算，並置專職人員辦理兒童及少年性剝削防制業務。

②內政、法務、教育、國防、文化、經濟、勞動、交通及通訊傳播等相關目的事業主管機關涉及兒童及少年性剝削防制業務時，應全力配合並辦理防制教育宣導。

③主管機關應會同前項相關機關定期公布並檢討教育宣導、救援及保護、加害者處罰、安置及服務等工作成效。

④主管機關應邀集相關學者或專家、民間相關機構、團體代表及目的事業主管機關代表，協調、研究、審議、諮詢及推動兒童及少年性剝削防制政策。

⑤前項學者、專家及民間相關機構、團體代表不得少於二分之一，任一性別不得少於三分之一。

第四條（高中以下學校應辦理兒童及少年性剝削防制教育課程或宣導之內容）

①高級中等以下學校每學年應辦理兒童及少年性剝削防制教育課程或教育宣導。

②前項兒童及少年性剝削教育課程或教育宣導內容如下：

一　性不得作為交易對象之宣導。

二　性剝削犯罪之認識。

三　遭受性剝削之處境。

四　網路安全及正確使用網路之知識。

五　其他有關性剝削防制事項。

第二章　救援及保護

第五條（檢警專責指揮督導辦理）

中央法務主管機關及內政主管機關應指定所屬機關專責指揮督導各地方法院檢察署、警察機關辦理有關本條例犯罪偵查工作；各地方法院檢察署及警察機關應指定經專業訓練之專責人員辦理本條例事件。

第六條（主管機關應提供緊急庇護等其他必要之服務）

為預防兒童及少年遭受性剝削，直轄市、縣（市）主管機關對於脫離家庭之兒童及少年應提供緊急庇護、諮詢、關懷、連繫或其他必要服務。

第七條（相關從業人員之通報義務）107

①醫事人員、社會工作人員、教育人員、保育人員、移民管理人員、移民業務機構從業人員、戶政人員、村里幹事、警察、司法人員、觀光業從業人員、電子遊戲場業從業人員、資訊休閒業從業人員、就業服務人員及其他執行兒童福利或少年福利業務人員，知有本條例應保護之兒童或少年，或知有第四章之犯罪嫌疑人，應即向當地直轄市、縣（市）主管機關或第五條所定機關或人員報告。

②本條例報告人及告發人之身分資料，應予保密。

第八條（網際網路平臺提供者、網際網路應用服務提供者及電信事業協助調查之義務）107

①網際網路平臺提供者、網際網路應用服務提供者及電信事業知悉或透過網路內容防護機構、其他機關、主管機關而知有第四章之犯罪嫌疑情事，應先行移除該資訊，並通知警察機關且保留相關資料至少九十天，提供司法及警察機關調查。

②前項相關資料至少應包括本條例第四章犯罪網頁資料、嫌疑人之個人資料及網路使用紀錄。

第九條（偵查或審判時應通知社工人員之陪同）

①警察及司法人員於調查、偵查或審判時，詢（訊）問被害人，應通知直轄市、縣（市）主管機關指派社會工作人員陪同在場，並得陳述意見。

②被害人於前項案件偵查、審判中，已經合法訊問，其陳述明確別無訊問之必要者，不得再行傳喚。

第一〇條（偵查或審理中被害人受詢問或詰問時，得陪同在場之相關人員）

①被害人於偵查或審理中受詢（訊）問或詰問時，其法定代理人、直系或三親等內旁系血親、配偶、家長、家屬、醫師、心理師、輔導人員或社會工作人員得陪同在場，並陳述意見。於司法警察官或司法警察調查時，亦同。

②前項規定，於得陪同在場之人爲本條例所定犯罪嫌疑人或被告時，不適用之。

第一一條（對證人、被害人、檢舉人、告發人或告訴人之保護）

性剝削案件之證人、被害人、檢舉人、告發人或告訴人，除依本條例規定保護外，經檢察官或法官認有必要者，得準用證人保護法第四條至第十四條、第十五條第二項、第二十條及第二十一條規定。

第一二條（偵查審理時，訊問兒童或少年時應注意其人身安全，並提供安全環境與措施）

①偵查及審理中訊問兒童或少年時，應注意其人身安全，並提供確保其安全之環境與措施，必要時，應採取適當隔離方式爲之，另得依聲請或依職權於法庭外爲之。

②於司法警察官、司法警察調查時，亦同。

第一三條（兒童或少年於審理中對檢警調查中所為陳述，具有可信之特別情況，且為證明犯罪事實存否所必要者，得為證據之情形）

兒童或少年於審理中有下列情形之一者，其於檢察事務官、司法警察官、司法警察調查中所爲之陳述，經證明具有可信之特別情況，且爲證明犯罪事實存否所必要者，得爲證據：

一　因身心創傷無法陳述。

二　到庭後因身心壓力，於訊問或詰問時，無法爲完全之陳述或拒絕陳述。

三　非在臺灣地區或所在不明，而無法傳喚或傳喚不到。

第一四條　（兒童及少年被害人身分資訊之保護規定）

①宣傳品、出版品、廣播、電視、網際網路或其他媒體不得報導或記載有被害人之姓名或其他足以識別身分之資訊。

②行政及司法機關所製作必須公開之文書，不得揭露足以識別前項被害人身分之資訊。但法律另有規定者，不在此限。

③前二項以外之任何人不得以媒體或其他方法公開或揭露第一項被害人之姓名及其他足以識別身分之資訊。

第三章　安置及服務

第一五條　（查獲及救援之被害人或自行求助者之處置）107

①檢察官、司法警察官及司法警察查獲及救援被害人後，應於二十四小時內將被害人交由當地直轄市、縣（市）主管機關處理。

②前項直轄市、縣（市）主管機關應即評估被害人就學、就業、生活適應、人身安全及其家庭保護教養功能，經列爲保護個案者，爲下列處置：

一　通知父母、監護人或親屬帶回，並爲適當之保護及教養。

二　送交適當場所緊急安置、保護及提供服務。

三　其他必要之保護及協助。

③前項被害人未列爲保護個案者，直轄市、縣（市）主管機關得視其需求，轉介相關服務資源協助。

④前二項規定於直轄市、縣（市）主管機關接獲報告、自行發現或被害人自行求助者，亦同。

第一六條　（繼續安置之評估及採取之措施）

①直轄市、縣（市）主管機關依前條緊急安置被害人，應於安置起七十二小時內，評估有無繼續安置之必要，經評估無繼續安置必要者，應不付安置，將被害人交付其父母、監護人或其他適當之人；經評估有安置必要者，應提出報告，聲請法院裁定。

②法院受理前項聲請後，認無繼續安置必要者，應裁定不付安置，並將被害人交付其父母、監護人或其他適當之人；認有繼續安置必要者，應交由直轄市、縣（市）主管機關安置於兒童及少年福利機構、寄養家庭或其他適當之醫療、教育機構，期間不得逾三個月。

③安置期間，法院得依職權或依直轄市、縣（市）主管機關、被害人、父母、監護人或其他適當之人之聲請，裁定停止安置，並交由被害人之父母、監護人或其他適當之人保護及教養。

④直轄市、縣（市）主管機關收到第二項裁定前，得繼續安置。

第一七條　（緊急安置時限之計算及不予計入之時間）

前條第一項所定七十二小時，自依第十五條第二項第二款規定緊急安置被害人之時起，即時起算。但下列時間不予計入：

一　在途護送時間。

二　交通障礙時間。

三　依其他法律規定致無法就是否有安置必要進行評估之時間。

四　其他不可抗力之事由所生之遲滯時間。

第一八條　（主管機關審前報告之提出及其內容項目）

①直轄市、縣（市）主管機關應於被害人安置後四十五日內，向法院提出審前報告，並聲請法院裁定。審前報告如有不完備者，法院得命於七日內補正。

②前項審前報告應包括安置評估及處遇方式之建議，其報告內容、項目及格式，由中央主管機關定之。

第一九條　（審前報告之裁定）107

①法院依前條之聲請，於相關事證調查完竣後七日內對被害人爲下列裁定：

一　認無安置必要者應不付安置，並交付父母、監護人或其他適當之人。其爲無合法有效之停（居）留許可之外國人、大陸地區人民、香港、澳門居民或臺灣地區無戶籍國民，亦同。

二　認有安置之必要者，應裁定安置於直轄市、縣（市）主管機關自行設立或委託之兒童及少年福利機構、寄養家庭、中途學校或其他適當之醫療、教育機構，期間不得逾二年。

三　其他適當之處遇方式。

②前項第一款後段不付安置之被害人，於遣返前，直轄市、縣（市）主管機關應委託或補助民間團體續予輔導，移民主管機關應儘速安排遣返事宜，並安全遣返。

第二〇條　（不服法院裁定得提起抗告之期限）

①直轄市、縣（市）主管機關、檢察官、父母、監護人、被害人或其他適當之人對於法院裁定有不服者，得於裁定送達後十日內提起抗告。

②對於抗告法院之裁定，不得再抗告。

③抗告期間，不停止原裁定之執行。

第二一條　（定期評估、聲請繼續安置及停止安置之規定）107

①被害人經依第十九條安置後，主管機關應每三個月進行評估。經評估無繼續安置、有變更安置處所或爲其他更適當處遇方式之必要者，得聲請法院爲停止安置、變更處所或其他適當處遇之裁定。

②經法院依第十九條第一項第二款裁定安置期滿前，直轄市、縣（市）主管機關認有繼續安置之必要者，應於安置期滿四十五日前，向法院提出評估報告，聲請法院裁定延長安置，其每次延長之期間不得逾一年。但以延長至被害人年滿二十歲爲止。

③被害人於安置期間年滿十八歲，經評估有繼續安置之必要者，得繼續安置至期滿或年滿二十歲。

④因免除、不付或停止安置者，直轄市、縣（市）主管機關應協助該被害人及其家庭預爲必要之返家準備。

第二二條　（中途學校之設置、員額編制、經費來源及課程等相

關規定）

①中央教育主管機關及中央主管機關應聯合協調直轄市、縣（市）主管機關設置安置被害人之中途學校。

②中途學校之設立，準用少年矯正學校設置及教育實施通則規定辦理；中途學校之員額編制準則，由中央教育主管機關會同中央主管機關定之。

③中途學校應聘請社會工作、心理、輔導及教育等專業人員，並結合民間資源，提供選替教育及輔導。

④中途學校學生之學籍應分散設於普通學校，畢業證書應由該普通學校發給。

⑤前二項之課程、教材及教法之實施、學籍管理及其他相關事項之辦法，由中央教育主管機關定之。

⑥安置對象逾國民教育階段者，中途學校得提供其繼續教育。

⑦中途學校所需經費來源如下：

一　各級政府按年編列之預算。

二　社會福利基金。

三　私人或團體捐款。

四　其他收入。

⑧中途學校之設置及辦理，涉及其他機關業務權責者，各該機關應予配合及協助。

第二三條　（指派社工人員進行輔導處遇及輔導期限）107

①經法院依第十九條第一項第一款前段、第三款裁定之被害人，直轄市、縣（市）主管機關應指派社會工作人員進行輔導處遇，期間至少一年或至其年滿十八歲止。

②前項輔導期間，直轄市、縣（市）主管機關或父母、監護人或其他適當之人認為難收輔導成效者或認仍有安置必要者，得檢具事證及敘明理由，由直轄市、縣（市）主管機關自行或接受父母、監護人或其他適當之人之請求，聲請法院為第十九條第一項第二款之裁定。

第二四條　（受指派社會工作人員對交付者之輔導義務）

經法院依第十六條第二項或第十九條第一項裁定之受交付者，應協助直轄市、縣（市）主管機關指派之社會工作人員對被害人為輔導。

第二五條　（對免除、停止或結束安置無法返家者之處遇）

直轄市、縣（市）主管機關對於免除、停止或結束安置，無法返家之被害人，應依兒童及少年福利與權益保障法為適當之處理。

第二六條　（有無另犯其他罪之處理）

①兒童或少年遭受性剝削或有遭受性剝削之虞者，如無另犯其他之罪，不適用少年事件處理法及社會秩序維護法規定。

②前項之兒童或少年如另犯其他之罪，應先依第十五條規定移送直轄市、縣（市）主管機關處理後，再依少年事件處理法移送少年法院（庭）處理。

第二七條（受交付安置之機構，在保護教養被害人範圍內，行使負擔父母對未成年子女之權利義務）

安置或保護教養期間，直轄市、縣（市）主管機關或受其交付或經法院裁定交付之機構、學校、寄養家庭或其他適當之人，在安置或保護教養被害人之範圍內，行使、負擔父母對於未成年子女之權利義務。

第二八條（父母、養父母或監護人之另行選定）

①父母、養父母或監護人對未滿十八歲之子女、養子女或受監護人犯第三十二條至第三十八條、第三十九條第二項之罪者，被害人、檢察官、被害人最近尊親屬、直轄市、縣（市）主管機關、兒童及少年福利機構或其他利害關係人，得向法院聲請停止其行使、負擔父母對於被害人之權利義務，另行選定監護人。對於養父母，並得請求法院宣告終止其收養關係。

②法院依前項規定選定或改定監護人時，得指定直轄市、縣（市）主管機關、兒童及少年福利機構或其他適當之人爲被害人之監護人，並得指定監護方法、命其父母、原監護人或其他扶養義務人交付子女、支付選定或改定監護人相當之扶養費用及報酬、命爲其他必要處分或訂定必要事項。

③前項裁定，得爲執行名義。

第二九條（加強親職教育輔導，並實施家庭處遇計畫）

直轄市、縣（市）主管機關得令被害人之父母、監護人或其他實際照顧之人接受八小時以上五十小時以下之親職教育輔導，並得實施家庭處遇計畫。

第三〇條（對被害人進行輔導處遇及追蹤之情形）107

①直轄市、縣（市）主管機關應對有下列情形之一之被害人進行輔導處遇及追蹤，並提供就學、就業、自立生活或其他必要之協助，其期間至少一年或至其年滿二十歲止：

一　經依第十五條第二項第一款及第三款規定處遇者。

二　經依第十六條第一項、第二項規定不付安置之處遇者。

三　經依第十六條第二項規定安置於兒童及少年福利機構、寄養家庭或其他適當之醫療、教育機構，屆期返家者。

四　經依第十六條第三項規定裁定停止安置，並交由被害人之父母、監護人或其他適當之人保護及教養者。

五　經依第十九條第一項第二款規定之安置期滿。

六　經依第二十一條規定裁定安置期滿或停止安置。

②前項輔導處遇及追蹤，教育、勞動、衛生、警察等單位，應全力配合。

第四章　罰　則

第三一條（與未滿十六歲之人為有對價之性交或猥褻行為等之處罰）

①與未滿十六歲之人爲有對價之性交或猥褻行爲者，依刑法之規定

處罰之。

②十八歲以上之人與十六歲以上未滿十八歲之人為有對價之性交或猥褻行為者，處三年以下有期徒刑、拘役或新臺幣十萬元以下罰金。

③中華民國人民在中華民國領域外犯前二項之罪者，不問犯罪地之法律有無處罰規定，均依本條例處罰。

第三二條　（罰則）

①引誘、容留、招募、媒介、協助或以他法，使兒童或少年為有對價之性交或猥褻行為者，處一年以上七年以下有期徒刑，得併科新臺幣三百萬元以下罰金。以詐術犯之者，亦同。

②意圖營利而犯前項之罪者，處三年以上十年以下有期徒刑，併科新臺幣五百萬元以下罰金。

③媒介、交付、收受、運送、藏匿前二項被害人或使之隱避者，處一年以上七年以下有期徒刑，得併科新臺幣三百萬元以下罰金。

④前項交付、收受、運送、藏匿行為之媒介者，亦同。

⑤前四項之未遂犯罰之。

第三三條　（罰則）

①以強暴、脅迫、恐嚇、監控、藥劑、催眠術或其他違反本人意願之方法，使兒童或少年為有對價之性交或猥褻行為者，處七年以上有期徒刑，得併科新臺幣七百萬元以下罰金。

②意圖營利而犯前項之罪者，處十年以上有期徒刑，併科新臺幣一千萬元以下罰金。

③媒介、交付、收受、運送、藏匿前二項被害人或使之隱避者，處三年以上十年以下有期徒刑，得併科新臺幣五百萬元以下罰金。

④前項交付、收受、運送、藏匿行為之媒介者，亦同。

⑤前四項之未遂犯罰之。

第三四條　（罰則）

①意圖使兒童或少年為有對價之性交或猥褻行為，而買賣、質押或以他法，為他人人身之交付或收受者，處七年以上有期徒刑，併科新臺幣七百萬元以下罰金。以詐術犯之者，亦同。

②以強暴、脅迫、恐嚇、監控、藥劑、催眠術或其他違反本人意願之方法，犯前項之罪者，加重其刑至二分之一。

③媒介、交付、收受、運送、藏匿前二項被害人或使之隱避者，處三年以上十年以下有期徒刑，併科新臺幣五百萬元以下罰金。

④前項交付、收受、運送、藏匿行為之媒介者，亦同。

⑤前四項未遂犯罰之。

⑥預備犯第一項、第二項之罪者，處二年以下有期徒刑。

第三五條　（罰則）

①招募、引誘、容留、媒介、協助、利用或以他法，使兒童或少年為性交、猥褻之行為以供人觀覽，處一年以上七年以下有期徒刑，得併科新臺幣五十萬元以下罰金。

②以強暴、脅迫、藥劑、詐術、催眠術或其他違反本人意願之方法，使兒童或少年為性交、猥褻之行為以供人觀覽者，處七年以

上有期徒刑，得併科新臺幣三百萬元以下罰金。

③意圖營利犯前二項之罪者，依各該條項之規定，加重其刑至二分之一。

④前三項之未遂犯罰之。

第三六條 （罰則）106

①拍攝、製造兒童或少年為性交或猥褻行為之圖畫、照片、影片、影帶、光碟、電子訊號或其他物品，處一年以上七年以下有期徒刑，得併科新臺幣一百萬元以下罰金。

②招募、引誘、容留、媒介、協助或以他法，使兒童或少年被拍攝、製造性交或猥褻行為之圖畫、照片、影片、影帶、光碟、電子訊號或其他物品，處三年以上七年以下有期徒刑，得併科新臺幣三百萬元以下罰金。

③以強暴、脅迫、藥劑、詐術、催眠術或其他違反本人意願之方法，使兒童或少年被拍攝、製造性交或猥褻行為之圖畫、照片、影片、影帶、光碟、電子訊號或其他物品者，處七年以上有期徒刑，得併科新臺幣五百萬元以下罰金。

④意圖營利犯前三項之罪者，依各該條項之規定，加重其刑至二分之一。

⑤前四項之未遂犯罰之。

⑥第一項至第四項之物品，不問屬於犯罪行為人與否，沒收之。

第三七條 （罰則）

①犯第三十三條第一項、第二項、第三十四條第二項、第三十五條第二項或第三十六條第三項之罪，而故意殺害被害人者，處死刑或無期徒刑；使被害人受重傷者，處無期徒刑或十二年以上有期徒刑。

②犯第三十三條第一項、第二項、第三十四條第二項、第三十五條第二項或第三十六條第三項之罪，因而致被害人於死者，處無期徒刑或十二年以上有期徒刑；致重傷者，處十二年以上有期徒刑。

第三八條 （罰則）106

①散布、播送或販賣兒童或少年為性交、猥褻行為之圖畫、照片、影片、影帶、光碟、電子訊號或其他物品，或公然陳列，或以他法供人觀覽、聽聞者，處三年以下有期徒刑，得併科新臺幣五百萬元以下罰金。

②意圖散布、播送、販賣或公然陳列而持有前項物品者，處二年以下有期徒刑，得併科新臺幣二百萬元以下罰金。

③查獲之前二項物品，不問屬於犯罪行為人與否，沒收之。

第三九條 （罰則）106

①無正當理由持有前條第一項物品，第一次被查獲者，處新臺幣一萬元以上十萬元以下罰鍰，並得令其接受二小時以上十小時以下之輔導教育，其物品不問屬於持有人與否，沒入之。

②無正當理由持有前條第一項物品第二次以上被查獲者，處新臺幣

二萬元以上二十萬元以下罰金，其物品不問屬於犯罪行爲人與否，沒收之。

第四〇條 （罰則）

①以宣傳品、出版品、廣播、電視、電信、網際網路或其他方法，散布、傳送、刊登或張貼足以引誘、媒介、暗示或其他使兒童或少年有遭受第二條第一項第一款至第三款之虞之訊息者，處三年以下有期徒刑，得併科新臺幣一百萬元以下罰金。

②意圖營利而犯前項之罪者，處五年以下有期徒刑，得併科新臺幣一百萬元以下罰金。

第四一條 （公務員或經選舉產生之公職人員違反本條例之罪，加重處罰）

公務員或經選舉產生之公職人員犯本條例之罪，或包庇他人犯本條例之罪者，依各該條項之規定，加重其刑至二分之一。

第四二條 （父母對其子女違反本條例之罪，因自白或自首之罰則）

①意圖犯第三十二條至第三十六條或第三十七條第一項後段之罪，而移送被害人入出臺灣地區者，依各該條項之規定，加重其刑至二分之一。

②前項之未遂犯罰之。

第四三條 （罰則）

①父母對其子女犯本條例之罪，因自白或自首，而查獲第三十二條至第三十八條、第三十九條第二項之犯罪者，減輕或免除其刑。

②犯第三十一條之罪自白或自首，因而查獲第三十二條至第三十八條、第三十九條第二項之犯罪者，減輕或免除其刑。

第四四條（觀覽兒童或少年為性交、猥褻之行為而支付對價之處罰）107

觀覽兒童或少年爲性交、猥褻之行爲而支付對價者，處新臺幣一萬元以上十萬元以下罰鍰，並得令其接受二小時以上十小時以下之輔導教育。

第四五條（利用兒童或少年從事陪酒或涉及色情之侍應工作者之處罰）107

①利用兒童或少年從事坐檯陪酒或涉及色情之伴遊、伴唱、伴舞等侍應工作者，處新臺幣六萬元以上三十萬元以下罰鍰，並命其限期改善；屆期未改善者，由直轄市、縣（市）主管機關移請目的事業主管機關命其停業一個月以上一年以下。

②招募、引誘、容留、媒介、協助、利用或以他法，使兒童或少年坐檯陪酒或涉及色情之伴遊、伴唱、伴舞等行爲，處一年以下有期徒刑，得併科新臺幣三十萬元以下罰金。以詐術犯之者，亦同。

③以強暴、脅迫、藥劑、詐術、催眠術或其他違反本人意願之方法，使兒童或少年坐檯陪酒或涉及色情之伴遊、伴唱、伴舞等行爲，處三年以上五年以下有期徒刑，得併科新臺幣一百五十萬元

以下罰金。

④意圖營利犯前二項之罪者，依各該條項之規定，加重其刑至二分之一。

⑤前三項之未遂犯罰之。

第四六條　（違反通報義務者之罰鍰）

違反第七條第一項規定者，處新臺幣六千元以上三萬元以下罰鍰。

第四七條　（違反網路、電信業者協助調查義務之處罰）

違反第八條規定者，由目的事業主管機關處新臺幣六萬元以上三十萬元以下罰鍰，並命其限期改善，屆期未改善者，得按次處罰。

第四八條　（被害人身分資訊違反保護規定之罰則）

①廣播、電視事業違反第十四條第一項規定者，由目的事業主管機關處新臺幣三萬元以上三十萬元以下罰鍰，並命其限期改正；屆期未改正者，得按次處罰。

②前項以外之宣傳品、出版品、網際網路或其他媒體之負責人違反第十四條第一項規定者，由目的事業主管機關處新臺幣三萬元以上三十萬元以下罰鍰，並得沒入第十四條第一項規定之物品、命其限期移除內容、下架或其他必要之處置；屆期不履行者，得按次處罰至履行為止。

③宣傳品、出版品、網際網路或其他媒體無負責人或負責人對行為人之行為不具監督關係者，第二項所定之罰鍰，處罰行為人。

第四九條（不接受親職教育輔導等之處罰）107

①不接受第二十九條規定之親職教育輔導或拒不完成其時數者，處新臺幣三千元以上一萬五千元以下罰鍰，並得按次處罰。

②父母、監護人或其他實際照顧之人，因未善盡督促配合之責，致兒童或少年不接受第二十三條第一項及第三十條規定之輔導處遇及追踪者，處新臺幣一千二百元以上六千元以下罰鍰。

第五〇條　（罰則）

①宣傳品、出版品、廣播、電視、網際網路或其他媒體，為他人散布、傳送、刊登或張貼足以引誘、媒介、暗示或其他使兒童或少年有遭受第二條第一項第一款至第三款之虞之訊息者，由各目的事業主管機關處新臺幣五萬元以上六十萬元以下罰鍰。

②各目的事業主管機關對於違反前項規定之媒體，應發布新聞並公開之。

③第一項網際網路或其他媒體若已善盡防止任何人散布、傳送、刊登或張貼使兒童或少年有遭受第二條第一項第一款至第三款之虞之訊息者，經各目的事業主管機關邀集兒童及少年福利團體與專家學者代表審議同意後，得減輕或免除其罰鍰。

第五一條　（不接受輔導教育等之處罰）107

①犯第三十一條第二項、第三十二條至第三十八條、第三十九條第二項、第四十條或第四十五條之罪，經判決或緩起訴處分確定

者，直轄市、縣（市）主管機關應對其實施四小時以上五十小時以下之輔導教育。

②前項輔導教育之執行，主管機關得協調矯正機關於犯罪行為人服刑期間辦理，矯正機關應提供場地及必要之協助。

③無正當理由不接受第一項或第三十九條第一項之輔導教育，或拒不完成其時數者，處新臺幣六千元以上三萬元以下罰鍰，並得按次處罰。

第五二條 （從重處罰；軍人犯罪之準用）

①違反本條例之行為，其他法律有較重處罰之規定者，從其規定。

②軍事審判機關於偵查、審理現役軍人犯罪時，準用本條例之規定。

第五章　附　則

第五三條 （行為人服刑期間執行輔導教育相關辦法之訂定）

第三十九條第一項及第五十一條第一項之輔導教育對象、方式、內容及其他應遵行事項之辦法，由中央主管機關會同法務主管機關定之。

第五四條 （施行細則）

本條例施行細則，由中央主管機關定之。

第五五條 （施行日）

本條例施行日期，由行政院定之。

兒童及少年福利與權益保障法（節錄）

①民國 92 年 5 月 28 日總統令制定公布全文 75 條。
②民國 97 年 5 月 7 日總統令修正公布第 30、58 條條文。
③民國 97 年 8 月 6 日總統令修正公布第 20 條條文。
④民國 99 年 5 月 12 日總統令增訂公布第 50-1 條條文。
⑤民國 100 年 11 月 30 日總統令修正公布名稱及全文 118 條；除第 157、29、76、87、88、116 條自公布六個月後施行，第 25、26、90 條自公布三年後施行外，餘自公布日施行（原名稱：兒童及少年福利法）。
⑥民國 101 年 8 月 8 日總統令增訂公布第 54-1 條條文。
民國 102 年 7 月 19 日行政院公告第 6 條所列屬「內政部」之權責事項，自 102 年 7 月 23 日起改由「衛生福利部」管轄。
⑦民國 103 年 1 月 22 日總統令修正公布第 33、76 條條文；並增訂第 90-1 條條文。
⑧民國 104 年 2 月 4 日總統令修正公布第 6、7、15、23、26、43、44、47、49、51、53、54、70、76、81、90～92、94、97、100、102、103、118 條條文；增訂第 26-1、26-2、46-1 條條文；並刪除 101 條條文。
⑨民國 104 年 12 月 2 日總統令修正公布第 24、88、92 條條文。
⑩民國 104 年 12 月 16 日總統令修正公布第 7 條條文；並增訂第 33-1、33-2、90-2 條條文；除第 33-2 條自公布後二年施行，第 90-2 條第 1 項自公布後三年施行，第 90-2 條第 2 項自公布後五年施行外，其餘自公布日施行。
⑪民國 107 年 11 月 21 日總統令修正公布第 26-1、29、90-1 條條文；並增訂第 33-3 條條文。
⑫民國 108 年 1 月 2 日總統令修正公布第 26-1、26-2、81 條條文。

第四三條 （兒童及少年禁止之行為）104

①兒童及少年不得爲下列行爲：
一　吸菸、飲酒、嚼檳榔。
二　施用毒品、非法施用管制藥品或其他有害身心健康之物質。
三　觀看、閱覽、收聽或使用有害其身心健康之暴力、血腥、色情、猥褻、賭博之出版品、圖畫、錄影節目帶、影片、光碟、磁片、電子訊號、遊戲軟體、網際網路內容或其他物品。
四　在道路上競駛、競技或以蛇行等危險方式駕車或參與其行爲。
五　超過合理時間持續使用電子類產品，致有害身心健康。
②父母、監護人或其他實際照顧兒童及少年之人，應禁止兒童及少年爲前項各款行爲。
③任何人均不得供應第一項第一款至第三款之物質、物品予兒童及少年。

④任何人均不得對兒童及少年散布或播送第一項第三款之內容或物品。

第四六條（網路安全防護機構之設立及管理）

①為防止兒童及少年接觸有害其身心發展之網際網路內容，由通訊傳播主管機關召集各目的事業主管機關委託民間團體成立內容防護機構，並辦理下列事項：

一　兒童及少年使用網際網路行為觀察。

二　申訴機制之建立及執行。

三　內容分級制度之推動及檢討。

四　過濾軟體之建立及推動。

五　兒童及少年上網安全教育宣導。

六　推動網際網路平臺提供者建立自律機制。

七　其他防護機制之建立及推動。

②網際網路平臺提供者應依前項防護機制，訂定自律規範採取明確可行防護措施；未訂定自律規範者，應依相關公（協）會所定自律規範採取必要措施。

③網際網路平臺提供者經目的事業主管機關告知網際網路內容有害兒童及少年身心健康或違反前項規定未採取明確可行防護措施者，應為限制兒童及少年接取、瀏覽之措施，或先行移除。

④前三項所稱網際網路平臺提供者，指提供連線上網後各項網際網路平臺服務，包含在網際網路上提供儲存空間，或利用網際網路建置網站提供資訊、加值服務及網頁連結服務等功能者。

第四六條之一（網際網路散布或傳送有害兒童及少年身心健康內容之禁止）104

任何人不得於網際網路散布或傳送有害兒童及少年身心健康之內容，未採取明確可行之防護措施，或未配合網際網路平臺提供者之防護機制，使兒童及少年得以接取或瀏覽。

第四九條（對兒童及少年特定行為之禁止）104

任何人對於兒童及少年不得有下列行為：

一　遺棄。

二　身心虐待。

三　利用兒童及少年從事有害健康等危害性活動或欺騙之行為。

四　利用身心障礙或特殊形體兒童及少年供人參觀。

五　利用兒童及少年行乞。

六　剝奪或妨礙兒童及少年接受國民教育之機會。

七　強迫兒童及少年婚嫁。

八　拐騙、綁架、買賣、質押兒童及少年。

九　強迫、引誘、容留或媒介兒童及少年為猥褻行為或性交。

十　供應兒童及少年刀械、槍砲、彈藥或其他危險物品。

十一　利用兒童及少年拍攝或錄製暴力、血腥、色情、猥褻或其他有害兒童及少年身心健康之出版品、圖畫、錄影節目帶、影片、光碟、磁片、電子訊號、遊戲軟體、網際網路內容或其他物品。

十二　迫使或誘使兒童及少年處於對其生命、身體易發生立即危險或傷害之環境。

十三　帶領或誘使兒童及少年進入有礙其身心健康之場所。

十四　強迫、引誘、容留或媒介兒童及少年為自殺行為。

十五　其他對兒童及少年或利用兒童及少年犯罪或為不正當之行為。

第六九條（不得揭露足以識別兒童及少年姓名身分之資訊）

①宣傳品、出版品、廣播、電視、網際網路或其他媒體對下列兒童及少年不得報導或記載其姓名或其他足以識別身分之資訊：

一　遭受第四十九條或第五十六條第一項各款行為。

二　施用毒品、非法施用管制藥品或其他有害身心健康之物質。

三　為否認子女之訴、收養事件、親權行使、負擔事件或監護權之選定、酌定、改定事件之當事人或關係人。

四　為刑事案件、少年保護事件之當事人或被害人。

②行政機關及司法機關所製作必須公開之文書，除前項第三款或其他法律特別規定之情形外，亦不得揭露足以識別前項兒童及少年身分之資訊。

③除前二項以外之任何人亦不得於媒體、資訊或以其他公示方式揭示有關第一項兒童及少年之姓名及其他足以識別身分之資訊。

④第一、二項如係為增進兒童及少年福利或維護公共利益，且經行政機關邀集相關機關、兒童及少年福利團體與報業商業同業公會代表共同審議後，認為有公開之必要，不在此限。

第九四條（罰則）104

①網際網路平臺提供者違反第四十六條第三項規定，未為限制兒童及少年接取、瀏覽之措施或先行移除者，由各目的事業主管機關處新臺幣六萬元以上三十萬元以下罰鍰，並命其限期改善，屆期未改善者，得按次處罰。

②違反第四十六條之一之規定者，處新臺幣十萬元以上五十萬元以下罰鍰，並公布其姓名或名稱及命其限期改善；屆期未改善者，得按次處罰；情節嚴重者，並得勒令停業一個月以上一年以下。

第一〇三條（罰則）104

①廣播、電視事業違反第六十九條第一項規定，由目的事業主管機關處新臺幣三萬元以上十五萬元以下罰鍰，並命其限期改正；屆期未改正者，得按次處罰。

②宣傳品、出版品、網際網路或其他媒體違反第六十九條第一項規定，由目的事業主管機關處負責人新臺幣三萬元以上十五萬元以下罰鍰，並得沒入第六十九條第一項規定之物品、命其限期移除內容、下架或其他必要之處置；屆期不履行者，得按次處罰至履行為止。

③前二項經第六十九條第四項審議後，認為有公開之必要者，不罰。

④宣傳品、出版品、網際網路或其他媒體無負責人或負責人對行為人之行為不具監督關係者，第二項所定之罰鍰，處罰行為人。

⑤本法中華民國一百零四年一月二十三日修正施行前，宣傳品、出版品、廣播、電視、網際網路或其他媒體之負責人違反第六十九條第一項規定者，依修正前第一項罰鍰規定，處罰該負責人。無負責人或負責人對行為人之行為不具監督關係者，處罰行為人。

遊戲軟體分級管理辦法

①民國 95 年 7 月 6 日經濟部令訂定發布全文 11 條；並自發布後六個月施行。
②民國 98 年 6 月 5 日經濟部令修正發布第 2、11 條條文；並自 98 年 12 月 1 日施行。
③民國 100 年 4 月 13 日經濟部令修正發布第 2、7、11 條條文；並自 100 年 7 月 1 日施行。
④民國 101 年 5 月 29 日經濟部令修正發布名稱及全文 21 條；並自發布日施行（原名稱：電腦軟體分級辦法）。
⑤民國 104 年 11 月 12 日經濟部令修正發布第 1、19 條條文；並刪除第 20 條條文。
⑥民國 107 年 4 月 20 日經濟部令修正發布第 2、10、13、15、16、21 條條文；並自發布後三個月施行。

第一條 104
本辦法依兒童及少年福利與權益保障法（以下簡稱本法）第四十四條第三項規定訂定之。

第二條 107
本辦法用詞定義如下：
一　遊戲軟體：指整合數位化之文字、聲光、音樂、圖片、影像或動畫等程式，提供使用者藉由電腦、手持或穿戴式實境體感裝置等電子化設備操作以達到一定遊戲目的之軟體。但不包含電子遊戲場業管理條例所稱電子遊戲機使用之軟體。
二　有分級管理義務之人：指遊戲軟體發行、代理、租售、散布、展示陳列、提供接取瀏覽或下載之人。
三　棋牌益智及娛樂類遊戲軟體：指以模擬之麻將、撲克、骰子、鋼珠、跑馬、輪盤爲內容或以小瑪琍、拉霸、水果盤之圖像連線遊戲爲內容者。

第三條
遊戲軟體內容不得違反法律強制或禁止規定。

第四條
①遊戲軟體依其內容分爲下列五級：
一　限制級（以下簡稱限級）：十八歲以上之人始得使用。
二　輔導十五歲級（以下簡稱輔十五級）：十五歲以上之人始得使用。
三　輔導十二歲級（以下簡稱輔十二級）：十二歲以上之人始得使用。
四　保護級（以下簡稱護級）：六歲以上之人始得使用。
五　普遍級（以下簡稱普級）：任何年齡皆得使用。

②父母、監護人或其他實際照顧兒童及少年之人應協助兒童及少年遵守前項分級規定。

③第一項之分級標識如附圖。

第五條

遊戲軟體內容有下列情形之一者，列為限級：

一　性：全裸畫面或以圖像、文字、影像及語音表達具體性暗示等描述。

二　暴力、恐怖：涉及人或角色被殺害之攻擊、殺戮等血腥、殘暴或恐怖畫面，令人產生殘虐印象。

三　毒品：使用毒品之畫面或情節。

四　不當言語：多次出現粗鄙或仇恨性文字、言語或對白。

五　反社會性：描述搶劫、綁架、自傷、自殺等犯罪或不當行為且易引發兒童及少年模仿。

六　其他描述對未滿十八歲人之行為或心理有不良影響之虞。

第六條

遊戲軟體內容有下列情形之一者，列為輔十五級：

一　性：女性裸露上半身、背面或遠處全裸、經過處理之裸露畫面或以圖像、文字、影像及語音表達輕微性暗示等描述。

二　暴力、恐怖：攻擊、殺戮等血腥或恐怖畫面，未令人產生殘虐印象。

三　菸酒：引誘使用菸酒之畫面或情節。

四　不當言語：出現粗鄙文字、言語或對白。

五　反社會性：有描述前條第五款以外之犯罪或不當行為，但不致引發兒童及少年模仿。

六　其他描述對未滿十五歲人之行為或心理有不良影響之虞。

第七條

①遊戲軟體內容有下列情形之一者，列為輔十二級：

一　性：遊戲角色穿著凸顯性特徵之服飾或裝扮但不涉及性暗示；具教育性或醫學性之裸露畫面。

二　暴力、恐怖：有打鬥、攻擊等未達血腥之畫面或有輕微恐怖之畫面。

三　不當言語：一般不雅但無不良隱喻之言語。

四　戀愛交友：遊戲設計促使使用者虛擬戀愛或結婚。

五　其他描述對未滿十二歲人之行為或心理有不良影響之虞。

②前項第四款之遊戲軟體，其內容符合輔十五級或限級之規定者，應依各該規定分級。

第八條

①遊戲軟體內容有下列情形之一者，列為護級：

一　暴力：可愛人物打鬥或未描述角色傷亡細節之攻擊等而無血腥畫面。

二　使用虛擬遊戲幣進行遊戲，且遊戲結果會直接影響虛擬遊戲幣增減之棋牌益智及娛樂類遊戲軟體。

三　其他描述對未滿六歲人之行爲或心理有不良影響之虞者。

②前項第二款之遊戲軟體，其內容符合輔十二級、輔十五級或限級之規定者，應依各該規定分級。

第九條

遊戲軟體之內容無前四條描述之情形者，列爲普級。

第一〇條 107

①發行或代理遊戲軟體之人於其遊戲軟體上市前，應依本辦法之規定標示分級資訊。但非由前述之人所供應之遊戲軟體，應由實際供應者依本辦法之規定負分級義務。

②前項之人應於遊戲軟體上市前將遊戲軟體分級級別、情節及發行或代理遊戲軟體之人有效連絡之通訊資料登錄於中央目的事業主管機關之資料庫，供分級查詢。

③遊戲軟體產品包裝及遊戲軟體說明、下載或起始網頁之內容，不得逾越該遊戲軟體之分級級別。

第一一條

遊戲軟體應依下列規定標示分級標識：

一　有遊戲軟體產品包裝者，應標示於產品包裝正面之左下方或右下方；除限級之標示不得小於二公分乘以二公分外，其餘級別之標示不得小於一點五公分乘以一點五公分。

二　無遊戲軟體產品包裝者，應於遊戲軟體說明、下載、起始網頁或連結處旁爲明顯之標示；除限級之標示不得小於五十像素乘以五十像素外，其餘級別之標示不得小於四十五像素乘以四十五像素。但因體積過小或性質特殊無法爲標示者，應以文字標示分級級別。

第一二條

①同一遊戲軟體內容有以下情形者，應以中文明顯標示下列各款情節名稱。其情節達三種以上者，應按內容比重至少標示三種情節：

一　涉及性、暴力、恐怖、菸酒、毒品、不當言語或反社會性等七種情節。

二　第八條第一項第二款所定之棋牌益智及娛樂。

三　涉及促使使用者虛擬戀愛或結婚之情節。

②遊戲軟體之情節名稱標示方法如下：

一　有遊戲軟體產品包裝者，應標示於產品包裝正面或背面之左下方或右下方。

二　無遊戲軟體產品包裝者，應於遊戲軟體說明、下載、起始網頁或連結處旁爲明顯之標示。但因體積過小或性質特殊無法爲標示者，不在此限。

第一三條 107

遊戲軟體應於遊戲軟體產品包裝及遊戲軟體說明、下載或起始網頁以中文明顯標示下列警語：

一　注意使用時間、避免沉迷、遊戲虛擬情節勿模仿或其他類似警語。

二　以棋牌益智及娛樂為遊戲主要情節者，應標示不得利用遊戲賭博、從事違反法令或其他類似行為之警語。

三　以購買遊戲點數（卡）、虛擬遊戲幣或虛擬寶物作為付費方式者，應標示其付費內容及金額、遊戲部分內容或服務需另行支付其他費用，或其他類似警語。

四　限級遊戲軟體應標示滿十八歲之人始得購買或使用之警語。

第一四條

①有分級管理義務之人為遊戲軟體廣告者，該廣告除遵守相關法律及主管機關之規定外，並應於明顯處揭露遊戲軟體之分級級別。但因廣告體積過小或性質特殊無法為標示者，不在此限。

②遊戲軟體上市前刊播之廣告，若其分級級別尚未確定，應以中文明顯標示本遊戲尚未上市，分級級別評定中之警語。

第一五條 107

①第十條規定以外之有分級管理義務之人於租售、散布、展示陳列、提供接取瀏覽或下載遊戲軟體前，應確認遊戲軟體已完成分級資訊之標示；遊戲軟體分級標示不符本辦法規定者，經中央目的事業主管機關、地方主管機關或目的事業主管機關通知後，應立即改正、下架或移除。

②設置特定場域提供設備及前項軟體供不特定多數人使用並以此為營業者，應以中文明顯標示分級資訊、場域安全須知、對人體可能產生之影響及遵從現場管理人員指示進行操作等其他類似警語。

③使用者得透過網際網路連結或下載非在中華民國境內發行之遊戲軟體，該遊戲軟體未能依本辦法規定分級及完成資料庫登錄資訊者，中央目的事業主管機關、地方主管機關或目的事業主管機關得採取下列措施：

一　通知網際網路平台提供者，為限制接取、瀏覽之措施，或先行移除。

二　通知在中華民國境內提供其營運服務之人，終止提供相關服務。

第一六條 107

①租售、散布、展示陳列、提供接取瀏覽或下載限級遊戲軟體之有分級管理義務之人，應採取避免兒童及少年接觸之必要措施。

②限級遊戲軟體應設有專區展示陳列並與其他級別遊戲軟體區隔，以中文明顯標示滿十八歲之人始得購買或使用之警語。

第一七條

①中央目的事業主管機關、地方主管機關或目的事業主管機關為落實遊戲軟體分級管理，得提供諮詢、受理檢舉及為本辦法應遵循事項之稽查。

②前項各機關受理檢舉或稽查之結果，由地方主管機關或目的事業主管機關依本法規定處罰。

第一八條

為推動遊戲軟體分級，中央目的事業主管機關得採取下列措施：

一　公布分級參照表，供有分級管理義務之人參考。

二　就分級有疑義之案件，邀請相關專家及團體代表進行評議。

三　評選優良之有分級管理義務之人並給予獎勵。

四　協助民間團體成立第三公正單位，提供有分級管理義務之人處理分級必要之協助或輔導。

第一九條 104

①本辦法中華民國一百零一年五月二十九日修正施行前已上市之遊戲軟體，其發行或代理遊戲軟體之人就其持有及其經銷商或代理商之遊戲軟體，應依第十條規定標示分級級別並登錄於中央目的事業主管機關之資料庫。

②前項遊戲軟體租售、散布、展示陳列或提供下載之人應通知發行或代理遊戲軟體之人依前項規定標示分級級別。

第二〇條 （刪除）104

第二一條 107

①本辦法自發布日施行。

②本辦法中華民國一百零七年四月二十日修正之條文，自發布後三個月施行。

附圖：分級標識

產包大小（限制級不得小於 2cm×2cm，其餘皆不小於 1.5cm×1.5cm）

PANTONE組

營業秘密法

①民國 85 年 1 月 17 日總統令制定公布全文 16 條。
②民國 102 年 1 月 30 日總統令增訂公布第 13-1～13-4 條條文。

第一條　（立法宗旨）
爲保障營業秘密，維護產業倫理與競爭秩序，調和社會公共利益，特制定本法。本法未規定者，適用其他法律之規定。

第二條　（定義）
本法所稱營業秘密，係指方法、技術、製程、配方、程式、設計或其他可用於生產、銷售或經營之資訊，而符合左列要件者：
一　非一般涉及該類資訊之人所知者。
二　因其秘密性而具有實際或潛在之經濟價值者。
三　所有人已採取合理之保密措施者。

第三條　（營業秘密之歸屬）
①受雇人於職務上研究或開發之營業秘密，歸雇用人所有。但契約另有約定者，從其約定。
②受雇人於非職務上研究或開發之營業秘密，歸受雇人所有。但其營業秘密係利用雇用人之資源或經驗者，雇用人得於支付合理報酬後，於該事業使用其營業秘密。

第四條　（以契約方式約定營業秘密之歸屬）
出資聘請他人從事研究或開發之營業秘密，其營業秘密之歸屬依契約之約定；契約未約定者，歸受聘人所有。但出資人得於業務上使用其營業秘密。

第五條　（契約自由原則）
數人共同研究或開發之營業秘密，其應有部分依契約之約定；無約定者，推定爲均等。

第六條　（營業秘密共有時，其使用處分及讓與）
①營業秘密得全部或部分讓與他人或與他人共有。
②營業秘密爲共有時，對營業秘密之使用或處分，如契約未有約定者，應得共有人之全體同意。但各共有人無正當理由，不得拒絕同意。
③各共有人非經其他共有人之同意，不得以其應有部分讓與他人。但契約另有約定者，從其約定。

第七條　（營業秘密之授權）
①營業秘密所有人得授權他人使用營業秘密。其授權使用之地域、時間、內容、使用方法或其他事項，依當事人之約定。
②前項被授權人非經營業秘密所有人同意，不得將其被授權使用之

營業秘密再授權第三人使用。
③營業秘密共有人非經共有人全體同意，不得授權他人使用該營業秘密。但各共有人無正當理由，不得拒絕同意。

第八條 （不得為質權及強制執行之標的）
營業秘密不得爲質權及強制執行之標的。

第九條 （保密義務）
①公務員因承辦公務而知悉或持有他人之營業秘密者，不得使用或無故洩漏之。
②當事人、代理人、辯護人、鑑定人、證人及其他相關之人，因司法機關偵查或審理而知悉或持有他人營業秘密者，不得使用或無故洩漏之。
③仲裁人及其他相關之人處理仲裁事件，準用前項之規定。

第一〇條 （侵害營業秘密）
①有左列情形之一者，爲侵害營業秘密：
一　以不正當方法取得營業秘密者。
二　知悉或因重大過失而不知其爲前款之營業秘密，而取得、使用或洩漏者。
三　取得營業秘密後，知悉或因重大過失而不知其爲第一款之營業秘密，而使用或洩漏者。
四　因法律行爲取得營業秘密，而以不正當方法使用或洩漏者。
五　依法令有守營業秘密之義務，而使用或無故洩漏者。
②前項所稱之不正當方法，係指竊盜、詐欺、脅迫、賄賂、擅自重製、違反保密義務、引誘他人違反其保密義務或其他類似方法。

第一一條 （受侵害之排除及防止請求權）
①營業秘密受侵害時，被害人得請求排除之，有侵害之虞者，得請求防止之。
②被害人爲前項請求時，對於侵害行爲作成之物或專供侵害所用之物，得請求銷燬或爲其他必要之處置。

第一二條 （損害賠償請求權及其消滅時效）
①因故意或過失不法侵害他人之營業秘密者，負損害賠償責任。數人共同不法侵害者，連帶負賠償責任。
②前項之損害賠償請求權，自請求權人知有行爲及賠償義務人時起，二年間不行使而消滅；自行爲時起，逾十年者亦同。

第一三條 （損害賠償額之計算）
①依前條請求損害賠償時，被害人得依左列各款規定擇一請求：
一　依民法第二百十六條之規定請求。但被害人不能證明其損害時，得以其使用時依通常情形可得預期之利益，減除被侵害後使用同一營業秘密所得利益之差額，爲其所受損害。
二　請求侵害人因侵害行爲所得之利益。但侵害人不能證明其成本或必要費用時，以其侵害行爲所得之全部收入，爲其所得利益。
②依前項規定，侵害行爲如屬故意，法院得因被害人之請求，依侵

害情節，酌定損害額以上之賠償。但不得超過已證明損害額之三倍。

第一三條之一　（刑事責任之罰則）102

①意圖為自己或第三人不法之利益，或損害營業秘密所有人之利益，而有下列情形之一，處五年以下有期徒刑或拘役，得併科新臺幣一百萬元以上一千萬元以下罰金：

一　以竊取、侵占、詐術、脅迫、擅自重製或其他不正方法而取得營業秘密，或取得後進而使用、洩漏者。

二　知悉或持有營業秘密，未經授權或逾越授權範圍而重製、使用或洩漏該營業秘密者。

三　持有營業秘密，經營業秘密所有人告知應刪除、銷毀後，不為刪除、銷毀或隱匿該營業秘密者。

四　明知他人知悉或持有之營業秘密有前三款所定情形，而取得、使用或洩漏者。

②前項之未遂犯罰之。

③科罰金時，如犯罪行為人所得之利益超過罰金最多額，得於所得利益之三倍範圍內酌量加重。

第一三條之二　（域外加重處罰）102

①意圖在外國、大陸地區、香港或澳門使用，而犯前條第一項各款之罪者，處一年以上十年以下有期徒刑，得併科新臺幣三百萬元以上五千萬元以下之罰金。

②前項之未遂犯罰之。

③科罰金時，如犯罪行為人所得之利益超過罰金最多額，得於所得利益之二倍至十倍範圍內酌量加重。

第一三條之三　（刑事罰併同處罰規定）102

①第十三條之一之罪，須告訴乃論。

②對於共犯之一人告訴或撤回告訴者，其效力不及於其他共犯。

③公務員或曾任公務員之人，因職務知悉或持有他人之營業秘密，而故意犯前二條之罪者，加重其刑至二分之一。

第一三條之四　（告訴乃論罪）102

法人之代表人、法人或自然人之代理人、受雇人或其他從業人員，因執行業務，犯第十三條之一、第十三條之二之罪者，除依該條規定處罰其行為人外，對該法人或自然人亦科該條之罰金。但法人之代表人或自然人對於犯罪之發生，已盡力為防止行為者，不在此限。

第一四條　（專業法庭之設立或指定專人辦理）

①法院為審理營業秘密訴訟案件，得設立專業法庭或指定專人辦理。

②當事人提出之攻擊或防禦方法涉及營業秘密，經當事人聲請，法院認為適當者，得不公開審判或限制閱覽訴訟資料。

第一五條　（外國人給予互惠保護之方式）

外國人所屬之國家與中華民國如無相互保護營業秘密之條約或協

定，或依其本國法令對中華民國國民之營業秘密不予保護者，其營業秘密得不予保護。

第一六條 （施行日）

本法自公布日施行。

身心障礙者權益保護法（節錄）

①民國 96 年 7 月 11 日總統令修正公布名稱及全文 109 條；除第 38 條自公布後二年施行；第 5～7、13～15、18、26、50、51、56、58、59、71 條自公布後五年施行；餘自公布日施行（原名稱：身心障礙者保護法）。
②民國 98 年 1 月 23 日總統令修正公布第 61 條條文。
③民國 98 年 7 月 8 日總統令修正公布第 80、81、107 條條文；並自 98 年 11 月 23 日施行。
④民國 100 年 2 月 1 日總統令修正公布第 2～4、6、16、17、20、23、31、32、38、46、48、50～53、56、58、64、76、77、81、95、98、106 條條文；增訂第 30-1、38-1、46-1、52-1、52-2、60-1、69-1 條條文；並自公布日施行；但第 60-1 條第 2 項及第 64 條第 3 項自公布後二年施行。
⑤民國 100 年 6 月 29 日總統令修正公布第 35、53、57、98、99 條條文；並增訂第 58-1 條條文。
⑥民國 101 年 12 月 19 日總統令修正公布第 52、59 條條文；並增訂第 104-1 條條文。
⑦民國 102 年 6 月 11 日總統令修正公布第 53 條條文。
民國 102 年 7 月 19 日行政院公告第 2 條第 1 項所列屬「內政部」之權責事項，自 102 年 7 月 23 日起改由「衛生福利部」管轄。
⑧民國 103 年 6 月 4 日總統令修正公布第 30-1、50、51、64、92 條條文；並增訂第 30-2、63-1 條條文。
⑨民國 104 年 2 月 4 日總統令修正公布第 60、100 條條文。
⑩民國 104 年 12 月 16 日總統令修正公布第 2、6、20、30、31、33、36、53、57、61、84、99、107 條條文；並增訂第 71-1 條條文；除第 61 條自公布後二年施行外，餘自公布日施行。

第五二條（協助身心障礙者社會參與及無償、補助措施）

①各級及各目的事業主管機關應辦理下列服務，以協助身心障礙者參與社會：
一　休閒及文化活動。
二　體育活動。
三　公共資訊無障礙。
四　公平之政治參與。
五　法律諮詢及協助。
六　無障礙環境。
七　輔助科技設備及服務。
八　社會宣導及社會教育。
九　其他有關身心障礙者社會參與之服務。
②前項服務措施屬付費使用者，應予以減免費用。
③第一項第三款所稱公共資訊無障礙，係指應對利用網路、電信、廣播、電視等設施者，提供視、聽、語等功能障礙國民無障礙閱

讀、觀看、轉接或傳送等輔助、補助措施。
④前項輔助及補助措施之內容、實施方式及管理規範等事項，由各中央目的事業主管機關定之。
⑤第一項除第三款之服務措施，中央主管機關及中央各目的事業主管機關，應就其內容及實施方式制定實施計畫。

第五二條之一 （國家無障礙規範之訂定）

①中央目的事業主管機關，每年應主動蒐集各國軟、硬體產品無障礙設計規範（標準），訂定各類產品設計或服務提供之國家無障礙規範（標準），並藉由獎勵與認證措施，鼓勵產品製造商或服務提供者於產品開發、生產或服務提供時，符合前項規範（標準）。
②中央目的事業主管機關應就前項獎勵內容、資格、對象及產品或服務的認證標準，訂定辦法管理之。

第五二條之二 （無障礙網站環境）

①各級政府及其附屬機關（構）、學校所建置之網站，應通過第一優先等級以上之無障礙檢測，並取得認證標章。
②前項檢測標準、方式、頻率與認證標章核發辦法，由目的事業主管機關定之。

資通安全管理法

①民國 107 年 6 月 6 日總統令制定公布全文 23 條。
②民國 107 年 12 月 5 日行政院令發布定自 108 年 1 月 1 日施行。

第一章　總　則

第一條　（立法目的）

為積極推動國家資通安全政策，加速建構國家資通安全環境，以保障國家安全，維護社會公共利益，特制定本法。

第二條　（主管機關）

本法之主管機關為行政院。

第三條　（用詞定義）

本法用詞，定義如下：

一　資通系統：指用以蒐集、控制、傳輸、儲存、流通、刪除資訊或對資訊為其他處理、使用或分享之系統。

二　資通服務：指與資訊之蒐集、控制、傳輸、儲存、流通、刪除、其他處理、使用或分享相關之服務。

三　資通安全：指防止資通系統或資訊遭受未經授權之存取、使用、控制、洩漏、破壞、竄改、銷毀或其他侵害，以確保其機密性、完整性及可用性。

四　資通安全事件：指系統、服務或網路狀態經鑑別而顯示可能有違反資通安全政策或保護措施失效之狀態發生，影響資通系統機能運作，構成資通安全政策之威脅。

五　、公務機關：指依法行使公權力之中央、地方機關（構）或公法人。但不包括軍事機關及情報機關。

六　特定非公務機關：指關鍵基礎設施提供者、公營事業及政府捐助之財團法人。

七　關鍵基礎設施：指實體或虛擬資產、系統或網路，其功能一旦停止運作或效能降低，對國家安全、社會公共利益、國民生活或經濟活動有重大影響之虞，經主管機關定期檢視並公告之領域。

八　關鍵基礎設施提供者：指維運或提供關鍵基礎設施之全部或一部，經中央目的事業主管機關指定，並報主管機關核定者。

九　政府捐助之財團法人：指其營運及資金運用計畫應依預算法第四十一條第三項規定送立法院，及其年度預算書應依同條第四項規定送立法院審議之財團法人。

第四條　（國家資通安全發展推動事項）

①為提升資通安全，政府應提供資源，整合民間及產業力量，提升全民資通安全意識，並推動下列事項：
一　資通安全專業人才之培育。
二　資通安全科技之研發、整合、應用、產學合作及國際交流合作。
三　資通安全產業之發展。
四　資通安全軟硬體技術規範、相關服務與審驗機制之發展。
②前項相關事項之推動，由主管機關以國家資通安全發展方案定之。

第五條（主管機關應規劃及推動國家整體資通安全政策等相關事宜，並定期公布國家資通安全情勢報告）
①主管機關應規劃並推動國家資通安全政策、資通安全科技發展、國際交流合作及資通安全整體防護等相關事宜，並應定期公布國家資通安全情勢報告、對公務機關資通安全維護計畫實施情形稽核概況報告及資通安全發展方案。
②前項情勢報告、實施情形稽核概況報告及資通安全發展方案，應送立法院備查。

第六條（主管機關得委任或委託其他公務機關、法人或團體辦理資通安全整體防護相關事務）
①主管機關得委任或委託其他公務機關、法人或團體，辦理資通安全整體防護、國際交流合作及其他資通安全相關事務。
②前項被委託之公務機關、法人或團體或被複委託者，不得洩露在執行或辦理相關事務過程中所獲悉關鍵基礎設施提供者之秘密。

第七條（主管機關應訂定資通安全責任等級分級辦法，並得稽核特定非公務機關之資通安全維護情形）
①主管機關應衡酌公務機關及特定非公務機關業務之重要性與機敏性、機關層級、保有或處理之資訊種類、數量、性質、資通系統之規模及性質等條件，訂定資通安全責任等級之分級；其分級基準、等級變更申請、義務內容、專責人員之設置及其他相關事項之辦法，由主管機關定之。
②主管機關得稽核特定非公務機關之資通安全維護計畫實施情形；其稽核之頻率、內容與方法及其他相關事項之辦法，由主管機關定之。
③特定非公務機關受前項之稽核，經發現其資通安全維護計畫實施有缺失或待改善者，應向主管機關提出改善報告，並送中央目的事業主管機關。

第八條（主管機關應建立資通安全情資分享機制，並訂定相關事項之辦法）
①主管機關應建立資通安全情資分享機制。
②前項資通安全情資之分析、整合與分享之內容、程序、方法及其他相關事項之辦法，由主管機關定之。

第九條（公務機關或特定非公務機關，於本法適用範圍內，委

外辦理資通系統或資通服務事宜時，應就受託者之資通安全維護為監督）

公務機關或特定非公務機關，於本法適用範圍內，委外辦理資通系統之建置、維運或資通服務之提供，應考量受託者之專業能力與經驗、委外項目之性質及資通安全需求，選任適當之受託者，並監督其資通安全維護情形。

第二章　公務機關資通安全管理

第一〇條　（公務機關應考量其所屬資通安全責任等級之要求及保有或處理之資訊種類等條件，訂定、修正及實施資通安全維護計畫）

公務機關應符合其所屬資通安全責任等級之要求，並考量其所保有或處理之資訊種類、數量、性質、資通系統之規模與性質等條件，訂定、修正及實施資通安全維護計畫。

第一一條　（資通安全長之設置）

公務機關應置資通安全長，由機關首長指派副首長或適當人員兼任，負責推動及監督機關內資通安全相關事務。

第一二條　（公務機關應向上級或監督機關提出資通安全維護計畫之實施情形）

公務機關應每年向上級或監督機關提出資通安全維護計畫實施情形；無上級機關者，其資通安全維護計畫實施情形應送交主管機關。

第一三條　（公務機關應稽核其所屬或監督機關之資通安全維護計畫實施情形）

①公務機關應稽核其所屬或監督機關之資通安全維護計畫實施情形。

②受稽核機關之資通安全維護計畫實施有缺失或待改善者，應提出改善報告，送交稽核機關及上級或監督機關。

第一四條　（公務機關應訂定資通安全事件之通報及應變機制）

①公務機關為因應資通安全事件，應訂定通報及應變機制。

②公務機關知悉資通安全事件時，除應通報上級或監督機關外，並應通報主管機關；無上級機關者，應通報主管機關。

③公務機關應向上級或監督機關提出資通安全事件調查、處理及改善報告，並送交主管機關；無上級機關者，應送交主管機關。

④前三項通報及應變機制之必要事項、通報內容、報告之提出及其他相關事項之辦法，由主管機關定之。

第一五條　（公務機關所屬人員就資通安全維護績優之獎勵）

①公務機關所屬人員對於機關之資通安全維護績效優良者，應予獎勵。

②前項獎勵事項之辦法，由主管機關定之。

第三章　特定非公務機關資通安全管理

第一六條　（關鍵基礎設施提供者，應訂定、修正及實施資通安全維護計畫）

①中央目的事業主管機關應於徵詢相關公務機關、民間團體、專家學者之意見後，指定關鍵基礎設施提供者，報請主管機關核定，並以書面通知受核定者。

②關鍵基礎設施提供者應符合其所屬資通安全責任等級之要求，並考量其所保有或處理之資訊種類、數量、性質、資通系統之規模與性質等條件，訂定、修正及實施資通安全維護計畫。

③關鍵基礎設施提供者應向中央目的事業主管機關提出資通安全維護計畫實施情形。

④中央目的事業主管機關應稽核所管關鍵基礎設施提供者之資通安全維護計畫實施情形。

⑤關鍵基礎設施提供者之資通安全維護計畫實施有缺失或待改善者，應提出改善報告，送交中央目的事業主管機關。

⑥第二項至第五項之資通安全維護計畫必要事項、實施情形之提出、稽核之頻率、內容與方法、改善報告之提出及其他應遵行事項之辦法，由中央目的事業主管機關擬訂，報請主管機關核定之。

第一七條　（關鍵基礎設施提供者以外之特定非公務機關，應訂定、修正及實施資通安全維護計畫）

①關鍵基礎設施提供者以外之特定非公務機關，應符合其所屬資通安全責任等級之要求，並考量其所保有或處理之資訊種類、數量、性質、資通系統之規模與性質等條件，訂定、修正及實施資通安全維護計畫。

②中央目的事業主管機關得要求所管前項特定非公務機關，提出資通安全維護計畫實施情形。

③中央目的事業主管機關得稽核所管第一項特定非公務機關之資通安全維護計畫實施情形，發現有缺失或待改善者，應限期要求受稽核之特定非公務機關提出改善報告。

④前三項之資通安全維護計畫必要事項、實施情形之提出、稽核之頻率、內容與方法、改善報告之提出及其他應遵行事項之辦法，由中央目的事業主管機關擬訂，報請主管機關核定之。

第一八條　（特定非公務機關應訂定資通安全事件之通報及應變機制）

①特定非公務機關爲因應資通安全事件，應訂定通報及應變機制。

②特定非公務機關於知悉資通安全事件時，應向中央目的事業主管機關通報。

③特定非公務機關應向中央目的事業主管機關提出資通安全事件調查、處理及改善報告；如爲重大資通安全事件者，並應送交主管機關。

④前三項通報及應變機制之必要事項、通報內容、報告之提出及其他應遵行事項之辦法，由主管機關定之。

⑤知悉重大資通安全事件時，主管機關或中央目的事業主管機關於適當時機得公告與事件相關之必要內容及因應措施，並得提供相關協助。

第四章　罰　則

第一九條　(公務機關所屬人員未遵守本法規定之懲處)

①公務機關所屬人員未遵守本法規定者，應按其情節輕重，依相關規定予以懲戒或懲處。

②前項懲處事項之辦法，由主管機關定之。

第二〇條　(特定非公務機關違反本法相關規定之處罰)

特定非公務機關有下列情形之一者，由中央目的事業主管機關令限期改正；屆期未改正者，按次處新臺幣十萬元以上一百萬元以下罰鍰：

一　未依第十六條第二項或第十七條第一項規定，訂定、修正或實施資通安全維護計畫，或違反第十六條第六項或第十七條第四項所定辦法中有關資通安全維護計畫必要事項之規定。

二　未依第十六條第三項或第十七條第二項規定，向中央目的事業主管機關提出資通安全維護計畫之實施情形，或違反第十六條第六項或第十七條第四項所定辦法中有關資通安全維護計畫實施情形提出之規定。

三　未依第七條第三項、第十六條第五項或第十七條第三項規定，提出改善報告送交主管機關、中央目的事業主管機關，或違反第十六條第六項或第十七條第四項所定辦法中有關改善報告提出之規定。

四　未依第十八條第一項規定，訂定資通安全事件之通報及應變機制，或違反第十八條第四項所定辦法中有關通報及應變機制必要事項之規定。

五　未依第十八條第三項規定，向中央目的事業主管機關或主管機關提出資通安全事件之調查、處理及改善報告，或違反第十八條第四項所定辦法中有關報告提出之規定。

六　違反第十八條第四項所定辦法中有關通報內容之規定。

第二一條　(特定非公務機關知悉資通安全事件未通報之處罰)

特定非公務機關未依第十八條第二項規定，通報資通安全事件，由中央目的事業主管機關處新臺幣三十萬元以上五百萬元以下罰鍰，並令限期改正；屆期未改正者，按次處罰之。

第五章　附　則

第二二條　(施行細則)

本法施行細則，由主管機關定之。

第二三條　(施行日)

本法施行日期，由主管機關定之。

資通安全管理法施行細則

①民國 107 年 11 月 21 日行政院令訂定發布全文 13 條。
②民國 107 年 12 月 5 日行政院令發布定自 108 年 1 月 1 日施行。

第一條

本細則依資通安全管理法（以下簡稱本法）第二十二條規定訂定之。

第二條

本法第三條第五款所稱軍事機關，指國防部及其所屬機關（構）、部隊、學校；所稱情報機關，指國家情報工作法第三條第一項第一款及第二項規定之機關。

第三條

公務機關或特定非公務機關（以下簡稱各機關）依本法第七條第三項、第十三條第二項、第十六條第五項或第十七條第三項提出改善報告，應針對資通安全維護計畫實施情形之稽核結果提出下列內容，並依主管機關、上級或監督機關或中央目的事業主管機關指定之方式及時間，提出改善報告之執行情形：

一　缺失或待改善之項目及內容。
二　發生原因。
三　爲改正缺失或補強待改善項目所採取管理、技術、人力或資源等層面之措施。
四　前款措施之預定完成時程及執行進度之追踪方式。

第四條

①各機關依本法第九條規定委外辦理資通系統之建置、維運或資通服務之提供（以下簡稱受託業務），選任及監督受託者時，應注意下列事項：

一　受託者辦理受託業務之相關程序及環境，應具備完善之資通安全管理措施或通過第三方驗證。
二　受託者應配置充足且經適當之資格訓練、擁有資通安全專業證照或具有類似業務經驗之資通安全專業人員。
三　受託者辦理受託業務得否複委託、得複委託之範圍與對象，及複委託之受託者應具備之資通安全維護措施。
四　受託業務涉及國家機密者，執行受託業務之相關人員應接受適任性查核，並依國家機密保護法之規定，管制其出境。
五　受託業務包括客製化資通系統開發者，受託者應提供該資通系統之安全性檢測證明；該資通系統屬委託機關之核心資通系統，或委託金額達新臺幣一千萬元以上者，委託機關應自行或另行委託第三方進行安全性檢測；涉及利用非受託者自行開發之系統或資源者，並應標示非自行開發之內容與其來源及提供授權證明。

六　受託者執行受託業務，違反資通安全相關法令或知悉資通安全事件時，應立即通知委託機關及採行之補救措施。

七　委託關係終止或解除時，應確認受託者返還、移交、刪除或銷毀履行契約而持有之資料。

八　受託者應採取之其他資通安全相關維護措施。

九　委託機關應定期或於知悉受託者發生可能影響受託業務之資通安全事件時，以稽核或其他適當方式確認受託業務之執行情形。

②委託機關辦理前項第四款之適任性查核，應考量受託業務所涉及國家機密之機密等級及內容，就執行該業務之受託者所屬人員及可能接觸該國家機密之其他人員，於必要範圍內查核有無下列事項：

一　曾犯洩密罪，或於動員戡亂時期終止後，犯內亂罪、外患罪，經判刑確定，或通緝有案尚未結案。

二　曾任公務員，因違反相關安全保密規定受懲戒或記過以上行政懲處。

三　曾受到外國政府、大陸地區、香港或澳門政府之利誘、脅迫，從事不利國家安全或重大利益情事。

四　其他與國家機密保護相關之具體項目。

③第一項第四款情形，應記載於招標公告、招標文件及契約；於辦理適任性查核前，並應經當事人書面同意。

第五條

前條第三項及本法第十六條第一項之書面，依電子簽章法之規定，得以電子文件為之。

第六條

①本法第十條、第十六條第二項及第十七條第一項所定資通安全維護計畫，應包括下列事項：

一　核心業務及其重要性。

二　資通安全政策及目標。

三　資通安全推動組織。

四　專責人力及經費之配置。

五　公務機關資通安全長之配置。

六　資訊及資通系統之盤點，並標示核心資通系統及相關資產。

七　資通安全風險評估。

八　資通安全防護及控制措施。

九　資通安全事件通報、應變及演練相關機制。

十　資通安全情資之評估及因應機制。

十一　資通系統或服務委外辦理之管理措施。

十二　公務機關所屬人員辦理業務涉及資通安全事項之考核機制。

十三　資通安全維護計畫與實施情形之持續精進及績效管理機制。

②各機關依本法第十二條、第十六條第三項或第十七條第二項規定提出資通安全維護計畫實施情形，應包括前項各款之執行成果及相關說明。

③第一項資通安全維護計畫之訂定、修正、實施及前項實施情形之提出，公務機關得由其上級或監督機關辦理；特定非公務機關得由其中央目的事業主管機關、中央目的事業主管機關所屬公務機關辦理，或經中央目的事業主管機關同意，由其所管特定非公務機關辦理。

第七條

①前條第一項第一款所定核心業務，其範圍如下：

一　公務機關依其組織法規，足認該業務爲機關核心權責所在。

二　公營事業及政府捐助之財團法人之主要服務或功能。

三　各機關維運、提供關鍵基礎設施所必要之業務。

四　各機關依資通安全責任等級分級辦法第四條第一款至第五款或第五條第一款至第四款涉及之業務。

②前條第一項第六款所稱核心資通系統，指支持核心業務持續運作必要之系統，或依資通安全責任等級分級辦法附表九資通系統防護需求分級原則之規定，判定其防護需求等級爲高者。

第八條

本法第十四條第三項及第十八條第三項所定資通安全事件調查、處理及改善報告，應包括下列事項：

一　事件發生或知悉其發生、完成損害控制或復原作業之時間。

二　事件影響之範圍及損害評估。

三　損害控制及復原作業之歷程。

四　事件調查及處理作業之歷程。

五　事件根因分析。

六　爲防範類似事件再次發生所採取之管理、技術、人力或資源等層面之措施。

七　前款措施之預定完成時程及成效追踪機制。

第九條

中央目的事業主管機關依本法第十六條第一項規定指定關鍵基礎設施提供者前，應給予其陳述意見之機會。

第一〇條

本法第十八條第三項及第五項所稱重大資通安全事件，指資通安全事件通報及應變辦法第二條第四項及第五項規定之第三級及第四級資通安全事件。

第一一條

①主管機關或中央目的事業主管機關知悉重大資通安全事件，依本法第十八條第五項規定公告與事件相關之必要內容及因應措施時，應載明事件之發生或知悉其發生之時間、原因、影響程度、

控制情形及後續改善措施。

②前項與事件相關之必要內容及因應措施，有下列情形之一者，不予公告：

一　涉及個人、法人或團體營業上秘密或經營事業有關之資訊，或公開有侵害公務機關、個人、法人或團體之權利或其他正當利益。但法規另有規定，或對公益有必要，或為保護人民生命、身體、健康有必要，或經當事人同意者，不在此限。

二　其他依法規規定應秘密、限制或禁止公開之情形。

③第一項與事件相關之必要內容及因應措施含有前項不予公告之情形者，得僅就其他部分公告之。

第一二條

特定非公務機關之業務涉及數中央目的事業主管機關之權責者，主管機關得協調指定一個以上之中央目的事業主管機關，單獨或共同辦理本法所定中央目的事業主管機關應辦理之事項。

第一三條

本細則之施行日期，由主管機關定之。

中華民國證券投資信託暨顧問商業同業公會證券投資顧問事業以自動化工具提供證券投資顧問服務作業要點

民國 106 年 6 月 29 日中華民國證券投資信託暨顧問商業同業公會訂定發布全文。

壹、目的

隨著科技快速進步，市場變化與需求，證券投資顧問事業以自動化工具提供證券投資顧問服務（Robo-Advisor，下稱自動化投資顧問服務），透過演算法（Algorithm），結合電腦系統之自動執行來提供線上理財諮詢與投資管理服務。

爲利自動化投資顧問服務之發展，就對提供自動化投資顧問服務相關技術與作業流程，及對客戶提供利用該等服務時之注意事項，訂定本作業要點。

貳、定義

本作業要點所稱自動化投資顧問服務，係指完全經由網路互動，全無或極少人工服務，而提供客戶投資組合建議之顧問服務。

前項人工服務係屬輔助性質，僅限於協助客戶完成系統「瞭解客戶」之作業，或針對客戶使用自動化投資顧問服務所得之投資組合建議內容提供解釋，不得調整或擴張自動化投資顧問服務系統所提供之投資組合建議內容，或提供非由系統自動產生之其他投資組合建議。

參、演算法之監管

演算法（algorithms）乃自動化投資顧問服務系統之核心，並反映投資顧問業者對市場分析與研究之邏輯，其設計之正確與否，影響運算的結果，攸關客戶權益。故業者對系統所運用之演算法，應有效進行監督與管理，於內部設立如下監管機制：

一　期初審核

㈠評估系統所使用之演算法能否達成預期成效，應理解演算法所使用之方法論，系統之假設、偏誤與偏好等。

㈡瞭解系統所輸入之資料。

㈢進行輸出測試，以確定符合所預期之結果。

二　定期審核

㈠評估系統使用之模型於市場情況或經濟條件變化時，依然得以適當使用。

㈡定期就系統產出之結果進行測試，以確保結果符合當初之預期。

㈢指派人員監管該系統。

肆、瞭解客戶（Know Your Customer）作業與建議投資組合

自動化投資顧問服務於提供投資組合建議前，應建立客戶資料進行瞭解客戶作業。

瞭解客戶作業所設計之各項評估指標，應與自動化投資顧問服務系統設計相互配合。除瞭解客戶之投資目的與期間之外，應充分知悉並評估包括但不限於客戶之投資知識、投資經驗、財務狀況及其承受投資風險程度。

自動化投資顧問服務之瞭解客戶作業於設計線上問卷時，須考慮下列因素：

一　問卷所列問題須能取得客戶足夠之資訊，以利提供適當之投資建議。

二　問卷所列問題須具體明確，並適時利用提示設計，提供額外說明。

三　應設計適當機制處理客戶對問卷之回答顯然有不一致或矛盾情形。

於綜合考量各項評估指標後，自動化投資顧問服務應依照客戶之承受投資風險程度，提供相對應之投資組合建議。

應定期請客戶更新各項資料與評估指標，以確認提供予客戶之新投資組合建議，符合其風險適性。針對客戶更新資料前已存在之投資組合建議，如未符客戶風險適性，原投資組合建議是否繼續提供管理服務，或調整原投資組合建議以符合客戶風險適性，皆須經由客戶同意後始得爲之。若客戶未進行資料更新，則該投資組合將依原投資組合建議繼續辦理。

伍、公平客觀之執行

爲忠實履行客戶利益優先、利益衝突避免、禁止不當得利與公平處理等原則，應避免可能因投資組合建議之建立與選擇，與客戶產生利益衝突之情事，例如因受有產品提供商之報酬或利益而影響推介建議之客觀性，應確認自動化投資顧問服務系統能公平客觀的執行下列功能：

一　決定投資組合之參數，例如，報酬表現、分散程度、信用風險、流動性風險。

二　建立有價證券納入投資組合之篩選標準，例如，交易成本、流動性風險與信用風險等。

三　挑選適於納入投資組合之有價證券；倘若有價證券係由演算法

所挑選者，應就演算法進行審核。

四　檢視系統預設投資組合建議是否適合於所配對之客戶風險承受度類型。

陸、投資組合之再平衡（Rebalancing）

投資組合建議內各資產之投資報酬率表現不同，使得原本建議之各資產比例有重新調整必要，為符合客戶承受投資風險程度或是維持原本設定比例，以降低投資組合之風險，自動化投資顧問服務系統內建之資產組合自動再平衡功能者，應依下列規定辦理：

一　明確告知客戶提供投資組合再平衡之服務。

二　向客戶揭露投資組合再平衡如何運作，包括投資組合定期檢視、投資組合再平衡執行啓動以及停止之時機。

三　告知客戶投資組合再平衡可能產生之各項成本及其他可能之限制。

四　應與客戶事先約定自動化投資顧問服務之投資組合再平衡交易相關內容。

五　建立自動化投資顧問服務系統對市場發生重大變動時之政策與處理程序。

前項第四款有關投資組合再平衡交易之約定內容，應包括但不限於下列條件，以調整至原設定之目標投資組合比例。

一　執行時機

㈠定期檢視：月、季、半年或年度等。

㈡不定期檢視：由客戶自行指定或於達到預設之執行條件時。

二　執行條件：個別投資標的或整體投資組合之損益達預設之標準，或偏離原設定之投資比例達預設之標準。

三　執行方式：以新增匯入資金、配息等買進或賣出，或就原組合之各標的部位調整賣出、買進，以調整至原設定之目標投資組合比例。

倘投資組合再平衡交易之投資標的或比例與原約定不同，須先經客戶同意，始能進行調整。

柒、專責委員會之監督

事業內部或集團應組成專責委員會，負責事業內部客戶問卷設計內容、演算法之開發與調整、客戶投資組合建議符合其風險屬性、自動化投資顧問服務系統公平客觀之執行及投資組合再平衡等之監督管理，或參與外部軟體開發供應商之審核與實地調查，以評估系統設計之允當。專責委員會並應確保該事業對於網路安全已建構完善之預防、偵測及處理措施。

前項專責委員會可邀請外部專業人士參與或委託專業機構辦理。

捌、告知客戶於使用自動化投資顧問服務前之注意事項

證券投資顧問事業從事自動化投資顧問服務，應於客戶初次使用前告知客戶下列注意事項：

一　客戶於使用前應詳閱服務內容或其他相關公開揭露資訊：客戶應先審閱自動化投資顧問服務所揭露之所有相關文件，瞭解其內容、條款，例如有關於演算法或投資組合建構之描述、使用自動化投資顧問服務之手續費或其他費用、終止自動化投資顧問服務之情形及後續處理、以及資產變現所需時間，以確保自身權益。

二　客戶應認知投資工具有其內在限制與現實情況所存在的潛在落差，包括：

㈠系統或程式之基本假設：客戶應體認系統本身有其限制與重要基本假設，但假設可能未必與事實或個案情節相符。例如，若自動化投資顧問服務系統預期未來利率呈上升趨勢，但市場上利率水準依然偏低，則系統之假設便與現實不符。

㈡提供產品範圍：客戶應了解系統提供之投資產品範圍的侷限性，如可能僅包括基金或 ETF，未含個股，而未必符合客戶的投資目標，及單一產品如 ETF 種類未必包括市場上的所有 ETF，致使產出的投資組合建議方案有限。

三　客戶應理解自動化投資顧問服務之產出直接繫於客戶所提供之資訊：自動化投資顧問服務系統所列的問題清單，將限制或影響客戶所提供之資訊內容，而客戶所提供資訊則影響系統之產出結果（即投資組合建議）。因此，若客戶不了解系統所詢問之問題時，應立即詢問自動化投資顧問業者。客戶亦應注意系統所列問題可能會過於一般化、模糊或有誤導之虞，也有可能誘導客戶選擇系統所預設之選項。

四　客戶應注意系統之產出未必符合客戶個人的財務需要或目標：自動化投資顧問服務系統因無法評估客戶之所有情況與環境，例如，年齡、經濟狀況與財務需要、投資經驗、其他資產、稅務概況，承受風險之意願，投資回收期間長短、現金需求，與投資目標等等，從而自動化投資顧問服務系統所提出之投資組合建議未必適於個別客戶。例如，系統可能僅考量客戶之年齡，卻未考量客戶於其他金融機構之資產狀況，或投資後一段時間可能有購買不動產之計畫；或系統並未考量客戶之投資目標可能改變，而未能做相對應之調整。

前項於客戶初次使用自動化投資顧問服務前告知之注意事項，應由客戶以書面、電子或其他可得確定客戶意思之方式聲明已瞭解或知悉。

玖、其他特別注意事項

自動化投資顧問服務之提供，係透過網路進行，其商業運作模式與傳統直接面對面的服務方式差異甚大，證券投資顧問事業於提供本項服務時，在資訊揭露的表現方式應特別注意下列事項：

一　避免以艱澀難懂的專有名詞表示及揭露資訊，俾利客戶在沒有客服人員為其說明時，仍能瞭解相關重要概念。
二　重要的資訊揭露應特別強調，例如彈出視窗之設計。
三　相關資訊揭露可伴隨互動式文字，例如工具提示文字之設計，或其他方法以提供額外的細節，例如「常見問答集」。

公平交易委員會對於數位匯流相關事業跨業經營之規範說明

①民國91年2月21日行政院令訂定發布全文。
②民國94年2月24日行政院令修正發布名稱；並自94年2月24日生效（原名稱：公平交易法對四C事業跨業經營行為之規範說明）。
③民國94年8月26日行政院令修正發布第8點，並自即日生效。
④民國101年3月9日公平交易委員會令修正發布名稱及第1點、第8點，並溯及自中華民國101年2月6日生效（原名稱：行政院公平交易委員會對於四C事業跨業經營行為之規範說明）。
⑤民國102年7月16日公平交易委員會令修正發布名稱及全文9點，並自即日生效（原名稱：公平交易委員會對於四C事業跨業經營行為之規範說明）。
⑥民國104年4月13日公平交易委員會令修正發布全文9點，並自即日生效。
⑦民國106年1月23日公平交易委員會令修正發布名稱及全文11點，並自即日生效（原名稱：公平交易委員會對於數位匯流相關事業跨業經營行為之規範說明）。

一　隨著通信網路及數位技術高度發展，通訊、傳播及資訊科技匯流發展已蔚爲趨勢，而配合自由化、法規鬆綁及解除管制理念逐漸落實，業帶動數位匯流相關事業之跨業經營，其主要型態可概分爲「跨業擁有」及「整合服務」，前者係指事業透過合併、持股或新設分支事業之方式，進入另一關連之市場範疇，例如電信業者透過與有線電視業者結合而進入有線電視市場；後者則爲事業透過既有基礎網路、服務、技術或經營知識，提供原屬另一市場範疇之服務，例如電信業者利用其電信網路提供隨選視訊服務，或有線電視業者利用其有線電視網路提供纜線語音電話服務或纜線數據機寬頻接取服務。前等發展趨勢原則上有助於促進各個關連市場之競爭，提供消費者更多選擇，惟數位匯流相關事業跨業經營亦可能使經濟力量過度集中或市場力不當擴張，而涉及限制競爭或不公平競爭之行爲，則仍有違反公平交易法之虞。公平交易委員會（下稱本會）爰彙整分析數位匯流相關事業可能涉及公平交易法之行爲態樣，研訂本規範說明，俾利事業遵循辦理，同時作爲本會處理相關案件之參考。

二　本規範說明名詞定義如下：

㈠數位匯流相關事業：係指電信、廣播電視、網際網路及電子商務等事業，包含利用電信、廣播及資訊通信網路所構建具有多元載具性質之電子通信網路，以及利用前述電子通信網路進行各種通信、廣播視訊、電子交易、線上遊戲及其他數位內容及應用等服務提供之商業活動。

㈡關鍵設施：係指符合以下條件之設施：

1.該設施係由獨占事業所擁有或控制。

2.競爭者無法以經濟合理且技術可行之方式複製或取代該設施。

3.競爭者倘無法使用該設施，即無法與該設施之擁有者或控制者於相關市場競爭。

4.擁有或控制該設施之事業有能力將該設施提供予其競爭者。

三　本會界定數位匯流相關事業之相關市場時，除依「公平交易委員會對於相關市場界定之處理原則」辦理外，另將一併審酌數位匯流相關事業之商業模式、交易特性、經營性質及科技變化等因素就具體個案進行實質認定。

產品市場原則上界定如下：

㈠基礎設施載具之網路層市場。

㈡傳輸平臺服務之平臺層市場：

1.語音服務平臺市場。

2.視聽媒體服務平臺市場。

3.寬頻網際網路服務平臺市場。

4.其他因應科技發展產生之新興傳輸平臺市場。

㈢內容及應用服務之內容層市場。

地理市場原則上界定如下：

㈠網路層及平臺層市場：因用於傳輸訊號內容之實體網路主要係於我國境內鋪設，又提供平臺層服務者，於目前法律管制架構下，多須取得特許執照後始可營運，其營運之區域範圍亦限於我國境內，故地理市場原則上爲我國境內。

㈡內容層市場：由於網路無國界之特性，數位化後之內容層服務較不受地理區域限制所影響，得於任何有網路可供接取處提供服務，故不排除將其地理市場擴充至我國領域外。

四　數位匯流相關事業之相關市場占有率原則上以下列方式計算：

㈠具固定客戶數之事業：按該特定事業用戶數或收視戶數，占相關市場所有市場參與者前揭數據總和之比例計算。

㈡無法掌握客戶數之事業：得參酌該特定事業之營業額、營業量、服務使用量、訊息流量或產能（如線路長度、電路數）等，占相關市場所有市場參與者前揭數據總和之比例計算。

五　數位匯流相關事業具獨占地位，而有下列行爲之一者，涉及違反公平交易法第九條規定：

㈠濫用關鍵設施：無正當理由，拒絕或中止提供競爭者使用其所擁有或控制之關鍵設施、訂定顯不合理之交易條件，或以差別之交易條件提供該關鍵設施予其他競爭者。

㈡不當市場力延伸：利用「搭售」或「整批交易」等方式，擴張新服務項目之市場占有率，使該事業既有市場力延伸至新服務項目市場。但「搭售」或「整批交易」係基於聯合生產經濟性、消費者使用習慣考量、單純爲提供消費者「一次購足」之便利性者，不在此限。

㈢掠奪性訂價：犧牲短期利潤，訂定低於成本之價格，迫使其競爭者退出市場，或阻礙潛在競爭者進入市場，且存有顯著的市場進入障礙，在排除競爭者之後能夠回收所發生的虧損，並將價格提高至獨占水準，藉以獲取長期超額利潤之行爲。但訂定低價行爲係基於正常商業行爲之短期促銷，或因未預期之成本上升，或有其他正當理由，造成訂價低於成本之情形者，不在此限。

㈣不當交叉補貼：經營多項服務之事業，以其獨占性業務之盈餘補貼競爭性業務，或以受管制業務盈餘補貼非受管制業務。但交叉補貼倘係因普及服務義務，或係配合資費管制所致者，不在此限。

㈤增加競爭者經營成本：掌握生產要素之事業，對該生產要素之訂價高於「假設事業僅提供該項生產要素所生之單獨成本」，增加下游競爭者經營成本，迫使其退出市場之行爲。

六　數位匯流相關事業提出之結合申報案件，依「公平交易委員會對於結合申報案件之處理原則」審查。

關於結合申報所涉及「整體經濟利益」之評估，除依前開處理原則審查外，本會得考量下列因素：

㈠是否有助於促進相關市場之競爭。

㈡是否有助於提供涵蓋範圍更廣、更多樣化及高品質之服務。

㈢是否有助於提昇國際競爭力，並促進研發及創新。

㈣是否具消費面之網路外部性。

㈤參與結合事業將內部利益予以外部化之計畫。

㈥是否有助於內容數位化、應用多元化，及提供創新之數位匯流整合性服務。

七　公平交易法對於聯合行爲之規範係採「原則禁止，例外許可」。數位匯流相關事業相互間爲公平交易法第十四條之聯合行爲，且符合公平交易法第十五條第一項但書各款規定行爲之一者，應向本會申請許可。

具競爭關係之數位匯流相關事業間有下列行爲之一，且足以影響市場供需功能者，爲公平交易法第十四條之聯合行爲：

㈠共同決定生產要素購買價格、商品價格或服務報酬，或以契約、協議或其他方式之合意，相互限制價格調整或優惠折扣。

㈡約定限制彼此之產量、產能或設備，或共同劃分經營區域及交易對象。

㈢相互揭露、交換有關訂價、折扣、成本、研發、客戶資料等競爭敏感之重要資訊。

㈣爲排除或阻礙第三者參與競爭，採取共同降價、共同制定不合理交易條件、共同拒絕交易或網路互連。

八　數位匯流相關事業提供具轉售性質之服務予下游轉售事業時，倘無正當理由限制下游轉售事業之訂價，涉及違反公平交易法第十九條規定。

九　數位匯流相關事業之既有事業或其上、下游事業，雖未具獨占地位，但仍具有相當市場地位者，倘對跨業經營之新進事業有杯葛、不當之差別待遇、不當低價競爭或其他阻礙競爭行爲、迫使參與限制競爭行爲、不當之垂直非價格交易限制等行爲，而有限制競爭之虞者，涉及違反公平交易法第二十條規定。

十　數位匯流相關事業除受本規範說明規範外，針對不實廣告、比較廣告、欺罔或顯失公平等其他不公平競爭行爲，並應注意「公平交易委員會對於公平交易法第二十一條案件之處理原則」、「公平交易委員會對於比較廣告案件之處理原則」、「公平交易委員會對於事業發侵害著作權、商標權或專利權警告函案件之處理原則」、「公平交易委員會對於公平交易法第二十五條案件之處理原則」等規定。

十一　本規範說明僅係針對數位匯流相關事業跨業經營行爲，就可能涉及公平交易法之行爲態樣例示說明；惟個案之處理，仍須就具體事實加以認定。

法規名稱索引

法規名稱索引

法規名稱索引

國家圖書館出版品預行編目資料

電子商務法規／財團法人資訊工業策進會科技法律研究所. -- 三版. -- 臺北市：五南, 2019.06
面； 公分

ISBN 978-957-763-420-7（平裝）

1. 商業法規 2. 電子商務

492.4 108007080

4T67

電子商務法規

作　　者　財團法人資訊工業策進會科技法律研究所
主　　編　宋佩珊
執行編輯　李姿瑩

五南圖書出版股份有限公司
發 行 人　楊榮川
總 經 理　楊士清
出 版 者　五南圖書出版股份有限公司
地　　址　台北市大安區（106）和平東路二段 339 號 4 樓
電話：(02)27055066　傳眞：(02)27066100
網　　址　http://www.wunan.com.tw
電子郵件　wunan@wunan.com.tw
劃撥帳號　01068953　戶名：五南圖書出版股份有限公司
法律顧問　林勝安律師事務所　林勝安律師

出版日期　2013 年 12 月初版一刷
2016 年 11 月二版一刷
2019 年 6 月三版一刷

定　　價　400 元